환경 사전

KANKYO KYOUIKU JITEN

by The Japanese Society of Environmental Education

Copyright © The Japanese Society of Environmental Education, 2013
All rights reserved.
Original Japanese edition published by Kyoiku Shuppan Co., Ltd.
Korean translation copyright © 2021 by Booksense
This Korean edition published by arrangement with Kyoiku Shuppan Co., Ltd., Tokyo.
through Honnokizuna, Inc., Tokyo, and BC Agency

이 책의 한국어판 저작권은 BC 에이전시를 통한 저작권자와의 독점 계약으로 북센스에 있습니다.
한국 내에서 보호를 받는 저작물이므로 무단 전재와 복제를 금합니다.

환경 사전

1판 1쇄 인쇄 2021년 2월 15일 **1판 1쇄 발행** 2021년 3월 1일
편저 일본환경교육학회 **옮긴이** (사)자연의벗연구소(김미라, 김하나, 안은경, 오창길, 이송자, 표수진)
기획 오창길 **감수** 정철 **펴낸이** 송주영 **발행처** (주)북센스 **편집** 장정민, 조윤정 **마케팅** 오영일, 황혜리
출판등록 2019년 6월 21일 제2019-000061호 **주소** 서울시 은평구 통일로684 서울혁신파크 미래청 401호
전화 02)3142-3044 **팩스** 0303)0956-3044 **이메일** ibooksense@gmail.com

ISBN 978-89-93746-98-3 91400

• 이 책에 실린 모든 내용은 저작권법에 따라 보호받는 저작물이므로 무단 전재나 복제를 금합니다.
• 책값은 뒤표지에 있습니다.

생태전환사회와 지속가능한 환경교육을 위한

A Dictionary
of Environment

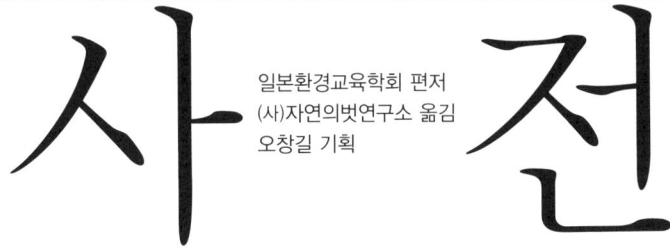

일본환경교육학회 편저
(사)자연의벗연구소 옮김
오창길 기획

한국어판 《환경 사전》을 출간하며

지구를 구하는 환경교육

　환경과 환경교육에 대한 실천과 연구를 하다 보면 모르는 개념과 생물종이 나오기 마련이다. 우리가 모르는 단어와 생물종을 알아보기 위해 가장 많이 활용하는 것은 주로 도감과 사전이다. 생태교육을 할 때는 사전을 활용해 생물종에 대한 이해를 할 수 있었고, 환경 문제에 대한 학습을 하면서는 개념을 찾기 위해 전문서적과 사전을 활용한다. 최근에는 인터넷을 이용해 정보를 찾기 쉬워졌지만, 20년 전만 해도 사전이나 전공 서적을 여러 권 책장에 두고 정보들을 찾아보았을 것이다. 그렇지만 생물도감들은 꾸준히 출간되어 그나마 갖추어져 있었지만, 환경 사전은 출간된 것이 없어서 적잖이 어려움을 겪었었다.

　2000년에 유럽과 북미 등의 환경 현장과 환경교육시설을 방문했을 때, 무엇보다 눈에 띄었던 것은 다양한 교구와 교재였다. 그러면서 한국에도 이런 교재들이 있었으면 하는 부러움을 갖게 되었던 것 같다. 이런 교재와 교구들은 환경학습을 하는데 훌륭한 디딤돌이 되기도 하고 나침반 역할을 해주기 때문에 우리나라에도 꼭 필요하다고 생각되었다. 특히 환경 사전은 전문성을 가지고 있는 것이라 인터넷 사전이나 국어사전을 통해서는 그 의미를 정확히 파악하는 데는 어려움이 많다.

　그러던 중, 2006년 일본 유학시절 도서관에 구비된 다양한 환경 사전을 보고 한국에 소개하고 싶다는 생각에까지 미치게 되었다. 그

중에서도 2013년 출간된 일본환경교육학회가 집필한 《환경교육사전》을 우리나라에 소개하고 싶은 마음이 들었고, 기획해 번역하기로 생각한 것이 2014년이었다. 그렇게 생각하고 실천에 옮겨 6년간의 준비 끝에 드디어 《환경 사전》이 출간되게 되었고, 감회가 남다르다. 이 《환경 사전》에는 일본어판 사전에 수록된 830개 어휘 중에서 일본에 국한된 용어들을 제외한 679개의 용어를 선별하여 담았으며, 최근 정보까지 반영하고자 노력했다. 또한, 최근의 시의성 있는 용어들은 추가하기도 했다.

산업화와 근대화를 인류에게 가져온 산업혁명이 발생한 1750년대 이후 200년간 인류는 인구증가와 경제성장으로 인해 환경오염과 자연생태계의 훼손으로 지금까지 한 번도 겪어보지 못한 기후변화 위기를 겪고 있다. 또한, 45억년의 지구의 나이에 6번째 대멸종이 1950년대부터 진행되고 있다는 것을 많은 과학자들이 경고하고 있다. 만약 산업혁명 이전에 비해 지구 평균기온이 2.0℃ 상승할 경우, 지구는 인간이 살 수 없는 통제 불가능한 상태가 될 것이라고 한다. 앞으로 멀지 않은 10년 안에 지구 운명이 결정될 것이다. 지구의 운명은 그 누구의 일이 아닌 우리의 일임을 인식하고, 지구 환경을 지키는 일과 환경교육에 대한 열의를 잊지 않기를 바라며, 이 《환경 사전》이 환경교육 현장에서 작은 보탬이 되었으면 한다.

이 책을 출간하기까지 여러 노고를 아끼지 않으신 북센스의 송주영 대표와 편집을 맡아주신 조윤정 부장님께 감사와 우정의 인사를 드린다. 번역을 할 때마다 원문의 뜻을 제대로 표현했는지 늘 염려가 된다.

(사)자연의벗연구소는 《환경 사전》 출간에 머무르지 않고 이 책이 살아 움직여서 환경을 공부하는 환경교육지도자, 공무원, 교사, 학생에게 밑거름이 되도록 더욱 실천하고 연구하는 노력을 게을리하지 않을 것이다.

(사)자연의벗연구소
대표 오창길

일러두기

- 이 책은 일본환경교육학회(日本環境教育学会)가 편저한《환경교육사전(環境教育辞典)》을 번역한 것으로 2006년 일본을 기준으로 작성된 원고입니다.
- 현재 한국의 상황과 맞지 않거나 일본에만 해당하는 내용이라도, 환경문제에 관련하여 고려해야 할 항목들은 삭제하지 않고 그대로 두었습니다.
- 한국과 관련한 자료들은 2020년 기준으로 가장 최근에 발표된 것을 기준으로 했습니다.
- 코로나 바이러스 감염증-19처럼 새롭게 나타난 항목들은 추가했습니다.
- 외래어 인명과 지명 등 외래어 표기는 국립국어원 외래어 표기법을 기준으로 표기했습니다.
- 원서에서 제시한 출처는 직역해 명시하거나 국내 출판물인 경우에는 출간된 도서명으로 명시하였습니다.
- 국립국어원 외래어 표기법이 마련되어 있지 않은 언어들은 일반적으로 사용하는 표기를 적용했습니다.
- 되도록 한 가지 용어로 통일했지만, 필요에 따라 병기하였습니다.

ㄱ

ㅎ

7

가상수
virtual water

영국의 토니 앨런(J. A. Tony Allan)이 1991년에 제안한 개념으로 우리 눈에는 보이지 않는 물이라는 뜻이다. 건조지대인 중동 지역은 수자원이 부족한데도, 물의 이권을 둘러싼 극심한 분쟁이 일어나지 않는다. 앨런은 그 이유를 석유 수출로 얻은 외화로 식재료를 수입하고 있기 때문이라고 해석하며 생산, 유통, 소비 등 전 과정에 소비되는 물을 지칭하는 개념으로 가상수를 도입했다. 우리는 마시거나 씻을 때만 물을 사용하는 것이 아니라 공업 제품 생산에도 대량의 물을 소비하고 있다. 식료와 공업 제품의 무역은 물 무역과 동등하다고 생각할 수 있다. 1kg의 소고기를 생산하는 데 약 100t의 물이 필요하다고 추정되고 있다. 식육용 소의 먹이로 사용하는 사료에는 밀의 껍질인 밀기울과 보리, 옥수수 등의 곡물이 많이 배합되어 있고, 이 곡물들의 재배에 많은 수자원을 소비하기 때문이다.

➕ 물 발자국(Water footprint)은 사람이 직접 마시고 씻는 데 사용하는 물에다, 음식이나 제품을 만드는 데 소요되는 가상수를 합친 총량을 말한다.

가상현실/
버추얼
리얼리티
virtual reality

|의미| 'virtual'에는 '가상'이라는 뜻이 있어 '모조품, 인조품, 가짜'라는 인상을 주지만 본래 의미는 '현실적인'이다. 즉, 현실과는 다르나 실질적으로 현실과 같은 기능을 가진 것, 혹은 현실의 본질을 지닌 것으로 현실적 감상을 인공적으로 재현한 것을 말한다.

|변천| 1980년대 초반부터 다양한 영역에서 '실물 크기의 3차원 공간을 상호작용으로 취급하는 것'을 목표로 한 연구가 이루어졌다. 1990년에 매사추세츠 공과대학의 제안으로 그때까지 서로 교류가 없었던 관련 분야의 연구자들이 모였다. 이것을 계기로 '가상현실'이란 용어가 정착하고 연구에도 가속이 붙게 되었다.

가상현실의 특징은 '3차원의 공간성', '실시간 상호작용성', '자기투사성'의 세 가지이다. '3차원 공간성'이란 3D 영화처럼 컴퓨터로 입체적 시각·청각 공간이 확대된 것이다. 단, 실제로는 엄밀하게 3차원 공간성이 없어도 3차원적 묘사가 이뤄지는 것도 포함한다.

'실시간 상호작용성'이란 컴퓨터가 조작한 인공 공간에서 실시간으로 환경과의 자유로운 상호작용을 할 수 있는 것을 의미한다. 예를 들어, 다른 각도로 사물을 보거나 물체의 뒤로 돌아 들어가거나 물체를 만져서 다른 장소로 움직이는 조작이 가능한 것이다.

'자기투사성'이란 자신이 컴퓨터로 만든 환경 속으로 들어가는 것 같은 상태를 의미한다. 자기투사성은 게임 같은 오락, 파일럿 조정 훈련 같은 교육, 의료 분야 등의 응용 외에 인간이 출입할 수 없는 장소에서의 로봇 조작에도 이용되고 있다. 환경교육에서는 직접 방문하기 어려운 자연환경을 체험하는 등의 응용을 기대할 수 있다.

그러나 가상현실은 특정한 목적을 갖고 인공적으로 만들어낸 것이기 때문에 자연의 생체가 가공되거나 현실이 갖는 여유가 없는 점에 주의해야 한다. 또 유소년기에 가상현실에 장시간 접촉할 경우 자연에 대한 감성 등의 발달을 저해한다는 지적도 있다. 리처드 루브는 『자연에서 멀어진 아이들』(즐거운상상, 2017)에서 아이들의 자연 체험 부족이 다양한 문제를 일으킨다고 지적했는데, 그 원인으로 전자기기를 통한 가상현실과의 장시간 접촉도 있다.

가이드라인
guidelines

지침·지표·지도 목표의 의미로 어떤 단체에 지키는 것이 바람직하다고 여기는 규범·목표 등을 명문화하고, 그 행동에 구체적인 방향성이나 제한을 주는 것을 목적으로 한다. 환경과 관련하여 가이드라인을 설정하는 것은 지속가능한 사회를 구축하는 데 굉장히 중요하다고 여겨졌다. 예를 들어 일본의 스이타처럼 환경마을 만들기를 위해 가이드라인을 설정하고 기업에 의한 활동, 시민의 일상생활에 대한 지도·제안을 하는 등 환경 부담의 감소를 목표로 하는 지자체도 있다.

또한, 대표적인 환경교육에 관한 가이드라인으로 북미환경교육협회(North American Association for Environmental Education, NAAEE)가 개발한 환경교육 가이드라인을 들 수 있다. 이는 초·중등교육, 사회교육, 유아교육, 교재, 교사교육에 대한 가이드라인으로 NAAEE가 1993년에 조직한 '환경교육의 탁월성을 위한 전 미국 프로젝트'에 의해 개발·개정되었다. 이러한 가이드라인은 각 주, 또는 지역 수준에서 다양하게 전개해 온 환경교육을 전 미국의 표준화된 방향에 맞춘 것으로, 환경교육 고유의 목적과 교육 내용 체계를 명시하고, 전 미국의 환경교육에 일정한 통일성, 정합성을 주도록 한 것이다. ①지식, 기술, 행동 등 다양한 영역을 포함한 총합성 ②특정 견해를 강조하는 것이 아니라 환경에 관한 다양한 견해가 있을 수 있고, 그 균형이 중요하다는 것을 강조하는 균형 중시 ③과학교육 등 다른 교육 분야의 가이드라인과의 관련성 명시 ④이제까지의 환경교육 연구 성과를 집대성했다는 특징을 가지고 있다. 환경교육의 교육 내용에 관한 자세한 준거가 미국 역사상 처음으로 제시되었다는 데 의미가 크고, 초·중등교육과 교사 교육의 교육과정 개발에 영향을 주고 있다.

➕ 한국은 환경부를 통해 정부 차원에서 각 분야에 적합한 가이드라인을 제시하고, 법적인 제한을 가하기도 한다. 그 예로 매장 내 일회용컵 사용 제한, 마트나 편의점에서 비닐봉지 무상 사용 금지 등을 들 수 있다.

가이아 가설
Gaia hypothesis

영국의 과학자 제임스 러브록(James Ephraim Lovelock)이 1978년에 발표한 이론이다. 그는 지구상의 모든 생물은 주어진 환경조건에 수동적으로 적응해 온 것이 아니라, 지구환경에서 스스로 생존할 수 있게 적극적으로 변해 왔으며, 여기에서 지구생물·대기·해양·토양은 총체로서 자기조절능력을 가진 살아 있는 하나의 거대한 유기체라고 주장하였다.

이 이론은 그리스 신화 속 대지의 신인 '가이아(어머니인 대지)'의 이름을 딴 것이다. 1979년, 러브록은 『가이아: 살아 있는 생명체로서의 지구』(갈라파고스, 2004)를 출간하고, '가이아'라는 말이 폭넓게 사회에 받아들여지도록 하는 계기를 만들었다.

| 과학과 상상력 | 과학자인 러브록은 대기와 해수의 성분 분석 등의 결과

를 근거로, 지구환경이 특이한 평형 상태에 있으며, 그곳에 생물이 관여하는 자기조절 시스템이 있다고 판단했다. 이러한 자기조절을 가진 시스템을 가이아라고 부르기 때문에, 그 뒤에 사회에 퍼진 가이아라는 개념은 자연과학의 영역을 넘어서 풍요로운 영감의 원천을 제공하고, 새로운 생명관과 환경관으로 이어지며 영향력을 미쳤다. 지구가 하나의 생명이라는 '사실'이 과학적으로 뒷받침되었다는 생각을 뛰어넘어 의인화가 지나쳐, 가이아가 의식과 의도를 가지고 모든 생명체와 의사소통을 한다고 이야기되기도 했다.

|상징| 가이아는 환경교육의 분야에서 중요한 역할을 할 뿐 아니라, 하나의 유기체인 지구의 소중함과 대지와의 연결이라는 정신적 측면 등을 나타내는 상징이다. '가이아'라는 말에 의해 지구와 자연의 전체적 화합을 포괄적으로 인식해야 한다는 중요성이 강조되고 있다.

가이아 심포니/지구교향곡
Gaia symphony

일본의 영화감독 타츠무라 진이 만든 다큐멘터리 영화 시리즈이다. 영국의 과학자 제임스 러브록(James Ephraim Lovelock)이 제창한 '지구는 그 자체가 하나의 생명체이다'라는 가이아 이론을 기반으로 하고 있다. 영화는 '지구 안의 나, 내 안의 지구'를 주제로 한 인터뷰와 출연자들과 관련된 자연의 아름다움을 담은 영상으로 구성되어 있다. 1992년 공개한 '지구교향곡 제1번' 이후 '지구교향곡 제7번'(2010년)까지 7개의 작품이 제작·공개되었다.

가축
livestock/domesticated animal

|의미| 인류에 도움을 주기 위해 사육되는 동물을 가리킨다. 이 경우 조류(가금류)와 무척추동물(누에, 꿀벌 등) 등 포유류 이외의 생물도 포함한다. 포유류로 한정하는 경우, 좁은 의미로는 농업·목축업용(소, 말 등)을, 넓은 의미로는 실험동물, 반려동물까지 가축이라 한다. 생물학적으로는 생사·번식 시기와 상태 또는 유전자 구성이 인위적으로 조작·관리되는 상태를 가리킨다. 후자의 경우 야생종과 비교해 형태형질(털의 색깔, 몸 크기 등)과 행동형질의 변화를 동반하는 경우가 많다(흰 털과 갈색 털의 순록의 개체 수가 증가하거나 대이동을 하지 않게 되는 것 등이 그 예이다.).

인류에게 가장 오래된 가축은 약 1만 년 전, 늑대를 사육·가축화한 개(역할 부여, 식용, 애완)로 알려졌지만 다른 주요 가축들도 기원전 수십 세기에 가축화되었다는 추정이 많다. 또한 돼지, 소, 순록 등에 대해서도 여러 가지 발생의 기원이 채택되고 있다.

|변천| 가축은 인류 문명 발생·문화와 밀접하게 관련되어 있고, 자연사의 접점에 있는 존재로 여러 방면에서 연구가 진행되고 있다. 예를 들어 동아프리카의 목축 사회에서는 복수 종의 가축을 키우는 일이 많아 언뜻 보기에는 비용이 들 것처럼 보이지만, 평상시와 가뭄 때 종별 생존율과 젖 분비량의 차이 등, 환경 적응 정도가 다른 가축을 배합함으로써 목축하는 사람들의 적응력이 높아졌다.

최근에는 사람과 가축의 관계 개선을 촉구하는 경우도 많다. 예를 들어, 오키나와 멧돼지는 긴 세월 수렵의 대상으로 여겨졌지만, 분자유전학적으로 가축 기원의 가능성이 제기되면서 오키나와 여러 섬의 수렵 문화 이미지가 변화하고 있다.

가축이란 돼지와 멧돼지처럼 야생 개체를 사육·교잡시켜 이용하거나 먹이를 주고 번식을 관리하는 경우를 말하지만, 야생 상태로 있는 순록도 가축으로 보는 등 다양한 형태가 존재한다. 실제 사람과 동물 관계는 야생(수렵)과 가축의 대립적인 두 가지 형태뿐 아니라 '반가축(semi-domestication)' 상태의 관계가 역사적·지리적으로도 광범위하게 존재한다.

|과제| 가축에 관한 환경문제로는 오염 등의 축산 환경문제와 라이프 스타일(푸드 마일리지 혹은 생태발자국, 탄소발자국 등) 문제가 있다.

현대의 축산 생산은 공장 축산이라고 불리는 것처럼 기계화, 대규모 집약화가 발달했다. 그와 동반해 대량의 물과 수입 사료를 소비해 대량의 질소, 인, 온실 기체를 자연환경으로 배출해 왔다. 이런 축산 환경문제는 큰 사회문제로 인식되고 있다. 또 사료용 옥수수와 물을 대량으로 운반, 소비하는 가축 생산물의 푸드 마일리지와 생태 발자국은 모두 그 수위가 매우 높다.

지금 필요한 것은, 지역 산업으로서 축산업을 지역사회와 어떤 형태로 결합해나갈 것인가 하는 실천이다. 이와 같은 시도로, 홋카이도 시베차 고등학교에서는 지역사회 만들기의 시작으로 축산 형태 개선과 구시로습원의 부영양화 대처, 글로벌 과제까지 접근한 환경학습을 실천하고 있다.

또 생명윤리 문제에서도 가축의 존재는 크다. 생명을 존중하는 다양한 체험 활동의 기회를 제공함으로써 생명 중시, 생물다양성 보전, 사람과 동물의 역사적·문화적 관계를 학습할 수 있다.

감량
reduce

폐기물 발생을 억제하는 것으로, 필요 이상의 소비·생산을 억제하는 일을 일컫는다. 일단 제품을 폐기하면 재활용하거나, 쓰레기로 처리하더라도 새로운 에너지나 자원 재투입이 필요하게 되어 환경에 부담을 준다. 자원 조달, 생산, 수송, 소비, 폐기라고 하는 제품의 라이프사이클 전체를 확인해 보면 미래에 폐기물이 될 수 있는 제품의 생산과 소비를 억제하고, 최종적으로 폐기물 감소를 통해 환경에 대한 부담을 줄일 수 있다.

감수성
sensitivity

일반적으로 지성이나 지식이라는 대상을 감각과 정념의 작용을 통해 인식하는 능력을 말한다. 지성은 능동적인 데 비해 감수성은 수동적으로 이해되어 왔다. 그러나 감수성은 인간이 현실과 접할 때 결정적 중요성을 갖고 있고, 현실 감각과 인식·인지 형성에서 필수적 역할을 하기도 한다. "내용 없는 사고는 공허하고 개념 없는 직관은 맹목이다"라는 구절이 보여주듯 칸트(Kant)는 감성적 직관으로 모든 인식을 이끌려는 감성주의의 한계를 제시함과 동시에 지성주의에 대해서는 '인간은 모든 것을 알 수 없다'는 인간의 유한성을 제시하고 인식의 원천으로 감수성의 중요성을 강하게 주장했다.

레이첼 카슨(Rachel Carson)은 『자연, 그 경이로움에 대하여』(에코리브르, 2002)에서 '아는 것은 느끼는 것의 절반만큼도 중요하지 않다'며, 지성보다 감수성이 중요하다고 말한다. 1977년에 출간된 에디스 콥(Edith Cobb)의 『아동기의 생태학적 상상력(The Ecology Imagination in Childhood)』에서는 창조적 일을 하는 성인들이 아동기에 '자연과 이어져 있다고 하는 환경적 감각'을 통해 '공감을 동반한 겸허한 지성'을 익혀 왔다고 밝히고 있다. 1980년에는 헝거포드(Harold R. Hungerford) 등이 발표한 '환경교육에 걸친 교육과정 개발의 목표'의 하나로 '환경적 감수성'이 제시되었다. 또 헝거포드의 연구 지도를 받은 피터슨(Nancy Peterson)은 환경교육 지도자의 '환경적 감수성'이 아동기의 자연 체험 등으로 길러졌음을 밝혔다. 이것은 거의 같은 시기에 실시된 토마스 터너(Thomas Tanner)의 연구와 나란히 '환경적 행동으로 이어지는 중요한 체험(significant life experiences, SLE)'의 초기 연구로 알려졌다. 또한 헝거포드는 1990년, 환경친화적 행동을 촉진하는 몇 가지 요인들을 제시했고 그중에서 '환경 감수성'이 매우 중요한 출발점이 될 수 있다고 주장하였다.

갑상선 보호제
stable iodine tablet

'안정 요소제' 또는 '요소제'라고도 하며 방사성물질이 아닌 요오드화칼륨 제품이다. 목 앞부분에 있는 갑상선은 갑상선 호르몬을 만드는 기관이며 요오드가 모이는 곳이다. 원전사고 등으로 방출된 방사성 요오드 131은 8일의 반감기가 필요한데, 이것이 호흡이나 음식 섭취 등에 의해 체내에 들어와 일부가 갑상선에 모이게 된다. 이것이 방사선을 방출하기 때문에 내부 피폭에 의한 갑상선암이나 갑상선기능저하증 등을 일으키는 원인이 된다. 방사성 요오드가 체내에 들어오기 전이나 직후에 갑상선 보호제를 복용하게 되면 새로운 방사성 요오드가 체내에 들어오는 것을 효과적으로 막을 수 있다. 단, 부작용 가능성이 있으므로 원칙적으로는 중앙재난안전대책본부의 지침과 판단에 따라야 한다.

개릿 하딘
Garrett Hardin

미국의 생물학자(1915~2003). 1968년에 〈사이언스〉지에 기고한 논문 「공유지의 비극(Tragedy of the Commons)」으로 유명해졌다. 이 논문은 자유롭게 이용할 수 있는 공유자원(commons)이 마구잡이로 사용됨으로써 오히려 바라지 않던 사용 불가 상황으로 몰린다는 환경적 비극적 귀결을 지적한다. 난민 캠프에서의 물 남용 등의 예를 들어, 우리는 현재의 국지적 필요만을 생각할 것이 아니라 지구환경 전체적 규모로도 생각해야만 한다는 메시지를 주고 있다. 지구의 자원은 유한한데 인류의 마구잡이식 성장으로 결국 지구의 황폐화를 초래한다는 것이다. 이 비극은 로마 클럽 보고서 「성장의 한계(The Limits to Growth)」(1972년)에 의해 과학적으로 시뮬레이션되어 현실적으로 다가왔다. 1974년에 제창한 자원 분배에 관한 비극적 비유 구명보트 윤리(life-boat ethics)도 유명하다.

'개발'과 '계발'
development

|ESD| ESD(Education for Sustainable Development)는 '지속가능한 발전을 위한 교육'을 의미하며, 줄여서 '지속가능발전교육'으로 부른다.

|'develop'의 의미| '이 자원을 개발하는 것으로 지역사회는 비약적으로 발전했다'라고 하는 이 문장에서 '개발'을 '계발'을 바꿔 넣으면 문장의 의미가 달라진다. 그러나 영어 표현의 'develop'는 두 의미를 동시에 포함하고 있다. 즉 이 동사는 '개발한다=더욱 나아가는 상태로 무언가를 변화시킨다(자신에게 좋은 쪽으로 변해 간다)'라는 목적어를 가진 타동사의 의미로, '발전한다=더욱 나아가는(바람직한) 상태로, 스스로 변해 간다'라는 목적어를 가지지 않는 자동사의 의미로 양쪽의 의미를 다 가진다.

|'개발'일까 '계발'일까| 'development'와 같은 'resource development'는 '자원개발'로 번역되지만, 'endogenous development'는 일반적으로 '자기 스스로의 발전'이라고 번역된다. 전자의 '자원'은 '개발된 대상'이다. 후자는 지역사회에 있는 당사자의 눈으로 본 '주체로서 자신들이 바라는 방향으로 변화'한다는 의미가 생긴다. 같은 의미로 '사회개발'과 '사회발전'은 가령, 같은 것을 의미하는 경우에도, 시점이나 입장의 차이가 언어에 포함되어 있다.

국제기관이나 회의의 명칭에서는 '유엔개발계획(UNDP)', '유엔환경개발회의(UNCED)', '지속가능발전 세계정상회의(통칭: 요하네스부르크 서미트, WSSD)'처럼 함축된 의미의 차이를 고려하지 않고, 많은 경우 '개발'이라는 정해진 번역을 사용하고 있다. '개발도상국'도 'development countries'의 번역으로 사용하지만, 자동사인 것을 생각해 번역한다면 '발전도상국'이 될 것이다. 실제로는 양쪽 모두

번역어로 확립되어 사전에 수록되어 있다.

또한, 형용사형인 'developmental'을 포함하여 확장, 전개, 발생, 발육, 성장, 발달, 진화 등의 번역어가 있고, 발생생물학, 발달심리학과 같이 정해진 번역도 있다.

| 지속가능한 개발·발전 | 『세계보전전략』의 공표(1980년)는 세계 각국에 '지속가능한 개발 · 발전'(sustainable development: SD)개념을 도입한 계기가 되었다. 이 『세계보전전략』의 주요한 관심은 인류가 영원히 자연자원의 혜택을 지속적으로 받을 수 없기 때문에, 자연자원을 남용하는 것이 아니라, 이것을 '현명한 이용(wise use)'이 되도록 실현하는 것이다. 그러므로 이 경우, SD는 '지속가능한 개발'로 번역되어야 한다.

그러나 시대가 나아감에 따라, 이와 같이 SD라는 말은 자기 자신들의 사회(예를 들어, 자신들의 사회)가 보다 좋은 쪽으로 변해 간다는 의미로 이해하게 되었다. SD는 자원개발에 한정되지 않고, 보다 넓은 의미로 언급되는 경우가 많은데, 세계에서 SD개념을 넓게 보급시킨 『우리 공동의 미래』(1987년)에도 이 의미로 언급되었다. 이 경우, 지금까지 번역된 '지속가능한 개발'이 아닌, '지속가능한 발전'이라는 번역을 의도적으로 선택하는 경우가 있다.

또한 '개발'과 '계발'이 경제성장 · 소비확대 · 시장경제 · 자유무역 · 규제철폐(규제완화) 등과 강하게 연결된 가운데 이야기되어, 이것이 지속가능한 미래로 가는데 문제가 되지는 않을까 라는 인식을 가지고, SD용어 그 자체로의 사용을 피하고 있다. 이 경우에도 '지속가능한 교육(education for sustainability)'의 예에서 보는 것처럼, '지속가능성', '지속가능한 사회(sustainable society)' 등의 용어가 사용되었다.

개발교육
development education

풍요로운 나라와 빈곤한 나라 간의 격차 문제, 이른바 남북문제가 세계적으로 과제가 된 1960년대, 국제협력 NGO 사이에서 발생한 교육 사조이다. 개발교육 탄생 초기의 주요한 목적은 개발도상국에 사는 사람들의 빈곤과 영양불량, 보건과 교육의 낙후 등 모든 문제를 많은 사람에게 전달함으로써 빈곤국 국민과 나라에 대한 원조의 필요성을 더욱 강하게 인식할 수 있도록 하는 것이었다. 1970년대 이후에는 저개발국가의 가난한 나라들이 왜 저개발 상황에 놓이게 되었는가에 대한 원인을 역사적·구조적으로 이해함으로써, 그 문제 해결 방법으로 선진국가와 연계 협력하는 자세를 기르도록 하는 목표를 발전시켜 왔다. 경제적으로 풍요로운 국가 가운데 존재하는 남북문제에도 관심이 높아졌다. 예를 들어 국내에서 일하는 아시아 지역 외국인 노동자가 급증하면서, 먼 나라의 개발 문제가 아니라 바로 눈앞의 국제화의 문제에 관해서도 관심이 넓어지게 되었다.

개발교육은 다문화교육과 인권교육, 성차별교육 등으로 이어지다가 최근에는 좀 더 넓은 개념으로 발전하고 있다. 개발교육의 구체적인 방법으로 지식 전달보다 문제 제기의 학습을 중시하고, 바른 해답을 제시하기보다는 학습 과정을 배우는 경우가 많다.

갯벌
tidal flat

만조 시에는 바닷물에 침수되고 간조 시에는 해수면 위로 노출되는 연안의 평탄한 지형을 말한다. 조류에 의해 운반된 모래와 흙이 오랜 시간 퇴적되어, 파도가 약한 평탄한 곳에 발달한다.

갯벌은 조류의 흐름과 파도의 강도, 퇴적하는 물질의 입자 크기에 따라 ①입자가 작은 진흙 갯벌(모래의 비율은 30% 이내) ②입자가 큰 모래 갯벌(모래의 비율은 70% 이상) ③모래와 진흙의 비율이 거의 같은 혼합 갯벌의 세 가지 유형으로 나뉜다. 갯벌 유형에 따라 그곳에 사는 생물종도 다양하다. 진흙이 많은 갯벌에는 칠게, 밤게, 갯지렁이 종류가 서식하고, 모래 갯벌에는 바지락, 맛조개 등이 서식한다.

갯벌은 바다와 육지의 경계지이면서, 각각 다른 생태계를 구성함과 동시에 바다와 육지를 오가는 생물도 서식하고 있어 육지에서 영양분이 유입되기 때문에 생물종은 다양하다.

또 어류의 산란 장소가 되기도 한다. 하루 두 번 육지가 되는 갯벌은 물새에게는 휴식처인 동시에 식량 창고이기도 하다. 선사시대 사람들이 식량으로 채취한 조개를 먹고 버린 조개껍데기가 쌓여 만들어진 퇴적층의 유적(패총)이 많이 보이는 것도 갯벌 주변이다. 패총을 사용한 공예품과 생활용품도 많이 존재한다. 이렇게 갯벌은 다양한 생물종을 키우는 동시에 사람들의 생활과 문화를 지탱하는 역할을 해 왔다고 할 수 있다. 그러나 갯벌은 수심이 얕다는 이점 때문에 농업용지와 공업용지, 쓰레기 매립지로 사용되었다. 그 결과 생물들의 서식지가 감소하고 연안 지역의 전통적인 생활문화도 파괴되었다. 최근 들어 갯벌이 가진 수질 정화와 생물다양성 유지라는 가치가 재인식되면서 갯벌을 보전하려는 움직임이 활발해지고 있다.

거부
refuse

감량과 같이 폐기물의 발생을 억제하는 하나의 수단이다. 감량이 발생을 억제하려는 것이라면, 거부는 '거절하다'라는 의미로, 폐기물 발생 그 자체를 없애려는 생각이다. 예를 들어 상품을 구입할 때 과대 포장을 거부하고 장바구니를 사용하여 비닐봉지를 사용하지 않는 일, 물통을 가지고 다니며 일회용 컵에 든 음료수를 사지 않는 것을 들 수 있다. 기업의 경우는 소비자가 장래에 폐기하게 될 여분의 것을 아예 생산하지 않을 수 있다. 3R(Reduce, Reuse, Recycle)에 거부를 더하여 4R, 거기에 repair(수리해서 새롭게 사용한다)까지 더하여 5R로 부른다. 5R의 경우 필요에 따라 다양한 용어들로 적용할 수 있는데, Responsible(책임), Replacement(대체), Renew(재활용), Refrain(안 쓰기), Refill(재충전), Regeneration(재생), Return(순환) 등을 이르기도 한다.

게릴라 호우
guerrilla rainstorm/
unexpectable
rainstorm

장마 전선을 동반한 집중호우와 달리 거대한 적란운의 발생에 따라 나타나는 예측이 어려운 국지성 집중호우를 말한다. 최근에는 이 현상으로 시간당 100mm를 넘는 강우가 관측되기도 했다. 도시 하수는 시간당 강우량이 50~60mm를 넘으면 대응할 수 없는 상황이 되기 때문에 도시형 홍수가 일어나기 쉽다. 게릴라 호우가 다발하는 원인으로 지구온난화에 의한 해수의 온도 상승과 도시에서의 열섬 현상이 지적되고 있다.

겨울무논
winter-flooded
rice fields

겨울철 논에 물을 채우고 자연 주기를 이용해 쌀 생산을 하는 농법 또는 그 농법이 이루어지는 논을 말한다. 동절기 담수 논이라고도 한다. 동절기에 물을 채우는 것으로, 습지에 의존하는 물새를 비롯하여 다양한 생물 서식지를 제공할 수 있을 뿐만 아니라 논의 잡초를 억제하는 효과(물새에 의한 종자 방목)와 거름주기 효과(물새의 배설물)도 기대할 수 있다. 동절기 물 확보의 어려움과 두더지 구멍으로 인한 물 빠짐 등의 문제점이 지적되지만, 지역 생태계의 생물다양성을 높이면서 농산물의 부가가치까지 연결되어 주목받고 있다.

경관
landscapes

일정한 지역의 자연 모습과 그곳에서 생활하며 활동하는 사람들에 의해 만들어진 건축물이나 토지 이용 등 인간이 삶을 영위하며 만들어진 그 지역 전체의 모습을 시각적으로 나타낸 것을 말한다. 인간은 주변 자연환경의 제약을 받고 그것을 극복하고 바꾸면서 경관을 만들어 왔기 때문에 경관에는 그 지역에서 생활하는 사람들의 가치관이 투영되어 있다.

경관의 주된 구성 요소에 따라 자연경관, 문화경관, 역사경관 등으로 분류된다. 특히 문화경관은 지역에 사는 사람들의 시간과 경험으로 만들어지며 적절한 유지·관리로 양호한 경관을 보전할 수 있다. 그러나 일본에서는 고도 경제성장기, 버블경제를 거치면서 지역 개발에 따라 토지 이용이 변화하여 도시 및 농촌의 경관이 일변했다. 이에 대해 최근에는 지역의 자연경관, 문화경관, 역사경관을 보존·복원하려는 움직임과 더불어 지역 자원의 활용, 도시 재개발, 중요 문화적 경관의 국가 지정과 세계유산 등재 운동 등을 통해 지역 만들기나 지역 살리기에 활용하려는 움직임이 활발해지고 있다.

2004년 6월 공포된 일본의 경관법은 "일본의 도시, 농산어촌 등의 양호한 경관의 형성을 촉진하기 위한 경관 계획의 수립, 그 밖의 시책을 종합적으로 강구하여 아름다우며 품격 있는 국토의 형성, 여유롭고 풍요로운 생활 환경의 창조 및 개성적이고 활력 있는 지역사회의 실현"을 목적으로 하고 있다. 경관을 직접 규제하는 것이 아니라 행정 단체가 경관에 관한 계획이나 조례를 만들 때의 법 제도가 규정되어 있다. 이처럼 법 정비는 진행되었지만 저출산·고령화의 진행으로 경작 방폐지의 증가, 마을 산의 황폐화 등이 큰 문제로 나타나고 있다. 땅 상속자의 타 지역 이동 역시 경관 보전과 효과적 토지 이용에 제약이 되고 있다. 양호한 경관을 유지하기 위해서도 이러한 상황을 고려한 폭넓은 시책이 강구되어야 한다.

❶ 한국의 경관법은 "국토 경관을 체계적으로 보전·관리하고, 아름답고 쾌적하며 지역 특성이 나타나는 국토 및 지역 환경을 조성하기 위해" 2007년에 제정되었다. 그러나 관리 수단의 부재로 경관 계획의 실행력이 부족하고, 대상 사업 범위가 넓어서 중복과 혼선의 이유로 2014년 전면 개정되었다.

경작 방폐지
abandoned arable land

1년 이상 경작되지 않았고 특별한 방법을 찾지 않으면 앞으로도 경작될 가능성이 없는 농지를 가리킨다. 유사한 용어로는 농지법의 유휴(遊休)농지가 있는데 유휴농지가 농지의 상황 자체를 표현한 용어라면, 경작 방폐지는 경작하는 주체에 주목한 용어라고 할 수 있다. 현재 일본에서 문제가 되고 있는 중산간을 중심으로 한 경작 방폐지의 확대는 경작 담당자가 고령화하거나 후계자가 없는 것이 가장 큰 요인이다. 또한 경작 포기지의 발생 원인으로 값싼 농산품 수입으로 인한 농산물 가격의 침체도 지적되고 있다.

경작 방폐지에 억새와 띠 등이 무성해져 사슴과 멧돼지 등 야생동물이 인근 농지에 자주 출현해 그에 따른 피해도 심해지고 있다. 유효한 대책이 강구되지 않는다면 일부 산간 지역의 농지는 경작 방폐지로 가득해질 것이다.

경작 방폐지의 대책으로 일본의 농림수산성에서는 2009년 농지법을 개정하여 소유자 불명의 경작 방폐지에는 보상금을 공탁해 이용할 수 있도록 하거나, 다수의 경작 주체의 참여를 촉진하기 위해 농지 대차 규제 완화 등의 내용을 포함했다. 시민 농원과 교육 농장 같은 농업 체험 시설의 정비 등의 내용도 경작 방폐지 재이용을 위한 지원책으로 강구되고 있다. 그러나 이러한 시책에도 불구하고 경작 방폐지의 급속한 진행을 막기에는 어려움이 있어 보다 근본적인 대책이 필요하다.

경제적 기법
economic measure

환경문제 해결을 목표로 하는 사회적·정책적 방법에는 크게 규제적 기법과 경제적 기법이 있다. 규제적 기법은 정부 부문 등의 감독·통제에 의해 유해물질 배출 등을 직접 관리·감독하고 그 배출을 일정 기준 이하로 제어하려는 것이고 이에 반해 경제적 기법은 시장이나 재정 메커니즘을 이용하여 환경보전을 도모하려는 것이다.

경제적 기법은 최소의 비용으로 환경 파괴를 억제하고 장기적으로는 환경 개선을 위한 기술 혁신을 촉진한다는 점에서 규제적 기법보다 앞서 있지만 일본에서는 현재까지 수은중독, 기관지 천식 같은 건강 피해가 심각하기 때문에 특정 환경오염물질 배출을 직접적이고 확실하게 제어할 수 있는 규제적 기법이 중시되었다. 그러나 그 원인이 특정 배출원이 아니라 광범위하며, 다양한 사람들의 활동으로 발생하는 지구온난화와 같은 문제를 해결하기 위해서는 경제적 기법을 도입하여 개인이나 기업에게 환경문제 해결을 유도하는 인센티브를 주는 것이 꼭 필요하다고 할 수 있다.

경제적 기법에는 산업 단체의 오염물질 저감을 위한 자체 선언이나 정부와 산업 단체 협정으로 오염물질 감축 목표를 정하는 자주적 접근과 제도로 확실하게 실행을 끌어내려는 강제적 접근이 있다. 강제적 접근은 과징금 제도, 보조금 제도, 예치금 제도, 배출량 거래 제도로 나뉜다. 과징금 제도는 오염물질 배출 및 이용에 대해서 요금을 부과해 자원의 과잉 이용을 억제하려는 것으로 환경세 부과도 같은 목적을 가진 기법이라고 할 수 있다. 보조금 제도는 환경오염의 피해를 줄이거나 환경 자원을 회복하는 활동을 재정적으로 지원하고 장려하려는 제도이다. 예치금 제도는 과징금과 보조금의 특징을 합친 제도이고, 배출량 거래 제도는 오염물질의 허용 배출량을 미리 정하는 것으로, 직접적으로 규제할 수 있고 시장 메커니즘을 이용할 수 있다는 장점을 갖고 있다.

경제협력 개발기구
Organization for Economic Cooperation and Development, OECD

선진국을 중심으로 회원국 간의 자유로운 의견 교환, 정보 교환을 통하여 3대 목적인 경제성장, 무역 자유화, 개발도상국 지원을 목적으로 하는 국제기구이며, 본부는 프랑스 파리에 있다.

제2차 세계대전 후, 미국의 마셜 국무장관은 경제적 혼란 상태에 있던 유럽 각국을 구제해야 한다는 제안으로 '마셜 플랜'을 발표하고, 1948년에 유럽 16개국에서 OEEC(유럽경제협력기구)를 발족했다. 1961년에는 유럽 경제의 부흥과 함께 미국, 캐나다가 OEEC 가맹국이 되면서 OECD를 새롭게 발족했다.

OECD 최고 의결 기구인 각료이사회가 연 1회 열려, 경제성장과 다각적 무역 등에 관한 논의 방향성에 큰 영향을 주고 있다. 에너지 문제를 검토하는 부속기관에는 IEA(국제에너지기구)가 있다. OECD는 경제 발전과 관련이 깊은 교육의 동향에도 관심이 있고, 2000년부터 3년마다 PISA(국제학업성취도평가)를 실시하고 있다.

계단식 논
rice terrace

산간 지역의 경사면 일부를 개간하여 계단처럼 소규모로 조성한 논으로 다랑이논이라고도 불린다. 산에서 흘러내리는 물을 저장하기 때문에 홍수 방지, 수원 공급, 다양한 동식물의 서식 공간 확보나 아름다운 경관 제공 등 다양한 역할을 하고 있다. 계단식 논을 일구며 생활하고 이를 계승하는 사람들의 문화나 생물다양성은 지속 가능한 환경과 인간 삶의 본래 모습이 어떤 형태인지를 시사하고 있다. 그러나 경제적 효율을 중시하는 풍조나 경작하는 사람들의 감소로 현재 계단식 논은 황폐화되고 사라질 위기에 직면해 있다. 필리핀 바나우에 있는 세계 최대 규모의 계단식 논은 1995년 유네스코 세계유산으로 등록되었다.

✚ 한국에서는 경상남도 남해군 가천마을의 '다랑이논'이 유명하며, 국가지정 명승 제15호로 지정되어 있다. 전라남도 완도의 청산도 구들장 논은 유엔식량농업기구(FAO)의 세계중요농업유산 기준에 의거하여 2013년 국가중요농업유산 1호로 지정되었다.

계면활성제
surface active agent

액체에 첨가해 표면장력 저하를 촉진하는 화학물질로, 유화제와 세제에 많이 포함되어 있다. 식품 가공에서는 '유화제'로 불리는 경우가 많다. 계면활성제는 '친수기(물에 섞이기 쉬운 특성)'와 '친유기(기름에 섞이기 쉬운 특성)'를 갖고 있어, 수용액이 임계미셀농도[표면 활성제 용액의 농도가 증가해도 전기 전도율이 더 증가하지 않을 때의 농도를 뜻하는 용어]에 도달하면 작은 결정체가 생기게 된다. 이때 친유기의 부분이 수분과 결합하여 결정체 안으로 들어가 외곽 부분의 친수기가 물과 결합하면서 녹는다(수용화). 세제의 경우 본래 물에 녹지 않는 기름때를 물속에서 녹이는 역할을 한다.

고갈성 자원
exhaustible resource

지구상에 한정된 양만 존재하여 이용할수록 고갈되는 자원을 말한다. 재생 불가능 자원, 비재생 자원이라고도 부른다. 석유와 석탄 등 화석연료나 금속·광물은 지구상에 유한하게 존재하는 고갈성 자원이다. 한편 목재, 목재연료 등은 태양 에너지에 의해 계속 생산이 가능한 재생 이용 자원, 또는 비고갈성 자원이라고 부른다. 고갈성 자원이라도 광물은 종류에 따라 연간 생산량 및 확인 매장량이 크게 달라져 수십 년 또는 수십만 년분의 매장량이 확인되는 것도 있다.

고유종
endemic species

특정 지역에만 분포하는 생물종을 말하는데 일반적으로 특산종 또는 토착종이라고 한다. 반대로 전 세계적으로 분포하고 있는 종은 '세계 보편종(cosmopolitan species)'이라고 한다. 고유종은 한정된 지역에서 오랜 시간 동안 지리적으로 종분화한 것이 다른 지역으로 분포되지 않은 채 남아 있는 경우와, 과거에는 더욱 넓은 지역에 걸쳐 분포하던 것이 특정 지역의 개체군을 남기고 멸종한 경우로 나뉜다. 이동성이 작은 생물의 경우 섬이나 산맥에서 분리·격리된 깊은 호수 등에서 새로운 고유종이 형성되기 쉽다. 고유종은 분포가 한정된 만큼 환경 변동으로 인한 멸종 확률이 높아서 생물다양성 보전상 중요하다. 고유종이 많이 분포하고 있으면서 인간 활동에 의한 서식처 악화에 따라 종의 멸종 속도가 높은 지역은 생물다양성 보존 중요지점(biodiversity hotspots)이라고 불리는데 마다가스카르, 필리핀 제도, 뉴칼레도니아 등이 여기에 속한다.

❶ 한반도의 자생생물 5만 827종 가운데 4.5%인 2,289종이 고유종으로 분류된다.
※ 출처: 『2018 국가생물다양성 통계자료집』, 환경부 국립생물자원관

공공 인식 개선
public awareness

일반적으로 행정 관계자와 연구자, 해당 분야의 전문가 등이 신문, TV, 인터넷 등의 다양한 미디어를 이용하거나 홍보 활동이나 강연, 회의, 집회 등을 개최하여 관련 문제에 관한 시민의 인식을 높이는 것을 말한다.

지구온난화와 산성비 같은 지구환경문제는 일상적으로 현실감을 갖고 그 문제를 인식하는 것이 어렵다. 특히 일반 시민이 이런 환경문제를 고민하는 데는 특정한 계기가 필요하다. 이런 경우에 비교적 장시간에 걸쳐 폭넓게 많은 시민을 대상으로 삼아 그 문제의 존재를 알리고 가능하면 그것에 대해 소통하는 것이 해법의 열쇠가 된다. 이런 의미로 공공 인식 개선은 환경교육에서 중요한 역할을 한다고 할 수 있다. 공공 인식 개선의 중요성은 1997년, 유네스코와 그리스가 개최한 테살로니키회의에서 채택된 테살로니키 선언에서 강조되었다.

공생
symbiosis

다른 생물이 같은 장소에서 생활하는 것을 가리키는 생태학 용어이다. 종간 관계의 형태에 따라 콩과 식물과 뿌리혹박테리아(근립균)의 관계와 같은 상리(相利)공생, 흰둥가리와 말미잘의 관계와 같은 편리(片利)공생, 사람과 장내 회충의 관계와 같은 기생(寄生)으로 유형을 나눈다.

생태학적 개념으로서는 포식과 경쟁에 비교되어 경시되었지만, 최근에는 다양한 종과 시간적·공간적 규모로 다양한 공생 관계가 보고되고 있다. 또한 시점 및 분석 기법(분자생물학과 동위 원소 분석 등)도 다양화하여 공생 관계 연구는 생태학의 주요 분야가 되고 있다. 생물다양성 보전과 관련된 논의에서는 공생을 좀 더 넓은 의미로 파악하여 지역의 생물이 지속적으로 보전된 상태를 가리키는 경우도 많다.

최근에는 '자연과의 공생, 공생 사회, 다문화 공생' 등과 같이 인간과 자연 혹은 사람과 사람 사이에서 서로 상처 입히거나 배제하지 않고 같은 공간에 존재하는 평화적 상태를 가리키는 용어로 사용된다. 인류의 '자연과의 공생'은 환경교육의 가장 기본적인 과제이며, 인류가 평화롭고 지속가능한 사회를 구축하는 데 '공생 사회, 다문화 공생'은 매우 중요한 개념이라고 할 수 있다. 환경학습은 이와 같은 사회적 맥락과 생물학적 맥락으로 나누어 이해할 필요가 있다.

공유지/커먼즈
commons

특정 지역 사람들이 공유지를 지속적으로 공동 이용하는 제도로, 공유지를 이용할 수 있는 인원이 한정된 로컬 공유지와 인원이 한정되지 않은 글로벌 공유지로 나뉜다. 전자는 야산이나 산림, 강, 바다, 습지 등이며 후자는 남극대륙과 해양, 우주 등이 있다. 이 로컬 공유지는 이용을 위해 규칙이 정해져 있는 엄격한 로컬 공유지와 규칙이 느슨하거나 존재하지 않는 느슨한 로컬 공유지로 나뉠 수 있다.

'커먼즈'라는 용어는 공유지 등의 토지나 그곳에 있는 어떤 '자원', 또는 '이용권' 등의 권리로 사용될 때도 있다.

전통적 공유지의 이용과 관리는 지역 주민에 한정되어 있었다. 하지만 광범위한 시민의 관계가 형성되면서 현재의 공유지는 폭넓은 연령층을 대상으로 한 자연관찰회, 체험형 환경교육 프로그램 등 가까운 자연 속 지역 환경교육 구조로서 의의를 가지게 되었다. 공유지는 자연환경보전 및 환경교육에 자원봉사로 참여하는 시민이 공유지의 자연에 관한 지식을 얻거나 전문가, 또는 다른 자원봉사자와의 네트워크를 구축하는 평생학습의 장이기도 하다.

공유지의 비극
Tragedy of the Commons

다수의 사람이 자유롭게 이용할 수 있는 공유자원이, 필연적인 자원 남용이 일어남으로써 황폐를 초래한다는 것을 말한다. '공유지의 비극'이라는 용어는 1968년 미국의 생물학자 개릿 하딘이 학술지 〈사이언스〉에 발표한 글의 표제에서 유래했다.

자유롭게 이용할 수 있는 목장(공유지)에서 개인이 자신의 이익 증대를 위해 방목하는 소를 늘리겠다고 생각하게 되다면, 개인에게는 합리적 결정이 될지라도 다른 개인 역시 이와 같은 결정을 하면서 전체적으로 지나친 방목이 일어나 목장의 황폐(비극)를 가져온다는 것이다.

이 생각에 따르면, 애덤 스미스(Adam Smith)가 『국부론』(1776년)에서 제시한 것처럼 개인이 저마다의 이익을 추구할 때, '보이지 않는 손'은 움직이지 않고 사회 전체의 이익을 해치게 된다. 이를 막기 위해서는 오염물질 배출 규제, 도심의 노상 주차 유료화 등과 같은 '이해 관계자 다수가 서로 합의한 강제력'을 행사해 자유를 제한할 필요가 있다. 현대의 지구환경 문제 역시 공유지의 비극에 비유되는 경우가 많고 국제적인 규칙으로 그것을 막으려는 시도가 이루어지고 있다. 이산화탄소 배출량의 감축 목표를 설정하고 지구온난화 문제에 대처하려는 것이 하나의 예라고 할 수 있다.

공정무역/공정거래
fair trade

국제공정무역기구는 소비자들에게 일상의 소비활동을 통해 빈곤 문제를 줄일 수 있는 효과적인 방법으로 공정무역을 제공한다. 공정무역은 기존 국제무역의 구조적인 문제를 해결하기 위해 만들어진 대안적 접근으로서 생산자와 무역업자들, 그리고 기업과 소비자들의 파트너십에 기반한다.

제2차 세계대전 이후에 탄생한 공정무역이 세계무역 전체에서 차지하는 비율은 얼마 되지 않지만, 21세기에 접어들어 눈부신 성장이 있었다. 현재 공정무역 이념의 실현을 목표로 세계에서는 다양한 공정무역 단체가 활동하고 있다. 특히 1990년대에 시작된 공정무역 인증 마크는 공정무역의 보급·확대에 큰 효과를 가져왔다. 또 그 과정에서 각국에서 산업별로 실시됐던 인증의 시스템도 1997년, 국제공정무역기구(FLO)라는 국제조직 아래 통일되었고 공정무역 기준을 만족한 제품에만 인증 마크를 붙일 수 있게 되었다. 공정무역 기준은 다음과 같다.

| 거래의 공평 기준 | 매입 최저 가격 보증, 할증(프리미엄) 지불, 장기적으로 안정된 거래, 필요경비 선불

| 사회적 기준 | 안전한 노동환경, 민주적인 운영, 노동자 인권 존중, 지역사회 발전, 아동노동·강제노동 금지

| 환경적 기준 | 농약·약품 사용에 관한 규정, 친환경농업, 유기재배 장려, 유전자 재조합 작물(GMO) 금지

FLO의 공정무역 기준의 특징은 생산비용을 조달함과 동시에 경제적·사회적·환경적으로 지속가능한 생산과 생활을 지탱하는 '공정무역 최저 가격'과 생산 지역의 사회발전을 위한 자금인 '공정무역 프리미엄'을 생산자에게 보증한다는 점이다. 따라서 공정무역은 생산자(단체)와 수입자(사회)가 가능한 한 중간상인을 줄이고 직접적 관계를 맺어 정보의 비대칭성을 극복하기 위한 시도라 할 수 있다. 말

하자면 국제무역에 관한 '시장의 실패'를 보상하는 활동이라고 할 수 있지만, 다른 한편으로 ①교육 수준이 높은 일부 농민만 공정무역 기준을 달성할 수 있어 가장 가난한 농민은 더욱 소외되는 상황으로 몰리게 된다. ②공정무역 마크는 거대 다국적 기업의 시장 참여를 허용함과 동시에 오히려 그들의 입장을 유리하게 하고 있다는 비판도 있다(J. P. 보리스, 『커피, 카카오, 쌀, 목화, 후추의 암흑 이야기』). 이 과제들을 극복하기 위해선 생산자의 편에 선 관점이 더욱 요구된다.

공해
pollution

공장 건설, 조업, 공공사업, 자동차와 비행기, 전철 운행 등 산업이나 교통으로 자연 및 생활 환경이 파괴되면서 지역 주민의 건강과 생활에 불의의 피해가 발생하는 것을 공해(公害)라고 한다.

공해는 산업화 사회의 발달과 함께 발생하게 되었으며 런던 스모그, 로스앤젤레스 광화학 스모그 등이 알려져 있다. 일본에서는 특히 경제 발전을 우선하는 정책이 추진되면서 커다란 공해 피해를 낳게 되었다. 4대 공해병 외에도 1960년대, 1970년대에는 '열도 총오염'이라고 불릴 정도로 대기오염과 수질오염에 휩싸인 바 있다.

시즈오카에서는 바다에 묻힌 제지 공장의 슬러지에서 발생한 황화수소가스로 물고기가 대량으로 죽고 어업이 불가능했다. 도쿄를 가로지르는 다마 강은 '죽음의 강'으로 불렸고 세제 거품이 일고 폐유와 악취로 가득했다.

1970년 7월 18일, 도쿄 스기나미의 릿쇼우 고등학교 운동장에서 놀던 학생이 호흡곤란 상태가 되었고 체육관에 있던 학생 등 총 43명이 병원에 입원하기도 했다. 같은 날 도쿄와 사이타마에서 약 6,000명이 눈의 통증을 호소했다. 이것이 일본에서 처음으로 광화학 스모그가 확인된 사건이다. 이 사건이 있기 전에 공해 사건은 수도권에서 멀리 떨어진 곳에서 일어나는 것으로 인식되었지만, 광화학 스모그는 도쿄에서 발생했기 때문에 일본 정부가 받은 충격이 컸다고 할 수 있다.

이러한 사태를 무시할 수 없었던 일본 정부는 1970년 7월 중앙공해대책본부를 설치하여 불과 3개월 만에 14건의 공해 관련 법안을 만들었다. 당시 총리는 공해 행정을 일원화하기 위해 다음 해인 1971년 7월에 환경청을 설치했고, 공해 재판 등의 영향으로 환경청 출범과 함께 공해 대책이 급속도로 진전됐다. 1980년대부터 공해 문제는 세계적인 환경문제로 새롭게 인식되었고 인류가 풀어야 할 커다란 과제가 되었다.

➕ 한국에서 가장 먼저 문제가 된 공해 사건은 경남 울산시 울주군 온산면에서 나타난 '온산병'을 들 수 있다. 1974년에 정부의 경제개발정책으로 대규모 중화학공업단지가 조성되었는데, 1983년경부터 주민들에게 전신 신경통 등의 증세가 발병하기 시작했다. 1985년 기사화되면서 사회문제가 되었다. 1991년에는 낙동강 페놀 오염 사건이 발생했다. 구미공업단지에 있는 두산전자에서 두 차례에 걸쳐 페놀 30여 t과 1.3t이 낙동강으로 유출되었다. 이에 대한 책임을 물어 당시 두산그룹 회장이 사퇴하고 두산전자는 64일 영업정지 처분을 받았으며 이후, '환경범죄의 처벌에 관한 특별조치법'이 제정됐다.

공해교육
pollution education

|의미| 극심했던 공해 발생을 기점으로 일본에서 독자적 교육으로 성립한 교육운동 및 교육 사조를 뜻한다. 공해교육은 자연보호교육과 더불어 일본 환경교육의 중요한 원류 중 하나로 일컬어진다.

|탄생| 1950년대 말부터 1970년대까지의 고도 경제성장기에 이른바 4대 공해병으로 불리는 미나마타병, 이타이이타이병, 니가타미나마타병, 욧카이치 천식으로 많은 피해자가 나왔고 심각한 사회문제가 되었다. 이 밖에도 국소적인 여러 공해 문제가 발생했다. 공해 발생지에서는 다양한 공해 반대운동이 전개되었는데, 여기에서 나타난 것이 공해교육이다.

공해 반대운동은 단순히 공해에 대한 반대 입장을 표명할 뿐만 아니라 공해라는 현상이 어떤 것인지, 원인이 무엇인지, 어떻게 대처해야 하는지 등을 공해 피해자 측에서 조사하고 정리하여 그 내용을 지역 내의 학습회 등을 통해 널리 알리는 활동으로 이루어졌다. 이러한 당사자들의 자발적 학습의 전개를 공해교육의 탄생으로 볼 수 있다.

|변천| 공해 반대운동을 담당한 사람들 중에는 학교 교사도 있었지만, 당시 일본의 학습지도요령(교육과정 지침에 해당)에는 공해를 지도하는 방법에 대한 언급도 없었고, 교과서에도 공해와 관련한 내용이 없었다. 이런 상황 속에서 공해교육은 공해가 극심한 지역과 공해

문제에 깊이 관여한 교사들에 의해 학교 현장의 교육 실천으로 시작되었던 것이다. 1964년에 '도쿄도 소·중학교 공해대책연구회'가 결성되었고 1967년에는 '전국 소·중·고 공해대책연구회'가 탄생했다. 공해라는 학습 과제가 학습지도요령에 실리게 된 것은 1971년부터이며, 그 후 학교교육 안에서 제도화되었다. 일본 환경교육의 역사 속에서 처음 제도화된 것이 공해교육이었으며 환경교육의 주요한 원류라고 할 수 있다. '전국 소·중·고 공해대책연구회'는 지금의 '전국 소·중·고 환경교육연구회'의 전신이기도 하다.

공해교육 실천의 예로 누마즈와 미시마 지구에서 컨베이어벨트 유치 반대운동 중에 전개된 일련의 주민 학습, 욧카이치에서 이루어진 학교 교육과정 내 공해교육 자율 편성, 그리고 구마모토의 중학교 교사였던 다나카 유우이치의 미나마타병에 관한 공해교육 활동 등을 들 수 있다. 이 외에도 당시 일본교직원노동조합에 의한 교육 연구 집회에서는 공해교육 실천의 보고서가 다수 제출되었고 각지에서 다양한 공해교육이 진행되었다.

공해의 영향을 더욱 적게 한다는 관점에서 '공해를 이겨 낼 체력 만들기(욧카이치 오하마 소학교)'와 같은 건강 교육적인 공해교육 실천도 등장했다.

|과제| 4대 공해에 관한 재판이 끝나고 언론이 공해문제를 다루는 경우도 감소하면서 공해교육은 이미 끝났다거나 교육 실천이 사라졌다는 의식도 확대되고 있다. 그러나 공해에 관한 학습은 오늘날의 학교교육 속에서도 면면히 이어지고 있다. 그리고 공해라는 극적인 문제가 다시는 일어나지 않도록 시민들이 높은 모니터링 의식을 갖게 하는 교육활동이 여전히 필요하며 이것은 공해교육의 연장선상에 있어야 할 것이다. 공해교육은 현재 환경교육의 전개에서 매우 중요하고 여전히 높은 가치를 지니고 있다.

공해대책기본법
Environmental Pollution Prevention Act

일본에서 국가, 지방 공공단체, 사업자의 공해방지에 관한 책무를 규정하고 공해방지 시책의 기본적 방향을 제시한 법률이다. 공해대책기본법(1967년)은 대기오염, 수질오염, 진동, 소음, 지반침하, 악취, 토양오염(1970년 개정으로 추가)을 전형적인 7대 공해로 규정하고 있다. 이에 따라 개별법의 제정, 환경 기준의 설정, 개별의 규제 조치, 특정 지역의 공해방지 계획 작성, 피해자 구제 제도의 확립 등이 설정되었는데 환경기본법(1993년)의 제정에 따라 폐지, 통합되었다.

⊕ 한국은 1963년 공해방지법을 제정했지만, 그 실효성이 떨어져 1977년에 환경보전법 제정으로 대체되었다.

공회전 정지
No Idling, Idling-stop

자동차가 정지해도 엔진이 가동하고 있는 상태를 공회전이라 한다. 정차 중에 엔진을 움직이면 불필요한 연료를 사용하게 된다. 신호 대기 등의 주정차일 때, 공회전하지 않는다면 연료를 절약하고 이산화탄소 발생을 감소할 수 있다. 자동차가 정지하면 엔진도 멈추고, 엔진을 움직이면 금방 출발할 수 있는 '공회전 정지와 출발'의 기능을 갖춘 자동차가 개발되었다.

과다 방목
overgrazing

방목된 가축의 수가 너무 많아서 초원의 생산량에 비해 가축에 의한 소비량이 많은 상태를 의미한다. 세계적으로 보면 이러한 과다 방목은 사막화의 인위적 요인 중 가장 큰 원인이 된다. 과다 방목이 문제가 되는 지역에서는 초원의 식생량 감소, 가축의 개체 수 증가로 인한 토양 경화, 빗물의 지하침수 저하로 인한 표면증발량 증대, 식생의 재생 곤란 등의 악순환이 일어나고 있다. 또 가축의 수는 소유자의 소득과 직결되기 때문에 경제 발전이 과다 방목을 한층 더 악화시키고 있다. 대책으로는 정책적인 가축 수 조정과 토지 생산성을 올리는 등의 목축 기술 보급이 필요하다.

과소
depopulation

|정의| 인구 감소로 일정한 생활수준을 유지하는 것이 어려워진 지역의 상태를 의미한다. 과소지역자립촉진특별조치법에서는 인구 감소율, 고령화률, 젊은 연령 비율, 재정력 지수를 기준으로 과소지역을 정하고 있다.

|배경| 고도 경제성장기에 농어촌의 젊은 연령층이 일자리를 구하기 위해 대도시로 나가면서 나타났다. 과소지역의 인구 감소율은

1960년부터 1965년까지 5년간 12.8%, 1965년부터 1970년까지 13.6%로 두드러지게 높아졌다. 대규모 인구 이동은 대도시권의 과밀문제를 발생시켰지만, 동시에 인구 감소 지역에는 과소문제를 초래했다. 과소와 과밀은 동시에 발생한 문제이다. 이런 시대 배경의 영향을 받아 과소라는 단어가 공문서에 처음으로 등재된 것은 1967년 경제사회발전계획에서였다. 그 후 1990년대로 접어들자 전출자에 의한 인구 감소는 안정화되었다. 그러나 현재 다수의 과소지역에서는 고령화가 진행되어 65세 이상 고령자가 반 이상을 차지하고, 사회적 공동생활 유지가 힘들어진 '한계 집단'이 각지에서 생겨나고 있다. 과소지역의 인구 감소 요인은 과거의 사회적 감소(전입자보다 전출자가 많다)에서 자연 감소(출생자 수보다 사망자 수가 많다)로 바뀌고 있다.

| 문제 | 식료·농업·농촌기본법에서는 '식료의 안정 공급 확보', '다면적 기능의 충분한 발휘' 등을 목표로 내세우고 있다. 농지 및 산림은 수원함양(물을 조절해 공공용수의 원활한 공급 및 가뭄과 홍수 피해를 막기 위한 목적)과 토사 유출 방지, 야생동물의 서식처 등 공익적 기능이 있고, 매우 높은 가치를 지니고 있다. 또 자연과 공생하는 문화의 보고이기도 하다. 그러나 과소지역에서는 농림업을 담당하는 인원이 부족하고, 고령화로 인한 경작지 방치 및 산림의 황폐가 진행되고 있다. 게다가 젊은이와 어린이들이 없어서 지역 문화가 계승되지 못하고 소멸할 위험에 처해 있다.

| 현상황과 과제 | 녹색관광과 도시·산촌 교류로 지역을 활성화하고, 고용의 장을 만들어 과소화를 막겠다는 노력이 각지에서 이루어지고 있다. 비영리조직(Non Profit Oganizaiton, NPO)과 자원봉사로 경작 방치 농지·산림을 보살피는 사례도 있다. '자연학교'처럼 다른 일을 하면서 농촌 생활에 새로운 가치를 찾아내는 움직임도 있다. 한편 시·마을이 합병해서 대규모로 과소지역이 잘 드러나지 않게 된 현 상황에서는 주의가 필요하다. 도시는 음식, 물, 대기 등 농어촌의 자연환경에 의존하고 있으므로 과소문제는 농어촌뿐만 아니라 도시에서 생활하는 사람들도 고민해야 할 환경과 개발의 문제이다.

❶ 한국은 1960년대 말부터 급격한 인구 유출로 인하여 농어촌 지역을 중심으로 과소 지역이

나타났다. 대도시와의 거리 및 교통 여건, 촌락의 규모, 주요 산업구조 등에 따라 차이가 있지만, 농어촌 지역은 물론이고 지방 중소도시에서도 과소 지역이 확산되고 있다.
※ 출처: 한국민족문화대백과사전

과징금 제도
surcharge system

외부의 경제 불황으로 인해 시장경제가 붕괴하지 않도록 대처하는 수단으로, 부과금을 부과하는 제도이다. 예를 들면, 오염물질 배출량 증가로 인해 환경이 파괴되어 발생하는 외부 비용 증가분에 상당하는 액수를 배출량 1단위당 과징금으로 설정한다. 그렇게 함으로써 기업에 대해 단기적으로는 외부비용을 포함한 생산비용을 최소화하는 오염물 배출량 삭감 인센티브를, 장기적으로는 오염물질 배출 억제 기술 개발 촉진 인센티브를 줄 수 있다.

또한 과징금으로 각 기업의 단기 한계비용이 상승하기 때문에, 산업 전체의 생산량은 감소하고 오염물질의 배출량을 삭감할 수 있다. 장기적으로는 기업의 평균비용이 상승하기 때문에, 이윤을 올릴 수 없는 기업은 산업에서 퇴출당한다. 그 결과 산업 전체의 오염물질도 감소하게 된다.

이처럼 과징금 제도는 생산요소 대체와 오염방지에 도움이 되는 기술 개발을 촉진할 뿐만 아니라, 오염물질을 배출하는 생산재의 낭비를 억제하는 효과를 가져오고, 최적의 자원 배분 달성에 도움이 된다. 다만 적절한 과징금 비율을 추정할 필요가 있다는 것과 과징금 징수를 위한 비용이 필요하다는 과제가 있다.

과학적 환경관
scientific perspective on the environment

환경을 과학적으로 인식하는 견해나 사고방식을 말한다. 과학적 지표를 기반으로 환경을 과학적으로 인식하거나 측정한 경험 및 결과의 축적에서 과학적 모델이나 법칙이 확정되어 가고, 자연을 관찰하는 과학적 환경관이 형성된다. 한편 자연과 인간의 관계에서 지역 환경을 고려한 것으로는 풍토적 환경관이 있다. 기후를 예로 들자면, 과학적 환경관은 기상 요소인 기온과 기압, 풍향과 풍력 등의 과학적 지표를 중시한 환경 인식으로 이어진다. 그에 반해 풍토적 환경관은 인접한 산에 걸린 구름이나 바람의 상태 혹은 그곳 사람들의 생활을 포함한 지역의 자연, 인간 환경 등을 전체적으로 파악한 환경 인식이라 할 수 있다.

과학 커뮤니케이션
science communication

과학자와 일반 시민이 과학적 사실에 대해 소통하는 것을 일컫는다. 우리는 나날이 발전하고 변화를 거듭하는 과학기술의 혜택을 받으며 살고 있다. 하지만 현대사회의 전문화·고도화되는 과학기술을 바르게 이해하는 것은 특정 분야의 전문가 이외에는 점점 어려워지고 있다. 따라서 고도의 과학기술 내용에 대한 시민의 관심을 높이는 일과 전문가가 쌍방향 커뮤니케이션을 통하여 알기 쉽게 전달하려는 노력이 필요하다. 과학카페, 합의회의와 같은 정책 결정과 관련된 과정도 과학 커뮤니케이션의 한 방법이라고 할 수 있다. 과학기술과 관련하여 전문가와 일반 시민의 중간에 서서 양쪽을 연결하는 사람을 '과학 커뮤니케이터(Science Communicator, SC)'라고 한다.

광물자원 자재흐름
material flow

물질흐름이라고도 하며, 특정 분야에 투입된 자원이나 에너지, 그것으로부터 산출된 제품, 부산물, 폐기물, 오염물질 등에 관하여 그 총량과 그것에 포함된 특정 물질의 양, 수지 균형을 체계적·정량적으로 파악한 물질의 흐름을 나타낸다. 대상이 되는 물질은 납 등의 원소, 목재 등의 소재, 가전제품 등의 제품, 폐기물 등이 있고, 통상 경제 통계에서는 잡히지 않는 숨은 흐름과 물, 공기를 포함한 것도 있다. 광물자원 자재흐름 가운데 금속 등의 원소나 특정의 유기물질 등의 화합물을 대상으로 하는 것을 화학물질흐름이라 부른다. 광물자원 자재흐름은 많은 경우 사회·경제활동 속 물질의 흐름을 대상으로 하지만, 화학물질흐름은 환경에 배출된 후의 움직임과 사람에게 폭로하기까지를 분석하기도 한다.

21세기 경제사회에서 인간 활동은 많은 자원을 지구에서 채취하여 이것을 가공한 많은 제품을 생산하고 소비하면서 매일매일 생활하고 있다. 한편, 제품 생산과 소비에 따라서 생기는 불필요한 것은 환경 속으로 돌아간다. 이러한 인간 활동과 환경 사이의 광물자원 자재흐름의 확대가 환경문제의 원인 중 하나이다. 이러한 사회활동과 자연환경 사이의, 또는 다양한 주체 간의 물질흐름을 정량적으로 파악하는 것은, 다양한 정책과 기술을 구상하고, 그 효과를 검증하기 위하여 꼭 필요하다. 광물자원 자재흐름 분석에는 국가와 기업 등의 장소, 범위를 먼저 결정하고 거기에 들고나는 물질의 총량을 잡는 방법, 또 하나는 특정 물질과 제품 등의 물질을 먼저 정하고 그것들이 어떠한 용도로 쓰이는가, 어디에 폐기·재활용되는지를 알아내는 방법이 있다.

광합성
photosynthesis

녹색식물, 광합성세균 등 광화학 반응계 및 탄소 고정 경로를 가진 생물이 크로로필 등의 색소로 빛에너지를 포착하여 화학에너지로 전환(이 과정에서 물이 분해되고 산소를 방출)하고, 이산화탄소를 재료로 탄수화물을 합성하는 생화학 반응을 광합성이라고 한다. 광화학 반응계 및 탄소 고정 경로의 반응은 각각 명반응과 암반응이라고 부른다. 광합성은 생태계의 1차 생산을 맡고 생태 피라미드의 가장 밑 부분을 지탱하며 이산화탄소의 고정과 산소 방출로 지구 대기를 안정화하고 있다. 광합성을 인위적으로 실현한 '인공광합성' 연구도 진행되고 있는데 이 연구가 식물보다 효율적이며 쉽게 관리할 수 있는 광합성을 수행할 수 있게 된다면 지구가 직면하고 있는 온난화 문제나 식량문제 해결에 길이 열릴 것으로 전망된다.

광화학 스모그
photochemical smog

대기 중에 광화학 옥시던트와 에어로졸이 체류하는 현상을 말한다. 광화학 옥시던트는 질소산화물이나 탄화수소 등이 자외선에 의해 광화학 반응을 일으켜 생성하는 오존 등의 물질을 총칭하는 것으로 눈의 통증과 두통 등 인체에 피해를 준다. 1945년 미국 로스앤젤레스에서 처음 관측되었고, 일본에서는 1970년에 도쿄에서 관측된 후 도시를 중심으로 속속 관측되었다. 현재는 공장이나 자동차에서 발생하는 질소산화물 저감 대책이 진행되어 원인 물질 자체는 줄어드는 경향을 보이고 있다.

일본에서 새롭게 나타나는 광화학 스모그의 원인으로는 중국의 대기 오염물질의 이동 등이 지적되고 있다.

교과와 환경교육
school subjects and environmental education

2007년 간행된 『환경교육지도자료』(이하 지도자료)에서는 환경교육은 교과, 도덕, 특별활동, 종합적 학습 시간 안에서 각각의 특성에 맞게 상호 관련하면서 학교교육 전체를 통해 실시하는 것으로 제시하고 있다. 그리고 교육과정을 편성할 때 교과 또는 교과와 관련하여 환경 학습이 충실하게 이루어지도록 배려해야 한다는 견해를 밝히고 있다. 환경이라는 개념이 광범위하고 다면적이기 때문에 횡단적이며 종합적인 구성이 필요한 과제라 할 수 있다.

학교에서의 환경교육은 종합적 학습 시간을 중심으로 하면서도 사회과, 과학과, 생활과, 가정과 등에서 이루어지고 있다. 각 교과의 목표와 관련하여 '환경을 바라보는 시점: 순환, 다양성, 생태계, 공생, 유한성, 보전'에 기초하여 학습 내용을 정리하는 방식으로서의 지도가 제안되었다. 예를 들어 가정과에서는 '순환'이라는 시점에서 '물이나 세제를 절약하는 세탁 방법'을 가르친다고 했을 때 세탁 방법만으로 접근했던 수업에서 벗어나 수자원, 수질오염, 소비자 행동의 문제까지 시야를 넓혀 수업이 이루어지게 되는 것이다.

지금까지 환경교육에서는 사회과와 과학에 관한 수업 사례가 특히 다양하게 축적되어 왔다. 두 교과의 환경교육의 사례를 소개하면 다음과 같다.

사회과에서는 '지구의 산업과 소비생활, 지역의 지리적 환경, 국토와 자연, 산업과 국민 생활, 정치의 움직임과 사고방식, 국제사회에서의 우리의 역할' 등의 내용을 환경교육의 시점에서 지도해 왔다. 예를 들어, 지구의 쓰레기 처리 방식을 배우고 3R의 활동을 실시하는 수업, 국토의 산림자원의 풍요로움을 현지 견학과 환경보전 관계자의 이야기로부터 배우는 수업 등이 사회과의 전형적인 환경교육 사례라고 할 수 있다. 이런 수업을 구성할 때에는 '①지역의 자연, 문화, 산업 등의 특징과 과제를 중시하고, ②생산, 유통, 소비, 폐기의 리사이클로부터 사회적 현상을 이해하며, ③사회적인 참여 및 체험 활동을 충분하게 넣어 구성'해야 한다. 저학년의 경우에는 생활과 밀접한 관련이 있는 내용으로 지도하는 것이 중요하며 고학년의 경우에는 '국제사회나 다음 세대와의 관계성, 지속가능한 사회 구축의 이념'을 시야에 둔 지도가 중요하다.

과학과에서는 처음부터 이 교과에서 다루는 자연의 사물, 현상의 거의 대부분이 환경교육의 과학적 기초로서의 의미를 지니고 있다고 할 수 있다. 예를 들어 에너지, 입자, 생명, 지구라는 네 영역으로 구성된 과학은 내용의 대부분이 환경교육에서도 필요한 것이다. 더욱이 전 지구적 환경문제(산성비, 오존층의 파괴, 지구온난화)나 지역적 환경문제(부영양화, 수질악화) 등의 과학적 설명, 그리고 이러한 것들을 체험적으로 이해하기 위한 관찰과 실험도 부분적으로 학습 내용으로 포함되어 왔다. 또한 과학과에서는 교과의 목표로 '과학적 자연관의 육성'이 설정되었는데, 자연과 환경을 과학적으로 바라보려는 태도는 환경교육에도 중요한 태도라고 할 수 있다. 과학과에서는 환경과 생명을 존중하는 태도를 육성하는 것도 목표에 포함되었다. 예를 들어 일부의 사례에서는 먹이그물이나 생산자와 소비자 등의 생태학적인 개념의 학습은 생물다양성의 중요성을 인식시키는 것에 연결되어 왔고 발생과 같은 생명 현상의 학습은 생명 존중의 의식과 연결되었다. 과학의 관점만을 과도하게 중시하는 독선적이며 획일적인 사고를 만드는 위험성이 있지만 인간과 생물, 환경에 대한 과학적인 이해, 그리고 이를 바탕으로 하는 과학적인 자연관, 나아가 생명 존중의 태도는 환경교육의 목적과도 겹치는 부분이 크다.

이와 같이 학교의 교과 등에서의 환경교육은 일본의 환경교육이 보급, 정착하는 과정에서 큰 역할을 했다고 할 수 있다. 그러나 현재 몇 가지 과제도 드러나고 있다. 먼저 소학교에서는 학급 담임이 횡단적이며 총합적인 구성을 하는 것이 중학교나 고등학교에 비해 쉬운데, 교사의 전공 분야나 환경교육에 대한 인식에 따라 환경교육과 관련된 학습 내용이나 방법이 크게 좌우되는 경향이 나타난다. 한편 중학교나 고등학교의 경우 교과와 과목 담당이 달라서 상호 연계가 부족하거나, 학군의 광역화로 지역과의 연계가 어려워지고 있는 점, 입시 중심의 지도에 따라 횡단적이며 총합적인 환경교육의 실천이 이루어지고 있지 않은 점 등이 과제로 부각되고 있다. 이런 이유로 최근에는 환경교육을 위한 독립된 교과의 필요성이 제기되고 있다.

➕ 한국은 2008년 환경교육진흥법이 제정되면서 2010년 9월 제1차 환경교육종합계획(2011~2015년)이 수립·추진되었다. 현재는 제2차 환경교육종합계획(2016~2020년) 단계에 있다. 한국의 학교교육에서 독립 교과로서의 '환경' 과목은 제6차 교육과정부터 설치되기 시작해, 1995년 중학교의 『환경』, 1996년 고등학교의 『환경과학』 교과가 개설되었다. 2013~2014년 중·고등학교 모두 『환경과 녹색성장』 과목으로 개편되었다가 2015 교육과정 개정과 함께 다시 과목명이 『환경』으로 변경되었다. 2015 개정 초·중등학교 교육과정 총론에서 범교과 학습 주제로 '환경·지속가능발전'을 포함하고 있을 만큼 학교 영역에서 지속가능발전을 목표로 하는 환경교육이 강조되는 추세다.

교재·교구
teaching material(s)/teaching instrument(s)

| 의미 | 교재는 일정한 교육 목적을 달성하기 위해 선택된 교육의 구체적 내용·문화적 소재, 또는 그것을 학습에 적용하기 위해 구성한 것으로 정의할 수 있다. 교재와 교구가 거의 동일한 대상을 의미할 때 '교재·교구'로 묶어 사용하고, 교육 목적을 달성하기 위한 재료나 내용은 교재로, 학습자가 효과적으로 교재를 습득하기 위해 고안된 도구를 교구로 구별하여 사용할 때도 있다.

교재는 교육 활동의 기본이 되는 지도자와 학습자를 잇는 매개물로 중요한 교육 요소 중 하나이다. 즉 교사에게는 가르치는 내용, 학생에게는 학습하는 내용이 된다. 이처럼 '교육'과 '학습'의 의미 차이는 환경교육과 환경학습에서도 마찬가지이다. 교재는 주로 서적을 비롯하여 자료와 각종 도구 등이 해당하는데 물품만을 의미하는 것이 아니라 사람, 자연환경, 지역사회 등도 학습에 이용된다면 교재가 될 수 있다.

| 환경교육과 교재·교구 | 환경교육에서도 다양한 교재·교구가 개발되어 활용되고 있다. 예를 들어 공장의 환경 대책을 테마로 한 카드를 이용한 전략 사고형 게임, 자연 체험에 이용되는 활동형 교재·교구, 수업 프로그램 활용 방법 해설집 등이 이에 해당한다. 숲과 같은 학습지에서는 복수의 교재를 함께 활용하기도 하며 특정 내용에 초점을 맞추어 단일한 교재로 학습하는 것도 가능하다.

환경교육은 유아에서 성인까지 다양한 연령층에서 이루어지는데 각 대상자의 발달단계와 상황에 따라 적합한 교재·교구를 선택해야 한다. 또 학습자의 흥미·관심과 배경 지식 등에 따라 설명형의 학습 지도, 체험형의 학습 지도 등 대상자에게 맞는 학습 지도법을

선택하고 교재의 종류를 검토해야 한다. 예를 들어 게임 동영상, 활동지, 지도자용 안내지 이용 등 적절한 교재의 선택이 요구된다.

|과제| 최근에는 국제화·정보화 등 큰 사회적 변화로 학습자의 흥미·관심에 따른 새로운 교재·교구의 개발도 요구된다. 또한 환경교육의 학습 내용의 범위가 광범위하므로 교재 연구는 교육 목적 달성을 위해서도 지도자에게 요구되는 중요한 자질이라고 할 수 있다.

교토 의정서
Kyoto Protocol

|의미| 지구온난화 문제에 대처하기 위해서 기후변화협약 제2조 온실가스의 대기 중 농도의 안정화라는 목적을 달성하기 위한 법적 구속력을 갖는 수치 목표를 규정한 의정서(국제회의 의사에 각국 대표가 서명한 문서)이다. 1997년 교토에서 개최된 기후변화협약 제3차 당사국총회(COP3)에서 채택되었기 때문에 '교토 의정서(Kyoto Protocol to the United Nations Framework Convention on Climate Change, UNFCCC)'라고 부른다. 2005년에 발효하여, 미국과 캐나다를 제외한 거의 모든 나라가 참여하고 있다.

|내용| 선진국에 법적 의무가 있는 온실가스 감축 의무 목표를 부과하고 있다. 목표 달성의 수단으로 타국의 배출 절감분을 이용하는 '청정개발체제'를 포함한다. 산림 등에 의한 온실가스 흡수도 목표 달성에 이용할 수 있다. 제도 운용의 구체적인 룰은 2001년, 모로코 마라케시에서 열린 기후변화협약 제7차 당사국총회(COP7)에서 결정되어 마라케시합의로 불린다.

|경위| 1992년에 채택된 기후변화협약에는 1990년대 말까지 선진국의 온실가스 배출량을 1990년 수준으로 줄인다는 목표가 설정되었지만 법적 의무는 없었다. 1990년대 중반에 많은 선진국에서 온실가스 배출량이 증가했고 그 후에도 증가할 전망이었다. 이러한 상황에서 선진국의 대책이 부족하다는 인식이 퍼졌고, 선진국에게만 의무를 부과하는 새로운 의정서를 1997년까지 채택하는 것을 목표로 설정되었다. 이것이 1995년 독일 베를린의 COP1에서 합의된 베를린 의정서이다. 2년간 협상을 거쳐 최종적으로 1997년 12월, COP3에서 교토 의정서가 채택되었고 2005년부터 발효되었다.

|의의| 각국에 대해 온실가스 배출 감축을 처음으로 법적 의무로 부과했다는 점에서 의의가 있다. 온실가스 배출에 대한 아무런 제약이 없고 책임도 없던 상태에서 배출량 상한을 의무화했다는 의미에서 역사적 전환이라고 할 수 있다. 이에 따라 각 나라와 지역에서 에너지 절약·신재생에너지 도입 등이 활발히 이루어지게 되었다. 또한 온실가스 감축이라는 방향성을 명확히 했고, 청정개발체제 등 경제적 동기 부여의 시스템을 도입함으로써 환경 관련 산업 투자를 자극하게 되었다.

|과제| 교토 의정서는 중요한 첫걸음이었다고 할 수 있지만, 여전히 지구온난화 방지에 필요한 감소량과는 거리가 멀다. 2001년 미국, 2011년 캐나다가 탈퇴를 선언하는 등 체제 자체가 흔들리기도 했다. 또한 교토 의정서가 감축 의무를 부과하지 않은 개발도상국에서 이산화탄소 배출량이 급증하고 있는 것도 과제라고 할 수 있다. 그러나 법적 구속력이 있는 유일한 틀인 교토 의정서를 존속시키고 이것을 기반으로 대책 강화를 추진해야 한다는 나라가 대다수이다.

2012년 열린 카타르 도하회의(COP18/CMP8)에서 교토 의정서를 개정, 2013년 이후에도 선진국에 배출 삭감 의무를 부과하는 것에 합의했다. 이것은 법적 의무 존속이 필요하며 새로운 틀에서 개발도상국에도 삭감 의무를 부과하려면 선진국이 교토 의정서의 의무를 지키는 것이 형평성의 관점에서 불가결하다는 판단 때문이었다. 한편, 교토 의정서 제2약속 기간에 배출 삭감 약속을 하지 않은 일본 정부는 국제사회의 비판적인 시선을 받고 있다.

❶ 2015년 제21차 당사국총회(COP21, 파리)에서는 2020년부터 모든 국가가 참여하는 신기후체제의 근간이 될 파리협정(Paris Agreement)이 채택되었다. 이로써 선진국에만 온실가스 감축 의무를 부과하던 기존의 교토 의정서 체제를 넘어 모든 국가가 자국의 상황을 반영하여 참여하는 보편적인 체제가 마련되었다.

파리협정은 지구 평균기온 상승을 산업화 이전 대비 2℃보다 상당히 낮은 수준으로 유지하고, 1.5℃로 제한하기 위해 노력한다는 전 지구적 장기목표 하에 모든 국가가 2020년부터 기후행동에 참여하며, 5년 주기 이행점검을 통해 점차 노력을 강화하도록 규정하고 있다. 또한, 모든 국가가 스스로 결정한 온실가스 감축목표를 5년 단위로 제출하고 국내적으로 이행토록 하고 있으며, 재원 조성 관련, 선진국이 선도적 역할을 수행하고 여타국가는 자발적으로 참여하도록 하고 있다. 협정은 기후행동 및 지원에 대한 투명성 체제를 강화하면서도 각국의 능력을 감안하여 유연성을 인정하고 있으며, 2023년부터 5년 단위로 파리협정의 이행 및 장기목표 달성 가능성을 평가하는 전 지구적 이행점검(global stocktaking)을 실시한다는 규정을 포함하고 있다.

2015년 12월 파리에서 채택되고, 2016년 4월 22일 미국 뉴욕에서 서명된 파리협정은 10월 5일 발효요건이 충족되어 30일 후인 11월 4일 공식 발효되었다.

파리협정 발효 이후 처음으로 개최된 제22차 유엔기후변화협약 당사국총회(COP22)(2016.11.7.-18)에서는 2018년까지 파리협정 이행에 필요한 세부지침을 마련하는데 합의하였으며, 2018년 제24차 당사국총회(COP24, 카토비체)에서 온실가스 감축, 기후변화 영향에 대한 적응, 감축 이행에 대한 투명성 확보, 개도국에 대한 재원 제공 및 기술 이전 등 파리협정을 이행하는데 필요한 세부 이행지침(rulebook)이 대부분 마련되었다.

※ 출처: 외교부_기후변화외교과

구명보트의 윤리
Lifeboat Ethics

1974년 개릿 하딘(Garrett Hardin)이 자원 배분을 보트 탑승에 비유한 개념이다. 60명 정원인 보트에 50명이 타고 있고 그 주변의 바다에 100명이 빠져 구조를 기다리고 있다고 가정하고, 10명밖에 태울 수 없는 '선진국' 보트에 태울 것인가 말 것인가라는 문제를 설정하여, 선진국 보트에는 태우지 않고 선진국의 다음 세대가 미래에 살아남을 수 있도록 환경과 자원을 확보해야 한다는 주장을 제시했다. 이것은 단지 선진국의 이익만을 지키기 위한 것이 아니라 인도적 행위나 정의를 추구하여 오히려 양자가 공멸하는 최악의 사태를 피하기 위한 불가피한 선택이라는 것이다. 개릿 하딘은 '완벽한 정의가 완벽한 파국을 낳는다'며 개발도상국 원조를 부정하고 선진국의 다음 세대의 권리를 지켜야 한다고 주장했다. 그러나 이 주장에 대해서는 다음과 같은 비판이 제기되었다. ①원래부터 지구에 두 종류의 구명보트가 있다는 단순한 예로 현실을 모두 설명할 수 없다. 같은 공기를 마시며 같은 지구 자원을 공유하고 있는 가운데 한쪽이 가라앉으면 이에 따른 악영향은 많든 적든 다른 쪽에도 미치게 된다. ②오늘날 선진국의 기업이 다국적 기업화하여 개발도상국과 경제적 관계를 맺고 있다. 따라서 선진국과 개발도상국이 같은 '우주선 지구호'에 타고 있다는 관점이 무엇보다 필요하다.

구시로 습원
Kushiro Marsh

홋카이도 동부에 있는 일본 최대의 습원(면적 1만 8,290ha)이다. 국가 지정 특별천연기념물 두루미를 비롯하여 이토(연어과의 담수산 경골어), 구시로 하나시노브(꽃고비과의 일종) 등 희귀종의 서식지이며, 큰고니, 오리류 등 철새의 중계지로도 알려져 있다. 국립공원이며 람사르협약 등록지이기도 하다. 집수역의 산림 벌채나 하천 직선화에 따른 흙모래 유입, 농지에서 유래한 부영양화, 외래종 가재(우치다자리가니)의 분포 확대 등으로 인해 오리나무 숲의 확대와 수생 생물의 쇠퇴 등이 나타나고 있다. 직선화된 물길의 일부를 원래의 뱀형 물길로 되돌리려는 대규모 자연재생 사업과 내셔널트러스트 활동, 두루미 먹이 활동, 외래종 제거 등의 보전활동도 이루어지고 있다.

➕ 한국의 최대 자연 내륙 습지는 경상남도 창녕의 우포늪이다. 축구장 210개와 맞먹는 크기에 천여 종의 생명체가 산다. 1998년에 람사르협약 보존 습지로 등록됐다.

국립공원
national park/quasi national park

국제자연보호연맹(IUCN)은 "국립공원은 비교적 넓은 면적이어야 하며, 이 구역은 인간의 개발과 점용으로 물리적으로 변화되지 않은 수(1~7개)의 생태계를 유지하고 있어야 하고, 이 지역의 동·식물과 지형학적 위치 및 서식지가 특별한 과학적·교육적, 여가선용적 가치를 지니고 수려한 자연 풍경을 갖춰야 한다"라고 국립공원을 정의하고 있다.

세계 최초로 지정된 국립공원은 미국의 옐로스톤 국립공원(1872년)이다. 일본의 국립공원은 국가를 대표하는 뛰어난 자연의 경관지에 대한 보호와 그 이용 증진을 도모하여 국민의 보건, 휴양, 교화에 노력하는 것, 그리고 공원 내 생물다양성을 확보하는 것을 목적으로 자연공원법(1957년 제정)에 따라 환경성 장관이 지정하며, 2012년 현재 전국 30곳이 지정되어 있다. 또한 이에 준하는 뛰어난 경관지는 국립공원으로 지정, 전국에서 56개소가 지정되어 광역자치단체의 단체장이 관리하고 있다. 일본 자연공원의 특색은 국유지와 공유지 외에 사유지도 공원으로 지정하는 제도라는 것인데 공원 내의 농림수산업과 그 밖의 산업 활동을 일정 조건하에서 허용하고 있다. 이 때문에 보호 관리상 다양한 과제를 안고 있지만 뛰어난 자연 경관지를 국민 모두가 공유재산으로 여기고 보호·이용하는 관점에서 보면 현실적인 제도라고 할 수 있다. 또한 공원 내 무분별한 개발과 이용을 막기 위한 규제 및 계획을 정해 시행하고 있다. 자연환경의 중요도에 따라 특별 보호 지구, 제1~3종 특별 지역, 해양 공원 지구, 보통 지역으로 나누어 규제하고 사업 계획에서는 자연환경의 복원 및 위험 방지를 위한 보호 시설 계획, 적정한 이용을 추진하기 위한 이용 시설 계획이 정해져 있다. 각 공원의 주요 거점에서는 방문자 센터, 안내자나 자원봉사자에 의한 자연 해설 등을 이용하여 뛰어난 자연 속에서 자연의 경이로움과 구조에 대한 학습이 가능하다.

➕ 한국은 1967년 법률 제1909호로 국립공원제도를 도입해 같은 해 지리산을 제1호 국립공원으로 지정했다. 현재 환경부 산하 국립공원공단이 전국 22개 국립공원 중 21개를 관리(한라산국립공원만 제주특별자치도 관리)하고 있다. 국립공원은 유형에 따라 산악형(18개), 해상·해안형(3개), 사적형(1개) 공원으로 관리·운영된다.
※ 출처: 국립공원공단

국립환경연구소
National Institute for Environmental Studies

일본 환경성 소관의 독립행정 법인이다. 1974년에 설립된 국립공해연구소가 1990년에 전면 개편해 현재의 명칭이 되었다. 환경연구와 환경정보의 수집·정리·제공이 주요한 업무이고 2012년 현재 ①지구온난화 등 지구 환경문제 대응 ②폐기물의 종합 관리와 환경 저부하·순환형사회 구축 ③화학물질 등의 환경 위험 평가와 관리 ④다양한 자연환경보전과 지속가능한 이용 ⑤도시 지역의 환경 대책 ⑥개발도상국의 환경문제 ⑦환경문제의 해명과 대책을 위한 감시 관측을 중점적인 연구로 진행하고 있다. 이곳에서 얻어진 성과와 정보를 환경교육적 차원에서 홍보하는 것도 중요한 임무의 하나이며 연구 성과는 홈페이지와 간행물로 공표하고 있다.

➕ 한국은 산업화가 지속되던 1970년대 공해문제가 사회문제로 떠오르면서 1978년 7월 국립환경연구소를 발족했고, 1986년 국립환경연구원으로 승격했으며, 2005년 국립환경과학원으로 개편되었다.

국민총행복지수
Gross National Happiness, GNH

국민의 행복도를 나타내는 지표이다. 1972년에 부탄의 전 국왕인 지미 싱게 왕축(Jigme Singye Wangchuck)이 '국민총행복지수(GNH)는 국민총생산(GNP)보다 더 중요하다'며 나라의 기본 방침으로 정했다. GNH는 물질적인 풍요로움과는 전혀 별개로 국민 생활의 평가 기준으로 주목된다. 부탄 정부는 ①지속가능하고 공평한 사회경제 개발 ②환경보호 ③문화의 추진 ④좋은 통치의 4개 틀을 중심으로 하여 심리적 행복 등 9개 분야, 72개의 지표를 설정하여 2년마다 조사하고 있다. 행복감은 나라와 문화에 따라 다르지만, 자연환경 등 기본적 가치에는 공통점이 많다.

국제NGO협약
NGO Alternative Treaties

|개요| 시민회의 '92글로벌포럼'의 합의 조항을 담은 문서를 말한다. 이 포럼은 1992년 리우회의(지구 서미트)와 병행하여 개최되어, 지구상의 거의 모든 지역에서 8,000명 가까운 NGO 대표가 참가했다. 정부 간에 체결된 국제협약과 다른 법적인 의미는 없지만, 세계 각지에서 사회운동과 환경보존·자연보호에 관한 비정부·비영리 조직의 대표가 국경을 초월하여 공유할 수 있는 가치관과 사고력을 반영하는 것이다.

|46개의 협약| 준비 작업은 리우회의 이전부터 수많은 회합을 되풀이하는 등의 형태로 진행되어, 포럼에서는 34개의 문서가 NGO협약으로 성립되었다. 그 후에도 작업은 계속되어 최종적인 협약은 46개에 달했다. 이 협약들의 주제는 기후변화, 해양오염, 생물다양성, 산림, 도시화, 국제책무, 다국적기업, 기술, 군사, 빈곤, 소비, 폐기물, 에너지, 수자원, 식량안전보장, 어업, 농업, 바이오테크놀로지, 환경교육, 인종차별, 원주민족, 인구 등 많은 것을 아우르는 시민운동의 광범위한 관심을 잘 표현하고 있다.

|지속성, 공정, 풍요로움| 자연환경과 인간 사회가 동시에 파괴되어 위기에 직면했다는 인식을 하고, 몇 개의 협약에 인간 사회와 자연환경과의 관계에 관한 문제(환경 지속성의 문제)와 인간과 인간 간의 문제에 관한 문제(사회적 공정의 문제)들이 반복적으로 언급되었다. 그리고 그에 앞서 삶의 질은 무한한 소비의 확대가 아닌, 기본적인 생활이 보장된 가운데 공생적인 인간관계와 정신적인 풍요로움에 의존하는 것이라는 견해가 나타나 있다.

|환경교육의 협약| '지속가능한 사회와 국제적인 책임을 위한 환경교육에 관한 협약'은 그 중요성 때문에 '지구헌장' 등의 선언과 일반 원칙을 제외하면 42개가 넘는 주제별 협약 중 가장 우선순위다. 국내외의 여러 가지 격차와 차별에 대처하는 개발도상국가 NGO의 강한 움직임도 있었고, 정치성과 사회성을 강조했다. 공정하고 지속가능한 사

회를 실현하기 위해 교육과 관계하는 것이 강조되고, 빈곤·폭력·환경 파괴는 불공정한 사회와 경제의 체제의 구조적인 문제로서 표현된다는 지적이 있다. 연대와 행동의 중요성이 강조되어, 환경교육은 "중립적이지 않고 이데올로기에 기초를 둔 것"이며 "정치적인 행위"라고 단언하는 조항이 주목을 받았다.

국제에너지기구
International Energy Agency, IEA

1973~1974년 제1차 오일쇼크를 계기로 석유의 공급 안정과 수급 구조를 확립하기 위해 설립되었다. 현재는 28개 회원국(한국은 2002년 가입)으로 ①균형 잡힌 에너지 정책 입안 ②에너지 안전보장, 경제 발전과 환경보호 ③대체에너지 개발의 국제 간 협동에 따른 에너지 공급량과 수요 개선 ④에너지에 관한 조사와 통계 조사 등을 진행하고 있다. 최근 가격 경쟁력 측면에서 대체에너지가 화석에너지를 상회한다는 등의 평가도 발표했다. 중국, 인도, 러시아 등 에너지 대국이면서 비회원국인 나라들과의 협동 및 조정이 과제로 남아 있다.

국제원자력기구
International Atomic Energy Agency, IAEA

국제원자력기구는 1957년 미국의 주도로 '원자력의 평화적 이용을 촉진하고 군사적으로 사용되지 않기 위한 보장 조치(원자력 발전을 군사 목적에 이용하지 않을 것을 확인)의 실시'를 목적으로 하여 설립된 유엔 산하 독립 국제기구이다. 회원국은 2018년 기준 170개국이다. 주요 조직으로는 총회, 이사회, 사무국이 있다. 이란, 북한은 보장 조치에 기초한 '사찰'을 거부하고 있다. 원자력 발전에 대해서는 기본적으로 추진 입장이다. '지진 단층의 움직임, 지반 움직임 단층에 주의가 반드시 요구'된다는 지진에 관한 지침의 내용은 중요하다.

국제표준화기구
International Organization for Standardization, ISO

ISO는 각국의 표준화기관에 의해 구성된다. 국제규격을 만드는 조직으로, 1947년 2월에 세계통일규격협회(ISA)를 발전시켜 설립되었다. 본부는 스위스 제네바에 있으며, 한국은 1963년에 가입했다. ISO가 발행하는 국제규격 ISO의 뒤쪽에는 숫자가 있는데, ISO14001은 환경 매니지먼트 시스템(EMS)의 봉사를 정해두고 있다. 1996년에 발행하고, 2004년에 개정되었다. 기본 구조는 PDCA 사이클이다. 먼저 조직의 경영책임자가 환경방침을 수립한다. 그것을 근거로 환경계획을 세우고(plan), 실시·운영하고(do), 점검과 제정처리를 하고(check), 결과를 검토(act)하는 과정을 반복하여 환경을 개선하고 있다. ISO14001은 환경을 배려하고자 노력하고 있다는 증거가 된다.

기업의 사회적 책임(CSR)에 관하여 국제규격ISO26000은 2010년 11월에 발효하고, 조직 통치, 인권, 노동 관행, 환경, 공정한 사업 활동, 소비자 과제, 의사소통과 사회 공헌이라는 7개를 중심적인 주제와 과제로 들 수 있다. 이 가운데 환경에서는 공급망의 관리와 예방적 접근 등을 원칙으로 제시한다. 제품·서비스의 환경 측면의 특정, 지속가능한 생산과 소비, 지속가능한 자원의 사용, 기후변화, 생태계의 보전에 관하여 정하고 있다. CSR의 추진을 목적으로 하는 기업이 유효하게 활용할 수 있는 입문서이다.

➊ 한국은 전 공업진흥청표준국이 KBS(Korean Bureau of Standards)라는 명칭으로 1963년 가입했으며, 정부 조직 개편에 따라 1997년 국립기술품질원(KNITQ)으로 회원기관 명칭 변경 신청을 했고, 1999년 이후로는 국가기술표준원이 정회원으로 활동하고 있다.
※ 출처: 국가기술표준원

규제 방식
regulatory measure

환경보전을 위한 정책 중 하나가 규제 방식인데, 직접 규제 방식과 탈규제 방식 두 종류가 있다. 직접 규제 방식은 사회 전체가 달성해야 할 일정의 목표와 최저한의 준수 사항을 설정하고 그것을 법령에 근거하여 통제적 방법으로 달성하려는 것이다. 생명이나 건강 유지와 같은 사회 전체의 일정 수준을 확보할 필요성이 있는 경우 그 효과가 기대된다. 대기오염방지법의 대기오염가스의 배출 기준 선정, 수질오염방지법의 배수 기준 등이 이에 해당하며 사후처리방식(배출구 방식, end of pipe)이라고도 불린다. 단, 오염물질과 그 영향을 특정할 필요성이 있어서 사후처리에 한정하거나 감시나 행정 처분 등에 고비용이 드는 한계가 있다. 탈규제 방식은 목표를 제시하고 그 달성을 의무화하거나 일정한 절차를 의무화하여 규제의 목적을 달성하려는 방식이며, 규제받는 대상의 창의성을 살리거나 예방적·선행적 조치를 할 때 효과가 기대된다. '화학물질 배출 파악 관리 촉진법·PRTR법'의 신고 제도가 이 방식에 속한다. 그 밖에 환경정책의 방식으로는 경제적 방식, 자주적 실천 방식, 정보적 방식, 절차적 방식 등이 있다.

그린뉴딜
A Green New Deal/
The Green New Deal

야생동물의 이동 경로를 확보하기 위하여 연결된 보호 지역 등의 산림과 초지, 물 주변을 의미한다. 다양한 종류의 야생동물 서식지가 도로, 선로, 주택, 농장, 목장 등에 의해 분단·고립화되어, 먹이를 구하거나 보금자리를 만들거나 번식하는 데 지장이 생기는 개체군의 위기가 세계적으로 발생하고 있다. 2010년에 나고야에서 개최된 제10차 생물다양성협약 당사국총회(COP10)에서 합의한 아이치 목표를 수용한 '생물다양성국가전략 2012~2020'에서도 생태계와 연결한 네트워크화의 중요성이 제기되었다.

⊕ 2020년, 세계는 '코로나19'라는 초유의 사태를 맞아 격변의 소용돌이 속에 있다. 각 국의 봉쇄조치(lock-down) 등으로 세계 경제는 대공황 이후 가장 심각한 충격에 빠졌으며, 경제·사회적 구조도 빠르게 변화하고 있다. 결국 '코로나19'라는 폭풍은 지나가겠지만 이전과 전혀 다른 세상으로 변화할 것이라고 많은 이들이 예측하고 있다. 한국 정부는 코로나19가 불러온 경제위기를 극복하고 더 나아가 대한민국의 새로운 미래를 설계하기 위하여 지난 7월 '한국판 뉴딜 종합계획'을 발표했다. 한국판 뉴딜은 선도국가로 도약하기 위한 '대한민국 대전환' 선언이다. 추격형 경제에서 선도형 경제로, 탄소의존 경제에서 저탄소 경제로, 불평등 사회에서 포용 사회로, 대한민국을 근본적으로 바꾸겠다는 정부의 강력한 의지를 담은 담대한 구상과 계획이다.
'한국판 뉴딜'은 경제 전반의 디지털 혁신과 역동성을 확산하기 위한 '디지털 뉴딜'과 친환경 경제로 전환하기 위한 '그린 뉴딜'을 두 축으로 하고, 취약계층을 두텁게 보호하기 위한 '안전망 강화'로 이를 뒷받침하는 전략이다. 2025년까지 국비 114.1조 원을 포함한 총사업비 160조 원을 투자하여 일자리 190만 개를 창출할 계획이다. 그중 '그린 뉴딜'은 탄소의존형 경제를 친환경 저탄소 등 그린 경제로 전환하는 전략이다. 기후위기에 선제적으로 대응하고 인간과 자연이 공존하는 미래사회를 구현하기 위해 탄소 중립(Net-zero)을 향한 경제·사회 녹색전환을 추진한다. 신재생에너지 확산기반 구축, 전기차·수소차 등 그린 모빌리티, 공공시설 제로 에너지화, 저탄소·녹색산단 조성 등이 주요 과제다.
※ 출처: 한국판 뉴딜

그린란드
Greenland

그린란드는 대서양 북부에 있는 덴마크령의 세계 최대의 섬이다. 면적의 약 80%, 173만km²가 얼음으로 덮여 있는데 최근 북극권과 그린란드의 얼음이 급속하게 녹고 있는 것이 다방면으로 보고되고 있다. 미국항공우주국(NASA)의 2012년 관측에서도 그린란드 얼음 표면의 97%에서 융해 현상이 일어나고 있다고 나타났다. 2002년부터 2006년까지 1년 사이에 약 248km³의 얼음이 녹아내렸다고 한다. 이 녹아내린 수량은 해수면을 0.5mm 상승시킨 양에 해당한다. 1992년 이래 세계 해수면 높이는 해마다 2.9mm씩 높아져, 2019년까지 78.3mm가 상승했다. 그린란드 바다는 바닷물이 냉각되고 얼음이 만들어져 염분 농도가 높은 바닷물이 되며 이것이 심층에 가라앉아 지구 규모의 심층 해류가 되고 있다. 그린란드의 급속한 얼음 융해는 담수의 유입량을 늘려 해류의 순환을 멈추게 하고 지구 규모의 기후변화에 영향을 미칠 가능성도 지적되고 있다.

그린 에너지

⋯▶ 신재생에너지

그린전력
green power

그린전력은 온실효과를 일으키는 가스나 유해가스의 배출이 적고 환경 부하가 적은 신재생에너지에 의해 발전된 전력을 뜻한다. 에너지원으로는 풍력, 태양력, 지열, 조력, 수력, 바이오매스 등이 있다. 일본처럼 화석연료를 해외 수입에 의존하는 나라의 경우 상당 부분을 국내에서 담당하는 전력을 가리킨다. 일본 경제산업성에서 온난화 대책의 일환으로 그린전력을 확대하는 제도인 그린전력 증서를 만들었다. 그린전력의 지구온난화 방지와 지역 활성화 등의 부가가치를 평가하고 증권화하여 시장에서 거래가 가능하도록 한 것이다.

그린 코리더
green corridor

그린뉴딜그룹이 2008년에 발표하여 신경제재단(New Economics Foundation, NEF)에 의해 출판된 보고서(A Green New Deal), 또는 그 내용에 따른 정책(The Green New Deal)을 뜻한다.

보고서의 정식 명칭은 「그린뉴딜: 신용 위기, 기후변화, 원유가격 폭등의 3대 위기를 해결하기 위한 정책집」이며 지구온난화, 세계금융위기, 석유 자원 고갈에 대한 정책 제언의 개요와 금융과 조세의 재구축, 그리고 신재생에너지원에 대한 적극적인 재정 투입의 제언으로 구성되어 있다.

1930년대 세계공황 당시 미국은 대형 공공사업이나 대규모 고용을 추진했던 뉴딜정책에 의해 경제가 점차 회복되었다. 그린뉴딜정책은 뉴딜정책의 경험을 살려, 2008년 리먼쇼크를 발단으로 한 경제 위기를 해결하고, 지구온난화 대책이나 환경 관련 사업에 투자함으로써 경제 회복을 기하려는 의도로 오바마 대통령이 전략적으로 입안한 일련의 정책을 가리킨다. 시장에 대한 정부의 개입, 경제 정책을 한정적으로 제한하겠다는 고전적 자유주의 경제 정책을 부정하고 정부가 시장 경제에 적극적으로 관여한다는 기본 태도를 보여 대규모 재정 지출을 상정하는 것이 이 정책의 특색이라고 할 수 있다. 신재생에너지나 지구온난화 대책에 공동투자하는 것으로 새로운 일자리와 경제성장을 이루어내려는 그린뉴딜정책에 주목하게 되었고 세계 각국에서도 그린뉴딜의 인식에 기초한 정책이나 진흥책이 검토 또는 추진되고 있다.

그린투어리즘
green tourism

유럽에서 시작된 애그리투어리즘(agri-tourism)을 모델로 한 '도시와 농촌의 교류'를 뜻한다. 농·산·어촌 지역에서 자연, 문화, 사람들과의 교류를 즐기며 체류하는 여가 활동인데 최근에는 슬로푸드, 슬로라이프, 자연 또는 자연물과의 만남을 목적으로 예전부터 있었던 지역 축제 등의 이벤트에 참가하는 것부터 농촌 체험이나 농사 등을 통한 자연 체험까지 도시와 농·산·어촌의 교류 전반을 포함해서 부르게 되었다. 일본에서는 1994년 '농·산·어촌 체류형 여가 활동을 위한 기반 정비 촉진에 관한 법률'(농산어촌여가법)이 제정되어 농림수산성이 지원하고 있다.

그린피스
Greenpeace

국제 환경 NGO이며 1971년 미국의 핵실험에 해상 시위로 항의했던 세력이 발족했다. 명칭은 환경(그린)과 평화(피스)를 지킨다는 뜻이다. 본부는 암스테르담에 있으며 세계 40개국에서 활동하고 있다. 그린피스 일본은 1989년 설립되었다[한국은 2011년 설립]. 기업이나 정부로부터 일체의 기부를 받지 않고 있으며 세계에 약 280명, 일본에 약 5,000명의 개인 서포터가 있다.

그린피스의 방침은 비폭력 직접 행동, 정치적 중립, 재정적 독립으로 환경 파괴의 현장에서 항의하는 것이 특징이다. 열대 우림 파괴로 연결되는 네슬레의 팜오일의 사용을 멈추게 했고, 파나소닉의 논 프레온 냉장고 발매를 이루어내기도 했다. 후쿠시마 제1원자력발전 사고 이후에는 탈원전과 자연에너지 보급에 주력하고 있다.

극상
climax, vegetation

식물 군집에서 생태 천이(遷移)의 마지막 단계로 군집의 종 구성이 안정적이며 평형상태를 유지하는 것이다. 기후에 의한 유일한 극상 형태가 존재한다는 주장도 있지만 실제로는 토양과 지형 등의 조건에 의해 복수의 극상이 존재하며 극상에 이른 산림도 비바람 등으로 소규모 파괴를 수반하며 변화를 거듭하고 있다. 열대에서 아한대까지의 극상은 산림이 되지만 과도한 저온 건조 등의 극한적인 환경 조건에서는 초원이나 황원(荒原, 식물 피복이 연속되지 않은 곳)이 극상에 해당한다. 일본 서남쪽 지역 산림의 나무베기 후의 천이 과정을 보면 처음에는 밝은 환경에서 잘 자라는 소나무와 오리나무 등의 양수성 큰키나무가 정착하여 번성하지만 수관이 확산된 후에는 어두운 숲에서도 생육이 가능한 밤나무류, 참나무류 등의 음수성 큰키나무가 자라 진입하며 최종적으로 이들 나무들이 정착하게 된다. 마을 산은 사람의 관리 등으로 천이가 중간 단계로 계속 유지되지만 방치하게 되면 울창한 극상의 숲으로 변하게 된다.

글로브 프로그램
GLOBE Program

환경의식을 높이고, 지구에 대한 과학적 이해를 향상시키는 것을 목적으로, 1994년 미국 부통령이었던 앨 고어(Albert Arnold Al Gore, JR)가 세계를 향해 제창한 학습·관찰 프로그램으로 정식으로는 '환경을 위한 지구 규모의 학습 및 관측 프로그램(Global Learning and Observations to Benefit the Environment)'이라고 한다. 학생이 스스로 관측을 통하여 지구환경을 학습하는 프로그램으로, 지구환경보전을 계획하고 참가하는 태도를 기르고, 국제적 네트워크 교육을 진행하는 점이 특징이다. 일본에서는 초등학교부터 고등학교까지 20개교 정도를 글로브 학교로 2년마다 지정하고, 학교 단위의 관측으로 교육이 실천되고 있다. 기온, 강수량, 구름의 양 등의 기상, 수질, 토양,

식생, 식물의 생장 계절 변화를 관측한다. 학생이 관측한 데이터는 미국에 있는 본부에 모아지고, 데이터 처리된 화상이 다시 글로브 학교에 제공된다. 일본의 글로브는 일본과 미국 정부 간에 1995년에 체결되어 문부과학성의 사업으로서 이루어지고, 동경의 학예대학 환경교육연구센터에 사무국을 두고 있다. 2012년 현재, 글로브 프로그램에는 112개국 약 2만 6,000개 학교가 참가하고 있다(한국은 과학기술정보통신부 산하 한국과학창의재단에서 주관).

기독교적 자연관
Christian's view of nature

서양의 기독교에 바탕을 둔 전통적 자연관은 인간 이외의 자연을 '인간을 위해' 신이 창조했다는 인간중심적인 것이다. 구약성서 창세기에 이르듯 오직 인간만이 신의 모습으로 만들어졌고 그리하여 인간은 "생육하고 번성하여 땅에 충만하라, 땅을 정복하라, 바다의 물고기와 하늘 새와 땅에 움직이는 모든 생물을 다스려라(창세기 1장 28절)"라는 신의 말씀에 따라 생각했다.

기독교가 팔레스타인 황야의 가혹한 자연환경 속에서 시작된 배경의 영향도 있기 때문에 인간과 자연의 관계 맺음을 대치, 개척, 극복, 지배, 착취와 같은 것으로 바라보았다고 할 수 있다. 또한 자연을 보호하고 관리하는 것도 인간의 몫이라는 인간 중심적인 발상 역시 이러한 자연관에서 만들어진 것이다.

프란치스코 수도회의 창설자인 아시시의 성 프란치스코(1182~1226)는 인류뿐만이 아니라 신의 피조물, 천지의 삼라만상 모든 것을 형제자매로 생각했다. 자연을 직접 체험하는 것, 자연환경과 자신의 삶의 연결을 확인하는 것으로부터 신이 창조한 자연에 대한 경외심과 인간과 자연이 나뉠 수 없는 연결 고리 속에 삶이 연속된다는, 주류의 기독교와는 다른 자연관을 제시하고 있다.

기아
hunger, starvation

장기간에 걸친 영양부족으로 생존과 생활이 곤란한 상태를 말한다. 유엔 식량농업기구(FAO)에서는 영양부족을 "신장에 맞는 최저 체중을 유지하며 가벼운 활동에 필요한 에너지를 지속적으로 섭취할 수 없는 것"으로 정의하고 있다. 기아의 주요 원인 세 가지는 ①

빈곤 ②분쟁 ③자연재해 및 도로의 정비 문제 등에 따른 식품 구입의 곤란이다. 개발도상국에서의 어린이 사망은 절반 이상이 기아와 관련되어 있다.

2015년까지 세계의 빈곤을 반으로 줄인다는 목표를 설정한 '밀레니엄 개발목표(MDGs)'의 첫 번째 목표로 '기아 퇴치'를 들고 있으나 오늘날의 사회·경제적 상황으로 인해 선진국에서도 빈곤 문제는 심각해지고 있어 앞으로도 기아 인구는 늘어날 것으로 예상된다.

유엔 산하 식량농업기구(FAO), 세계식량계획(WFP) 등 5개 기구는 2018년 공동 연례보고서 〈세계 식량안보와 영양 상태 보고서〉에서 2017년에는 전 세계적으로 8억 2,160만 명이 기아로 고통받았으며, 이는 전체 인구의 약 11%에 해당한다고 설명했다. 이것은 기아 선상에 있는 사람 수가 전년 대비 3년 연속 증가한 것으로, 수십 년간 감소하다가 최근 기후변화와 전쟁 등의 영향으로 다시 증가세로 돌아선 것이다. 대륙별로 보면 아프리카인의 약 20%, 아시아인의 12% 이상, 중남미·카리브해 주민의 7% 미만이 각각 영양결핍을 겪은 것으로 나타났다.

기어 다니는 경험주의
crawling empiricism

|의미| 아동의 주체성을 무시하고 교육 내용을 주입식으로 전달했던 제2차 세계대전 이전의 교육에 대한 반성으로 미국 경험주의 교육론을 이론적 기초로 제2차 세계대전 후 일본의 신교육 중에 문제 해결 학습을 중심으로 하는 경험주의 교육이 등장했다. 그러나 이 경험주의 교육은 존 듀이(John Dewey)의 경험주의 교육론을 충분히 학습하지 않아 탐구적·사회적 경험이 되지 않는 경우가 많아서 계열적 학습론 부활을 요구하는 사람들에게, '단순히 똑같은 레벨을 맴돈다'는 의미로 '기어 다니는 경험주의'라는 비판을 받았다.

|경험| 수업의 중심을 교사와 교과서에서 아동기 학생으로 옮긴 신교육에서는 아동기 학생의 경험에 맞춰 학습을 조직하고 발달을 촉진하는 교육을 목표로 삼았다. 듀이는 교육을 '경험의 재구성'으로 정의했지만 그 경험이란 도구를 이용한 활동을 통한 사회와의 상호작용으로 경험의 회고에 기반해 경험을 능동적으로 재구성하는 활동

을 의미하고 있다.

|환경교육과 경험| 간접경험에 의한 정보가 만연한 현대사회에서는 오감을 사용한 경험, 불, 물, 흙 등에 의한 경험, 나무 타기, 화초 놀이 등의 경험, 어두움, 공복 등의 경험, 야생생물과 관계된 경험 등 환경교육이 중시했던 직접경험이 갖는 의미가 크다. 그러나 그런 경험 등이 '기어 다니는 경험주의'에 빠지지 않도록 하기 위해서는 듀이가 제시한 탐구적·사회적 경험이 갖는 교육적 의미를 심화시키고 계승해서 학습자가 선행 경험을 발판으로 삼아 발전시킨다는 '경험의 조직화'와 학습자 자신이 경험으로 배운 것을 나누고 감상문 등을 써서 돌이켜보는 '경험의 언어화'가 중요하다.

기업의 사회적 책임
corporate social responsibility, CSR

|의미| 기업이 사회 구성원으로서 지역사회 및 이해관계자들과 공생할 수 있도록 의사결정을 해야 한다는 책임의식을 뜻하는 것으로서 CSR의 가장 표준적인 정의는 사회적 책임의식 국제규격 ISO26000(2010년 발표), 유럽위원회의 정책 중 CSR커뮤니케이션(2011년 발표)에 의한 것이 있다. 기업의 사회적 책임이란 마이너스 이미지를 최소화하고 플러스 이미지를 최대화하는 것으로 법령 준수를 넘어선다. 기업의 이해관계자의 관심 사항을 고려하여 그와 밀접하게 협력하면서 지속가능발전에 공헌해야 한다.

일반적으로 CSR은 기업의 사회공헌적 활동과 관계된 것이 많다. 그러나 CSR이 본래 본업과 분리된 활동은 아니다. 앞의 모든 정의에서 강조된 것은 '기업은 사회와 환경에 커다란 영향을 미치기 때문에 사회적 책임은 사업 활동 속에서 종합되어야 한다'는 점이다. 즉, 사업의 과정과 전략 속에서 필수불가결한 것으로 잘 스며들어 하나가 되어야 한다는 것이다.

사회적 책임으로서 노력해야 하는 과제는 ISO26000 가운데 7가지 중핵 주제에 나타나 있는 것처럼 정부, 공정한 사업 관행, 환경, 인권, 노동 관행, 소비자 과제, 커뮤니티 참가와 계획, 발전 등이 있다.
|역사| 일본에서도 이익을 추구하는 것만이 아니라 사회와 함께 번창해야 한다는 기업의 사회적 책임과 이어지는 경영 철학이 과거에도

존재했다. 예를 들어, 일본 에도 시대 상인의 '판매자, 구매자, 사회에게 모두 좋은 것'이라는 가훈을 들 수 있다. 그러나 1970년대 중반 산업공해와 오일쇼크 후에 매점·매석 등으로 '기업의 사회적 책임론'이 크게 부각되었고, 1990년대 초반에는 기업의 잦은 불상사를 계기로 기업의 사회적 책임이 새롭게 주목받았다.

그 후 2003년 처음으로 CSR의 전담 조직을 설치하는 기업이 나타나 '일본 CSR의 원년'으로 부르게 되었다. 그때부터 기업의 사회적 책임은 전혀 다른 차원에서 이야기되어 글로벌화의 흐름이 되었다.

글로벌화는 경제적 발전과 생활수준 향상을 가져왔다. 그러나 한편으로 지구 환경문제의 심각화, 남북 간 경제 격차 확대 등 '글로벌화의 그림자'도 잠재화되어 왔다. 지구 규모로 상호의존이 강하여, 사람, 사물, 돈은 국경을 넘어 이동하기 때문에 이러한 음의 측면에서 대처하는 이상, 국가라는 조직의 힘은 상대적으로 저하되었다. 대신 기업에 주목하게 되어, CSR의 개념이 2000년 전후부터 미국과 유럽의 선진국을 중심으로 넓어지기 시작했다. 그 후 2010년 전후부터 신흥국, 개발도상국의 기업으로 확대되어 세계적인 흐름이 되었다.

일본에서도 2003년부터 수년간 CSR 담당 부서 설치와 CSR 보고서 발행이라는 회사 내 체제 정비가 대기업을 중심으로 급속히 진행되어, 1,000개 이상의 기업이 CSR 보고서를 발행하기에 이르렀다. 그 후 양적 확대는 일단락 짓고, 위에서 서술한 CSR의 정의와 같은 본업으로 통합을 의식한 질적인 성숙 단계를 맞이하고 있다.

|추진력| CSR의 보급 및 정착에는 몇 개의 추진력이 존재한다.

제1은 기업 이해관계자의 압력이다. 기업의 활동이 환경과 사회에 주는 부정적 이미지를 지적하여 책임 있는 행동을 요구하는 NGO, NPO, 소비자, 투자가 등의 활동이 1990년대에 성행했다. 미국과 유럽을 중심으로 연금기금 등 기관투자가에 의한 사회적 책임투자(SRI)도 진전했다. 일본은 1999년에 처음으로 SRI 투자신탁이 발행되어, 각종 CSR 평가순위가 발표되는 등 기업평가의 수단으로 확립되었다.

제2는 정책적 추진이다. 2000년 리스본 선언에서, 유럽위원회는

'사회적 결속을 동반하는 경쟁력 있는 지속가능한 경제성장' 실현을 위한 전략으로 CSR의 추진정책을 내세웠다. 이후 CSR 담당 장관을 두고, 기업의 비재무 정보 개시를 촉진하는 등, 유럽 각국에서 다양한 촉진정책이 실시되어왔다. 한편, 일본에서는 정책 주도가 아닌 기업이 주도하는 형태로 CSR의 보급이 추진되었다.

제3은 글로벌 기준과 행동 규범이다. 2000년에 기업에 책임 있는 행동을 촉구하는 유엔 글로벌 콤팩트가 발족했다. 또한 같은 해에 CSR 보고서 등 비재무 정보 개시에 관한 기준인 GRI가이드라인이 생겼다. 모두 CSR 유력 기준으로서 보급이 추진되었고, 2010년에는 최신의 정보를 집대성한 문서로 사회적 책임의 국제 규격 ISO26000이 발행되었다. 일본에서도 경단련이 2004년에 기업행동헌법을 개정하여 CSR의 개념을 반영하고, 2010년에는 ISO26000에 의거하여 개정을 하는 등 산업계의 자주 규범 속에 글로벌 CSR의 흐름을 반영시켰다.

제4는 공급망 관리(공급연쇄관리)이다. 법적 책임과는 다른 차원으로, 기업은 세계적으로 넓어진 공급망에 대해 환경과 인권·노동문제를 고려해야 한다. 이것은 특별히 선진국에서 개발도상국으로, 대기업에서 중소기업으로 CSR을 보급하는 힘이 되었다. 많은 일본 기업도 중요 과제로 글로벌 규모 공급망 관리에 대처하고 있다.

| 진전의 방향 | 실무의 진전과 병행하여 CSR의 이론도 계속 진전되고 있다. 최근에는 이러한 흐름에 수동적인 대응이 아니라, 적극적 경쟁 전략으로 CSR에 대처해야 한다는 주장을 하고 있다. 포터(Michael Porter)는 '경쟁 우선의 CSR 전략'을 제창하여, 사회와 공유할 수 있는 가치의 창조를 목적으로 하는 '공유 가치의 창조(creating shared value, CSV)'가 기업의 경쟁 우위를 이끈다고 했다.

또한 ISO26000은 CSR의 개념을 진화하게 하고, 기업만이 아니라 '모든 조직의 사회적 책임'이라는 개념을 제기했다. 규격 수립에도 다양한 분야가 대등한 입장으로 참가하는 '멀티 기업이해관계자 과정'을 채용하고, 지속가능사회의 구축을 기업관계이해자 참가와 계획에 의해 실현하는 것을 도모하고 있다.

기포드 핀쇼
Gifford Pinchot

미국의 정치가이자 미국 최초의 산림학자(1865~1946). 20세기 초반 미국의 요세미티 국립공원 내의 헤츠헤치 댐의 건설을 둘러싸고 자연보호를 호소하는 존 뮤어(John Muir)와 주고받은 보존·보전 논쟁이 유명하다. 핀쇼에게 '보전'이란 공공의 이익 증진을 위해 자연자원을 무제한하게 이용하는 것이 아니라 합리적·계획적으로 자연자원을 관리하는 것을 의미한다. 이 자연보호 사상은 자연 그 자체의 가치를 존중하고 자연 자원을 손대지 않은 그대로 '보존'하는 것을 주장하는 뮤어와는 다르고, 공리주의적 측면이 있다.

기후변화
climate change

|의미| 태양에너지는 대기권, 해양, 육지, 빙하, 생물권 사이에서 상호작용하고 적외선으로 우주 공간에 되돌려지는데, 거의 안정된 지구에너지가 균형을 이루고 있다. 이러한 대기의 평형상태를 기후라고 부르고, 기후는 다양한 요인과 다양한 시간 규모에서 변화한다고 알려져 있다.

기후변화에 관한 정부 간 협의체(IPCC)에서는 기후변화를 자연적 기원의 변동성과 인위적 활동 기원의 두 요인을 포함한 모든 기후의 시간적 변화로 정의하고 있다. 기후변화협약에서는 인간 활동의 직·간접적 영향으로 지구 대기 조성을 변화시키는 기후의 변화로 비교 가능한 시기에 걸쳐 관측되는 기후의 자연스러운 변화에 추가로 생기는 것으로 정의하고 있다(협약 제1조 2). 오늘날 기후변화는 지구온난화의 영향으로 인한 기후변화, 기상재해를 가리키는 의미로 사용되는 경우가 많다.

|원인| 자연적·인위적 활동이 그 요인이라고 본다. 자연 요인으로는 태양 활동, 해양 변화, 화산 활동 등이 있다. 해양과 대기의 수증기 및 열은 상호 교환이나 화산 활동에 의한 에어로졸(대기 중 미립자)의 증가로 기후와 대기에 영향을 미친다. 인위적 활동에 의한 기후변화는 산림 파괴, 산업 등에 의한 이산화탄소 등의 온실가스 배출량이 늘어나는 것이 그 원인이라고 할 수 있다. 산림 파괴에 따른 식생의 변화는 직사광선 반사량과 수자원에도 영향을 미친다. 오늘날은 화석연료의 연소로 대기 중 이산화탄소 배출량이 늘어 지구온난화에

대한 우려가 커지고 있으며 인위적 요인에 따른 기후변화에 대한 문제의식이 높아지고 있다.

|기후변화협약| 기후변화에 관한 국제협약으로는 1992년 채택된 기후변화협약이 있다. 이 협약은 기후 시스템에 인위적 간섭이 중대한 영향을 주지 않는 범위에서 대기 중 온실가스를 안정시키는 것을 궁극적 목표로 설정하고 있다(협약 제2조). 이 협약은 인위적 온실가스 배출량의 증가로 일어나는 기후변화의 악영향을 해결하기 위해 만들어진 것으로 기후변화를 인간 활동에 의한 것으로 파악하고 있다. 협약에서 정의하는 기후변화의 악영향은 기후변화에 따른 자연환경 또는 생물의 변화를 말하는 것으로, 자연 및 생태계의 구성, 회복력 또는 생산력, 사회 및 경제적 기능 또는 인간의 건강과 복지에 현저하게 해로운 영향을 미치는 것으로 파악되고 있다.

|고기후학에서 본 기후변화| 고기후학은 과거 수천 년부터 수만 년 또는 그 이상의 시간대에 걸친 지구상의 기후변화에 대해 밝히고 있다. 과거 적설에 의해 얼음에 묻혀 있던 공기의 수소나 탄소의 동입체 비교, 해저나 호수의 퇴적물질의 동입체 비교, 고지층에 잔존하는 꽃가루의 종류와 비율 분석, 지형에 새겨진 과거 빙하의 흔적을 검토하는 등, 다양한 방법으로 과거의 기후환경 복원을 시도하고 있다.

이와 같은 연구의 축적으로 지구 자기 전환에 따라 연대 추정이 가능한 70만 년 전 이후는 거의 10만 년마다 여섯 번의 빙기가 존재했다는 것이 밝혀졌다. 가장 최근의 뷔름 빙기는 약 2만 년에서 1만 5,000년 전이 최대 확장기고 그 후 온난화로 진행되는데 과거의 변동이 반복된다고 한다면 장기적으로는 다음 빙하기를 향해 한랭화가 진행되게 된다. 단, 앞에서 서술한 인위적 온실가스 배출 증가에 따른 기온 상승은 적어도 21세기 내내 계속될 것으로 예측하는 연구자가 많다. 수만 년, 수십만 년 단위의 기후변화의 원인으로는 지구의 공전 궤도, 지축의 경사의 주기적인 변화가 꼽히며, 또한 수십 년에서 수백 년 단위의 변화에 대해서는 태양 활동이나 화산 활동의 영향도 큰 것으로 지적되고 있다.

❶ 스웨덴의 청소년 환경운동가인 그레타 툰베리(Greta Thunberg)는 어린 시절 아버지의 영

향을 받아 기후변화에 관심을 가졌다. 2018년 8월 학교를 빠지고 스웨덴 국회의사당 앞에서 기후변화 대책 마련을 촉구하는 1인 시위를 벌였고, 이를 시작으로 전 세계 수백만 명의 학생들이 참가하는 '미래를 위한 금요일(Fridays for Future)' 운동으로 이어졌다. 툰베리는 2019년 9월 23일 미국 뉴욕에서 열린 유엔기후행동정상회의에 참석하기 위해 태양광 요트로 대서양을 건넜다. 이 회의에서 툰베리는 각국 정상들에게 '세계 지도자들이 온실가스 감축 등 각종 환경 공약을 내세우면서도 실질적 행동은 하지 않고 있다'고 비판했다. 또한 '생태계가 무너지고 대멸종 위기 앞에 있는데도, 돈과 영원한 경제성장이라는 동화 같은 이야기만 늘어놓는다'며 목소리를 높였다.

기후변화에 관한 정부 간 협의체
Intergovernmental Panel on Climate Change, IPCC

|조직| 유엔환경계획(UNEP)과 세계기상기구(WMO)에 의해 1988년 설립된 정부 간 기구이다. 사무국은 스위스 제네바에 있다. IPCC는 기후변화에 관한 최신의 문서로부터 과학적, 기술적, 사회·경제적 정보를 수집·평가하는 조직이다. 가입국은 유엔 또는 세계기상기구 가맹국으로 한정한다.

|조직 구성| IPCC 총회가 최고 결정기관이며 이를 바탕으로 제1작업부회(WGI1: 자연과학적 근거), 제2작업부회(WGI2: 영향, 적응, 취약성), 제3작업부회(WGI3: 완화책), 온실가스 인벤토리 테스크포스가 설치되어 있다. IPCC 총회에서 IPCC 의장과 IPCC 의장단을 선출하며 각 작업부회에서의 작업 계획을 결정한다. 또한 보고서의 집필자와 평가자는 작업부회의 의장단이 정부에게서 제출받은 추천자 리스트에서 선출한다.

|활동과 성과| 세계에서 모인 과학자가 과학적 지식과 정보를 바탕으로 평가한 기후변화 보고서는 세계의 기후변화 정책이나 국제 교섭에서 활용되고 있다. 유엔 기후변화협약과 교토 의정서에서는 온난화 계수에 IPCC 평가보고서 수치의 사용이 정해져 있으며 온실가스 산정에 대해 IPCC의 가이드라인에 맞추고 있다. 각 나라에서는 이를 바탕으로 배출 및 흡수량의 산정과 보고가 이루어지고 있다. 하지만 IPCC 자체가 기후변화에 관한 연구와 데이터 측정을 하지는 않으며 또한 특정 기후변화 정책을 제안하는 등의 활동을 하고 있지 않다. 기후변화협약과는 독립된 관계로 정치적으로 중립적 입장에서 과학적 지식과 정보를 평가하고 종합 정리한 정보를 공표하고 있는 것이다. 그렇지만 IPCC 활동에서 제공받은 보고서 및 과학적 지식

과 정보는 국제사회, 특히 기후변화 대책에 큰 영향을 미치고 있다.

기후변화 문제에 대한 인식을 높인 IPCC 활동이 세계적으로 인정을 받아 2007년 미국 전 부통령 앨 고어와 함께 노벨 평화상을 받았다.

|IPCC 가이드 라인| IPCC가 작성한 보고서에는 온실가스 산정 방법론에 관한 것이 있는데, 교토 의정서의 제1차 감축 공약 기간 동안 각국이 보고한 온실가스의 산정 방법은 이 가이드라인에 따르고 있다. 주요한 가이드라인은 '1996년 개정판 IPCC 온실가스 국가 인벤토리 가이드라인', '국제 온실가스 및 불확실성 관리'(2000년), '토지 이용, 토지 이용변화 및 임업에 관한 굿 가이던스'(2003년)가 있다.

또한 교토 의정서의 제2차 감축공약기간에는 1996년 개정 IPCC 가이드라인이 아니라 새로운 가이드라인 '2006년 IPCC 국가 온실가스 인벤토리 가이드라인'이 적용되어야 한다는 국제 교섭이 진행되고 있다.

IPCC 가이드라인과 IPCC 평가보고서 외에 특정 데이터에 관한 보고서(IPCC Special Reports)도 작성되고 있는데, 예를 들어 〈CO_2 회수 저류(Carbon Dioxide Capture and Storage : CCS)〉(2005년)와 〈재생가능 에너지원과 기후변화 완화책〉(2011년)이라는 보고서가 작성되었다.

기후변화협약
United Nations Framework Convention on Climate Change, UNFCCC

|의미| 지구온난화 문제 해결을 위한 국제협약이다. 1992년 채택되어 1994년 발효되었다. 2015년 기준 196개국과 EU가 가입해 있다. 사무국은 독일 본(Bonn)에 있다.

상호작용 기후 시스템에 위험한 인위적 간섭을 하지 않는 수준에서 대기 중 온실가스 농도를 안정화하는 것을 궁극적 목적으로 한다. 또한 온난화 분야의 국제협약에 대한 다양한 원칙을 가지고 있는데, 하나의 예로 '차별적 공동 책임'의 원칙은 온난화의 책임이 세계 공동이지만 개발도상국보다는 선진국의 책임을 크게 명시하고 있다는 것을 들 수 있다.

온실효과 대책에 관해 선진국은 1990년 말까지 온실가스 배출량을 1990년대 수준으로 안정화하는 것이 언급되었지만, 법적 구속력이 있는 배출 감소 목표는 아니다. 매년 협약체결국회의 개최, 협약사무국 신설, 재정 및 기술의 지원 체제의 구축, 각국의 온실가스 및 대책 등의 정보 제출, 이 외에도 국제적 온실화 대책 추진의 기반을 만들었다.

|경위| 지구온난화 문제의 심각성이 높아져 1990년 12월, 유엔 총회에서는 새로운 협약 채택을 위한 정부 간 교섭위원회 구성이 결의되었다. 교섭을 거쳐 1992년 기후변화협약이 채택되었고, 같은 해 유엔환경개발회의에서 서명이 시작되어 1994년 3월에 발효되었다.

|의의 및 과제| 거의 대부분의 나라가 가입한 보편적인 국제협약이며 지구온난화가 중대한 과제라는 공동의 인식을 하게 했다는 데 의의가 있다. 그러나 선진국의 배출량을 1990년 수준으로 안정화한다는 목표에 대한 법적 구속력이 없고 1990년대 중반 시점에서 목표 달성이 가능하다는 전망이 보이지 않았다. 기존 대책이 불충분하다는 인식에서 새롭게 교섭이 시작되었고 교토 의정서가 탄생하게 되었다.

➕ 이후 미국을 포함한 주요국의 가입 필요성과 함께 일부 개발도상국에서 배출량이 증가하고 있다는 문제 인식에서 모든 나라에 적용될 수 있는 새로운 의정서 채택을 위해 교섭이 계속 진행되었고 2015년 12월 프랑스 파리에서는 제21차 기후변화협약 당사국총회(COP21)가 개최되었다. 유엔회원국인 195개국 모두가 참여해 INDC(Intended Nationally Determined Contribution, 자발적 감축 목표)라는 자발적 온실가스 감축안을 제출했고 최종적으로 온실가스 감축 의무에 동참하기로 합의가 이루어졌으며 2020년 교토 의정서 만료 이후 적용될 새로운 기후변화체제의 최종 합의문이 채택되었다(파리협정).

기후조절기능
climate regulatory function/climate regulation

산림과 잔디, 갯벌 등은 열섬 현상 등 지역 기후 조건을 완화하는 기능이 있다. 이를 기후조절기능이라고 한다.

식물은 땅속에서 빨아올린 수분을 잎의 기공을 통해 수증기로 증산하는데 이때 기화열에 의해 주변 기온을 내리는 작용을 한다. 여름 숲에 들어갔을 때 서늘하다고 느끼는 것은 숲의 그늘이 직사광선을 차단해주는 동시에 수목의 증산 활동의 영향에 의한 것이다. 또 육지와 해양이 접해 있는 완충대인 갯벌 역시 얕고 넓은 수면에서 많은 수증기를 방출하기 때문에 가까운 도시 지역의 기후 완화에 도움이 된다. 그러므로 녹지나 갯벌 등은 주변 지역의 기후 완화에 미치는 효과가 기대된다. 도시 공간에 되도록 많은 수의 녹지 공간을 확보하는 것은 생물다양성의 유지는 물론 사람들에게 평온한 휴식의 장을 만들어주고 생활공간의 기후를 조정하는 데에도 중요하다.

기후 카나리아
climate canary

기후변화의 영향을 카나리아에 빗댄 비유적 표현이다. 2006년 미국 방언학회 워드 오브 더 이어(Word of the Year)에서 '가장 유용한 단어'로 선정되면서 '상태 악화나 수의 감소보다 큰 환경적 파괴가 닥쳐오고 있는 것을 암시하는 생물·종'으로 설명되었다. 이것은 '탄광의 카나리아'를 연상시키는 단어인데, 탄광에 카나리아를 넣은 바구니를 들고 들어가 울음소리가 멈추는 것으로 유독 가스 발생을 감지했던 것과 연관되어 있다.

꽃가루 알레르기
pollen disease/pollinosis

식물의 꽃가루를 항원으로 하는 알레르기 반응에 의한 질환으로, 증상으로 재채기, 콧물, 코 막힘, 눈 가려움, 두통 등이 있고, 꽃가루 알레르기가 원인이 되어 부비강염을 일으키는 경우가 있다. 원인이 되는 꽃가루는 삼나무, 노송나무, 오리나무 등의 수목과 향기풀(봄때), 오리새 등의 벼과, 돼지풀(호그위드), 쑥 등의 국화과 목초이다.

삼나무는 풍매화(바람에 의해 꽃가루가 운반되는 꽃)로 개화기에 꽃가루가 다량으로 날아다니며, 삼나무 숲의 대부분이 수령 30년 이상이 되면 꽃가루 생산기에 접어들어 꽃가루 증대의 원인이 된다.

이에 대해 일본의 정부와 지방공동단체는 ①일반적인 삼나무, 노송나무에 비해 꽃가루가 적은 품종이나 꽃가루가 없는 품종 등의 개발 ②삼나무가 적은 산림으로 전환 ③웅화(수꽃)가 착화하는 삼나무 솎아베기 등 여러 대책을 구상하고 있다. 그러나 이것을 구체적으로 추진하기 위해서는 ①종묘 생산자에 의한 묘목의 안정적 공급 ②고령의 산림 소유자를 대신해 도시 주민과 기업이 산림 정비에 노동력과 자금을 제공하는 제도 만들기 ③그 지방의 목재를 적극적으로 이용하기 위한 체제의 정비 등이 필요하다.

ㄴ

나노기술
nanotechnology

나노미터라는 단위로 물건을 만들거나 물건을 취급하는 기술이다. 나노는 10억분의 1을 나타내는 접두어로, 나노미터는 10억분의 1m의 단위를 말한다. 이 초미세한 세계의 기술인 나노기술은 21세기의 가장 중요한 기술로 불리고 있다. 예를 들어 나노미터 단위로 LSI(집적회로) 안에 배선이나 트랜지스터를 만드는 일을 목표로 하고 있다.

이전의 기술에서는 불가능했던 장치의 소형화나 에너지 절약, 원하는 물질을 분자 레벨로 설계하는 것이 가능해져 나노기술을 응용한 환경 분야의 기술개발에도 기대를 모으고 있다. 이를 위해 일본 환경성에서는 2003년부터 환경 나노기술 프로젝트를 시작했다. 국가 레벨의 이 프로젝트는 자연환경이나 생활환경 전체의 시점에서 ①환경오염의 단계를 인식하는 시스템 개발이 목표인 '환경인식' ②인공적으로 만든 물질의 유해성을 평가하는 기술개발이 목표인 '환경관리' ③오염된 환경을 회복하기 위한 기술개발이 목표인 '환경개선' ④화석연료에 의존하지 않는 새로운 에너지를 가능하게 하는 기술개발이 목표인 '환경·에너지 문제에 대한 대응'을 과제로 하고 있다.

한편 나노기술의 발전에는 건강이나 환경적 위험, 사회적·윤리적 문제가 잠재되어 있다는 지적도 있다.

나이로비회의
Nairobi Conference/
Stockholm Plus Ten

정식 명칭은 '유엔환경계획(UNEP) 관리이사회특별회의'이다. 1982년 5월, 케냐의 수도 나이로비에서 개최되었다. 1972년의 '유엔인간환경회의(스톡홀름회의)' 10주년을 기념하여 열린 이 회의에서는 스톡홀름회의에서 채택한 '인류 환경에 대한 행동계획'의 10년간 실행 상황 보고 및 이후 10년간의 UNEP의 행동계획 검토가 이루어졌고

'나이로비 선언'과 '1982년의 환경: 회고와 전망'이 채택되었다.

나이로비회의에서는 경제성장과 환경의 양립, 낭비적 대량 소비의 제한, 인간·자원·환경·개발의 상호 관련성과 상호보완적 종합 정책의 필요, 각국의 상호의존과 지역적 국제협력의 필요, 생산권 내의 상호관계, 환경개발 및 관리 계획의 유연성, 환경 허용량 고려에 관한 7개의 인식을 확인했다. 환경과 개발을 둘러싼 논의를 위해 선진국과 개발도상국이 함께하는 장이 처음 마련된 것만으로도 이 회의는 높이 평가된다.

또 이후에 『우리 공동의 미래(Our Common Future)』(1987년)가 간행되어 '지속가능발전'의 개념을 세계에 널리 알리는 계기가 되었다. '환경과 개발에 관한 세계위원회(브룬트란트 위원회)'는 나이로비회의에서 일본이 환경문제에 대한 위원회 설치를 제안하여 만들어졌다.

나이트 하이크
Night Hike

인공적 소리나 빛이 닿지 않는 밤에 숲을 산책하며 어둠 속에 살아 숨 쉬는 야생동물이나 자연을 오감으로 느껴보는 것을 목적으로 하는 환경교육 프로그램이다. 어둠 속에서는 시각이 제한되기 때문에 청각이나 후각, 촉각이 민감하게 작용하고, 밤의 숲에서 흘러나오는 자연의 메시지를 온몸으로 받아들이기가 쉽다. 빛이 넘치는 현대사회에서는 밤의 어둠을 체험할 기회가 거의 없기 때문에 오감을 맑게 하고 어둠 속에서 조용히 자기 자신이나 인간 관계, 자연과 마주하는 시간은 귀중한 체험이 된다. 자연에 대한 경외심이나 모험심, 주의력, 대담함, 냉정함 등의 함양도 기대할 수 있다.

낙뢰
lighting strike

번개와 천둥을 동반하는 급격한 방전 현상으로, 적란운(뇌운)과 지표물질 간에 발생한다. 고전압, 대전류로 죽음에 이르는 인적 피해, 건물 화재, 전기통신설비 손상 등 물적 피해가 생기기도 한다. 일본의 낙뢰 사상자는 연평균 15명, 그 가운데 사망자는 3명이다.

낙뢰주의보가 내려지면 옥외 활동을 하지 말고, 건물 내의 안전 공간으로 대피한다. 높은 나무 옆에 있다가는 나무가 쓰러질 때 피해를 입을 수 있으므로, 나무에서 4m 이상, 그리고 나무의 끝부분을

45도 각도로 올려다 본 범위 밖으로 멀리 떨어지는 대응 등 사망과 상해를 줄이기 위하여 정확한 지식 습득이 필요하다.

✚ 한국은 2010~2019년 연평균 12만 7000회의 낙뢰가 발생했다.

남북문제
north-south divide/
north-south dichotomy

1959년 영국 로이드 은행의 총재였던 프랭크스(Oliver Francs)는 이데올로기와 군사 대립에 의한 동서문제에 비견되는 중요 과제로, 지구의 북쪽에 위치한 선진국과 남쪽에 위치한 개발도상국의 커다란 경제 격차를 남북문제라고 명명했다. 남북문제의 원인은 2차 대전이 끝나고 정치적 독립을 달성한 아시아나 아프리카의 신흥국이 식민지 시대의 종속적 경제 관계로 인해 곧바로 경제적 자립을 달성하지 못했기 때문이다.

1961년부터 '유엔개발10년'이 시작되어 개발도상국 전체의 연평균 GNP(국민총생산) 성장률을 1960년대 말까지 최소 5% 상승시키는 것을 구체적 목표로 삼았다. 이를 위해 선진국에서 개발도상국으로의 대규모 자금과 기술 이전이 필요하게 되었다. 유엔개발10년은 UN이 주체적으로 남북문제의 대처를 표명한 점에서 획기적 사건이며, 이는 서양의 선진국들이 모두 모여 국제 협력에 참가하는 분위기를 만들었다.

1964년 유엔무역개발회의(UNCTAD)가 열리고 라틴아메리카 국가들도 참가해 독자적 그룹(G77)을 결성하고 스스로 개발도상국 내지는 제3세계라 칭했다. 이 회의에서는 무역과 원조를 통한 국제 협력의 진행이 합의되었다. 1971년에 시작된 '제2차 유엔개발10년'(제1차)에서는 유엔개발10년이 개발도상국 내부의 빈부 격차를 확대했다고 하여 빈곤층의 최저 생활 레벨(Basic Human Needs, BHN)을 끌어올리는 전략을 취했다.

유엔개발10년으로도 선진국과 개발도상국의 경제 격차는 좁혀지지 않고 오히려 확대된 것에 개발도상국 측은 불만이 있었다. 1970년대에는 두 번의 오일쇼크를 계기로 천연자원에 대한 경제주권의 확립이 요구되어 '신국제경제질서(NIEO)'가 제창되었다. 그러나 그 후 개발도상국 중에서도 경제적으로 발전한 NIEO와 남겨진 후발개발도상국(LLDC)이 나타나 개발도상국이 다양화되고, 개발도상국 간의 결속력도 약해져 남북문제라는 용어의 의미 타당성에 대한 의문이 제기되었다.

그러던 것이 1980년대 후반 국제무대에서 환경문제가 논의되자 개발도상국들은 다시금 결속을 다지고 선진국들과의 대립도 늘어났다. 선진국 측은 환경 파괴의 원인으로 급속한 인구 증가와 환경관리의 준비 부족에 있다고 보고 개발도상국의 인구 억제와 적절한 환경 관리를 요구했다. 이에 대해 개발도상국 측은 환경문제의 위기는 선진국 측의 자원 낭비와 불공정한 무역에 의한 빈곤 확대와 같은 요인에 의한 것이며, 주요한 책임은 선진국 측에 있다고 주장했다. 그리고 선진국의 자원 낭비 억제, 공정한 무역 시스템의 구축, 개발도상국의 발전을 위한 지원의 증액을 요구하고 있다.

내분비교란
화학물질

내생적 발전
endogenous
development

⋯▶ 환경호르몬

각 지역 고유의 자원을 바탕으로 하고 지역의 전통이나 문화를 기반으로 하여 지역 주민 주도로 진행되는 발전 패턴을 말한다. 모든 사회는 전근대적 상황에서 근대적 상황으로 발전되기 때문에 후진 지역은 선진 지역과 접촉하는 것으로 발전할 수 있다는 근대화론에 대항한 이론이다.

내생적 발전 이론은 1970년대 중반 카즈코 츠루미가 처음 주장했다. 츠루미는 일본 근대기의 사상가 미나카타 구마구스나 야나기타 쿠니오 등이 말한 미국과 유럽을 모방한 근대화가 아닌 일본의 전통적 사상을 토대로 한 다양한 발전 방향을 시사했음을 분명히 했다. 이러한 논의는 그 후 유네스코 등 국제기관의 연구 프로젝트에도 포함되어 오늘날 현대적 발전 이론의 기반이 되었다.

근대화론은 ①역사 발전의 근본 요인으로 스스로 이익을 최대화하는 것을 목적으로 하는 경제인·영리인을 고용하여 ②역사의 직선적·일원적 발전 단계(전근대 단계부터 근대적 성장, 대량생산·대량소비라는 발전 단계)를 상정하고 ③이 발전을 자본 축적에 의한 것으로서 ④

국가・기업을 자본 축적의 주역으로 생각한다. 이와 같은 전제를 기반으로 후진국은 선진국에게 배워 개발・발전의 궤도에 오른다는 논의이다.

이에 대하여 내생적 발전에서는 ①역사의 발전은 항상 일원적인 것이 아니라 오히려 다원적이라고 생각하며 ②단순히 경제인・영리인만이 아니라 다양한 인간 발전을 중시하고 ③경제적 발전과 함께 문화적・사회적 발전에 주의를 기울여 ④발전의 주역으로서 국가・기업과 나란히 비영리적 시민사회의 역할을 중요하게 생각한다.

근대화론과 내생적 발전론은 3가지 관계에 있다. 첫 번째는 대항적 측면으로 '외부'의 압력에 대한 자기의 독자성, 전통이나 문화의 중요성을 강조한다. 두 번째는 상호유발적 측면에서 '외부'의 압력을 주체적으로 받아들이면서 자기 개혁으로 외부와의 관계를 유지하면서 주체적 발전을 실현한다. 1990년대부터 아시아에서 외부의 원조가 아닌 주민의 주체적 참가에 의한 '참가형 발전'이 제창된 것도 여기에 포함된다. 세 번째는 종속적 측면으로 '외부'의 압력에 의해 스스로 변화시키며 그 힘을 이용하여 자기의 활로를 발견한다. 때때로 약소국들은 이러한 입장을 취한다.

내셔널 지오그래픽
National Geographic

1888년, 지리의 보급을 위해 전화를 발명한 알렉산더 그레이엄 벨(Alexander Graham Bell) 등이 참여하여 미국에서 설립된 내셔널 지오그래픽협회의 기관지이다. 모험, 탐험을 비롯해 과학, 역사, 문화 등의 연구를 지원했고 이는 페루의 마추픽추 유적이나 침몰된 타이타닉호의 발견으로 이어졌다. 본부는 미국 워싱턴이며 훌륭한 사진이나 영상으로 정평이 나 있고 최근에는 텔레비전과 같은 영상에도 힘을 쏟고 있다. 잡지는 번역판을 포함해 세계에서 약 850만 명이 구독하고 있다.

내셔널트러스트
National Trust

역사적 건축물, 풍치 지구를 매입하거나 기부받아 영구히 보호 관리하는 것을 목적으로 하는 영국의 환경단체이다. 1894년 설립했으며 정식 명칭은 'National Trust for Places of Historic Interest or

Natural Beauty(역사적 명소나 자연적 풍치 지구를 위한 내셔널트러스트)'이다. 이 단체는 『피터 래빗』의 작가인 베아트릭스 포터(Helen Beatrix Potter)가 자신이 살던 500만 평에 이르는 레이크 디스트릭트를 기부하면서 크게 알려졌다. 활동 이념 그 자체를 '내셔널트러스트'라고 부르는 경우도 있다.

● 한국 내셔널트러스트는 2000년에 창립했다.

내추럴리스트
naturalist

원래는 '자연지연구자', '박물학자'로 번역되어 자연 연구자를 가리키는 말이었다. 그러나 최근에는 특정 직업이나 자격이 아니라 자연애호가, 자연보호에 관심을 가진 사람, 자연을 연구하려는 사람 등을 일컫는 경우가 많아 폭넓게 사용되고 있다. 미국 자연보호의 아버지, 국립공원의 아버지라 불리는 존 뮤어(John Muir)는 내추럴리스트로서 후세에 이름을 남겼다. 그리고 대표적 내추럴리스트로 이름을 알린 니콜(Clive Williams Nicol)이 있다. 그 외에 프로 내추럴리스트라는 명칭으로 자연 안내 등을 직업으로 하는 사람도 있고, 자연 관찰을 하는 시민단체에서 내추럴리스트라는 말을 사용하기도 한다.

네이처 가이드
nature guide

⋯▸ 해설자

네이처 센터
nature center

주로 자연 공원의 방문자 시설을 일컫는다. 1981년 일본야생조류회가 홋카이도 우토나이 호수에 세운 네이처 센터가 자연 관찰과 환경교육의 기능을 가진 일본 최초의 네이처 센터로 알려져 있다. 그후 자연 관찰과 거점 시설로 전국에 만들어졌다. 기능은 같지만 국립공원에 있는 시설은 비지터 센터라고 불리며 그 외 공원에서는 네이처 센터라는 명칭이 붙게 되었다고 한다. 또 최근에는 민간의 아웃도어 스포츠 거점 시설과 그곳에서 실시되는 환경보호 활동 자체를 네이처 센터라고 부르는 곳도 있다.

최근 미국 지역에 뿌리내린 네이처 센터가 주목받고 있다. 미국의 네이처 센터는 환경교육 활동을 하는 자연 지역이라는 의미로 사용되고 있고, 시민에 의해 지역에 뿌리내린 네이처 센터와 국가와 지자체가 설치한 것 두 종류가 있다. 자연 관찰뿐만 아니라 동호회 상담 장소로도 사용되고 있어 자연 속 커뮤니티 센터라는 취지를 가지며 바로 ESD(지속가능발전교육)의 거점 시설이 되었다.

❶ 한국에는 계룡산국립공원의 수통골 네이처 센터, 내장산국립공원 내장호 네이처 센터 등이 있다. '비지터 센터'라는 개념은 따로 사용하지 않는다.

녹색경제
green economy

지속가능발전과 빈곤 퇴치를 위해서 환경보전과 경제성장의 양립을 요구하는 경제를 일컫는 말이다. 단, 녹색경제의 정의에 대해서는 세계 각지의 견해가 다르며 통일된 해석이 없는 실정이다. 2012년 6월 브라질 리우데자네이루에서 개최된 '유엔지속가능발전회의(리우+20)'는 녹색경제를 주요 의제로 설정했지만, 각국의 의견이 달라 녹색경제 정의에 대해서 합의를 이끌어내지 못하고 끝났다. 결과문서에서는 녹색경제를 "지속가능발전을 위한 중요한 수단으로 하며, 그 실현 방법은 각국이 정한다"라며 명확한 정의를 피하고 있다.

일본 정부가 리우+20에 제출한 정부안에 따르면 녹색경제를 "자연자원이나 생태계에서 얻을 수 있는 편익을 보전·활용하면서 경제성장과 양립하는 경제"로 정의하고 "그 실현을 위해서 녹색 기술 혁신을 비롯하여 다양한 방법과 경험을 각국이 공유하는 것이 요구된다"라고 밝혔다.

녹색경제를 이끄는 곳은 유엔환경계획(UNEP)과 경제협력개발기구(OECD)이다. UNEP는 2008년 10월에 '녹색경제 이니셔티브'를 설정하고 녹색경제 조사 분석을 개시했다. 이것은 2008년 9월에 ILO(국제노동기구)와 공동으로 발표한 〈녹색 일자리 보고서〉, 2010년 10월 생물다양성협약 제10회 당사국총회(COP10)에서 발표한 〈생태계와 생물다양성의 경제학(TEEB) 보고서〉, 2011년 2월에 발표한 〈녹색경제 보고서〉에 정리되어 있다.

〈녹색 일자리 보고서〉는 고용 창출 환경을 나타낸 것이다. 환경 관련 제품과 서비스의 세계 시장을 2020년까지 2조 7,400억 달러로 확대하고 그중 약 절반을 에너지 효율 향상의 제품·서비스가 차지하는 것과 2030년까지는 신재생에너지 분야에서 2,000만 명 이상의 신규 일자리를 창출할 것 등의 전망에 대해 보고했다.

〈생태계와 생물다양성의 경제학 보고서〉는 생물다양성의 경제적 가치에 대해 평가하고 그 중요성을 지적한다. 연간 생물다양성의 손실이 세계 GDP의 6~7%에 해당하고, 인증 농작물 등의 생물다양성 배려 제품의 시장이 향후 확대될 것 등을 지적하고 있다. 또한 국민 경제 산출에 생물다양성의 가치를 반영할 것을 제안했다.

〈녹색경제 보고서〉는 세계 GDP의 2%를 녹색경제 전환에 투자하면, 자원을 고갈시키고 온실가스를 대량으로 배출하는 '갈색성장 패러다임'에서 자원 효율이 높고 저탄소인 '녹생경제'로 이행할 수 있다고 지적했다.

UNEP는 환경과 경제적 성장은 양립할 수 있으며 그로써 새로운 일자리를 만들고 지구온난화와 생태계 서비스의 손실 등의 문제를 피할 수 있다고 주장한다. 물이나 대기와 토양 등을 '자연자본'이라는 재화로 바라보면, 자연자본은 인류에게 각종 혜택(생태계 서비스)을 주고 있으며 생활이나 산업 활동을 뒷받침하고 있다. 세계 인구가 증가하여 자원 제약이 높아지면 인류는 자연자본을 고갈시키지 않아야 하고, 이를 위해 국민경제 계산에 자연자본의 재화와 생태계 서비스 흐름의 가치를 반영하며, 녹색기술 혁신에 의한 에너지와 자원의 효율성을 높일 것을 제안하고 있다.

한편, OECD는 2011년 5월 〈녹색성장 전략 보고서〉에서 녹색 성장을 위한 방법과 전개 상황을 파악할 수 있는 지표 등을 발표했다. 유럽연합(EU)도 2011년 9월 〈자원 효율적인 유럽으로의 로드맵〉을 발표했다.

이와 같은 흐름 속에서 리우+20에서는 자연자본에 크게 주목하게 되었고, UNEP 금융 이니셔티브 팀은 '자연자본 선언'을 발표하여 투자 기업의 리스크 분석에 자연자본 의존도를 고려하는 것을 포함했다. 또한 세계은행은 생태계 서비스의 가치를 국가 회계 시스템에 반영하는 'WAVES(생태계 가치 평가)'를 이미 실시하고 있으며, 리우+20에서는 50개의 나라에서 국가 회계, 그리고 50개의 기업에서 기업 회계에 자연자본의 가치를 반영하는 것을 목표로 한 '50:50

프로젝트'를 발표했다. 앞으로 기업의 정보 개시에도 자연자본에 대한 의견을 포함하는 것이 중요시될 전망이다.

녹색당
the Greens/
a Green party

주류 사회의 가치관을 묻는 대항문화운동(counter-culture)이나 환경 사상의 영향을 받아 1970년대에 들어서면서부터 환경적 가치관을 중시한 사회변혁을 목적으로 하는 정당 활동이 세계 각지에서 일어나게 되었다. 1983년 서독에서는 당시 '녹색의 사람들(동서 통일 후에는 '동맹90/녹색사람들')'이 연방의회에 의석을 획득했는데, 이것이 세계 최초의 국정 진출이 되었다. 기성 정당과는 다른 존재라는 것을 강조하고 '녹색당'이라는 명칭은 사용하지 않았지만, 이후 늘 일정의 지지를 받아 세계의 '녹색당' 운동의 상징적 존재로 존속하고 있다.

이념으로서는 독일 '녹색사람들'의 4원칙(1980년)이 잘 알려져 있다. ①환경(자연환경과의 관계에 있어서 이해와 책임) ②사회성(정의·공정, 자기결정, 연대) ③저변민주주의(참가/직접민주제) ④비폭력(지배가 없는 사회, 시민적 불복종)이다. 그 후, '자기결정'을 원칙으로 삼아 '비폭력'을 '인권'과 함께 부속 원칙으로 하는 등 변경을 하고 있다(2002년). 2001년에는 세계의 '녹색당' 네트워크인 '글로벌 그린(Global Greens)'이 결성되어 1980년대 4원칙에 ⑤지속가능성, ⑥다양성 존중을 더해 6원칙을 헌장으로 채택했다.

● 한국에서는 2012년 '녹색당'이라는 이름으로 창당해 2020년 현재까지 동명의 당을 유지하고 있다. "풀뿌리당원들이 중심이 되는 정당, 지역분권적인 정당, 직접민주주의와 추첨제 등 다양한 민주적 원리들이 살아 숨 쉬는 정당, 내부에서부터 평등이 실현되는 정당, 여성·청년·장애인·이주민·소수자 등 기존 정치로부터 소외된 사람들의 목소리가 반영되는 정당, 문턱이 낮은 정당을 지향"한다.

녹색소비자
green consumer

환경을 배려하여 구매 결정을 하는 소비자를 뜻한다. 현재의 환경문제는 대량생산·대량소비·대량폐기의 사회 속에서 나온 것이기 때문에 소비자 중심의 고도 소비 사회와 밀접하게 관련되어 있어 사람들의 소비 행동은 환경문제에 큰 영향을 미치고 있다. 소비자가 스스로 선택하여 환경보전형 경제사회 구축에 참여하는 것이 중요하다고 할 수 있다. 구체적으로는 필요한 것만 사기, 라이프사이클 어세스먼트(LCA, 전 생애 환경평가기법)를 반영한 자원 조달 · 생산 · 유통 · 사용 · 폐기 단계에서 되도록 환경 부하가 최소인 상품을 선택하기, 재활용이나 재생이 가능한 것을 선택하기, 재생품이나 포장이 없는 것 선택하기, 첨가물에 주의하며 지산지소(地産地消)의 식품을 선택하기, 비닐봉지 사용을 피하기 위한 장바구니나 가방 사용하기 등 환경 부담 경감과 안전성을 중시하는 소비 행동을 하는 이들을 녹색소비자라고 할 수 있다. 환경 부하는 적지만 고액인 상품의 시장 확대를 위해서 정부나 지자체에 의해 조성금이나 감세 조치 등의 제도 마련되어 있다. 태양광 패널, 태양광 발전 주택, 친환경 자동차를 구입하는 경우 자동차 취득세나 자동차 중량세 면제 또는 감세로 소비를 유도하는 경제정책도 있다. 이런 예산에 좌우되는 정책이 없다고 하더라도 소비자 자신이 친환경적 행동을 할 수 있도록 소비자교육, 환경교육이 필요하다고 할 수 있다. 유의어로 '녹색 구입', '녹색 조달'이 있다.

녹색커튼
green wall

건물 밖에 식물을 키우는 것으로 햇빛의 열기를 막고 식물의 증산열이 냉각 효과를 가져와 에너지를 절약하는 방법으로 이용되고 있다. 여름철 폭염에 에어컨을 사용하면 실내는 시원하지만 도시 전체에는 열이 방출된다. 그 악순환을 막고 연간 에너지 소비량이 가장 높은 한여름의 전력 소비를 억제하려는 데 목적이 있다. 수세미나 여주 등의 덩굴식물이 주로 사용되는데, 에너지 절약의 효과도 체감할 수 있으며 작물 수확의 즐거움도 있어서 학교나 기업 등에서 많이 조성하고 있다.

녹색혁명
Green Revolution

1940년대부터 1960년대에 걸쳐 일어났다. 세계 곡물 생산 향상을 위한 일련의 연구 개발, 기술 이전을 일컫는다. 녹색혁명의 아버지라고 불리는 노먼 어니스트 볼로그(Norman Ernest Borlaug)가 제창하여, 멕시코의 국제 옥수수, 보리 개량 센터, 필리핀의 국제 쌀 연구소 등에서 곡물의 다수확품종(High Yieliding Varieties, HYV)이 개발되었다. 세계적인 곡물의 대량증산이 가능해지면서 곡물의 수요 증가를 웃도는 공급이 실현되어 특히 도시 노동자를 빈곤에서 구했다. 한편, 다수확품종의 생산에는 씨앗의 구입, 다량의 물, 화학비료, 농약 및 그 살포를 위한 기계화도 필요하기 때문에 생태계 파괴나 소규모 농민의 빈곤화 등 자연환경이나 사회에 관한 과제가 지적되고 있다.

논 학교
learning in paddy field

논이나 수로, 저수지, 마을에 근접한 산림 등의 생물다양성이나 문화적 다양성을 활용한 놀이나 배움을 중심으로 한 활동을 학교에 비유한 것으로, 논이라는 공간 그 자체가 환경교육이라 말할 수 있다.

논은 아시아뿐만 아니라 아프리카, 유럽, 중앙아시아, 아메리카, 중앙아메리카, 오스트레일리아 등지에 있으며, '식량 공급의 기지', 자연 댐으로서의 '보수 능력', 환경 변동을 완화하는 '기온 완충 기능' 등 다양한 역할을 한다. 아시아 각지에서 논에 관련된 축제나 행사, 언어, 예능이 전해져 오는 것처럼 논은 '문화의 요람'이나 자연관을 양성하는 장이기도 하다. 일본의 논에 4,700종 이상의 생물이 서식하는 것처럼 풍부한 생물다양성을 보전하는 역할도 맡고 있다. 더욱이 수확된 쌀로 '식농(食農) 교육'도 가능하며 푸른 논이나 가을의 황금빛 풍경은 '치유의 장소'로서의 기능도 한다. 맨발로 논의 따뜻한 곳을 찾고, 추수 후의 논에서 벼 그루터기를 던지며 몸과 마음의 힐링을 얻고, 잠자리의 날개나 다리의 구조를 관찰하면서 생명의 구조를 배우는 등의 다양한 활동이 가능하다.

놀이
play

놀이의 종류는 무수히 많고 다양하다. 자유롭고 창조성이 넘치는 놀이, 가상 놀이, 규칙과 룰이 있는 놀이, 경쟁이 있는 놀이, 혹은 협동에서 즐거움을 찾는 놀이도 있다. 다양한 놀이에는 공통점이 있다. 놀이는 강제성이 없는 자유롭고 자발적인 활동이고, 유쾌한 기분과 느긋함이 있으며 진지함과 대치되는 해방된 분위기가 있다. 또한 놀이는 무언가를 위해서 하거나 무언가를 만들어내는 활동이 없다. 즉, 비생산적 무상함을 가진 자기목적적 활동이다. 유아기에 놀이는 어린이의 전면적 발달을 촉진하는 필수불가결한 행위로 볼 수 있다. 그리고 일반적으로 유아기의 놀이는 발달단계에 따라 발전한다. 놀이는 신체의 발달과 교육적 가치, 사회적 가치를 갖는다.

｜놀이론｜ 과도한 에너지설, 준비설, 반복발생설, 본능설, 정화설, 생리적 성장설, 정신분석설 등 몇 개의 대표적 관점이 있다. 그러나 호이징가(Johan Huizinga)는 이러한 놀이론은 놀이가 다른 무엇을 위하여 하는 것인 양 설명하고 있어, 놀이의 본질을 알 수 없다고 비판했다.

｜놀이와 일·교육｜ 놀이와 일과 교육을 대조적으로 생각하는 사고방식과 놀이를 교육 및 일과 연속적·일원적으로 보려고 하는 관점이 있다. 전자를 주장한 대표적인 인물은 이마누엘 칸트(Immanuel Kant)이다. 칸트는 놀이가 그것 자체로 유쾌하고 목적인 활동이라면, 일은 그것 자체가 유쾌한 것이 아니라 다른 의도를 위하여 계획하는 활동이라고 했다. 또한 호이징가도 인간의 본질을 '호모 사피엔스(이성적 인간)', '호모 파베르(도구적 인간)'로 간주하는 근대적 인간상에 대하여 '호모 루벤스(놀이 인간)'를 제창하여, 넓은 의미에서 놀이와 일·노동을 대치했다라고 말할 수 있다. 한편, 존 듀이(John Dewey)는 놀이와 일을 연속한 것으로서 파악하고, 학교 교육의 교육과정에 노작(활동)을 넣었다. 듀이는 놀이가 학습활동을 즐겁게 하는 것이 아니라, 놀이 그 자체 속에서 어린이들의 인식을 발전시킨다는 의의를 찾아냈다.

｜놀이와 현대사회｜ 놀이에 꼭 있어야 할 친구, 자유로운 시간, 풍요로운 공간 '세 가지 필수품'을 잃어버렸다는 지적이 오래전부터 있어 왔다. 상품으로서 '놀이를 소비'하거나, 개인으로 즐기는 경향은 강해지고 있다. 상품화된 소비적 놀이는 수동적이어서 창조성을 기를 수 없고, 사람과 관계하지 않는 개인적 놀이로는 사회성을 기를 수 없다. 놀이를 통해 인간이 성장하므로, 많은 학자가 생태학의 '존재의 풍요로움'이라는 관점에서 놀이의 기능을 충분히 검토해야 한다는 문제를 제기하고 있다.

농약
pesticide

｜의미｜ 농업의 합리화와 효율화를 도모하고 농작물에 피해를 주는 병해충과 잡초 등의 방제를 위해 사용되는 약제의 총칭이다. 일본에서는 농약을 단속하는 농약단속법이 1948년에 제정되었다. 이 법률에 따르면 '농약'이란 "농작물(수목 및 농·임산물을 포함한다)을 해치는 균,

선충, 진드기, 곤충, 쥐 외의 동식물 또는 바이러스 외의 약제 및 농작물 등의 생리기능 촉진 또는 억제에 이용되는 식물성장조정제, 발아억제제 등 외 약제"를 말한다.

|분류| 농약단속법에서는 화학적, 인공적으로 생성되는 것 외에 자연계에 존재하는 천적과 오리 등의 생물, 인위적으로 생성되는 자연 유래의 식초 등도 농약에 포함되며, 다음의 세 가지로 분류하고 있다.

① **등록 농약**: 소정의 독성시험 결과 등을 제출해 농림수산 대신의 등록을 받은 것.

　　예) 살균제로 황산구리와 생석회에서 생성되는 보르도 액

② **특정 농약**: 농약 등록이 필요 없을 정도로 안정성이 확실한 것으로 농림수산 대신이 지정한 것. 오리나 천적 등은 생물농약이라고도 하며 특정 농약으로 분류된다.

③ **무등록 농약**: 등록 농약도 특정 농약도 아닌 것으로 사용, 판매 모두 금지되어 있다.

1948년 제정된 농약단속법은 잔류 기준이 정해지지 않은 농약에 대해 아무런 규제도 없는 네거티브리스트 방식을 채용했지만, 2002년에 일정의 잔류 기준을 만든 포지티브리스트 방식으로 개정되었다.

|과제| 등록된 농약 중에서도 살포하여 해충에 살충저항성을 키우게 하거나 천적 감소와 해충의 산란 증가 등을 일으키는 것이 있으므로 같은 계통의 농약을 연속으로 사용하지 않아야 한다. 또 농약의 과용은 생태계의 물질순환력 저하와 토지의 생산력 저하를 일으키기도 한다.

➕ 한국에서는 농약의 제조·수입·판매 및 사용에 관한 사항을 규정함으로써 농약의 품질 향상, 유통 질서의 확립 및 농약의 안전한 사용을 도모하고 농업 생산과 생활 환경 보전에 이바지함을 목적으로 농약관리법을 제정하여 시행하고 있다.

니가타 미나마타병
Nigata Minamata disease

일본의 아가노 강 상류의 쇼와전공시카세 공장에서 흘려보낸 폐수에 포함된 메틸수은에 의해 오염된 민물고기를 주식으로 하던 지역 주민에게 많이 발생한 공해병이다. 구마모토의 미나마타 시에서 발생한 미나마타병의 문제 해결이 늦어지면서 같은 양상의 중독이 발

생한 것으로 제2의 미나마타병이라고도 불린다.

중독 증상은 중증부터 감각장애, 운동실조, 외부에서 판단되지 않는 부전형까지 다양하고 복잡하게 나타난다. 재판은 4대 공해 재판의 선두로 1967년 6월에 쇼와전공을 상대로 한 제소로 시작되어 1971년에는 원고의 전면 승소로 끝났다.

아가노 강은 후쿠시마에서 시작해 전원지대를 흘러 동해로 흐른다. 상류 지역부터 하류 지역까지의 사람들은 강에서 잡은 물고기를 주식으로 하고 있었다. 아가노 강 상류의 니가타의 시카세 마을에 쇼와전공의 전신인 쇼와비료가 설립되어, 1936년부터 아세트알데히드 생산을 시작했다. 이후 쇼와전공으로 회사명을 바꾸고 1957년에는 아세트알데히드 증산 체제로 들어갔으며, 1963년에는 아가노 강 상류 지역에 유기수은 중독증 환자가 조금씩 나타나기 시작했다. 1965년 니가타 대학의 츠바키 타다오 교수는 입원한 환자에게서 유기수은중독이 발생한 것을 지방정부에 보고했다. 이것이 니가타 미나마타병의 시작이었다.

피해자를 지원하는 조직이 결성되고, 1967년에 쇼와전공을 상대로 제소하여 니가타 미나마타병의 제1차 소송이 시작되었다. 니가타에서도 구마모토 미나마타병처럼 농약 원인설을 들고 나와 재판이 길어졌다. 그러나 1968년, 법원은 기업이 구마모토 미나마타병의 원인이 메틸수은이며 쇼와전공에도 같은 위험이 있다는 것을 알면서도 배출한 과실을 인정하여 원고 승소 판결을 내렸다. 쇼와전공은 1964년까지 조업을 계속하다 1965년 1월에 시카세 공장에서의 생산을 중지했다.

그 후 미인정 환자들이 기업과 국가를 대상으로 제기한 제2차 소송(1967~1995년)은 긴 재판으로 원고가 '고뇌의 합의'를 받아들였다. 2001년 미나마타병 간사이 소송에서 오사카 고등법원이 미나마타병을 인정하며 새롭게 3차, 4차 소송이 계속되었다. 2011년 3월에 4차 소송 원고와의 합의가 이루어져 니가타 미나마타병 재판은 하나의 국면을 넘겼다. 2013년 4월 16일 최고재판소는 이날 미나마타병 환자의 유족이 낸 소송에서 사상 처음으로 미나마타병 환자임을 사법판단으로 인정했다.

  니가타는 발생 시작부터 니가타 미나마타병 문제에 적극적으로 대응했다. 1995년에는 현립 공해자료관을 건설하고 자료의 보존과 공해 경험을 전하는 사업을 시작했다. 그러나 오랜 재판 속에서 사람들이 분단되고 지역의 편견이나 차별로 인해 받은 상처는 치유되지 않고 있다. 이에 지방정부는 현재 '아가노 강 상류 지역 필드 뮤지엄' 사업을 시작하고 사람들의 '공동치료'를 도모하고 있다.

님비
Not In My Back Yard, NIMBY

'우리 뒤뜰에는 안 된다'는 의미로, 필요성은 인정하지만 자신에게 불이익이 되는 것은 반대하는 주민과 그 세력을 지칭하는 용어이다. 원자력발전소, 하수처리장, 쓰레기처리장 등의 이른바 혐오 시설이 들어올 때 많이 발생한다. 수익자와 부담자가 괴리된 경우, 지역이기주의와 혼동해 주장을 부당화하기 위하여 사용하는 경우도 있다. NIABY(Not In Anybody's Back Yard, 누구의 뒤뜰이어도 안 된다)와 NOPE(Nowhere on Plant Earth, 지구상의 어디에도 안 된다) 현상을 불러일으키는 시설 자체를 없애자는 주장도 있다.

ㄷ

다이옥신
dioxin

염소가 포함된 물질을 태웠을 때 생성되는 물질로 200종류 이상이 존재한다. 일본의 다이옥신류대책특별조치법(1999년)에서는 PCDD(폴리염화디벤조파라다이옥신), PCDF(폴리염화디벤조프란)에 코프라나 PCB를 포함하여 '다이옥신류'로 정의하고 있다. 일본에서는 베트남 전쟁에서 다이옥신이 포함된 제초제의 살포로 다이옥신의 발암성이나 독성 등의 문제가 표면화되었다. 또한, 여러 나라에서 발생한 다이옥신으로 인한 인체 피해와 1996년에 일본의 쓰레기 소각 시설에서 고농도의 다이옥신이 검출되며 순식간에 사회문제로 발전했다. 이후 1999년도에 다이옥신류대책특별조치법이 제정되었고 쓰레기 소각로의 개선 등이 진행되어 현재 대부분 대기환경기준 100%를 달성하고 있다.

⊕ 한국은 잔류성오염물질관리법을 제정하여 시행하고 있다. 이 법은 「잔류성유기오염물질에 관한 스톡홀름협약」 및 「수은에 관한 미나마타협약」 시행을 위하여 두 협약에서 규정하는 다이옥신, 수은 및 수은화합물 등 잔류성오염물질의 관리에 필요한 사항을 규정함으로써 잔류성오염물질의 위해로부터 국민의 건강과 환경을 보호하고 국제협력을 증진함을 목적으로 한다.

단일재배
monoculture

한 종류의 작물을 재배하는 일. 단일재배로 인해 한 가지의 기술로 한 번에 대량의 작물을 재배하는 일이 가능하게 되었다. 또한, 싼 가격으로 안정된 대량생산도 가능해졌다. 그렇지만 한 종류의 작물만 재배하기 때문에 병충해나 날씨 등의 영향을 받기 쉽다. 특정 작물 재배의 집중은 다른 작물 재배의 발달을 방해하기도 한다.

당사국총회
Conference of the Parties, COP

|의미| 국제협약 가맹국이 어떤 일을 결정하기 위한 최고의사결정기관으로서 기능을 가진 국제회의의 총칭이다. COP라고 하면 흔히 기후변화협약 당사국총회를 떠올리지만, 이 외에도 생물다양성협약과

습지의 보전에 관한 람사르협약 등에도 COP는 설치되어 있다.

| **일본에서 개최된 COP** | 일본에서 개최된 환경 관련의 COP 가운데 제일 큰 성과를 보인 것은 1997년에 교토에서 개최된 기후변화협약 제3회 당사국총회(COP3)로, 여기에서는 2년간 교섭 및 의논을 거쳐 교토 의정서가 채택되었다. 또한 생물다양성협약에서는 2010년 10월에 나고야에서 COP10이 개최되어 유전자원으로 과정과 이익배분(ABS)에 관한 나고야 의정서와 2011년 이후 신전략계획 아이치목표 등이 채택되는 등의 성과가 있었다.

| **COP와 시민활동 역할** | COP에서 각국의 대표(환경 관련 협약에서 각국의 환경부장관 등)가 모여 중요한 결정을 하고 있지만, 환경 관련 회합에서는 기업, 환경보호단체 등의 NPO, 대학, 연구소 등도 입회인으로서 참가를 인정하는 경우가 많다. 현재도 당사국총회 회장과 그 주변의 환경단체, NPO 등 시민이 외국의 NGO와 연계하여 다양하게 개최하고 기획하며, 회장에 모인 각국의 대표에게 로비 활동을 전개하는 등 활발하게 활동하고 있다. 기후변화협약의 COP3에서 '교토 의정서'가 채택된 배경에는 이러한 NPO들의 시민활동 역할이 컸다고 할 수 있다.

대기
air/atmosphere

지구 표면을 덮고 있는 층상 기체를 말한다. 현재 대기는 질소 78.1%, 산소 20.9%, 아르곤 0.93%, 이산화탄소 0.04% 등의 기체로 구성된다. 대기에는 지표로부터 복사된 적외선을 흡수하여 지표와 대기 온도를 올리는 온실효과가 있다. 대기에서 복사에너지를 흡수하는 일은 지표 온도가 평균 15°C로 유지되는 원인이기도 하다. 또한 대기가 순환하면서 저위도 지대와 고위도 지대의 온도차를 완화하고, 해수면에서 수증기를 운반하는 물 순환과 함께 육지에 비를 내리게 한다.

지구를 둘러싼 대기의 두께는 약 500km에 이르고 지상에서부터 약 15km까지를 대류권이라 하며 지표면에서 상공 약 50km의 높이에 성층권이 있다. 생물에 유해한 자외선의 대부분은 성층권에 있는 오존층에 의해 흡수된다. 그러나 남극대륙 상공의 성층권에서는 오존 농도의 감소가 관측되고 있다. 한편 인간의 활동이 활성화하면서 산업구조의 변화나 화석연료의 소비에 의한 대기오염이 확산되어 인체에 대한 피해가 나타나고 있다.

대기오염
air pollution

|의미와 원인| 화산 분화와 같은 자연재해로 인한 것도 포함되지만 대부분은 자동차 배기가스나 공장의 매연 등 인간 생활에 의해 배출되는 오염물질로 대기 중의 공기가 오염되는 것을 말한다. 심해지면 천식 등 건강에 해를 끼친다. 주된 오염물질로는 황산화물질(SOx), 질소산화물(NOx), 부유입자상물질(SPM), 광화학옥시던트 등이 있다.

대기오염은 일본 공해대책기준법에 정해져 있는 대표적인 7공해 중 하나이다. 일본의 공해건강피해보상법에 따른 대기오염 공해지정 지역은 도쿄, 아이치, 오사카, 후쿠오카 등 10개 지역에 이르며 태평양벨트 지대에 집중된다.

일본은 근대공업의 발전과 함께 공장에서 배출되는 매연으로 인한 공해가 문제되기 시작했다. 1923년 일본 처음으로 매연방지규칙(오사카)이 발령되었다. 이후 중화학공업으로의 전환과 고도 경제성장에 따른 태평양벨트 지대를 따라 새로운 대기오염이 확산했고, 호흡기장애 환자가 다수 발생하는 등 사태가 더욱 심각해졌다.

대기오염의 주된 원인 물질인 SOx나 NOx 등의 자극물은 코와 기관지의 섬모를 파괴하고 염증을 유발한다. 그 결과 병원균이나 바이러스가 쉽게 체내에 들어가 심각한 호흡기장애를 일으키고 이로 인해 기관지 천식, 만성기관지염, 폐기종, 천식성 기관지염 등의 질병을 야기한다.

|대기오염과 재판| 일본의 욧카이치 공해에 대한 욧카이치 재판(1927년 승소. 1972년 패소)이 계기가 되어, 1973년에 공해건강피해보상법이 만들어지고 환자들의 구제가 시작되었다. 그러나 공해 환자들은 가해 기업의 책임 추궁을 위해, 1975년 치바강철공해 재판을 시작으로 오사카 니시요도가와, 가와사키, 구라시키, 아마가사키, 나고야 남부, 도쿄를 비롯한 전국에서 공해 재판을 벌였고, 2007년의 도쿄대기오염재판 합의까지 32년간에 걸쳐 분쟁이 계속되었다. 이 재판에서는

기업의 책임뿐만 아니라 환경행정이나 도로 대책에 관해서도 책임을 물었다. 니시요도가와 대기오염 공해 재판이나 구라시키 대기오염 공해 재판의 원고였던 공해 환자는 그 합의금의 일부로 지역 재생을 위한 조직(아오조라재단 1996년 설립, 미즈시마재단 2000년 설립 등)을 만들고, 공해 피해 경험을 알리기 위한 공해 피해자 모임을 지원하고 자료 정리, 국내외의 연구 수집 등의 활동을 하고 있다.

대기오염에 관한 환경교육으로는 이산화질소를 측정하는 '캡슐 측정'의 방법을 도입하여 어린이들이 스스로 데이터를 모으며 생각할 수 있는 활동 등이 펼쳐지고 있다.

공장 매연에 대한 규제가 시작되고 아황산가스는 감소했지만 뒤늦은 자동차 배기가스 규제와 자동차 증가로 인해 이산화질소나 부유입자상물질(SPM)의 발생 억제는 아직까지 과제로 남아 있다. 2009년에는 SPM의 하나로 호흡기 건강에 해를 끼치는 것으로 알려진 초미세먼지(PM2.5: 직경 2.5㎛ 이하의 초미립자)의 환경 기준이 정해졌다. 이에 따라 2013년 일본 환경성에서는 전문가회의 보고를 통해 주위 환기를 위한 잠정적 방침을 정하는 등 대책을 마련하고 있다.

❶ 한국은 대기오염으로 인한 국민건강이나 환경에 관한 위해를 예방하고 대기환경을 적정하고 지속가능하게 관리·보전하여 모든 국민이 건강하고 쾌적한 환경에서 생활할 수 있게 하는 것을 목적으로 대기환경보전법을 제정하여 시행하고 있다.

대기 전력
standby electricity

대부분의 전자 기기는 제품의 전원이 꺼진 상태에서 콘센트에 꽂아 두기만 해도 조금씩 전력을 소비한다. 이 전력을 '대기 전력' 또는 '대기 시 소비 전력'이라고 한다. 대기 전력은 리모컨을 누르면 바로 가동되는 기능과 시계나 메모리를 가동하는 기능을 위해 항상 약한 전력이 흐르기 때문에 발생한다. 대기 전력이 소비 전력에서 차지하는 비율은 평균적인 가정에서 약 6% 이상이며, 주로 가스 온수기, 에어컨, 전화기에서 많이 사용된다. 에너지 절약에 따른 기술 진보로 기기 자체의 대기 전력은 큰 폭으로 줄어들고 있고 소비 전력에서 차지하는 비율도 저하되고 있다.

대량생산·
대량소비·
대량폐기
mass production,
mass consumption
and mass disposal

|의미| 대량의 자원이나 에너지를 투입하여 공장에서 제품을 대량으로 생산하고, 대량 광고나 선전을 통해 소비자의 구매욕을 자극하여 필요 이상의 소비를 촉진한 결과, 대량의 폐기물을 생산해 내고 있는 현대사회의 경제 시스템을 말한다. 현대사회가 추구하는 지속가능한 순환형사회를 방해하는 비판적 의미로 사용되는 경우가 많다.

|환경에 미치는 영향| 오늘날 우리 사회는 경제성장이 큰 폭으로 진행되어 대량소비의 도시형 생활양식이 일반화되었다. 매력적인 상품이 넘치고 돈만 지불하면 무엇이든 구입할 수 있으며 오래된 것은 버리는 사회이다. 이와 같은 사회는 편리한 동시에 환경에 여러 가지 영향을 미치고 있다.

대량생산 · 대량소비 · 대량폐기형 사회경제 시스템이 환경에 미치는 영향 중에서도 가장 큰 부분은 자원의 대량소비이다. 물건의 생산을 위해서는 자연에서 다양한 자원을 채취하고 대량의 에너지를 소비한다. 지구상에 있는 광물자원이나 화석연료 등 재생불가능 자원을 지금의 속도로 계속 소비한다면 수십 년에서 수백 년 안에 모두 고갈된다. 또한 수자원, 산림자원, 생물자원 등의 재생가능한 자원도 감소 내지 멸종위기에 내몰리게 될 것이다. 이러한 문제는 재활용기술이나 대체에너지, 대체물로 보상될 수 없으며 지금의 산업형태의 유지는 불가능하게 될 것이다.

석유의 대량소비에 따른 지구온난화의 문제도 시급한 과제이다. 전 세계적으로 나타나는 기후의 이상 변화는 연안 지역, 남북극의 빙하, 도서 국가의 소멸 위기를 가져올 것이다. 또한 일상적으로 사용되는 수만 종류 이상의 공업화학물질로 인한 인체 부작용이 지적되고 있고, 계속해서 배출되는 위험한 화학물질이나 오염물질은 지구상의 모든 곳에 존재하고 있다.

또한 자신의 '풍요로움'을 지향하는 이 사회의 사회 · 경제 시스템은 국가 간의 경제 격차를 발생시키고 동시에 '빈곤'을 발생시키는 시스템이기도 하다.

|비뚤어진 소비 형태| 이와 같은 대량생산 · 대량소비 · 대량폐기는 각각 독립된 것이 아니다. 대량소비를 제공하고 있으므로 대량생산이 성

립하는 것이다. 대량으로 생산된 제품을 소비시키기 위한 마케팅 기술은 고도로 발전해 왔다. 오늘날에는 제품의 제조 비용보다 그 수요를 만들어내기 위한 마케팅 비용이 더 큰 비중을 차지하는 업종도 적지 않다. 본래의 마케팅 방식에서 벗어나 과잉 수요로 시장에 과잉 자극을 주어 소비자에게 낭비를 강요하는 전략으로서 제품의 '계획적 진부화'가 이뤄지고 있다는 지적도 있다. 제품의 모델을 빠르게 교체하여 계속해서 신제품이 시장에 출시되는 상황을 만들고, 소비자의 욕망을 일으켜 상품을 판매하는 것을 목적으로 한 경제의 본질은 자원 고갈과 폐기물 문제를 조장하는 행위라고 할 수 있다.

대량폐기는 대량소비에 의한 결과물로 생각되었지만, 오늘날에는 호황·불황의 소비 동향에 좌우되지 않고 일어난다. 그것은 이미 우리의 소비 형태가 필요할 때만 사용하고 버리거나 내구성보다 편리함이나 새로움을 추구하는 형태로 변화하고 있는 것을 나타내며, 이는 폐기를 전제로 한 소비 형태로의 변화라고 지적할 수 있다.

|지속가능한 사회| 아무리 풍요로운 시대라고 해도 전 세계적으로 주변에 대량의 상품이 넘치는 사회는 극히 일부의 선진국뿐이다. 그러나 현재 개발도상국에 사는 사람들도 이와 같은 생활양식을 목표로 삼고 있다. 극소수의 부유국이 전 세계의 70%의 에너지와 80%의 자원을 소비하여 이러한 생활양식을 유지하고 있다는 것을 생각해보면, 개발도상국까지 이와 같은 생활양식을 갖기 위해선 지구가 몇 개 더 있더라도 부족하다.

이러한 '소비'에 관해서 선진국의 '소비 절감'을 추진하는 형태의 합의는 아직 이루어지지 않았다. 물질적 풍요로움이나 다양한 편의성을 실현하기 위해 경제성장을 목적으로 하는 것이 의제의 중심이기 때문에 자원에 관한 문제나 폐기물의 문제, 오염물질의 문제 등에 관해서는 소비를 줄이는 것이 아니라 환경 효율의 향상으로 대처하자고 말하고 있다. 또한 지속가능한 소비의 정의나 목표 방향을 '소비의 삭감'이나 '소비의 억제'가 아닌 '소비의 형태나 효율을 바꾼다'는 식으로 표현할 수 있는 해석의 여지를 남겼다.

이와 같은 사회·경제 시스템의 형태가 만들어진 것은 불과 100년도 되지 않았다. 그럼에도 불구하고 대량생산 · 대량소비 · 대량폐기형의 산업사회는 자연환경뿐만 아니라 사람들의 생활, 노동환경, 가족관계 등 사회 전반을 크게 변화시켰다. 21세기의 우리 사회를 어떻게 유지 가능한 것으로 만들 것인가, 이를 위해서 이후 어떠한 사회를 만들어가느냐는 우리에게 중요한 과제로 남아 있다.

대만의 환경교육
environmental education in Taiwan

|개요| '현(現) 단계의 환경보호강령'이 실행되고, 신설된 행정원 환경보호서 내부에 환경교육 전문담당 부문이 만들어진 1987년부터 시작되었다고 할 수 있다. 대만 학교의 환경교육은 주로 교육부와 행정원 환경보호서를 중심으로 전개되고 있으며 대표적 사례로서 '대만의 지속가능한 학교 프로그램(Taiwan sustainable campus program)'이 있다. 이 프로그램의 목표는 기존의 학교 시설을 친환경적으로 수리하여 교내 환경교육에 활용하는 것이다. 또한 대만에서는 환경교육 NGO의 활동도 활발하게 이루어져 학교나 기업에서 실시하는 환경교육의 활동을 위탁받거나 조언을 해주는 사례가 많다.

|최근의 전개| 2008년 이후, 대만 정부는 '저에너지, CO_2 배출량삭감을 중요 정책의 하나로서 정하고 이에 관한 환경교육을 새롭게 전개하고 있다. 앞서 거론한 '대만의 지속가능한 학교 프로그램'에도 이런 관점이 더해져 학교에서 신재생에너지 시설의 설치가 진행되고 있다.

또 행정원에서는 18년간의 심의를 통해 2010년 6월 5일에 환경교육법을 제정 · 공포하고 1년 후부터 실시했다. 이 환경교육법에서는 각 단계의 학교 관계자(아동학생, 학생, 교직원), 정부기관이나 공기업 직원에 대해 매년 4시간의 환경교육과목 수강을 의무화하여 거국적인 환경교육 추진을 강화하고 있다.

그 밖에 다른 행정기관에서도 환경교육에 힘쓰고 있다. 행정원 농업위원회를 중심으로 자연교육센터를 설립하고 인터프리터(interpreter)를 배치했다.

대멸종／대량절멸
mass extinction

하나의 종이 지구상에서 완전히 사라져버리는 것을 '종의 멸종'이라 하고, 대부분의 종 멸종이 어떤 일정 시기를 중심으로 발생하는 것을 '대량멸종'이라고 한다. 지구의 탄생부터 지금까지 약 40억 년 동안 일어난 다섯 번의 대량멸종은 이상기후와 지각변동, 거대 운석의 충돌이 그 원인으로 알려졌다. 그러나 여섯 번째라고 불리는 최근의 대량멸종의 99%는 인간에 의해 발생하고 있어 지금까지의 멸종 원인과는 전혀 다른 것임을 경계해야 한다. 현재의 멸종 속도는 1시간에 3종으로 자연적으로 멸종되는 속도의 1,000배에서 1만 배라 하며, 대규모의 자연 파괴나 식생, 생육 환경의 악화가 급격히 진행되고 있는 것을 여실히 보여주고 있다. 현시점에서 약 1만 7,300종의 생물이 멸종위기에 있다고 보고되고 있다.

생물은 오랜 시간에 걸쳐 타자와 관계를 맺으면서 진화했기 때문에 어떤 종이 멸종하면 그 종과 관계가 있는 다른 종도 비슷한 시기에 멸종할 가능성이 있다. 게다가 관련 종의 멸종이 연쇄적으로 일어나면 생태계 전체에 심각한 영향이 확산될 것이 분명하다. 그러므로 같은 지구상에 사는 생물인 인간 역시 오늘날 진행되고 있는 종의 대량멸종과 무관할 수는 없다.

댐 문제
Dam problem

일본의 대규모 댐은 대부분 고도 경제성장 이후에 전력이나 수원의 확보, 수해 방지, 지역 진흥을 목적으로 만들어졌으며 높이 15m 이상의 완성된 댐만 2,500기 이상이다. 이러한 댐의 건설은 앞에서 언급한 목적을 달성하는 반면 ①상류의 강바닥 상승에 의한 수해와 하류의 유량 감소와 강바닥 저하 ②토사 공급의 감소에 의한 해안침식 ③대량의 사방댐군 건설의 악순환 ④야생물의 서식지 파괴 ⑤주민 이주에 의한 지역 역사나 문화 상실 등의 많은 폐해를 하천환경이나 인간사회에 야기했다.

이와 같은 폐해가 매우 큼에도 불구하고 건설이 강행되고 있는 배경에는 댐 건설이 동반하는 이권 구조나 정관유착이 있다.

최근 콘크리트로 만들어진 댐이 아닌 '녹색 댐', 즉 산림이 가진 축수 기능이나 급수 완화 기능, 정수 기능 등의 효과가 평가되고 있다.

2001년 나가노의 '탈(脫)댐 선언'이 일본 전국의 댐 계획에 큰 영향을 주어 댐 건설 계획 포기가 잇따랐다. 구마모토의 아라세 댐이 일본에서 처음으로 철거되는 등 댐 건설을 근본부터 재검토해야 하는 시대가 되었다.

『도둑맞은 미래』
Our Stolen Future

내분비교란물질(환경호르몬)의 위협에 대하여 경고한 기념비적 서적으로, 테오 콜본(Theo Colborn), 다이앤 듀마노스키(Dianne Dumanoski), 존 피터슨 마이어(John Peterson Myers)의 공저로 1996년에 미국에서 출판되었다. '우리가 우리의 출산과 지능, 생존을 위협하고 있는가?(Are We Threatening Our Fertility, Intelligence, and Survival? A Scientific Detective Story)'라는 부제에서 알 수 있듯 '과학적 탐정 이야기'는 바다표범과 돌고래의 대량살상, 사람의 정자 수의 감소 등, 눈에 띄는 것은 없지만 세계적 규모로 확실히 진행되고 있는 섬뜩하고 복잡한 어려운 문제를 풀어 추리한다. 그 결과 인류를 포함한 생물 전체의 호르몬은 정상 기능을 교란하고 기능을 위협하는 내분비교란물질의 위협에 이르게 된다.

도시 광산
urban mine

도시에서 수거되거나 쓰레기로 배출된 가전제품이나 휴대전화, 컴퓨터 등에 포함된 금, 은, 인듐과 같은 희소금속을 광산에 비유한 말이다.

기업이나 자치단체가 회수하고 있지만 해외로 유출되는 경우도 있다. 지하자원의 고갈과 가격급등, 고품질 자원 확보라는 관점에서 소비자의 의식 계몽을 비롯해 적절한 회수나 처리 방법의 확립이 과제이다.

독일의
환경교육
environmental education in Germany

|진전| 독일 환경교육의 역사는 크게 3단계로 분류된다. 1960년대에서 1980년대에는 자연파괴, 지구자원고갈을 중심으로 한 자연과학계교육에 중점을 둔 시대였다. 이 시기는 일본이 미나마타병이나 욧카이치 공해 등을 통해 공해가 문제화되고 공해열도라고 불리던 시기와 같다. 독일연방정부는 1971년 환경을 의식하고 환경에 이로운

행동을 하는 것, 환경을 복원하고 보호하는 것을 교육의 목적으로서 내세웠다. 또 독일연방자연보호법이 1976년에 제정되었다. 이 법률을 근거로 기업이나 정부, 시민이 하나가 되어 자연의 복원과 보호를 고민하고 다양한 생물 종과 공존하는 사회를 만들려고 했다. 이와 같은 흐름 속에서 독일의 환경교육은 환경 파괴의 현 상태를 아는 교육에서 사회개혁을 지향하는 교육으로 이동했다.

1980년대에서 1990년대는 자연과학 교육뿐만 아니라, 정치·사회·경제적 요소를 더하여 새로운 환경교육을 전개할 수밖에 없던 시대가 되었다. 그리고 1990년대부터 현재까지는 1992년에 UN이 주최한 브라질 리우데자네이루에서 개최된 국제회의에서의 선언이 환경교육의 주축이 되었다. 이 회의에서는 '지속가능발전'(미래 세대의 욕구를 충족시키면서 현재 세대의 욕구도 만족시킬 수 있는 개발)에 관하여 각국과 관련 국제기관이 공동선언을 했다. 독일에서는 이 내용을 구체적으로 실현하기 위해 의제21을 중요한 목적으로 교육을 진행하고 있다. 또한, '지속가능발전'을 받아들이고 자연과학·사회과학 모두에서 문제 해결책을 이끌어내기 위해 환경과 개발 모두를 가능하게 하는 교육을 중시하고 있다. 이와 같은 교육에서 중시하고 있는 것은 주변에서 일어나는 다양한 환경문제를 의식하고 그 문제를 구체적으로 해결하기 위한 방법을 찾아 가장 유효한 행동을 어떻게 만들어 갈 것인가, 그리고 미래 세대에게 악영향을 주지 않는 지속가능사회를 어떻게 만들어 갈 것인가에 대한 것이다.

| 학교교육에서의 환경교육 | 특별히 '환경'이라는 교재는 없지만 초등학교에서 고등학교의 모든 학년의 모든 교재에서 그에 상응되는 환경교육이 이뤄지고 있다. '주변에 있는 생물을 조사해보자', '쓰레기는 어떻게 처분하고 있는가', '공기나 물이 왜 오염되었는가' 등을 주제로 초등학교 저학년부터 환경에 대해 배우고 중·고등학교에서는 생태계, 토양, 산림의 작용 등은 '생물' 교재에서, 산성비에 의한 산림의 고사, 그 외의 대기오염물질에 의한 영향에 대해서는 '화학' 교재에서, 에너지에 관해서는 '물리' 교재에서 다루고 있다.

'외국어'에서는 지구온난화 기사 등을 교재로 사용하고 있다. 유아 환경교육도 중시되어 숲 유치원을 대표로 하는 자연 체험과 야외 놀이는 유아의 건강과 풍부한 감수성을 키우고 집중력을 높이는 것으로 보고되었다. 독일 최대의 환경자연보호연맹 BUND 등에 의한 학교 외의 환경교육 시설도 독일 전체에 600곳 이상이 있다. 이들 시설에서는 어린 학생의 오감을 중시하는 야외 체험학습, 교사나 보육 교사에게 좀 더 나은 환경교육을 실시할 수 있는 강좌, 일반 시민에게는 자연 관찰 모임이나 환경 강좌가 열려 독일 환경교육의 질을 높이고 있다.

동물권
animal rights

넓게는 동물이 주체적으로 생을 다할 수 있는 권리로서 인정하는 생각 혹은 그 보급이나 제도화를 목적으로 한 사회운동을 말한다.

실제로는 가축과 같은 산업동물이나 실험동물의 한정된 대상에서 야생동물로 확대한 대상까지, 살상이나 이용 자체를 부정하는 입장에서 고통의 경감을 목적으로 하는 입장까지 그 대상이나 목적은 다양하다. 그러나 생명애호를 우선으로 하는 입장(좁은 의미의 동물애호)이나 동물의 이용을 부정하는 동물복지의 입장과는 권리라는 사회적 개념의 확립이나 법제화를 제일의 목적으로 한다는 점에서 다르다.

일반적으로 말하는 동물권의 개념에는 이론적으로 두 개의 입장이 있다. 하나는 톰 레건(Tom regan)으로 대표되는 좁은 의미의 동물권리개념으로 인간사회의 차별 문제와는 별개로 동물이 내재적 가치로서 복지·행복을 추구하고 누릴 권리를 인정하는 것이다. 이것은 생명·자연중심주의의 계보로 연결된다. 다른 하나는 피터 앨버트 데이비드 싱어(Peter Albert David Singer)를 대표로 하는 공리주의 입장에서 종 차별에 대한 비판을 전개하는 동물해방론이다.

자연의 권리라는 개념은 개체나 종뿐만이 아니라 생물이나 생태계 전체의 주체성을 인정한다는 점에서 동물권의 확장된 개념이라고 볼 수 있다.

동물매개교육
animal assisted education

동물매개교육이라는 것은 문자 그대로 '교육의 장에서 동물을 매개로 이용한 교육'을 의미하며, 동물매개요법(animal assisted therapy, AAT)이나 동물매개활동(animal assisted activity, AAA)에서 파생한 교육활동이다. AAT의 일환인 AAE(animal assisted education)가 실시되는 경우도 있다.

현재는 가정보다도 학교나 동물원 등 전문적인 '교육의 장'에서 이루어지는 것을 전제로 한다. 예를 들어 유치원이나 초등학교 등의 교육 시설에서 토끼 등의 동물을 사육하거나 동물보호센터 등의 직원이나 자원봉사자가 유치원이나 초등학교를 방문하여 데려온 동물을 이용하여 동물과 접촉하는 방법에 관해 가르치는 것이다. 동물원에서도 교육 전문 부서를 배치하는 곳이 늘어나고 있고 사육사나 에듀케이터라고 불리는 전문 직원이 전시 동물에 대해 설명하거나 실제 동물을 보면서 자연보호나 생물다양성 보전에 대해 전한다. 어린이 동물원과 같은 전문적인 장소에서는 기니피그 등의 작은 동물이나 염소, 양, 소, 말 등의 가축을 활용하여 '소통의 교실'을 실시하고 있는 곳도 적지 않다.

살아 있는 동물을 매개로 하여 생명의 소중함을 전하는 의미에서 동물매개교육은 현대사회에 있어서 좀 더 중요성을 지닌다. 이후에는 더 많은 보급과 교육 효과의 평가 방법을 확립하는 것이 과제이다.

동물원
zoo/zoological garden

|의미| 현재의 동물원은 살아 있는 동물을 수집하고 동물복지를 배려하면서 과학적 시점에서 사육 전시를 행하는 교육적 목적을 기반으로 한다. 또한 일정 기간 일반 시민에게 이용을 제공하여 교양, 조사연구, 여가 등에 기여하기 위해 필요한 사업을 진행하고 더불어 모든 동물에 관한 조사연구를 진행하여 종의 보전에 공헌하는 것을 목적으로 하는 시설을 말한다. 동물원은 'zoo'라고 불리지만, 이것은 'zoological garden' 혹은 'zoological park'의 줄임이다.

'동물학'을 뒷받침한 시설이 원래의 의미이며 현대의 동물원에 크게 영향을 준 것은 1828년에 문을 연 런던동물원이다. 이는 런던의 동물학협회에 의해 설립되어 동물학의 진흥·발전을 목적으로 한

최초의 동물원이기도 했다. 2013년, 일본 동물원수족관협회(JAZA)에 가맹된 동물원은 86개 시설, 수족관은 64개 시설로 조사된다.

| **역할** | 예전부터 동물원은 ①교육의 장 ②여가의 장 ③연구의 장 ④자연보호의 장으로 불렸다. (여기에 더해) ⑤자연 의식의 장으로 기능을 한다. 또한, 멸종 우려가 있는 동물 종의 보전 및 환경교육(환경학습)의 추진을 주요 목적으로 하고 있다. 국제적인 동물원 조직인 세계동물원수족관협회(WAZA)는 1993년에『세계동물원수족관보전전략(WAZACS)』을 발행했다. WAZACS에서는 멸종의 우려가 있는 생물종의 서식 지역 외 번식, 연구, 사회교육, 생물종이나 개체군을 서식 지역 내에서 지원하는 등 폭넓은 활동을 동물원이 실시할 수 있다고 기술하고 있다.

| **종의 보전에 대한 대책** | 세계 각국의 동물원은 지역마다 연계된 종의 보전에 대해 번식 계획을 세우고 있다. 예를 들어 북미동물원수족관협회(AZA)에는 '종 보존계획(SSP)'이, 유럽동물원수족관협회(EAZA)에는 '유럽멸종위기종 계획'(EEP)이 수립·실행되고 있다.

| **환경교육의 추진** | 현대 동물원은 환경학습 프로그램을 통해서 환경보호에 대한 방문객이나 일반 시민의 태도·행동의 변모를 충족시키려 하고 있다. 국제동물원교육담당자협회(IZEA)는 격년마다 국제회의를 열어 세계 각지에서 행해지는 동물원교육에 실천 보고를 교환하는 동시에 WAZA나 국제자연보호연합(IUCN)과 협력하여 생물다양성의 보전과 지속가능성의 개발을 위한 교육 추진에 힘을 쏟고 있다. 동물보전 활동은 하나의 동물원에서 달성할 수 있는 것이 아니며 또 환경보전에 관한 동물원 교육도 세계 각국의 동물원과 협력·협동으로 더욱 풍성하고 질 높은 프로그램을 개발할 수 있다.

● 한국동물원수족관협회(Korean Association of Zoos and Aquarium, KAZA) 회원사는 서울동물원, 서울어린이대공원, 에버랜드동물원 등 전국 약 20개소가 있다.

동물해방론
animal liberation

동물은 인류로 인한 고통과 착취로부터 해방되어야 한다는 생각, 또는 그 실천을 목적으로 하는 사회운동의 총칭이다. 대부분은 동물이 이익과 행복을 추구하거나 누릴 권리를 가진다는 '동물의 권리'

의 입장을 가진다.

다만 좁은 의미의 동물해방론은 공리주의의 입장에 선다. 종 차별에 대한 비판을 전개한 피터 싱어와 같은 공리주의 입장으로, 인권과는 독립적인 내재적 권리가 동물에게도 인정되어야 한다는 톰 레건(Tom Regan)의 동물권리론과는 구별된다. 고통의 객관적 평가 가능성에 대해서는 논쟁이 있지만 전자의 경우는 지성 등에 따른 히에라르키(Hierarchie, 위계제도)를 동물에게 인정하는 것이 된다.

동물해방론의 관점이나 활동은 대부분 수렵이나 모피 산업, 동물실험, 근대 축산업(공장축산) 등을 구체적 대상으로 한다. 또한 일부에서는 시설 파괴와 같은 비합법적 행위를 동반하는 활동도 하고 있어서 동물해방론 전체가 비판을 받는 일도 많다. 그러나 동물해방론은 동물실험의 기준화를 비롯해 동물산업에서 동물복지(animal welfare)나 동물 행동풍부화(동물원 동물들에게 자연과 유사한 환경을 제공함으로써 비정상적인 행동을 감소시키고, 최대한 야생에서와 같은 건강하고 자연스러운 행동을 할 수 있도록 하는 동물복지 프로그램)의 보급과 같은 사회 성숙의 동기가 되었다.

디디티
dichloro diphenyl trichloroethane, DDT

유기염소계 화합물로 농업용 살충제. 진드기, 벼룩, 이 등의 방역약품으로 사용되고 있다. 잔류성은 강하고 지방에 용해하기 때문에 체내에 들어가면 간장, 신장, 부신, 갑상선 등 지방이 많은 장기에 축적한다. 레이첼 카슨(Rachel Carson)이 1962년에 출판한 『침묵의 봄』에서 DDT의 독성과 위험성을 지적했고, 모든 나라에서 사용이 금지되었다. 그러나 개발도상국에서는 현재도 말라리아 대책으로 사용되고 있다.

디파짓 시스템
deposit system

제품 가격에 제품이나 용기의 보증금을 포함하여 지불한 뒤에 이를 반환하면 보증금을 다시 반환해 주는 구조를 '디파짓 시스템'이라고 한다. 주된 목적은 용기의 사용 횟수를 늘려 폐기물을 줄이고 용기의 재활용을 통해서 용기제조의 원료나 에너지 소비 또는 폐기물 처리를 위한 환경 부하를 줄이는 것과 더불어 길에 버려지는 쓰레기를 줄이는 것에 있다.

일본에서는 맥주병이나 간장·술 등의 일반 병과 재사용할 수 있는 용기를 회수하고 있지만, 손쉽게 사용되는 페트병이나 캔의 보급에 의해 리터너블 용기의 비율이 줄어들고 있다. 세계에서 최초로 음료 용기의 디파짓을 제도화한 곳은 미국의 오리건 주(1972년)이다. 독일에서는 1991년 제정된 용기포장령(용기포장폐기물의 회피 및 재이용을 위한 법규명령)에서 정한 기준보다도 재활용률이 낮아 2003년에 이를 개정하여 사용 후 버린 용기의 비율이 높은 음료용기에 대해 강제적으로 디파짓을 거둔 결과 재활용률이 기준을 넘게 되었다. 이와 같이 디파짓 시스템에 따른 용기 회수율 향상 효과는 실제적으로 증명되고 있다.

➕ 한국은 빈용기보증금제도를 시행하고 있다. 사용된 용기의 회수 및 재사용 촉진을 위하여 출고 가격과는 별도의 금액(빈용기보증금)을 제품의 가격에 포함시켜 판매한 뒤 용기를 반환하는 자에게 빈용기보증금을 돌려주는 제도인데, 시행 여부는 생산자가 스스로 결정할 수 있으며, 시행하지 않을 경우에는 생산자책임재활용제도에 따라 재활용의무를 이행해야 한다.

따오기
Crested ibis

머리 뒤쪽에 벼슬깃이 있고 꼬리털이나 날개의 일부에 연분홍색이 보이는 것이 특징이다. 생식 환경의 파괴나 악화, 난획 등에 의해 개체 수가 줄고, 인공번식을 시도했지만 2003년 최후의 한 마리가 사망하면서 일본의 따오기는 사실상 '절멸'했다. 그러나 이후 중국에서 증정받거나 대여된 따오기에 의해 번식작업이 계속되었고 현재는 방사 단계까지 개체 수가 회복되었다. 따오기가 생식할 수 있는 환경의 확보나 복원에는 오랜 세월과 노력, 자금이 필요하다. 그래서 이미 야생에서 절멸한 종보다 현재 절멸 위기에 처한 종의 보호가 우선되어야 한다는 의견이나 무리한 증식보다 자연 파괴에 대한 반성의 상징으로 두었어야 했다는 의견도 있다.

➕ 한국에서 따오기는 멸종위기 야생생물 2급이자 천연기념물 제198호에 해당한다. 1979년 비무장지대에서 마지막으로 사진이 찍힌 뒤 자취를 감췄다. 경상남도 창녕 우포 따오기 복원센터가 증식 복원을 위해 약 10년간 노력한 결과 363마리로 늘어났다. 그중 40마리를 2019년 자연으로 방사했다.

※ 출처 : 환경부, 문화재청

ㄹ

라마찬드라 구하
Ramachandra Guha

『환경 사상과 운동(Environmentalism: A Global History)』(1999) 등을 출간한 인도의 역사가(1958~)이다. 개발도상국가의 입장에서 선진국에 의한 원시자연보호가 실제는 개발도상국이나 소수민족을 희생하고 있다고 호소했다. 즉 환경문제의 원인은 공업국과 개발도상국의 도시 엘리트들의 과잉 소비 및 지역 분쟁이나 군비 증강 등으로 인한 군국화에 있는데 이런 것들을 외면한 채, 생명 중심적 사상을 중심으로 한 생물 본래 모습의 유지를 목표로 하는 서양 생물학자와 그의 재정적 지원자인 세계자원보호기금(WWF), 국제자연보호연합(IUCN) 등의 기관이 개발도상국의 현지 주민의 요구를 전혀 고려하지 않은 불공평한 보전 활동을 추구하고 있다고 비판했다. 또한 환경보호운동이라는 정의를 내세워 현지 주민이 무시되고 자연환경과 어떻게 마주할 것인가에 대한 주도권을 빼앗기고 있는 상황이 과거 서양에 의한 식민지 지배와 산업 개발 역사의 연장선상에 있다는 것도 지적했다.

라이프사이클 평가
life cycle assessment, LCA

자원의 채취, 제조, 수송, 소비, 리사이클이나 폐기 등 제품이나 서비스의 라이프사이클은 모든 단계에서 에너지 자원의 소비, 폐기물의 배출 등 지구환경에 주는 영향을 정량적으로 분석하는 방법. LCA(전 과정 평가)라고도 한다. LCA를 활용하여 환경 부담을 줄이는 것이 목적이다. LCA의 대상에는 제품의 제조 과정만이 아니라 폐기물 처리 과정 등의 시스템도 포함된다.

LCA는 국제표준화기구(ISO)에 표준화되어 있으며, ISO14040은 LCA의 일반원칙의 규격이다.

LCA는 다음의 4단계로 구성된다. ①목적과 대상 범위의 명확화

②재고 목록 분석 ③영향평가 ④결과의 해석이다. ①에서는 LCA를 행하는 목적, 생활 방식의 범위, 평가한 환경 부담을 명확히 하고, ②는 생활 방식의 각 단계에서 투입된 자원과 에너지 또는 배출된 대기오염물질, 수질오염물질, 고형의 폐기물, 환경 속 배출물 등의 물질을 계산하여 일괄표(재고 목록)로 나타내고, ③은 재고 목록 분석 결과를 지구온난화, 대기오염 등 환경영향을 분석하여 항목별 정도를 평가하고, ④에서는 얻어진 결과를 기초로 하여 환경영향과 그 개선점을 정리한다.

LCA 방법을 이용하여 정량적 환경 부담 데이터를 공개, 인정된 제품인 것을 나타내는 환경 라벨지로 에코 나뭇잎이 있다. 에코 나뭇잎을 취득한 제품의 LCA 데이터의 공평성과 신뢰성은 제3기관의 심사로 검증된다. 소비자는 에코 나뭇잎에 기재된 등록번호를 가지고 홈페이지에서 그 제품의 LCA 데이터로 접속하여 환경 부담에 관한 정보를 얻을 수 있다. 이러한 시스템에 의해 그린 소비를 촉진하고, 소비자는 환경에 좋은 제품을 제공하는 사업자를 평가할 수 있다.

람사르협약
Ramsar Convention

정식 명칭은 '물새 서식지로서 국제적으로 중요한 습지에 관한 협약'이다. 1971년에 협약이 체결된 이란의 도시 람사르와 관련하여 통칭 람사르 협약이라 부르게 되었다. 협약이 적용된 습지(wetlands)란 "천연의 것인지 인공인지, 영속적인 것인지 일시적인 것인지를 상관하지 않고, 더욱이 물이 고여 있는지 흐르고 있는지, 담수인지 기수(바닷물과 민물의 혼합물)인지 해수인지를 상관하지 않고, 소택지(늪과 못), 습지, 이탄습지(토탄) 또는 수역이 좋고, 낮은 호수일 경우에는 수심이 6m가 넘지 않는 해역을 포함한다"라고 정의되어 있다. 당사국은 국내의 습지를 1개 이상 지정하고 협약사무국에 등록하는 동시에, 그 습지의 보전, 재생 및 현명한 이용(폭넓은 필요), 또는 이를 위한 보급계발과 조사가 필요하다. 일본에서는 1980년에 구시로 습원을 최초로 지정했고 2012년 현재, 전국 47곳이 등록되었다(한국은 1997년 가입하여 강원도 인제군 대암산 용늪을 최초로 지정, 2018년 현재 23곳이 등록). 소택지나 갯벌 등의 습지는 개발 우선 시대에 불모의 땅이라 불리는 많은 농지, 공장지대 등을 위해 매립되어, 이른바 간척 등에 의해 상실되었다. 습지가 물새만이 아니라 많은 동식물의 서식지로서 더욱이 어업과 환경 정화에 중요한 곳이라는 것이 국민적으로 이해되어 보전 · 이용되기 위해서는 계속적인 교류 · 학습 · 참가 · 보급계발이 중요하다.

런던 해양투기방지 협약
Convention on the Prevention of Marine Pollution by Dumping of Wastes and Other Matter

해양 폐기물 투기 규제에 관한 국제 협약으로, 1972년 런던에서 개최된 국제정부 간 회의에서 합의된 협약이다. 인간의 활동으로부터 해양 환경을 보호하기 위한 최초의 국제 협약으로 1975년에 발효되고, 1977년 이후에는 국제해사기관(IMO)에 의해 운영되고 있다. 일본은 1980년에 비준했다[한국은 1993년 가입, 1994년 발효]. 1993년에 수정안이 발효되고, 낮은 수준의 방사성 폐기물의 해양 투기가 금지되었다. 1996년에는 해양 투기 및 다른 해양오염물 방지를 위한 런던 협약 의정서가 채택되어 규제가 더욱 강화되었다.

레스터 브라운
Lester Russell Brown

미국의 사상가이자 환경활동가(1934~). 메릴랜드 대학에서 경제학 석사를 수료한 후 미국 농무부에서 근무했다. 식량문제를 중심으로 인도 담당 등을 경험하고, 1974년에 월드워치연구소(Worldwatch Institute)를 설립, 2001년에 지구정책연구소를 설립했다. 「월드워치 페이퍼(Worldwatch Papers)」, 「지구환경보고서(State of the World)」 등 세계에 영향을 준 전문지를 만들어냈다. 2003년에는 PLAN B(Rescuing a Planet under Stress and a Civilization in Trouble)를 발표, 20세기 연장선에서 사회 · 경제를 운영해 가는 사고방식 '플랜 A'에 대해 순환형사회를 추진하는 '플랜 B'로의 정책 변경이 필요하다는 것을 주장했다.

레어메탈/ 희소금속
rare metals

금과 은 등의 귀금속 이외에 매장량 및 공급량이 적은 비철금속을 말한다. 축전지에 사용되는 리튬, 액정 패널과 LED에 사용되는 인듐, 전자부품에 사용되는 백금, 반도체에 사용되는 갈륨 등이 희소금속이며, 첨단기술 산업의 소재로 없어서는 안 된다. 일본은 31종류의 원소가 희소금속으로서 지정되어 있지만, 거기에서는 영구자석에 사용되는 네오디뮴 등 17종의 원소에서 나는 희토류가 1종으로 계산되고 있다. 일본에서는 대량의 희소금속자원이 존재한다고 전해지지만, 폐기된 전자기기에서 희소금속 회수가 어려워서, 희소금속 회수기술의 향상과 회수할 수 있는 조건을 만드는 것이 이후의 과제이다. 환경교육 분야에서 자원낭비형 사회에서 폐기물을 적게 하고 자원을 순환하여 이용하는 순환형사회 구축을 위한 교육이 필요하다.

➕ 한국은 현재 수요가 있는 것과 향후 기술 혁신에 따라 새로운 공업용 수요가 예측되는 것으로 35종, 56개의 금속원소를 정의하고 있다(한국희소금속산업기술센터).

⋯▶ 도시 광산

레이첼 카슨
Rachel Carson

미국의 해양생물학자이며 작가(1907~1964). 화학물질 중 특히 농약에 의한 환경오염을 고발한 『침묵의 봄』(한국어판은 2011년 출간, 에코리브르)은 1962년에 출판된 후 20개국 이상에서 번역되어 세계적인 베스트셀러가 되었다. 존스 홉킨스 대학·대학원에서 동물발생학을 전공했고, 우즈홀 임해생물(해양생물학)연구소에서 해양생물학을 연구했다. 바다를 소재로 한 『바닷바람을 맞으며』(1941), 『우리를 둘러싼 바다』(1951), 『바다의 가장자리』(1955) 등을 출판했다. 사후인 1965년에 출판된 『센스 오브 원더』에는 그녀의 신념이라고도 할 만한 자연관이 드러나 있다.

레인저
ranger

미국의 국립공원에서 공원이나 시설의 안내·유지 관리, 인명 구조, 치안 관리 등을 담당하는 직원을 말한다. 일본에서는 1953년부터 각지의 국립공원에 12명의 현지 주재 관리원을 배치하기 시작하여, 현재에는 전국 30개소 국립공원 등에 근무하고 있지만, 그 규모는 미국에 미치지 못한다. 그 밖에 각지의 방문객 센터에서 공원 관리와 환경교육 지도자로 활동하는 사람을 지칭하기도 한다.

로데릭 내시
Roderick F. Nash

미국의 환경윤리, 환경사학자로 주요 저작으로는 『원시 자연과 미국인의 정신(Wilderness and the American Mind)』(1967), 『자연의 권리:

환경윤리의 문명사(The Rights of Nature: A History of Environmental Ethics)』(1989년) 등이 있다. 환경운동, 환경관리, 환경사, 환경교육 분야의 훌륭한 실천적 지도자로서 사회적 평가가 높다. 오늘날 인권사상의 기초가 된 '인간만이 보유한 자연권(natural rights)'이 '자연의 권리(right of nature)'로 확장된 과정을, 19세기 미국 노예해방운동에서 동물애호운동이나 환경보호운동으로의 사상사적 변천에 빗대어 제시하며 환경 사상의 새로운 방향성을 내세웠다.

로마 클럽
Club of Rome

지구의 미래와 환경문제에 대해 연구하는 과학자와 경제인 등이 1968년 이탈리아의 로마에서 창립한 세계적인 민간단체이다. 1972년에 발표한 보고서 「성장의 한계」는 인구 증가와 자원 다소비형의 경제성장에 의해 환경 파괴가 계속된다면 100년 이내에 성장이 한계에 다다를 것을 지적하며 세계에 충격을 주었다. 현재 본부는 스위스에 있으며 환경과 지속가능성, 자원의 소비, 평화, 안전보장 등을 주제로 하고 있고, 지금까지 33개의 연구보고서를 발표했다. 회원은 추천제로 약 100명의 개인 회원과 30개 이상의 국가와 지역단체 등으로 이루어진다.

로저 하트
Roger A. Hart

미국의 환경심리학자(1950~). 『어린이 참여: 지역사회 개발 및 환경 관리에 청소년을 참여시키는 이론 및 실습(Children's Participation: the theory and practice of involving young citizens in community development and environmental care)』(1997)의 저자이다. 「지속가능한 지역 환경 만들기」에서는 시민 각자가 환경에 대해 생각해 적극적으로 행동하고 그 생활양식, 생산과 소비 패턴을 근본적으로 바꾸는 것이 필요하다고 주장하고 있다. 그리고 어린이들을 지역 환경 만들기에 참여시키는 환경교육이 중요하다고 하며 환경교육을 단계별로 도해한 '참여의 사다리' 방법론을 제시했다. 하트의 영향으로 어린이들의 참여형 학습을 참여로 심화시키는 연구도 교육 현장에서 이루어지고 있다.

로하스
LOHAS

'Lifestyles of Health and Sustainability'의 각 앞 글자를 딴 것. '건강과 지속가능성(환경)을 중시한 라이프스타일'로 번역된다. 미국 사회학자 폴 레이(Paul Ray) 등이 환경과 건강에 대한 의식이 높은 사람들의 라이프스타일에 착안하여 마케팅 개념인 로하스를 제창했다.

일본에서 로하스는 잡지 등을 통해 알려졌지만, 상품이나 사업과 관련된 것이 많고, 비교적 고수입층만 수용했다는 견해도 강하다.

✚ 한국로하스협회는 환경부 보건정책과를 주무부처로 하여, 저탄소 녹색생활문화를 확산하고, 로하스 산업 육성, 관련 교육 프로그램 및 지표 개발, 산림치유연구소를 중심으로 한 산림치유연구 및 보급 등을 진행하고 있다.

롤 플레이/롤 플레잉
role play/role-playing

|특징| 현실에서 일어날 수 있는 장면을 상정하여 여러 사람이 그곳에 존재한다고 생각하고 관계자의 역할을 연기하면서 유사체험을 통하여, 어떤 일이 실제로 일어났을 때 대처 방법과 관계자의 심정을 이해하는 학습 방법 중 하나. '역할연기'라고도 한다.

비슷한 개념으로 시뮬레이션이 있다. 가상 장면이 설정된다는 점이 공통점이지만, 시뮬레이션에서는 다음에 일어날 수 있는 상황이나 줄거리 및 대처 방법(모델)이 예상되어 있어, 참가자는 순서대로 따라하게 된다. 이에 비해 롤 플레이에서는 장면은 설정되어 있지만, 일어날 상황의 대본(시나리오)은 존재하지 않는다. 있는 것은 무대의 설정뿐, 상황과 스토리는 역할을 맡은 연기자에 의해 차츰 만들어진다. 즉, 상황의 변화에 대한 롤 플레이는 주체적이고 창조적인 점이 특징이다.

|진행 방법| 롤 플레이는 다음의 순서로 진행한다.

① 설명: 롤 플레이를 하는 의미, 목적을 참가자가 공유한다.
② 워밍업: 미지의 장면에 대한 참가자의 긴장을 푼다.
③ 역할의 결정: 참가자 전원을 그룹으로 나누어 각자의 역할을 결정한다. 그때 필요한 '연기자'뿐 아니라 '진행자(보통은 촉진자가 겸한다)', '관찰자(연기 전체를 비평하는 역할을 한다)'를 설정한다.
④ 연기(실연): 역할 분담에 따라 각자 실연한다.
⑤ 논의: 연기 종료 후, 각 등장인물은 연기를 통하여 무엇을 느끼고 생각했는지 발표한다. 그때 관찰자는 연기, 논의 전체를 코멘트한다.

⑥ 회고: 롤 플레이가 당초의 목적 달성에 유효했는가를 모든 사람이 되돌아보며 생각한다. 그때 의논을 통해 문제가 되는 장면을 재연하거나 비디오를 재생하여 확인한다.

|학습 효과| 여러 참가자 전원이 각자에게 주어진 역할을 수행하면서 스토리를 만들어 나간다. 그 공통 작업을 통하여 참가자는 다음과 같은 것을 이해한다.

- 상대의 말과 행동 배후에 있는 동기나 감정
- 상대의 생각과 감정을 알아내는 것의 어려움
- 상대의 말을 완전히 알아내는 것의 어려움
- 상대에 대한 공감, 관용과 존중
- 상황이 상호작용적으로 만들어지는 것에 대한 이해
- 자신의 말과 행동의 특징 이해와 말과 행동에 대한 책임감

최종적으로 참가자는 당면한 문제에 대하여 합의와 이해의 가능성을 찾아낸다.

|실천적 활용 예| 환경문제에 관련해서 지구온난화로 대표될 수 있는 다수의 논쟁이 있고, 거기에는 다수의 이해관계자가 존재하고, 미래세대 대 현세대, 선진국 대 개발도상국, 행정관계자 대 시민처럼 시간과 공간, 입장을 넘어서 복잡하게 얽혀 있다. 또한 '개발인가 보존인가', '효율인가 공정인가', '기회의 균등인가 결과의 평등인가' 등 정의의 규준도 다양하다. 이러한 상황에서 입장이 다른 사람들이 단순히 'YES', 'NO'라는 결론만을 말하는 것이 아니라 '어떻게 하면 조정과 합의가 가능한가'를 건설적으로 이야기하는 것이 중요하다. 이를 위해서는 서로의 주장 배경에 있는 여러 가지 입장과 생각을 이해하고 서로를 받아들일 수 있어야 한다. 롤 플레이는 이러한 합의의 형성과 타인의 수용, 또는 이를 위한 대화 능력을 높이는 수단으로 활용도가 매우 높다.

리스크 커뮤니케이션
risk communication

1970년대 미국에서 제창된 개념으로 애초에는 정확한 정보의 공개와 계발에 초점을 두고 있었다. 그러나 현재에는 쌍방향성이 강조되게 되었다. 바꿔 말하면 화학물질이나 식품의 안전성 등에 관

한 위험평가와 위험관리에 있어서 전문가, 행정, 사업가, 시민 등 다양한 관계자가 참가하여, 정보와 의견을 교환하고 서로의 신뢰를 양성하면서 문제에 관해 깊은 이해와 행동력을 기르는 것을 목표로 했다. 합의를 얻으려는 결과보다도 의사소통과 상호 이해가 먼저 중시되었다.

※ 참고: 히라카와 히데유키 외 『리스크 커뮤니케이션』, 오사카대학출판회, 2011

리우+20
···▶ 유엔지속가능개발회의

리우선언
Rio Declaration on Environment and Develpoment

정식 명칭은 '환경과 개발에 관한 리우데자네이루선언'이다. 1992년 6월 3일부터 14일까지 브라질의 리우데자네이루에서 개최된 유엔환경개발회의(지구 서미트)에서 합의되어, 같은 해 6월 6일에 채택되었다. 지속가능발전의 사고방식을 도모한 선언문으로 전문 제1원칙에서 제27원칙에 걸쳐 전 27항목으로 구성되어 있다. 이 선언문에 입각해서 환경 분야에서의 국제적인 구체적 행동계획 의제21이 같은 회의에서 채택되었다.

리우선언의 전문에서는 1972년에 개최된 유엔인간환경회의에서의 스톡홀름선언을 재확인하고, 이것을 발전시킬 것을 요구했다. 그리고 지구의 불가분성, 상호의존성에 입각하여 새로운 공평한 지구 규모의 파트너십의 구축을 목적으로 전 인류의 이익을 존중하고 지속가능한 발전으로 국제적 합의를 이루기 위한 작업의 모든 원칙이 나타나 있다. 자국의 정책을 근거로 개발권을 인정하는 동시에, 자국의 활동이 타국의 환경오염을 불러일으키지 않도록 할 책임이 있다는 등의 내용이 들어 있다. 또한 후에 '공통이지만 차이가 있는 책임(common but differentiated responsibility)'이라 부르게 된 사고방식이 제7원칙에 나타나, 지구환경문제의 책임은 선진국과 개발도상국이 공통으로 나누어야 하지만, 양자가 가지는 책임은 정도의 차가 있다는 것을 인정했다. 이 배경에는 지구 규모의 환경문제는 인류가 공통으로 짊어져야 한다는 선진국 측의 주장과, 개발도상국도 환경문제의 원인을 가지고 있지만, 그 원인 물질의 대부분은 선진국이 개발과 동반하여 발생시킨 것이며 문제의 대처 능력도 크게 다르다는 개발도상국 측 주장의 대립이 있다. '공통적이지만 차이가 있는 책임'의 원칙은 이제까지 양자의 의견을 분석하여 형성되어, 같은 회의에서 채택된 의제21과 기후변화 협약에 채택된 것 외에도, 그 후의 개발에 동반하는 모든 문제의 대처에도 영향을 주고 있다.

유엔환경개발회의에서 20주년을 맞이한 2012년 6월 유엔지속가능개발회의가 개최되어 '우리가 바라는 미래(The Future We Want)'가 채택되었다. 그중에서도 특히 제7원칙 '공통적이지만 차이가 있는 책임'을 포함하여 리우선언의 모든 원칙을 재확인하는 것이 명기되었다.

리우
전설의 스피치
legendary speech at UN Earth Summit 1992/Severn Suzuki's legendary speech

1992년 6월에 브라질의 리우데자네이루에서 개최된 유엔환경개발회의에서 당시 12세였던 세번 스즈키(Severn Cullis Suzuki)가 했던 연설문을 지칭한다. 캐나다에서 자신들이 만든 어린이 환경 활동 그룹을 대표했던 연설은 회의장에 참석한 어른들에게 충격을 주었고, 후에 '전설의 스피치'라고 부르게 되어, 지구 차원의 환경문제로 관심이 높아진 계기 중 하나가 되었다. 연설 내용을 담은 『당신이 세상을 바꾸는 날』은 다국어로 번역 출판되었다. 지금도 강연을 통해 가치관의 전환과 미래를 향한 행동을 사람들에게 계속 호소하고 있다.

마인드맵/그물
educational webbing

수업 및 연구회에서 사용하는 학습자의 사고를 활성화하고 가시화한 방법 중 한 가지이다. 중심에 하나의 상황(과제, 주제)을 두고 그 단어부터 연상할 수 있는 키워드나 단문을 거미줄(웹)처럼 다음 선으로 이어 넓혀가며 작업을 한다. 월드 와이드 웹(World Wide Web)과 같은 어원을 가지고, 양방향 또는 어떤 한쪽의 내용에서 관심이 차례차례 이어지며 넓혀가는 양상을 나타낸다.

이것으로 지도자는 학습자의 사고 양상과 관심의 연쇄를 파악할 수 있고, 학습자는 자신의 관심이 넓어져 가는 방향을 알 수 있다. 또한 함께 학습하는 동료나 그룹과 그물을 비교하면서 서로의 사고가 다른 것을 파악할 수 있으며, 의사소통을 활성화하기 위한 자료가 되기도 한다. 예를 들어 학교의 창의적 체험학습 시간에 학생의 힘으로 과제를 할 때 학습 자료를 이용하거나, 교사가 교재 연구의 참고 자료나 학생의 인식 변화를 보기 위한 평가 자료로 사용하기도 한다. 이러한 활용 방법은 수업의 목적에 따라 유연하게 바뀔 수 있다.

이 방법은 1970년대 미국에서 열린 교육의 실천 과정으로 개발되었다. '열린'이란 폐쇄적인 학교의 존재 방식을 개방하려는 이념을 기본으로, '학생과 교사가 주체적인 학습활동과 창조성을 중시한다'는 의미를 포함한다. 어린이 한 사람 한 사람이 주체적으로 학습 계획을 세우고, 교재와 자료를 선택하여 자신만의 방식대로 학습활동을 하는 것으로, 그 중 마인드맵이라는 방법이 활용되고 있다. 그 기반에는 미국 교육철학자 존 듀이(John Dewey)가 제창한 경험주의교육과 학습자 중심주의 사상이 있기 때문에, 마인드맵을 하나의 방법으로 축소화하는 것이 아니라, 그 사상의 문맥을 이해하고 활용할 필요가 있다.

마인드 플로
mind flow

마케팅 분야에서 사용되는 용어지만 체험 활동에서는 사고와 느낌의 흐름, 움직임을 말한다. 체험 활동을 실시했을 때 설정한 목표에 도달할 때까지 참가자가 어떤 심리적 과정을 거치는지를 예측하는 것. 실제로는 활동과 요구에 대해 참가자가 어떻게 생각하거나 느끼는지를 활동 전에 상정하고 실제 활동에서 그 상황을 관찰하고 참가자 상태에 맞춰 활동을 수정해 목표 달성 효과를 높이도록 하는 개념이다. 지도하는 입장에서 프로그램에 어떤 내용을 담아내고 어떻게 실시할 것인지를 생각하는 것만이 아니라 전달하고 싶은 콘셉트를 어떻게 해야 참가자에게 전달할 수 있을지 참가자 심리 상태를 의식하거나 가설을 정하는 것은 환경교육에서 참가자 주체형 학습을 얻기 위해 중요한 관점이다.

목표가 명확하지 않으면 마인드 플로는 설정할 수 없다. 기술 습득과 결과가 행동으로 나타나기 쉬운 분야에서는 참가자의 목표 달성도와 흐름의 상황이 포착되기 쉽지만 환경교육에서는 표면적으로 뚜렷하게 드러나지 않는 내면의 정신적인 부분의 흐름을 고려하는 것이 요구되기도 하여 마인드 플로우의 설정에는 경험과 심리학적 소양이 필요하다. 베오그라드 헌장(1975년)에서 인식, 지식, 태도, 기능, 평가 능력, 참여는 목표 단계를 제시한 것이었지만 일종의 마인드 플로우라 할 수 있다. 여기에서 다루고 있는 협의의 마인드 플로우는 이 목표들을 조금 더 작은 단위에서의 도달을 목적으로 프로그램 디자인을 실시하는 것을 가리킨다. 이와 달리 마케팅이나 홍보 분야에서는 7개의 관문(인지, 흥미, 행동, 비교, 구매, 이용, 애정이 있으면 단골이 된다)과 AIDMA(주의, 관심, 욕구, 기억, 행동), 인터넷 구입 시의 AISAS(주의, 관심, 검색, 행동, 공유) 등의 마인드 플로우가 설정되어 있다. 각각 도달하는 심리 과정도 연구되고 있어 환경교육의 지도자가 마인드 플로를 설정할 때 참고가 될 것이다.

마크 트웨인
Mark Twain

미국의 작가(1835~1910)이다. 주요 저서로는 『톰 소여의 모험』(1976년), 『허클베리 핀의 모험』(1885년) 등이 있다. 미주리 주의 미시시피 강이 인접한 작은 마을에서 자라 미시시피 강을 비롯한 대자연을 각별히 사랑한 것으로 알려져 있다. 작품은 물질문명에 대한 불신감이나 혐오감을 토대로 하지만 한편으로는 대자연을 무대로 생기가 넘치는 소년을 그려낸 것이 많다. 자연 회귀를 지향하는 이야기는 일부의 환경보호운동에 영향을 주었다.

매그니튜드
Richter magnitude scale

지진의 규모를 나타내는 척도로 지진이 일어났을 때 발생한 에너지의 크기를 나타낸 지표이다. 진도가 그 장소에서 흔들림의 크기를 나타낸다면, 리히터 규모(과학에서 사용하는 용어)는 지진의 절대적인 에너지의 크기를 나타낸다. 매그니튜드가 크더라도 진원이 먼 곳에서는 지진의 흔들림은 작다. 매그니튜드와(M) 에너지의 크기(E: 줄)는 $\log_{10}E = 4.8 + 1.5M$의 관계이다. 이러한 매그니튜드는 지진의 에너지와 대수관계에 있어, 매그니튜드가 1 증가하면 약 31.62배, 2 증가하면 에너지는 1,000배가 된다. 1923년의 관동대지진은 매그니튜드가 7.9라고 추정되는데, 2011년에 일어난 동일본대지진은 일본 기상청의 관측사상 최대인 매그니튜드 9.0을 기록했다.

매립
reclamation

연안, 하구, 호수, 늪과 움푹 팬 땅에 모래 등으로 육지를 조성하는 일을 말한다. 옛날부터 농지를 늘리거나, 고도 성장기 이후의 공업용지, 항만, 주택, 폐기물처분용지를 확보하기 위하여 해 왔다. 오늘날 대도시 근처의 해안선은 대부분이 매립되었다. 1945~1978년의 약 30년간 약 40%의 일본 갯벌이 메워져, 갯벌이 가지고 있던 정화작용의 소실에 의해 심각한 어업 피해와 환경 악화가 일어나고 있다. 1921년 제정한 공유수면매립법은 1973년 개정되어, 40ha 이상의 매립은 환경영향평가법으로 환경평가의 대상이 되어, 환경보존에 대한 배려가 필요하게 되었다.

맹그로브
mangrove

열대·아열대에 하구나 해안의 기수역의 염생습지에서 일정 기간 얕은 바다의 조간대에 서식하는 식물군의 총칭. 맹그로브림을 일컫는 데 사용하기도 한다. 리조포라과, 마편초과, 소네라티아과의 식물이 속한다. 맹그로브림은 갯벌과 산림의 다양한 환경에 존재하며,

그곳에 적응한 다양한 동식물로 생태계를 이룬다. 일본에서는 오키나와 가고시마의 자연에 분포한다. 최근에는 채벌과 새우 양식장으로 전환하는 등의 개발로 면적의 감소가 계속되고 있어, 생물다양성에 대한 영향이 염려되고 있다. 그렇지만 습지 가치의 재검토와 함께 해양의 수질 정화와 해일 피해의 경감이라는 생태계의 서비스가 주목되고, 식수 등 재생에 대한 대책도 확대되어 가고 있다.

먹이사슬/먹이그물
food chain/food web

생태계에서 생물 간에 성립하는 '먹고 먹히는' 관계의 연쇄를 먹이사슬, 먹이사슬이 합쳐져 그물코 모양이 된 것을 먹이그물이라고 한다. 대부분 한 가지 종의 생물은 여러 종류의 생물을 먹고 여러 종류의 포식자에게 먹히며 또 동물과 식물 모두를 먹는 잡식 동물도 있어 먹이사슬은 한 가닥이 아닌 복잡한 그물코 모양을 이루고 있다. 따라서 '먹고 먹히는' 관계 전체를 나타낼 때 '먹이그물'이라고 한다. 먹이사슬은 생태계의 물질순환 에너지 흐름의 주요 경로가 되고 있다. 생태계 속에서 영양을 최초로 만들어내는 자가영양생물은 태양광 에너지를 엽록소로 받아들이고, 물과 이산화탄소로 탄수화물을 만들어내는 녹색 식물이다. 1차 생산자인 식물을 1차 소비자인 초식동물이 먹고, 그 초식동물을 2차 소비자인 육식동물(포식자)이 먹고, 그 위로 계속해서 상위 포식자로 연쇄된다. '먹고 먹히는' 관계에는 살아 있는 것을 먹는 관계인 '생식 먹이사슬'과 생물의 사체나 노폐물을 먹는 '부식 먹이사슬', 생물에서 배출된 용존태(dissolved state) 유기물을 박테리아가 생물에 흡착(biosorption)하고 그 박테리아를 원생생물과 동물 플랑크톤이 먹는 '미생물 먹이사슬' 등이 있다. '부식 연쇄'는 생태계에서 분해자(decomposer)를 통해 무기물에 공급되는 경로로 물질순환의 중요한 역할을 하고 있다.

먹이사슬 속에서 농약의 생물 농축(biological concentration)으로 인한 생태계의 파괴와 건강 피해는 레이첼 카슨(Rachel Carson)의 『침묵의 봄』에서 지적되었는데 그 시기 일본에서는 수은, 카드뮴의 생물 농축이 가져오는 공해병인 미나마타병과 이타이이타이병이 만연하고 있었다.

먹이사슬은 생태계를 개념화화여 설명하지만 실제 생물 군집에서는 동물의 종마다(엄밀히 말하면 동일한 종에서도 연령 단계나 지리적 조건마다 다르다) 먹이로 하는 종의 조합이 다르다. 그래서 지리적으로 다른 장소에서는 생태계가 비슷하다고 해도 군집을 구성하는 종의 조합도 미묘하게 달라서 그에 따른 먹이사슬도 다르다. 생태계 속에서 식물이 어떤 입지에서 자라고, 동물이 무엇을 먹는지, 각각의 종의 생태적 지위를 결정하는 주요 요인이다. 따라서 생물다양성이 높은 생태계(예를 들어 열대우림, 산호초)에서는 복잡한 먹이그물을 이루고 있다. 생태계에서 환경오염, 무분별한 포획, 외래종에 의한 식해(食害)나 먹이 경쟁에서의 패배 등에 의해 생물종이 멸종하는 경우가 많다. 멸종이 계속해서 일어난다면 생태계의 생산 구조는 기능을 계속한다고 해도 먹이그물의 이음이 하나하나 풀어져 마지막에는 갑자기 생태계 전체가 기능하지 못하는 때가 올 수 있다. 이는 비행기의 부품을 연결하는 리벳(rivet)이 하나하나 빠져 결국 비행할 수 없게 되어 추락하게 되는 것과 같다(리벳 가설). 이는 인류로 인한 생태계 오염·파괴에 대한 경고로 삼을 만한 비유이다.

메가 솔라
mega solar power plant

대규모 태양광 발전의 총칭. 출력이 1MW(메가와트=1,000KW)를 넘는 태양광발전을 일컫는다. 지역 내에 분산된 발전설비의 전체 출력이 1,000KW를 넘는 지역 전체를 '메가 솔라'라고 부르는 예도 있지만, 일반적으로는 동일 지역 내에 건설된 1MW를 넘는 것을 말한다. 발전소 건설에는 일정 이상의 면적이 필요하고 초기 투자도 크지만, 신재생에너지특별조치법의 시행에 따른 유휴지나 들판 등의 미이용지를 활용하고 민간 기업에 의한 메가 솔라 건설이 진행되고 있다. 지자체에 있어서도 이용 가능 용지를 공표하거나, 세제 우대 조치를 하여 기업을 유치하는 움직임도 나오고 있다.

메탄
methane

|의미| 화학식에서 CH_4, 탄소원자1, 수소원자4의 분자. 상온, 상압에서 무색, 무취의 기체. 천연가스의 주성분으로 에너지원이기도 하다. 교토 의정서를 근간으로 보고·삭감 대상이 되는 온실가스의 하

나이다.

| 주요 배출원 | 온실가스로서 메탄이 배출되는 주요한 배출원은 농업 분야, 폐기물 분야, 산업 부문이다. 구체적으로는 농업 분야에서 가축(소, 양 등)의 소화관 내 발효에서 배출(예: 소의 트림)되고 가축 배설물의 발효에서 배출된다. 또한 무논과 같은 산소가 적은 염기성 조건에서 미생물의 움직임에 의한 토양에서의 배출도 있다. 폐기물매립장에서 메워진 유기성분이 생물분해하여 메탄이 발생한다. 산업 부문에서는 공장 등의 보일러 연료의 연소에서 메탄이 배출된다. 그 밖에도 탄광에서의 석탄 채굴 시 메탄이 누출되기도 하고, 천연가스나 도시가스의 제조, 저축, 수송 등에서 누출되기도 한다.

메탄 하이드레이트
methane hydrate

천연가스의 성분인 메탄을 물 분자가 둘러싼 구조를 가진 고체의 물질. 매장량은 천연가스의 수십 배라고 알려져 있고, 새로운 에너지 자원으로서 기대하고 있다. 저온과 고압의 조건에서 생성되고, 자연환경에서는 해저나 깊은 지하, 시베리아 등의 영구 동토 지대 등에 존재하는 것이 확인되고 있다. 전 세계적으로 자원이 분포되어 있고, 일본 근해의 해저 아래에도 다량이 분포되어 있다고 확인되고 있다. 메탄 하이드레이트 채굴에는 심해에서의 굴삭 기술과 비용의 문제, 환경의 영향도 있어, 해결해야 하는 과제가 남아 있다.

멜트다운
nuclear meltdown

| 정의 | 원자로에서 냉각재 상실로 노심이 고열에 노출되어, 융점이 약 2,900℃인 이산화우라늄의 연료 펠릿이 용융하는 것을 말한다. 연료인 펠릿은 융점이 1,855℃의 지르코늄에서 피복되는데, 멜트다운에 앞서 지르코늄이 먼저 용융된다. 노심 손상이란 냉각재 상실 사고를 포함한 어떤 이유로 멜트다운 등 노심이 손상(정상인 형태가 파손)된 상태를 말한다.

| 멜트쓰루 | 멜트다운이 발생하면 수천 도에 이르는 금속용융기가 융점 1,400℃ 전후의 원자로 구조물을 용해하며, 특히 원자로 압력용기 저부를 용해 관통하게 된다. 그 현상을 '멜트한다'고 한다. 상업 원자로로는 후쿠시마 제1원전사고에서 역사상 최초로 멜트가 발생했고,

각 원자로에서 어디까지 금속용해기가 녹았는지 밝혀지지 않은 상태이다.

|원인| 일본 원전의 대부분을 차지하는 경수로를 예로 설명해보자. 경수로의 냉각재는 보통의 물로, 물이 가득 찬 노심은 300℃ 전후로 온도가 평행하다. 배관 파단과 전 교류전원 상실 등으로 노심에 냉각재 상실 사고가 발생한 경우, 비록 노심에 냉각 봉이 정상으로 삽입되어, 핵분열반응이 정지되었다 하더라도 붕괴열(핵분열 정지 후 1시간에 전기출력 100만KW의 원전에서 약 3만KW의 열)에 의해 노심은 단시간에 수천 도에 달한다. 먼저 노심 표면이 1,000℃ 전후의 고온에서 지르코늄이 물과 반응해 수소가 발생한다. 그다음에 이산화우라늄의 연료 펠릿이 용융된다. 냉각재 상실 사고는 배관 파단, 긴급노심냉각계의 불작동과 주 증기를 빼는 안전 벨브의 열림 고착 등에 의해 일어난다.

|영향| 지르코늄이 고온에서 물과 반응해 생긴 수소 발생은 수소 폭발의 원인이 된다. 특히 멜트다운은 핵분열 생성물이 원자로 압력용기내에 누설하여 최종적으로 발전소 밖의 환경에 누설되는 위험을 동반한다.

멸종위기종
threatened species

지구상에서 인류 활동으로 야생생물의 서식 조건이 악화되고 생물종의 멸종이 되풀이되고 있다. 국제자연보호연합(IUCN)에서는 1966년 전 지구에서 생물종 보전 상황의 포괄적 목록인 'IUCN 적색목록'을 공표했다. 이 리스트에 있는 생물종을 일괄하여 '멸종위기종'(넓은 의미)이라 부른다.

멸종위기종은 멸종 위험의 강약에 따라 절멸, 야생 절멸기, 절멸 위급, 절멸 위기 등의 9가지 범주로 나뉜다. IUCN의 적색목록은 수년에 한 번씩 검토되어 세계의 각 나라, 그리고 지자체에서도 적색목록을 작성하여 발표한다. 적색목록에 선정된 종에 대해서 형태, 생태, 분포, 환경 선호성, 서식 상황, 멸종·개체 수 감소의 요인, 보전 대책 등의 정보가 갖춰져 있다. 분류군별 전문가 그룹에 의해 개체 수 감소율, 출현 범위 면적, 서식지 면적, 현존 개체 수, 멸종 확률 등의 정량적 기준과 서식 조건, 채집압, 교배 가능 종의 유입이라는 정성적 조건을 병행했다. 멸종위기종은 인간 활동으로 일어나는 생물다양성 전체의 감소에 비해 빙산의 일각에 지나지 않지만, 더 이상 멸종되지 않도록 환경교육에서도 이것을 계기로 문제 해결의 길을 찾을 수 있을 것이다.

모노컬처
monoculture

···▶ 단일재배

모니터링
monitoring

인간활동에 의한 환경의 영향을 파악하기 위하여 이루어지는 관측과 조사 방법. 후쿠시마 제1원전사고 이후, 방사성물질의 모니터링이 중요시되었다. 그 밖의 온실가스, 산성비, 해양, 하천, 호수의 부영양화, 대기 중 오염물질, 유해 폐기물, 소음 등이 대상이 되었고, 이들을 장기적이면서 지속적으로 감시하여 시간이 지남에 따른 변화를 기록하고 있다. 또한 기후변화에 의한 영향을 받는 특정의 생물 종이나 산림, 산의 식생천이 등도 모니터링의 대상이 된다. 모니터링의 결과는 나라와 지방공공단체 환경행정의 환경 결정 과정에도 영향을 줄 수 있다.

모빌리티 매니지먼트 교육
mobility management education

"한 사람 한 사람의 이동이 사회·개인에게 바람직한 방향으로의 자발적 변화를 촉구하고 의사소통을 중심으로 하는 교통정책"(일본토목학회, 『이동경영관리의 입문』)이다. 알기 쉽게 서술하자면 지역이나 도시를 과도하게 자동차에 의존한 상태에서 공공교통이나 도보 등을 포함한 다양한 교통수단을 적절하게 조합하여 '현명하게' 이용하는 상태로 조금씩 변해가는 일련의 노력을 일컫는다.

자동차는 인류가 발명한 최고로 편리한 이동 수단의 하나이고, 우리 사회나 생활을 풍요롭게 해주었다. 그러나 오늘날 과도한 자동차 의존 사회는 공공교통과 중심 시가지의 쇠퇴, 환경의 악화 등이라는 부정적 측면도 가지고 있다. 여기서 자동차의 사용을 제한하거나 자동차를 현명하게 사용하며 살아가는 사회를 만드는 것이 필요하게 되었다.

이를 위해서는 보행자, 자동차 전용도로를 만들고 역까지 자동차로 가서 주차하고 버스나 전철을 이용하는 방식을 실시하거나 시민의 자발적 행동의 전환을 촉구하는 교통 환경교육이 필요하다.

모험교육
adventure education

모험체험을 통해 실시되는 교육. 자기 긍정감의 획득, 대인관계 방법, 삶의 자세 육성을 목적으로 한 인간교육이다. 주로 자연환경을 교육의 장소로 삼고 학습자가 모험체험에 자발적으로 도전하고 자신과 그룹의 과제에 자각하고 동료와 함께 고난을 극복하며 해결해 가고자 하는 체험을 통한 학습이라 할 수 있다. 정답은 하나가 아니고 자신과 그룹에서 과제와 해답을 모색하는 과정이 더 중시된다.

모험교육의 역사를 보면 독일의 교육학자 쿠르트 한(Kurt Hahn)의 공헌이 크다. 쿠르트 한은 1920년대에 물질문명으로 도덕의 폐퇴와 젊은이의 무기력과 도피가 심해진 독일 사회를 걱정하며 이웃을 돕고 평화를 위해 봉사하는, 육체적으로도 정신적으로도 강인한 젊은이의 육성을 위한 교육 개발과 실천에 힘썼다. 제2차 세계대전 후, 쿠르트 한이 관계된 젊은 병사를 위한 트레이닝 프로그램이 일반 청소년에게도 필요하다는 이유로 모험교육을 실천하는 학교 OBS(Outward Bound School)를 1941년에 영국에 설립하고, 모험교육의 기초를 다졌다. 그 후 1960년대에 미국으로 확산되어 모험교육의 요소를 학교교육에 도입하기 위한 연구 개발이 진행되고 '프로젝트 어드벤처'라는 모험교육 프로그램이 생겨났다. 일본에서도 1995년에 프로젝트 어드벤처 재팬이 설립되었다. 다음 해에 중앙교육심의회의 답신 중에 '살아가는 힘' 육성의 필요성이 언급된 것을 계기로 모험교육은 유효한 교육 방법 중 하나로 주목받고 있다.

몬트리올 의정서
Montreal Protocol

몬트리올 의정서는 오존층 파괴 물질인 염화불화탄소(CFCs)의 생산과 사용을 규제하려는 목적에서 제정한 협약으로 1987년 몬트리올에서 정식으로 체결되고, 1989년 1월에 발효되었다. 1996년에 염화플루오르화탄소(CFC, 일명 프레온 가스로 불린다), 할론, 사염화탄소 등이 모두 없어졌고 그 후, 하이드로 수소염화플루오르화탄소(HCFC)와 브롬화메틸 등도 점차 없어졌다. 몬트리올 의정서의 체결국은 2012년 현재 197개국으로 거의 모든 국가가 참가하고 있다. 몬트리올 의정서 당사국총회는 매년 개최되고 있고, 2009년에는 미국 등이 오존층을 파괴하지 않는 하이드로플루오르카본(HFC)을 대상으로 할 것을 제안했다.

무역게임
Trading Game

1970년대 영국의 NGO 크리스천 에이드(Christian Aid)에 의해 개발된 시뮬레이션 게임. 일본에서는 가나가와 국제교류협회와 개발교육협회가 번역해 출판한 것이 전국적으로 확산되었다.

| 목적 | '무역'이 세계 각국과 사람들에게 주는 영향을 시뮬레이션 및 롤 플레이로 교섭이나 흥정 및 유사체험 등을 통해 이해하는 참가형 워크숍 교재로, 그 목적은 주로 다음의 세 가지이다.
- 무역을 중심으로 한 세계 경제의 기본적인 시스템을 이해한다.
- 자유무역과 경제 세계화가 일으키는 다양한 문제를 깨닫는다.
- 남북 간 격차 해소를 위한 국제 협력과 한 사람 한 사람의 행동을 생각한다.

| 준비 |
- 그룹 나누기: 몇 명으로 구성된 팀을 적어도 3개(선진국·중진국·개발도상국) 이상과 '은행', '유엔' 역을 만든다.
- 게임을 시작하기 전에 최소한 삼각자, 컴퍼스, 가위, 연필(기술력, 노동력), 갱지(자원), 화폐(재정력)를 준비하고 이들을 경제 레벨에 맞게 각 팀에 배분한다.

    예) 선진국: 재정력, 기술력은 크지만 자원은 적거나 혹은 전혀 없다.
    중진국: 재정력, 기술력이 최근 성장했다.
    개발도상국: 재정력, 기술력은 적지만 자원은 풍부하다.

| 진행 방법 |
- 게임의 목적은 팔기 위한 삼각형, 사각형, 원형의 '종이'를 될 수 있는 한 많이 만들어 좀 더 많은 돈(화폐)을 얻는 것에 있다.
- 게임의 룰은 다음과 같다.
    - 정해진 도구 이외는 사용할 수 없다. 제품은 정확히 규정 크기인 것을 은행이 매입해준다.

- 도구(기술)와 자원 등의 교환·판매 등의 교섭은 자유롭게 할 수 있다.
· 유엔은 제품 가격 인하 등 게임 도중에 일부 룰을 변경하는 권한을 가진다. 작업 시간도 유엔이 결정한다.
· 게임 종료 후 다음의 것을 평가한다.
 - 시장경제의 유리/불리, 공평/불공평은 무엇인가?
 - 좀 더 공평한 거래는 어떻게 하면 가능한가?

※ 출처: 개발교육협회·가나가와 국제교류협회 편, 『신·무역게임 경제의 세계화를 생각해보다』, 2001년

문제해결형 학습
problem-solving learning/ problem-based learning

|의미와 논쟁| 일본의 전후 신교육 속에서 등장한 미국의 경험주의 교육론을 이념적 기초로 한 학습론. 전후 교육이 어린이 주체성을 무시하고 교과 내용을 전달, 주입식으로 가르쳐 온 것에 대한 비판적인 입장을 가진다. 존 듀이(John Dewey)의 반성적 사고의 과정을 실제적인 문제해결을 위한 학습과정으로 바꿔 문제의 해결에 대하여 문제화 → 해결을 위한 가설 설정 → 해결 가능성의 추론 → 가설검증이라는 일련의 문제해결 과정이 전개된다.

아동 학생이 주체적으로 문제를 해결하는 과정에서 다양한 지식을 얻을 수 있다는 도구주의적 지식관에 대하여, 체계적 지식은 계통적으로 배울 때 몸으로 익힐 수 있다는 계통학습론자의 반론과 학력 저하 문제가 동시에 대두되었다. 그 결과 전후 신교육운동은 쇠퇴하고 계통적 학습으로 돌아갔다. 그러나 1989년 개정학습지도요령에서 '생활과, 1998년 개정에서 총합적 학습시간이 도입되면서 새롭게 문제해결학습이 각광을 받았다. '살아가는 힘'을 중시하는 학력관의 등장으로 '문제를 깨닫는 더 나은 해결 방법을 찾아 탐색한다'는 문제해결형 학습의 방법론과 원리가 부활하고 있다.

|환경교육과 문제해결형 학습| 학생이 우리 주위에 있는 문제를 깨닫고 해결을 위한 방법을 생각하여 탐색한다는 문제해결형 학습을 환경교육에 적용하는 일은 중요하다. 지도자는 학생이 지역의 과제와 국가 및 세계의 과제를 연결하여 탐색할 만한 문제를 음미하고 탐색 방법을 구상하고 배운 것을 발산하도록 하기 위한 지도계획을 구상할 수

있다. 또한 이러한 지도계획을 학생이 배움의 나침반으로 삼는 데 필요한 지도·지원을 하는 문제해결형 학습을 전개할 수 있다.

문화적 다양성
cultural diversity

|정의| 유네스코에 따르면 문화적 다양성은 민족, 지역 및 커뮤니티가 독자의 역사적·문화적 배경의 다양한 문화를 가지는 것, 혹은 그처럼 다양한 문화가 존재하는 상태를 의미한다.

|역사와 변천| 문화적 다양성은 그 시대가 요청하는 국제적 과제와 관련하여 논의되고 있다. 국제와 지역의 개발 중 소수민족, 선주민족(원주민)의 생활권과 문화권, 인권의 옹호라는 과제와 관련하여 논의가 발전했다. 1970~1980년대에는 특히 선진국 도심부의 이민과 난민이 급증한 것을 보고, 다양한 민족과 문화가 나라와 지역 안에서 어떻게 공생해 갈 것인가를 탐구하는 문화다원론으로 발전했다. 이런 논의는 이민과 난민이 가져온 문화에 기반한 산업과, 이면으로 본 지역 커뮤니티의 재평가 등으로 도시 경제·사회적 발전을 제창하는 '도시창조론'으로 발전했다.

문화적 다양성은 국내에서의 민족차별철폐와 민족 집단의 시민권을 옹호하며 다문화와 공생을 목적으로 하는 '다문화주의(multiculturalism)' 정책으로 캐나다와 오스트레일리아에서 실시되고 있고, 영국, 북유럽 몇 개 국가, 미국에서도 다문화주의의 관념이 정책에 도입되었다. 한편 소수민족·선주민족의 자기결정권을 인정하지 않은 채로 문화적 다양성과 다문화공생을 주장한 정책이 실시되고 있는 경우도 많다.

또 문화는 평화 구축과 개발이 결합한 형태로 논의되었다. 특히 유네스코는 종교 대립과 동서냉전, 남북문제 안에서 발생한 민족 분쟁 등의 해결을 위해 평화 구축 과정에서 문화를 통한 상호 이해를 위한 대화를 존중하고 유럽과 미국 선진국의 근대화 모델을 개발도상국에 단순히 적용하는 것이 아닌 현지 문화에 뿌리를 둔 개발의 올바른 자세를 찾는다는 내생적 발전론을 전개했다. 또 유럽, 아시아 등의 지역을 바탕으로 문화정책회의를 개최한 것 외에 '세계문화개발 10년'(1988~1997년), '문화와 개발에 관한 세계회의'(1995년)를 실시했다. 이 회의들을 배경으로 다양한 문화가 상호 가치를 서로 존중하고 공존하는 이상적인 세계를 모색하기 위해 문화의 다양성에 관한 논의가 발전하고, 2001년 '문화 다양성에 관한 유네스코 세계선언'의 채택과 '문화적 표현의 다양성 보호 및 촉진에 관한 협약(통칭 문화다양성협약)'(2005년)에 이르렀다. 세계화로 문화와 언어, 생활양식 등이 획일화되는 가운데 각 문화가 가진 독자성을 지켜 가기 위한 논의가 있었던 것도 이런 협약 체결의 배경이다.

|환경과 문화적 다양성| 문화는 자연환경과도 깊게 연관되어 있다. 자연에서 받은 은혜를 기초로 사람들은 문화를 발전시켜 사회를 구축해 왔다. 문화의 다양성은 환경과 지속가능발전과도 밀접하게 연관되어 있어서, 1972년 유엔인간환경회의에서 채택된 행동계획에는 문화적 측면을 포함한 폭넓은 시점으로 환경을 생각할 필요성이 제시되었다. 환경과 문화의 다양성 논의는 특히 선주민족과 지역 공동체가 지역의 환경 관리를 위한 전통적 지혜·지식과 지역의 생물다양성 보전과 관련시킨 형태로 논의가 발전했다. 1992년의 유엔환경개발회의에서 채택된 '환경과 개발에 관한 리우데자네이루 선언'(리우선언)의 원칙 22(토착민과 그들의 사회와 여타 지역 사회는 그들의 지식과 전통적 관행 때문에 환경관리와 개발에서 중요한 역할을 맡는다. 모든 국가는 그들의 정체성과 문화와 관심사를 인정하고 마땅히 지원해야 하며, 그들이 지속가능한 발전을 실현하는 과정에 효과적으로 참여할 수 있도록 노력해야 한다)와 기후변화협약, 사막방지화협약과 함께 리우 3대 협약의 하나로 생물다양성협약 제8조에서는 지속가능발전의 과정에서 원주민의 역할이 중요시되고 선주민족이 개발에 관한 의사결정 과정에 참가하는 것이 요구되고 있다. 또 생물다양성, 문화의 다양성, 그리고 문화적·생물적 지식·실천을 전달하는 언어의 다양성을 관련 짓고 '생물·문화다양성(biocultural diversity)'이 새로운 영역에 대한 연구로 발전해 유네스코, 유엔환경계획(UNEP), 국제자연보호연합(IUCN)이 그 논의의 중핵을 담당하고 있다. 멸종위기종과 멸종위기 언어 분포가 서로 겹치는 점, 선주민족과 언어 분포, 생물다양성 지역의 겹침을 나타내는 지도도 작성되고 있다.

물
water

|물의 분포| 물은 사람이 매일 접하는 물질인 동시에 인간 생활이나 산업 활동에 없어서는 안 된다. 그리고 지구 표층의 물질순환에서 중요한 역할을 한다. 지구상에 존재하는 물은 약 14억 km^{3}라고 추정하고 있다. 그 가운데 해수는 97.5%를 차지하고, 담수는 2.5%를 차지하는 데 불과하다. 그 담수의 약 70%는 설빙(빙하, 영구 동토 등을 포함한다)의 상태로 인간이 주로 이용할 수 있는 물은 극히 미세한 양이다.

지구상의 물은 해양에서 연간 약 45만 km^{3}가 강수로서 해양으로 다시 되돌아온다. 해양에서 증발된 약 5만 km^{3}는 육지로 운반되고, 육지에서 증발된 약 6만 km^{3}와 함께 육지에 약 11만 km^{3}의 강수를 가져온다. 이러한 지구상의 물의 대순환에 의해 생명체가 유지된다.

|물에 관한 환경문제| 물에 대한 문제로 중요한 것은 물 수요가 높아져 가고 있는 것과 물의 오염이 진행되는 것이다. 더욱이 물의 사용에 국가 간, 지역 간 격차가 발생하여, 이것들이 원인이 되어 분쟁이 일어나고 있다.

물 수요의 증가 배경에는 식량 증산이 깊게 관여되어 있다. 작물의 생산을 위해 토양 중의 물이 이용되지만, 이것으로 부족할 경우 하천, 호수와 늪, 대수층에서 뽑아낸 물을 이용하는 관개농업이 행해지고 있다. 관개농업은 하천이나 호수, 늪에 물의 양 감소라는 문제를 일으키고, 지표면에서 물 함량이 거의 없는 대수층에서 뽑아낸 물은 그 수위가 점점 낮아져서 수자원 고갈이 염려되고 있다.

먹는 물, 세탁물, 목욕물, 화장실 사용물, 사무실에서 사용되는 물은 생활수라고 부른다. 이 생활수의 사용량은 개발도상국과 선진국 사이에 많은 차이가 발생하고 있다. 미국, 캐나다, 오스트리아 등 선진국에서는 하루에 한 사람당 400L의 물이 사용되고, 일본에서도 이 수치에 가깝지만, 100L 미만의 나라들도 많다. 개발도상국의 경우, 수도 시설이 부족하고 안전하게 물을 운반할 수 없어 건강상의 문제를 안고 있다. 국제 하천에서 상류 측 국가와 하류 측 국가 간에 물 경쟁이 일어나고 격화될 것이 예상된다.

물의 수요와 공급이라는 문제 이외에도 수질오염의 문제가 있다. 수질오염은 가정, 산업에서 발생한다. 가정에서 하수처리를 하지 않은 상태로 하천과 호수 등으로 흘려보내 물의 유기물오염을 가져오는 것이 하나의 원인이다. 분뇨가 하천 등으로 흘러가 수역의 오염이 심하여 수중의 산소 농도가 극단적으로 저하되어 수생생물의 서식을 어렵게 했다. 또한 영양분인 질소나 인 성분도 수중에서 넘치게 되면 녹조의 발생 원인이 된다. 이러한 수질오염에 의해 하천이나 호수의 물을 사용할 수 없게 되고, 물 공급력을 저하시킨다.

독성을 가진 유기화합물이나 중금속 등에 의한 수질오염도 문제 중 하나이다. 공장에서 부적절한 생산 과정과 관리 및 농업에서 널리 퍼져 있는 농약 사용에 의해 유해한 물질로 하천이나 호수의 물 오염이 염려되고 있다. 자연계에서 분해되기 어려운 잔류성이 높은 유기오염물질(POPs), 더욱이 석유와 휘발성의 유기물질에 의해 세계 각지의 수질이 오염되고 있다. 또한 카드뮴과 수은 등 중금속을 포함한 물질에 의한 오염도 계속되어 중대한 문제로 지적되고 있다.

| 물 환경학습 | 물의 환경문제에 대하여 시민으로서 적절한 행동을 해야 한다. 예를 들어 비를 저장하고 이것을 화장실이나 나무에 주는 물로 사용하는 강수 이용이 주목받아 이것을 추진하는 지자체도 있다. 또한 도시화된 지역에서 강수를 지하로 침투시키는 강수 침투 등의 보급이 권장되고 있다. 목욕 후 버려지는 물을 세탁에 사용하는 일이나 절수 요령을 알아가는 일 등, 절수 행동은 중요하다. 또한 가정에서 사용한 물의 배수도 주의가 필요하다. 음식물 찌꺼기와 같은 고형물을 될 수 있는 한 흘려보내지 않기, 기름 등으로 더러워진 식기류는 종이로 닦아서 세척하는 일 등의 주의가 필요하다.

이러한 환경 배려 행동을 선택하기 위해서도 하천이나 오수에 수질조사나 물가 지역에서 살아가는 생물 조사에 참여하여 유역의 물 순환이나 물 처리 지식을 얻어, 물의 소중함을 실감하는 것이 바람직하다.

※참고: 매기 블랙, 자넷 킹 저, 『물의 세계 지도(The Atlas of Water: Mapping the World's Most Critical Resource)』, 2009

물질순환 · 물질흐름

⋯▶ 광물자원 자재흐름

미국의 환경교육
environmental education in U. S. A.

|역사| 미국의 환경교육은 1960년대 후반에 탄생했지만, 그 모태는 자연보존 교육, 자연 공부, 야외 교육이다. 자연 공부는 자연의 관찰을 통하여 자연에 대한 공감적 태도를 기르는 것을 목적으로 한 교육이다. 자연보존 교육은 과학적 자연 이해와 현명한 자연 이용으로 자연자원의 상실을 방지하는 것을 목적으로 하고, 야외 교육은 야외 체험을 통하여 자연의 가치를 알게 하고 인격적 발달을 목적으로 하고 있다. 이들의 교육 영역은 밀접한 관련이 있으면서도 독자적으로 발달했지만, 레이첼 카슨이 발표한 『침묵의 봄』을 시작으로 발전한 환경운동·환경 사상의 영향을 받아, 생태계와 인간 사회의 상호작용을 포괄적으로 다루는 환경교육이라는 새로운 교육 영역으로 통합되었다.

|발전과 쇠퇴| 미국의 환경교육의 초기 발전의 원동력이 된 것은 환경교육법(교육부 소관, 1970년 성립, 1981년 실효)이다. 이 법에 의해 주, 지역 등 여러 지역의 환경교육 사업에 자금이 지원되어, 주의 환경교육 계획 제정 등 현재의 환경교육으로 이어지는 기반이 형성되었다. 다수의 교육과정이 개발되고, 장애인 교육 등 다양한 분야에 영향을 끼쳤다. 세계에서 최고로 널리 사용되고 있는 교육과정 중 하나인 프로젝트 러닝 트리(PLT)도 1970년대에 개발되었다. 그러나 1980년대에 들어서 사회가 보수화되면서 환경에 대한 관심도 저조하게 되었다. 특히 레이건 정권 시대에는 환경교육에 연방정부·주정부의 관여가 적어서 다수의 사업이 소멸되고 환경교육은 전반적으로 쇠퇴했다.

|PLT(Project Learning Tree)| 미국산림재단(American Forest Foundation)과 환경교육위원회(The Council for Environmental Education)에 의해 1973년에 처음 설립되었으며, 미국을 비롯한 캐나다, 일본, 멕시코, 스웨덴, 중국, 핀란드, 브라질, 필리핀 등 여러 나라에서 이 단체에서 개발한 교재를 활용하고 있을 정도로 손꼽히는 프로그램 중 하나이다. PLT 프로그램의 주제는 숲, 야생동물, 물 공동체 계획, 폐기물 관리, 에너지 등 여러 분야를 포함하고 있으며, 30여 년간 3,000여 명의 자원봉사자들과 교사, 학교, 주정부, 기업, 박물관, 자연센

터, 청소년 단체 등과 네트워크를 구성하고 있다. 1995년 이래로 환경교육훈련 파트너십 프로그램에 참여하여 예비교사 훈련 프로그램의 강화, 환경교육 교육과정의 보급, 사회 환경교육 지도자들을 위한 전문적인 워크숍 수행 등의 역할을 수행하고 있다.

| 재활성화와 학력정책의 상극 | 레이건이 정권을 잡고 있던 시기에는 반환경주의에 대한 위기감으로 환경운동이 오히려 힘을 길렀다. 환경교육에서도 1980년대 후반부터 환경운동·환경교육운동이 정치적으로 힘을 얻어, 몇 개의 주에서는 주 환경교육법의 제정 등 환경교육 제도화에 성공했다. 부시(제41대 대통령)는 '환경 대통령'을 표방하고, 그 아래에 미국환경교육법(환경보호국 소관)이 1990년대에 성립했다. 1996년에는 효력을 잃었지만, 그 후에도 의회에서 예산 조치는 계속되었고 실질적으로 존속하고 있다. 이 법도 주로 환경교육 사업에 관하여 자금 지원을 목적으로 했지만, 성과로서 강조해야 하는 것은 환경교육훈련 파트너십(EETAP, 1995~2011년)일 것이다. EETAP는 미국 환경교육법의 5조 보조금을 북미환경교육학회(1995~2000년), 위스콘시 대학(2000~2011년)의 부탁을 받아서 교육자의 훈련과 교육 시스템 개발 등에 지원했다. EETAP 아래 환경교육의 표준형 작성 등 환경교육계의 필요에 맞추어 프로젝트에 명확한 자금 지원이 행해지고 있다. 보수파의 비판으로 일부 주에서 후퇴가 되었다고 말할 수 있지만, 전반적으로 1990년대는 환경교육의 부흥시대라고 말할 수 있다. 그러나 2000년대에 들어서 부시(제43대 대통령) 정권의 '학습부진아 대책'(NCLB, No Child Left Behind Act, 2001년 성립)에 의한 학력 중시 정책으로 환경교육이 곤경에 빠지게 되었다. NCLB는 주에서 실시하는 학력 테스트 결과에 따라, 학교에 지원과 제재가 들어오기 때문에 테스트가 이루어지는 수학과 영어를 최우선적으로 하는 풍조가 학교에 생겨서, 환경교육과 같이 페이퍼 테스트와 연관성이 희박한 학제적 교육이 쇠퇴했다. 오바마 정권에서는 NCLB의 폐해를 인정하지만, 전 정권과 같이 학력을 제일주의로 하기 때문에 2013년도 예산에서 전 미국 환경교육법에 의한 보조금을 전폐하는 방침을 내는 등 엄격하게 환경교육을 하고 있다. 환경교육의 연구

자·교육자는 환경교육을 통하여 얻을 수 있는 학생의 자기 신뢰와 학교에 대한 소속감이 학력 향상으로 이어진다는 것을 나타내는 연구 등을 통하여 환경교육의 부흥을 목표로 하고 있다.

|환경교육의 특징| 미국 환경교육의 특징은 두 가지이다. 하나는 환경 NPO와 환경보존에 관심을 가진 풀뿌리 시민의 힘이 컸고, 이것이 여러 차례 주·연방수준의 정치가와 결합하여 환경교육 관련법의 제정이라는 큰 움직임의 원동력이 되었다는 것이다. 또 하나는 환경교육의 연구, 특히 환경교육의 교육과정개발이 활발히 이루어져 GEMS(캘리포니아 대학), 프로젝트 와일드(환경교육협의회) 프로젝트 러닝 트리(PLT), 전 미국산림재단 등 세계의 환경교육을 선도하는 교육과정이 개발되었다.

미국 환경보호국
United States Environmental Protection Agency, EPA

미국연방정부의 환경행정을 담당하는 기관이다. 1960년대의 환경보존을 요구하는 여론이 높아져 1970년 닐슨(Nixon, R.M) 정권 때 설립되었다. 인간의 건강과 환경을 지키기 위하여 환경보호기준의 설정과 시행, 환경연구, 주정부·지방정부·기업·NPO 등과 연계하여 환경보존, 환경교육, 출판과 웹사이트를 통하여 정보를 제공했고, 주요 업무의 하나로 환경교육이 자리매김했다.

환경교육 활동 대상은 학교의 학생·교사·학교 관리자와 시민(지역사회)으로 구별한다. 대학생·대학원생을 포함한 전문가용의 교육활동도 이루어지고 있으며, 원주민 미국 관련 업무에 환경교육을 포함한다. 학교용으로는 대기, 물, 기후변화, 생태계, 에너지, 건강(화학물질 등 건강에 영향이 있는 각종 요인), 감량화·재사용·재활용이라는 분야별로 다수의 교재를 제작·제공했다. 예를 들어 '산성비에 대하여 배운다'고 한다면 산성비의 원인, 생태계 등에 미칠 영향, 대책, 에너지 절약 등 개인적으로 할 수 있는 대책을 배우고, 빗물이나 토양의 pH 측정 등의 실험으로 산성비를 체험적으로 배우도록 구성하고 있다. 교재 이외에 학교용 서비스로는, 학생·학교 직원이 안전하게 살 수 있도록 학교 환경을 지키기 위한 'EPA학교프로그램'이라는 사업이 존재한다. 이 프로그램에서는 석면, 스쿨버스의 배기가스, 학교의 식수, 에너지 절약, 실내 공기, 총합적인 병충해 관리, 화학물질, 학교가 지역에 주는 환경부담, 자외선이라는 각종 요인에 대하여 해당 요인으로부터 방호를 위하여 학교용 매뉴얼이 정비되어 있고, 정보와 상담 창구(학교 전용이 아닌)가 설치되어 있다. 지역 교육위원회에는 학교 환경의 안전성을 진단하는 소프트웨어도 제공하고 있다.

시민(지역사회)용 환경교육활동으로서는 웹을 통해 대기, 폐기물 등 각종 환경 요소에 대하여 지역마다 상세한 환경 정보와 시민활동에 의해 환경문제를 해결하기 위한 수단을 제공하고 있다. 유독화학물질에 의한 오염 감소를 목적으로 한 '환경재생을 위한 지역행동'을 비롯한 '환경 정의 소규모 보조금 프로그램' 등 지역 시민활동에 대한 보조금도 다수 운용되고, 시민들의 환경교육이 각종 보조금의 주요 목적 중 하나로 되어 있으므로 환경교육 진흥에 주요한 역할을 하고 있다. 일본의 환경성은 자연보호도 소관하고 있기 때문에 미국의 환경보호국과 비교했을 때 활동의 폭이 넓다. 그렇지만 미국보다 환경교육을 담당하는 환경NPO의 규모가 작고, 전문성도 높지 않기 때문에, 환경NPO의 육성이 과제이다.

미나마타병
Minamata disease

미나마타의 신일본질소주식회사(약칭 칫소) 공장에서 무단 방류된 메틸수은이 어패류를 경유해서 동물이나 사람에게 전해져 뇌의 중추로 들어가 신경장애를 발생시키는 비참한 공해병이다. 똑바로 걸을 수 없고, 명료하게 말하지 못하고, 시야가 좁아지고, 근육이 경련하는 등 장애가 발생하여 최종적으로는 죽음에 이른다.

일본 정부에서 인정한 환자 수는 1977년 인정기준에서는 약 3,000명이었으나, 1995년 정치적 배려로 미인정 환자 약 11,000명을 구제, 더욱이 2004년 최고재판에서 미나마타병 환자 37명을 추가로 인정했다. 이 판결에서 인정 신청자가 폭증하여, 공해병 환자에 인정되지 않은 피해자들이 국가를 상대로 미나마타병을 인정하도록 요구하는 재판을 했다. 2010년 재판 도중에 협의가 성립되어 2,123명이 공해병으로 인정되어 보상을 받게 되었다. 이 협의에서 소송하지 않은 환자도 구제될 전망이지만 그 총수가 3만 명에 이르는 것으로 전해진다.

1956년에 미나마타병의 발생이 공식적으로 확인되었지만, 공해병으로 인정되기까지 12년이 걸렸다. 구마모토 대학 의학부가 중심이 되어 원인 해명을 계속하여 칫소 공장에서 배출된 유기수은을 원인으로 지목했다. 또한 칫소 공장의 보건소 의사가 고양이 400마리의 먹이에 공장에서 배수된 물을 넣었더니 모든 고양이에게 미나마타병이 발병했다. 이 사실을 칫소 공장 본사도 알면서도 구마모토 대학에 계속해서 반론을 펼쳤고 그동안 미나마타병의 피해는 크게 확대되었다.

미나마타병의 비극은 원인 기업인 칫소가 오랫동안 가해자인 것을 인정하지 않았기 때문이다. 국가도 칫소를 계속 지지했다. 더욱이 국가와 칫소에서 의뢰한 연구자가 '전쟁 중에 버려진 폭탄이 원인'이라고 발표하는 등 계속되는 다른 의견과 반론을 제창하여 혼란하게 한 것도 공해병 인정을 늦춰지게 한 원인이 되었다. 또한 미나마타는 원래 칫소 기업 마을로 주민 관계자가 많기 때문에 환자는 주위에서도 차별과 박해를 받았다.

구마모토와 니가타에 미나마타병 피해가 확대된 것은 정부의 태만이라고 지적되고 있다. 전후 경제의 고도 성장정책을 전개하고 있던 시기이기도 하고, 정치도 행정도 공해대책보다 산업의 부흥에 열중했다. 그 결과 세계 최악이라고 일컬어지는 공해병을 발생시키게 되었다.

민들레 조사
Dandelion Survey

쉽게 볼 수 있는 민들레를 환경지표로 한 종류·분포 조사이다. 시민 스스로 지역을 조사하는 운동으로 1974년에 일본의 오사카에서 시작되었고 쉽게 볼 수 있는 생물의 조사와 외래생물조사의 선구적 역할을 했다. 일본에서는 도시가 확대되면서 사토야마(마을 근처에 있고, 그 지역에 사는 사람의 생활과 밀접하게 맺어진 산과 산림을 말한다) 환경에 분포되어 있던 간토 지역의 민들레 등 재래종이 감소하고, 서양 민들레 등의 외래종 분포가 확대된 과정이 명확하게 밝혀졌다. 2010년에는 일본 간사이 지역에서 실시되었고 이 밖에도 전국의 시민단체로 확산되고 있다. 1990년대 확인된 재래종과 외래종 사이의 잡종의 화분이나 종자를 DNA 분석하는 등 계속하여 발전하고 있다.

밀레니엄 개발목표
Millennium Development Goals, MDGs

유엔밀레니엄서미트에서 채택된 밀레니엄 선언을 근거로 21세기 국제사회 공통의 개발 목표로 정리된 것이다. 유엔밀레니엄서미트는 2009년 뉴욕에서 개최되었으며, 189개국 대표가 참석하였다. 밀레니엄 선언에서는 평화와 안전, 개발과 빈곤, 환경, 인권과 좋은 정부(좋은 통치), 아프리카의 특별한 뉴스 등을 과제로 올려, 21세기 유엔의 역할에 대하여 명확한 방향성을 제시하고 있다. 밀레니엄 개발목표는 1990년대에 개최된 주요한 국제회의와 서미트에서 채택된 개발목표가 통합되어 있어 국제사회 공통의 조직으로서 자리매김했다.

밀레니엄 개발목표에서는 2015년까지 각국이 달성해야 하는 다음의 8개 목표를 정하고 있다. ①극도의 빈곤과 기아 퇴치, ②보편적 초등교육의 달성, ③성평등 추진과 여성의 지위 향상, ④유아 사망률의 감소, ⑤임산부의 건강증진, ⑥에이즈(HIV), 말라리아, 그 밖의 질병의 퇴치, ⑦환경 지속가능성의 확보, ⑧개발을 위한 글로벌 파트너십의 추진이다.

그 가운데 ⑦의 목표가 환경에 직접 관여하는 것으로 그 속에 ①지속가능발전의 원칙을 각국의 정책이나 전략에 반영시켜, 환경자원의 상실을 방지하고 회복을 도모한다. ②생물다양성의 상실을 2010년까지 확실히 감소시킨다. ③2015년까지 안전한 음료수와 기초적인 위생시설을 지속적으로 이용할 수 없는 사람들의 비율을 반감시킨다. ④최저 1억 명이 존재하는 빈민가 주거자의 생활을 2020년까지 대폭 개선한다는 4개의 하위 목표가 마련되었다.

2007년에 MDGs의 중간평가가 이루어졌다. 빈곤의 퇴치, 학교교육의 보급, 보건위생의 충실 등에 많은 개선이 보이는 한편, 사하라 이남의 아프리카 지역이나 오세아니아 지역에서는 MDGs의 달성이 곤란하다는 보고가 있었다. MDGs에 관하여 국제기관이나 각국의 정부뿐만 아니라 민간단체(NGO)도 적극적으로 조직되었고, 일본에서도 '화이트 밴드 캠페인', '일한다 → 일시키는 캠페인' 등이 일어났다.

**밀레니엄
생태계평가**
Millennium
Ecosystem
Assessment

2001년부터 2005년에 걸쳐 95개국 1,360명의 전문가가 참가하여 발간된 생태계평가 보고서로 생태계에 관한 지구 규모의 종합적 평가로 취급된다. 그 목적은 전 지구적 차원에서 진행되고 있는 생태계의 변화가 인간의 복리(human well-being)에 어떠한 영향을 미치는지를 평가하는 일, 생태계의 보전과 지속가능한 이용을 하는 일, 그리고 인간의 복리에 생태계의 공헌(생태계의 서비스)을 지속·증대하기 위해서 인류가 취해야 하는 행동이 무엇인가를 과학적으로 나타내는 일이다.

생태계 서비스 중 과거 50년 동안 식료 생산과 세계적 규모의 기후조절을 빼고 남은 서비스(어획, 담수의 공급, 폐기물의 처리와 무해화, 물의 정화, 자연재해로부터의 방호, 대기질의 조절, 지역적·국지적 기후조절, 토양침식의 억제, 정신적 충족, 심미적 향수)는 모두 악화되고 있다는 것이 명확해졌다.

밀레니엄 생태계평가는 생태계의 개변 요인과 그 상호작용에 관하여 '세계협조', '힘에 의한 질서', '순응적 모자이크', '테크노 가든'이라는 4개의 시나리오를 작성하고 생태계와 인간복리의 장래상을 예측했다. 이것은 자유무역, 공공재로의 투자, 생태계 관리, 안전보장, 기술로의 의존 요소 등에 따른 정책을 짜 맞춘 것이다. 이 가운데 '순응적 모자이크'에서는 선진국, 개발도상국의 모든 생태계 서비스가 향상되었고, '힘에 의한 질서'에서는 모든 생태계 서비스가 저하된 것으로 예측되었다. '세계협조'에서 조정·문화 서비스가, '테크노 가든'에서는 문화 서비스가 저하된 것으로 예측되었다. 즉, '순응적 모자이크'는 유역 레벨의 공간 스케일에서의 생태계에 초점을 맞춰, 생태계의 강한 사전 관리를 동반하는 정치·경제 시스템을 채용한 시나리오, '테크노 가든'은 환경에 조화한 기술을 강하게 신뢰하고 고도로 관리되어 인위적으로 조작된 생태계를 점차적으로 이용하는 시나리오이다.

밀레니엄 생태계 평가는 생태계에 관련한 각 국제협약, 각국 정부, NGO, 일반 시민 등에 대하여 정책·의사 결정에 역할을 다하는 총합적인 정보를 제공하는 동시에 생태계 서비스의 가치 고려, 보호구 설정의 강화, 횡단적 대처와 보급 확보의 충실, 손실된 생태계의 회복 등을 제언하고 있다.

※ 참고: 유엔밀레니엄 환경시스템 평가, 『생태계 서비스와 인류의 장래』, 2007

밀렵
poaching

협약이나 법을 어기고 새와 짐승을 사냥하는 일. 밀렵한 동물의 이용 목적은 다양하지만 예를 들어 코끼리나 수마트라호랑이 등 멸종이 염려되는 희소한 종이 대상이 되고 높은 가격에 거래되기 때문에 워싱턴협약 등에서 유통을 단속하고 있지만 해결되지 않고 있다. 국가 재정이 힘든 나라에서는 밀렵에 의한 국민의 소득이 동물보호보다도 더 우선시되어, 밀렵을 공공연하게 봐주기도 한다. 일본에서는 동박새의 밀렵이 행해졌지만, 2012년 동박새의 애완사육을 목적으로 하는 포획·사육이 원칙적으로 금지되었다.

➕ 한국은 야생생물과 그 서식 환경을 체계적으로 보호·관리함으로써 멸종을 예방하고, 생물의 다양성을 증진시켜 생태계의 균형을 유지하며 사람과 야생 생물이 공존하는 건전한 자연환경을 확보하기 위하여 '야생생물 보호 및 관리에 관한 법률'을 제정하여 시행하고 있다.

ㅂ

바다거북
marine turtle/ sea turtle

거북목 바다거북과의 파충류의 총칭으로 세계에서 2과 7종이 서식한다. 주로 따뜻한 바다에서 생활하고 모래에 구멍을 파고 산란을 한다. 일본은 바다거북 산란지로 이시가키 섬, 오가사와라 섬 등이 있다. 바다거북은 세계 각지에서 식료나 기름, 가죽, 가공품의 재료로 이용되고 있다. 해양오염, 플라스틱 쓰레기 먹이, 마구잡이 어업, 산란 장소의 감소와 남획 등으로 개체 수가 감소했다. 모든 종이 국제자연보호연합(IUCN) 적색목록에 있고, 그 가운데 6종이 멸종위기종으로, 전체 종이 워싱턴협약 부속서 I 에 기재되어 있다. 국경을 넘어 해양을 이동하는 생물이기 때문에 보호하기 위해서는 세계적인 시각과 국지적 연구가 쌍방향으로 이루어져야 한다.

바이오 디젤 연료
bio- diesel fuel, BDF

카놀라유, 해바라기유, 대두유, 팜유 등 식물에서 추출한 기름 외에 폐식용유를 사용하는 경유 대체 연료의 총칭이다. 연소로 이산화탄소를 배출하지 않는다는 관점에서 지구온난화 방지에 유효한 방법의 하나로 자리매김하고 있다. 배기가스 중 흑연이 큰 폭으로 감소하여 산성비의 원인이 되는 아황산화물도 거의 배출되지 않는다. 쓰레기의 감량과 하천의 수질 보존으로도 이어져 폐식용유의 유효활용을 진행하는 노력이 각지에서 이루어지고 있다.

바이오매스
biomass

생물(bio)과 자원량(mass)을 합친 생태학 용어에서 파생해 '생물에서 얻어지는 자원'의 의미로 사용되고 있다. 인류가 긴 세월 이용해 온 장작과 목탄은 전형적인 바이오매스이다. 최근엔 신재생에너지의 하나로 자리 잡았으며, 목질 바이오매스의 열·전기 이용과 액체 바이오 연료 이용이 일반적으로 알려져 있다.

바이오매스에는 식자재 폐기물과 하수, 음식물 쓰레기 등의 폐기물 자원과 볏짚, 산림지 잔재 등의 미사용 자원이 있다. 이용 방법도 다양해서 에너지 이용 외에 섬유와 건축 자재 이용, 가축의 비료, 약용 등 다양한 형태가 있다.

바이오에탄올
bioethanol

생물에서 유래한 연료의 한 종류이다. 식물에 함유된 당을 발효·증류시켜 만든 알코올의 한 종류로 가솔린 대체로 이용되고 있다. 옥수수 등의 전분계와 사탕수수를 짜고 남은 찌꺼기와 목재·파지 등의 섬유소(셀룰로오스)계가 있다. 바이오에탄올은 생장 시에 이산화탄소를 흡수하는 식물에서 유래하므로 그 연소로 대기 중 이산화탄소량을 증가시키지 않는 점에서 에너지원으로 장래성이 기대된다. 한편 옥수수에서 얻는 전분계의 경우 제조 등과 함께 이산화탄소 배출량이 가솔린 연소보다 많아진다는 분석 결과도 있어 식량 생산과의 경합도 지적되고 있다.

바이오 테크놀로지
biotechnology

넓은 의미로는 생물이 가진 기능을 이용해 인류에 유용한 것을 가져오는 기술을 의미하고, 과거부터 전해지는 발효, 양조, 품종개량 등에도 적용된다. 그러나 현대 첨단기술에서의 '바이오테크놀로지'는 1973년 유전자 변형 기술개발 이후에 창출된 이른바 '바이오과학'을 기반으로 한 기술이다. 감자, 유채 씨, 대두 등 유전자 변형 작물과 바이오 의약품, 바이오 화장품 외에 배아배양기술을 응용한 잡종의 신 채소(백란 등) 또는 바이오 농약(약독성 바이러스, 작물용 백신, 해충의 천적인 병원미생물, 곤충페로몬)과 생체물질 반응을 이용한 '바이오센서' 등이 있다. 유전자 변형 기술은 종을 넘어 유전자(DNA) 변형을 가능하게 해서 종래에 희소했던 생물 유래 물질의 대량생산과 자연계에서 발생하지 않는 유전자 조합을 가진 '신종' 생산 등의 산업적 이점이 있어 급속하게 이용이 확대됐다. 그러나 유전자 변형 생물은 생태계의 교란을 초래할 위험과 건강 피해에 대한 불안도 발생시킨다. 생물다양성협약 당사국총회의 논의를 거쳐 2000년에는 유전자 변형 생물 등의 국경을 넘는 이동에 관한 절차 등을 정한 '바이오 안정성에 관한 카르타헤나 의정서'(2003년 9월 발효)가 채택되었다.

바젤협약
Basel Convention

유해 폐기물의 국가 간 이동 및 그 처분의 규제에 관한 협약. 1980년대에 아프리카와 일부 개발도상국으로의 유해 폐기물 이동에 대한 대책으로 1989년에 스위스 바젤에서 채택된 협약이다. 협약의 목적은 유해 폐기물이 주는 악영향으로부터 우리의 건강과 환경을 지키는 것이다. 이 협약은 '유해 폐기물'과 가정용 쓰레기, 소각재 등과 '그 외 폐기물'에 대해 폭넓게 적용되어 있다. 일본에서는 1992년에 '특정 유해 폐기물 등의 수출입 등 규제에 관한 법률(바젤 법)'이 제정되어 수은 등의 유해 폐기물이 규정의 대상이 되었다.

박물관
museum

|정의| 박물관의 국제조직 국제박물관회의(ICOM)의 최신 규약(2007년)에서는 "박물관은 사회와 그 발전에 기여하고 일반에게 공개되어 교육, 연구, 즐거움을 목적으로 하며 인간과 그 환경의 유형·무형유산(heritage)을 취득·보존·연구·교류(소통)·전시하는 비영리 상설 기관이다"라고 정의하고 있다. 종래의 박물관에서는 자료와 표본을 중심으로 하는 것이 일반적이었다. 그러나 최신의 정의에서 '물적 자료'를 대신해 '유형 및 무형유산'이 되어서 박물관이 취급해야 할 범위가 박물관이라는 건물과 전시 케이스에 담긴 물품에 한정되지 않고 '무형'의 음악과 연극, 축제, 풍속, 민예품 제작 기술 등으로까지 넓어졌다.

본래 일본의 문화재 보호 제도에서는 1950년 문화재보호법 제정 시에 무형의 문화재의 중요성을 인식하고, 세계에서 가장 먼저 보호 대상으로 삼았다. 앞에서 소개한 박물관에 대한 최근의 정의에서 '무형 유산'이 포함된 것을 인지하는 것이 불충분하고 세계의 각 제도에까지 반영되지 않았지만 앞으로 점차 보편화될 것이라고 예상된다.

|박물관의 종별| 각각의 박물관이 취급하는 전문 분야에 따라 역사박물관, 민속박물관, 자연사박물관, 과학관, 미술관, 동물원, 수족관, 식물원 등으로 다양하게 불리나, 이 모두가 박물관에 속한다. 자연계

통과 인문계통 분야를 아울러 다루는 박물관을 종합박물관이라고 부르는 경우도 있다. 박물관 건물 안에 들어가 있지 않은 것을 현지 또는 야외로 옮겨 보전 및 전시하는 것은 야외박물관으로도 불리며, 앞의 정의에 따르면 에코뮤지엄 등과 함께 박물관의 한 형태로 규정될 수 있다.

|일본 박물관의 현재| 박물관법(1951년 제정)에서는 자료가 '질과 양 모두 국민의 교육, 학술 및 문화 발전에 기여하게 된 것'과 직원, 건물과 토지의 넓이, 개발 일 수 등의 요건을 충족시키고 도도부 교육위원회에 등록된 박물관을 등록박물관이라 부른다. 등록박물관은 아니지만 그에 상당하는 시설로 문부과학 대신과 교육위원회의 지정을 받은 박물관을 박물관 상당 시설이라고 부른다. 이 이외의 관련된 많은 시설에 관해서 박물관법은 특별히 규정을 두지 않고 있다. 일정 요건을 충족시키는 시설이 교육시설조사의 대상이 되어 박물관 유사시설로 불린다. 문부과학성의 2011년 사회교육조사에 따르면 등록박물관은 913개, 박물관 상당 시설은 349개, 박물관 유사시설은 4,491개로 등록박물관에 박물관 상당 시설을 합해도 전체 '박물관'의 20%에 지나지 않는다.

설치운영 주체로 보면 국립박물관은 현재 모두 독립행정법인(또는 국립대학법인)이 운영하고 있다. 공립(지자체립)박물관은 교육위원회와 지방자치단체장 관련 부국이 직접 운영하는 것으로 들어가며, 지정관리자 제도에 의해 민간기업, NPO 등을 포함한 각종 단체에 의해 운영되는 것도 있다. 이외에 대학 등 학교법인, 재단법인 등의 공익단체가 소유·운영하는 것, 민간기업이 직접 운영하는 것 등 소유·운영 형태는 다양하다.

|기능| 박물관의 공통된 기본적 기능으로 자료의 수집·정리·보존, 연구, 교육(전시·교류 등을 포함한다), 이 세 개의 주요 항목을 생각하면 이해하기 쉽다. '자료'는 그 박물관이 취급하는 분야에 따라 다르고, 이후에는 무형유산도 포함될 것이 기대된다. 박물관에서 이 역할들을 중심적으로 담당하는 전문 직원이 박물관 학예사이다.

일본의 사회교육 법체계에서 박물관은 공민관(전문 직원은 사회교육 주

사), 도서관(전문 직원은 도서관 사서) 등과 함께 사회교육기관 중 하나로 규정되어 있다. 문서관(또는 공문서관. 전문 직원은 기록전문가[archivist])을 포함해 4종 기관의 연계를 모색하는 활동도 일어나고 있다. 지역 박물관에 기대되는 역할로 지역의 과거와 현상에 관한 정보를 축적하고 누구나 접근하기 쉽도록 정리·보존·공개하는 것, 시민과 NPO 등의 학습·탐구하는 의욕에 부응하고 학교교육에 협력하는 것 등을 들 수 있다. 이 사회교육시설 등의 각 활동으로 시민의 힘을 활용하는 것도 시민이 사회계획에 참여한다는 점으로 주목받고 있다.

반딧불이/개똥벌레
firefly

딱정벌레목 반딧불이과로 분류되는 곤충의 총칭으로 복부의 한 부분이 빛을 내는 것으로 잘 알려져 있다. 성충이 발광하는 것부터 유충 때만 발광하는 것까지 종류가 다양하며 지역에 따라 발광 패턴에 차이가 있다. 이 발광 패턴은 수컷과 암컷이 만나기 위한 신호로 중요한 의미를 갖지만, 다른 지역에서 서식하고 있는 개체와 집단을 넣으면 다른 발광 패턴을 가진 유전자 타입과 함께 섞게 된다. 송사리와 같은 무분별한 방류는 반딧불이 본래의 생태적·유전자적인 분포 상태를 교란시킬 우려가 있다.

➕ 한국에서도 반딧불이는 환경오염으로 인해 전국적으로 서식지가 파괴되어 멸종위기에 있다. 국내에서 반딧불이가 가장 많은 무주 설천면의 반딧불이와 그 먹이(다슬기) 서식지는 천연기념물로 지정되어 있으며, 이곳에는 애반딧불이와 늦반딧불이 2종류가 서식한다.
※ 출처: 국가문화유산포털

발송전분리/송·배전분리
separation of electricity distribution and generation

전력회사의 발전 사업과 송전 사업을 분리하는 것을 말한다. 현재 일본의 전력공급은 발전·송전·배전(매전)을 전력회사가 거의 대부분을 독점하는 '수직 통합' 형태로 되어 있다. 또 지역마다 배전을 도쿄전력 등의 각 전력회사가 '지역독점'하고 있다.

발송전분리는 이 지역독점·수직통합을 해체하고 발전회사와 송전회사, 배전회사 3개로 분리해 발전·배전 부문에의 산입을 자유화하는 것이다.

발송전분리의 장점으로는 신규 사업자의 산입으로 경쟁이 발생해 전기요금 인하로 이어진다는 점이다. 반면 단점으로는 전력회사가 효율을 지나치게 중시해서 전력의 안전 공급에 대한 불안을 들 수 있다. 발송전분리에는 '회계분리', '법적분리', '기능분리', '소유권분리'의 4가지 단계가 있다. '회계분리'는 전력회사 안의 발전부문과 송전부문으로 회계를 따로 실시하게 하는 것으로 송전망 이용료의 산정 등을 어느 정도 투명화할 수 있게 된다. '법적분리'는 발전 부문과 송전 부문을 법적으로 다른 회사로 하는 것으로 송전회사가 모든 발전회사를 공평하게 취급하게 되는 것을 기대할 수 있다. '기능분리'는 각 전력회사 송전망을 소유하고 있지만 그 운용을 독립된 주체에게 맡기는 것으로 공정하고 투명한 운용을 기대할 수 있다. '소유권분리'는 송전망을 자본 관계가 없는 다른 회사가 소유하는 것으로 공정하고 중립적인 기능을 수행할 것을 기대할 수 있다.

발송전분리로 송전망이 개방되고 현재 전력회사의 영역을 넘어 송전이 가능해지면 전력의 융통이 이뤄지는 것으로 일본 전체에서 신재생에너지 전력을 수용할 수 있게 된다. 신재생에너지 보급을 위해서 필요한 조건으로 발송전분리가 기대되고 있다.

발암성 물질
carcinogen

인간과 동물에 암을 유발할 가능성이 있는 물질로 직접적으로 암을 일으키는 것은 아니지만 그 발생을 촉진 또는 악화시키는 물질을 가리킨다. 화학물질과 방사성물질, 어떤 종류의 바이러스 등의 발암성 물질은 유전자에 작용해 위험한 변동을 일으키거나 세포 분열의 비율을 증가시키곤 한다. 또 몇몇 발암성 물질은 암의 진행을 빠르게 한다. 암의 발병 원인은 다양하지만 국제 암 연구기관에서는 다이옥신 종류 등의 발암성 물질과 생활환경 등에 관해 발암 위험 알람을 공표하고 담배 연기와 식품, 감염 등을 주요 인자로 들고 있다.

발전차액 지원제도
Feed-in Tariff, FIT

신재생에너지 발전설비의 건설 운영 비용을 발전 수입에 따라 경비 처리하는 것처럼 전기의 매입 가격을 법률로 정한 정책이다. 매입 대상과 가격, 기간 등은 나라마다 다르다. 피드인태리프(약칭 FIT)라고도 불린다. 많은 나라 지역에서 도입이 진행되어 덴마크, 독일, 스페인 등을 비롯하여 약 90개국과 지역에서 실적을 올리고 있다.

일본에서도 2011년 8월 국회에서 '전기 사업자에 의한 신재생에너지 전기 조달에 관한 특별 조치법'(이하 신재생에너지특별법)이 제정되어 2012년 7월 1일부터 전력회사에 대한 일정 가격, 일정 기간의 신재생에너지 전력 매수 의무화가 시작되었다.

첫해인 2012년도의 매입 가격 및 기간은 각 발전 수단의 리스크를 고려하여 리스크가 높을수록 내부 수익률(IRR)이 높아지도록 정해져 있다. 매수 가격은 보급 상황이나 설비 가격 동향을 보면서 매년 재검토를 한다. 또 매수 기간은 10KW 이하의 태양광 발전을 제외하고 15년 또는 20년이라는 법정 내용을 기초로 한 기간이 설정되었다. 일정 기간이 보증되었기 때문에 사업자에게는 장기적으로 안정적인 수입이 예상되고 투자의 안전성을 높이게 된다. 이에 따라 일본 국내에서 신재생에너지 비지니스에 대한 투자가 가속될 것이 예측된다.

전기 사업자가 매입에 필요한 비용은 사용 전력에 비례한 신재생에너지 부과금에 의해 처리하는 것으로 되어 있다.

⊕ 한국은 2002년부터 정부 재정으로 지원하는 FIT를 운영하다 신재생에너지 의무할당제(RPS)가 도입되면서 2011년 폐지되었다. 그러다 정부의 '재생에너지 3020 이행계획'에 따라 일정 규모 이하의 소형 태양광에 대해 발전공기업이 고정가격으로 전력을 구입하는 '한국형 FIT'를 2018년 신설했다.

방사선과 방사능
radioaction and radioactivity

|정의| 방사선이란 방사성 원소 붕괴와 핵분열과 함께 방출되는 고에너지 알파 입자(양자 2개와 중성자 2개의 헬륨 입자), 베타 입자와 감마선, 엑스선 등의 전자기파를 말한다. 또 그것들과 비슷한 정도의 에너지를 가진 우주선도 방사선이라 한다. 일본 원자력기본법에 입각해 2012년 현재 정부령으로 정해진 것은 ①알파선, 중양자선, 양자선 그 외의 중하전입자선 및 베타선 ②중성자선 ③감마선 및 특성 엑스선(궤도 전자 포획과 함께 발생하는 특성 엑스선에 한함) ④1메가전자볼트 이상의 에너지를 가진 전자선 및 엑스선이다.

방사능이란 방사선을 발생시키는 능력으로 그 능력을 가진 물질은 방사성물질이라고 한다. 일반적으로는 방사능과 방사성물질은 같은

의미로 사용되는 경우가 많다.

|단위| 방사선량은 그레이와 시버트로 표시한다. 방사선 조사로 어떤 물질에 흡수된 에너지를 그레이(흡수선량 수치: 기호 Gy, 정의 J/kg)라고 한다. 생체(인체)에 대한 방사선의 영향은 방사선의 종류와 대상 조직에 따라 다르다. 그레이에 방사선 종류 및 대상 조직마다 정해진 보정 계수를 곱한 것을 선량당량이라 한다. 이 선량당량을 표시하는 단위를 시버트(Sv: 통상 Sv/h)라 하며, 2012년 말에 법적(잠정) 기준치로는 일반 시민이 1년간 허용되는 방사선량당량은 1mSv이다. 방사능량의 단위는 베크렐(Bq: 단위시간당 원자핵 붕괴 수)로 표시한다.

방사성 폐기물
radioactive waste

|정의| 종래의 정의는 원자력발전소와 재처리시설의 운전 중, 폐로 과정에서 발생하는 방사성물질을 포함한 폐기물이었다. 이 중 재처리시설에서 발생하는 사용 필 연료에서 우라늄, 플루토늄 회수 후에 남는 핵분열생성물을 주성분으로 한 것은 '고준위 방사성 폐기물', 그 이외는 '저준위 방사성 폐기물'로 되어 있다. 그러나 후쿠시마 제1원자력발전소 사고 이후 방사능 오염 지역의 제염에 쓰인 세정수, 하천과 하수의 오탁, 오염 토양, 오염 와륵, 오염 식료품 등 일본 전국에 걸친 방사능 오염물질도 방사성 폐기물에 해당해 그 처분 방법의 양적 또는 질적 어려움이 과제가 되었다.

|종류|

① 고준위 방사성 폐기물: 재처리 과정으로 사용이 끝난 연료에서 분리된 방사성 폐액을 유리 고체화한 것. 잔류 플루토늄을 포함해 많은 핵분열성 물질을 포함한다.

② 저준위 방사성 폐기물: 원자력 발전소에서 사용이 끝난 연료를 제외하고 비교적 방사성 물질 농도가 높은 제어봉, 원자로 내 구조물 및 방사성 물질 농도가 비교적 낮은 폐기물(폐액, 필터, 폐기재, 소모품 등을 콘크리트 고형화한 것) 및 방사성 물질 농도가 매우 낮은 폐기물 콘크리트, 금속 등. 2012년 말 시점으로 일본에서는 200L 드럼통 약 60만 개가 있다. 그 외에 주로 우라늄 농축·연료 가공 시설의 초우라늄 핵종을 포함한 방사성 폐기물이 200L 드럼통 약 30만 개가 보관되어 있다. 그

외에 방사능을 포함하고 있지만 방사성 물질로 취급되는 것은 불필요하다고 생각되는 클리어런스 레벨(자체 처분 허용 방사능 농도) 이하의 원자력 발전소 해체 폐기물이 있다.

| 처리 등의 과제 | 후쿠시마 제1원자력발전소 사고의 저준위 방사성 폐기물은 양적으로, 고준위 방사성 폐기물은 질적(세계 공통: 약 100만 년 관리가 필요)으로 처리 방법에 고심하고 있다.

방재교육
education for disaster management

재해를 발생시키지 않기 위해 미연의 방지·억제를 위해 대처하거나 재해 발생 시에는 신속 정확한 대응으로 피해를 최소한으로 하는 것을 목적으로 한 교육. 학교에서는 지진, 쓰나미, 화산분화, 풍수해 등 자연재해 외에 사고 등의 인적 재해와 범죄 등도 포함한 넓은 의미의 방재교육을 실시하고 있는 곳도 있다.

일본에서 방재교육이라는 문구 자체는 학습지도요령에 명기되지 않고 소학교 5학년 사회와 중학교 사회과와 지리적 분야에 '방재'라는 단어가 여기저기 조금씩 보이는 정도로 각 학교의 판단으로 총합적인 학습시간과 안전교육의 일환으로 다뤄지고 있다. 이런 개별활동에 대한 예로 내각부가 2004년부터 '방재교육 챌린지 플랜'으로 방재교육활동을 자금, 인재, 정보 면에서 지원하고 있다. 그러나 2011년 동일본대지진으로 많은 수의 어린 학생들에게 지대한 피해가 생겼기 때문에 문부과학성에서는 전문가회의를 가동하고 방재교육 지도시간 확보, 계통적 체계적인 정리, 교과 등으로의 자리매김 등의 검토를 진행하고 있다.

배기가스
exhaust gas

어떤 종류의 연소과정을 거쳐 방출된 기체로 자동차 엔진과 공장, 발전소 등에서의 천연가스와 가솔린, 디젤 연료, 석탄 등의 연소로 방출된다. 이 기체들은 거의 무해하지만 일부 기체는 유해 가능성이 있다. 유해물질로는 일산화탄소, 탄화수소 등을 들 수 있고 대기 오염물로 간주된다. 일본은 1968년에 대기오염방지법을 제정하고 배출가스를 규제해 배출가스 기준 수립에 따라 유해물질의 배기를 규제하고 있다.

배연탈황
flue-gas desulfurization

　대기오염과 산성비 등 화석연료 중에 존재하는 유황성분에 의한 피해를 방지하는 데는 화석연료 그 자체로부터 유황성분을 제거하는 법 이외에 유황성분을 함유한 연료의 연소 후 그 배기가스 중 유황산화물(대부분이 아황산가스 SO_2)을 제거하는 방법이 있고, 이것을 배연탈황법이라고 한다. 유황 함유율이 높은 중동산 석유에 의존하는 일본에서는 1968년 대기오염방지법 제정 이후 1960년대부터 1970년대에 걸쳐 배연탈황 장비의 설치가 착실히 진전되어 조기에 유황산화물의 환경기준(SO_2 환경기준: 일평균 0.04ppm 이하, 1시간 수치 0.1ppm 이하)을 달성했다. 배연탈황법으로는 유황산화물의 흡착제로 알칼리 용액 등을 이용하는 습식법, 석고 슬러리(스프레이 드라이법), 활성탄을 이용하는 건식법이 있다. 일본에서는 습식법이 대부분을 차지하며 효율적인 탈환이 가능하다는 장점이 있지만, 설비·운전비용이 비싸다. 최근 기술혁신으로 고성능의 에너지 절약·소형화가 발전해 설비·운전비용이 큰 폭으로 절감하는 것이 실현되었다. 한편으로 개발도상국에서는 이런 공해방지 설비를 설치하지 않고 조업해 대기오염이 심각한 지역이 많다. 그래서 일본은 개발도상국의 환경 개선과 초경 오염을 방지하는 의미로 개발도상국에 플랜트(설비) 수출과 기술 공약을 실시해 결과적으로 지구환경보전에 큰 공헌을 하고 있다.

배출량거래제도
emissions trading

　|개요| 국가와 기업 등에게 미리 배당된 환경오염물질의 배출량에 대해 과부족분을 판매하는 것으로 전체의 배출량을 억제하고자 하는 제도. 배출권거래제도라고도 한다.

　배출량거래제도는 미국에서 산성비 대책의 일환으로 유황산화물(SO_x) 배출 억제를 목적으로 1990년 발전소에 배출 범위를 마련해 과부족분을 거래할 수 있는 제도로 개시된 것이 본격적인 도입의 첫 번째 예이다. 이 제도 도입 결과, 목표를 상회하는 SO_x 삭감을 달성함과 동시에 배출 삭감을 위한 비용도 50% 이상 경감할 수 있었다고 보고되었다.

　|국제 배출량거래제도| 이 결과를 받아 미국이 교토 의정서 교섭에서 같은

형태의 제도 도입을 제안했다. 그 결과 교토 의정서에 국제 배출량 거래제도가 정해졌다. 이것은 교토 의정서 제1약속기간에 배출 삭감이 의무화되어 국가가 목표 달성을 위해 보조적으로 이용할 수 있는 제도이다. 거래를 위해 ①각국 자국에서의 삭감량 ②각국의 흡수원 활동에 의한 흡수량 ③클린 개발 메커니즘 사업에 의한 삭감량 ④공동 실시에 따른 삭감량, 이 4종류에서 '탄소 크레딧'이 발생한다. 이 크레딧은 시장 혹은 직접 관련된 국가 사이에서 거래하게 된다. 러시아·동유럽 등에서 핫 에어로 불리는 방책을 세우지 않아도 남아도는 배출 범위가 있어서 선진국 전체의 삭감이 진행되지 않는 요인이 된다는 문제가 제1약속기간 동안 있었지만 제2약속기간으로의 이월은 제한되었다.

|전망| 이 제도에 대해 '자연의 것인 이산화탄소를 가격화해서 시장거래 대상으로 삼는 것은 옳지 않다'는 비판이 있지만, 이것은 배출량의 거래에만 주목하여 발생하는 오해이다. 지구의 환경용량은 한정적이고 CO_2 배출허용량도 한계가 있으므로 '캡(상한)'을 마련하는 것이 필수불가결하고, 그중에서 효과를 높이기 위해 거래한다는 것이 이 제도의 본질이다. 캡&트레이드형 배출량거래제도는 완벽한 제도가 아니어서 그 대책만으로는 한계가 있지만, 현 상황에 입각하여 대규모 배출 사업자가 배출을 줄이는 데 효과적인 제도이다. 일본의 도쿄에서 이미 배출량거래제도를 도입했지만, 국가 단계에서도 EU의 제도들과 정합성 있는 캡&트레이드형 배출량거래제도의 조속한 도입이 요구된다.

➕ 한국은 2015년부터 한국거래소에서 배출권 시장을 운영해 오고 있다. 기업에서 해마다 연간 배출량을 다음 해 3월까지 정부에 보고하고, 인증을 거쳐 6월 말까지 배출권 신고서를 제출하는 방식이다.

백캐스팅
backcasting

|의미와 배경| 미래의 바람직한 모습(목표 및 배경)을 미리 묘사하고 그 미래의 시점에서 현시점을 돌아보고 지금 무엇을 해야만 하는가를 생각해 구체화하는 것이다. 현재의 추세에 기반해 '지금 무엇이 가능한가'를 생각해 미래의 모습을 그리는 포어캐스팅적 개념이 혁신성과 창조성을 억누르고 '그건 무리', '불가능하다'라고 결론을 내리기

쉽다는 반성으로, '지금, 무엇을 할 수 있을까'는 일단 뒤로 미루고 이상적인 미래의 바람직한 모습을 실현하기 위해 지금 어떤 노력을 해야 하는가를 생각하고 실행시켜가고자 하는 백캐스팅이란 개념이 등장했다. 이런 개념이 등장한 배경에는 현재 추세의 연장선상에서는 지속가능한 미래를 그릴 수 없다는 인식이 있다.

환경 분야에서는 스웨덴 환경 NGO에서 칼헨릭 로버트(Karl-Henrik Robért)가 1989년에 설립한 '내추럴 스텝(The natural Step)'이 백캐스팅을 지속가능한 발전을 향한 전략적인 접근의 핵심 중 하나로 평가한 것이 백캐스팅이라는 개념이 확산하는 계기가 되었다.

|온난화 대책 사례| 백캐스팅 개념은 해결책을 찾을 수 없는 다양한 환경 문제에서 효과적이고 전략적인 접근으로 보고 있지만, 그중에서도 특히 온난화 문제에서 중시되고 있다.

지구온난화에 대해서는 1997년에 채택된 교토 의정서에서 선진국에 대해 온실가스 삭감율을 각국별로 정하고 공동으로 달성하는 것으로 결정되었다. 그러나 2011년에 배출량이 가장 많았던 중국(29%)에게는 삭감 의무가 없고, 두 번째로 많은 미국(16%)은 의정서에서 이탈해, 국제에너지기관에 따르면 화석연료 연소로 인한 이산화탄소 배출량은 2011년에 316억 톤으로 과거 최고치가 되었다. 현재의 지구는 연간 31억 탄소톤의 이산화탄소를 흡수하고 있지만, 인류는 화석연료를 태우고 연간 72억 탄소톤의 이산화탄소를 대기 중에 방출하고 그 수치는 매년 증가하고 있다. 즉 현 상태를 출발점으로 삼고 각국의 경제 상황 등을 고려해 각국의 노력 목표를 결정한다고 해서 진행되는 온난화를 멈추게 할 수 없다는 것이다.

그래서 지구가 흡수할 수 있는 양 이상의 이산화탄소를 대기 중에 방출하지 않는다는 바람직한 자세(목표)를 설정하고 그것을 실현하기 위해 어떻게 해야 하는가라는 백캐스팅 개념이 중요하다. 앞에 말했듯 72억 탄소톤과 31억 탄소톤이라는 숫자는 약 60%의 삭감이 필요하고, 그것을 어떤 방법으로 실현할 것인가라는 지금까지와는 전혀 다른 발상이 요구된다.

|한계와 가능성| 후쿠시마 제1원자력발전소 사고 이후에도 일본의 경제

계는 전력의 안정 공급이라는 관점으로 원자력발전의 재가동을 요구하고 있다. 또 온난화 진행을 방지하기 위해서도 화력발전에 대한 의존도를 높일 게 아니라 원자력발전을 재가동해야만 한다는 생각도 뿌리 깊게 존재한다. 이런 사고방식은 포어캐스팅적 사고방식으로 현실적이고 타당하다고 할 수 있을지 모른다. 역으로 백캐스팅적 개념을 도입해도 덧없는 이야기로 끝나서 아무런 해결도 하지 못한다는 한계에 부딪힐 가능성도 크다. 그러나 예를 들어 기존의 토지 소유권과 물 이권에 메스를 들이대 분산형 신재생에너지 개발을 진행하고 수소에너지 사회를 여는 등 백캐스팅으로 창조적인 과제 해결책이 새롭게 태어날 가능성도 충분히 있다.

백화현상
coral bleaching, albinism

산호에 붙어서 공생하며 영양분을 주고받는 조류(단세포 바닷말)가 수온 상승 등에 의해 사라지면서 산호초 표면이 하얗게 드러나는 현상이다. 온도 변화에 민감한 산호의 적정한 해수 온도 범위는 23~29℃로 대단히 좁아서 1~2℃의 온도 상승이 계속되면 체내에 공생하는 갈충조가 방출된다. 갈충조에서 얻은 광합성 생산물이 없는 상태가 이어지면 산호는 장기간 생존할 수 없어 죽음에 이른다. 이런 현상이 최근 전 세계에서 빈번하게 발생하고 있고, 그 요인 중 하나로 지구온난화에 의한 해수온도 상승을 들고 있다. 이외에도 염분농도 변화, 해수의 산성화, 하천에서의 토사와 제초제 등 화학물질 유입 등의 다양한 요인이 지적되고 있다. 산호초는 해양생태계 중에서도 생물다양성이 높은 것으로 알려져 있어 보전을 위해 이 요인들을 억제할 필요가 있다.

또한 '백화현상'이란 용어는 식물이 영양부족, 대기오염, 제초제 등으로 백화하는 것과 동물이 멜라닌 결핍으로 백화하는 것에도 사용된다.

베어드 캘리콧
J. Baird Callicott

미국의 철학자(1941~)로 1971년 대학에서 환경윤리학을 세계 처음으로 강의했다. 환경윤리, 환경철학에서는 선구적 존재로 평가받는다. 환경윤리학에서 인간중심주의나 동물해방론과도 구별되는 윤리적 전체론이라는 제3의 입장의 가능성을 제시했다. 즉 공동체의 개념을 동식물·토양·물 모두를 아우르는 '토지'까지 확대한 알도 레오폴드(Aldo Leopold)의 '토지론'의 전체론적 환경윤리학을 계승하여 인간이나 동물에서, 전체로서의 생태계로 눈을 돌려 그 안에 있는 내재적 가치를 인정하고 생물다양성 확보를 주장했다.

베오그라드 헌장
Belgrade Charter

베오그라드 헌장은 1975년 10월 13일부터 22일까지, 유고슬라비아의 베오그라드에서 열린 전문가 96명에 의한 환경교육 국제워크숍 성과 중 하나이다. 이 회의는 1972년 유엔인간환경회의의 제96권고에 입각해 1977년에 트빌리시(소련, 현 조지아 공화국)에서 열리게 된 '환경교육정부간회의'의 준비 회의의 성격을 띠고 있다.

헌장은 유네스코와 유엔환경계획(UNEP)이 공동으로 발간하는 환경교육 뉴스레터 〈커넥트(Connect)〉의 제1권 제1호의 첫 페이지를 장식했다. 그 시작은 "역사적인 순간에는 역사적인 문장이 나온다"라는 문장이다. 다음은 그 개념이다.

헌장은 'A 환경의 상황', 'B 환경의 목표', 'C 환경교육의 목표', 'D 환경교육의 목적·방침', 'E 대상', 'F 환경교육 프로그램의 지침이 되는 원칙'의 6개 장으로 구성되어 있고, 그중에서도 'C 환경교육의 목표'에서는 환경교육의 최종 목표를 다음과 같이 규정했다.

환경교육의 목표는 환경과 그에 관련된 각 문제에 관심을 갖고 관여하고자 하는 사람들을 전 세계적으로 늘리는 것 또는 그런 사람들이 지식, 기능, 태도, 의욕, 실행력을 익히고 개인적인 동시에 집단적으로 현재 문제 해결과 장래의 새로운 문제 예방에 공헌할 수 있도록 하는 것이다.' 또 이어서 'D 환경교육의 목적'에서는 환경교육의 구체적인 목적으로 다음의 6항목을 들고 있다.

|환경교육의 목적| 개인 및 사회적인 그룹이 다음의 것을 취득할 수 있도록 원조하는 것이다.
①인식: 환경 전체와 그에 관련된 문제의 각성과 감성
②지식: 환경 전체와 그에 관련된 문제 및 인간 존재의 중대한 책임과 그 역할에 관한 기본적 이해

③태도: 환경을 위한 사회적 가치와 환경에 관계된 것에 대한 의지 및 환경의 보전과 개선에 적극적으로 참가하는 것에 대한 동기
④기능: 환경문제 해결을 위한 기능
⑤평가 능력: 생태적·정치적·경제적·윤리적·교육적 관점으로서의 환경 지표와 환경교육 프로그램의 평가
⑥참여: 환경문제 해결을 위한 적절한 행동을 일으키고자 하는 책임감과 절실함의 감각

베크렐
becquerel, Bq

방사능의 강도를 나타내는 단위로 물질에 포함된 방사성물질의 양을 나타낸다. 1초간 1개의 비율로 원자핵이 붕괴하는 경우를 1베크렐이라 한다. 방사성물질은 에너지적으로 불안정한 상태에서 안정적인 상태로 바뀌고자 한다. 이때 여분의 에너지로 방사선이 방출된다. 이때 인체가 방사선에 의해 받는 영향을 나타내는 단위가 시버트(Sv)이다. 방사성물질을 함유한 식품에서의 피폭선량의 상황을 연간 1밀리시버트로 하고, 이것을 바탕으로 방사성 세슘의 기준치를 설정하고 있어 일반 식품은 100베크렐/kg, 유아식품과 우유는 50베크렐/kg, 음료수는 10베크렐/kg으로 기준치가 설정되었다.

보이 스카우트
Boy Scouts

1907년 영국 퇴역 장군 베든 포웰(R. S. S. Baden-Powell) 경이 20명의 어린이들과 진행한 캠프가 발단이 되어 발전한 청소년 교육 단체. 보이 스카우트 일본연맹은 1922년에 발족했다. 이 연맹은 보이 스카우트를 "자연 속에서 친구들과 놀면서 다양한 것을 익히고, 좋은 사회인이 되는 것을 목적으로 하는 활동"이라고 소개하고 있다. 2012년에 세계 스카우트 환경 배지 운동을 전개하고, "사람과 자연이 깨끗한 공기와 물을 대비하고 있는 것을 이해한다" 등 세계 스카우트 기구가 권장하는 5개의 환경 프로그램을 이수하거나 이수 후에 관련 단체가 주최하는 환경 프로젝트에 참가해 배지를 취득하는 것으로 청소년의 환경활동을 촉진하고 있다.

➕ 한국에서는 1922년 10월 조철호가 8명으로 구성된 조선소년군을 창립하고 비슷한 시기에 정성채가 조선소년척후단을 발족시킨 것으로 그 역사가 시작되었다. 1946년 한국 보이스카우트로 재발족, 1953년 1월 31일 세계연맹 회원국으로 정식가입했다. 1991년 8월에는 강원도 고

성에서 제17회 세계 잼버리를 성공적으로 개최할 만큼 눈부신 성장을 하고 있다.
※ 출처: 한국스카우트연맹

**보전·보존·
보호·재생**
conservation,
preservation,
protection and
restoration

자연보호의 개념으로는 보전(conservation), 보존(preservation), 보호(protection) 등이 있다. 이 중에 가장 광범위한 의미로 사용되고 있는 '보전'은 '자연자원을 고갈시키지 않도록 현명하게 이용하면서 지키는 것'으로 근대적인 자연보호 개념이 생기기 이전부터 전통적 경험 지식에 의해 이뤄졌던 자연관리도 이에 포함된다.

보전을 자연보호라는 의미로 최초 사용한 것은 『숲속의 생활』을 저술한 헨리 데이비드 소로(Henry David Thoreau)이다. 1901년에 미국 대통령에 취임한 시어도어 루스벨트(Theodore Rosevelt)는 미국에서 최초로 국립야생생물보호구역을 설립하고 야생생물 보호에 힘을 쏟았지만, 그의 생각은 자연에 손을 대지 않는 것이 아니라 자연을 현명하게 이용하는 것이었다. 루스벨트가 확대한 국유림 관리 방침은 최대 지속 수량(maximum sustainable yield)과 산림과 야생생물을 최대한 지속가능하게 이용하는 것이었다. 이 사상을 구현한 것이 산림국장 기포드 핀쇼(Gifford Pinchot)였다. 1906년 샌프란시스코 대지진 이후 방화용수를 확보한다는 대의명분으로 요세미티 국립공원 내에 헤츠헤치 계곡 댐이 계획된 시기에 핀쇼가 지속적인 이용을 주장한 개념인 '보전주의자(conservationist)'는, 야생지역(wildness)을 손대지 않고 보호하는 것을 주장한 존 뮤어(John Muir)의 '보존주의자'(preservationist)와 대비되는 것으로 알려졌다.

'보존'과 '보호'는 자연에 손대지 않은 상태로 지킨다는 점에서는 거의 같은 의미로 사용되지만, '보존'이 현 상태의 유지에 중점을 둔 반면 '보호'는 외압으로부터 지키는 것에 중점을 둔다. 1948년에 설립된 국제자연보호연합은 당초 IUPN(International Union for Protection of Nature)으로 불렸지만, 1956년에는 IUCN(International Union for Conservation of Nature and Natural Resources)으로 개칭되었다. 이것은 전쟁과 개발로부터 자연을 지키자는 시대에서 자연자원을 지속가능하게 사용하자는 시대로의 전환에 부응한 것으로 더욱 넓은 의미에서 자연보호로의 전환이라 할 수 있다.

1800년에 남미를 탐험하던 중 거대한 수목을 발견한 알렉산더 폰 훔볼트(Alexander von Humboldt)가 천연기념물(national monument)이라는 자연보호의 개념을 제안했다. 천연기념물 보호 원칙은 '현상변경 금지'이고 그 개념은 '보존'에 가깝다. 그러나 현재는 계단식 논 등의 문화적 경관 등 인위적인 것이 더해져 유지돼 온 것도 대상이 되고 '보전'이란 방법도 받아들여지고 있다. 1872년에 설립된 옐로스톤 국립공원은 산불이 발생해도 끄지 않고 자연에 맡기는 관리 방법을 취했다. 이것은 산불도 자연의 과정으로서 생장하는 수목을 지키기 위함이라고 보는 '보존'의 개념에 가깝다. 한 예로 1988년 산불이 났을 때 국립공원 36%가 소실됐지만 산불에 적응한 수목의 종자가 발아해 산림이 회복되기 시작했다.

1980년대 이후 '보전'이라는 개념은 '지속가능발전(sustainable development)'으로 대치되게 되었다. 1980년에 유엔환경계획(UNEP), IUCN, WWF에 의해 출판된 『세계보전전략(World Conservation Strategy)』에서 최초로 제창된 '지속가능발전'은 1987년에 환경과 개발에 관한 세계위원회 보고서 「우리 공동의 미래(Our Common Future)」에서 "후세대의 요구를 충족시킬 능력을 훼손하지 않으면서 현세대의 요구를 충족시킬 수 있는 개발"로 정의되었다. '보전'과 '지속가능발전'은 본래 같은 뜻이지만 빈곤의 삭감을 목적으로 하는 개발도상국 참가회의에서는 '지속가능발전'이 사용하게 되었다.

2002년 자연재생추진법이 성립하고 '자연재생', '복원', '회복' 등의 용어가 활발하게 사용되게 되었다. '자연재생(nature restoration)'은 '도시재생' 등의 용어에서 부연적으로 사용되게 된 것이지만, 인간이 만든 도시와는 다르게 한번 유실된 자연을 재생하는 것은 어렵다. 그러나 유실된 자연을 재생하는 것을 목적으로 노력하는 것은 중요하며, 자연의 기능과 형태의 양방향 재생을 목적으로 하는 것을 '복원(restoration)', 자연 기능의 재생을 목적으로 하는 것을 '회복(rehabilitation/recovery)'이라 한다. 한번 매립된 습지를 토지 형태로 되돌리고 본래의 식생을 재생할 수 있다면 '복원'이라 할 수 있지만,

매립되기 전의 습지를 재생한다고 해도 본래의 규모, 종 조성을 되돌리는 것은 힘들기 때문에 '회복'이라 하는 것이 어울린다. 또 자연재생 추진법에서 자연재생이란 자연환경의 보전, 재생(앞에 정의된 복원 또는 회복), 창출, 유지 관리를 총칭한 것으로 폭넓게 정의되고 있다.

개발과 함께 '환경보전장치(mitigation)', 생물다양성의 감소를 상쇄하는 '생물다양성 오프셋(biodiversity offset)'도 자연재생 중 하나이지만 본래의 자연으로 되돌리는 것은 어렵고, 보전보다 나은 것은 아니다. 환경영향평가법에서는 '회피〉저감·최소화〉대가'라는 환경보전장치의 우선순위가, 람사르협약에서는 '보전〉회복·복원〉창출'이라는 습지 재생의 우선순위가 명기되어 있다.

보팔가스 누출사고
Bhopal, India Chemical Accident

보팔은 인도 중앙부 마디아프라데시에 있는 도시의 명칭이다. 1984년 12월 2일 밤, 미국 자본의 다국적기업인 유니온카바이드 화학공장에서 살충 성분을 제조할 때 사용되는 맹독 이소시안화메틸(MIC) 저장 탱크에 물이 유입되었다. 이때 발열 반응으로 압력이 급격하게 상승한데다 경제적 이유로 안전장치를 잠갔기 때문에 안전장치가 작동하지 않아 사고가 일어났다. 유출된 유독가스는 바람을 타고 시가지로 확산되어 추정 사망자는 약 2만 명으로 역사상 최악의 화학 재해로 일컬어졌다. 사고 후에도 신경계, 간장, 신장 장애 등 주민은 건강에 피해를 입고 고통받고 있다. 가해 기업에 대한 소송과 책임 문제도 해결되지 않은 채 그대로다.

복합오염
The Complex Contamination

소설가, 극작가, 연출가로 활약한 아리요시 사와코의 대표적인 장편소설. 치매를 다룬 『황홀한 사람』(1972년)과 함께 사회에 문제 제기를 한 소설이기도 논픽션이라고도 할 수 없는 이색적인 작품이다. 1974년부터 1975년까지 아사히신문에 연재됐다가 단행본으로 출판되었다. 레이첼 카슨의 『침묵의 봄』(1962년) 일본판이라고 평가되기도 한다.

'복합오염'이란 여러 오염물질이 건강과 생활환경에 지대한 영향을 준다는 것을 이 작품에 의해 일반적으로 알려지게 되었다. 아리요시는 농약과 화학비료, 합성보존료와 합성착색료, 합성세제와 PCB 등 다양한 독성물질의 복합오염 실태와 그것을 만들어내는 구조에 대해 일반인들에게 이해하기 쉽게 해설하면서 고발·경고하고 사회에 커다란 반향을 일으켰다. 그러나 선거 장면으로 시작됨에도 선거의 화두는 그 후 일절 나오지 않아 '구성의 파탄'이라는 비판과 농약 등의 사용 금지는 비현실적이라는 반발도 많았다.

본협약
Bonn Convention

정식 명칭은 '이동성 야생동물 종 보전에 관한 협약'이며 육상동물, 해상동물, 조류 중 이동성 종을 종뿐만 아니라 그 서식지에 이르기까지 보전하는 것을 목적으로 삼고 있다. 지구 차원의 야생동물과 그 서식지 보전에 관련된 몇 안 되는 정부 간 협약 중 하나이다. 1983년 11월 1일에 실시되어 2012년 6월 1일 현재, 아프리카·중앙아메리카·남아메리카·아시아·유럽·오세아니아 117개 국가가 가맹되어 있지만 고래 종류도 보호 대상이므로 일본은 가맹되어 있지 않다.

멸종의 우려가 있는 이동성 야생동물 종을 협약부속서 I 에, 국제적인 협력이 요구되는 이동성 동물 종을 협약부속서 II 에 개재하고 있다. 예로 협약부속서 I 에는 눈표범, 장수경(긴수염고래), 훔볼트 펭귄이, 협약부속서 II 에는 아프리카코끼리, 듀공, 볼장식 두루미 등이 개재되어 있다. 본 협약 가맹국은 멸종 우려가 있는 이동성 동물 종의 엄격한 보호와 공동연구 활동 등에 전념하는 것으로 되어 있다.

본협약 아래 체결된 계약으로는 '고릴라와 그 서식지 보전', '앨버트로스(신천옹) 및 섬새의 보전' 같은 것이 있다. 또 양해각서에는 '시베리아 흰 두루미 보전', '안데스 산지의 플라밍고와 그 서식지 보전' 등이 있다.

부영양화
eutrophication

주로 호수와 늪 등의 폐쇄성 수역에서 보이는 현상으로 수중의 질소와 인 등의 영양염류 농도가 높아져 영양분 과다 상태가 되는 것을 말한다. 생활 배수와 공장 배수, 농업 배수가 대량 유입됨에 따라 발생한다. 부영양화는 식물 플랑크톤이 비정상적으로 증식해 청록색의 조류가 수면을 뒤덮는 녹조현상과 적조현상 발생을 일으킨다.

1970년대 이후 비와코 호수, 가스미가우라 호수, 스와코 호수 등 일본 각지의 호수와 늪에서 부영양화가 급격하게 진행됐다. 인이 포함된 합성세제 사용금지 등의 대책이 이뤄졌지만, 물의 유출입이 적어서 오염물질이 축적되기 쉬운 폐쇄성 수역의 수질 개선은 오랜 기간이 필요하므로 여전히 문제가 되고 있다.

북극해
Arctic Ocean

유라시아 대륙, 그린란드, 북미대륙 등으로 둘러싸인 해양. 약 950만km². 동절기에는 거의 전 지역이 결빙되어 있지만 최근에는 지구온난화의 영향으로 결빙 기간과 면적이 감소 경향을 보이고 있다. 얼음의 감소는 풍부한 광물자원에의 접근을 용이하게 하고 북극해 항로의 이용 기간이 연장되는 등의 경제적 이점을 낳는 한편 지구온난화를 가속하는 영향과 얼음 위에서 바다표범 사냥이 불가능해진 북극곰이 아사하는 등 고유의 생물상에 주는 영향도 심각해지고 있다. 이 때문에 북극해에 영토를 가진 북극해 경계 8개국은 1996년에 북극평의회(Arctic Council)를 설립하고 지속가능 발전과 환경보전을 중심으로 협의와 연계를 진행하고 있다.

북미환경교육협회
North American Association for Environmental Education, NAAEE

북미(미국 합중국, 캐나다, 멕시코)의 환경교육 관련 전문가와 단체가 환경교육 진흥을 목적으로 활동하는 단체이다. 1971년에 커뮤니티 대학의 교사를 중심으로 한 미국 환경교육협회(National Association for Environmental Education)로 탄생해 활동 지역, 가입자 배경 확대와 더불어 1983년에 지금의 명칭이 되었다. 1990년에는 자연보호교육협회(Conservation Education Association, CEA)와 합병되어 CEA는 북미환경교육협회(NAAEE)의 자연보호교육 부문이 되었다. 미국의 환경교육을 주도하는 민간단체로 연방정부와 밀접한 협력 관계를 구축하고 1995년부터 2000년까지 전미환경교육법 5조 보조금 운영을 주간사로 수탁받아 2012년에 이르기까지 공동수탁자로 운영에 관여하고 있다. NAAEE는 다양한 프로젝트를 실시했지만, 환경교육계에 특히 큰 영향을 준 것은 1993년에 시작된 '환경교육의 우수성을 위한 전미 프로젝트'일 것이다. 학력에 대한 관심이 높아가던 중 1980년대부터 1990년대에 걸쳐 과학(수학, 이과 등)의 내용과 교과의 교사교육 표준이 교과 전문직 단체에 의해 계속 작성되어 갔다. NAAEE는 그 동향을 민감하게 인식하고 환경교육의 표준(초·중등학교, 교사 교육, 유아 교육, 교재, 학교의 교육)을 '환경교육의 우수성을 위한 전미 프로젝트'에 따라 작성했다. 이 표준은 환경교육 교육과정과 주 환경교육 지침의 기준 범위로 기능하고 환경교육에 일정의 통일성·정합성을 부여하는 역할을 담당하고 있다. 일본 환경교육학회는 NAAEE와 2011년에 학회 간 교류 협정을 체결하고 학습 교류를 하고 있다.

분산형 에너지 시스템
decentralized energy system/distributed energy system

대규모 에너지 공급 시설에서 광범위하게 에너지를 공급하는 것이 아니라 분산시킨 소규모 공급 시설에서 각각의 주변 지역으로 에너지를 공급하는 시스템이다. 2011년 3월에 일어난 동일본대지진과 그 직후에 일어난 거대한 쓰나미로 발생한 후쿠시마 제1원자력발전소 사고에서는 거대한 전력 시설이 피해를 입어 가동을 정지하거나 전송망이 토막토막 끊기거나 했다. 광범위하게 정전이 일어나고 일부에서는 정전이 장기화되었다. 이런 이유로 신재생에너지를 이용한 태양광 발전, 풍력발전 혹은 소수력발전으로의 에너지 전환 필요성이 새롭게 인식되고 그 개발이 급속하게 진행되었다. 또 소비지에서 효율이 좋은 발전을 가능하게 하는 연료전지도 급속하게 보급하려고 하고 있다. 그 결과 그 토지에서 생산된 전력은 그 토지에서 소비한다는 이른바 전력 판의 지산지소(地産地消)인 분산형 발전 시스템이 종래의 집중형 발전 시스템을 보충하는 것으로 주목받고 있다.

분산형 발전의 이점으로는 우선 장거리 전송에 동반되는 전력 손실을 경감할 수 있다는 점이 있다. 송전 전압을 높이는 만큼 손실이 적어진다는 점에서 일본에서는 발전소에서 50만 볼트로 송전되고 있지만, 송전 손실은 거리에 비례하기 때문에 소비지에서 멀리 떨어진 발전소에서의 원거리 송전에 따른 송전 손실은 5%에 달하고 있다. 다음으로 발전에 동반하는 발열 이용이라는 점에서의 우위성도 있다. 통상의 발전에서는 투입 에너지의 약 40%가 발전에너지로 변환되고 약 60%의 잔량은 열에너지로 방출되고 있다. 이 배출되는 열은 온수나 수증기로 급탕과 냉난방에 이용할 수 있다. 발전과 함께 배출되는 열을 이용하는 시스템은 폐열발전(cogeneration)이라고 불리고 있다. 이 폐열발전 시스템을 도입하는 경우도 소비지와 가까운 곳에서 발전하면 배출되는 열의 이용 가능성도 커진다.

한편으로 분산형 발전의 경우 소규모화가 필수인 관계로 발전효율이 저하된다. 또 개별 운전 관리라는 번잡함이 뒤따른다. 그리고 일정의 전력을 얻기 위해 소규모 시설을 많이 만들면 대규모 시설을 만드는 것보다 투입자본의 합계가 커진다.

이런 장단점은 있지만 대규모로 집중적인 발전에 의존한 경우 피해 시 등의 위험, 화석연료와 원자력 고갈의 위험성을 고려하면 신재생에너지로의 전환은 필연적인 것으로 분산형 발전의 정착도 필연적인 흐름이라 할 수 있다.

여기에서 문제가 되는 것이 분산형 발전으로 얻어진 전력을 어떻게 소비자에게 전달할 수 있을 것인가이다. 현재 일본은 대기업 전력회사가 발전과 함께 송전을 독점으로 지배하고 있어 송전망의 자유로운 이용이 어렵기 때문이다. 분산형 발전이라 할지라도 근접한 지역에서 생산된 전력을 서로 융통하는 것으로 효율은 현격하게 좋아진다. 전력 사업은 국책사업으로 특히 송전망은 공공재산이라는 관점에서 기존의 송전망을 분산형 발전에 공개하는 것이 우선 요구되고 있다.

분진
dust/particulates

날씨와 화산 분화, 토양에서 운반되는 등 다양한 원인으로 대기 중을 부유하는 미세한 입자를 가리킨다. 식물의 미세한 꽃가루와 인간과 동물의 털, 직물섬유, 제지섬유, 토양의 무기물, 인간의 피부 세포, 연소된 운석의 일부는 바람의 힘으로 일어나 떠돌아다니 산산조각나고, 작게 나뉘어 미세하고 건조된 고운 가루가 된다. 크기 $10\,\mu m$ 이하인 것은 부유입자상물질(suspended particulate matter, SPM)이라 불린다. 2013년 초에 중국을 넓게 뒤덮은 PM2.5는 크기 $2.5\,\mu m$ 이하인 초미세먼지로 폐포에 흡착할 가능성이 높고 폐 기능에 주는 영향도 매우 크다. 석면 등의 공업 분진은 흡입하면 폐와 다른 기관에 깊게 머무르기 때문에 폐암과 중피종 등의 병을 일으키는 원인이 된다. 대기오염방지법에서는 '물건의 파쇄, 선별 그 외의 기계적 처리 또는 퇴적과 함께 발생하거나 비산하는 물질'로 규제되고 있다.

···▶ 미세먼지

불법투기
illegal dumping

사람 눈에 띄지 않는 산간 등에 산업폐기물, 폐가전 등이 토지 소유자 허가 없이 불법으로 투기되는 것. 세토나이카이의 도시마(가가와)에서는 섬 밖에서 산업폐기물이 유입돼서 폐기된 사건이 있었다. 불법투기는 아스팔트, 콘크리트, 목재 등의 건설 자재 폐기물이 60%를 차지하고 있어 경제사회 시스템의 개선이 요구되는 문제이다. 환경부담을 저감하는 순환형사회를 목표로 건설자재, 가전, 자동차 각각의 재활용이 법령으로 정해져 있어 폐기는 소비자가 부담하고 재이용을 촉진하는 제도가 도입되었다. 그러나 가전재활용법(정식 명칭은 '특정 가정용 기기 재상품화법', 1988년 공포)은 재활용 요금을 폐기 시에 징수하는 시스템이므로 불법투기가 끊이지 않았다. 그 경험으로 자동차 재활용법(정식 명칭은 '사용 필 자동차의 재자원화 등에 관한 법률', 2002년 공포)은 구입 시에 재활용권 구입이 의무화되었다.

➕ 한국은 폐기물관리법 제8조(폐기물 투기금지), 제15조(생활폐기물 배출자의 처리 협조)에 따라 배출자가 배출 방법을 위반한 경우에 과태료를 부과한다.

브룬트란트위원회
Brundtland Commission

유엔은 1982년의 유엔환경계획(UNEP) 관리이사회 특별회의(나이로비회의)에서 지적을 받아서, 1984년에 '환경과 개발에 관한 세계위원회'(World Commission on Environment and Development, WCED)를 설치했다. 본 위원회는 브룬트란트(Gro Harlem Brundtland)의 이름을 따서 브룬트란트위원회라 불렀다. 일본 정부가 1982년 나이로비회의에서 21세기 지구환경 이상의 모색과 그 실현을 위한 전략 수립을 할 모임 설치를 제안해 유엔총회에서 승인된 설치 배경이 있다. 본 위원회는 자유 토의를 장려하는 지식인 회의로 자리 잡게 되고 21명의 세계적인 지식인으로 구성되었으며 전체 21장으로 된「우리 공동의 미래(별칭 브룬트란트위원회 보고서)」라는 최종 보고서를 정리했다.

　최종 보고서에서는 "미래의 세대가 그들 자신에게 필요한 것을 충족시키는 능력을 해지지 않고 현세대의 필요를 충족시키는 개발"이라는 '지속가능발전'의 개념을 제시했다. 이 개념은 환경과 개발을 상반되는 것이 아닌 공존할 수 있는 것으로 인식하고 지구자원 제약 아래 환경보전과 개발의 양립이 중요하다는 생각에 서 있다. 특히 지속가능발전을 달성하기 위한 과정으로 고려해야만 하는 필수불가결 요소로 빈곤의 원인 해명과 빈곤의 해결법, 자원보전과 재생, 경제성장에서 사회발전으로, 모든 의사결정에서 경제와 환경의 통합에 관해 강조하고 있다.

비오톱
biotope

|의미| 독일어 'Biotop' 혹은 영어 'biotope'는 생물군집의 서식 공간을 나타내는 단어이다. 생물공간, 생물서식공간이라는 의미로 어원은 그리스어인 'bios(생명)+topos(장소)'이다.

　반딧불이와 송사리의 비오톱처럼 특정 생물만의 서식 환경 의미로 비오톱라는 용어가 사용되는 일도 많지만 송사리와 반딧불이가 종을 유지하기 위해서는 먹히거나 공생하거나 하는 다른 생물과의 관계가 필수불가결하다. 그러기 위해서는 한 군데 모인 생물군집이 있는 서식 환경이 필요하다는 것이 비오톱의 관점이다. 다만 생물군집이라 해도 어느 생물종에 주목할 것인지에 따라 비오톱의 스케일은 다르다. 그 예로 특정한 작은 연못을 비오톱으로 인식하는 경우 송사리와 붕어처럼 그것만으로 개체군이 유지되는 생물종에 대해서는 타당하지만 잠자리와 개구리 등의 생물종은 연못뿐 아니라 산림과 초원까지도 서식 공간으로 삼고 있기 때문에 그것들을 포함하여 비오톱을 파악할 필요가 있다.

|독일의 비오톱| 1976년에 제정된 독일연방 자연보호법에 입각해 기업, 정부, 시민이 하나가 되어 산림과 숲, 연못 등을 정비한 인공 비오톱 만들기가 전개되어 왔다.

　독일에서는 1970년대에 산성비와 개발로 인해 자연환경이 파괴되었을 때, 비오톱 개념을 기초로 한 자연복원 공사가 진행되었다.

그 예로 직성 콘크리트 삼면의 보 공사를 했던 하천을 개발 전의 자연환경으로 되돌린 것을 들 수 있다. 즉 그 하천의 콘크리트를 벗겨내고 공사 이전의 식생도에 입각해 식수를 조림하고 하천을 사행시켜 원래의 자연 하천에 근접한 상태로 되돌렸다.

● 한국에서는 2000년 서울시에서 이 개념을 도입하여 도시생태현황도를 제작하고 있다(산림청).

비인간중심주의
non-anthropocentrism

비인간중심주의는 세계의 중심에 인간을 두고 인간을 자연보다 우위에 두는 인간중심주의를 부정하고 인간 이외의 존재에서도 본질적인 가치를 찾아내는 입장이다. 자연중심주의 혹은 생명중심주의라고도 한다. 인간비중심주의라는 표현도 쓰인다. 비인간중심주의는 '인간중심주의 vs 비인간중심주의' 논쟁에서 점차 명확해지고 있다. 20세기 초 미국의 기포드 핀쇼(Gifford Pinchot)와 존 뮤어(John Muir)의 논쟁에서 그 출발점을 발견할 수 있다. 샌프란시스코 교외의 댐 건설을 둘러싸고 핀쇼는 오직 낭비 방지와 많은 사람을 위한 천연자원 개발만 허가해야 한다는 것을 자연보호의 원칙으로 삼고 인간의 경제적 이익 확보에 기반한 자연의 보전(conservation)을 주장했다. 그와 반대로 뮤어는 19세기 낭만주의적 자연관과 기독교적 창조주에 의한 피조물인 자연을 있는 그대로 보존(preservation)하고자 했다. 그 후 비인간중심주의로 레오폴트 폰 부흐(Baron Christian Leopold von Buch)의 '토지윤리'와 내스(Naess, A.)의 '심층생태론(deep ecology)'이 전개되고 자연이 '도구적(instrumental)' 가치가 아닌 '내재적(intrinsic)' 가치를 가지는 것으로 논의되었다. 이러한 자연에 대한 고찰이 심화되면서 환경윤리학도 다시 전개되었다. 피터 싱어(Peter Singer)의 '동물해방론'도 주장되었다. 비인간중심주의는 자연을 전체로 볼지 개체로 볼지에 따라 그 주장에 차이가 있다.

오늘날 환경윤리학에서는 인간중심주의와 비인간중심주의의 이원론적 대립을 넘어 인간과 자연과의 관계 속에서 자연보호의 현실적 가능성을 찾아내는 시점이 제기되고 있다.

비정부조직 · 비영리조직
non-governmental organization·
nonprofit organization,
NGO·NPO

|NGO| NGO는 본래 유엔에서 사용한 말로, 해결이 어려운 제재에 대하여, 국가 이외의 조직에 대응해 주려는 유엔이 참가를 인정한 비정부조직(국제헌장을 기초로 협의 자격을 가진 NGO)을 의미한다. 예를 들어, 환경문제 등 국경을 넘는 문제에 대하여 국가 간에 교섭을 하기보다, 국제적 조직 쪽이 대처하기 더 쉽다. 이러한 사항이 증가했기 때문에, 국가들이 모이는 곳인 유엔에 국가(정부) 이외 조직의 참가를 허용하고, 이러한 조직을 NGO라 부른다. 그런데 일본에서는 이러한 말이 들어왔을 당시, 시민단체를 지칭하는 말로 사용되었기 때문에 일본에서는 유엔에 등록된 조직(본래의 NGO) 이외의 일반시민단체도 NGO라 부르게 되었다.

|NPO| NPO는 비영리조직으로, 원래는 미국의 세법 용어이다. 이익을 목적으로 하지 않는 조직이며, 공익 목적을 주로 하는 조직을 말한다. 일본에서는 시민을 중심으로 하는 봉사활동조직의 대다수는 재단법인과 사단법인의 자격이 아닌, 임의단체로서 법인 자격을 갖지 않기 때문에 은행에서 차입과 해산 시 재산의 계승 등에서 불리한 상황에 놓여 있다. 그러나 1995년 고베 아와지 대지진에서 많은 젊은이가 현지에 달려와서 봉사활동을 한 것이 계기가 되어, 임의단체에게 법인격을 주려고 하는 움직임이 높아졌다. 1998년에 특정비영리활동촉진법(NPO법)이 생기고, 그 법률로 많은 시민단체가 NPO 법인이 되었다. NPO 법인은 국가의 인정과 지방공공단체의 인정이 있지만, 2012년 11월 현재, 일본에는 4만 6,763개의 NPO 법인이 있다.

|유럽과 아메리카의 NGO·NPO| 유럽에서는 50만 명 이상의 회원을 가진 환경보호단체가 각국에 있고, 그 속에는 그리스 내셔널트러스트와 같이 400만 명을 넘는 조직도 있다. 이러한 환경보호단체는 유럽 각지의 '녹색당'의 지지 기반이 되었다. 또한 미국에도 큰 단체가 다수 있고, 450만 명의 회원을 가진 NWF(전 미국 야생연맹)를 비롯해 100만 명 이상의 회원이 있는 단체가 많다. 시에라 클럽이나 오듀본 협회 등의 설립 이후 100년이 넘는 전통을 가진 단체도 많고, 미국 전역에서 약 1500만 명이 환경보호단체의 회원으로 추정된다.

비지터 센터
visitor center

국립공원 등의 중심 시설로 인포메이션 센터의 역할뿐만 아니라 그곳을 방문하는 사람들에게 그곳의 자연이 가지고 있는 특징을 메시지로 전달하는 역할도 겸하고 있다. 시설의 중심은 전시를 할 수 있는 곳으로 사진, 포스터, 디오라마, 핸즈온 전시 등을 한다. 시청각실이 마련되어 있는 곳도 많아서 사계절의 변화 등, 평소에는 볼 수 없는 시점에서 정보를 제공한다. 회의실과 강의실을 마련해 둔 곳도 많아 자연해설가의 가이드에 의해 많은 모임이 열리고 있다.

비판적 사고
critical thinking

당연시되는 견해와 사고방식을 근본부터 재고하는 사고 방법. 세간에서 당연하다고 여기는 것이 정말로 당연한지를 깊고 넓게 다시 생각하는 사고력을 가리킨다. 정보에 관한 것과 결론에 관한 것 두 가지가 있다.

정보 고도화 사회에서는 타인에 의해 가공된 방대한 정보가 TV와 신문, 잡지 혹은 인터넷에 올라온다. 또 세간에서 통용되고 있는 것 같은 일반적 정보와 결론이 수없이 존재한다. 이에 대해서는 우선 근거가 애매하고 편향적인 방대한 양의 정보를 그대로 믿지 않고 정보원의 자세한 조사를 포함해 그것이 진실인지를 자기 자신이 확인하려는 태도가 필요하다. 이처럼 정보의 진위를 판별하는 태도가 비판적 사고의 기반이다.

하지만 정보와 결론을 처음부터 부정하고 어떤 종류의 결론을 뒷받침하는 근거에 대해서 의문을 제기하는 것은 아니다. 각자의 방법으로 사실과 정보를 확인하고, 자세히 조사하고, 총합적이며 객관적으로, 또 다방면으로 깊이 파고들고 논리 구조와 논리의 일관성과 정합성을 고려해 결론에 대해 깊이 사고하는 힘이 비판적 사고력이다.

이런 비판적 사고를 학교교육 안에서 키우는 데는 우선 각 교과 안에서 직접적이면서 명시적으로 비판적 사고의 스킬을 배우는 방법이 있다. 다음으로 하나의 과제학습, 예를 들어 공해 등에 관해서 학습자 자신이 다양한 정보를 대비시키면서 올바른 정보를 선택하는 작업으로 사고력을 단련하는 방법도 있다. 더불어 현재의 복잡한 사회문제 중에 이를테면 에너지 문제와 원자력에 대해, 정보 수집을 포함하여 어떻게 다룰 것인가를 검토하는 방법도 있다.

환경교육에서는 이미 당연하다고 여겨졌던 것에 대한 의문이 다음 학습으로 이어지는 경우가 많다. 정보에 관해서 '그것은 바른 정보일까?'라는 의문을 가짐과 동시에 당연시되고 있는 결론에 의문을 품고 합리적으로 사고하는 능력이 필요하다. 단순히 지식을 수동적으로 배우는 것만이 아니라 학습자가 주체가 되어 지식을 분석하거나 통합해서 정보와 지식, 당연시되고 있던 결론의 타당성을 음미할 수 있게 되는 것이 이런 비판적 사고 능력을 키우는 교육의 목표일 것이다.

빈곤
poverty

빈곤의 퇴치는 인류 사회의 최대 문제라고 해도 좋을 것이다. 2000년 유엔총회에서 채택된 유엔 '밀레니엄 개발목표(MDGs)'에서는 '극도의 빈곤과 기아 퇴치'를 제일 첫 번째 목표로 들고 있다. 여기에서는 빈곤선으로 '하루 1달러(미국 달러) 이하의 생활'이 설정되었고, 1990년에 비해 2015년에 이 인구 비율을 반감시키는 것이 구체적인 목표가 되었다. 세계은행도 하루 1.25달러 미만의 생활을 '절대적 빈곤'으로 정의하고, 2011년 현재 세계의 약 12억 인구가 빈곤선 이하로 생활하고 있다고 보고했다.

이것은 미국 달러라는 화폐가치로 환산해 빈곤을 측정하는 방법이다. 그러나 이에 따르면 선진국에 사는 사람들은 모두 빈곤하지 않다는 것이 된다. 그래서 '상대적 빈곤'이라는 개념이 도입되었다. '상대적 빈곤율'은 각국의 평균적인 소득 수준(정확하게는 등가 가처분 소득의 중앙 수치)의 절반 정도 액수의 소득에 미치지 않는 사람들의 비율을 가리킨다. 이에 따르면 일본의 상대적 빈곤율은 15.7%(2015년)으로 OECD 가맹국 중에서는 미국 다음으로 높은 비율이다[한국의 빈곤율은 2017년 기준 17.4%].

이것은 빈곤을 물건과 돈의 결핍 상태로 보는 설명이지만, 이를 사회제도에 의해 인간다운 생활을 '박탈'당한 상태로 뜯어고치려는 움직임이 있다. 예를 들어 노벨 경제학상을 받은 인도의 아마르티아 센(Amartya Sen)은 빈곤을 '인간으로서의 잠재 능력이 박탈된 상태'

라고 설명하고 있다. 또 라틴아메리카와 아시아에서 오랫동안 종사해 온 존 프리드먼은 빈곤을 '구조적인 힘의 박탈' 상태로 설명하고 '힘의 박탈 모델'을 제시했다. 이 모델에서는 빈곤을 소득과 함께 생활 수단, 교육, 정보, 사회 네트워크, 사회조직, 생활공간, 잉여시간의 8개 지표로 측정하며, 이것들에 접근하는 기회를 빼앗긴 상태를 빈곤이라고 정의한다. 이런 생각을 기준으로 하면 빈곤에서 벗어나는 데에 단순히 물건과 돈을 원조하는 것으로는 불충분하고 박탈된 힘(파워)을 되돌리는 것이 중요하다. 그 과정이 임파워먼트라고 한다.

빈곤과 환경과의 관계에서는 '빈곤과 환경 파괴의 악순환론'이 있다. 즉 빈곤의 원인이 되는 인구 증가를 일으키고 이것이 산림 채벌을 촉진하고 그 결과 자연재해가 일어나기 쉬워지고 인명과 농지를 잃고 빈곤을 촉진한다고 보는 것이다. 그러나 빈곤과 환경 파괴의 사이에는 복합적인 요인이 중첩되어 있어 단순하게 설명하거나 빈곤층에게 환경 파괴의 요인을 떠넘기는 것에 대해서는 비판이 있다.

빈협약
Vienna Convention for the Protection of the Ozone Layer

정식 명칭은 '오존층 보호를 위한 빈협약'으로 1985년 3월에 채택되고, 1988년 9월에 발효했다(한국은 1992년 가입 및 발효). 국제사회에 환경보존과 오염방지를 목적으로 한, 각 주체의 행동에 관한 법적 규범이 되는 국제환경법의 하나로, 오존층의 보호를 목적으로 하는 국제협력을 위해 기본적 틀을 짜고 설정한 것이다. 협약에는 당사국이 ①오존층의 변화로 발생하는 악영향으로부터 사람의 건강 및 환경을 보호하기 위한 적절한 조치를 하는 일, ②연구 및 조직적 관측 등에 협력하는 일, ③법률, 과학, 기술 등에 관한 정보를 교환하는 일 등에 관하여 규정하고 있다.

또한 같은 협약을 근거로 오존층을 파괴할 위험이 있는 어떤 물질을 특정하여 해당 물질의 생산, 소비 및 무역을 규제하는 '오존층을 파괴하는 물질에 관한 몬트리올 의정서'가 1987년에 채택되었다. 빈협약을 채택한 후 오존층 파괴가 더욱 많이 진행되었기 때문에 한층 더 규제를 강화할 필요가 있어 매년 당사국총회가 개최되고 있다. 빈협약, 몬트리올 의정서에 관한 사무국은 나이로비의 유엔환경계획(UNEP)에 두고 있으며, 2013년 2월 현재 체결국은 197개국이다.

빗물 이용
rainwater utilization

건물 지붕 등에 내린 비를 모아서 식물에 주거나, 화장실의 정화수 등으로 이용하는 일을 말한다. 가뭄 때만이 아니라, 대규모의 지진으로 인한 재해 시 수도관 파열 등에 의해 수도를 사용할 수 없을 때에도 모아 둔 빗물을 귀중한 생활용수로서 활용할 수 있다. 또한 최근 자주 나타나는 집중호우의 대응 방법으로도 사용할 수 있는데, 가령 내린 비를 탱크에 담거나 지하에 침투하게 하면 빗물이 일시에 하수도에 흐르지 못하게 하여 도시형 홍수를 방지할 수 있다. 더욱이 가정에서 배출된 이산화탄소 가운데 약 4%가 수돗물 공급에 따른 전력 사용에 의한 것이기 때문에, 빗물을 이용하는 것은 수자원 보호뿐만 아니라 에너지 소비 절감과 연결되어 지구온난화 방지에도 공헌할 수 있다.

일본에서는 공공시설을 중심으로 빗물 이용이 넓게 퍼지고 있는데, 국기관과 도쿄돔 등이다. 재해 등 비상시에 피난소로 이용되는 공공시설에는 수원의 확보가 중요하기 때문에, 신설할 때 도입을 권장하고 있다. 평상시에는 꽃이나 나무에 물을 주거나 화장실의 정화수로서 이용하는 것으로 수도 경비를 줄일 수 있다. 가정용으로는 홈통에서 물을 받는 소형 빗물탱크가 판매되고 있다. 빗물탱크 시설 비용의 일부를 조성하는 지자체도 늘고 있다.

➕ 한국은 물 자원을 효율적으로 활용하고 수질에 미치는 해로운 영향을 줄임으로써 물 자원의 지속 가능한 이용을 도모하고 국민의 삶의 질을 높이는 것을 목적으로 '물의 재이용 촉진 및 지원에 관한 법률'을 제정하여 시행하고 있다. 지자체별로 빗물저류시설 설치 사업비를 지원하기도 한다. 서울 광진구에 있는 대형 주상복합단지 스타시티의 빗물관리 시스템은 빗물 재활용률이 67%에 달해 세계적인 사례로 꼽힌다.

사막화
desertification

| 의미 | 극한 건조 지역, 반건조 지역 그리고 반건조습윤 지역에서 토양이 본래 가지고 있는 식물을 키우는 능력을 잃어 가는 현상을 말한다. 1992년 리우데자네이루에서 열린 유엔환경개발회의에서는 사막화를 "건조, 반건조 그리고 반건조습윤 지역에 따른 기후변화나 인간 활동을 포함한 여러 가지 요소를 원인으로 하는 토양의 열화"라고 정의하고 있다. 사막화가 염려되는 지역으로는 사하라 사막의 남쪽에 있는 사하라 지대, 그 밖에도 중국, 중동, 중앙아시아, 북아프리카, 북미, 남미 등이 있다.

| 현상과 원인 | 토지 열화의 구체적 현상으로 토양침식을 이유로 들 수 있다. 표층의 토양은 물을 적당하게 머금을 수가 있지만 다른 한편으로는 여분의 물을 배제하는 기능이 있다. 이러한 기능을 가진 표층은 비나 바람에 의해 침식을 받으면 토양의 보수(保水) 기능은 저하되고 식물 집단의 감소로 연결된다. 연료가 되는 장작의 채취나 가축의 과다한 방목, 과잉 경작, 토양을 비나 바람에 계속 방치해 두는 것 등은 인간 활동에 따른 사막화의 주요 원인이라고 할 수 있다.

건조 지역에서 토양의 물은 밑에서부터 위로 이동하는 경향이 있고 토양 속 염류 농도는 습윤 지역과 비교하면 상대적으로 높다. 이러한 장소에서의 관개농업은 토양 중 염분 농도를 더욱 높이게 되고 장소에 따라 토양 표면에 하얀 염류가 석출되기도 하며 식물의 생육을 극단적으로 저하시키기도 한다. 부적절한 관개농업에 의해서 건조지대의 토양에 염류화가 진행되고 토지가 열화되어 이것이 문명의 쇠퇴를 가져온 사례도 적지 않다. 티그리스-유프라테스 강의 토양 염분화를 그 예로 들 수 있다.

장기간에 걸쳐서 식물의 집단이 소실되는 것도 사막화 현상이다.

이것은 과다한 방목이나 과잉 경작, 연료가 되는 수목의 과잉 채취가 그 원인이다. 경작한 뒤에는 휴지기를 가지며 토양을 쉬게 하는 것이 건조 지역에서는 중요하지만, 인구 증가가 진행되고 있어 실질적으로 토양을 쉬게 할 틈이 없다. 강수량이 적고 잡초의 생산량이 적은 토양에 과도하게 가축을 방목하는 것은 식물의 식생을 빈약하게 하는 원인이 된다. 그리고 적게 생산되는 관목도 땔감으로 채취하게 되면 장기간에 걸쳐 식물 집단이 소실될 수 있다.

사막화 현상은 사회·경제적 상황과도 밀접하게 관련되어 있다. 건조, 반건조 그리고 반건조습윤 지역에서 빈곤과 인구 증가의 사회적 문제를 가지고 있는 경우 연료나 식재료의 확보를 위한 경작지·방목지, 땔감 채취의 장소가 확대된다. 이러한 인간 활동은 사막화의 면적을 확대하고 경작·방목으로 부적절한 토양을 확대하며, 빈곤을 조장한다. 빈곤·인구 증가와 사막화의 악순환은 여전히 과제로 남아 있다.

이러한 사막화의 진행과 가뭄에 대처하기 위해 1994년 사막화방지협약이 채택되었다. 사막화와 가뭄의 영향을 완화하기 위해서 충분한 자원을 배분하는 것, 그리고 사막화를 막기 위해 주민의 참여를 유도하는 것이 협약국이 할 일이며 신속한 대응이 요구되고 있다.

사용후핵연료
spent nuclear fuel

|정의| 통상의 경수로는 우라늄235의 농도를 약 3~5%로 농축한 산화우라늄을 연료 펠릿으로 사용하고 있다. 이 연료에 중성자를 조사해 핵분열을 일으켜 열을 발생시키는데, 이 핵분열이 일어난 뒤의 연료를 '사용후핵연료'라고 한다. 원자로에서는 정기검사 시기에 전체 연료의 4분의 1의 사용후핵연료를 새 연료로 교체하여 4년간 사용한다. 좁은 의미로는 원자로에서 꺼내 연료로서의 사용을 종료한 연료를 사용후핵연료로 정의하고 있다.

|조성| 초기 방사선에서는 우라늄 1t당 사용 후 연료의 성분은 가압수형 원자로의 경우 대략 우라늄 940kg, 플루토늄(Pu-239 외) 12kg, 기타 핵분열 생성물 46kg이다. Pu-239를 연료의 일부로 사용하는 플루서멀(Plu-thermal, 핵발전소에서 우라늄을 대신하여 플루토늄을 연료로 사용

하는 일)이 아니어도 초기에는 존재하지 않는 Pu-239가 원자로에서 생성되며 반드시 포함된다.

|문제점| 100만kW의 발전소에 한해 히로시마형 원폭 약 1,000개의 방사능을 가진 사용후핵연료가 생긴다. 핵연료 사이클의 전망이 보이지 않는 시점에서 최대의 문제는 반감기 2만 4,000년의 Pu-239의 보관과 관리이다. 천연우라늄광석 수준으로 방사능 농도가 감소하기까지는 약 10만 년이 걸리며 암염층이 없는 일본에서는 사실상 관리가 불가능할 것으로 추정된다. 따라서 사용후핵연료는 2012년 말부터는 재처리되지 않고 그대로 발전소에서 관리되고 있다.

➕ 한국은 2020년 현재 사용후핵연료의 처분 또는 재활용 등에 관한 국가 정책이 수립되지 않은 상태이다. 한국원자력연구원은 연구용 원자로 하나로에서 발생한 사용후핵연료를 관련 법령에 따라 원자로 건물 내 사용후핵연료 수조 내에 보관하고 있다.

※ 출처: 한국원자력연구원

사토야마
里山, satoyama

|의미| 넓은 의미로는 마을 가까이에 존재하는 이차림이나 이차초지(二次草地) 등의 마을 숲을 말한다. 이 경우 그 주위의 농지나 취락, 물가 등도 사토야마로 구분된다. 하지만 일본 환경청은 '사토치(里地) 사토야마'라고 하나로 묶어서 "원생적 자연과 도시의 중간에 위치하며 취락과 그것을 둘러싼 이차림이나 이것들과 혼재하는 농지, 저수지, 초원 등으로 구성되는 지역이나 농림업 등에 따른 여러 가지 인간 활동을 통해서 환경이 형성·유지되어 온 것"으로 정의하고 있다.

|현황과 과제| 사토야마는 본래 농촌 취락의 사람들이 가까운 숲에서 농지의 비료가 되는 낙엽이나 땔감 등을 채취하면서 마을 숲을 손질하고 지역의 자원을 환원적으로 이용하는 것에 따라 만들어진 경관이다. 이러한 인간과 자연의 공생에 따라서 자연환경은 계속 유지되었으며 생물다양성이 풍부한 이차적 자원을 창출해 왔다. 하지만 고도 경제성장에 따른 화학비료의 보급이나 연료 혁명, 농·산촌의 쇠퇴 등에 따라 이전과 같은 자원의 환원적 이용은 이루어지지 않고 있고 인간과 자연의 공생 공간으로서의 사토야마 기능도 사라지고 있다. 사토야마의 기능을 유지하기 위해서는 시민에 의한 새로운 이용과 활용의 대처가 필요하다. 최근 사토야마의 가치를 재검토하고 생물

의 다양성을 유지하면서 지역의 자연자원을 합리적으로 이용·관리하며 인간과 자연의 지속가능한 관계를 재구축하려고 하는 움직임이 시작되고 있다. 일본 환경성과 고쿠렌 대학이 중심이 되어 진행하고 있다.

사토우미
里海, satoumi

사람의 손길이 닿음에 따라 생물생산성과 생물다양성이 높아지는 연안 해역을 말한다. 일본 환경성에 따르면 "육지와 연안 해역을 사람의 손으로 일체적·통합적으로 관리하면 물질 환원 기능이 적절하게 유지되고 높은 생산성과 생물다양성의 안전을 꾀할 수 있으며 사람들의 삶과 전통문화와도 깊게 관련된 사람과 자연이 공생하는 연안 해역"으로 정의하고 있다. 사토우미는 해조류 등의 집단서식지나 해초가 많은 바닷속 해안의 어촌이나 간석지 등에 존재하며 풍부하고 영양이 많은 염분을 매개로 하여 어업 생산이 행해졌던 장소이기도 하다. 하지만 강과 바다의 수질오염, 인공 구조물의 증가, 어업의 대규모화, 어업 종사자의 눈에 띄는 감소, 어촌의 쇠퇴 등에 따라 연안 해역과 사람들의 생산 공간은 괴리되어 종래의 사토우미의 유지가 힘들어지고 있다.

종래의 연안 어업은 다양한 생물과 복합적 생태계 안에서 이루어졌으며, 자연과 어민은 오랫동안 서로 공생해 온 관계였다. 하지만 점점 자연과 인간의 관계가 쇠퇴하고 어업생산과 연안 주변의 개발, 유입하천과 연안의 수질 등의 균형이 깨지고 있으며 결과적으로 연안 해역의 생태계를 파괴하게 되었다.

풍부한 생물생산성과 생물다양성 그리고 지역의 식문화를 유지하기 위해서는 어민의 전통적인 지혜가 필요하다. 어민들은 옛날부터 상류의 황폐지에 나무를 심었고, 바다와 강의 수질 보존에 힘썼으며 풍부한 식문화도 보존해 왔다. 지금은 이러한 사토우미를 되찾기 위해 생태 여행을 시작하고 있고, 그 안에 식문화를 통해 지역의 전통문화를 전하는 새로운 기획도 진행하고 있다.

사회생태론
social ecology

학술적으로는 경제학, 사회학, 심리학, 도시 계획학, 교육정책학 등과 관련된 인간과 자연·사회 환경을 대상으로 하는 연구 분야의 명칭으로 쓰인다. 독일 '녹색당'의 원칙(강령)처럼 지역사회의 자기결정이나 사회적 공정을 중시하면서 자연과의 조화를 도모하는 사고나 운동의 명칭으로도 사용된다.

또한 미국의 사상가 머레이 북친(Murray Bookchin)의 주장과 여기에서 파생된 사상이나 운동도 사회생태론으로 불린다. 이들은 인간과 자연을 깊은 관계로 보면서도 독자적인 '사회적 의식'에 착안해 '인간의 자연 지배'의 근원에는 '인간의 인간 지배'가 있다는 입장을 지닌다. 따라서 중앙집권의 권력구조, 계층적 사회구조를 타파하지 않으면 아무런 문제도 해결되지 않는다고 주장한다. 여기에서 '지배'라는 것은 경제적 지배뿐 아니라 성차별이나 가부장적 지배, 관료지배, 소수자의 억압에서 남북 격차까지를 포함한 폭넓은 개념이다. 이들은 사회구조에 대한 비판이 약한 환경주의를 기존의 사회체제와 동화된 것으로서 부정하고, 반핵운동이나 에코 페미니즘을 지지한다. 또한 사회생태론은 평등주의, 공동체적 가치나 상호부조의 중시, 협동조합운동을 통해 사회변혁을 도모하는 에코 아나키즘이기도 하다.

사회적 기업
social enterprise

환경, 사회적 약자 지원, 교육, 지역 활성화 등 여러 가지 사회문제의 해결을 목표로 영리적인 사업활동을 하는 기업을 말한다. 사회적 사업이라고도 한다. 사회문제의 해결을 목적으로 하는 것은 비영리단체(NPO)와 같지만 기부나 회비, 조성금·조력금, 무상노동이 아니라 수익자 부담으로 서비스를 제공해 사회문제의 해결을 목표로 하는 점은 다르다.

사회적기업의 실천이나 논의가 활발해진 배경에는 사회에 대한 행정, 시민, 기업의 역할이나 '영리/비영리'를 둘러싼 큰 변화가 있다고 할 수 있다. 우선 종래의 공공(정부)의 영역에서는 다루기 힘든 문제들이 증가해 왔다. 지구환경문제나 남북문제 등 한 국가에서 대응하기 힘들고 다른 한편으로는 지역의 사회적 약자를 위한 세심한 지원 등 행정으로는 해결할 수없이 많은 문제가 존재한다. 또한 시민(NPO)의 영역에서는 활동의 계속성이 담보되기 어려우며 고용을 늘리기 위한 영리사업의 가능성이 주목받았다. 그리고 시장(기업)의 영역에서는 기업의 사회적 책임(CSR) 범위가 크게 확장되면서 사회문제 해결에 앞장서는 사업에 동참하여 영리/비영리의 경계, 시민/기업의 경계가 불명확해진 측면이 나타난 것이다. NPO 법인 등의 비영리법인이거나 주식회사 등 영리법인 등 형태는 점점 다양해졌다.

대표적인 예로 농촌 여성을 위한 소액대출은행 '그라민 은행'(방글라데시), 잡지 판매를 통해서 노숙자의 생활자립지원을 행하는 〈빅 이슈(Big Issue)〉, 경작포기지를 활용하여 체험농원을 사업화한 '주식회사 마이팜' 등이 있다. 이 밖에도 음식, 물건 판매, 신재생에너지 등 사회적기업의 전개 영역은 큰 폭으로 넓어지고 있다.

사회적 딜레마
social dilemma

개인적 합리성과 사회적 합리성 사이에 괴리가 생긴 상태를 가리킨다. 사회적 딜레마의 원형으로서 종종 미국의 생물학자인 하딘(Garrett Hardin)의 '공유지의 비극'을 떠올리는데 일정한 공유지에 가축을 사육하고 있는 어떤 한 사람이 자신의 이익을 증대하기 위해 가축 수를 늘려 과잉 방목을 하게 되면 결과적으로 공유지는 황폐해지고 손해는 전체적으로 분산되어 결국 모두가 망하게 되는 것을 말한다. 자신의 직접 이익을 최대화하려는 개인의 합리적 행위가 집단 전체의 황폐를 불러일으키는 사태가 많은데, 이는 환경보호에 시사하는 바가 크다고 할 수 있다.

사회적 자본
social capital

미국의 정치학자 로버트 D. 퍼트넘(Robert David Putnam)은 저서 『사회적 자본과 민주주의』에서 "사람들의 협동을 활발하게 하고 사회의 효율성을 개선할 수 있는 신뢰, 규범, 네트워크와 사회조직"이 가지고 있는 가치로 주목을 받았다. 시민활동이 활발할수록 그 지역의 사회적 자본은 풍부해지고 그것이 정책 효과를 높이면서 사회의 경제발전에 큰 영향을 미치게 된다. 도로, 상하수도, 공동시설 등 하드웨어의 사회자본과는 구분되고 사회적 자본은 사람의 생활 만족도를 높이고 사람과 재정, 정보를 모이게 하여 지역사회의 발전에 기여한다. 사회적 자본은 지역 환경교육에도 꼭 필요하다고 할 수 있다.

사회적 책임투자
socially responsible investment/socially responsible investing, SRI

사회적 책임을 지고 있는 기업인지 아닌지를 판단의 기준으로 하여 투자를 하는 것을 가리킨다. 종래는 기업의 재무 상황만을 투자기준으로 했지만 환경이나 고용, 인권, 복지 등 사회적 배려가 있는지를 기준으로 추가하여 투자하려는 것이다. 사회적 배려가 없는 기업은 불상사를 일으키거나 환경을 오염시키는 등의 위험이 커서 투자 대상으로부터 제외하는 투자가 증가하고 있다. 경제성, 환경 적합성, 사회 적합성으로 평가가 높은 기업의 주식에 투자하는 주식신탁을 SRI 펀드라고 한다.

산림 인스트럭터
forest instructor

일반적인 산림 이용자에게 산림과 임업에 대한 지식과 정보를 주어 산림을 통한 야외 활동을 지도하는 사람이다. 일본에서는 일반 사단법인 전국 산림레크리에이션협회가 자격을 인정해주고 있다. 1991년부터 실시되고 있으며, 2005년에는 환경보전활동과 환경교육추진법의 '인재인정사업'에 등록되어 있다. 자격 취득자를 회원으로 하는 전국 산림인스트럭터회는 2012년에 회원 수 1,500명을 넘었다. 아이들의 환경학습 지원, 산림 정비 활동 실시, 일반 시민의 임업 체험 제공 등 다양한 활동이 전국 각지에서 전개되고 있다.

➊ 한국에서는 산림교육법 제2조 제2호에 따라 산림교육전문가 양성기관에서 전문 과정을 이수한 사람에 한해 자격을 인정하며 숲해설가, 유아숲지도사, 숲길등산지도사로 구분된다.
※ 출처: 산림청

산림 파괴
deforestation

|의미| 일반적으로, 산림 자체가 가지는 회복력을 넘어 수목의 벌채 등으로 산림이 열화·감소·소멸하는 것을 말한다. 산림 파괴의 주요 원인으로는 목재 이용을 위한 산림 벌채, 밭을 소각하는 행위로 인한 원시림의 소실, 방목지와 대규모 농지의 개발, 산성비에 의한 산림의 열화 등을 들 수 있다. 유엔식량농업기구(FAO)에 의한 세계 산림자원평가(2010년)에 따르면 최근 10년간 다른 토지로 전용 또

는 자연 요인에 의해 소실된 산림은 연간 약 1,300만ha로 2000년 이후 몇 개의 나라와 지역에서 대규모 식재 사업이 이루어져 산림의 감소 속도는 저하된 경향이 있지만 여전히 우려해야 할 수준이다. 전 지구적으로 진행되는 산림 파괴는 산림에 의한 이산화탄소의 고정 능력 저하를 일으켜 지구온난화에 영향을 주며, 산림의 보수력 저하, 토사의 유실, 생태계의 불안정화 등 환경에 여러 가지 영향을 줄 것으로 여겨지고 있다.

| 산림 파괴와 임업 | 임업은 산림의 수목을 벌채하는 산업이므로 산림 파괴의 원흉으로 보는 경우가 있다. 그러나 자원 약탈적 산림 벌채와 지속가능한 임업 경영을 기초로 행하는 산림 벌채는 구별해서 생각할 필요가 있다. 원래 임업은 산림을 유지하면서 산림자원을 획득하는 지속가능한 산림경영을 기본으로 해야 하는데, 시장경제가 발전하면서 산림의 성장량을 웃도는 약탈적 산림 벌채가 이뤄지게 되었다. 일본에서는 제2차 세계대전 후 목재의 수요 증대와 호경기를 배경으로 큰 면적의 개벌작업(일정 범위의 모든 수목을 벌채하는 수확 작업)이 각지에서 진행되었다. 개벌된 곳에는 삼나무, 낙엽송 등의 침엽수가 조림되었지만 단일수종에 의한 대규모 조림지는 생물다양성이 부족하고 기상이변에 의한 피해와 병충해에 약하므로 다 자라지 못하는 경우도 많았다. 또 다 자랐다고 해도 최근에는 목재 가격의 저하와 임업노동자의 감소, 고령화에 의해 간벌 등이 미치지 못하는 경우가 늘어 산림의 열화가 문제시되고 있다.

| 산림인증제도 | 지속가능한 산림경영은 현실의 시장경제를 기반으로는 실현이 곤란하여 이것을 지원할 구조가 필요하다. 산림인증제도는 독립된 제3의 기관이 일정 기준 등을 기반으로 지속가능한 산림경영이 이뤄지고 있는 산림 또는 경영조직 등을 인증하여 그 산림으로부터 생산된 목재와 목재 제품에 인증기관의 로고마크 라벨을 붙이는 것으로 소비자의 선택적 구매를 촉진하여 지속가능한 산림경영을 지원하는 구조이다. 전 세계적으로 많은 인증기관이 있으며, 일본은 FSC(산림관리협의회)와 일본의 독자적인 SGEC(녹지의 순환인증회의)에 의해 인증된 산림이 많다. 그러나 그 규모는 2011년 현재 약

120만ha(산림 면적의 약 5%)이고 세계에서도 인증 산림은 산림 면적의 1%에 미치지 못하여 산림인증제도만으로 충분한 효과를 기대할 수는 없다.

➕ 한국임업진흥원에서는 산림을 환경·사회·경제적으로 지속가능하게 관리하는지를 객관적으로 평가할 수 있는 기준과 지표를 바탕으로 제3자가 인증해주는 제도로 산림인증제도를 운영하며, 산림경영(FM)인증과 임산물생산·유통(CoC)인증으로 구분된다.

산림환경교육
forest environmental education

2003년에 일본에서 출간된『산림·임업백서』에는 "산림 내에서의 다양한 활동 체험을 통해 사람들의 생활과 환경과 산림과의 관계에 대해서 이해와 관심을 가지게 한다"라고 정의되어 있다. 산림청이 중심이 되어 추진하고 있는 시도이고 산림과 임업에 대한 국민의 이해를 촉진하면서 교육 분야와의 연대에 의해 아이들의 '살아가는 힘'을 육성하고 사람과 산림이 공생하는 사회를 실현하는 역할이 기대된다. '산림교육', '산림·임업교육' 등의 용어들이 유사한 의미로 사용되고 있다.

산성비
acid rain/ acid precipitation

|정의| 화석연료의 연소 등에 의해 대기에 배출된 황산화물(SOx)이나 질소산화물(NOx) 등의 대기오염물질이 비에 섞여 내리는 현상을 말한다. 현재는 '습성침착'이라고 하는 pH5.6 이하의 강한 산성이 포함된 안개나 눈, 맑은 날에도 대기로부터 직접 침착된 가스 형태 또는 입자 형태(분무제)인 '건성침착'을 함께 가리키고 있다. 1960년대 유럽에서 최초로 산성비의 피해가 보고되었다. 그 후 독일의 슈바르츠발트 등에서 많은 나무가 산성비에 의해 말라죽거나 쇠약해져 잎들이 모두 떨어지는 막대한 피해로 산성비의 위험성이 세계에 널리 알려지게 되었다.

|피해| 산성이 강한 비가 내려 하천, 호수 등의 수질이 산성화되어 수중 생물이나 식물 생태에 영향을 끼치게 된다. 또한 산성비에 의해 토양의 성분이 변하고 수목과 식물이 쉽게 말라죽는 등의 영향을 끼친다. 또한, 콘크리트나 대리석을 녹이고, 구리에 녹을 발생시키는 등 건축물을 부식시킨다.

|일본에서의 조사| 일본은 1983년, 환경청(당시)에서 제1차 산성비대책조

사를 했고 그 후 2000년까지 4차례에 걸쳐 산성비 모니터링을 실시했다. 이 조사에는 토양, 식생 및 육수(陸水, 바닷물을 제외한 지구에 존재하는 물)의 장기적인 모니터링을 실시했으며, 산성비에 의한 육수, 토양 식생 생태계의 영향에 대한 종합조사가 이루어졌다. 이후에는 산성비장기모니터링계획에 따른 산성비모니터링을 실시하고 있다.

|국제문제| 산성비의 원인이 되는 오염물질의 배출 지역과 산성비가 내리는 지역의 거리가 떨어져 있는 경우가 많으며 국경을 넘는 것도 흔한 일이 되었다. 그래서 산성비 문제 해결에는 관련된 인근 국가와 연계하여 오염물질의 관측과 모니터링을 실시할 필요가 있다. 유럽은 1979년 유엔유럽경제위원회에 의해 장거리월경성대기오염협약이 체결되었다. 이 협약에 근거하여 산성비의 공동 감시, 황산화물 질소산화물의 배출량 감소책 같은 구체적 조치가 진행되고 있다.

➕ 한국 환경부 「대기환경연보」에 따르면 국내 주요 도시 빗물의 산도가 서울 5.1, 부산 5.4, 대구 5.6, 인천 5.0, 광주 6.0, 대전 5.2, 울산 5.0(2018년)으로 나타났다. 이에 대해 저황유 등 청정연료 사용 확대, 사업장에 대한 관리 강화 등 황산화물 및 질소산화물 저감 정책을 추진하고, 한·중·일 국제협력 등을 통해 장거리이동 오염물질을 줄이기 위한 공동 노력을 추진하고 있다.
※ 출처: e-나라지표

산업폐기물
industrial waste

사업 활동에 동반되어 배출된 폐기물은 행정명령에 따라 20종류로 분류되고 있다. 예를 들어 재, 진흙, 폐유, 폐산, 폐알칼리, 폐플라스틱류, 종이, 나무, 섬유, 동식물 잔해, 고무, 금속, 유리 및 도자기, 슬래그, 콘크리트 잔해, 동물 분뇨, 동물시체, 매진(煤塵), 그 외 산업폐기처리물이다. 산업폐기물에는 유효하게 이용 가능한 자원, 처리하면 자원이 되는 것, 유해한 물질을 포함한 것 등이 있다. 최종 처리장의 부하를 줄이기 위해서는 대량으로 발생하는 석탄재, 콘크리트 등을 유효하게 이용해야 하며 이 산업폐기물을 '지정부산물'이라고 하고 있다. 또한 산업폐기물을 최종처리할 때는 시설 기준이 가진 3종류의 처리장에 분류하여 각각에 투입 가능한 폐기물을 지정하고 있다.

일반폐기물의 처리는 자치단체의 책임으로 이루어지고 있으며 산업폐기물의 처리는 사업자의 책임하에 이루어진다. 산업폐기물의 대부분은 산업폐기물 처리업자에 의해 중간처리나 최종처리(매립)된다. 산업폐기물의 배출업자 책임을 명확하게 하고 부적정 처분이 일어나지 않도록 산업폐기물 관리령은 최종적으로 사업자에 의한 처리를 명확히 하는 구조로 이루어져 있다.

일본에서 발생하는 산업폐기물의 양은 약 3.9억t(2009년도)에 이르며 일반폐기물의 발생량은 약 4.5천만t으로 일반폐기물의 양보다 약 9배가 많다. 1975년 약 2억t에서 1990년에는 약 2배인 약 4억t으로 증가했고 그 후 20년 이상 걸쳐서 증감은 거의 없는 상태이다. 발생량이 많은 산업은 전기 가스 열공급 수도업이 약 1억t으로 가장 많고 농업과 건축업이 각각 7~8천만t 정도 발생하고 있다. 약 4억t을 발생시키는 산업폐기물 중 20% 정도는 직접 재생 이용되며 나머지는 매장되거나 중간처리 된다. 중간처리 과정에서 40% 정도가 감량되어 처리되고 유용하게 이용되는 것은 30% 정도이다. 최종적 재생 용량은 2억t 정도로 발생량의 거의 절반 정도이다. 최종처리량은 중간처리의 나머지를 포함하며 약 1.3천만t이며 이 양은 일반폐기물의 최종처리 양의 약 700만t에 비해 약 2배 많은데 10년간 약 4분의 1로 감소되었다.

✚ 한국은「2018년 전국 폐기물 발생 및 처리 현황(2019, 환경부·한국환경공단)」에 따르면, 전체 발생량 43만 713t 가운데 건설폐기물이 48.1%, 사업장배출시설계폐기물이 38.9%, 생활계폐기물이 13.0%를 차지하며, 폐기물 처리의 주요 방법은 재활용(87.1%)으로 나타났고, 매립률은 7.3%, 소각률은 5.6%로 나타났다.
※ 출처: 한국폐기물협회

산호초
coral reef

열대, 아열대 연안에 조초산호 군락에 의해 만들어진 지형이다. 형성 과정에 따라 거초, 보초, 환초 3종류로 분류한다. 섬 주변을 둘러싼 것처럼 발달한 산호초를 거초, 섬의 침하와 함께 섬으로부터 조금 떨어진 연안에 발달한 산호를 보초, 섬이 해수면 밑으로 침하하고 산호초가 원형으로 이어진 것을 환초라고 부른다. 오키나와의 산호초는 거초이며, 그레이트배리어리프(Great Barrier Reef)의 산호초는 보초이다. 일본의 환초로는 비키니 환초, 미나미다이토 섬, 다이토 섬 등을 들 수 있다.

산호초는 암초라고 부르는 바다 쪽에 돌출되는 지형(피)과 암초지라고 부르는 얕은 지형(이노)을 형성한다. 오키나와에서는 각각 피와 이노라고 부른다. 피는 조초산호, 해조류, 흰동가리를 비롯한 다양한 생물의 서식지가 된다. 이노는 새우나 게류의 서식지가 되는 해조밭이 있다. 또한 산호초로 흘러가는 하천의 하구에는 맹그로브가 발달하며 굴갯가재(쏙과에 속한 갑각류의 일종)나 조개류의 서식지가 되고 있다.

최근 산호초는 적토의 유입, 넓적다리불가사리의 포식, 해수 온도 상승에 의한 백화현상, 개발로 인한 매장 등으로 인하여 위험에 처해 있으며 그 상황을 모니터링하는 리프체크(reef check) 등의 프로젝트가 이루어지고 있다.

삶의 질
quality of life, QOL

경제적·물질적인 풍요로움뿐 아니라 정신적인 풍요와 인간다운 생활을 평가한 개념이다. 세계보건기구(WHO)에 따르면, QOL은 한 개인이 생활하는 문화와 가치관 속에서 목표와 기대, 기준, 관심과 관련해서 자기 자신의 인생 상황에 대하여 인식하는 지표이다.

1972년 서독 금속산업 노동조합(IG메탈) 주최 '삶의 질 향상'을 테마로 한 국제회의와 같은 해 로마 클럽의 「성장의 한계」보고서 간행은 QOL에 대한 논의가 활발해졌다는 것을 나타낸다. 또한 1970년대에 인구증가와 대량생산, 대량소비가 현저하게 나타나기 시작하면서 환경 파괴가 더욱 심각하게 되었기 때문에 자연환경에 관련된 QOL의 개선이 새로운 과제가 되었다.

새집증후군
sick house syndrome/ sick building syndrome

주택의 높은 밀집화나 화학물질을 방지하는 건축·내장재의 사용 등에 의해 신축 또는 개축 후의 주택이나 빌딩에서 실내 공기오염이 생겨 거주자의 건강에 다양한 이상이 발생한다. 증상이 다양하고 증상 발생의 구조도 밝혀지지 않은 부분이 많으며, 또한 다양한 복합 요인이 작용하는 것으로 생각되는데, 이것을 새집증후군이라고 한다.

1990년대 초부터 다양한 피해 사례가 보고되면서 사회적으로 문제화되었다. 원인이 되는 주거 환경에서 벗어나면 증상이 사라지는 것이 '새집증후군'이며 '원인이 되는 주거 환경에서 벗어나도 다른 화학물질에 과민하게 반응하는 것은 '화학물질과민증상'이다.

원인 물질에는 건축접착제 안의 포름알데히드나 클로르피리포스 등의 약물, 흰개미 살충제, 톨루엔 등 도료에 쓰이는 유기용제 등의 휘발성유기화합물(VOC)이 있다. 13개 물질에 대해서는 실내환경대기 위험지침이 표시되어 있다. 일본의 건축기준법에는 포름알데히드와 클로르피리포스를 규제하고 있다. 특히 학교를 신축하거나 개축한 교실에서 학생들에게 증상이 나타나는 경우가 많아 학교보건법의 학교 환경위생기준에는 6가지 물질의 사용 금지가 의무화되었다.

➕ 한국의 환경부는 새집증후군을 방지하기 위해 실내공기질관리법 제9조에 따라 신축공동주택의 시공자에게 실내 공기 질을 측정하고 공고하도록 의무를 부여하여 입주자에게 실내 공기 질의 오염 현황을 알리고 오염 물질 방출이 적은 건축자재를 사용하도록 유도하고 있다.

생명(생물) 지역주의
bioregionalism

| 의미 | 지형, 토양, 풍토, 생물 등 자연의 특징과 그 토지의 특징에 따라 생겨난 인간의 문화, 생활양식 등에 따라 결정되는, 정리된 지리적 영역(생명지역, bioregion)에 자치·분권·자조·자립에 기인한 지속가능한 지역사회를 구축하는 사상 및 관련된 대책을 가리킨다.

| 변천 | 1970년대 초 북미에서 시작되어 물질적, 정신적으로 지역의 토지에 생활을 다시 뿌리내리려는 '다시 거주하기(re-inhabitation)' 등의 주장이 전개되며 운동이 확대되었다. 그 과정에서는 피터 버그(P. Berg)가 설립하고 샌프란시스코에 거점을 둔 플래닛 드럼 협회가 중요한 역할을 담당했다. 생태학과 지리학의 지식에 기반을 두고 생명지역의 경계와 환경용량을 무시한 대량생산·수송·소비·폐기로 특정된 공업사회의 형태(공업화된 대규모 근대농업 포함)를 비판적으로 보고 인간 척도에 맞는(human scale) 지역경제와 다양성을 존중한 지역문화를 구축하고자 하는 풀뿌리 환경운동이다. 또 여기에서 창출된 개념과 관점은 그 일부가 유역자원 관리 같은 지역계획학 등의 분야에서도 응용되고 있다.

| 환경교육 | '생활용수는 어디에서 오는 것일까'를 묻는 것에서 시작해 '생명지역 지도 만들기를 통해 지속적으로 지탱될 수 있는가'와 같

은 것을 찾아내는 워크숍 등 환경교육의 대책으로도 중요하다. 도시에서의 그린시티 프로그램도 지역에 기인한 참가형·실천형 대처로, 주체적으로 지속가능한 공생사회를 구상한다는 점에서 성과를 거두고 있다.

생명윤리
bioethics

1960년대 미국에서 탄생한 개념이다. 주로 생명과학과 의학·의료 영역에서 윤리적인 문제와 사고방식을 가리킨다. 생명과 죽음뿐 아니라 성, 건강, 질병, 인권, 동물 등 대상이 되는 영역과 개념은 다양한 분야에 걸쳐 있다. 생명윤리에서 다뤄지고 있는 사례로 인공임신중절, 안락사, 실험동물의 취급 등이 있다. 생명이라는 사상에 대해 새로운 윤리를 요청하게 된 배경으로, 근대적 지식을 지지하고 있던 수학·물리학에 기초를 둔 보편적 자연관·생명관의 비판, 또 20세기 이후에 장기이식과 생식보조의료 등의 의학 발달과 클론 기술, 수정란을 이용해서 만들어 다양한 조직으로 분화하는 능력이 있는 배아줄기세포 연구의 진전 등을 들 수 있다.

생명중심주의
biocentrism

근대의 인간중심주의적 윤리를 인간이라는 종을 우선하는 종차별주의라고 비판하여 동물, 식물, 토지 등 보편적 생명에 대해서도 인간의 유용성으로부터 독립한 가치를 인정하고 그 위에 인간의 생명에 대한 관계를 주장하는 입장을 가리킨다. 윤리적 대상이라 여겨지는 범위와 그 기준은 다양하다. 예를 들어 쾌락과 고통을 느끼는지 아닌지에 따라 윤리적 대상의 범위를 정하는 입장과 물, 토양, 동물, 식물 등을 포함하는 '토지공동체'를 윤리적 대상으로서 간주하여 그것에 대한 의무 실현이야말로 인간의 생명에 대한 관계 짓기 방법이라는 입장 등이 있다.

생물농축·생물축적
biological concentration· bioaccumulation

어느 종의 유해 화학적 물질(다이옥신, PCB, DDT 등)과 중금속 또는 방사성물질이 생태계의 생산자, 소비자들과 먹이연쇄를 거쳐가는 중에 생물 체내에 농축되면서 축적되어가는 현상을 말한다. 엄밀하게 말하면 생물농축은 모체에서 생물로 이행하는 과정에서의 농축을, 생물축적은 이것에 먹이연쇄를 더한 과정에서의 농축·축적을 말한다. 생물농축을 일으키는 물질은 체내에서 분석되기 어렵고, 지용성이거나 단백질과의 결합친화성이 높아서 체외로 배출되지 않고 몸의 조직 내에서 축적되기 쉽다. 그 때문에 먹이연쇄의 상위로 갈수록 그 물질은 농축되어 간다. 미량으로는 전혀 독성을 보이지 않는 물질이라도 이처럼 생태계 속에서 농축되어 가기 때문에 인간을 포함한 생태계 상위 소비자의 체내에서는 독성이 많이 쌓여진다.

지금까지 농약 살포와 공업폐수 등 인간 활동으로 환경에 방출된 유해한 물질이 고차 소비자와 인체에 축적되어 큰 영향을 끼친 사례가 많다.

1949년 미국 캘리포니아 클리어 호수 주변의 유스리카(모기와 비슷하나 피를 빨지는 않음)를 제거하기 위해 살충제로 0.02ppm의 DDD(디클로로 디페닐-디클로로에탄)가 사용되었다. 이 DDD를 정기적으로 살포했는데, 1954년 다수의 논병아리 사체가 발견되었다. 그 원인을 조사하는 과정에서 채취된 검체의 DDD 농도는 플랑크톤에서 3ppm, 작은 물고기에서 10ppm, 포식성 물고기에서 1,500ppm 그리고 물고기를 먹는 논병아리의 체지방에서는 1,600ppm이었다. 이 경우를 보면 DDD에 의해 약 8만 배의 생물농축이 일어나고 있다는 사실이 된다. 또 일부 육상 생태계에서는 농약의 생물농축으로 맹금류의 알 껍질이 얇아지고 부화율과 병아리 생존율이 저하되는 현상도 빈발하고 있다.

레이첼 카슨(Rachel Carson)의 『침묵의 봄』이 DDT(디클로로-디페닐-트리클로로에탄) 등의 생물농축 문제를 거론하고 환경문제에 경종을 울린 것은 잘 알려져 있다.

일본에서 환경교육이 시작되는 계기가 된 큰 요인 중 하나가 공해이고 4대 공해병 중 하나가 미나마타병이다['미나마타병' 항목 참고]. 인류가 새로운 화학물질을 만들어내거나 환경으로 방출하면서 이와 같은 생태계 파괴와 인간 건강에 대한 해악이 발생하게 되므로 충분히 배려할 필요가 있다.

생물다양성
biodiversity

|정의| 육상, 해양, 담수의 각 생태계에서 생물 간 또는 그 생물을 구성하는 생태학적 복합체 사이의 변이성을 가리키며 종내, 종간 또는 생태계의 다양성을 포함한다(유엔환경개발회의, 1992). 'biodiversity'라는 용어는 1986년 미국에서 열린 생물다양성에 대한 미국 포럼을 준비하는 중에 월터 로젠(Walter G. Rosen)에 의해 만들어졌다. 그 이전까지는 'biological diversity'라는 용어가 사용됐었다.

|의미| 물 유전자에는 드물게 돌연변이가 일어나는데, 그 유전자가 개체의 적응도(생존확률 등)를 저하하지 않고 다음 세대로 이어져 내려오면 그 종의 집단 내에 보전되어 '유전자 다양성'을 증가시킨다. '종다양성'은 생물진화에 동반하는 종분화로 늘어나고 종의 멸종으로 감소한다. 다른 환경에는 다른 종의 조합으로 이뤄진 생태계가 성립하여 '생태계 다양성'을 초래한다. 생태계 내부에서 생물끼리는 종내, 종간의 상호관계를 통한 복잡하고 정밀한 연관을 가지고 상호의존적으로 결합되어 있다.

생물다양성의 보전은 단순하게 구성 요소의 다양성을 보전하는 것뿐 아니라 이렇게 긴 역사적 연대를 통해 형성된 정밀한 상호관계에 의한 균형 위에 성립된 지구상 생물의 총체 그 자체를 귀중한 자연유산으로 미래를 향해 소중하게 유지해 간다는 의미가 있다.

|지구상 종 다양성| 생물학에서 종은 서로 교배 가능한 생물 개체 전체의 집합이라고 정의되어 다른 종에 속하는 개체끼리는 생식적으로 격리되어 있다. 2010년에 집계된 종의 수는 생물분류학자가 기재한 것만으로 약 175만 종에 달하고 있다. 그 내역은 척추동물이 6.2만 종, 무척추동물이 130.5만 종(이 중 곤충이 100만 종), 식물이 32.1만 종(이 중 현화식물이 28.2만 종), 그 외(지의류, 균류, 갈조류)가 5.2만 종이다. 이 외에 원생생물과 세균류가 있고 이 중에는 종의 정의가 맞지 않는 경우도 많지만, 다수의 유전자계통으로 분화하고 있다. 미발견·미기재 종을 포함하여 지구상에 얼마나 많은 종이 존재하는지 추정하는 경우도 있다. 예를 들어 어윈(T. Erwin)은 열대우림의 한 나무에서 관찰되는 곤충의 종수를 기초로 그 수종만을 이용하는 딱정벌레류의 비율, 세계 열대림의 수종 수, 절지동물 중에서 딱정벌레류가

차지하는 비율 등을 계산하여 세계 절지동물의 현존 수를 3,000만 종이라 추정했다. 또 모라(C. Mora)는 생물의 계통수(분류계도)의 형태에 규칙성이 있는 것을 이용하여 진핵생물의 종수를 870만 종이라 추정했다. 이렇게 추정에 따라 차이가 있지만 지구상에 1,000만 종 이상의 생물이 현존하고 있는 것은 틀림없다.

|생물다양성의 감소| 지구상에서 종 분화에 의해 새로운 종이 생겨나지만 지각과 기후의 변동 등으로 사라지는 종이 있다. 현재 지구에서는 인류에 의한 서식지 파괴, 환경오염, 남획, 외래종에 의한 교란 등의 원인으로 많은 종이 사라지고 있다. 인류에 의한 생태계의 변화는 종을 멸종으로 이끄는 요인 중 하나로 지목되었다. 윌슨(Edward O Wilson)은 열대림에 500만 종의 생물이 있다고 치고 그중 분포 지역이 한정된 약 절반의 종은, 열대림의 면적이 매년 0.7%의 속도로 없어진다면 매년 0.35%씩 사라질 것이라고 추정했다. 이것은 인류 출현 이전의 멸종 속도, 즉 연간 0.001~0.0001%(해산동물 화석기록 해석에 근거함)의 100배에서 1,000배에 이른다. 이 급속한 종의 대량소실이 이대로 계속된다면 6,500만 년 전의 공룡 멸종을 포함하여 역사상 다섯 번째 종의 대량멸종에 필적하는 대사건이 될 것이다.

|생물다양성의 가치| 생물다양성의 가치 분류의 예를 다음과 같이 들 수 있다.
① 사용가치: 현재까지 인류에 의해 사용되어 온 경제적 가치
② 직접적 사용가치: 생태계로부터 생물자원을 수확하여 직접 사용하는 사람에게 갖는 가치
③ 소비적 사용가치: 시장을 통하지 않고 지역에서 직접 소비되는 생물자원 가치(예 산나물, 돌, 물고기, 숯)
④ 생산적 사용가치: 시장을 통해 매매되어 소비자에게 전해지는 생물자원의 가치(예 목재, 모피, 참치)
⑤ 간접적 사용가치: 인간이 직접 수확하거나 손상시키는 대상이 아닌 생태계 서비스 기능의 혜택으로부터 현재 또는 장래에 인류가 향유하는 경제적 가치(예 물 정화, 토양의 피복)
⑥ 잠재적 이용가치: 미래의 인류 사회에 경제적 이익을 초래할 가능성이

있는 가치(예 의약품과 식량원).

⑦존재가치: 야생생물과 자연에 대해 인간이 느끼는 정신적 가치(예 경외하는 마음, 심미성, 영원성, 특이성)

환경교육에서는 자연체험을 통해 감각적·신체적으로 자연의 풍요로움·신비로움을 인식시키는 것뿐 아니라 현세대·미래 세대에게 갖는 가치, 또한 인류가 존재하지 않았더라도 자연물이 태초부터 가지고 있는 가치를 인식시키는 것도 중요하다.

생물다양성 과학기구/ 생물다양성 및 생태계서비스에 관한 정부 간 과학정책플랫폼
Intergovernmental Science-Policy Platform on Biodiversity and Ecosystem Services, IPBES

생물다양성과 생태계서비스에 관하여 현황·동향을 과학적으로 평가하고, 그 결과를 정책 담당자에게 제공하는 등 과학과 정책의 연계를 강화할 목적으로 설립된 정부 간 기구이다. 2012년 4월 파마나회의에서 독일의 본에 사무국이 설치되고, 모든 참가국에 의한 총회에서 각 지역의 대표 국가에 의한 이사회와 자연과학, 사회과학, 정치학, 원주민족, 지역주민의 지혜 등 전문가 30명이 구성되어 과학적·기술적 검토의 기능을 담당하는 위원회 전문가패널의 설치를 결정했다. 또한 2013년 1월에 독일 본에서 개최된 제1회 총회에서 UN의 5개 지역 구분에 따라 각 지역에서 사무국 각 2명(계 10명) 및 MEP(유럽의회의원) 멤버 각 5명(계 25명)이 선임되었다

✚ 한국은 IPBES의 공식 승인을 받아 2014년 K&D TSU 국립생태원을 설치. 2019년 프랑스 파리에서 개최된 제7차 유엔 IPBES 총회에서 104개국 대표가 '전 지구 생물다양성 및 생태계 서비스 평가에 대한 정책결정자를 위한 요약보고서' 채택.

생물다양성 뱅크
biodiversity bank

개발사업자를 대신하여 제3자가 정리한 생물다양성의 오프셋 용지를 확보하고 생태계의 복원, 창조라는 생물다양성 오프셋을 정리하여 실시하는 구조. 그 성과는 신용화되어 제3자는 생물다양성 오프셋을 의무화된 개발사업자에게 판매하여 이익을 얻을 수 있다. 생물다양성과 생태계 서비스를 지원하고 보수를 지불하는 새로운 시장을 구축하는 방법이라는 주장이 있고, 한편으로 개발 행위를 조장하는 면죄부의 역할을 한다고 보는 관점도 있다.

생물다양성 오프셋/상쇄제도
biodiversity offset

개발로 변하고 사라지는 야생생물의 서식지와 생태계의 손실에 대해 그것을 보상하는 형태로 주변에 같은 서식지와 생태계를 복원·창조하는 정책 수법. 개발이 생태계에 미치는 마이너스 영향을 생물다양성 오프셋에 의한 플러스 영향으로 상쇄하는 것으로, 해당 지역에 가능한 한 그 손실을 완화하려는 것이다. '보상완화'라고 불리기도 한다. 비슷한 생태계의 복원에 지나지 않아 개발행위를 조장하는 면죄부 역할을 한다는 견해도 있다. 이 정책은 미국에서 시작하여 현재는 EU, 오세아니아, 북미, 남미 등에서 행해지며 50개국 이상에서 제도화하고 있다.

➕ 한국은 '대체서식지 조성·관리 환경영향평가 지침'(2011년 제정, 2013년 개정)이 있었으나, 2015년 참고자료로 전환했다.

생물다양성 핫 스폿
biodiversity hotspot

전 지구적으로 볼 때 생물다양성이 상대적으로 높고, 멸종위기종이 많이 살고 있는 보전상의 가치가 높은 지역을 말한다. 1988년 영국의 환경학자 노먼 마이어스(Norman Myers)가 세계의 열대림 중 서식하는 종수 또는 고유종의 수가 예외적으로 많고 열대림의 개발에 따른 서식 환경의 악화 속도가 극단적으로 높은 10개 지역(마다가스카르, 브라질 대서양안, 에콰도르 서부 등)을 핫 스폿이라 부른 것이 시작이다.

그중 하나로 원래 마다가스카르는 6만 2,000km²의 천연림으로 6,000종(그중 82%인 4,900종이 고유종)의 식물이 살고 있었다. 그런데 1987년까지 천연림 면적은 6분의 1로 감소했고 2,450종이 멸종 또는 멸종위기에 놓였다. 산림 감소의 원인은 산림 벌채와 밭을 태우는 것으로, 이 배경에는 인구 증가와 빈곤이 있다.

세계 각지에 분산되어 있던 생태계 보전의 노력을 이처럼 지역에 집중함으로써 지구의 생물다양성 보전이 효율화된다고 여겨졌다. 그 후 일본열도를 비롯한 새로운 핫 스폿이 마이어스와 컨서베이션 인터내셔널(환경보호단체)에 의해 추가되어, 2012년 현재 열대림 이외 지역(온대림, 사막 등)도 포함하여 34개 지역이 되었다. 이 34개 지역에는 모두 1,500종 이상의 유관속식물 고유종이 있는데, 인간 활동에 의해 70% 이상의 원시 식생이 없어지고 있다. 34개 지역 모두를 합쳐도 지구상의 육지 면적의 2.3%에 지나지 않지만, 세계의 50%의 유관속식물종과 42%의 육상척추동물종이 존재하고 멸종위기에 있는 포유류와 조류, 양서류의 75%가 서식하고 있다. 핫 스폿의 보전은 국제적 틀 안에서 나라, 지자체, NGO, NPO의 역할이 크다. 그렇지만 지역 단위에서는 주민, 시민 단위에서의 노력도 중요하다. 또 일본을 포함한 선진국의 경제활동·소비행동이 간접적으로 개발도상국의 핫 스폿 악화에 책임을 있다는 것을 염두에 두고, 전 지구적으로 생각하고 행동을 하는 환경교육이 필요하다.

생물다양성 협약
Convention on Biological Diversity

생물다양성의 보전과 지속가능한 이용에 관한 국제협약. 생물다양성협약의 채택 작업은 1980년대 후반에 시작되어 1992년 리우데자네이루에서의 리우회의(지구서미트)를 계기로 채택되어 이듬해 1993년에 발효되었다. 그 당시 개별 과제에 대처하는 국제협약(람사르협약과 워싱턴협약 등)은 이미 발효되어 있었지만, 전 지구적으로 종의 멸종과 생태계 파괴 등의 문제가 심각해져서 기존의 협약을 보완할 포괄적인 틀로서 수립된 것이다.

생물다양성협약의 목적은 ① 생물다양성 보전 ② 그 구성 요소의 지속가능한 이용, ③ 유전자원의 이용으로부터 생겨나는 이익의 공정하고 균등한 배분(ABS), 이 세 가지를 들고 있다. 2017년 기준 가입국은 유엔을 포함하여 총 196개국이지만, 목적 중 ABS가 자국의 바이오테크놀로지 산업에 영향을 주는 것을 염려한 미국은 아직 비준하지 않은 상태이다.

생물다양성협약에서 거론되는 과제는 보호지역과 해양생태계, 외래종이라는 보전 기술적 부분부터 전통적 지식, 비즈니스, 자금 메커니즘, 사회적 분야까지 다양하게 걸쳐서 국제적 동향에 따라 확대되고 있다.

생물다양성협약의 당사국총회(COP)는 거의 2년마다 개최되고 있다. 2010년에는 일본이 의장국이 되어 나고야에서 제10차 회의(COP10)가 개최되었다. COP10에서는 생물다양성에 관한 새로운 세계목표인 '전략계획 2011~2020(아이치 목표)'과 'ABS에 관한 나고야

의정서'가 채택되는 등의 성과를 올렸다. COP10 이후 협약의 최대 과제는 아이치 목표 달성으로 유엔총회에서도 2011~2020년의 10년간을 국제사회의 다양한 분야가 연대하여 생물다양성을 위해 노력하는 '유엔생물다양성 10년'으로 정했다.

또 생물다양성협약에서는 각 당사국들이 관련 정책을 추진하기 위해 생물다양성에 관한 국가전략·계획수립을 요구하고 있다. 일본에서도 1995년 처음으로 수립된 이후 수차례의 개정을 실시해 왔고, 2012년 아이치 목표를 기초로 개정을 실시하여 '생물다양성국가전략 2012~2020'을 결정했다.

➕ 한국은 1994년 가입한 이후 2014년 강원도 평창에서 당사국총회 개최.

생물화학적 산소요구량
biochemical oxygen demand, BOD

자연에서 채취한 물속의 유기물을 미생물이 일정 온도, 일정 기간 분해할 때 필요한 산소의 양. 유기오염물질의 양이 많으면 BOD 수치가 높아지게 된다. 하천은 이용 목적에 따라 유형별로 BOD의 환경 기준이 정해지는데, 수질오염방지법에 따라 해역, 호수와 늪 이외의 배수에 대하여 규제 기본이 정해진다.

BOD는 유기물오염의 지표로서 화학적 산소요구량(COD)보다도 우수하지만, 미생물이 유기물을 분해하는 측정 방법이기 때문에 측정에 시간이 걸린다. 일반적으로 수돗물로 이용할 수 있는 BOD는 3mg/L 이하, 물고기가 살 수 있는 BOD는 5mg/L 이하로 10mg/L를 넘으며 악취가 발생하기 쉽다고 한다. 또한 BOD를 나타내는 단위는 포화용존산소량(mg-O/L)이지만, mg/L로 생략되는 경우가 많다.

생산자 책임 재활용제도
extended producer responsibility, EPR

제품에 관한 생산자의 물리적·경제적 책임은 생산 단계뿐만 아니라, 소비된 제품의 처리·처분 단계까지 확대된다는 개념이다. 1994년 OECD가 제창했다. 환경 배려 설계를 통해 제품의 모든 라이프사이클 단계에서의 환경부담을 효율적으로 감소할 수 있게 된 것을 예로 들 수 있다.

순환형사회 형성을 위한 주요 개념으로, 일본에서는 2000년 실시한 '순환형사회 형성 추진 기본법' 제11조에, 사업자의 책임으로 확대생산자 책임이 명기되어 있다. 개별 재활용법(용기 포장 재활용법, 가전 재활용법, 자동차 재활용법 등)에서는 제조사업자 등에게, 예를 들면 지정 인수 장소에서 자사 제조물 인수라는 구체적 행위를 의무화하고 있다.

➕ 한국은 2019년 현재 냉장고, 세탁기, 포장재 등 43개 품목에 적용하고 있는데, 2023년부터 태양광 패널에도 이 제도를 도입할 예정이다.

생체모방
biomimicry

'생명'을 의미하는 'bio'와 '모방', '의태'를 의미하는 'mimicry'가 합쳐진 조어로 자연계와 생물의 지혜를 모방하는 것. 사회문제 해결과 환경부담 저감을 실현해 가는 과학기술로도 응용되고 있다.

친근한 자연에서 배우는 기술개발·역사는 길지만, 이는 새로운 시점으로 자연과 생물의 능력을 참고하려는 것이다. '생물의 형태와 움직임을 모방하다', '생물이 물질을 만드는 과정을 배우다', '자연생태계 전체를 모방하다'의 세 가지 분야로 나눌 수 있다. '생물의 형태를 모방하다'에서는 나방의 겹눈이 빛을 거의 반사하지 않는 특징을 모방한 무반사 필름, '생물이 물질을 만드는 과정을 배우다'에서는 식물 잎의 광합성에 근거해 만든 효율 좋은 태양전지, '자연생태계 전체를 모방하다'에서는 산림 등의 생태계를 마을 자체에 적용한, 물질이 순환하는 마을 만들기 등을 예로 들 수 있다. 인간이 사회문제를 지속가능한 형태로 해결해 가기 위해서는 생태학적 기준을 가진 사회 만들기가 필요하며 자연을 착취하는 시대에서 자연으로부터 배우는 시대로 이행할 것을 이야기하고 있다. 생체모방 관점은 다방면에 걸쳐 있기 때문에 공학과 과학뿐만 아니라 의료, 에너지 분야에서도 연구가 진행되고 있다.

생태계
ecosystem

|의미| 어떤 지역에 생육·서식하고 있는 모든 종의 생물을 통틀어 생물군집이라 한다. 이 생물군집과 비생물적 환경(토양, 물, 대기, 에너지 등)이 상호 복잡한 작용을 끼치고 있는 시스템을 생태계라 말하는데, 1935년 영국의 아서 탠슬리(A. G. Tansley)가 정의했다. 생태계의 주요한 기능은 물질순환과 에너지 흐름이고, 이것은 생물군집을 구성

하는 생물 간 성립하는 먹이연쇄·먹이그물을 통해 유기물이 이동하면서 영위된다.

|에너지의 흐름| 생태계 속에서 무기물로부터 유기물을 최초로 생산하는 것은 태양광에너지를 이용하여 물과 이산화탄소로부터 탄수화물을 합성(광합성)하는 녹색식물이다. 녹색식물처럼 스스로 합성한 유기물을 사용하여 성장하고 또 그 유기물을 분해하여 필요에 따라 에너지를 내는(호흡하는) 생물을 독립영양생물이라 말하며, 생태계의 영양 단계에서는 제1차 생산자의 역할을 담당하고 있다. 그에 반해 동물과 균 등 다른 생물로부터 영양을 흡수해야 하는 생물을 종속영양생물이라 한다. 이 종속영양생물 중 초식동물은 제1차 소비자, 그것을 먹는 육식동물은 제2차 소비자이다. 육식동물 중에서도 맹금류나 늑대 등은 영양 단계의 최상위를 차지한다. 생태계가 중금속 등으로 오염된 경우 상위의 포식자일수록 중금속 등에 농축되어 생존과 번식에 악영향을 끼치기 쉽다. 또 포식자(예 늑대)가 멸종됨으로써 초식동물(예 사슴)의 개체 수가 증가하여 특정의 식물을 먹어치우는 것, 또는 외래종인 가축(예 산양 등)이 포식자가 없는 섬에 방사됨으로써 역시 식물을 다 먹어치우는 것은 인간의 행위로 인해 생태계의 균형을 잃게 하는 한 예이다.

종속영양생물 중 동식물의 사체와 노폐물 등을 영양으로 하는 토양 동물과 균류, 세균은 분해자라고 한다. 이러한 분해자의 먹이연쇄에 의해 최종적으로 유기물은 다시 본래의 무기물로 변한다. 분해자는 이처럼 눈에 띄지 않는 생물들이지만 생태계 속에서는 물질순환(특히 탄소, 질소, 인의 순환)에서 중요한 역할을 하고 있다.

한편 에너지는 생태계 속에서 순환하는 것이 아니라 제1차 생산자가 태양광 에너지를 생태계 먹이연쇄에 쓴 후에는 소비자, 분해자 사이에서 한 방향으로 흘러가는 과정으로, 각각 생물의 호흡으로 대기 중(또는 수중)에 대부분이 열에너지로 방출되어 나간다.

|물질생산| 생태계에서 녹색식물이 광합성에 의해 체내에 생성하는 유기물(제1차 총생산량) 중 일부는 호흡을 통해 무기물로 돌아가지만 남은 유기물(제1차 순생산량)은 성장에 사용된다. 이것은 먹이연쇄를 통

해 상위 영양 단계의 동물 또는 분해자의 에너지원, 세포 재료로 바뀐다. 생태계의 단위면적당 단위시간(통상 1년간)당 순생산량의 추정치를 얻을 수 있는데 산림형태별로는 열대다우림＞온대상록수림＞북방침엽수림의 순서로 집계된다. 현존량(어느 시간 단면에서 측정한 생물체량의 합계)도 같은 순서이다. 열대우림의 이 높은 생산성은 생물다양성이 높은 요인 중 하나이다. 생태계의 순생산량은 강수량에 크게 의존한다. 예를 들어 산림의 순생산량은 연강수량 500mm 이하의 지역에서는 강수량과 거의 비례한다. 사막화 등의 환경 변화로 강수량이 부족한 생태계에서는 식물의 생산량도 감소하게 되고 그것에 의존하고 있는 동물과 미생물도 살기 힘들어진다.

|질소순환| 대기 중 대량으로 존재하는 질소가스는 생물이 이용할 수 없는 불활성질소지만, 이것을 생물이 흡수하기 쉽게 반응성질소(암모니아, 초산 등)로 고정시킨 것이 합성비료이다. 그런데 이 합성비료의 대량사용과 공생세균이 질소고정을 하는 콩과식물의 대량 경작으로 지구 표면의 반응성질소량은 100년간 3배가 증가했다. 다시 말해 대량으로 비료가 살포되는 농촌 지역과 식량소비가 집중된 도시의 하류 수역에서 부영양화가 진행되고 있는 것이다. 부영양화는 해양 생태계의 적조와 녹조류의 대량발생을 초래하여 어류를 비롯한 수생생물의 대량으로 죽이는 생태계의 악화와 악취 발생 등의 환경문제가 일어난다.

|생태계의 탄소순환| 탄소는 대기 중에서 대부분 이산화탄소로 존재하고 그 형태로 대기와 해양 사이를 오가고 있다. 이산화탄소는 녹색식물의 광합성에 의해 유기탄소로 전환되어 식물연쇄를 통해 생태계 속을 떠도는 사이에 호흡과 사체 분해를 통해 다시 이산화탄소로 대기와 해양으로 방출된다. 이처럼 탄소도 생태계 속에서 순환하고 있다. 백만 년부터 2억 년 전 생물사체가 땅속에서 열과 압력작용으로 변화하여 형성된 석유, 석탄, 천연가스 등 화석연료를 인류가 채굴하여 연소시켰다. 이로써 산업혁명 이후 대기 중 이산화탄소 농도가 증대하고 지구온난화의 원인이 되고 있다. 산림도 이산화탄소의 장기고정 역할을 담당하고 있어 인간 활동에 의한 대량 산림 벌채도

대기 중 이산화탄소 농도 증대에 가담하고 있다.

|인의 순환| 인은 생물체의 중요한 구성 원소이다. 탄소와 질소와 달리 대기 중에 포함되어 있지 않기 때문에 암석으로부터 용출된 인이 식물에 흡수되어 먹이연쇄에 일조하게 되고, 수계를 통해 해양으로 흘러간다. 해양에 유출된 인의 일부를 육지로 되돌리는 것이 바로 바닷새의 배설물과 하천으로 회귀하는 연어류이다. 이 연어를 곰 등이 먹고 배설하는 것으로 육상생태계에 인이 보급된다. 인류는 작물 생산을 높이기 위해 바닷새의 배설물이 석회석과 반응하여 형성된 인광석을 대량으로 채굴하여 화석비료와 그 외의 공업원료로 사용하고 있다. 인을 포함한 비료와 농약 등의 대량사용으로 이것들이 하천으로 유출되어 적조 발생 등 생태계를 악화시키고 있다. 인광석은 유한 자원이며, 생태계 보전과 지속가능한 사회를 실현하기 위해서는 사용을 최소화하고 동시에 하수와 토양으로부터 인을 회수하는 기술도 개발되어야 한다.

생태계 관리
ecosystem management

희소종과 멸종위기종의 보호·보전, 조수해 대책, 물과 대기 등 비생물 요인의 보전·관리 등 생태계의 각 요소의 관리를 각각의 대상뿐 아니라 총합적, 생태학적 관점으로부터 진행하는 방침을 말한다. 이 방침은 에코시스템 어프로치(ecosystem approach)라고 부르고 생물다양성협약에서는 특히 토지자원, 수자원, 생물자원의 통합적 관리를 위한 전략이라고 정의된다. 협약의 주목적인 '보전', '지속가능한 이용', '유전자원 이용에 의한 이익의 공정하고 공평한 배분'을 실현하기 위한 유효한 수단으로 '에코시스템 어프로치 원칙'이 2000년에 채택되었다.

생태계 관리에는 예측의 불확실성과 가치관의 다양성을 전제로 한 '순응적 관리' 발상, 자연과 인간사회의 지속적 모니터링, 다양한 이해당사자 합의(숙의)에 의한 합의 형성 과정 등이 꼭 필요하다. 그것은 단기적으로는 비용이 많이 들지만, 중장기적으로는 다수의 개별 정책을 진행하는 것보다 비용이 적게 든다. 그리고 과거의 토목공학적 관리의 이미지 때문에 인간이 자연을 '관리'한다는 비판도 있지만, 자연과 인간사회의 '조정'을 하고 있다고 보는 의견도 있다.

생태계 서비스
ecosystem service

인류가 생태계로부터 얻고 있는 다양한 편익을 말한다. 이 용어는 유엔의 「밀레니엄 생태계평가」 보고서(2006년)에서 사용되면서부터 넓게 보급되고 있다.

「밀레니엄 생태계평가」에서는 생태계 서비스를 ①공급 서비스 ② 조정 서비스 ③문화적 서비스 ④부양 서비스로 분류하고 있다. 모든 서비스가 각각 인류의 복리(안전, 풍부한 생활의 기본자재, 건강, 사회적 굴레, 선택과 행동의 자유)에 필요하다.

① 공급 서비스(provisioning services): 인간의 생활에 중요한 자원을 공급하는 서비스를 말한다. 식량, 담수, 목재, 섬유, 연료, 유용(有用) 생체물질(의약품, 화장품 등에 이용되는 생화학물자), 유전자자원 등이 포함된다.

② 조절 서비스(regulating services): 생태계 프로세스가 가진 조정 기능으로부터 얻는 편익을 말한다. 대기 성분 조절, 홍수 조절, 토양침식 억제, 물 정화, 병충해 억제, 질병 억제, 수분(受粉)을 돕는 것 등이 포함된다. 농업에서는 농약으로 해충을 막으려고 환경과 작물을 오염시키고 있지만, 자연생태계에서 해충은 천적에 의해 대량 발생이 억제되고 있다. 또 산림 벌채와 댐 건설, 도시화 등의 생태계 파괴는 말라리아, 주혈흡충증, 댕기열 등의 전염병을 증가시키고 있다.

③ 문화적 서비스(cultural services): 정신적 질의 향상, 지적 발달, 내성, 오락, 심미적 경험을 통해 생태계로부터 얻는 비물질적 편익을 말한다. 문화적 다양성, 정신적·종교적 가치, 지식 체계, 교육적 가치, 영감, 심미적 가치, 사회적 가치, 문화적 유산가치, 오락과 에코투어리즘 등이 포함된다.

④ 부양 서비스(supporting services): 앞서 얘기한 3개의 서비스 공급을 지지하는 기반이 되는 서비스를 말한다. 토양 형성, 광합성, 1차 생산(녹색물의 광합성에 의한 유기물 생산), 영양염 순환, 물 순환 등이 포함된다.

「밀레니엄 생태계평가」에 따르면, 과거 50년 사이에 악화된 생태계 서비스로는 어획, 담수 공급 폐기물 처리와 무해화, 물 정화, 자연재해로부터의 방호, 대기질의 조절, 지역적·국지적 기후조절, 토양침식 억제, 정신적 충족, 심미적 향수 등 15항목이 있다. 한편 향상된 서비스는 곡물 생산, 축산, 양식어업, 세계적 규모의 기후조절 4개뿐이다. 이러한 생태계 서비스 악화 원인은 생태계 항목에서 들 수 있다.

생태계 서비스라는 개념은 생태계가 주는 인류의 편익 중 그것을 구조화하여 표시하고 있다는 점에서 환경교육에도 유용하다. 그러나 '생태계 서비스가 유지할 수만 있다면'이라는 인류의 편익 관점에서만 본다면, 보이지 않는 곳에서 사는 이름 모를 많은 생물종의 멸종과 생태계 기능의 변질이 인류에게 검출되지 않을 정도의 환경오염을 간과해 버릴 위험이 있다. 그러므로 인류에게 갖는 가치와 다른 생물다양성의 내재적 가치에도 관심을 가지는 환경교육이 요구된다.

생태계 서비스 지불
payments for ecosystem services, PES

생태계 서비스의 수혜를 받는 사람들(수익자)이 서비스의 내용과 규모에 알맞은 대가와 보전비용을 부담하는 제도이다. 생태계 서비스란 인간의 복리에 은혜를 주는 생태계의 기능을 말한다. 현대 생태계 서비스 저하의 큰 원인으로, 인간이 그 가치를 인식하지 못하고 그 가치와 기능의 저하를 초래하는 개발을 하고, 또한 그 적절한 관리를 소홀히 하는 것 등을 들 수 있다. 현 상태에서는 생태계 서비스와 생물다양성의 보전과 지속적인 이용을 위한 자금이 압도적으로 부족하여 자금 확보를 위한 메커니즘이 세계 각지에서 검토, 실시되고 있다. 그중 하나의 기구로서 PES에 대한 관심이 급속히 높아지면서, 1990년대 중반부터 도입되었다. PES는 생태계 서비스 보전에 유효한 방법으로서 세계 각지에 퍼져 있으며, 현재는 국가와 지역에서 300개 이상의 프로그램이 진행 중이다.

세계적인 정책의 기준은 아직 확립되어 있지 않지만, 2020년까지의 생물다양성 정책 목표인 '아이치 목표'와 그 결의에 PES의 구체적인 정책 실현 목표가 기술되어 있는 것처럼 21세기 전반 동안에 더욱더 진전할 것으로 예측된다.

➕ 한국 환경부에서는 생물다양성법 시행령 일부 개정령(안)을 입법예고하며(2020년) 생태계 서비스 지불제 계약의 대상 지역을 구체화하고 정당한 보상 기준을 마련했다.

생태계와 생물다양성의 경제학
The Economics of Ecosystems and Biodiversity, TEEB

지구 차원의 생물다양성의 경제적 가치에 주목하여, 생물다양성의 손실에 의한 경제적·사회적 손실을 나타내고, 정책 결정자와 시민 등에 대하여 적절한 의사 결정을 위한 정보 제공을 목적으로 하는 연구 프로젝트이다. 2007년 G8 환경장관회의(의장국 독일)에서 문제가 제기되어, 독일은행을 중심으로 연구를 개시했다. 2010년 생물다양성협약 제10회 당사국의회(COP10)에서 최종 보고서가 공표되었다. 생물다양성에 대한 영향과 정책 효과를 평가하고 과학적 지표를 개선하여 이용하는 일, 생물다양성의 가치를 국내의 소득 감정 등에 고려하는 일 등이 제언되고 있다.

생태관광/에코투어리즘
ecotourism

| 의미 | ecology(생태학)의 약어인 '에코'와 'tourism(관광)'을 합친 말로 지역자원을 보호하면서 동시에 지역에 관광산업을 유치한다는 전혀 다른 접근 방식을 하나로 융합하여 균형적인 발전을 목표로 한 관광 형태이다. 생태관광의 사고방식을 근거로 전개된 여행이 에코투어이다. 생태관광은 관광지를 소개하고 지역의 자연과 자연에 의해 길러진 문화 등을 이해함으로써, 지역 환경 보존을 촉진하는 것을 목표로 한다. 이를 위해 참가하는 에코투어는, 여행가이드에게 양질의 설명을 받음으로써 방문자가 만족할 수 있는 체험을 할 수 있도록 하고, 방문하는 지역에서는 주민이 지역의 자원가치를 재인식하여 자원을 살리기까지의 과정을 공부하는 장으로 활용하는 등 교육적 요소를 많이 포함하고 있다. 여기에서는 환경교육으로서 생태관광, 그 출발점부터 지속가능한 관광을 지향하는 배경과 실천에 대하여 설명한다.

| 자연보호의 공헌에서 지속가능한 관광으로 | 생태관광은 1970년대부터 1980년대에 형성되어 개발도상국의 자연보호 전략에 맞춘 것을 그 출발점이라고 말한다. 예를 들어, 미국 지역에서 성행했던 사냥투어와 같이 자원 소비형 관광에서 벗어나 야생생물을 관찰자원으로 살리는 지속가능한 관광으로의 전환을 목표로 한 계획이 있다. 또한 선진국 자본에 의해 난개발이 진행 중인 중남미의 열대우림 파괴에 대하여, 산림 채벌을 억제하는 경제개발의 대안으로서 자연환경을 훼손하지

않는 형태로 교통수단과 숙박 시설을 정비하여 자연 관찰 투어를 실시하고, 지역의 일자리 창출과 현금 수입의 확보를 도모하는 NGO 주도형 관광 개발이 좋은 예이다.

또 다른 예로 제2차 세계대전 후, 선진국을 중심으로 레저관광으로 대중화되었던 송어 낚시가 사회적·문화적으로 폐해를 일으키자 이를 줄이기 위해 1980년대에 대안적 관광사업의 하나로서 생태관광이 탄생했다. 이 움직임을 크게 지탱해준 것은 1987년에 발표한 지속가능발전의 개념이 국제적으로 널리 퍼지고 환경문제에 관한 사람들의 관심과 인식이 높아진 일, '환경보호'의 중요성을 강조한 미디어의 힘이다. 이것은 관광업계에서 새로운 상품 개발을 가능하게 하고, 관광의 다양화에 큰 역할을 했다고 할 수 있다. 관광 발전에서 환경, 경제, 사회의 균형을 목표로 한 지속가능한 관광의 행방은 시대의 가치관이 반영되어 있어 앞으로도 주목받을 만하다.

|교육적 힘| 생태관광의 환경교육적 측면을 대표하는 것 중 하나가 생태관광의 해설이다. 안내소 등 시설 전시물과 야외 해설판은 간접적 설명이지만, 직접적 소통을 통하여 자연과 사람의 다리 역할을 하는 해설자는 생태관광 전체의 만족도에 큰 영향을 끼친다. 국제관광여행협회 창설자 중 한 사람인 마사 허니(Martha Honey)는 생태관광은 방문자와 방문지 주민 양쪽을 모두 교육한다고 하지만, 방문자의 교육을 맡는 것은 해설가라고 말한다. 해설을 통하여 배우는 것은 방문지의 정보·지식(야생동식물과 경관, 문화 등)을 비롯하여 방문지에 나쁜 영향을 주지 않겠다는 배려를 포함한 것이 많고, 매너와 몸가짐(행동 기준)이라는 적절한 환경행동의 구체적인 실천과도 이어져 있다. 또 하나의 교육적인 면은, 받아들이는 지역주민 또한 주체적인 동시에 지속적으로 지역 환경보호를 할 수 있도록 교육의 장을 마련한다는 점이다.

|일본의 생태관광| 1990년 전후, 해외에서 들여온 형태로 발전한 일본 생태관광은, 다양한 검토와 실천상의 과제와 마주한 의논을 거듭하여 2007년에는 생태관광추진법을 제정했고, 풍요로운 관광지역뿐 아니라 많은 방문자가 찾아오는 관광지와 마을과 산 등 생태관광을 다

양화했다. 역시 말로만 '환경'이라 말하는 환경여행이 난무하는 가운데, 방문자가 여행지를 고를 때 환경 지식의 조성 등 생태관광의 추진에서 환경교육이 맡는 역할은 크다.

✚ 한국의 생태관광은 문화기행, 아름다운 농촌(어촌과 산촌) 마을에서의 체험과 체류 기행, 템플스테이, 제주도 올레 걷기, 병영 체험까지 다양하다. 최근 구릉지와 마을 산을 연결하는 걷기 외에 자전거 여행 등도 생태관광의 좋은 사례이다. 2016년 6월 한국생태관광협회를 설립하여 한국 생태 관광 및 녹색관광 관련 산업 진흥 도모를 목적으로 다양한 사업을 펼치고 있기도 하다.

※ 출처 : 한국민족문화대백과사전

생태놀이/네이처 게임
Nature Game

자연과 접하는 활동을 모아 놓은 프로그램으로, 1979년 미국의 코넬(J. Cornell)에 의해 고안되었다. 일본에서는 일본 셰어링네이처협회가 보급 활동 및 지도자 양성을 하고 있다. 어원은 '아이들과 자연 공유하기(Sharing Nature with Children)'이며, 1986년에 일본에 들여왔을 때 '네이처 게임'이라고 번역되었다. 미국에서는 그때까지도 '스트랜드 워크(strand work)' 등 자연의 특성을 살린 활동을 즐거운 액티비티로 하는 움직임은 있었지만 코넬이 갈고 닦아 놓은 액티비티 군은 자연과의 연결을 인식하거나 체험을 통해 깨달은 것을 같이 나누는 중요성을 무의식적으로 자각하게 하는 내용으로 되어 있다. 또 그때까지의 자연 관찰회가 지식의 습득을 목적으로 한 것과 달리 체험을 중시하고 누구라도 즐길 수 있으며 지도도 가능하게 한 것이 보급의 계기가 되었다. 아이들의 심리 상태에 맞춘 학습의 흐름이 제시된 즐거움, 관찰, 체험, 감동을 함께 공유한다는 4단계 학습으로 구성되어 있다. 지도하는 입장에서는 활동하는 자체가 목적이 되거나 재미만 있는 게임이 되지 않도록 주의를 기울이는 것이 중요하다.

생태발자국
Ecological Footprint

인간이 지구에서 삶을 영위하는 데 필요한 의식주를 제공하기 위한 자원의 생산과 여가에 드는 비용을 토지 및 해양의 면적으로 환산한 지수이다.

1996년 캐나다의 윌리엄 리스(William Rees)와 마티스 웨커네이걸(Mathis Wackernagel)이 개발한 지속가능성 지표로 단위는 gha(글로벌 헥타르)이다. 발자국이라는 일상적인 단어를 이용하여 급속히 세계로 퍼졌다. 생태발자국의 계산에는 ①자원 소비량과 폐기물 발생량을 적절한 정확성을 가지고 추산할 수 있는 일 ②자원과 폐기물의 유량은 자원을 소비하여 폐기물을 배출하는 데 필요한, 생물 생산력이 있는 토지 면적으로 환산할 수 있는 일이라는 2개의 조건을 만족시키는 것이 전제이다. 현재 지구 인구 한 사람당 환경생태발자국을 곱한 수치가 지구 생태계의 재생산 능력 또는 폐기물 처리 능력의 총량을 넘어선다면 우리의 생활 방식은 지구 생태계를 파국으로 몰고 가게 될 것이다.

✚ 2019년 8월 1일은 '지구 생태용량 과용의 날' 또는 '지구용량초과의 날'로서, 지구가 생산할 수 있는 자원의 양보다 인류가 소비하는 양이 커지는 시점으로 제시되었다. 다시 말해 이날 이후로 인류는 생태적 적자 상태에 있는 것이다. 현 인류는 지구 1.6개가 재생할 수 있는 분량의 자연 자원과 생태 서비스를 소비하고 있는 셈인데, 특히 한국의 1인당 생태발자국은 전 세계 평균보다도 크다. 만약 인류 모두가 오늘날의 한국인처럼 살아간다면 지구 3.3개가 필요하다는 계산이 성립한다.

※ 출처: 한국세계자연기금

생태중심주의
ecocentrism

근대의 인간중심주의적 윤리를 비판하고 윤리의 대상을 인간뿐 아니라 동식물 등의 자연으로 확대하는 것을 지향하는, 20세기 후반부터 대두된 생명중심주의의 한 흐름이다. 미국 생태학자인 알도 레오폴드(Aldo Leopold)가 제창한 '토지윤리'에 근거하여 인간과 동물 중 개별 생명을 윤리적 대상으로 삼는 것이 아니라 자연생태계 전체의 보전을 주장한다. 먹이연쇄 등 기능계에 반하는 것이 아니라면 각각의 생명보호는 문제가 되지 않고 반대로 생태계보호를 위해서는 인간의 배제도 서슴지 않는다는 점 때문에 에코파시즘적 사상이라고 비판하기도 한다.

생태피라미드
ecological pyramid

1927년 영국 생태학자인 엘턴(C. S. Elton)이 주장한 개념이다. 생태계를 구성하는 생물군집은 먹이연쇄의 위치에 의해 생산자, 소비자, 분해자로 나뉜다. 생산자는 광합성을 행하여 무기물로부터 유기물을 생산하는 능력이 있는 생물로, 육상생태계에서는 주로 대형 유관속 식물(종자식물과 양치식물), 수계생태계에서는 수초, 해초, 식물플랑크톤, 조류 등의 광합성세균 등이 해당한다.

소비자는 다른 생물을 먹거나 기생하여 영양을 섭취하는 동물, 일부 식물(식충식물)을 가리킨다. 이 중 식물을 먹는 동물을 제1차 소비자, 식물을 먹는 동물을 먹는 생물을 제2차 소비자. 그 동물을 먹는 동물을 제3차 소비자와 같은 형식으로 'n차 소비자'라 부른다. 분해자는 토양 동물과 균류, 미생물 등으로 생산자와 소비자의 유해와 배설물 등을 영양원으로 하여 최종적으로 유기물을 물과 이산화탄소, 영양염 등의 무기물로 분해한다. 이렇게 생태계 속에는 탄소, 질소, 인 그 외의 원소가 순환하여 생태계 기능을 유지하고 있다. 이처럼 일련의 먹이연쇄에서 각각의 단계를 영양단계라 말하고 일반적으로 생물군집은 몇 개의 영양단계를 포함한다.

생태계를 구성하는 각각의 생물 기능은 개체 수뿐 아니라 생물의 양으로도 생각할 필요가 있다. 그것이 단위면적당 중량인 현존량(생체량, 생물체량)이다. 생물은 물을 많이 포함하기 때문에 현존량은 일반적으로 건조중량이 사용된다. 또 생태계를 에너지의 흐름의 시점에서 보면 태양광과 같은 무기 에너지를 이용해 유기물을 생산하는 독립영양생물(생산자)과 그것들이 고정된 에너지에 의존하는 종속영양생물(소비자)이 있다.

생태피라미드란 '개체 수', '생체량(생물체량·현존량)', '에너지'가 생산자로부터 1차 소비자, 2차 소비자로 영양단계가 높아질수록 감소하고 피라미드형을 만드는 것을 가리킨다. 이것은 영양단계가 높아질 때마다 에너지가 각 영양단계에서 호흡 등에 의해 열에너지로 공간에 방출되기 때문이다. 그 결과 에너지가 적어지고 개체 수와 현존량이 점점 줄어들게 된다.

현존량 피라미드는 언제라도 위로 향하여 줄어드는 것은 아니고 때때로 역전하는 경우가 있다. 예를 들어 호수의 플랑크톤의 현존량보다 그것을 먹는 물고기의 현존량이 웃도는 경우가 있다. 이것은 플랑크톤의 수명이 물고기에 비해 짧고 생산속도가 빨라서 적은 현존량으로도 물고기를 충분히 길러낼 수 있기 때문이다. 또 개체 수 피라미드도 1개의 팽나무 잎을 먹는 많은 흑백알락나비류의 유충처럼 수목과 곤충과의 관계에서 역전하기도 한다.

환경교육에서 생태피라미드는 생태계가 먹이연쇄로 연결되어 고차 소비자(포식자)가 생산자와 저차 소비자에 의해 유지되고 있는 것을 학습자에게 직감적으로 인식시키는 좋은 교재이다. 주변의 논과 산림, 연못과 강 등의 생태피라미드에 대해서 학습자가 관찰하거나 생각하게 함으로써 생태계에 대한 인식을 깊게 할 수 있을 것이다.

생태학
ecology

|의미와 유래| 생물 및 생물군집과 환경과의 관계 및 상호작용에 대해 연구하는 학문 분야. 여기에서 이야기하는 환경에는 온도, 습도, 빛, 물과 같은 물리적 환경과 다른 생물과 생물군집에 따른 생물적 환경이 있다. 일반적으로 '생태학'은 학문 분야를 나타내는 말로 사용되지만, '에콜로지'는 환경문제와 자연보호를 상기시키는 일상용어로서 사용되고 있다. 여기서는 전문 학문 분야를 나타내는 말로서 '생태학'에 대해서 이야기하고 환경문제와 자연보호를 상기시키는 일상용어로서의 '에콜로지'에 대해서는 '에콜로지' 항목에서 다루도록 하겠다.

|생태학의 다양성| 동물의 행동에 초점을 맞추는 행동생태학, 생리 기능과 환경의 관계에 초점을 맞춘 생리생태학, 개체군에 초점을 맞춘 개체군생태학, 생물군집에 초점을 맞춘 군집생태학, 생태계에 초점을 맞춘 생태계생태학, 생물의 진화에 초점을 맞춘 진화생태학 등 몇 개의 분야가 존재한다. 대상으로 하는 장소에 초점을 둔 해양생태학, 산림생태학, 도시생태학과 같이 구분하는 경우도 있다. 그리고 생태계와 생물다양성 보전을 목적으로 한 보전생태학이라는 분야도 있다.

환원적 방법을 이용하여 고도로 세분화된 과학의 타 분야에 비해 생태학은 생태계와 지구환경을 총합적으로 보는 시점을 가지고 있다. 예를 들어 생태학에서 중요한 개념으로 학교교육에서도 상세하게 다루는 먹이사슬·먹이그물, 물질순환, 천이, 생태계 등은 생물과 생물군집과 환경의 상호작용을 총합적으로 다루는 것이다. 환경교육에서도 환경을 총합적으로 다루는 과학적 기초로서 생태학의 기본 개념에 대한 이해는 꼭 필요하다.

|생태학의 영향| 생태학은 수량적 분석 방법 등도 사용하면서 자연의 구조를 해명해, 생태계의 성립을 일반 사람들도 이해할 수 있도록 큰 영향을 미쳤다. 어디까지나 객관성을 지향하는 과학이지만 여기에 자연환경에 대한 인간 행위(자연파괴, 환경오염, 자원 고갈)의 반작용으로 바람직하지 않은 결과를 인간 세계에 초래한다는 이해가 문제의식으로 선명하게 나타나기도 한다.

20세기만 보더라도 산림의 과한 벌채와 산업폐기물의 대량투기라는 행위의 결과로 일어나는 환경문제로 여러 중요한 성과가 나타나고 있다. 요즘 강한 영향력을 가지는 '지속가능발전' 개념을 보면, 초대 미국의 임야국장인 임학의 전문가 기포드 핀쇼(Gifford Pinchot)의 자원보전 사상으로 이어지는 100년 남짓의 발전 역사는 생태학의 성과 없이 생각할 수 없다. 경제적 수익(자연으로부터 얻어지는 편익)을 장기간에 걸쳐 확보하기 위해 자연자원의 남용을 피하고 과학적·합리적 이용을 도모하고자 하는 사고방식이다.

|인문·사회 영역의 생태학| '생태학'이라는 말은 자연과학뿐 아니라 인문과학과 사회과학의 영역에서도 연구 분야 명칭으로 사용되기도 한다. 예를 들어 인류생태학/인간생태학(human ecology)은 정의가 확립되어 있지는 않지만 인간사회와 자연환경과의 상호관계를 중요한 연구 대상으로 하는 학문이다. 그러나 좁은 의미의 생태학의 개념과 지견이 포함되어 사회학, 경제학, 정치학, 지리학, 인류학, 심리학, 철학, 윤리학 등의 연구가 융합된 학제 분야가 되고 있다. '생태학'의 이름을 붙이는 연구 분야가 생물학의 틀을 넘어 확장되고 있는데 이러한 넓은 의미의 생태학에도 '상호관계의 중시'와 '총합적 파악'이라는 지향성은 좁은 의미의 생태학의 경우와 변함없이 다뤄지고 있다.

생태학적 난민
⋯▸ 환경 난민

생활라인
lifeline

생활용수 공급, 전기나 가스 등 에너지 공급, 식료 공급, 특히 전화와 철도·버스 등 통신·교통기관 등 사람들이 생활하는 가운데 필수불가결한 경제 기반을 일컫는다. 일본에서는 1995년 한신, 아와지

대참사 때 언론이 사용하면서 정착된 개념으로 이런 의미로 사용되었지만, 'Lifeline'의 본래 의미는 '생명망', '생명선'이다.

피해 규모가 큰 자연재해의 경우, 생활라인의 복구까지 일주일에서 반년 이상이 걸리기도 하여, 지원이 도착하기까지 생활을 극복하기 위해서는 비상용 음료수, 식료나 연료의 비축 등, 일상적인 준비를 해 두는 것이 중요하다.

생활방식
lifestyle

생활양식이 의식주만이 아닌, 행동과 사고 등 생활의 다양한 측면을 포함해 개인과 집단이 살아가는 방식을 일컫는다면, 생활방식은 인생관, 가치관, 습관 등의 개인의 동일성 및 집단생활에서의 사회적 · 문화적 · 심리적 측면을 나타낸다. 생활방식은 인생관과 가치관, 습관 등으로 사람의 존재를 나타내는 것이다.

최근 로하스(LOHAS, Lifestyles of Health and Sustainability)가 화제가 되듯이, 건강과 환경 그리고 지속가능사회를 생각하며 즐거운 마음으로 생활하는 사람도 있다. 이들은 또한 가족과 일, 지역, 사회와의 관계나 사람과의 이어짐을 중요시한다. 일과 생활의 조화를 도모하는 일의 균형을 생각하는 방식도 있다. 일본에서는 이제까지 많은 사람이 '탄생에서 성인까지', '생산연령 계층의 사회인', '정년 후'의 세 가지 시기에 따라 다른 생활방식으로 살아왔다. 사회인의 시기에는 단지 일만 하고 시간의 여유와 자기만의 생활을 즐기지 못하는 한편, 정년 후에는 시간이 남아돌아서 생활을 계획할 수 없었다. 마케팅 분야에서 생활방식이라는 개념을 취하게 된 배경에는 물질주의적인 사회 지향에서 탈피하여 정신적인 풍요로움도 포함된 새로운 생활방식으로의 전환이 요구된다는 것이 있다.

**생활폐수/
생활하수**
waste water/
household drainage

일상생활에서 취사, 세탁, 목욕, 세면 등에 사용되는 폐수를 생활잡폐수라 하고, 여기에 정화조배수를 포함한 것을 생활폐수라 부른다. 생활수준의 향상과 더불어 1인당 생활용수의 사용량도 증가하여 일본에서는 현재 하루에 약 300L에 달하고 있다. 생활용수 사용 내역은 화장실(28%), 목욕(24%), 취사(23%), 세탁(16%), 세면 그 외

(9%)이고 먹는 물과 식사가 아닌 씻는 일에 대부분을 사용하고 있다는 것을 알 수 있다. 또 식생활의 변화에 따라 육류, 유제품, 유지류 등의 소비량이 증가하고 싱크대에서 배수되는 오염물질도 증가하고 있다. 하천 등의 수질오염 정도를 표시할 때 주로 BOD(생물화학적 산소요구량)와 COD(화학적 산소요구량), 부유물질량 등으로 한다. 도쿄 만, 이세 만, 세토나이 해 등의 조사에서 생활폐수에 의한 오염이 산업폐수에 의한 오염과 같거나 또는 그 이상이라는 사실을 알 수 있다. 이에 공장 등의 폐수 배출 규제를 하는 수질오염방지법에 생활폐수 대책도 더해졌다(1990년). 생활폐수는 질소, 인 화합물 등의 함유량이 높다는 특징도 있다. 가정의 조리 찌꺼기, 폐식용유, 세제를 적절하게 사용함으로써 BOD, COD의 부하량을 20~30% 삭감할 수 있다는 사실도 확인되었다. 하수도 정비, 정화조 설치는 물론, 생활폐수 자체에 대한 배려도 중요하다.

⊕ 한국의 수질 오염 물질 일일 배출량에서 각 오염원이 차지하는 비율을 보면, 생활하수가 58.3%로 가장 많은 비율을 차지하고 있으며, 산업폐수가 41.2%로 그다음이고, 축산폐수는 0.5%로 가장 낮다.
※ 출처: 물백과사전(2016)

석면
asbestos

자연이 생산하는 섬유상 형태의 규산염 광물이다. 1970년대 중반까지는 난연성을 가진 건축자재로서 건축물 등에 이용되었다. 그러나 석면은 섬유 상태로 흩어져 체내에 들어가면 악성중피종과 같은 암을 유발하기 때문에 사용이 금지되어 노동안전위생법과 '폐기물 처리 및 청소에 관한 법률' 등에서는 비산 예방 방지가 의무화되었다. 석면의 건강 피해를 둘러싸고 국가와 건설회사 등의 피고와 피해자인 원고 사이에 소송이 일어나고 있다. 석면에 의한 건설 피해는 석면 관련 자재의 제조공장 주변 주민에게까지 확대되고 있다.

⊕ 한국은 2016년 현재 석면 사용이 전면 금지되어 있다. 그러나 이미 건축물 등에 사용된 석면이 건강을 위협할 가능성은 여전히 존재하며 석면 질병의 잠복기는 15~40년에 달하기 때문에 경계를 늦추지 말아야 한다. 2011년 4월 석면안전관리법을 제정하여 석면으로 인해 발생할 수 있는 건강상 위험을 체계적으로 관리하고 있다.
※ 출처: 『석면, 알면 대비할 수 있어요』(환경부)

석유
petroleum

|의미| 땅속에 존재하거나, 땅속으로부터 채굴된 탄화수소(탄소원자와 수소원자 화합물의 총칭)를 주성분으로 하는 액상의 기름(oil)을 말한다. 정제되기 전에 원유(crude oil)를 가리키는 경우(예를 들어 석유 매장량)도 있고, 가정에서 가솔린과 구별하여 등유를 가리키는 경우(예를 들어 석유클린히터)도 있지만, 보통은 원유와 원유로부터 정제된 가솔린과 경유, 중유 등 액상물질의 총칭으로 사용되고 있다.

석유는 에너지자원으로서 현대 인간사회를 유지하는 원동력이 되고 있고 20세기 이후의 사회는 석유문명사회라고도 불린다. 중요한 자원임과 동시에 확보·개발을 둘러싼 다양한 국제문제를 발생시키는 요인이 되기도 한다. 또 석유 연소로 발생하는 이산화탄소는 지구온난화를 초래하고, 석유에 포함된 유황과 질소가 연소되면서 유황산화물(SOx)과 질소산화물(NOx)을 배출하여 산성비의 원인이 되는 등 환경 부하를 증대시키는 요인이 되고 있다.

|유래와 매장량| 석유는 수백만 년 이상에 걸쳐 생물이 생성되어 온 유기화합물이 사체로 퇴적층에 매몰되어 고온과 고압을 받아 액체와 기체의 탄화수소로 변해서 암반 내에 쌓인 것이다. 그래서 석탄과 함께 화석연료의 대표로 꼽힌다. 그러나 생물기원이 아닌 지구 탄생 시에 대량의 탄화수소가 존재하여 암석보다 가벼운 탄화수소가 지표 가까이에 모아졌다는 설도 있다. 생물기원설에서 보면 석유는 채굴하여 소비를 계속해 버리면 결국에는 고갈된다. 그에 반해 지구 내부에서 서서히 부상하고 있는 것이라면 고갈은 한참 후의 일이 될 것이다.

자원으로서의 석유에 대해서 매장량을 연간 소비량으로 나눈 채굴 가능한 연수가 때때로 화제가 된다. 1970년에는 석유 채굴 가능한 연수는 약 35년이라 예상했지만, 2010년에는 샌드 오일을 포함하면 약 55.6년으로 산정하고 있어 최근 40년 사이에 20년 이상 늘어났다. 1970년의 연간 소비량이 약 170억 배럴인데 반해 2010년의 연간 소비량은 약 300억 배럴이기 때문에 매년 방대한 채굴을 하면서도 매장량은 그 사이에 약 2.8배 증가한 것이다. 이것은 새로운 석유 매장을 발견한 덕도 있겠지만 '석유는 원래 무한정 매장되어 있

다'는 오해를 하지 않기 위해 매장량의 정의를 정확하게 인식할 필요가 있다. 채굴 가능한 연수에 이용되는 매장량은 경제 가채 매장량이라 하고 그 시점의 석유 시가로 얻을 수 있는 매장량으로 한정짓고 있다. 따라서 매장은 확인되었어도 채산이 맞지 않아 매장량에 포함되지 않았던 것이 석유 가격의 상승과 채굴 기술의 향상으로 채굴할 수 있게 되자 새롭게 매장량에 포함되게 된 것이다.

| 매장의 편재와 국제문제 | 석유의 매장은 지역적 편차가 크다. 중동의 페르시아 만 해안 지역부터 아프리카 북부, 카스피 해 주변 지역, 북해, 알래스카, 멕시코 해안, 베네수엘라, 인도네시아 등이 최근 확인되고 있는 주요 석유 매장 지역이다. 석유는 가장 중요한 에너지원이고 경제발전에 불가결한 요소이기 때문에 석유 생산국은 국제분쟁의 중심이 되기 쉽다. 만일 중동에서 석유가 생산되지 않았다면 서구에 의한 개입은 거의 없었을 것이고 중동전쟁도 일어나지 않았을지도 모른다.

| 석유와 환경 | 화석연료인 석유의 연소는 지구온난화의 원인이 된다. 전 세계의 1차 에너지 공급 비율의 추이를 보면 1970년에는 석유, 석탄, 천연가스인 화석연료가 약 86%를 차지하였고, 화석연료의 50% 정도가 석유였다. 2010년에는 화석연료의 비율이 약 82%까지 낮아졌고, 화석연료에서 차지하는 석유의 비율도 40%까지 낮아지고 있다. 그러나 최근 40년간 1차 에너지 공급량은 약 3배로 증가하고 있어 석유의 소비가 줄어든 것이 아니라 석유의 1차 에너지 공급량은 2.3배가 되었고 지구온난화의 원인으로는 예전보다 훨씬 더 큰 비율을 차지하고 있다. 석유 소비량이 가장 많은 미국이 2010년 1년간 소비한 석유는 8억 5,000만t이라는 방대한 양으로 국민 1인당 3t 정도를 소비한다. 선진국의 1인당 석유 소비량은 에너지 절약 기술 등의 보급과 의식 개혁으로 아주 조금 하강하는 경향은 있다. 그러나 신흥국에서의 자동차 보급이 현저히 늘어나 이후 석유 소비량은 계속 증가할 것이며, 온실가스의 배출량도 더욱 증가할 것으로 예상된다. 빠른 시일 내에 탈석유문명으로 이행해야 할 것이다.

석유 위기 ⋯▶ 오일쇼크

석탄
coal

|의미| 땅속에 묻힌 고대의 식물이 고온·고압에 의해 산소와 수소가 감소하여 탄소의 비율이 높아지고 갈색 또는 검은색의 고체가 된 것을 총칭하는 말이다. 실제로 고대 식물을 확인할 수 있기도 한 화석연료이다. 석탄은 '타는 돌'로서 예부터 연료로 이용되어 왔는데, 특히 18세기 산업혁명 이후 가장 중요한 에너지원으로서 인류의 공업문명을 지지해 왔다. 20세기 중반의 에너지 혁명으로 우선순위를 석유에게 물려주었지만 2010년 시점에서 보면 1차 에너지 공급의 약 40%를 차지하는 중요한 에너지원이다. 특히 제철산업에서는 석탄이 꼭 필요하다. 석유의 채굴 가능한 연수를 50여 년으로 보고 있는데 반해 석탄의 채굴 가능한 연수는 100년 이상이다.

|석탄과 환경문제| 석탄은 천연가스와 석유라는 다른 화석연료와 비교하여 탄소의 비율이 높아서 연소 시에 내뿜는 이산화탄소 배출량이 많아 지구온난화에 바람직하지 못한 연료이다. 또 탈류 장치가 없는 연소 기관에서 사용되는 일이 많아 대기오염과 산성비의 원인이 되어 왔다. 역사적으로 19세기 영국의 대기오염이 열악하여 탄광과 제철소가 집중한 미들랜드 서부 지방의 버밍햄 일대는 '블랙컨트리'라는 이름이 붙여지기도 했다.

중국은 현재도 1차 공급 에너지의 약 3분의 2를 석탄에 의존하고 있어 석탄으로 인한 대기오염이 심각하다. 최근 중국의 신재생에너지 개발이 석탄에 의존하는 비율을 눈에 띄게 감소시키고 있지만, 고도 경제성장을 지속하는 중국은 에너지 소비도 급증하고 있어 석탄 소비량도 증가하고 있다. 유황분을 제거하기가 어려운 석탄의 대량 연소와 자동차의 급증으로 중국의 대기 중 미소입자상물질 PM2.5 증대에 의한 건강 피해가 늘어나고 있다. 중국의 석탄 연소 증가는 대기오염과 함께 대기 중 이산화탄소 농도의 상승에 크게 영향을 미치고 있다. 중국 자체의 대응과 함께 국제적인 협력도 요구된다.

석탄액화
coal liquefaction/
coal to liquid, CTL

석탄가스를 저장과 운송이 용이하도록 액체화시킨 것이다. 석탄은 석유나 천연가스와 비교했을 때 연소 시 이산화탄소 배출량과 유황, 회분 등 불순물이 많아 저장·운송 면에서 불편하다. 그러나 단위 열량당 가격이 싸고 매장량이 많다는 이점도 있다. 석탄은 수소의 함유율이 낮고 탄소분이 많아서 우선 고온·고압에서 저분자로 분해하거나 수소를 첨가하여 메탄·수소를 주성분으로 하는 가연성 기체로 만든다. 그것에 압력을 가하게 되면 석탄가스가 액화된다.

「성장의 한계」
The Limits to Growth

로마 클럽으로부터 위탁받아 미국 매사추세츠 공과대학의 데니스 메도즈(Dennis L. Meadows) 등이 중심이 되어 1972년에 발표한 보고서. 로마 클럽이란 세계의 과학자와 경제인이 모여 지구상의 자원 고갈 등 인류에게 닥치고 있는 위기에 대처하기 위해 설립된 싱크탱크이다. 보고서는 이대로의 속도로 세계 인구가 증가하고 공업화가 진전되면 지구의 자원은 고갈되고, 환경오염은 지구의 허용 범위를 넘어 100년 이내에 인류의 성장은 한계에 달한다고 경고했다. 그러나 인류가 일찍 행동을 시작하면 지속가능한 생태학적 또는 경제학적 안정을 얻을 수 있다는 결론도 도출했다.

이러한 결론은 매사추세츠 공과대학의 포리스터(Forester)가 산업, 경제활동을 시뮬레이션하기 위해 개발한 다이나믹 모델(Dynamic Models)로 이끌어냈다. 인류가 지구 생태계가 허용할 수 있는 이상의 소비를 계속한다면 2030년까지 세계 경제는 파탄이 나고 인구의 급감이 일어날 가능성이 있다고 예측하고 있다.

성찰
reflection

체험적 활동을 한 후에 체험한 것을 상기하고, 체험활동에서 어떤 일이 생겼는가를 기억하는 것으로 생각과 배움을 정착시켜 가는 작업. 단지 체험을 했다는 것만으로 끝나지 않고 체험을 통해 느낀 것, 깨달은 것, 발견한 것, 생각한 것 등을 성찰한다. 경우에 따라서는 성찰하는 중 생각한 것을 글로 쓰거나, 말하거나 혹은 그림으로 그리는 등 표현해보는 과정이다.

체험학습법에서는 우선 '하다(DO)'→그것을 '보다(LOOK)'→다시

'생각하다(THINK)' → 그리고 '정리하거나 다음을 생각하다(PLAN)'라는 배움의 순환 과정을 중요시한다.

이 과정을 순환할 때 각각의 단계에서 자각이 촉구된다. 특히 체험한 것을 돌아보고 객관적으로 자신을 관찰하는 작업이 성찰이다. 이로 인해 생각과 배움이 깊어지는 효과가 있으므로 체험학습법의 학습 과정 도중에도 적절하게 실시하고 프로그램 마지막에는 반드시 체험을 성찰해보도록 한다. 혼자서 성찰한 것을 여러 사람과 나누는 '공유하기'가 같이 이뤄지는 경우가 많다. 이 과정들에서 '체험을 언어화해서 각자의 현장에 가지고 돌아가기 쉽게 한다'는 의미도 있다.

세계물포럼
World Water Forum, WWF

물 문제에 관한 모든 문제(음료수, 수질 오염, 물 자원, 홍수 등)을 해결하기 위해 학자, 기술자, NGO·NPO, 유엔 기관, 정부 관계자 등이 참가하여 3년마다 3월에 '세계 물의 날'을 개최하고 있는 세계회의. 유엔 주최의 회의는 아니지만 각국의 정부 관계자가 참가하여 세계의 물 문제와 그 정책에 영향을 주고 있다. 한편으로 세계물회의가 운영하고 있는 세계물포럼은 민간화 지향이 강해, 담수자원을 둘러싼 국제적 긴장관계가 발생하자 일부 시민단체가 운영을 비판하기도 했다.

제1차 회의는 1997년 모로코의 마라케시에서 개최되었다. 21세기 세계의 물과 생명과 환경에 관한 비전을 다음 회의에서 논의하기로 했다. 제2차 회의는 2000년 네덜란드 덴하그에서 개최되어 '생태계 기능 평가', '관개농업 확대 억제', '저수량 증가', '물 생산성 향상', '기술혁신 지원', '물자원 관리 개혁', '유역의 국제협력' 등을 시도해야 할 과제로 제안했다. 제3차 회의는 2003년 일본의 교토, 오사카, 시가에서 개최되었다. 이 회의에서는 '물과 식량', '물과 빈곤' 등의 과제가 토의되었다. 제4차 회의는 2006년 멕시코의 멕시코시티에서 개최되었다. 여기서는 물 문제해결을 위한 지역행동'이 논의되었다. 제5차 회의는 2009년 터키의 이스탄불에서 개최되었다. 이 회의에서는 '물 문제 해결을 위한 다리'를 주요 테마로 토의했다. 제6차 회의는 2012년 프랑스 마르세유에서 개최되었다. 이 회의는

'테마프로세스', '지역프로세스', '정치프로세스', '주민참가프로세스'로 구성되었다.

➕ 한국은 2015년에 대구와 경북에서 제7차 회의를 개최했다. '미래를 위한 물'이라는 주제로 약 400여 개의 세션이 구성되어 방문객 수와 프로그램 구성에서 역대 최대 규모로 진행되었다.

세계보전전략
World Conservation Strategy

1980년 국제자연보호연합(IUCN)이 유엔환경계획(UNEP), 세계야생생물기금(1986년 이후에는 세계자연기금, WWF)의 협력을 얻어 만든 정책제안서, '지속가능발전을 위한 생물자원보전'이라는 부제를 가진다.

핀쇼(Gifford Pinchot)의 자원보전(컨서베이션)사상을 충실하게 계승하여 자원을 고갈시키지 않고 인류가 그 혜택을 계속 받기 위한 '현명한 이용(wise use)'을 실현하기 위해 어떤 이해와 노력이 필요할지, 국가나 국제사회는 무엇을 해야 할지의 지침을 나타내고 있다. 자원의 유한성과 미래 세대에 필요한 열쇠가 되는 개념 언급도 볼 수 있어 '지속가능발전'이라는 사고방식을 세계에 넓히는 계기가 되었다.

그 후 '지속가능발전' 개념을 기초로 환경과 개발에 관한 세계위원회(통칭 브룬트란트 위원회) 보고서 「우리 공동의 미래」(1987년)가 공표되었고 유엔환경개발회의(지구서미트, 1992년)가 개최되었다. 1991년에는 이 3개의 조직에 의해 '지구를 소중하게-지속가능하게 살아가기 위한 전략'이 공표되었다. 여기에서는 삶의 질적인 풍요로움이 강조되고 새로운 윤리와 가치로의 전환의 필요성이 강조되는 등 환경교육에 관련한 중요한 내용을 많이 볼 수 있다.

세계식량정상회담
World Food Summit, WFS

1996년 이탈리아 로마에서 유엔식량농업기구(FAO) 가맹국들이 참가하여 개발도상국의 기아 문제와, 선진국과 개발도상국의 식량 수급 불균등 등에 대해서 논의하며 시작된 국제회의를 말한다.

이 회담에서는 '세계 식량안전 보장에 관한 로마 선언'이 채택되었다. 당시 전 세계 8억 명에 달하는 영양부족 인구를 2015년까지 절반으로 줄이자는 목표에 관해, 2002년 세계식량정상회담에서는 기아 문제와 식량 불균등 문제에 관한 실시 상황을 되돌아보고 이후의 확실한 노력을 위한 정치적 의사를 재확인했다. 그리고 5년 후 회의에서는 개발도상국으로부터 선진국에 대해 ODA(정부개발원조) 증액과 시장개방, 농업보조금 철폐, 채무 삭감 등의 요구가 제시되었고, 선진국으로부터는 개발도상국에 대해 ODA 증액 계획(EU 등), 관세 감면, 개발도상국에서의 통치 안정화, 바이오테크놀로지의 유용성 설명(미국)이 있었다.

➕ 2009년 이후로 회담이 열리지 않았고, FAO 등 유엔 산하 5개 기구가 발표한 「2019 세계식량안보 및 영양 현황 보고서」에 따르면, 2018년 기준 세계 영양부족 인구는 8억 2,160만 명으로 전년 대비 1,000만 명이 증가한 것으로 나타났다.

세계유산
World Heritage

1972년 유네스코총회에서 채택된 '세계문화유산 및 자연유산의 보호에 관한 협약(Convention Concerning the Protection of the World Cultural and Natural Heritage)'의 제11조 2항에 규정된 '세계유산일람표(세계유산리스트)'에 기재된 문화유산 또는 자연유산을 말한다. 세계유산협약은 1960년대 댐 건설에 의해 수몰 위기에 놓인 누비아의 아부심벨 신전 등의 유적을 국제협력으로 지켜낸 경험에서 생겨난 협약으로 인류에게 공통 가치를 가진 문화유산, 자연유산을 국제협력으로 지키는 것을 목적으로 한다.

세계유산리스트는 1972년에 세계 최초로 국립공원인 옐로스톤 국립공원 설립 100주년을 기념하여 1971년에 미국과 국제자연보호연합(IUCN)이 제안한 '세계유산트러스트'가 그 기원이다. 한편 세계유산리스트 중 자연재해, 분쟁 등에 의해 위기에 놓이거나 보전을 위한 보수가 필요한 유산을 '위기에 놓인 세계유산리스트(위기유산리스트)'에 기재하는 제11조 4항은 1971년에 유네스코와 국제기념물유적회의(ICOMOS)가 제안한 '보편적 가치를 가진 기념공작물, 건조물군, 유적의 보호에 관한 협약 안'에서 유래했다.

세계유산협약 가맹국은 자국의 영토 내에 있는 모든 문화유산 또는 자연유산을 보호하고, 미래 세대에게 전하는 의무를 지는데 그 중 모든 인류에게 있어서 '현저한 보편적인 가치'를 가지는 문화유산, 자연유산을 세계유산리스트에 추천하게 되었다. 이 표현도 미국, IUCN의 세계유산트러스트의 조건인 '인류에 있어서의 현저한 관심과 가치'와 유네스코, ICOMOS의 협약 안에 있는 '보편적 가치를 가진 기념공작물, 건조물군, 유적'의 2가지를 합한 개념이다.

세계유산리스트에 기재되기 위해서는 현저한 보편적 가치를 증명하는 10개의 등록기준 중 하나 이상이 일치하고 자연유산이라면 완전성, 문화유산이라면 진실성과 완전성의 조건을 만족할 것, 국내법으로 보전되고 있어야 하는 것이 필수 조건이다.

➕ 한국의 세계유산은 석굴암과 불국사(1995년), 해인사 장경판전(1995년), 종묘(1995년), 창덕궁(1997년), 화성(1997년), 경주역사유적지구(2000년), 고창·화순·강화 고인돌 유적(2000년), 제주화산섬과 용암동굴(2007년), 조선왕릉(2009년), 한국의 역사마을: 하회와 양동(2010년), 남한산성(2014년), 백제역사유적지구(2015년), 산사와 한국의 산지승원(2018년), 한국의 서원(2019년)이 있다.

세계인권회의
World Conference on Human Rights

1948년에 채택된 세계인권선언의 유효성을 확인하기 위해 1968년에 국제인권회의(이란 테헤란)에 이어, 1993년에 오스트리아 빈에서 개최된 유엔 주최의 대규모 회의. 냉전 붕괴 후 민족 분쟁의 격화, 남북경제 격차의 확대를 배경으로, 인권의 보편성 확인과 인권기구의 정비가 주요 의제였다. 인권의 보편성에 관해서는 자유권과 사회권의 불가분성, 인권과 개발 등의 상호의존성 등이 합의되었지만, 동시에 보편성을 부정하고 문화적 문맥 속에서 인권을 받아들이는 아시아적 인권론이 등장하는 계기가 되었다. 회의 결과 빈 선언 및 행동계획이 채택되어 유엔인권고등변무관이 설치되었다. 그 후 빈 선언에 이어 1994년 유엔총회에서 '인권교육을 위한 유엔 10년(1994~2004년)' 행동계획이 수립되었다.

세계자연기금
World Wide Fund for Nature, WWF

자연환경보전을 목적으로 하는 세계 최대 규모의 NGO. 본부는 스위스에 있고, WWF는 설립 이래 전 세계 100여 개 국가에서 1만 3,000여 개의 환경 프로젝트에 100억 달러 가까이 투자했으며, 지금도 약 1,300개의 프로젝트를 동시 수행하고 있다. 1961년에 세계자연보전연맹(IUCN)의 자금 조달을 위한 보완 기관으로서 세계야생생물기금(World Wildlife Fund)을 설립했고, 1986년에 현재의 명칭으로 개칭되었다. 일본 법인은 1971년에 설립[한국은 2014년 설립]되어 현재는 공익재단법인으로 운영되며 세계의 생물다양성 보호, 재생 가능한 자연자원의 지속적 이용, 환경오염과 낭비적 소비의 삭감을 목적으로 세계 각지에서 비교적 온건한 활동을 광범위하게 전개하고 있다. 대표적인 사업으로는 호랑이 등 멸종위기동물의 보호활동, 상아 등의 위법 무역 감시, FSC(산림인증제도)와 MSC(어업인증제도) 등 농림수산물의 국제적인 에코인증제도 추진 등이 있다.

세계자연보전연맹
International Union for Conservation of Nature, IUCN

1948년에 창설된 세계 최대 규모의 환경단체로 구성원은 200곳 이상의 정부 조직, 900곳 이상의 비정부 조직으로 세계 최대 규모의 전문적 보전 네트워크를 구축하고 있다. 사무국은 스위스 글랑에 있다. 1948년 설립 때는 IUPN(International Union for Protection of Nature)이었다가 1956년에 IUCN으로 변경되었다.

최대 목적은 생물다양성 보전에 있다. 이 목적을 달성하기 위해서 IUCN에서는 야생생물의 멸종을 방지하고 생물다양성을 보전하기 위해 멸종 위험이 높은 생물을 선정하고 이들 종의 분포 및 서식 현황을 수록한 적색자료집을 발간하고 있다. 세계 각국에서는 자신의 나라에서 멸종위기에 처한 생물을 수록한 적색자료집(지역적색자료집)을 발간하고 있다. IUCN의 보전을 위한 9개의 범주는 절멸(EX), 야생절멸(EW), 위급(CR), 위기(EN), 취약(VU), 준위협(NT), 관심대상(LC), 정보부족(DD), 미평가(NE)로 분류된다. 또한 IUCN에는 6개의 위원회인 교육커뮤니케이션 위원회, 환경경제사회정책위원회, 환경법위원회, 생태계관리위원회, 종보존위원회, 세계보호지역위원회를 두고 있다. 위원회에서는 다양한 분야의 1만 명이 넘는 전문가들이 자원봉사로 활동하며 세계의 자연자원의 상태를 조사하고 보전 문제에 관한 노하우와 정책 제언을 제공하고 있다.

세계화 (글로벌화)
globalization

경제적 세계화, 정보나 규격의 세계화 등 정치, 사회, 문화까지 포함하고 있어 다양성을 가진다. 직역하면 '세계적 규모화'인데 정치, 사회, 경제, 문화의 경계와 장벽이 사라지는 것으로 사회 전체의 동질화와 격차의 확대가 동시에 진행하는 것을 의미한다. 짝을 이루는 개념으로는 현지화(지역화, localization)가 있다.

세계화는 냉전 체제가 무너진 1980년대 말부터 본격적으로 발전했다고 보는데, 1990년대 들어서 그 개념이 일반적으로 사용되었다. 이것은 정치, 군사, 사회, 문화 등 모든 영역에 나타났지만 무엇보다 경제적 세계화였다.

경제적 세계화는 국제통화기금(IMF)과 세계은행, 세계무역기구(WTO) 등 국제기구와 선진국을 석권한 시장주의적(신자유주의적) 정책, 옛 사회주의 국가와 신흥국 등의 시장 경제화로 촉진되어 왔다. 경제적 세계화는 세계, 그리고 인간 생활의 모든 영역의 도시화(상품·화폐의 세계화)라고 한다. 세계화 시대에는 자연자원과 산업·생활 폐기물과 같은 기업 활동이나 생활에서 '외부화'하고 각자 책임의 범위 밖에서 지금까지 조달·처리해 왔던 것도 '내부화'하지 않으면 안 된다. 환경문제는 전 지구적 논의가 필요한 것으로 1992년 국제환경개발회의 이후 세계 공통의 과제로 널리 인식되어 왔다. 다른 한편 빈곤으로 인한 생존 경쟁적인 환경 파괴와 다국적 기업의 문제가 있고 지배·피지배 관계로 인한 구조적 폭력이 환경 파괴의 원인이라고 지적되었다. 선진국들에서도 격차와 빈곤 문제가 심각해지면서 '빈곤·사회적인 배제 문제'가 사회정책의 대상으로 중요하게 다루어지게 되었다. 전 지구적으로 고려해야 하는 문제는 지금까지 '지구적 문제군'으로 불려왔는데 세계화 시대의 대표적 예로 지구환경 문제와 더불어 인권·빈곤·개발 문제가 깊게 얽힌 '빈곤·사회적 배제 문제'를 들 수 있다. 이 두 문제는 위험 사회화와 격차 사회화, 부의 과잉과 빈곤 축적의 상호 규정적 대립을 심화해 온 세계화의 결과인 것이다. 모두 각 나라의 문제에만 머무는 것이 아니라 '세계 시스템'의 문제, 특히 선진국과 개발도상국 간 심각한 모순·대립을 불러오는 문제로 오늘날 지구의 '쌍둥이 문제'로 파악되며 동시에 해결해야 할 것이 요구된다.

2002년의 지속가능발전 세계정상회의(WSSD)에서는 정상들의 정치적인 의사를 담은 '지속가능발전에 관한 요하네스버그 선언'이 채택되었다. 이 선언은 세계화와 개발, 빈곤, 환경문제의 연관성을 깊게 인식하고 그 해결을 향한 결의를 확인하고 있다. 또한 환경교육의 방향성에서도 종래의 자연과 자연과학에 근거한 환경교육에 빈곤과 개발, 사회적 배제 문제까지 깊숙이 접목하는 것이 중요하게 제시되었다고 할 수 있다.

세계 환경의 날
World Environment Day

1972년에 스톡홀름에서 유엔인간환경회의가 개최된 것을 기념하여 개최일인 6월 5일을 세계 환경의 날로 정했다. 유엔환경계획(UNEP)에서는 세계 환경의 날에 맞춰 매년 주제를 발표한다. 일본에서는 1973~1990년까지 6월 5일부터 일주일을 환경 주간으로 정하고, 1991년부터는 6월 한 달을 환경 월간으로 정하여 환경성, 관계기관, 지자체, 기업, 시민단체 등에서 환경교육관련 세미나 등 보급 계발 이벤트를 전국 각지에서 개최한다. 환경기본법(1993년) 제10조에서 6월 5일을 '환경의 날'로 정하고 있다.

➕ 한국은 1996년부터 '각종 기념일 등에 관한 규정'에 따라 매년 6월 5일을 법정기념일로 정하고, 국민의 환경보전 의식 함양과 실천의 생활화를 위한 환경의 날 기념행사를 개최하고 있다.

세대 간 공평
intergenerational equity

현세대와 미래 세대 간의 공평. 현세대가 환경자원을 다 써 버리거나 환경을 오염시켜 버리면 미래 세대에 큰 손실을 초래한다. 경우에 따라 미래 세대의 생존도 위협받을 수 있다. 세대 간 공평 또는 세대 간 윤리라고 불리는 이 문제는 환경문제가 대두되면서 한층 강하게 인식되었다. 아이들을 미래 세대의 대표라 생각하고 참가의 기회를 주자는 의견도 있다.

세대 간 공평의 문제는 직감적으로는 이해하기 쉽지만 이론적으로는 문제도 많다. 예를 들어 의견 표명을 할 수 없는 미래 세대의 권리를 현세대는 추측할 수밖에 없다. 그러나 기술혁신 등으로 현재는 필요한 것이 미래에는 불필요한 자원이 될지도 모르고 그 역으로도 생각할 수 있다. 또 현대사회에는 남북문제처럼 큰 불공평이 있다. 개발로 그것을 시정하는 것이 미래 세대의 이익에 반하는 경우 현세대의 권리가 미래 세대를 위해 제한되어야 하는지 의문도 나온다. 세대 간 공평은 중요한 관점이지만 세대 내 공평과 함께 생각한다면 현재 빈곤에 있는 사람들을 배제하는 것이 되기 때문에 충분한 주의가 필요하다.

세대 내 공평
intragenerational equity

세대 간 공평과 달리, 현재 살고 있는 사람들 간의 사회적 공평을 말한다. 환경문제를 모든 인간이 가해자인 것처럼 논하기도 하지만, 현실에서는 환경자원의 이용에 의한 수익자와 환경 파괴의 피해자가 다르다는 문제가 있어 구조적 불평등이 존재한다. 다시 말해 환경자원을 활용할 때 대부분을 엘리트층이 향유하고 환경 파괴의 피해는 사회적 약자와 생물적 약자에게 돌아간다. 여기서 이야기하는 사회적 약자란 개발도상국과 원주민족 등의 마이너리티, 저소득자, 여성 등을 들 수 있다. 생물적 약자란 고령자와 어린아이들, 태아 등을 가리킨다. 미나마타병의 예를 보면 바다의 정화 기능이라는 환경자원을 이용하여 해양을 오염시켜 이익을 얻은 기업과 태아성 미나마타병과 같이 피해를 받은 사람들의 층이 다른 것을 알 수 있다.

인구비로 20%의 선진국 사람들이 80%의 자원을 소비하고 있다고 알려져 있다. 이 선진공업국과 개발도상국의 경제격차(남북문제)도 세대 내 격차이다. 자유무역을 배경으로 한 자원의 수탈과 공해 수출의 예는 정말 많다. 작물의 단일재배는 개발도상국의 기아를 확대한다. 다국적 기업에 의한 유전자자원의 독점적 이용도 문제가 되고 있다. 이와 같은 문제를 고치기 위한 세대 내 공평의 추구는 지속가능한 사회 실현에 꼭 필요하다고 할 수 있다.

세리즈 원칙
CERES Principles

기업의 환경문제에 대한 대응 기준을 정한 윤리원칙. 1989년 알래스카에서 유조선 엑슨발데즈 호 좌초로 의한 원유 유출 사고가 계기가 되어 기업의 환경윤리원칙이 요구되었는데, 애초에는 그 이름을 따서 발데즈 원칙이었다. 그 후 미국의 환경보전을 추진하는 투자가 그룹인 세리즈(CERES, Coalition for Environmentally Responsible Economies)가 기업의 환경보전 10원칙을 공표하고 이 원칙에 동의를 표하는 것으로 투자 대상 선별 기준을 정했다. 이에 따라 환경윤리에 기초한 기업 활동의 중요성 인식이 확대되어 기업이 환경정보를 공개하게 되면서 세리즈 원칙이라는 명칭으로 정착되었다. 10가지 원칙은 자연환경보전과 자원 절약, 에너지 절약, 기업의 환경 책임으로서 안전한 기술의 채용과 상품 제공, 손해배상책임, 연차 보고 등의 정보공개, 환경 담당자 배치 등이다.

『센스 오브 원더』
The Sense of Wonder

미국의 해양생물학자 레이첼 카슨(Rachel Carson)이 조카 로저와 북미 메인 주 숲과 해변을 '탐험'하고 비가 오는 숲과 밤의 바다를 바라본 체험을 기초로 쓴 에세이. 1950년대에 잡지에 실린 에세이 'Help Your Child to Wonder'가 카슨의 사후에『센스 오브 원더(The Sense of Wonder)』로 1965년에 간행되었다.

'The Sense of Wonder'란 아이들이 태어나면서부터 가지고 있는 '신비함과 불가사의함에 눈을 뜨는 감성'이고, 이 감성을 어른이 되어서도 계속 가지고 있으면 환경문제를 극복하고 자연과의 공존이라는 삶의 방식을 가지게 해주는 인간 형성으로 이어진다는 것이 이 책의 메시지이다. "태어나면서 가지고 있는 아이들의 '센스 오브 원더'를 항상 신선하게 가지고 있기 위해서는 우리가 살고 있는 세계의 기쁨과 감격, 신비로움 등을 아이들과 함께 재발견하고 감동을 서로 나누어 주는 어른이 적어도 한 사람은 옆에 있어야 한다"는 이 책의 내용은 자연을 느끼는 환경교육의 중요성을 말해주고 있다. 이 책에서 자연체험학습이 농약과 오염의 공해문제에 대한 환경교육과 마찬가지로 중요한 것이라는 인식의 확산, 카슨의 또 하나의 대표작 『침묵의 봄(Silent Spring)』(1962년 작, 에코리브르 2011년)과 함께 1970년, 미국 환경교육법의 성립에 큰 영향을 주었다.

셔터 거리
deteriorating shop street

일본에서 유래한 용어로 낮 시간대에 셔터(가게 문)가 닫힌 상점이나 사무실이 즐비한 거리를 말한다. 즉 폐업 또는 휴업 점포가 눈에 띄는 쇠퇴한 상가나 거리의 상태를 나타내는 것이다. 일본에서는 1990년경부터 지방 도시의 중심지 지역에서 이런 현상이 현저하게 나타났다. 도시 주변 지역에 대형 복합쇼핑몰이 입점하거나 중심 시가지의 백화점 폐점, 상점 경영자의 고령화, 후계자의 부족 등 여러 가지의 요인이 있다. 자가용이 없는 노인 등은 '쇼핑 난민'이 되거나, 지역 치안의 악화로 이어지고 있다. 이에 대한 대책으로는 상점 조합이나 마을 건설회사 등이 빈 점포의 경영자를 모집하거나 공공장소로 재활용하는 것과 같은 방법을 모색하고 있다.

셰일가스, 오일셰일
shale gas and oil shale

셰일가스는 혈암(셰일)에 저류되어 있는 천연가스를 말한다. 북미, 남미, 중국, 호주 등 전 세계에 광범위하게 분포하며 매장량은 매우 많다. 천연가스는 일반적으로 사암에 저류되어 있는 것을 채굴해 왔는데 혈암에 있는 것은 채산이 되지 않아 거의 채굴하지 못했다. 최근 지하의 혈암층을 고압수로 파괴하여 천연가스를 회수하는 기술이 개발되면서 미국에서는 상업 생산이 본격화되고 있다. 공급량이나 가격 면에서, 그리고 지정학적으로는 에너지의 힘 균형을 바꿀 수 있다는 견해도 있어 셰일가스 혁신이라고 부른다.

그러나 채굴에는 대량의 물을 사용해야 하며 지하의 혈암층을 파괴하기도 한다. 또한 지반침하와 배수에 의한 환경 파괴의 우려가 높아 프랑스에서는 개발을 금지하는 법안도 가결되었다. 또한 매장량에 대해 의문을 제기하는 견해가 있으며 비재래형의 천연가스자원으로 많은 기대를 모으고 있으나 문제점 또한 지적되고 있다.

오일셰일은 석탄층과 함께 나오는 케로겐을 포함한다. 석유혈암(石油頁岩), 유혈암(油頁岩)이라고도 부른다. 건류 과정에서 황산암모니아가 얻어진다. 독일, 구소련, 미국 등에서 석유 채취가 이루어진 바 있다. 공업적 처리에 따라 오일셰일에 포함된 탄화수소를 액체 상태 또는 가스 상태로 회수하여 연료화하는 것이 가능하다. 매장량은 셰일가스와 비슷해서 매우 많고 원유 매장량과 맞먹는다고 추정하는 전문가도 있다. 세계 곳곳에 분포하고 있으며 에스토니아에서는 오일셰일을 원상태 그대로 연료화하여 에너지로 이용하고 있다.

셰일가스나 오일셰일은 채산성 때문에 계발되지 않은 화석연료였으나 재래형 화석원료의 생산 피크가 지남에 따라 이용 기술의 개발이 진행되었다. 개발이나 채굴에는 지금까지 없었던 환경 파괴가 동반되며 지구온난화에도 큰 영향을 미치고 있다고 볼 수 있다.

소리지도
sound map

자연놀이의 한 방법으로 주위에서 들리는 소리를 이미지로 떠올려 카드에 그리는 방법으로, 들린 소리를 지도로 표현하는 활동이다. 소리지도를 통해서 청각 기능을 높이고 한 가지의 음을 깊게 음미하며 자신이 다중다양한 소리에 둘러싸여 있는 것을 깨닫는 것으로, 참가자끼리 소리지도를 공유하면서 다른 사람을 이해할 수 있는 효과도 기대할 수 있다.

소빙기(소빙하기)
little Ice age

과거 천년 동안 세계적으로 기온이 떨어진 한랭기를 일컫는데, 길게는 14세기 중반부터 19세기 중반 동안이라는 주장도 있고, 비교적 짧게는 16세기 중반부터 19세기 중반이라는 주장도 있다. 17세기의 그림을 보면 지금은 얼지 않는 발트해나 발트해로 흘러 들어가는 강, 운하 등이 얼어붙어 있는 풍경이 그려져 있고, 각지에서 빙하의 범위가 넓어지고 해수면이 낮아진 것으로 나타난다. 일본의 에도 시대도 이 소빙기 시기에 해당되며 장기간에 걸친 냉해를 자주 겪게 되어 대기근 등이 있어났다. 그러나 기후변화에 관한 정부 간 패널(IPCC)의 제1차 평가 보고서(1990년)에 따르면 소빙기라고는 하지만 북반구의 기온 저하는 지금보다 1℃ 미만에 그쳤던 것으로 추정된다.

소수력발전
small hydroelectric generation

댐을 쓰지 않고 강과 수로 등에 설치한 수차 등을 이용하여 터빈을 돌리고 발전하는 방식이다. 신재생에너지를 이용한 발전의 한 가지이다. 수력발전은 크게 댐식 발전과 수로식 발전 두 가지가 있다. 이 중 수로식 발전은 유입식 발전이라고도 하며 하천을 막는 것이 아니라 하천에 취수보(取水洑)를 만들어 거기에서 취수한 물을 완만한 경사의 도수로로 물탱크까지 끌어와 낙차를 얻어 발전하는 방법이다. 이 방법은 규모도 작고 발전에 쓴 물을 바로 강으로 되돌리는 등 강에 대한 환경 부담을 줄일 수 있다. 일반적으로 소수력 마이크로 수력이라고 하면 이 수로식 발전 방법을 구사하는 경우가 많다.

일본의 '신에너지 이용 등의 촉진에 관한 특별조치법'에서 소수력 발전은 '수로식에서 출력 1000KW 이하의 것'으로 한정하고 있다.

소수력발전은 하천의 물뿐만 아니라 기존의 농업용수 이용 시설과 상수도 시설 등에도 이용 가능하고 잠재적 이용 가능량은 크다고 할 수 있다. 1급 하천, 2급 하천, 준용하천에 소수력발전소를 설치할 때는 하천법에 따라 출력의 크기에 관계없이 수리권의 취득이 필요하다. 소정의 절차를 걸쳐 하천 관리자에 의해 수리권의 허가가 내려오는 데는 상당한 시간이 걸리는 경우도 적지 않다.

소음
noise

불쾌하게 느껴지는 소리의 총칭으로 건강이나 생활에 영향을 끼치는 소리이다. 일본 환경성의 '2014년도 소음규제법 실행 상황 조사'에 따르면 불만 건수가 가장 많은 소음 발생지는 공장·사업장, 건설 작업이었다. 일본은 1967년 공해대책기본법에서 소음을 공해로 규정했다. 그리고 1968년 소음규제법에서 공장·작업장이나 건설공사에 의한 소음을 규제하고 환경기준에 의거하여 자동차 소음 허용 한도를 설정했다. 또한 항공기 소음이나 고속열차의 소음은 별도의 환경기준을 설정했다. 특히 민간 공항 주변뿐 아니라, 자위대기나 미군기 이착륙으로 발생하는 항공기 소음은 일본의 사회문제가 되었다.

이 밖에 이웃 간의 소음으로는 상점, 음식점 등의 영업 소음이나 가두방송, 가두 선전차 등의 확성기 소음이 있다. 이러한 소음에 대해서는 소음규제법에 의해 지방 공공단체가 영업시간 등을 제한할 수 있지만, 국소적으로 발생하는 이웃 간 소음은 심각한 문제를 유발할 수 있다. 특히 생활 소음은 이야기 소리, 문을 여닫는 소리 등이 갈등의 원인이 되지만, 이것이 소음인가에 대한 판단은 피해자의 주관이 크게 작용한다.

✚ 한국은 공장·건설공사장·도로·철도 등으로부터 발생하는 소음·진동으로 인한 피해를 방지하고 적정하게 관리하여 모든 국민이 조용하고 평온한 환경에서 생활할 수 있게 함을 목적으로 소음·진동관리법을 제정하여 시행하고 있다.

소해면상뇌병증
(광우병)
bovine spongiform encephalopathy, BSE

소의 뇌가 스펀지 상태로 액포변성을 일으키는 진행성·치사성의 신경질환. 일반적으로 광우병이라 부른다. 평균 7~8년 정도 장기적으로 잠복 기간을 거친 후에 발병하고, 발병하면 신경과민, 운동실조, 식욕감퇴 등의 증상을 보이다 최종적으로는 죽음에 이른다. 발병에서 죽음에 이르기까지 2주~6개월 정도가 걸린다. 뇌에 변형 프리온 단백질이 축적되는 것이 원인으로 알려져 있지만, 충분한 원인으로는 규명되지 않고 있다. 감염 경로는 BSE 감염소의 육골분을 사료로 주는 것에 의한 경구감염으로 추측되고 있다.

  BSE는 1986년 그리스에서 발견되어 인간에 대한 감염성과 치사성으로 일시적인 패닉 상태가 되었다. 일본에서는 2001년 10월에 소의 육골분 사료를 완전히 금지하는 동시에 변형 프리온 단백질이 축적되는, 뇌를 포함한 머리부(혀, 볼 살을 빼고), 등뼈, 골수, 회장원위부(맹장과 접속한 부분에 약 2m)를 특정위험부위(SRM)로 지정하고 도축, 유통의 단계에서 제거하는 것을 의무화하고 있다.

솔라 시스템
Solar System

⋯▶ 태양광발전

송사리
Japanese killifish/
Oryzias latipes

  동갈치목 송사리과에 속하는 물고기로 작은 강이나 수로, 논 등에 서식한다. 옛날에는 넓게 분포되어 있었지만, 호안 공사, 수질 악화, 농약 사용 등으로 급격히 감소하여 지금은 멸종위기종이 되었다. 송사리를 늘리기 위해 여기저기에서 방류하는 단체와 개인이 많이 있다. 일괄적으로 송사리라고 해도 북일본 집단과 남일본 집단 크게 두 종류로 나뉘고 더욱이 후자는 9개의 형태로 세분되어 있다. 즉, 10그룹의 송사리는 여러 가지 유전자 다양성의 관점에서 볼 때 다른 것이다. 반딧불이와 같이 안이한 방류는 지역차를 가진 송사리의 유전적 교란을 초래하기 때문에 무분별한 방류는 해서는 안 된다. 특히 사육품종 송사리의 방류는 엄격히 삼가야 한다.

수력발전
hydroelectricity/
hydroelectricity
generation

  수력발전은 댐에 저장된 물과 하천으로부터 흘러 들어오는 물을 높은 곳에서 낮은 곳으로 낙하시켜 물이 떨어지는 힘으로 수차를 회전시켜 전기를 일으키는 발전 방법이다. 물의 양이 많고, 떨어지는 높이(낙차)가 클수록 발생량이 증가한다. 수력발전은 단위 출력당 비용이 싸고 다른 자연에너지에 의한 발전에 비해 출력의 안정성과 부하 변동의 추종성도 우수하다. 전력소비가 적은 야간에 댐으로 물을 끌어올려 피크타임에 발전하는 양수식 발전도 활용되고 있다. 한편으로는 댐 건설에 의한 환경 파괴도 심각한 문제이다. 최근에는 대규모 댐 건설이 아닌 소수력발전 시설 설치가 활발해지고 있다.

수목치료기술자
tree surgeon

나무의 진단·치료를 실시하고 수목의 보호에 관한 지식의 보급과 지도를 실시하는 전문가이다. 일본에서는 1991년 산림청의 국고 보조 사업의 일환으로 출범한 국가자격이었지만, 2001년 재단법인 일본녹화센터가 인정 시험을 실시하는 민간자격으로 이행했다. 자연보호 분야 가운데 난이도가 높은 자격의 하나로 직업으로 삼는 것도 가능하다.

➕ 한국에서는 한국수목보호협회의에서 수목보호기술자(민간자격) 시험을 시행한다.

수소사회
hydrogen society

현대사회는 화석연료 에너지에 의존하고 있지만 화석연료는 자원이 유한하고, 지구온난화를 촉진하는 이산화탄소를 배출한다는 문제가 있다. 화석연료를 대체하는 에너지원으로의 전환이 필요하고, 그 후보가 수소를 이용한 에너지이다. 수소사회란 에너지의 기반을 수소에 두는 사회라는 의미이다.

수소와 산소의 반응으로 발전하는 연료전지를 교통 분야를 포함한 사회 인프라에 적용해볼 수 있다. 태양광발전이 낮 시간의 과도한 전력으로 물을 전기분해하여 수소를 생산할 수 있는 것처럼, 수소는 신재생에너지와의 친화성이 높다. 단, 보급 가능한 연료전지의 개발, 수소 제조와 안전한 공급 시스템 정비 등 현재로서는 많은 과제가 남아 있다.

수익자부담원칙
beneficiary-pays principle

실제로 이익을 누리는 주체가 그 경제적 부담을 져야 한다는 생각이다. 환경 분야에서는 공해 시대에 '오염자부담원칙'이 확립되어 왔고, 최근 생물다양성 보전의 관점에서 봤을 때 생태계 서비스에서 실제로 이익을 누리는 주체가 그 경제적 부담을 져야 한다는 생각이 강해졌다. 구체적으로는 생태계 서비스의 경제적 평가를 실시하고 생물다양성 보전을 위한 자금 조달과 배분 구조를 확립시킨다는 것이다. 수익자에 의한 생태계 서비스의 지불이나 개발의 대상으로 자연 재생을 실시하는 생물다양성 오프셋 등의 체계가 도입되고 있다.

수자원
water resources

물은 지구상을 대기권, 지권, 수권에서 기체, 액체, 고체로 형태를 바꾸면서 순환을 계속하여 재생할 수 있는 자원이다. 공업 생산을 위한 공업용수, 식료 생산을 위한 농업용수, 생활용수의 이용은 인간이 건강하게 문화적인 생활을 향유하는 기본을 이루는 것이다. 일반적으로 해수는 수자원으로 보지 않지만, 공업용의 일부는 냉각용으로 사용되고 있다.

물은 지역의 자원으로 지리적으로 편재되어 있어, 유역을 넘어서 물이 부족한 지역에 운송하여 저수하는 일이 기술적으로 가능하더라도 사회적·경제적으로 어려운 면도 있어, 식료 문제와 같이 배분의 문제가 있다.

종래의 수자원공학에서는 주로 하천의 물과 지하수에서 퍼 올려 제어하여 사용하는 물(블루워터)을 수자원으로 취급했지만, 식료와 물의 관계에 관심을 두고 최근에는 식물의 잎에서 증산하거나 관개되지 않은 경지의 지면에서 증발하는 물(그린워터)도 수자원으로 보게 되어 각각 물의 양이 추정되고 있다.

주로 아시아, 아프리카 지역의 인구 급증, 산업의 발전과 생활양식의 변화에서 물 부족이 발생하여 물을 둘러싼 싸움이 염려되는 등 21세기는 '물의 세기'라고 일컬어지고 있다. 경제성장에 의한 소득 수준이 높아짐에 따라 육류의 소비가 증가하고, 사료 생산을 위한 물 수요는 증가한다. 농업에서 관개농지 면적의 증대에 따라 취수량이 증가한다. 기후변화가 물 순환에 불러일으키는 영향은 명확하지 않지만, 해면 상승으로 해안 가까운 지하수층에 해수가 침입하고, 이용할 수 있는 수자원은 감소되는 것으로 보인다.

물 순환을 적절하게 관리할 수 있다면 미래에도 인류의 물 수요를 조달하는 것이 가능하지만 하천 유량의 시간적 변동과 수자원 공간상 불균일한 분포의 관리가 중요하다.

수질 오염
water pollution/
water contamination

생활폐수, 산업폐수, 농업폐수, 수산 양식장, 유역·해안 공사 등에 의해 호안, 하천, 해역 등의 물이 오염되는 것. 수질 오염은 그 원인 물질에 따라 다음과 같이 구분할 수 있다.

① 중금속, 합성유기화합물 등 직접 또는 수생생물에 농축된 후 간접적으로 인체에 해를 끼치는 독성물질에 의한 오염. 현재는 산업폐수 규제가 있기 때문에 불의의 사고 이외에는 독성물질에 의한 오염은 적다. 유사한 오염으로 산과 알칼리성 액체 폐수에 의한 경우가 있다. 유출된 경우 상수도에 영향을 주고 수생생물을 죽음에 이르게 한다.

② 농약, 계면활성제, 폴리염화비페닐류 등에 의한 오염. 합성화학물질은 폐수 속의 농도가 낮은 것과 생물농축 등을 거쳐 간접적으로 인체에 피해를 끼치는 것도 있으므로 영향 해석이 어렵다.

③ 산업과 가정에서 유출되는 기름오염. 식용유의 배출 규제와 분해가 어려운 유분 처리가 과제이다.

④ 식품산업과 가정으로부터 배수되는 다량의 유기물을 포함하는 유기물오염. 산소가 부족해진 수역과 검게 변한 바닥으로부터 악취를 동반하는 황화수소와 메탄이 발생하는 경우가 있다.

⑤ 수생식물에게 영양원이 되는 물질의 과도한 유입에 의한 부영양화 현상. 적조와 담수 조류 발생, 수초의 이상 번성, 심층수의 산소 부족이 발생한다. 부영양화 방지 대책이 과제이다.

⑥ 외래종에 의한 수생태계의 교란, 오수가 수생생물에 미치는 영향, 수역에 투기된 쓰레기 문제 등 각종 환경문제도 수질오염에 영향을 끼치는 요인이 될 수 있다. 인간의 사회생활이 영향을 준다는 관점에서 기업 활동과 라이프스타일을 되돌아보는 계기가 되는 경우도 많다.

순환형사회
SMS, sound material society/
recycling society

폐기물 등의 발생 억제, 순화자원의 순환적인 이용, 순환자원의 적정한 처분이 확보됨으로써 천연자원의 소비를 억제하고 환경 부담이 최대로 절감되는 사회로 정의할 수 있다. 일본에서 2000년도에 통과된 순환형사회 형성추진기본법에서 정한 것으로서 이 법의 폐기물 대책 우선순위는 ① 감량화 ② 재사용 ③ 재생이용 ④ 배열회수 (heat recovery) ⑤ 적정 처분으로, 리사이클이 순환형사회에서 반드시 우선순위가 아닌 것에 주의해야 한다. 이 우선순위에 따르지 않는 것이 환경 부담을 줄이는 데 효과적일 때는 적용되지 않으므로 개별에 따라 유연하게 적용해야 한다. 순환형사회 형성을 총합적이고 계획적으로 추진하기 위해 순환기본계획의 수립이 이루어지고 있으며 정기적으로 재검토도 이루어지고 있다. 또한 지표에 대해서는 각각 수치 목표와 물질흐름 지표로 정해져 있다. 물질흐름 지표는 일본 물질흐름의 '입구, 순환, 출구' 3종에 주목해 각각의 자원 생산성, 순환 이용률, 최종 처분량의 지표가 설정되어 있다. '자원 생산량'은 천연자원 등의 투입량당 국내총생산(GDP)으로서 정의된다. 산업이나 사람들의 생활이 물건을 얼마나 유효하게 이용했는지를 총합적으로 나타내기 위해, 재활용이나 폐기물 발생이 경제활동과 밀접한 것이므로 물질흐름의 입구인 자원 이용과 경제 지표를 결합한 지표를 채용한 것에는 의의가 크다. 순환이용률은 천연자원 등의 투입량과 순환이용량의 비율로 정의되어 있는데, 2000~2015년에 약 10%에서 14~15%로 상승시키는 것, 최종처분량은 연간 5,600만t에서 절반 이하인 2,300만t으로 줄이는 것을 목표로 하고 있다.

역할 분담에 대해서는 폐기물을 국민과 사업자가 재활용이나 처분에 책임을 지는 '배출자 책임'과 생산자가 생산한 제품 등을 사용하고 폐기물이 된 후까지 일정한 책임을 지는 '확대 생산자 책임'의 사고방식이 받아들여지고 있다. 세계가 협조하고 상호 편익을 높이며 환경과 경제가 양립하는 순환형사회 만들기를 진행하는 것이 인류 공통의 과제가 되고 있다는 인식 아래 '3R이니셔티브'라는 국제적인 대처가 진행되고 있다. 3R이니셔티브를 통해서 국제적인 순환형사회를 구축하려면 ①각국이 국내 순환형사회를 구축하고 ②폐기물의 불법적인 수출입을 방지하는 대책을 강화하며 ③그 위에 순환자원의 수출입의 원활화를 도모할 필요가 있다. 이렇게 기존의 환경과 무역상의 의무가 합치된 형태로 재생이용·재생산을 위한 물품·원료나 재생이용·재생산된 제품을 활용할 수 있어서, 더욱 깨끗하고 효율적인 기술을 국제적으로 이용할 수 있다. 순환형사회는 저탄소 사회와 함께 지속가능한 사회상의 하나이며 환경, 자원, 폐기물 등의 측면에서 지속가능한 사회를 목표로 한다. 지속가능성의 개념은 유엔의 '환경과 개발에 관한 세계위원회'가 1987년 보고서에서 '지속가능발전(sustainable development)'이라는 키워드를 사용한 이후 널리 사용되고 있다. 이 보고서에서는 지속가능발전을 "미래 세대가 그들의 필요성을 충족시키는 것을 방해하지 않고 현세대의 필요성을 만족시키도록 하는 발전"으로 정의하고 있다. 이는 유한한 지구 자원과 인간의 생활이 양립할 수 있는 사회이며, 현재 지구상에서 생활하는 세대와 다음 세대가 형평 개발의 혜택을 받는 사회라는 것이다. 순환형사회의 추진은 온실가스 감축으로 저탄소사회 실현에 연결되는 측면이 많으며, 자원 소비의 삭감과 폐기물 발생의 억제로 이어진다. 순환형사회와 저탄소사회의 통합적 전개의 방향으로는 온실효과 가스 배출량을 최대한 절감하는 것과 함께 흡수 작용을 보전·강화함으로써 지구온난화에도 대응할 수 있는 사회로 나아가는 것이 있다. 이는 곧 에너지 수급에 관련된 사회·경제 구조 전환과 탈화석연료화를 추진하고 자원보전과 폐기물 처분 억제를 위해 일상생활, 물건 만들기, 지역 만들기를 향한 대책을 국제 연계나 경제적 방법을 통해 추진할 필요가 있다.

온실효과의 억제와 자원 소비, 폐기물 발생의 감축은 3R을 기본으로 한 순환형사회 형성에 더해 에너지·자원 이용의 고효율화나 재생가능자원 이용을 기반으로 하는 사회 형성의 방향을 함께 달성할 수 있다. 에너지·자원 이용의 고효율화로는 여러 가지 에너지 절약에 대응하는 대책들이 있다. 또 고갈성 자원인 화석자원에 대한 의존을 줄이고, 바이오매스 등 재생가능자원 이용을 기반으로 하는 사회의 기술 및 시스템을 만들어 가는 것도 중요하다. 또한 복수의 효과에 트레이드오프(한쪽을 추구하면 부득이 다른 쪽을 희생해야 하는 이율배반적인 관계)가 있다면 라이프사이클 기준의 득실을 따져 판단해야 한다.

숲 유치원
forest kindergarten/
Wald Kindergarten

|의미| 숲 등의 자연이 풍부한 장소에서 주로 유아(3~6세)에게 풍요로운 자연체험을 제공하는 활동과 그 활동 단체를 일컫는다. 단, 활동 내용과 운영 형태가 매우 다양해서 정의를 정확히 내릴 수는 없다.

숲 유치원은 숲에 나가는 빈도에 따라 ①거의 매일 숲에 나가는 통년형, ②한 달에 몇 번 정도 숲에 나가는 융합형, ③1년에 몇 번 정도 어린이들을 모아서 이벤트로 실시하는 행사형으로 분류할 수 있다. 운영 단체에 따라서는 ①유치원, 보육원, 무허가보육소 등에서 이른바 취학 전 교육 시설이 운영·실시하는 독립형, ②NPO나 자연학교, 자주보육, 육아 서클 등 다양한 임의단체가 실천하는 시민 운영형, ③행정 기관과 행정의 지원을 받아 실천하는 행정주도형으로 분류된다. 보통 통년형·시민 운영형으로 유치원과 정원 없이 보육 실천을 하는 것을 숲 유치원이라 부른다. 그러나 융합형이나 독립형이라도 숲 유치원이라 부르거나, 숲 유치원 생활을 실천한다고 보는 경우도 있다.

숲 유치원은 대체로 자유보육을 기반으로 한 보육의 이념을 가지고 어린이들의 자주성을 존중하고 유연한 보육 계획으로 보육 실천을 한다. 자연놀이를 축으로 하여 어린이가 놀 수 있는 공간을 형성한다.

|변천| 숲 유치원에 관하여 박사논문을 집필한 독일의 피터 하프너(Peter Häfner)에 따르면, 1954년 덴마크에서 한 엄마가 매일 숲으로 아이를 데리고 가서 보육을 했다고 한다. 그 모습을 본 다른 엄마들도 아이들을 맡기게 되었고, 자연발생적으로 숲 유치원이 성립되었다고 한다. 그 밖에 다른 설도 있으며, 북유럽국가와 독일에서 발상했지만 역사적 경위가 정해져 있지 않다.

일본에서는 1980년대부터 자연이 풍요로운 장소에서 보육을 하는 무허가형이나 유아 캠프 활동이나 유아기의 환경교육 활동이 있었지만, 2005년에 숲유치원전국교류네트워크가 설립, 매년 숲 유치원 포럼이 개최되어 널리 알려지게 되었다.

|과제| 안전관리가 가장 큰 과제다. 숲에서 활동을 하므로 벌이나 뱀 등 야생동물과의 접촉도 있어 안전에 유의해야 한다. 어린이들의 생명과 안전, 건강을 지키는 보육 실천을 요구한다. 또한 운영 면에서도 재정적 지원을 국가와 지방공공단체에서 얻을 수 있도록 하는 일, 그리고 이를 위해 보육의 질을 향상하는 일이 중요하다.

스리마일 섬 원자력발전소 사고
Three Mile Island Accident

|개요| 1979년 3월 28일 스리마일 섬(TMI) 발전소 2호기(펜실베이니아 주 가압 경수로형 원자로, 전기출력 95.9만KW, 1978년 영업 개시)에서 발생한 사고로, 당시 상업로 사상 최악의 사건이다. 운전 중 제어용 공기계기기 고장으로 급수펌프 및 터빈의 드립(증기공급변의 폐쇄)이 발생하여 원자로는 긴급 정지되었다. 그러나 자동적으로 폐쇄되어야 하는 가압기가 열린 채로 있어 냉각 재상실 사고가 발생했다. 3시간 반 후 재관수까지 약 절반의 노심이 용융되어 원자로 압력용기의 계기장치 안내관도 손상되었다. 사고 후 16시간 후에 발생한 수소 일부를 격납용기 내로 방출하여 사고는 수습되었다.

|원인과 영향| 이 사고의 원인은 직접적으로는 '운전원의 오조작'으로 결론지을 수 있지만 그 이전에 급수계의 고장 9건, 주증기 안전변개고착 1건, 긴급용 노심냉각장치 작동 사고 4건(그중 1건은 수동) 등의 사고·고장이 있었던 것을 보면 기계 사고가 원인이기도 하다.

방사성물질의 방출량은 방사성희가스 약 9.25×10^{16}Bq(요소 131은 약 5.55×10^{11}Bq)로 추정되었다. 수소 폭발이 일어난 흔적은 없고 원자로 격납용기가 제 역할을 하여 요소 방출은 적었다고 한다. 이 사고 이후 일본에서도 사고 대책이 세워져야 했지만 후쿠시마 제1원자력발전소 사고에서처럼 불충분했다는 것이 판명되었다.

스마트 그리드
smart grid

차세대 송전망으로 불리며, 정보통신기술을 활용하여 전력의 흐름을 공급·수요의 양측에서 제어하여 최적화시킬 수 있는 송전망. '현명한(스마트)'과 '전력망(그리드)'을 합한 신조어이다. 원래 미국의 취약한 송배전망을 정보기술을 활용하여 저비용으로 안전하게 운용하는 방법을 모색하는 과정에서 생겨난 구상이다. 오바마 정권이 그린뉴딜 정책을 내걸면서 주목을 받게 되었다.

스마트 그리드에서는 소비전력 등 정보를 전력회사에 실시간으로 전송하는 기능을 가진 '스마트 미터'를 가정과 건물 등에 설치하여 상세한 전력 소비량을 파악할 수 있다. 그러므로 좀 더 정확한 소비량 예측이 가능해져서 낭비 없는 전력 공급이 가능해진다. 또 전력 계통에 태양광발전과 풍력발전 등 발전량에 변동이 있는 전원을 접속하면 발전량을 예측하여 지역의 소비량 예측과 맞추어 전력량이 부족하면 다른 전력을 조달하거나 수요 가정에 절전을 요청하고, 거꾸로 발전량이 남으면 축전지 등에 담아 두어 전력 공급의 안정화를 도모할 수 있게 되어 신재생에너지 보급에 필요한 기술로 인정받고 있다.

스마트 미터
smart meter

전력 공급자와 수요자를 통신 네트워크로 연결하여 전력 등의 사용량 자동 계측과 에너지 사용 상황을 실시간 표시하고 가전 기기, 설비 기기 등의 에너지를 관리할 수 있는 계량기이다. 소형 풍력발전과 태양광발전 등 소규모 신재생에너지를 이용한 전력을 송배전망에 보낼 때, 컨트롤과 스마트 그리드 정비에도 꼭 필요하다. 전력회사 등과 고객 사이에서 실시간으로 데이터를 관리함으로써 원격조작·정지, 정보 발신에 의한 공조 온도 설정과 운전 정지 등 최대 수요를 억제할 수 있게 된다. 한편으로 에너지 사용 상황의 '가시화'로 에너지 절약 의식을 계발하고 효율적 전기 이용 등 주체적 에너지 절약 행동을 촉진할 수 있다. 보안 대책과 건강 관리 등으로도 이용 가능하다.

스마트 하우스
smart house

에너지 소비량 억제를 목적으로 가전 기기, 급탕기, 태양광발전, 연료전지, 축전지 등을 일원적으로 관리하는 가정용 에너지 관리 시스템(HEMS, home energy management system)을 실제로 장치한 차세대형 주택이다. 가정 내 에너지 사용을 최적화함과 동시에 각 집에 분산된 가전 기기, 발전기, 축전지 등을 통신네트워크에 결합하여 여분 전력 등의 정보 교환으로 지역에서 에너지를 나누는 구조를 만들 수 있다. 자율 분산형 에너지 시스템의 사회적 기반으로서 이후가 기대되는 시스템이다.

스모그
smog

⋯▶ 대기오염

스웨덴의 환경교육
environmental education in Sweden

|스웨덴인과 자연| 스웨덴에는 옛날부터 '자연향수권'이라는 것이 있어 야외생활과 자연을 즐기는 것이 사람들의 권리로 여겨졌다. 숲을 산책하고 열매와 버섯을 따는 것을 즐기고 야외생활을 추진하는 시민

활동과 유아와 아이들을 대상으로 한 야외교육활동도 많았다.

|환경교육의 역사| 스웨덴의 현대 환경교육은 공업화와 도시화에 의한 대기오염과 수질오염 등의 자연환경 파괴가 사회문제화된 1960년대에 확산되었다. 당시에는 자연보호 NGO·NPO 등의 시민활동 주도로 시민과 아이들에 대한 자연보호 계발이 이루어졌다. 그 후에는 중앙정부의 정치 주도에 의한 교육정책에 환경교육 및 ESD(지속가능발전을 위한 교육) 정책이 수립되었다. 1970년대에는 학교 학습지도요령에 환경보전에 관한 내용이 포함되었다. 1980년대 후반부터 1990년대 중반에 걸쳐서는 국내외에 환경과 지속가능한 발전을 둘러싼 토론이 많아져 환경성이 설립되고 환경 대신이 배치되었다. 그리고 환경 정당이 대두되고 국회에서 의석을 획득했다. 이 흐름을 이어받아 1990년 학교법을 일부 개정하여 환경 존중을 담은 문구가 포함되었다. 1994년 학습지도요령에서는 지속가능한 사회로 이끄는 환경학습 존중의 중요성이 규정되었다.

|민주주의| 스웨덴에서는 학습자의 주변 환경과 지구 차원의 환경에 대한 책임과 자세를 몸에 익히는 환경학습과 더불어 지속가능한 사회 만들기로 연결되는 사회의 기능, 생활양식, 일하는 방법을 포함한 학습 내용과 방법이 중시되고 있다. 이것은 나라의 민주주의 가치관에 기초한 것으로 스웨덴의 환경교육 및 ESD의 기본 이념이라고도 할 수 있다.

|학교 환경교육| 스웨덴의 학교교육 실시 주체는 주로 지자체이다. 지자체는 학교법 및 학습지도요령에 근거하여 지역 실정과 환경에 맞는 '학교계획'을 수립한다. 각 학교에서 구체적 교육활동은 학교장 혹은 각 담당 교사의 책임으로 실시된다. 목표를 달성하기 위한 교재 선택과 수업의 진행 방법의 대부분은 교사의 재량에 맡기고 있다. 각 학교는 학교계획에 기초하여 지역의 NGO·NPO 등과 협력하여 지역 환경과 문화, 역사에 맞는 다양한 환경교육과 ESD를 실천하고 있다.

|지역 간 국제협력| 스웨덴은 산성비 등 국경을 넘는 환경문제에 직면한 경험에 따라, 환경문제 해결과 지속가능한 사회 만들기에는 국제협

력이 꼭 필요하다는 입장이다. 그 때문에 환경교육과 ESD 분야에서도 발트해 연안 지역 모든 나라와의 협력을 이끌어 왔다. 그 결과로 그 지역의 ESD에 관한 교육계획인 '발트해 연안국 교육아젠다21'이 수립되어 지역 전체에서 환경교육과 ESD가 진행되고 있다.

스턴 보고서
Stern Review

|의미| 기후변화 문제에 관해 경제학의 시점으로 정리된 보고서로 영국 재무부 장관의 의뢰로 경제학자 니콜라스 스턴(Nicholas Stern, 대학교수, 경제학자)이 중심이 되어 작성해 2006년 발표했다. 보고서의 정식 명칭은 「기후변화 경제학(The Economics Of Climate Change)」이지만 작성자의 이름을 붙여서 '스턴 리뷰'라고 한다.

|내용| 경제학의 방법과 사고방식을 이용하여 기후변화 영향에 따른 경제적 비용, 온실가스의 배출 삭감 대책에 필요한 비용, 그리고 배출 삭감 대책에 의해 초래되는 편익을 분석하고 있다. 보고서의 전반부에서는 기후변화에 동반되는 경제적 영향을 평가하여 온실가스를 안정화하기 위해 필요한 비용을 검토한다. 후반부에서는 저탄소 경제로의 이행과 기후변화 영향에 적응할 수 있는 정책 과제를 검토한다. 보고서에서는 강고한 대책을 조기에 세워서 얻을 편익이, 대책을 강구하지 않았을 경우의 피해액을 크게 웃돈다고 결론지었다. 이는 영국뿐 아니라 세계 기후변화 정책에 영향을 주었다.

스톡홀름 선언
⋯▶ 인간환경선언

스톡홀름회의
⋯▶ 유엔인간환경회의

스트리트 칠드런
street children

거리에서 생활하는 어린이와 청소년으로, 적절하게 보호받고 있지 못한 아이들을 말한다. 개발도상국의 도시 빈곤을 상징하는 존재로 주목받고 있으며, 세계에 약 3,000만 명에서 1억 7,000만 명 정도가 있다고 추정되고 있지만 정확한 수치는 불분명하다. 아이들이 거리에서 생활을 시작하게 된 배경은 빈곤과 아동학대, 가정 붕괴 등이 있고 가족과 사회로부터 보호받지 못하고 혼자의 힘으로 살아가기 위해 절도, 성매매 등의 탈선 행위에 발을 내딛는 청소년이 늘고 있다.

슬럼
slum

도시 빈곤층이 거주하는 과밀화된 지역으로 슬럼가, 빈민가라고도 한다. 도시의 노동시장에서 제외된 실업자와 편부모 가정, 부모를 잃은 고아 등이 마을 끝자락 미개발 지역에 무질서하게 살게 되어 슬럼이 형성된다. 상하수도의 정비와 쓰레기 처리 등 공공서비스를 받을 수 없어 비위생적 환경 속에서 생활하게 된다. 약물·알코올 중독, 범죄자의 비율도 높다. 아이들은 영양실조로 면역력이 약해 전염병에 걸리기 쉽고 항상 생명의 위험에 노출되어 있다. 선진국 대부분의 대도시에도 슬럼가는 있지만, 특히 개발도상국에 많은 슬럼가가 형성되어 있다. 그 배경에는 20세기 후반 이후의 급속한 도시 인구율의 상승이 있다.

슬로라이프
slow living

산업사회를 지배하는 속도 우선의 가치관을 따라가지 않고 자기 자신의 페이스를 중요하게 생각하여 마음이 풍요로운 삶을 실현하자는 사상, 또는 그 라이프스타일을 말한다. 1986년 이탈리아에서 시작된 슬로푸드 운동을 기원으로 하는 슬로 사상·운동이다. '여유로운 시간의 흐름'뿐 아니라 '관계의 풍요로움'이 키워드이다. 이 점에서 지역 자연과 주변 사람과의 관계 속에서 물건을 소유하거나 타인을 지배하는 것과는 다른 만족과 풍요로움이 의식적으로 요구된다.

슬로푸드
Slow Food

세계적으로 유행하는 패스트푸드 의존 경향에 대한 위기의식을 갖게 되면서, 1980년대 이탈리아에서 일어난 사회운동이다. 1989년에 최초로 국제회의가 파리에서 개최되었고, 이후 세계적 운동이 되었다. 현재 국제슬로푸드협회에는 132개소 약 10만 명의 회원이 있다. 협회는 '품질 좋고, 깨끗하고, 공정한(Buono, Pulitoe, Giusto)'의 세 가지 기본 원칙으로 지역 전통의 미식과 환경, 생명을 위협하지 않는 식량 생산, 생산자에 대한 공정한 평가를 추구하고 있다.

습지
Communication, Education, and Awareness, CEPA

생물다양성의 보전과 지속가능한 이용에 관하여 많은 사람의 이해를 촉구하고, 미래 세대에 전달해 가는 활동을 총칭하는 용어다. CEPA는 다양한 기업 이해관계자의 관심을 모으는 것만이 아니라, 필요한 행동을 엮어주기 위한 과정이면서, 분야 통합적인 접근과 생물다양성 국가전략이라는 정부 등의 정책에서도 횡적으로 자리매김 된 것으로 중요하다.

특히 1990년대 람사르협약과 생물다양성협약 당사국총회 등에서 홍보와 보급의 존재 방식에 관하여 활발한 의논이 이루어지게 되면서, 관련된 전략과 계획의 수립 작업 등을 중심으로 CEPA의 개념이 발전되고 그 보급 촉진 활동이 진행되고 있다.

습지에 관한 람사르협약에서는, 1993년 당사국총회(COP5)에서 채택한 보급 계발에 관한 권고가 CEPA를 향한 시책 제안의 시작이라고 밝히고 있다. 그 후 1996년의 COP6의 결의에서 교육과 보급(EPA) 프로그램을 세계에서 실행하는 것으로, 사람들이 깊이 이해하고 습지 보전과 지속적 관리로 행동을 발전시킬 것을 요구하고 있다. 아울러 협약전략계획 가운데 EPA가 중요한 테마 중 하나로 자리매김되어, 1999년 COP7의 결의에서 처음으로 CEPA라는 용어가 사용되었다.

생물다양성협약에서는 2002년의 COP6에서 CEPA 작업계획이 결의되었다. 그 전문에서 생물다양성이라는 개념의 복잡성과 종합성을 지적하면서 그 보전과 지속가능한 이용을 실현하기 위해서는 모든 기업 이해관계자의 계획 참여를 얻어 생물다양성의 주류화(사회 속 다양한 의사결정에서 생물다양성의 관점이 들어가도록 하는 일)를 달성하고 사회를 변혁하려는 CEPA에 관한 능력 개발과 예산·인재 확보가 필요함을 강조하고 있다. 덧붙여 ①세계적인 CEPA의 네트워크 구축에 몰두, ②지식과 경험의 공유, ③CEPA의 능력 양성이라는 주요 항목이 제시되어 있다.

그 후 2006년의 COP8결의에서는 CEPA의 공구 키트의 개발 등 10개의 우선 활동이 특정되고, 아울러 작업계획에 관한 당면한 '실행계획'을 채택했다. 또한 COP8에서는 제안 결의를 바탕으로 2010

년을 '유엔 생물다양성의 해'로 지정했고, 그것이 2011~2020년의 '유엔 생물다양성 10년(UNDB)'으로도 계승되어 아이치 목표로 달성을 위한 CEPA 관련 노력들이 진행되고 있다.

습지·습원
wetlands·moor

표면이 물로 덮인 늪과 못 등 배수가 나쁘고 수분이 포화 상태에 있는 토지를 습지, 식물이 번성하는 곳을 습원이라고 부르고 있다. 람사르협약에서 습지는 흐르는 물인지 고인 물인지 또는 담수(淡水), 기수(汽水), 염수(塩水)인지에 관계없이 하천, 호수, 늪, 습원, 습지, 이탄지(泥炭地), 간석지나 염습지, 맹그로브숲, 산호 등과 함께 인공적 수도, 논, 저수지, 댐 등을 포함하는 넓은 개념으로 규정되어 있다. 또한 습지는 육지와 수지(水地)의 전이대(ectone)의 특징이 있어 환경 조건이 연속적으로 변화하는 지역이다. 한때 습지는 도움이 되지 않는 불모지의 이미지가 있었기 때문에 개발을 우선으로 하여 많은 수가 농지나 공업용지 등으로 변해 왔다. 근래에는 습지가 생물다양성을 보유하고 있는 장소로 환경보전상 중요한 환경으로 인정받고 있어 국제적으로도 습지의 보전과 현명한 이용이 중시되고 있다.

저지 습원은 기본적으로 2개의 유형으로 나뉜다. 하나는 호수나 늪 등이 식물의 사체나 토사의 퇴적에 의해 점차 얕아져서 생긴 것으로 오제습원이 대표적인 예이다. 다른 하나는 하천의 범람 등 물 빠짐으로 인해 토지가 생기고 여기에 식물 사체가 퇴적해서 습원이 된 구시로습원이 대표적이다. 한랭 지역이나 열대 지역의 일부에는 식물의 사체 분해가 진행되지 않아 이탄층(泥炭層)으로 축적된 대량의 탄소가 쌓여 있다. 습지는 이 특이한 환경에 적응해 온 특이한 동식물의 중요한 서식지이다.

➕ 한국은 2016년 현재 총 22개소의 람사르 등록 습지를 보유하고 있다(환경부).

시뮬레이션
simulation

현실 세계의 구조를 단순화하여 실제로 일어나는 환경문제 등을 교재나 도구를 사용해 모의적으로 경험하는 학습활동을 말한다. 모의적으로 역할을 연기하는 롤플레이와 유사한 방법이다. 학교교육에서는 환경교육, 국제이해교육, 사회과교육 등의 분야에서 자주 쓰이며 환경교육에서는 자연놀이나 프로젝트 WET 등 프로그램에 쓰이기도 한다. 참가자가 주체적으로 활동에 몰두하는 것을 도우며 의사결정이나 판단의 과정을 머릿속에 그려 가며 실감할 수 있는 장점이 있다.

시민공동발전소
citizens'co-owned renewable energy power plant/ citizens's renewable energy project

　신재생에너지는 시민 소유가 가능하고 지역의 자원을 지역으로 환원 가능하다는 특색이 있다. 이 특색을 살려 시민들이 자금을 모아서 공동으로 설치한 신재생에너지 발전 설비로 시민공동발전소가 있다.

　독일이나 덴마크에서는 시민이 지역을 위해 설치한 발전 시설이 신재생에너지 보급의 원동력이 되었다. 일본에서는 태양광발전의 시민공동발전소가 1994년에 미야자키에서 개시되어 1997년쯤부터 전국 각지로 확산되었다. 수익 사업으로 지정되지 않아서 '기부'에 의한 설치가 많았지만 NPO나 지역조직, 파트너십 조직에 의한 다양한 궁리가 더해져 지역통화나 폐품 회수 자금, 건설 조력금 등을 활용한 시민공동발전소가 확산되었다. 태양광 이외에도 풍력발전, 소수력발전 등의 시민공동발전소도 설치되었다.

　지금까지는 신재생에너지 보급 정책이 도입된 적이 없었기 때문에 시민공동발전소 보급에 한계가 있었다. 하지만 '전기사업자에 의한 신재생에너지 전기의 조달에 관한 특별조치법'이 2012년 7월에 시행되어 새로운 형태의 시민공동발전소 만들기가 진전되고 있다.

❶ 한국에서도 '시민햇빛발전소' 등의 이름으로 각 지역에서 활동이 이루어지고 있다.

시민교육
citizenship education

　근대적 시민교육의 발상지 중 하나인 영국의 교육부에서는 시민교육을 "아이들이 지식과 깊은 사고력을 가지고 책임감을 가진 시민이 되는 것을 돕기 위해 현대 민주주의 사회를 지지하는 시민적 자질이 되는 지식과 기술, 가치를 자신의 인생이나 주변, 학교, 나아가 보다 넓은 커뮤니티에 적극적으로 관여하는 것을 통해 배우는 교육"으로 정의한다.

　순서대로 살펴보면 ①근본에는 이념이 되는 공정성, 민주정치, 행위의 결과를 예측할 수 있는 책임감, 다른 사람을 배려하는 의식 ② 이를 바탕으로 민주정치를 실현하기 위한 지식의 습득, 기술, 가치에 대한 학습 ③이것들을 사회 참여, 활동으로 실천 ④이러한 실천들은 결과에 대한 책임감이나 다른 사람에 대한 배려 등으로 피드백을 받고 순환하게 된다. 이런 과정의 순환을 통해서 아이들은 사회적인 유능감을 익히게 된다.

시민교육에는 3가지의 기본 요소 '사회적·도덕적 책임, 정치적 능력(Literacy), 공동체와의 관계 맺음'이 있다. 이 세 가지 요소는 '정치적 능력'을 중심으로 서로 깊은 관계를 맺는다. 그리고 지적 시민성(Informed citizenship)을 형성하는 것뿐 아니라 그것을 바탕으로 '공동체와의 관계 맺음'에 의해 능동적 시민성(Active citizenship)을 키우게 된다. 이를 통해 사회적 유능감을 형성하는 것이 시민교육의 최종 목표라고 할 수 있다. 최근 환경이나 지속가능성과 시민교육의 연계가 주목을 받고 있는데 환경을 위한 시민교육은 환경을 통한 지적 시민성을 능동적 시민성으로 변환시키고 나아가 환경에 관해서 사회적 유능감을 키우는 교육을 의미한다. 또한 환경시민교육은 개인의 자유와 공동체가 목표로 하는 공통 선으로부터 '권리, 의무, 참여, 정체성'의 4가지 구성 요소와 함께 논하는 경우가 많다. 즉 자유주의적 이론에서는 환경에 대해 '권리와 의무'를, 공동체주의적 이론에서는 환경에 대해 '참여와 정체성'을 강조한다. 전자는 시민성을 개인과 국가 간의 권리-의무 관계로 파악하며 개인의 이익을 최대화하기 위하여 정치적 영역에 대한 기능을 얻으려 한다(형식적 이해). 후자는 시민사회에 실제적으로 참여하고 정체성을 가지도록 하는 것을 중시하며 다른 사람과 협력하여 공통 선을 달성하도록 하는 데 가치를 두고 있다(실질적 이해). 근대적 시민성의 이해는 형식적 이해부터 실질적 이해로 이행하고 있지만, 환경교육에 대한 시민성의 역할에 주목하는 북미환경교육학회의 환경교육 가이드라인에서도 아직 이 둘의 관계는 불명확하기 때문에 앞으로의 연구가 중요하다고 할 수 있다.

시민참여
citizen participation/public involvement

자치단체 혹은 국가의 행정이나 법률, 사법의 과정에 지역주민이나 그 이외 시민이 관여하는 것을 말한다. 또한 시민이나 NPO가 행정과는 별개로 주체적으로 실시하는 공익적 활동을 시민참여라고도 한다.

유엔환경개발회의의 성과 중 하나인 '환경과 발전에 관한 리우 선언'(1992년)의 제10원칙은 환경문제를 적절히 다루기 위해서는 관심 있는 모든 시민이 참여하며, 환경 관련 정보를 적절히 다루고 의사결정 과정에 참가하는 의회를 가지며, 사법이나 행정 수속의 효과적인 과정을 보장해야 한다고 했다. 다시 말해 시민참여를 환경에 관한 정보, 정책 결정, 사법 등에 접근할 수 있는 권리로 규정한 것이다.

시민참여는 일반의 수장 선거, 대의원 선거를 보완하는 성격을 가진다. 중앙집권으로부터 지방분권이 진전된 만큼 자치단체의 독자적으로 계획 가능한 범위가 넓어져 시민참여의 가능성이 늘어나고 있다. 일본에서는 지방분권일괄법(2002년)과 NPO법(1998년)의 제정으로 시민참여의 기회를 늘렸다. 시 대표자 모임이나 의견 공모 절차, 시민 공모도 더해져 심의회나 협의회 등 다양한 방법이 존재하게 되었지만 시민참여로 평가 및 검토를 계속하는 제도를 마련해 나갈 필요가 있다. 시민교육은 시민참여를 위한 교육이며 지속가능한 지역을 만드는 가장 중요한 조건의 하나라고 할 수 있다.

시버트
sievert, Sv

방사선 물질 발생 시 방사능의 강도를 표시하는 단위가 베크렐(Bq)이고 방사능의 양을 표시하는 단위가 시버트(Sv)이다. 일상생활에서 노출되는 방사선의 양을 표시할 때에는 1,000분의 1인 밀리시버트(mSv)나 100만분의 1인 마이크로시버트(μSv)를 사용한다. 자연계에서 노출되는 1인당 자연방사선량은 세계 평균 연간 2.4mSv이다. 인체에 영향이 현저하게 나타나는 경우는 100mSv 이상의 피폭을 당했다고 볼 수 있다. 외부 피폭과 내부 피폭이라는 피폭 형태의 차이나 방사선의 종류가 다르더라도 시버트 단위로 표시하게 되면 영향의 크기가 비교 가능하다.

시에라 클럽
Sierra club

미국에서 가장 오래되고 가장 큰 자연보호단체이다. 1892년에 존 뮤어(John Muir)가 샌프란시스코에 설립했고, 현재 회원 수는 130만 명이다. 시에라 클럽의 목표는 지구의 야생 장소를 탐색하고 즐기며 보호하는 것, 지구의 생태계와 자연을 책임 있게 이용하는 것, 자연환경과 인간환경을 지키고 회복하기 위해서 인간성을 교육하며 획득하는 것이다. 그리고 이런 목적을 달성하기 위해서 모든 합법적 수단을 이용할 것 등을 들 수 있다. 시에라 클럽은 로비 활동, 합법적 소송, 캠페인, 환경문제에 관한 교육 보급 및 계발, 자연 관찰회 등 자연보호단체의 활동 방법을 확립해 왔다.

식농교육
education through food and farming

|개념| 음식물의 '생산에서 가공, 유통, 그리고 소비'로 이어지는 일련의 과정에 관한 교육이다. 일본 환경교육학회지 〈환경교육〉은 2004년 10월에 '음식과 농업을 둘러싼 환경교육'을 특집으로 기고했다. 이 특집에서는 '식농교육'의 성립의 경위를 밝히고 있는데 음식의 소외, 농업의 외부화라는 오늘날 일본의 음식과 농업을 둘러싼 기본적인 문제가 거론되고 있다. 여기서 '음식의 소외'란 예를 들어 아이가 부모와 함께 식사할 기회가 줄어든 것으로 인해 부모가 식사하는 것을 보고 배울 기회가 없다는 것이다. 또 부모에게 야단 맞을 일도 없어서 주식과 부식을 골고루 먹지 않는 것, 어린이의 식사가 변한 데서 기인하는 알레르기나 성인병(식습관병)의 유년화에 따른 어린이의 활력 저하, 거기에 더해 식품의 대량폐기 문제나 식량 자급률 저하 등, 음식을 둘러싼 사회적 병리 현상이 증가하고 있다고 지적하고 있다. '농업의 외부화'는 농산물의 자유화가 진행되자 음식의 기본 지식이 후퇴하고 음식 간 관계에 대한 무관심이 나타났으며, 가공식품 및 외식 증가로 생산자를 알 수 없는 식품의 비율이 증가하고 있다는 등의 문제이다.

이처럼 음식과 농업을 둘러싼 심각한 상황에 대해 다시 음식과 농업을 표리일체로 바로 잡자는 것이 식농교육이다. 위의 특집에서는 식농교육의 본질이 "환경보전의 농업과 생명 유지의 식생활이 융합한 인간의 삶을 추구하는 데 있다"라고 했다.

|식생활교육기본법 제정과 식농교육의 과제| 식농교육은 민간교육 운동으로 전개되어 왔지만, 2005년에 제정된 식생활교육기본법은 먹을거리 교육에 관한 기본 이념을 정하고 음식에 관한 체험활동과 먹을거리 교육 추진 활동의 실천에 대한 중요성을 강조했다. 이 법의 제정으로 '시민 개개인의 먹을거리 교육 토대 만들기 추진, 음식에 관한 교류·체험활동 추진' 등 먹을거리 교육 추진 계획을 제정하는 지자체가 늘고 있다.

식생활교육의 관점에서 봤을 때 식량 생산의 현장인 농업과의 관련에 대해서 명확한 위상이 나타나 있지 않는다는 점이 지적되고 있다. 기본법에는 '교육 관계자 및 농림어업자 등의 책무', '생산자와 소비자의 교류 촉진, 환경과의 조화를 이룬 농림어업의 활성화' 등도 제시되고 있지만, 학습지도요령(2008년)에서는 먹을거리 교육, 안전에 대한 학습을 확충하는 것만이 제시되었을 뿐 먹을거리 교육과 '농업'과의 관련, 그 내용 등에 대해서는 명확히 제시되지 않았다.

음식과 농업에 관한 교육으로는 '식농교육, 농사 체험학습, 식교육, 식육' 등 다양한 용어가 있는데 '식농교육'은 원래 지역에서 일체화되어 있었던 농업(생산)과 음식(소비)이 근대화·자본주의화의 흐름 속에서 점차 분리되고 소외됐던 상황에 중점을 두어 다시 음식과 농업을 하나로 연결시킴으로써 지속가능한 사회의 방식과 교육의 방향성을 찾으려는 점이 특징이다. 식농교육의 향후 과제는 학교교육 및 사회교육·평생학습에서 학습자 상호 간의 발달과 성장을 위한 협동 학습 방식을 확립하는 것이다.

식량의 글로벌화
globalization of food

농수산물이 생산되어 소비자에게 전해질 때까지의 푸드 시스템 글로벌화가 1980년대 중반부터 시작되어 식량을 둘러싼 사회적·문화적·경제적 활동이 지구 전체에서 행해지고 있다. 나라와 지역의 경계를 넘어 전 세계로부터 들어오는 싼 원재료로 식량을 생산하여 지구의 어느 곳에서 누구나 같은 서비스를 받아 같은 것을 먹을 수 있다.

이러한 변화의 배경에는 농산물의 가격을 시장 원리에 맡기는 신자유주의적 농업정책이 있다. 1970년대부터 농업과 식량 분야에 다국적 자본이 들어오기 시작했고, 1980년대 미국에서 농업 불황이 일어나 때마침 경제의 글로벌화 영향까지 더해져 애그리비즈니스(Agribusiness, 농업 관련 산업)는 생산과 수출 거점이 글로벌화되었다. 미국의 애그리비즈니스는 유럽과 캐나다의 애그리비즈니스로 진출했으며, 그 외 남미와 아시아 여러 나라에도 진출했다.

해리엇 프리드만(Harriet Friedmann)은 전 세계 식량의 생산과 소비 체제에 대해 식량체제론(Food Regime Perspective)이라는 새로운 개념을 가지고 역사적으로 설명하고 있다. 제1차 체제는 제2차 세계대전 이전의 대영제국을 중심으로 하는 농산물 무역 체제이고, 설탕·차·커피 등을 대규모 단일작물로 재배하는 대규모 농원 경영이 시작되었다. 전쟁 후 미국을 중심으로 하는 제2차 체제에서는 지배적 정치·경제 대국이 된 미국이 국내의 농업정책과 국제정책의 양립을 강하게 요구하게 되었다. 그러면서 지금까지 식량자급이 높았던 개발도상국은 농업을 근대화하는 대신에 미국의 남은 밀을 수입하고 소비해야 하는 식량 의존 구조가 만들어졌다.

1980년대 이후 제3차 체제에서는 다국적 애그리비즈니스가 주도적 역할을 했다. 다국적기업의 해외투자로 공업적인 농업, 식량 생산을 하는 브라질과 타이 등 신흥 농업국이 수출 경쟁력을 갖추어 제2차 체제를 붕괴시켰다.

현재는 제2차에서 제3차 체제로의 이행기로, 글로벌한 애그리비즈니스와 맞서는 식문화 전통과 로컬화, 생산자와 소비자의 밀접한 관계성을 중시하는 움직임이 일어나고 있다. 글로벌화의 대항으로는 1999년 '시애틀의 투쟁'이라고 불린 WTO반대운동이 있으며, 로컬화의 지향으로는 이탈리아에서 1980년대 중반에 시작된 슬로푸드운동과 지산지소(地産地消)의 움직임을 들 수 있다. 1993년 국제적 소농민 운동 조직 비아캄페시나(Via Campesina, '농민의 길'을 뜻하는 스페인어)가 만들어져 70개국의 중소 규모 생산자가 지역 전통과 문화에 근거한 지역 자원을 활용하여 지속가능한 농업을 목표로 연대와 협력을 하고 있다.

최근 다국적기업에서도 로컬화를 중시하는 변화를 볼 수 있으며, 코카콜라사가 '지역에서 생각하고 지역에서 행동하여 시민사회의 모델로서 행동하는 브랜드 확립'을 내거는 등 소비자의 관심을 이끌어내려 하고 있다.

식량자급률
food self-sufficiency ratio

국내에서 소비된 식량 중 국내생산이 차지하는 비중을 나타내는 지표이다. 품목별 자급률, 종합 식량자급률, 사료자급률이 있다.

품목별 자급률은 각 품목에서 자급률을 중량으로 산출한 것으로, 일본의 2011년 쌀 자급률은 96%, 밀은 11%, 콩은 7%이다. 종합 식량자급률은 식량 전체 자급률을 나타내는 지표로, 열량으로 환산하는 칼로리 기준과 생산액 기준으로 산출하는 2가지 방법이 있다.

일본의 식량자급률은 전쟁 후로 계속 저하되고 있으며, 최근 40% 가까이 떨어졌다. 이때 40%는 칼로리 기준의 자급률이다. 그러나 생산액 기준 자급률로 보면 2011년은 66%로 최근 이 둘의 차이가 커지고 있다. 그 이유를 다음의 세 가지로 들 수 있다.

채소 전체의 자급률은 8% 정도로 생산액 기준 자급률은 높지만, 전체적으로 채소는 저칼로리이므로 칼로리 기준 자급률은 낮아진다. 반면 소고기와 체리 같은 국산의 고가 품목은 생산액 기준 자급률이 높아진다. 칼로리 기준 자급률 계산에서는 국내산 축산물에 수입 사료를 주면 그 축산물을 수입품으로 간주하므로 자급률이 낮아진다.

자급률 중 어느 것이 맞는지가 중요한 것이 아니라 무엇을 표현하는가에 차이가 있을 뿐이다.

1999년 식량·농업·농촌기본법이 제정되어 법에 기초한 시책을 계획적으로 실현하기 위해 식량·농업·농촌기본계획을 5년마다 고쳐 가며 시행하고 있다. 이 계획에서는 식량자급률을 정책 목표로 하며, 2000년부터 지금까지 3번에 걸쳐 기본계획이 수립되었지만 그때마다 설정된 칼로리 기준 식량자급률 목표치는 지금까지 한 번도 달성되지 못했다.

➕ 한국은 1999년 54.2%였던 식량자급율이 연평균 -0.4%의 낙폭으로 감소해 2019년에는 45.2%를 기록했다(한국농촌경제연구원).

식물공장
plant factory

식물의 생육에 영향을 주는 빛, 온도, 이산화탄소, 영양분, 수분 등의 비생물적 환경 요인을 제어하고 식물의 재배를 제공하는 곳이다.

식물공장에는 인공 광원을 이용하여 실내에서 재배하는 '완전인공광형'과 자연 광선을 기본으로 온실 등에서 재배하는 '태양광형'이 있다. 현시점에서는 재배가 비교적 쉽고 수확량이 안정적인 양상추류나 허브 등 엽채류의 재배가 많다. 식물공장은 ①계절이나 날씨에 좌우되지 않고 안정적인 공급이 가능하고 ②농지나 재배에 부적합한 땅에서의 농업 생산이 가능하며 ③'완전인공광형' 시설에서는 벌레나 이물질의 혼입이 적다는 등의 이점이 있다. 최근 식품안전에 관한 문제로 인해 소비자들의 의식이 높아짐에 따라 안심하고 안전하게 먹을 수 있는 재료를 찾는 소비자가 늘고 있다. 따라서 앞으로는 농약을 사용하지 않고 생산할 수 있는 식물공장에 소비자들의 관심이 향할 것으로 예상된다. 그렇지만 기존 시설과 비교했을 때, 식물공장의 생산 설비에 들어가는 초기 투자액은 막대하다. 또한 광열비, 수도 요금 등의 러닝코스트(running cost)도 비싸기 때문에 부가가치가 높은 농산물 생산에 한정된다. 초기 투자비를 줄이고 에너지 절약을 도모하는 것이 향후 식물공장의 보급을 위한 최대 과제이다.

식물원
botanical garden

다양한 식물을 수집하고 그것들을 보존 또는 육성·재배하여 일반인들에게 전시하는 시설이다. 살아 있는 식물만 취급하는 시설을 떠올리기 쉽지만 식물표본(a pressed leaf) 등의 자료를 수집·전시하거나 도서 등의 문헌을 수집·공개하기도 한다. 또 독자적 조사와 연구를 하기도 한다. 멸종위기종의 식물과 그 종자 등을 수집·보존 혹은 육성·재배하여 종의 보존과 생물다양성의 보호에도 기여하고 있다. 식물원이 다루는 식물은 특정 분류군의 식물을 중심으로 하거나 전 세계의 종을 망라해 놓은 것 등, 수집 방침이나 시설 규모에 따라 다양하다. 시설이나 구성은 온실을 포함한 옥내 시설을 중심으로 한 것이나 자연원 등의 옥외 시설을 중심으로 한 것, 이 둘을 복합한 것 등이 있다. 오락을 주목적으로 하는 민간의 식물원에서 연구를 주목적으로 하는 대학 부속 식물원까지 운영 주체·설치 목적도 다양하다.

식물원에서는 식물의 관찰이나 해설을 통해 다양한 지식을 얻을 수 있다. 게다가 많은 식물에 둘러싸여 자연체험의 기회로도 활용할 수 있다. 식물원이 교육적 사업을 적극적으로 실시하는 경우도 있다. 따라서 식물원은 환경교육을 추진하기 위한 중요한 사회교육 시설로 규정된다.

식생
vegetation

어느 장소에 생육하는 식물의 집단을 일컫는다. 현재 그곳에 보이는 식생(현존 생물), 인위의 영향을 받기 전의 식생(원시 식생) 등으로 분류된다. 식생 분포에는 온대림, 난온대림, 아열대림 등 식생의 수평적 확장으로 구분되는 수평 분포와, 같은 지역에서도 해발이 높아지면서 식생이 변화하는 수직 분포가 있다. 식생과 유사한 용어로 식물 군락이 있는데, 식생은 그 장소의 전체상을 파악하고 구분되는 반면, 식물 군락은 동일 장소에 생육하고 있는 식물군을 어떤 기준에 의해 구분하며 유별성을 갖춘 경우에 해당한다.

식생활교육
food education

음식 문화를 계승하는 건전한 식생활을 할 수 있도록 돕는 노력이다. 현대의 식생활과 건강이 심각한 상태에 처해 있다는 의식하에 일본에서는 2005년 식생활교육기본법이 제정되었고, '식생활교육'이라는 말이 국민에게 널리 알려지게 되었다. 그러나 이러한 문제를 개선하기 위한 여러 형태의 먹을거리 운동은 법 통과 전부터 민간을 중심으로 활발히 전개되고 있었다.

식생활교육의 어원은 메이지 시대의 육군 군의였던 이시즈카 사겐이 제시한 것에서 시작된다. 메이지 시대의 근대 영양학이 탄수화물, 지방, 단백질의 적절한 섭취에 의한 건강·신체를 말하는 경향이 있었던 것에 비해, 이시즈카는 카이바라 에키켄이 쓴『양생훈(養生訓)』(1712년) 등의 영향을 받아 미네랄 섭취에 중점을 둔 식양법(食養法)을 제시했다. 또한 호치 신문사의 무라이 겐사이에 의해『식도락(食道楽)』이란 소설이 연재(1903년 1월부터 1년간)되었는데, 이 책에서 무라이는 "소아에게는 덕육(德育)보다 지육(知育)보다 체육(体育)

보다 식육(食育)이 먼저이고, 체육과 덕육의 근원도 식육에 있다"라고 했다. 하지만 식육, 즉 먹을거리 교육이 당시 확산되지는 않았고 점차 잊혔다.

최근 들어 웰빙 증후군, 너무 마른 몸, 식생활 습관의 문란, 체력 저하, 혹은 아침밥을 먹지 않는 아이, 저녁밥을 패스트푸드로 때우는 가족 등의 문제가 발생하면서 다시 식생활 개선 및 건강 증진의 기회로 식생활교육운동에 관심이 쏠렸다. 2005년에 의원 입법으로 식생활교육기본법이 통과되었으며, 이 법은 다양한 체험을 통하여 '음식'에 관한 기본적인 지식이나 선택하는 능력을 습득하고 풍요로운 식생활을 실천할 수 있도록 하려는 목적을 내세우고 있다. 특히 학교교육에서는 올바른 식생활의 자각을 시작으로 예절 등의 습득이나 전통적인 식문화에 대한 이해, 농업에 대한 이해 등으로 이어지는 총합적인 학습의 확대가 기대되고 있다.

⊕ 한국은 국민의 식생활 개선, 전통 식생활 문화의 계승·발전, 농어업 및 식품산업 발전을 도모하고 국민의 삶의 질 향상에 기여함을 목적으로 식생활교육지원법을 제정하여 시행하고 있다.

식품안전
food safety

|식품안전과 환경교육| '식(食)'이란 말은 음식물과 먹는 행위인 식사를 합친 개념이다. 식사는 음식물의 소비이지만 소비의 전 단계에는 생산이 있으므로 식품안전은 음식물 자체의 안전과 음식물의 생산 및 소비 과정의 안전으로 나눠서 생각해볼 수 있다.

식품안전은 음식물이나 음식물의 생산 및 소비 과정에서 관여하는 주체의 위험이 없는 상태, 혹은 피해를 받을 가능성이 없는 상태를 가리킨다. 또한 최근 음식 관련 산업이 다양화되고 음식물의 생산과 소비 사이의 가공 및 유통 과정이 복잡해지고 있으므로 이 과정에서의 안전 역시 주목할 필요가 있다.

특히 환경교육이라는 맥락에서 식품안전을 생각할 때 우리 인간은 자연 생태계의 일원으로서 먹이사슬의 정점에 위치하며 생명의 유지와 체내에 없는 영양소를 자연 생태계에서 얻고 있다는 인식이 중요하다. 음식물은 우리 생명 활동의 질과 깊은 관련이 있는 환경 요소이므로, 스즈키 요시츠쿠는 음식의 생산에서 소비까지 관련되는 인간 환경을 모두 음식 환경이라 부르고 음식 환경교육의 중요성을 기술하고 있다.

|식품안전을 둘러싼 문제| 식품안전을 놓고 과거에 일어난 큰 사회문제로는 이타이이타이병, 미나마타병이 있다. 또 2001년에 확인된 BSE(소해면상뇌병증)도 있다. 후쿠시마 제1원자력발전소 사고에 의한 식품의 방사능 오염에 대해서도 미래에 끼칠 영향을 걱정하고 두려워하는 지적이 있다. 유전자조합식품에 대해 일본에서는 일부 소비자들의 반대 운동이 있었지만 그리 큰 논란은 일어나지 않았다. 하지만 유럽 등에서는 안전성과 환경영향 등에 대해서 논쟁이나 시위가 일어나고 있다.

장기적으로 세계 인구가 증가하지만 식량 생산이 대폭 증가하는 것은 어려울 뿐만 아니라 기후변화의 영향으로 식량 생산이 불확실한 가운데 인구에 맞는 충분한 식량을 확보하는 국가 차원의 식량 안전보장이라는 과제도 남아 있다.

국가와 지자체 전문가들의 식품안전을 둘러싼 리스크 커뮤니케이션 정책을 추진하고 있고 전문가와 비전문가들의 대화가 마련되거나 인터넷에서 정보 제공이 이루어지고 있으며 먹을거리 교육에서도 음식의 안전에 관한 과학적인 능력을 키우는 것이 요구되고 있다.

식품첨가물
food additives

일본의 식품위생법에서 "첨가물은 식품 제조 과정에서 또는 식품 가공 혹은 보존의 목적으로 식품에 첨가, 혼화, 침윤 등의 방법으로 사용하는 것"으로 규정되어, 소금이나 설탕처럼 천연물로부터 나오며 섭취량이 많은 것과 잔류 농약 등은 포함되지 않는다. 주로 사람의 기호를 만족시키는 것(L-글루탐산나트륨 등), 식품의 변질·부패를 방지하는 것(소르브산 등), 제조에 필요한 것(캐러멜 등), 품질 개량·품질 유지에 필요한 것(레시틴 등), 식품 영양 강화에 필요한 것(분말 비타민A 등) 외에도 껌 베이스 등 식품의 기초 원료가 되는 것이 있다.

식품첨가물은 식품위생법 제10조에 의해 원칙적으로 후생노동 대신이 정한 것 이외의 제조, 수입, 사용, 판매 등은 금지되어 있으며 이 지정 대상에는 화학적 합성품뿐만 아니라 천연물도 포함된다. 또 제11조에는 식품첨가물 규격이나 기준이 정해져 있다. 규격은 식품첨가물의 순도나 성분에 대해 최소한으로 준수해야 하는 항목을 나타낸 것으로 안정된 제품을 확보하기 위해서 규정되어 있다. 기준은 식품첨가물을 어떤 식품에 어느 정도까지 더해도 괜찮은지 나타낸 것으로 과잉 섭취로 인한 영향이 생기지 않도록 식품첨가물의 품목 혹은 대상이 되는 식품별로 지정되어 있다.

✚ 한국은 식품위생법 제2조 제2호에서 식품첨가물을 "식품을 제조·가공·조리 또는 보존하는 과정에서 감미, 착색, 표백 또는 산화 방지 등을 목적으로 식품에 사용되는 물질"로 정의, 제7조는 식품첨가물의 제조·가공·사용·보존 방법에 관한 기준과 처분에 관한 규격을 정하고 있다.

신국제경제질서
New International Economic Order, NIEO

제2차 세계대전 후 남북문제는 선진국이 개발도상국을 경제적으로 지배하는 구조에 원인이 있다는 전제하에, 이러한 국제경제구조를 시정하기 위해 1970년대에 개발도상국 측에서 주장한 새로운 경제체제이다. 1974년 제6회 유엔 특별총회에서 '신국제경제질서 수립에 관한 선언'으로 채택되었다. 개발도상국 측의 주장에는 2개의 축이 있다. 하나는 자국의 천연자원에 대한 주권을 확립하여 경제적 자립을 달성하는 것(자원민족주의), 또 하나는 농산물 등의 평등한 교역 조건의 확립이다.

신재생에너지
renewable energy

자연계의 작용으로 계속해서 보충·재생되기 때문에 고갈하지 않는 에너지로 태양광, 태양열, 풍력, 수력, 조력, 파도의 압력, 바이오매스, 온도차, 지열 등이 있다. 석탄, 석유, 천연가스 또는 원자력과 같이 이용하면서 총량이 감소하는 고갈성 자원에서 얻는 에너지와 대비되는 개념이다. 태양열 이하의 신재생에너지는 만유인력에 기원하는 조력과 땅속 마그마에서 유래하는 지열(geothermy)을 빼면 원래는 태양의 핵융합 반응에 의한 것이다. 따라서 그 근원이 되는 태양의 수소가 고갈되면 태양으로부터의 에너지 충족·재생은 없어지지만 태양의 수명은 50~100억 년이라고 추정하기 때문에 고갈은 고려하지 않고 있다. 마찬가지로 지열도 서서히 우주 공간에 열을 발산하면 지구의 내부가 냉각되어 언젠가는 지열을 이용할 수 없는 날이 오겠지만, 이것 또한 상정할 수 없는 미래의 일이기 때문에 고려하지 않고 있다.

신재생에너지와 유사한 개념으로 자연에너지라는 용어가 사용되고 있다. 태양광, 풍력, 수력 등의 자연에너지는 자연계에 원래부터 존재하기 때문에 그 자원이 감소하지 않을 거라고 생각하는 경향이 있다. 그리고 신에너지라는 용어도 있다. 종래의 화석연료나 원자력이 아닌 새롭게 등장한 에너지라는 의미도 있지만, 에너지라는 뜻 말고도 연료전지 같은 신기술이나 에너지 이용 신시스템까지 넓힌 개념으로 사용되고 있다. 하지만 신에너지 이용 등의 촉진과 관련한 특별처치법에 근거하여 정해진 신에너지는 신재생에너지로 한정되어 있다.

고갈성 자원에서 얻은 에너지가 현 지점에서는 가장 저가의 에너지자원이라고 하더라도 자원이 감소하면 가격은 상승하므로 코스트 다운의 신재생에너지가 역전할 날은 그리 멀지 않다.

코스트 다운과 탈화석연료, 탈원자력의 풍조, 또한 여러 가지의 보조금 등의 순풍을 타며 신재생에너지 산업은 현저하게 늘어나고 있고 특히 태양광발전과 풍력발전은 숫자로 환산할 수 없을 정도로 확대되고 있다. 일본에서도 2012년 9월에 결정된 혁신적 에너지·환경 전략에 따라서 신재생에너지를 앞으로의 기반 에너지로 정하고 있다. 하지만 태양광 발전과 풍력발전은 발전량이 일조량과 풍속에 따라서 크게 좌우되기 때문에 기존의 화력발전과 수력발전, 원자력에 비교하면 불안정하다. 이러한 불안정한 전력이 기존의 송전망으로 대량 유출되면 전력 공급의 전압이 불안해지는 불상사가 생겨날 가능성도 있다. 이러한 문제를 피하기 위해서는 축전지(storage battery)에 저장한 뒤 일정한 전력을 송전망에 흐르게 하는 방법이 있으나 축전지의 가격이 비싸기 때문에 대체물로서 스마트 그리드(smart grid)라고 불리는 새로운 송전망 시스템 도입이 필요하다. 하지만 많은 가전제품에는 전압조절회로가 내장되어 있어서 새로운 송전망 시스템의 도입 필요성에 대해서는 반대하는 의견도 있다.

✚ 한국은 2016년 현재 신재생에너지 보급률이 1차에너지 대비 4.81%를 기록했고, 최근 5년간(2012~2016년) 신재생 보급 증가율은 연평균 12.8%로, 같은 기간 1차에너지 증가율보다 9배 높다. 자원별로는 폐기물과 바이오가 81.2%, 태양광과 풍력은 10.2%를 차지한다. 정부

는 '제4차 신·재생에너지 기술개발 및 이용·보급 기본계획'(2014~2035년)을 수립하여 총에너지소비 중 신·재생에너지의 비중을 2035년까지 11% 확대하려는 목표를 세웠다.
※출처: 산업통상자원부

신종 인플루엔자
novel influenza

'감염증의 예방 및 감염증 환자에 대한 의료에 관한 법률(감염증법)'에서는 신종 인플루엔자를 "새롭게 사람에서 사람으로 전염되는 바이러스를 병원체로 하는 인플루엔자로, 일반적으로 국민이 해당 감염증에 대한 면역이 없어 전국적으로 급속하게 만연하면서 국민의 생명과 건강에 중대한 영향을 준다고 인정되는 것"이라 정의하고 있다. 다시 말해 통상의 계절성 인플루엔자와 다른 새로운 형태의 인플루엔자 바이러스를 원인으로 하며 팬데믹(pandemin, 전 세계적인 전염병의 대유행)을 일으킬 가능성이 높은 것이다.

팬데믹은 1918년 스페인 인플루엔자(스페인 독감), 1957년 아시아 인플루엔자(아시아 독감), 1968년 홍콩 인플루엔자(홍콩 독감) 등 지금까지 수차례 유행했지만, 이것들은 약한 인플루엔자였다. 신종 인플루엔자는 새(오리류)를 기원으로 하는 H5N1형 등의 맹독성 고병원성 조류 인플루엔자다. 종래에는 조류 인플루엔자 바이러스가 사람에게는 감염되지 않는다고 여겨졌지만, 최근 H5N1형 바이러스 등이 사람에게 감염되는 사례가 확인되고 있다. 현재까지는 효율적으로 사람을 감염시키지 않지만, 이후 새에서 사람에게, 또는 사람에서 사람에게로 효율적으로 감염이 될 경우 대부분의 사람들이 면역이 없기 때문에 새로운 팬데믹이 발생하고 많은 사람이 생명을 잃거나 사회와 경제에 대혼란을 일으킬 것이다.

2013년 봄, 중국에서 H7N9형 조류 인플루엔자 감염 환자가 발생한 사실이 WHO에 의해 공표되었다. 그 후 WHO와 중국 CDC(질병대책예방센터)가 발표한 감염 환자와 사망자가 급증했다.

심층생태학
deep ecology

|2가지 접근| 같은 환경문제에 대한 대처 방법이라도 ①환경오염·자원 고갈처럼 눈에 보이는 문제에 대해 주로 대증요법(對症療法)적으로 기술적 대응을 시도하고 선진 지역 주민의 물질적 풍요로움의 유지·상향을 도모하는 방법과 ②정치·경제 구조의 깊은 곳이나 사

회의 주류를 독점하는 사고방식·가치관까지 문제의 근원을 찾아 그 근간부터 개혁을 도모하려는 방법으로 나눌 수 있다.

1973년 생태철학(eco-philosophy)을 구축하던 아르네 네스(Arne Naess)는 1972년 연구회의 보고 요지를 논문으로 공개하고 전자를 '표층생태운동' 후자를 '심층생태학운동'으로 명하여 엄격히 구별했다. 이 같은 구별은 예전부터 있었지만, '심층생태운동(the deep ecology movement)'이라는 조어가 사용되면서 이 용어가 정착하게 되었다.

|주장| 네스는 오늘날의 지배적 사회 모습이나 가치관을 '당연한 일'로서 의문을 갖지 않고 순종하여 받아들이는 것이 아니라 주체적으로 문제를 찾고, 생각하고, 깊이 묻고 답하는 것(deep questioning)이 반드시 필요하다고 생각했다. 그리고 소수의 급진적 변화보다는 종교적 신앙이나 사회적 출신 등이 다른 다양한 배경을 가진 사람들이 함께 지지할 수 있는 기본 사항을 함의하는 형식으로의 운동이 확산되기를 희망했다.

네스는 심층생태운동가가 관심을 갖는 다양성, 자치, 분권, 공생, 반차별 등의 원칙에서 한 발 더 나아가 생명 자체나 그 다양성의 존중, 인구 감소, 또 자연에 대한 인간의 개입을 줄일 필요성, 사회의 구성이나 생활 모습에 관한 시각과 생각을 바꾸어 갈 필요성 등을 어떻게 함의할 수 있을지 고민했다. 심층생태학은 자연보호, 사회정의, 정신적 연대라는 각각의 다른 주제에 중점을 둔 다양한 사상이나 대안을 발견하여 환경교육에도 큰 영향을 주고 있다.

쓰레기 분리 배출
waste separation

|의미| '쓰레기'를 버릴 때 재사용할 수 있는 것과 자원으로 다시 이용할 수 있는 것 등 폐기 후의 용도와 종류별로 나누어 배출하는 것을 말한다. 목적은 폐기물 양을 줄여 최종 처분장을 지속시키고 재생자원의 유효 활용을 촉진함으로써 천연자원의 사용량을 줄이는 데 있다. 또한 쓰레기 분리는 일상생활 속에서 이루어지기 때문에 환경 배려형 라이프스타일의 정착과 사회 전체의 환경의식 향상과도 연결되어 학교와 지역에서 이루어지는 환경교육의 커다란 테마 중 하

나가 되고 있다.

|일본의 쓰레기 분리 전개| 에도 시대 이전의 일본에서는 가치 없이 불필요하게 다루어지는 쓰레기는 적었으며 물자의 종류별로 유통 시장이 성립되어 있었기 때문에 쓰레기도 자원으로 순환 이용되었다. 예를 들어 옷은 상점과 시장, 행상 등에서 헌옷으로 유통되었고, 가정에서도 이불·배내옷·기저귀·물걸레 등으로 다시 사용했으며, 마지막에는 태워서 연료화했다. 재가 된 뒤에도 비료나 세제 등 다양한 용도로 사용되었다. 불필요한 물건의 종류마다 사고 파는 시장이 존재하고 있었기 때문에 자연스럽게 분리수거가 이루어졌다고 할 수 있다. 메이지 이후에는 콜레라 등의 전염병 예방 등 공중위생의 관점에서 소각 처리가 폐기물 대책의 핵심이 되었지만, 동시에 철 조각, 폐지, 분뇨 등은 호별 회수로 순환 이용되었다.

전후 고도 경제성장기의 대량생산·대량소비형 경제 발전이 대량 폐기물 문제를 불러일으켰다. 특히 대도시에서는 최종 처분지나 소각 시설을 둘러싼 공해 문제 발생 등으로 폐기물이 '쓰레기 전쟁'으로 불리며 주목을 받았다. 쓰레기 감량화의 일환이자 유해 폐기물 처리 문제 해결책의 하나로 1976년에 히로시마에서 쓰레기 5분리 수집이 개시된 이후, 행정 회수에도 쓰레기의 형태나 종류별로 회수일을 설정하는 분리 배출이 시작되었다. 정부가 순환형사회 형성을 위한 3R 추진 정책을 제시하는 등 최근에는 분리 배출의 종류가 세분화되는 추세에 있다. 역이나 길가의 쓰레기통도 '타는 쓰레기와 타지 않는 쓰레기'로 분리해 설치하거나 '캔과 병, 신문과 잡지, 페트병, 기타 쓰레기'의 종류별로 설치가 증가하는 등 분리 방법은 지역에 따라 차이가 있지만 사회 전체적으로 쓰레기 분리 배출이 정착되었다.

|과제| 쓰레기 분리 배출은 어디까지나 배출 시의 행동에 속한다. 아무리 분리 배출을 하더라도 불필요한 물건은 사지 않는 등 쓰레기 발생을 억제하는 행동이나 재사용 등을 동시에 추진하지 않는다면 폐기 물량의 억제 및 순환형사회 구축은 성공적으로 실현할 수 없을 것이다.

❶ 한국은 '자원의 절약과 재활용촉진에 관한 법률' 제13조에 따라 지자체가 지켜야 할 재활용가능자원의 분류·보관·수거·운반 등에 관하여 필요한 사항을 규정한 '재활용가능자원의 분리수거 등에 관한 지침'을 두고 있다.

쓰레기 처리
waste management

일반적으로 쓰레기 처리라고 일컫는 경우의 '쓰레기'는 일반폐기물을 가리킨다. 일반폐기물에는 고형인 '쓰레기'와 액상인 '생활폐수'가 있다. 쓰레기를 배출하는 장소에 따라 집에서 배출되는 쓰레기(가정계 일반폐기물, 가정 쓰레기, 생활 쓰레기 등으로 부른다)와 사업소에서 배출되는 쓰레기(사업계 일반폐기물, 사업소 쓰레기 등으로 부른다)로 나뉜다.

쓰레기 처리 방법으로는 모은 후 최종 처분(매립)지에 옮기는 방식이 역사적으로 오래 이용되었지만 위생 상태를 좋게 유지하는 것, 최종 처분량을 줄이는 것을 목적으로 소각 처리가 이루어지는 경우가 많아졌다. 소각을 추진하기 위해서는 대형 쓰레기 등은 잘게 만들어야 하고 금속, 유리 등의 자원도 많이 포함되어 있으므로 이것들의 회수도 이루어져야 한다. 음식물 쓰레기 등은 퇴비나 에너지 자원의 원료로 활용할 수 있다. 단, 자원 회수를 한 뒤에도 남은 쓰레기는 매립이나 소각 처리를 하게 된다. 소각하는 경우에도 소각 폐열을 이용하여 전력과 증기, 온수 등을 이용할 수 있게 되었다.

❶ 한국은 2017년 현재 쓰레기 소각 시설이 전국 178개로 집계된다(환경부). 매립할 공간이 부족하여 지자체마다 쓰레기 소각 시설을 짓고자 하지만 지역 주민들의 반대로 갈등이 잦다.

쓰레기학
garbology

쓰레기에 관한 정책이나 활동, 기술을 조정하여 구체적인 안을 유기적으로 결합하는 것을 목적으로 하여 새롭게 제창된 학문이다. 쓰레기의 'garbage'와 학문의 '-logy'를 합성한 조어이다. 쓰레기 문제는 법학, 경제학, 사회학, 의학, 농학, 물리학, 가정학, 공학과 같은 다양한 학술 분야와 관련된 학제적 문제이다. 또한 제품이나 물자의 흐름 전체를 전망하고, 자원 조달·제조·유통·소비·폐기 각 분야와 연결되어 있으며 관련된 개인이나 기업, 행정 등 모두를 포괄하는 총합적 문제이다. 그러므로 순환형사회 형성의 중심적인 과제라고 생각할 수 있다.

ㅇ

아랄 해
Aral Sea

카자흐스탄과 우즈베키스탄에 걸쳐 있는 염호다. 아랄 해는 면적 6만 4,100km^2, 최대 심도 68m, 평균 심도 15m, 용적 2,300km^{3}로 세계 제4위의 면적을 자랑했다. 건조 저역(연 강수량이 100mm 이하)인 이 폐색호에는 파미르 고원에서 시작된 시르다리야 강과 아무다리야 강이라는 2개의 큰 하천이 유입되어, 호수의 염분은 10g/L 정도(해수의 약 3분의 1)로 유지되었다. 그러나 1960년대부터 구소련이 목화 재배를 위한 대규모 농업을 시작하면서 두 하천의 물을 지나치게 취수하여 아랄 해의 유입량이 격감하면서 호수 수위가 내려갔다. 호수의 거의 대부분이 말라갔고, 관수사업 시작 전과 비교해보면 호수 면적은 약 5분의 1, 용적은 약 10분의 1로 감소했으며, 3개의 호수로 나뉘어 염분이 최고로 높은 호수에서는 소금 농도가 약 50g/L에 달하게 되었다.

아랄 해의 물 수위와 면적 감소가 가져온 환경문제로는 ①수생식물의 종 변화와 사멸로 어획량이 감소하여 어업이 붕괴되었고, ②주변 토양이 사막화되었으며, ③말랐던 옛 아랄 해역에서 석출된 소금으로 발생한 염풍해와 토양의 염해로 농작물 생산이 저하되어 농업의 파탄을 불러왔다. 또한 아랄 해 주변 지역 지하수의 염분이 극히 높아져서 지하수를 농업 관개용수로서 사용할 수 없게 되었다. 염해로 인한 문제를 해결하기 위한 대책으로 농약을 살포하고 화학비료를 대량으로 사용함으로써 잔류 농약에 의한 환경문제까지 발생했다.

아랄 해와 주변의 물, 대기, 토양 모두가 소금, 농약 등으로 오염되어 음료 등을 통하여 사람의 건강과 자연에 심각한 영향을 주고 있다. 이는 '아랄 해의 위기', '아랄 해의 비극', '20세기 최대의 환경 파괴' 등으로 불린다.

아르네 네스
Arne Naess

'심층생태학운동' 개념을 만든 노르웨이의 철학자(1912~2009). 1970년대 이후의 '평화 · 정의 · 인권' 연구에 기반한 생태철학 분야에서의 업적으로 유명하지만 경험의미론, 과학론, 커뮤니케이션 이론, 스피노자론, 회의론, 게슈탈트 존재론 등 그 연구 대상은 다방면에 걸쳐 있다. 그는 음악과 등산에서도 재능을 발휘했으며, 자연을 사랑하고 인간은 누구나 존중받아야 한다는 사상으로 폭넓은 존경과 사랑을 받았다.

아메리카 들소
American bison

북아메리카의 초원, 침엽수림에 서식하는 소목 소과의 대형 초식동물로 학명은 'Bison bison'이다. 암컷보다 수컷이 더 크고, 큰 수컷은 신장이 3.8m, 체중은 1t이 넘는 것도 있다. 서부 개척 시대 전까지는 수천만 마리가 서식했다고 알려져 있지만, 말과 엽총의 사용 등 수렵 방법의 변화와 피혁의 수요가 늘면서, 19세기 말에는 1,000마리 이하까지 감소했다. 1889년, 미국의 동물학자 윌리엄 호너데이(William Hornaday)가 정부에 보호 정책을 제창하여, 1902년 보호육성정책이 발효되었다. 현재 전 미국과 캐나다에서 약 45만 마리가 확인되고 있다.

아시아 지속가능성을 위한 환경리더십
Environmental Leadership Initiatives for Asian Sustainability, ELIAS

아시아에서 지속가능한 사회 실현을 이끌어 갈 환경 인재를 육성하기 위해, 일본 환경성을 중심으로 실시하고 있는 계획이다. 2005년 유엔의 '지속가능발전을 위한 교육 10년(DESD)'이 채택된 후 일본에서는 그에 대한 실시 계획을 수립하고, 초기 단계의 중점적 계획 사항으로서 대학 ESD의 추진 및 경제 · 사회 그린화에 주체적으로 대처할 수 있는 환경 인재의 육성을 자리매김했다. 이것에 입각하여 일본 환경성은 2008년 3월에 수립한 '지속가능한 아시아를 위한 대학 내 환경인재 육성산업'에 기초를 두고 관계 부처와 연관하여 아시아 환경인재 육성 주도권(ELIAS)을 추진하고 있다.

ELIAS는 중핵적 사업으로 대학 · 대학원의 모델 프로그램 개발, 산학관민 제휴에 의한 환경 인재육성협회(EcoLeaD) 및 아시아 환경 대학원 네트워크(ProSPER.Net) 구축을 전개하고 있다.

아이치 생물다양성 목표
Aichi Biodiversity Targets

2010년 나고야에서 개최된 제10차 생물다양성협약 당사국총회(COP10)에서 채택된 생물의 다양성에 관한 새로운 세계 목표를 뜻한다. 세계 목표의 정식 명칭은 '생물다양성 2011~2020 전략 목표'로, 그 속에 2015년 또는 2020년을 목표로 하는 20개의 개별 목표가 '아이치 생물다양성 목표'이다.

아이치 생물다양성 목표는 일본의 제안을 기본으로 하여 2050년까지 "자연과 공생하는 세계=생물의 다양성을 적절히 평가, 보전, 회복함으로써 건전한 지구를 유지하여 모든 사람에게 필요한 혜택이 주어지는 세계"의 실현을 장기 목표로 한다. 이 목표는 일본에서 예로부터 내려온 자연과 공생해야 한다는 사고와 지혜가 세계 각국의 이해와 공감을 얻었다.

각 당사국은 아이치 생물다양성 목표를 근거로 각국의 생물을 파악하고 다양성을 유지하기 위한 대안의 우선순위에 따른 국가별 목표를 설정하여 전략적인 대처를 할 필요가 있다.

악순환
negative spiral/vicious spiral

어떤 좋지 않은 결과가 더 좋지 않은 결과를 야기하고 그로 인해 더욱 좋지 않은 결과가 초래되듯 연쇄적으로 부정적인 순환이 생기는 것을 가리킨다. 그 대표적인 예로 디플레이션을 들 수 있는데, 디플레이션에 의한 물가 하락으로 기업 수익이 더욱 나빠지고 그로 인해 인원과 임금이 삭감되어 실업자 증가와 수요의 쇠퇴를 초래하고 한층 더 디플레이션을 야기한다는 것이다. 자연환경보호의 문맥에서는 수확량의 증가를 노린 농약과 화학비료 사용을 들 수 있다.

알도 레오폴드
Aldo Leopold

미국의 생태학자(1887~1948). 애리조나의 고원에서 산림국 직원으로 근무하면서, 수렵용 사슴을 늘리기 위하여 천적인 늑대를 쏘아 죽이는 계획을 실시했다. 이 때문에 사슴이 너무 늘어나 다음 해 겨울에는 먹이 부족으로 대량으로 죽게 되었다. 늑대를 쏘고 죽어가는 늑대의 눈이 초록색으로 빛나는 것을 보고 '무엇인가 문제가 있다'고 느꼈다고 한다. 1933년 위스콘신 대학의 수렵조수 관리학 교수가 되어, 이후 자연보호와 생태학 분야에서 활약했다. 1949년 대표작인 『모래땅의 사계(A Sand County Almanac)』가 출판되었다. 인간과 자연의 관계를 지배관계가 아닌 생태학적 평등관계로 하는 '토지윤리(the land ethic)'를 제창했다.

암묵지
tacit knowledge

다른 사람에게 객관적 언어로 설명할 수 있는 실증적 지식을 형식지라 한다면, 언어화되지 않고 언어만으로는 전달할 수 없는, 또는 감상적인 지식을 암묵지라 한다. 매뉴얼이나 언어적 설명이 없어도 오랜 경험과 감으로 행동할 때가 있고, 그것을 상대에게 언어로는 전달할 수 없는 경우가 허다하다. 암묵지는 어느 정도까지는 언어화했지만 좀처럼 본질을 전달할 수 없는 경우에, 말로 다 할 수 없는 지식이 있다는 것을 나타내기 위하여 사용하는데, 헝가리의 철학자인 마이클 폴라니(Michael Polanyi)가 제창한 개념으로 알려져 있다.

자연보호와 환경보존 측면에서 생각할 때, 과학적·실증적 지식이나 확립된 기술을 사용하기도 하지만 언어로 나타낼 수 없는 지혜와 기술도 넓은 의미에서 자연을 지켜 왔다. 사토야마 등이 한 예일 것이다. 환경교육에서도 객관적으로 명시된 지식과 기술만을 중시하는 것이 아니라, 다른 한편의 지혜와 기술이 있다는 것을 염두에 두는 일이 중요하다.

압축 도시/ 콤팩트 시티
compact city

도시 중심부의 공동화, 교외의 무질서한 개발에 대한 하나의 대책으로 도시 중심부에 다양한 기능을 모아 지속가능한 도시를 실현하는 도시 정책 모델이다. 1990년대에 유럽 각국에서 시작되어 삶의 질과 편리성의 향상, 환경·자원·에너지 문제의 해결, 역사·문화의 보전, 교류의 촉진, 평온한 환경 창조 등을 실현하고 있다.

콤팩트 시티를 표방하는 일본의 도야마에서는 2006년도부터 노면 전차 LRT(Light Rail Transit)를 도입하고 자동차의 흐름을 억제하여 교통 정체와 배기가스를 줄였다. LRT는 고령자, 휠체어나 유모차를 사용하는 사람들의 승하차를 쉽게 하고 지역 활성화에 도움이 되어 도심 회귀를 불러오고 있다.

애니미즘
Animism

이 세상에 살아 있는 모든 생물에 영혼이 잠재해 있다는 사상이다. 범영혼설, 신령신앙으로도 풀이한다. 영혼, 생명이라는 뜻의 라틴어 'anima'에서 유래되었다.

영국의 인류학자 타일러(Edward Burnett Tylor)의 저서 『원시문화(Primitive Culture)』(1871)에서 '원시종교'의 특징을 표현하기 위하여 사용했던 언어이다. 원시 최초의 종교적 존재 방식으로서 '영적 존재(spiritual being)의 신앙'에 애니미즘이라는 이름을 붙였다. 그리고 '영혼·정령·신들에 대한 신앙이 다신교, 나아가 일신교로 전개되었다'는 종교론을 전개했다. 그의 단순한 진화적 종교론은 나중에 비판을 받았지만 '애니미즘'이라는 용어만은 모든 것을 물질로서 단정짓는 과학적 세계관에 대한 비판·반성·불신으로서 오늘날 더 중요한 관점이 되었다. 부정할 수 없는 과학적 세계관에 의해 환경이 파괴되고, 지구 그 자체의 존속이 위험하게 된 오늘날에는 새로운 세계관의 단서가 될 것이다.

앨 고어
Albert Arnold Gore Jr.

미국 제45대 클린턴 정권의 부통령(임기 1993~2001년)을 역임했으며, 환경 운동가(1948~)이다. 2006년 미국 전역에서 공개된 다큐멘터리 영화 〈불편한 진실〉(제79회 아카데미상 최우수 장편 다큐멘터리상 수상)에 출연했고, 동명의 책 『불편한 진실』을 2006년에 출간했으며, 2007년 노벨평화상을 받았다. 『불편한 진실』은 지구온난화에 의해 빈사 상태인 지구의 현황을 담고 있으며 사람들의 생활과 사고방식의 변화가 필요하다는 '불편한 진실'에 대한 이해를 역설하고 있다. 이 책에 기술된 몇 가지 데이터에 대한 반박이 있지만 책에 쓰인 경고는 오늘날에도 귀를 기울일 필요가 있다.

야생동물로 인한 피해
animal damage

야생동물이 직접적으로 일으키는 인간 및 인간 생활에 대한 손실·손해를 가리킨다. 주로 농림수산자원의 섭식(충해)이나 파괴 등 경제적 피해를 가리키는 경우가 많지만, 그 외에 사람의 신체에 대한 직접적 위해, 위생 측면의 영향(사람이나 가축 모두 걸릴 수 있는 전염병 등), 소유물(반려동물, 자동차 등)의 손괴, 텃밭·정원수 등의 섭식과 배설물·소리 등에 대한 생활 피해 등도 수해에 포함된다. 예를 들어 사슴에 의한 생물상(biota)이나 지형 등의 변화를 '생태계 피해'라고 정의하고 동물 피해의 한 유형으로 보는 경우도 있다.

일본의 야생동물로 인한 농작물 피해의 규모는 총 186억 엔(2010년)에 이르고 그중 약 80% 정도는 사슴과 멧돼지에 의한 것이다. 피해액과 피해량의 정확한 산정은 '피해'의 정의나 기준 설정이 곤란하기 때문에 측정이 어렵고, 대책 강구 또한 어렵다.

일반적으로 '피해 방제'(울타리나 그물에 의한 섭식 회피 등 개체 행동 수준의 관리), '개체 수 조정'(유해 조수 포획에 의한 방목 압력 경감 등 개체군 수준의 관리), '서식지 관리'(식생 관리에 의한 개체군 밀도나 섭식 기회의 감소 등 생태계 수준의 관리), 이 세 가지 대책을 병행하여 효율적으로 실시하는 것이 필요하다.

일본은 '조수 보호 및 수렵의 적정화에 관한 법률', 조수피해방지특별법 등 조수 피해 대책의 법제화가 진행되었지만, 서식지 관리 대책은 거의 이뤄지지 않고 있다. 고도 성장시대에 진행된 전국적인 서식지의 변화(과도한 개발, 넓은 면적의 개발이나 단일 수종의 일제 조림 등)가 야생동물의 분포와 밀도를 현저히 변화시킨 점을 감안하면 앞으로 생태계 복원을 포함한 장기적·광역적인 대책이 필요하다.

야생동물과 인간의 생활권(행동권)이 중복·인접하는 한 수해의 위험은 사라지지 않을 것이다. 또 '생물다양성의 보전'과 '야생동물과의 공생'의 과제를 지역 수준에서 실현하기 위해서도 수해는 피할 수 없는 문제이며 전통적으로 야생동물과 함께 살아 온 방법이 반영되는 문제이기도 하다. 따라서 수해 문제에서는 자연과학뿐만 아니라 사회과학 및 인문과학적 측면에서의 대비책 역시 필수적이며 야생생물 관리의 인간사회적 측면의 연구도 필요하다. 이런 의미에서 수해를 단순히 '피해'가 아니라 자연환경과 인간사회의 '알력'으로 보는 시각이 많아지고 있다.

➕한국은 '야생생물 보호 및 관리에 관한 법률' 제12조(야생동물로 인한 피해의 예방 및 보상)를 통해 야생동물로 인한 인명 피해나 농업·임업 및 어업의 피해를 입은 사람들에게 보상을 하고, 필요한 시설을 설치하는 데 비용을 지원하고 있다.

야생동물 먹이 주기
feeding

|의미| 야생동물에게 인위적으로 먹이를 주려고 하는 행위. 사육된 야생동물에게 주는 경우와 자연계에서 생활하고 있는 동물에게 주는 경우가 있다. 자연계에서 생활하고 있는 야생동물에게 먹이를 주는 것은 의도적인 먹이 주기와 비의도적인 먹이 주기로 나눌 수 있다.

의도적 먹이 주기는 희소성의 보존·관리, 교육·조사, 관광·오락의 세 가지 목적을 생각할 수 있다. 일본 환경성의 '새나 짐승의 보호 사업을 실시하기 위한 기본지침'에서 관광·오락 목적만이 아닌 다른 2개도 포함된 '안이한 먹이 주기 방지'를 언급하는 만큼, 방지에 관한 보급 계발, 서식 상황의 영향과 감염병 전파에 대한 충분한 배려가 필요하다.

비의도적 먹이 주기는 농업 잔재와 수확하지 않은 작물, 폐기물 등이 방치된 것을 야생동물이 먹는 것 외에도 포획과 관련한 유인 먹이 등이 있다. 야생동물에 의한 농작물 피해도 결과적으로는 비의도적인 먹이 주기가 된다.

|문제점| '생체 및 생태계의 영향', '감염병의 확대·전파', '행동에 대한 영향'을 문제점으로 들 수 있다. '생체 및 생태계의 영향'으로 영양가 높은 식품을 섭취함으로써 번식률과 생존율이 높아지고 일부 종의 개체 수가 증가하게 되어 생태계의 균형에 영향을 주는 경우를 들 수 있다. '감염병의 확대·전파'는 인간이 야생동물에게 너무 가까이 접근해서 에키노코쿠스(포충)와 고병원성 조류 인플루엔자에 의해 동물이 가지고 있던 병원체가 인간에게 감염되고, 또는 거꾸로 인간이 야생동물에게 병원체를 감염시킬 위험을 말한다. '행동에 대한 영향'은 야생동물의 먹잇감에 대한 습성 변화로, 먹이를 구하러 인간의 생활권에 들어와 농작물 피해와 인명 피해를 일으키는 일, 철새가 다니는 길과 이동 방식이 변화되는 경우들을 말한다.

야생생물
wildlife

인간이 형질이나 번식을 관리하는 가축과 재배식물 등의 개량품종에 비해, 자연계에서 서식하며 종과 개체군이 유지되어 그 유전적 형질이 보존되어 있는 생물. 야생생물이라 하더라도 본래의 서식지 이외의 지역에서 인위적으로 방치되어 서식하는 것은 귀화생물, 또는 외래종이라 정의한다. 야생생물의 서식 수는 감소되어 왔지만, IUCN의 적색목록에 따르면 세계의 야생생물 가운데 2만 종 정도가 멸종위험에 처해 있다고 한다.

야생초
wild grass/wild herb

인간의 도움을 받지 않고 살아가는 풀로, 인간이 재배하기 위하여 종자를 뿌리지 않았는데도 스스로 살아가는 식물이다. 인간의 도움 없이 야생 환경에서 살기 위하여 민들레처럼 장거리 살포 능력을 가지거나, 논에 물이 들어가기까지 휴면하는 발아 시스템을 갖추거나, 질경이처럼 뿌리를 뽑기 어려운 몸체를 갖고 있는 등 여러 가지 방법으로 환경에 적응하여 살아 왔다. 이러한 야생초의 특징은 환경교육과 이과교육에 좋은 교재가 된다.

야생초와 비슷한 개념을 나타내는 말로 '잡초'가 있다. '잡초'라는 명칭은 왕성함을 상징하기도 하지만 '잡'이라는 한자에서는 '인간에게 역할을 하지 못한다'는 인간중심·인간우선의 사상이 나타난다. '공생' 사고를 중시하는 환경교육의 장에서는 '잡초'가 아닌 '야생초'라는 말을 사용하는 것이 바람직하다.

야외교육
outdoor education

연구자의 사고방식이나 취하는 방법의 차이에 따라 여러 정의가 존재한다. 야외교육이라는 말이 사회에서 인정되기 시작한 계기의 하나로서 1943년에 샤프(Lloyd B. Sharp)가 발표한 논문 「캠프 교육」을 들 수 있다. 이후 학교 교육에 캠프 교육이 도입되고 캠프의 교육적인 효과와 의의가 인정됨에 따라 학교 교육 속에서 'Outdoor Education'이 알려졌다. 샤프는 논문에서 "학교 외 살아 있는 교재나 생활 장면에서 직접 체험을 통하여 더욱 효과적으로 학습할 수 있는 것은 여기서 이루어져야 한다"라고 시사하고 있다.

일본에서 야외교육의 정의는 당시 문부성이 1996년 발표한 「청소년의 야외교육 충실에 관하여」(청소년야외교육 진흥에 관한 조사연구협력자회의·보고)에서 다양한 생각이 있다고 서론을 말한 뒤 "자연 속에서 조직적·계획적으로 일정의 교육목표를 가지고 이루어지는 자연체험활동의 총칭"이라고 제시하고 있다. 여기서 말하는 자연체험활동은 자연 속에서 자연을 활용하여 이루어지는 총합적인 활동으로 구체적으로는 캠프, 하이킹, 스키, 카누 등의 야외활동과 동식물, 별 관찰 등 환경학습활동 그리고 자연물을 사용한 공작과 야외음악회 등의 문화·예술 활동 등을 포함한다. 따라서 야외교육은 자연체험 활동을 포함하는 교육 영역으로서 자리매김할 수 있다.

야외교육은 주로 체험활동을 통해 이루어지기 때문에 이른바 '체험학습'이 기본이 된다. 학교 교실에서 이루어지는 '개념학습' 방법과 구분되는 것이 특징이다.

호시노 토시오는 「구조로서 본 야외교육」에서 야외교육은 암묵지적 깨달음을 사용한다는 것을 교실 내 교육과 대비시켜 나타내고 있다. 또한 체험적 학습 방법과 '반복' 등을 통한 개인적인 체험에서 얻는 것을 이른바 학습된 것(경험)으로 변환하는 행위를 거쳐 언어와 공유된 지식으로서 배울 수 있다고 설명한다.

어도
fishway/fish ladder

강의 상류와 하류, 강과 바다(호수)에 건설되어 있는 댐이나 사방댐 등 하천 횡단 구조물에 어류의 움직임을 위해 부설된 수로이다. 연어·송어류 등 물을 거슬러 올라올 수 있게 하거나 산란 또는 부화 후 움직임을 돕기 위해 고안되었다. 그러나 어류의 습성과 생태를 충분히 고려하지 않아서 거의 기능하지 못하거나 토사나 나무 등에 쌓여 사용하지 못하는 어도 등이 많아서 평가와 검증이 필요하다.

어린이 에코클럽
Junior Eco-Club

어린이들의 환경보전활동과 환경학습을 지원하는 사업으로, 일본 환경청이 1995년 시작했다. 활동과 학습을 통해서 아이들 스스로 생각하고 행동하는 인재 육성과 활동의 영역을 넓히는 것을 목적으로 한다. 성인(서포터)과 만 3세부터 고교생(멤버)까지로 구성된 그룹을 환경청에 등록하는 제도로 '어린이들의 어린이들에 의한 어린이들을 위한 환경활동'이라는 이념을 바탕으로 활동한다. 인터넷에서 1년간 리포트로 정보와 의견 교환이 이루어진다.

2011년 행정혁신회의에서 이루어진 사업 구분에서는 성과 불투명성을 이유로 폐지되었지만, 사업의 위탁 단체였던 일본환경협회에서는 어린이 에코클럽에 대한 서포트가 중요하다는 인식 아래 환경부의 후원과 기업 등의 협력을 받아 운영을 계속하고 있다.

어메니티
amenity

영국의 도시계획에서 탄생한 개념으로 ①자연환경과 경관의 보존, ②생활의 쾌적함과 생활환경의 편리성, ③역사와 문화의 보존과 활용이라는 3개의 의미를 포함하고 있다. 어메니티의 정의는 다양하고, 시대 또는 논자에 따라 변화하며, 정량적으로 측정할 수 없는 것도 포함되어 있지만, 삶을 둘러싼 모든 요소를 포함한 쾌적한 환경을 일컫는 경우가 많다. 도시 어메니티의 연구·교육이 대학 등에서 진행되었고, 지자체의 도시계획 목표가 되기도 했다.

에너지 시프트
shift in energy resource

의존하는 에너지원의 종류를 바꾸는 일을 의미한다. 영어권에서는 개인과 가정 등에서 사용하는 에너지원을 바꾸는 것에도 '에너지 시프트'를 사용하지만, 일본어에서 에너지 시프트는 사회와 국가 또는 세계에서 의존하는 주요 에너지원을 변경하거나, 에너지 구성비의 변경을 가리키는 것이 일반적이다. 제1차 에너지 혁명이라고 부르는 땔감에서 석탄으로의 전환과, 제2차 에너지 혁명이라 불리는 석탄에서 석유로의 전환도 에너지 시프트이다. 그렇지만 오늘날에는 주로 석탄, 석유 등의 화석연료에서 신재생에너지로의 전환, 또는 원자력에서 신재생에너지로의 전환에 대하여 사용되고 있다.

화석연료에서 신재생에너지로의 에너지 시프트 필요성은 화석연료의 고갈과 지구온난화 방지의 양면에서 지적되었다. 최근 화석연료 소비의 증가 경향이 계속된다면 자원 고갈 이전에 가까운 장래에 가격이 치솟는 것이 예상되기 때문에, 신재생에너지로의 에너지 시프트 가속화가 반드시 필요하다. 한편 후쿠시마 제1 원자력발전소 사고 이후, 일본은 '혁명적 에너지·환경전략'으로 2030년대까지 원전 가동을 제로로 하는 방침을 세웠으며, 원자력에너지에서 신재생에너지로의 시프트가 급속히 진행되고 있다.

이러한 신재생에너지로의 시프트가 필연적인 가운데, 태양광발전 시설과 풍력발전 시설의 설치도 순조롭게 증가하고 있다. 그러나 신재생에너지가 화석연료와 원자력을 필적하는 수준에 이르기 위해서는 대규모의 자본 투자와 공급전력의 질 안정성이라는 문제를 해결해야 한다. 에너지 소비 절감도 에너지 시프트와 동시에 진행해야 하는 중요한 과제이다.

에너지 자원
energy resources

에너지는 시민의 생활과 경제활동에서 반드시 필요하다. 또한 교통과 정보통신 등에서도 필수불가결하다. 조명, 조리, 자동차, 냉난방 등의 연료와 동력원으로서 전기, 등유, 가솔린, 도시가스, LP가스 등의 형태로 공급된다. 이러한 에너지는 석유, 천연가스, 석탄, 우라늄 등 천연자원의 형태, 혹은 태양에너지와 풍력, 수력, 지열, 바이오매스 등 재생가능 자원의 형태에서 에너지 변환 기술을 통해 얻을 수 있다.

자원은 크게 재생가능 자원과 고갈성 자원으로 나눌 수가 있다. 재생가능 자원은 생물자원(산림과 어패, 작물 등)과 물, 태양 에너지 등 영구히 지속할 수 있는 자원이 있고, 고갈성 자원은 석유와 천연가스, 석탄 등 화석연료와 같이 재생이 어렵고 계속 사용하면 고갈하는 자원을 말한다. 무엇보다 재생가능 자원이라 해도 소비되는 속도에 따라 고갈할 가능성이 있는 것에 주목해야 한다. 이 재생가능 자원 가운데 에너지 용도로 이용되는 것을 신재생에너지라고 부른다. 신재생에너지에는 수력, 지열, 풍력, 태양광, 태양열, 해양, 바이오매스 에너지 등이 있다. 그중에서 바이오매스 에너지의 대상이 되는 것은 바이오매스자원에서 에너지 이외의 용도(식료와 원재료)를 제외한 것이다. 화석연료를 이용할 때에는 온실효과를 일으키는 이산화탄소가 발생하지만, 신재생에너지를 이용할 때는 이산화탄소가 거의 발생하지 않는 것으로 보인다. 바이오매스자원의 광합성에 의한 이산화탄소 흡수를 포함하면, 이산화탄소 배출은 상쇄된다고 할 수 있다. 그러나 신재생에너지라도 에너지 사용 시설의 건설 등으로 간접적이나마 이산화탄소를 배출하게 된다. 또한 대규모의 유역 개발로 자연파괴를 동반하는 수력과, 산림파괴로 이어지는 경우가 있는 바이오매스 에너지 이용 등, 다른 환경 부담과의 관계에 배려가 필요한 신재생에너지 이용도 있다는 것을 주의해야 한다.

　생활과 경제활동에 필요한 에너지 가운데 자국 내에서 확보할 수 있는 비율을 에너지 자급률이라 한다. 20세기 후반의 일본에서는 석탄에서 석유로의 연료 전환이 진행되어, 고도 경제성장기에 에너지 수요가 크게 증가한 가운데 석탄과 수력 등 국내 천연자원에 의한 에너지 자급률은 저하되었다. 일본은 천연가스와 우라늄의 거의 모든 양을 해외에서 수입하고 있기 때문에 에너지 자급률은 4% 정도이다. 에너지자원 핍박의 대응은 ①소비량 그 자체를 줄이는 일, ②좀 더 안정된 자원으로 대체하는 일, ③안정 공급원을 확보하는 일이다. 이 가운데 안정된 자원으로의 대체와 재활용처럼 천연자원을 순환자원으로 대체하는 일과 비교적 풍부한 천연자원으로의 대체를 생각할 수 있다. 지금까지 주로 이용해 왔던 석유에 대해 오일샌드(사암), 오일셰일(검은 암석), 천연가스에 수반되는 NGL(천연가스 액), 천연가스 합성을 통한 GTL(Gas to Liquids, 가스의 액화기술) 등의 개발 이용이 기대된다.

⊕ 한국의 에너지 자급률은 2015년 현재 19%이지만, 원자력을 제외하면 2%까지 떨어지는 것으로 추정된다(국제에너지기구).

에너지 절약
energy saving

　현대사회는 대량의 에너지를 사용해 산업 활동, 사회 활동이 이루어진다. 특히 화석연료 의존도가 높기 때문에 고갈될 우려가 있고 환경에 악영향을 미치므로 사용량을 줄여야 한다. 에너지 절약은 좀 더 적은 에너지로 같은 효과를 얻는 생각이나 활동을 가리킨다.

　일본에서는 전쟁 후의 경제성장, 공업화로 인해 에너지 소비량이 증가했지만, 두 차례의 석유 파동을 계기로 '에너지 절약'이 확산되었다. 당시 탈석유의존도 진행되었지만, 그 후로도 계속해서 대량생산·대량소비·대량폐기를 부추기는 경제성장이 진행되었고, 1차 에너지 사용량은 증가했다. 그러나 화석연료의 고갈이 현실적으로 다가오고 지구온난화 문제도 심각해지는 상황에서 다시금 에너지 절약에 대한 필요성이 높아졌다.

　1979년에 시행된 '에너지 사용 합리화에 관한 법률'(통칭 '에너지 절약

법')의 강화로 자동차와 전자 제품 등의 에너지 사용 기기의 효율은 개선되고 있지만, 기기의 대형화 및 다기능화로 에너지 사용량·전기 사용량은 계속해서 늘어나고 있다.

2011년 3월 11일 도쿄전력의 후쿠시마 제1 원자력발전소 사고로 전력 부족 위험이 현실이 되면서 사회적으로 에너지 절약이나 절전 인식이 확산되었고, 에너지 부족에 대한 대책도 정착되고 있다.

에너지 혁명
energy revolution

사용하고 있는 주요한 에너지원이 단기간 내에 다른 에너지로 이동하여 경제와 사회, 문화에 커다란 영향을 주는 일이다. 대표적 사례로 1950~1960년대 에너지자원으로서 석탄의 역할이 석유에 의해 바뀐 것을 들 수 있다. 일본에서는 모든 에너지의 공급량을 점유하는 석유의 사용량이 1962년 석탄을 웃돌았다. 현재는 석유가 주요한 액체 에너지이기 때문에 에너지의 유체화라고도 한다. 앞으로는 오일셰일과 셰일가스의 채취, 신재생에너지 이용 등에 의해 에너지 혁명이 일어날 가능성이 있다.

에드워드 윌슨
Edward Osborne Wilson

미국의 곤충학자(1929~). 하버드 대학 비교동물학 박물관 명예교수로, 사회생물학이라는 새로운 학문 분야를 창시하고 섬의 생물지리학, 바이오필리아 가설, 통섭(지식의 대통합) 등의 이론을 제창하는 등 탁월한 연구 업적을 쌓았다. 1986년에 의장을 맡았던 심포지엄에서 '생물의 다양성(biodiversity)'이라는 말을 처음으로 공식 문서에 사용하여 생물다양성의 아버지라 불리게 되었다. 2006년에는 자신의 이름을 붙인 'E. O. Wilson 생물다양성재단'을 설립하고 생물다양성에 대한 깊은 이해를 바탕으로 한 계발활동과 보존활동, 과학적인 자연교육 추진에 전력하고 있다. 2012년에 제20회 코스모스국제상을 수상했고 퓰리처상도 2회 수상했다.

에이즈
acquired immune deficiency syndrome, AIDS

사람의 면역세포를 파괴하여 면역력을 저하시키는 감염병으로 후천성면역결핍증후군(HIV, human immunodeficiency virus)이라고도 한다. HIV의 주요 감염 경로는 성적 감염, 혈액 감염, 모자 감염의 세

가지로 한정되어 있다. 세계의 약 60%의 에이즈 환자가 사하라 남쪽 아프리카에 있다. 현재 완치는 어렵지만, 다방면의 병용 치료법을 시행 중이다.

에코머니
eco-money

지역 통화의 일종으로 법정 통화는 아니지만 환경, 복지, 교육, 문화 등과 같이 화폐로는 평가하기 어려운 가치를 교환하는 통화이다. 1990년대 말에 가토 토시하루가 제창한, 에콜로지(환경), 이코노미(경제), 커뮤니티(지역), 머니(돈)의 합성 개념이다. 지역 통화가 경제적 가치와 비시장적 사회적 가치 양쪽을 모두 가졌다고 한다면, 에코머니는 사회적 가치를 더 강조하는 것이 특징이다. 봉사활동과 사회활동을 가치화했고, 지역 내에서 자주적으로 발행되어 유통한다.

➕ 한국 환경부에서는 전 국민의 친환경 녹색생활 실천을 위해 '그린카드' 제도를 시행하고 있으며, 이에 가입하면 '에코머니'를 포인트로 적립해 가맹점에서 사용할 수 있다. 전기, 수도, 도시가스 등 생활 에너지 절약 시, 제조사나 매장에서 친환경 제품 구입 시 포인트 혜택이 있다.

에코뮤지엄/환경박물관
ecomuseum

|의미| 프랑스어인 에코뮤제(ecomusée)를 번역한 말로, ecology(생태학)과 museum(박물관)을 합한 조어이다. 어떤 지역 전체를 박물관으로 보고 자연과 문화, 역사, 생활 등 그 지역의 자원을 활용하여 주민과 방문자가 그 지역에 대하여 보존하면서 배울 수 있는 장을 말한다. 1960년대 후반에 국제박물관협의회(ICOM) 초대 회장인 리비에르(G. H. Riviere)가 환경과 인간의 관계를 생각한 새로운 관점을 가진 박물관을 구상한 것이다. 환경과 자연을 알기 위한 시설이라는 의미의 박물관은 아니다.

|일본에서의 정착| 1974년 ICOM에 출석한 츠루다 소이치로에 의해 '생태박물관 또는 에코뮤지엄'이라고 의역하여 일본에 소개되었고, 그 후 1986년에 박물관학자인 아라이 준상이 '생활 에코뮤지엄'이라 의역했다. 최근에는 행정 주도형 지역 방문 행사에서 지역재생계획과 지역 만들기 구상 등에 도입되는 경우가 많아졌다. 그 예로 '마을은 커다란 박물관', '마을 전체가 박물관, 마을 주민 모두가 학예인'이라는 키워드로 처음으로 이러한 개념의 박물관을 만들어 지역 발전을 위해 자리매김한 야마가타의 아사히가 잘 알려져 있다.

|의의| 주민, 방문객이 주체가 되어 그 지역의 생활 그 자체에 관하여 알고 공부해 가는 과정이라고 말할 수 있다. 일본의 환경박물관은 과소화의 문제를 안고 있는 중산간 지역과 전원 지역에 몰두해 있다. 민가와 계단식 논, 잡목림과 작은 하천, 고장의 수호신을 모시는 숲과 산속에 산재한 숯막을 이용했던 장면 그대로를 보여주는 것으로 자신의 지역과 일상생활을 재인식하고 올바르게 이어가는 데 의미가 있다. 이러한 일련의 활동은 지역의 활성화와 관광 진흥으로 이어지는 환경박물관의 실천이라 할 수 있다.

에코페미니즘/생태여성주의
ecofeminism/ecological feminism

인간이 자연을 지배하는 구조와 남성이 여성을 지배하는 구조가 밀접하게 연관이 있다고 보고 이와 관련해 생각·행동하는 사상·운동을 일컫는다. '에코페미니즘'이란 말은 1974년, 프랑스의 작가 프랑수아즈 도본느(Franoise d'Eaubonne)가 처음으로 사용했다. 서구에서 이론화가 추진되었으며, 제3세계에도 확대되고 있다. 다양한 페미니즘 이론이 있는 만큼 에코페미니즘 또한 굉장히 다양화되었다. 여성 중심적인 원리에 편중되고, 성차별 개념의 고정화와 연결된다는 지적도 있다.

에코포비아
ecophobia

에코필리아(ecophilia, 자연에 대한 애정)의 반대말로 자연을 싫어하는 자연 공포증을 뜻한다. 유소년기부터 필요 이상으로 자연 붕괴나 자연 위기의 심각성을 교육받아서 자연에 대한 공포심이 생기는 경우가 많다. 그 결과 자연과 하나가 되려는 마음의 어린 싹이 잘려져 아예 자연을 싫어하는 어린이로 자라게 되는 경우도 있다. 미국의 환경교육연구자 데이비드 소벨(David Sobel)은 현실을 동반하지 않는 추상적·비관적 지식을 가르쳐 자연을 싫어하는 어린이로 자라게 하지 말고, 가까운 곳에서 자연과 놀고 체험하게 하면서 자연에 대한 애정을 길러주자고 제언했다.

에콜로지
ecology

|유래| 19세기 중반을 지나, 선행된 박물학과 지리학 등의 성과를 바탕으로 하여 생물과 환경을 둘러싼 모든 관계를 연구하는 분야로

서 독일에서 고안된 명칭(독어 Ökologie)이다. 여기서 '에코'는 '경제(economy)'와 마찬가지로 그리스어 '오이코스(Oikos: 집, 가족)'에서 유래한 말이다.

| 생태학운동 | '에콜로지'는 '생태학'에서 나아가 자연보호, 사회 격차의 시정이라는 강한 정치적 주장과 가치판단이 겹쳐진 경우, 하나의 사회사상과 운동을 의미한다.

'에콜로지'에는 다양한 의미와 주장이 담겨 있지만, 전체로서 본다면 자연과 인간 사이에, 또는 인간과 인간 사이에 파괴적이지 않은 조화적 관계를 성립하는 방향으로 사회조직과 주된 사고방식을 변혁해 나간다는 의도로 읽을 수 있다. 키워드로 자연, 환경, 자원, 지속성, 사회정의, 공정, 비폭력, 참가, 민주주의, 풍요로움, 삶의 방식, 공생, 다양성, 가치 등이 있다.

환경보존은 에콜로지에서 최고의 중요 사항 중 하나이다. 그러나 운동의 이념과 입장을 나타내는 경우, '환경보존주의(environmentalism)'가 아닌 '에콜로지'라는 말이 오히려 적합할 수 있다. 여기서 드러나는 것은 전체를 총합적으로 보려고 하는 자세이다. 이를테면 환경문제는 인간의 문제로 이어지는 것으로, 크고 깊게 본다면 부분적인 대증요법(그때그때의 증상에 따른 치료법)적 대응이 아니라 전면적이고 근본적인 대응이 필요하다는 생각이 나타나 있다. 원인과 결과를 환경문제와 사회문제로 명백하게 나누기 어렵게 결합해 있다. 빈곤과 인권침해라고 하는 문제를 가지고 '환경교육'을 '지속가능성을 위한 교육'으로 바꾸어 언급한 테살로니키선언도 이와 비슷한 맥락이다.

엑슨발데즈 원유 유출 사고
Exxon Valdez Oil Spill

1989년 3월 24일, 미국 엑슨사(현 엑슨모빌사)의 유조선 발데즈 호가 알래스카 연안에서 좌초되어 적하된 원유 약 4만 2,000kl를 유출시킨 사건. 4개의 국공립공원, 국립야생생물보호구역 등을 포함하여 1,800km 이상 연안선의 피해로 해상 최대 규모의 환경 파괴로 알려졌다. 늦은 대응으로 해조, 해수(바다짐승), 어류 등에 피해가 확산됐지만 수산자원을 제외하고는 사고 전의 데이터가 거의 없어 보상 논쟁이 계속되었다. 이것을 계기로 미국의 환경보전을 추진하는 투자가 그룹 세리즈가, 기업이 환경문제에 대한 대응에 관해 지켜야만 하는 윤리 원칙을 제시했다. 처음에는 이를 발데즈 원칙이라 불렀지만, 후에 세리즈 원칙이라는 명칭으로 정착했다. 또 다음 해인 1990년에는 '유류에 의한 오염 대비·대응 및 협력에 관한 국제협약'이 체결되었다.

엔트로피 법칙
law of entropy

| 열역학에서의 의미 | 열역학 법칙은 우주(엄밀하게는 고립계)의 에너지가 항상 일정하다는 제1법칙과 우주의 엔트로피는 항상 증가한다는 제2법칙으로 구성된다. 자세히 설명하자면 에너지의 총량은 변화하지 않지만(열역학 제1법칙), 그 상태는 변화한다. 이 변화는 '확산' 방향으로만 일어난다(엔트로피 증가 법칙, 열역학 제2법칙). 엔트로피는 그 변화 확산의 정도를 양적으로 나타내는 지표이다.

뜨거운 커피를 놓아 두면 고온의 커피에서 저온의 주변 공기로 열이 확산되어 양쪽이 같은 온도가 된다. 그러나 커피 온도가 높아지는 반대 현상은 일어나지 않는다. 물질도 이와 마찬가지로 고농도에서 저농도로의 확산만이 일어난다. 그러므로 자연적으로 일어나지 않는 변화를 일으키기 위해서는 외부에서 열을 추가하거나 에너지를 사용해 농축하는 등의 '작용'이 있어야 한다. 이렇게 작용했던 부분을 합계에 포함한다면 전체의 엔트로피는 증가하게 된다.

| 함축된 의미 | 엔트로피 변화는 각각의 경우를 계산해서 활용하는 것이 쉽지 않다. 그렇지만 이 개념에서 배워야 하는 것은 굉장히 중요하다. 생물 개체를 보면, 활동하면서 거의 같은 상태를 유지하고 있다. 이를 위해서는 활동으로 생기는 엔트로피를 환경에 넘겨 주고, 필요한 에너지와 물질을 환경에서 얻어야 한다. 적정한 환경의 유지가 생존에 필수임을 알 수 있다.

또한 생산 활동에서 발생하는 오염물질을 굴뚝과 배수구로 배출할 때, 대기와 해양으로 확산되기 때문에 당장은 오염물질을 처리한 것처럼 보인다. 그러나 공해가 발생하게 된다. 게다가 환경으로 한번 확산된 오염물질을 제거하기 위해서는, 처음부터 오염물질을 밖으로

나가지 못하게 하는 경우와 비교했을 때 훨씬 더 많은 자원 투입이 필요하게 된다.

'세상에 공짜는 없다(No free lunch)'고 하는 것처럼, 그 대가는 어디에서든 반드시 지불해야 한다. 원리적으로, 기술로서는 넘을 수 없는 물리법칙의 벽이 있다는 것을 이해해야 한다.

엘니뇨
El Niño

|의미| 태평양 동부의 적도 해역에서 해수면 온도가 평년보다 높아져 그 상태가 1년 정도 지속되는 현상을 말한다. 기상청에서는 엘니뇨 감시 해역(남위 5도~북위 5도, 서경 150도~서경 90도)의 해수 온도 5개월 평균치(전후 2개월 포함)가 기준치와 비교했을 때 6개월 이상 연속해서 +0.5℃ 이상일 경우를 엘니뇨 현상이라 한다. 반대로 -0.5℃ 이하인 경우는 라니냐(La Niña) 현상이라고 정의한다.

|어원| 페루와 에콰도르의 바다에서 상승하는 기류에 의해 하층에서 영양염류가 공급되기 때문에 플랑크톤이 증식하여 멸치류가 좋아하는 어장이 된다. 그런데 12월 크리스마스 무렵이면 페루 부근의 해수 온도가 상승하여 멸치가 잡히지 않다가 새해가 밝아 오는 3월경에는 다시 원래대로 돌아오는 계절적 현상을, 남미 연안 어부들이 엘니뇨(스페인어로 '신의 아들'이라는 의미)라고 불렀다.

|남방진동| 해양에서 나타나는 엘니뇨 현상과 대기 사이에는 강한 상호작용이 있다. 남태평양 동부의 해수면 기압이 평년보다 높으면 인도네시아 부근이 평년보다 낮고, 남태평양 동부의 해수면 기압이 평년보다 낮을 때는 인도네시아 부근이 평년보다 높아지는 것을 남방진동(Southern Oscillation)이라고 부른다. 해면 수온과 지상 기압 사이에 강한 상호작용이 있어서 해양에 나타나는 것을 엘니뇨 현상이라고 하고, 대기에 나타나는 것을 남방진동이라 하는 것이다. 남방진동과 엘니뇨 현상을 해양과 대기의 하나의 변동으로 볼 경우에는 엘니뇨-남방진동(ENSO, El Niño and Southern Oscillation)이라는 말을 사용한다.

|영향| 엘니뇨 현상은 기온과 강수에 크게 영향을 주어 어업과 농업 등에도 영향을 끼친다. 기상청에 따르면 엘니뇨 현상으로 인해 일본의 날씨는 서태평양 열대 지역의 해수면 수온이 내려가서 적란운의

활동이 활발하지 않기 때문에, 하절기에 태평양 고기압의 확장이 약해져 저온 현상이 일어나고 비가 자주 오며 일조량이 부족하게 되는 경향이 있다. 또한 동절기에는 서고동저의 기압 배치가 약해져 따뜻한 겨울이 되는 경향이 있다.

여행비둘기
(나그네비둘기)
passenger pigeon/
wild pigeon

비둘기목 비둘기과의 조류이며, 북미대륙에서 서식하던 철새로 여름에는 동부에 둥지를 틀고 겨울에는 주로 멕시코 연안에서 월동을 했다. 인간 활동으로 멸종된 생물의 대표적인 예로 알려져 있다. 18세기에는 북미 동부 산림지대에 수십억 마리가 서식하고 있었지만, 인구 증가와 개발, 식료·사료의 목적으로 깃털의 이용을 위해 남획되어 개체군 수가 감소했고, 그에 더해 산림 채벌과 약한 번식력 탓에 개체 수가 급감했으며, 효과적인 보호활동도 하지 못했다. 1906년 최후의 야생 개체가 총에 맞아 죽고, 1914년 신시내티 동물원에서 최후의 암컷이 죽어 멸종되었다.

역사적 마을 보존
preservation of historical townscape

오랜 기간에 걸쳐 형성된 역사적·전통적 건물이 있는 마을을 보존하는 활동. 역사적 마을은 그 지역에 사는 사람들의 생활과 문화를 반영하고 있어 지역의 정체성을 상징하는 것이다. 일본의 경우 다이쇼 시대에 도시계획법(1912년 제정)에 따라 '미관지구'와 '풍치지구'를 정해 놓았지만, 본격적인 역사적 마을 보존 운동의 출발은 고도 경제성장 속에 도쿄 올림픽과 오사카 만국박람회 등의 도시 개발이 전국적으로 시작된 시기였다. 특히 역사적으로 경관 파괴의 위기감이 높아졌다. 1972년에 교토에서 역사적 경관을 보전하는 '교토 시가지 경관 조례'가 만들어졌다. 1973년에는 문화재보호법이 개정되었고 '전통적 건조물군 보존지구 제도'가 창설됐다. 이 제도를 근간으로 한 중요 전통적 건조물군 보존지구는 2012년 현재 일본 국내에 98지구가 있다. 1980년대 후반에는 역사적 마을 보존에서 나아가 시민 주체 마을 만들기 운동을 전개했다. 가와고에와 나가하마 등이 그 예로 시민과 행정, 전문가의 연계에 의해 관광자원으로서 보존하는 것부터 시작해 지역의 생활과 경제를 활성화하는 계획이 시행되었다. 그러나 지방 지자체의 경관 조례와 상관없이 도시에서는 고층 아파트의 건설이 증가하는 경향이 있었다. 그 대응책으로서 도시와 농·산·어촌의 경관 보존을 위해 2004년에 경관법이 만들어졌다.

❶ 한국의 대표적인 전통 마을은 봉화군 닭실 마을, 안동시 풍천면 하회 마을, 경주시 강동면 양동 마을, 고성군 죽왕면 왕곡 마을, 아산시 송악면 외암 마을 등이 있다. 아직도 실제로 사람들이 살고 있으면서 민속 문화재가 다수 보존되어 있기도 하다.

※ 출처 : 국토교통부 국토지리정보원

역전층
inversion layer

기상학에서의 역전은 고도에 따른 기온 변화가 일상적인 경우와 다른 것을 말한다. 일반적으로 고도가 높아질수록 기온이 낮아지지만 고도가 높은 곳에서 기온이 높고 고도가 낮은 곳에서 기온이 낮아지는 대기층을 역전층이라고 한다.

일반적으로 고온의 대기는 밀도가 낮아서 상승 대류가 일어나지만 역전층이 생기면 농도가 낮고 무거운 대기가 하부에 있기 때문에 대류가 일어나지 않는다. 이로 인해 지표면에 대기가 체류하여 안개나 스모그 현상이 나타나기 쉬우며 이것은 건강에 피해를 주는 원인이 된다. 역전층은 가을과 겨울에 복사 냉각에 의해 지표 부근 대기의 기온이 낮아지면서 나타나는 경우가 많다. 또한 한류에 의해 차가워진 대기가 육지에 유입되어 따뜻한 공기 밑으로 겹칠 때에도 역전 현상이 생긴다.

연료전지
fuel cell

물의 전기분해와는 역반응으로 수소와 산소의 전기화학적 반응($2H_2+O_2 \rightarrow 2H_2O$)을 통해 전력을 생산하는 장치. 열에너지와 운동에너지의 형태를 거치지 않고 직접 전기에너지로 변환한다. 발전 효율이 높아 단위 중량당 전기 용량은 리튬 전지의 약 10배라고 한다. 통상 연료전지는 음극활물질인 충전 가능한 수소와 양극활물질인 공기 중 산소 등을 상온 또는 고온에서 공급·반응시키는 것으로 계속해서 전력을 만들어낸다. 연료전지는 전기화학반응과 전해질 종류에 따라 우주개발용으로, 실용화된 알칼리 전해질형 연료전지와 전력용으로 개발된 인산형 연료전지 외에 융해탄산염 연료전지, 고체 전해질형 연료전지 등 몇 개의 종류가 있다.

현재 개발의 주류는 고분자막을 전해질로 하는 고체 고분자형 연료전지로 실온에서 작동하고 소형화도 가능해서 노트북 등 휴대기기를 비롯해 가정용 발전기, 전기자동차, 전차 등에 사용되어 소형 및 대형을 가리지 않고 많은 용도가 기대된다. 특히 연료전지를 탑재하여 발전한 전력으로 모터를 구동해 달리는 연료전지 자동차에 대한 기대가 높다. 에너지 효율이 높은데다 소음과 진동도 적고, 발전 시에 물이 배출될 뿐 다른 전기 자동차와 똑같이 환경부담이 적어 깨끗한 차세대 자동차라 할 수 있다. 연료의 수소를 압축탱크에 고압 충전해 탑재하는 것이 일반적이지만, 차 자체에서 메탄올과 가솔린 등으로 수소를 생성하고 이것을 이용하는 개질형 연료전지 자동차도 개발되고 있다.

연료전지를 보급시키기 위한 가장 큰 과제는 비용이다. 구입 시에 드는 초기 비용과 사용 기간 동안 드는 유지 비용(러닝 코스트)이 비싸기 때문에 보급에 지장을 주고 있다. 더구나 내구성·발전 효율의 향상과 전해질의 수명을 연장하는 등의 기술적 과제와 더불어 정책적으로도 연료 수소의 제조 방법과 공급 인프라 정비 등의 과제가 있다.

열대우림
tropical rainforest

주로 중앙아프리카, 중앙아메리카, 남아메리카, 동남아시아 등 적도 근처의 강수량이 많은 지대에 분포한 산림이다. 연평균 기온이 25℃ 이상으로 비교적 높고 안정적이며 연평균 강수량이 2,000mm 이상인 곳에 있으며, 나무의 종류가 풍부하며 키가 다른 여러 나무로 구성된 것이 특징이다. 열대우림은 지표의 7%에 지나지 않지만, 지구상에서 가장 다양한 생물종이 서식하며, 지구상에 있는 생물의 반 이상이 서식하고 있다. 상업 벌채, 고무와 커피, 기름야자 등 재식농업(플랜테이션)과 목장 개발, 근대의 화전농업 확대 등으로 열대우림은 급속하게 감소하고 있다. 열대우림은 한번 벌채하면 토양이 유출되어 본래의 울창한 산림으로 되돌리기 어렵다는 점만으로도 보호의 중요성이 더없이 크다.

열섬
heat island

도심 지역이 주변보다도 기온이 높아지는 현상을 말한다. 기온 분포도로 묘사했을 때 고온 지역이 도시를 중심으로 섬과 같은 중심원 형태를 띠는 폐곡선을 그리게 되어 붙은 명칭이다. 또 도시와 주변 지역과의 기온차는 도시의 기온 상승으로 커지는데, 이 차이를 열섬 강도라고 한다. 이런 현상은 해가 떠 있을 때보다 해가 뜨기 전에 가장 현저하게 나타난다.

열섬 현상의 주요 요인으로는 우선 도심 지역에서 인공열 배출이 주변 교외 지역보다 큰 것을 들 수 있다. 도심 지역에는 인구가 집중되어 있고 그와 함께 주택, 산업활동, 자동차 등에서 배출되는 열량이 방대해지기 때문이다. 다음으로 택지화, 도시화로 녹지 대신에 건물과 도로의 면적이 늘어나는 등 도시 표면 구조가 인공화된 것을 들 수 있다. 지표면의 콘크리트와 아스팔트화가 진행되어 그 표면 온도는 떨어지기 어렵고 야간에도 주위의 대기를 계속 가열하게 된다. 이런 요인들과 더불어 숲의 면적이 감소하고 있는 것도 큰 영향을 주고 있다. 중요 하천의 정비, 암거화로 하천 면적이 감소하고 증발에 의한 기화열 효과가 약해지고 있다. 또 도심 지역의 녹지 감소는 도시의 기후뿐만 아니라 식물의 개화 시기 변화와 곤충과 새 등의 감소 등 생태계에도 영향을 주기 시작했다. 최근에는 특히 도심에서 한여름의 열대야 일수가 증가하고 있고, 더위가 원인인 열사병 환자 수도 증가 추세에 있다. 옥상 녹화와 벽면 녹화 등의 개선책도 서서히 시작되고 있다.

열적 재활용
thermal recycling

폐기물을 단순히 소각 처리하는 것이 아니라 소각할 때 발생하는 열에너지를 발전이나 온수로서 회수·이용하는 것을 가리킨다. 유럽과 미국에서는 오래전부터 시행했다. 일본은 1970년 이후 청소 공장 등에서 발열 이용 등을 시작으로 보급되었다. 현재 열적 재활용으로는 용기포장 재활용법으로 인정된 석유화학, 가스화, 쓰레기 소각열 이용, 쓰레기 소각 발열, 쓰레기 고형 연료화 등이 있다. 일본에서 2000년에 제정된 '순환형사회 형성 추진 기본법'에서는 폐기물·재활용 대책의 우선순위로 열적 재활용과 폐기물의 발생률을 억제하는 감량화나 재사용을 들고 있으며, 폐기물을 재자원화하는 재생 이용(Material Recycle)과 화학적 재활용(Chemical Recycle)은 하위로 두고 있다. 일본에서는 2006년 용기포장재활용법의 개정으로 폐플라스틱류를 쓰레기로 회수, 소각할 수 있게 되었으며 열에너지로도 회수를 인정하는 자치단체의 재검토가 진행 중이다. 하지만 폐플라스틱류를 연료로 활용할 경우 염화비닐 제품 등에서 검출되는 다이옥신류가 문제가 되었다. 이후 염화비닐의 분별법, 다이옥신류나 분진 등의 배출을 억제하는 기술을 확립했고 지금은 열적 재활용이 이루어지고 있다.

염해
salt damage/
salt injury

대기, 토양, 물 등에 염분이 많이 존재하여 발생하는 피해의 총칭으로, 이 중 대기의 염풍해와 고염분 토양에 의한 피해가 점점 큰 문제가 되고 있다.

강풍으로 해수면에서 육지로 운반된 해염 입자는, 인공 구조물이나 송전선 등의 절연애자(전기 전선을 철탑 또는 전봇대의 어깨쇠에 고정시키고 절연하기 위하여 사용하는 지지물)에 붙어서 전류가 통하지 못하게 했던 기능을 망가뜨리고, 염분에 약한 농작물이나 식물의 잎과 가지에 달라붙어 식물을 말라죽게 하는 경우가 있다. 이런 이유로 해안 지역에 방풍림과 제방을 설치하여 염풍해를 줄이기 위해 노력하고 있다. 또한 저기압이 통과할 때, 대기 중으로 이동하는 풍송염(바람에 날아가는 소금)의 일부는 바다에서 떨어진 육지의 인공 구조물과 식생에까지 피해를 주기도 한다. 이러한 염풍해는 고염수와 암염 지역의 주변 등에서도 발생한다.

염해가 농업에 미치는 가장 큰 피해는 건조 지역과 반건조 지역의 토양이 고염분이 되어 작물생산이 감소하는 것이다. 토양의 염분 양은 물의 흐름에 의해 결정되는데, 강수량이 토양 표면에서 증발산량보다 많을 때 물은 주로 중력 방향으로 이동하고 배수되어 토양 염분도 흘러간다. 그러나 강수량이 증발산량보다 적은 아프리카와 중동 등 건조 지역에서는 토양 표층에 염분이 쌓이는 경향이 높다. 여기서 토양 표면에 공급되는 물의 양이 증발산량을 넘지 않도록 관개수를 인공적으로 대량 첨가하여 염분 축적을 막아 작물을 재배하고 있다.

이러한 건조 지역에서 관개할 때 물은 토양의 상층에서 하층으로 이동하지만, 관개수의 첨가를 막으면 토양 표면이 건조해지면서 하층의 물이 상층으로 이동한다. 관수기와 비관수기를 반복하면 수용성 염분은 토양 표층에 축적된다. 즉, 건조 지역에서 관수가 적절하지 않을 때 염분이 토양 표면으로 나와서 식물의 생육 장애가 일어나 농업 생산에 중대한 영향을 미친다. 한편, 강수량이 토양 표면의 증발산량보다 많은 비교적 습윤한 기후의 지방에서는 토양에 소금이 축적되기 어렵다.

해안 지역에서는 만조 등의 영향으로 해수가 육지로 침입하게 되는데, 침투한 해수의 수분이 증발하면 염분이 농축되면서 토양 표면도 염분이 많은 상태가 된다. 이 고염분 토양은 농작물과 길가 식물에 피해를 주는 경우가 있다. 해안 및 염호 안의 대수층(지하수가 있는 층)에서 지하수를 퍼올리면, 염분이 있는 지하수이기 때문에 농업 및 상수의 이용에 지장을 초래한다. 염분이 있는 물은 지하수의 체류 시간(교환 시간)이 길어져, 지하수 수위의 회복 후에도 소금이 줄어드는 속도가 굉장히 느리다. 하천 하류 지역에서 하천 물을 농업용수로 이용하는 경우도 소금으로 인한 농작물 피해를 막기 위해, 하구의 하천이 거슬러 올라오는 것을 주의해야 한다.

염해의 대표적 예로 아랄 해를 들 수 있다.

┅▶ 아랄 해(Aral Sea)

염화비닐
vinyl chloride, VC

클로로에틸렌이라고도 하며 폴리염화비닐(PVC)을 중합하는 데 사용되는 주요 물질이다. 가격도 싸고 난연성, 내수성 등이 우수해서 수도 파이프, 피복 전선, 건축 재료, 생선 식품의 포장 재료 등 여러 용도에 사용된다. 그러나 1990년대에는 폴리염화비닐의 연소가 다이옥신과 같은 환경호르몬 발생의 원인이 된다는 지적을 받아 사회 문제가 되었다. 그래서 쓰레기 소각 공장 등에서는 다이옥신류의 발생을 억제하기 위해 소각로의 기능을 향상시키고, 고온에서 소각하고 불완전연소를 적게 하는 등의 대책을 강구하고 있다.

영국의 환경교육
environmental education in U. K.

| 배경 | 향토 · 자연사 연구와, 19~20세기 식민지를 가진 시기에 박물학적 자료의 채집 · 분류의 역사가 있다. 더욱이 1760~1830년대 산업혁명, 18세기의 환경문학과 『박물지(博物誌)』의 영향도 크다. 19세기 후반에는 다양한 도시 문제가 나타나고, 공유지(커먼즈)의 울타리화, 불량 주택의 발생, 역사적 유산의 상실 등으로, 자선 단체가 늘어나고 공유지 보존 운동이 활발하게 일어났다. 같은 시기에 스코틀랜드에서는 패트릭 게디스(Patrick Geddes)를 중심으로, 자연환경과 건축 환경을 관련시킨 도시지역 조사와, 지역 주민이 직접 행동을 하는 환경교육 실천이 전개되었다. 제2차 세계대전 후에는 지역에서 발견된 테마와 관련하여 학생의 주체성을 중시한 학제적인 환경학습(environmental studies) 활동의 전개를 볼 수 있다. 1968년 환경보존단체의 교육협회(CEE)가 설립되었고, 후에 영국, 스코틀랜드, 웨일스의 환경교육협회 설립에도 영향을 끼쳤다.

| 변천 | 1970~1980년대 전반에 교육의 중앙집권화와 시장 원리의 도입을 목표로 교육개혁법(1988년)과 국가적 교육과정(1989년)이 제정되었다. 1990년대에는 국가 차원에서 환경교육의 체계화가 진행되어 『교육과정의 안내 7: 환경교육』(1990년), 『환경문제의 교수: 국가적 교육과정을 통하여』(1996년)가 발행되었다. 국가적 교육과정은 취학 전부터 의무교육이 끝날 때까지 중요 단계를 0~5단계로 정하여 지도와 평가 시스템의 체계화를 목표로 하고, 환경교육은 범교과 학습과정 속에 자리매김했다. 최근 국가적 교육과정은 기회균등, 건강, 민주주의, 경제, 지속가능발전에 중점을 두고 있다. 1990년대 이루어진 환경교육의 체계화는 학교 교육뿐만 아니라, 지역의 환경교육 실천의 조직화도 이루어지고 있다. 2005년에 영국 정부는 '영국 정부의 지속가능발전 전략: 미래 보장'을 발표하고, 지속가능발전에 대한 중요 개념과 장기적 전략을 입안했다. 본 전략을 기초로 유엔의 '지속가능발전을 위한 교육 10년' 프로그램의 적합성을 따져 '지속가능한 학교'에 관한 시책이 진행되었다. 현재는 정권 교체의 영

향을 받아 학교 교육과 지역개발에 직접적 영향은 크지 않지만, 그 개념과 접근법은 환경교육단체(FEE)가 실시하는 환경학교 프로그램에 영향을 주고 있다. 또한 1980년대 후반 북미·유럽 지역 전체에서 환경교육 활동의 활발함에 영향을 받아, 학교 내외 및 국내외 연계·협동을 기반으로 여러 가지 대책 방법이 실시되고 있다.

예방원칙
precautionary principle

과학기술에 의한 신물질·신기술에 대한 환경보호·규제 조치의 사고력. 세계에서 통일된 정의·해석은 없지만, 1992년 유엔환경개발회의(지구 서미트)의 '환경과 개발에 관한 리우선언'에서 "심각한 또는 불가역적 피해의 위험이 있는 경우에는 안전한 과학적 확실성의 결여가, 환경 악화를 방지하기 위해 비용 대 효과의 커다란 대책을 연기하는 이유가 되서는 안 된다"라는 제15개의 원칙이 널리 알려지게 되었다. 예를 들어 지구온난화 문제에서 이산화탄소 등이 원인이 된다는 이야기에 대하여 과학적 관점에서 반론이 존재한다. 그러나 과학적 의견이 정해지기 이전에 국제적 대처가 이루어진 것은 예방원칙을 적용했기 때문이다. 또한 예방원칙에 대하여 후회하지 않는 선택(no regret policy)이라는 사고방식이 있다. 예를 들어 난치병을 치료할 때 리스크를 승인한 이상 신기술과 신약을 투입하는 것과 같은 맥락이다.

오가닉

···▶ 유기농

오감
five senses

인간은 바깥 세계의 사물을 파악하기 위해 눈, 귀, 코, 혀, 손발(피부)과 같은 신체 다섯 개의 기관을 이용한다. 이렇게 인간이 외부 자극을 느낄 수 있도록 신체에 갖춰진 다섯 종류의 기본 감각인 시각, 청각, 후각, 미각, 촉각을 오감이라고 한다. 오감 외에도 직관 능력을 넣어 제육감 또는 감(勘)이나 영감도 있다고 알려져 있다. 제육감이란 말은 오감을 넘어서는 것으로 사물의 본질을 보는 마음의 작용을 가리킨다. 사람에게는 5개의 감각과 지각만이 존재하는 것은 아니다. 수용하는 정보의 종류에 따라 운동감각, 평형감각, 내장감각을 더하기도 한다.

고도 정보화사회의 일상에서 우리는 주로 시각과 청각을 써 사물을 지각하고 인식한다. 문자나 영상 정보에서 사고에 이르는 단서를 얻고 판단하여 행동할 때가 많다. 인간은 후각과 미각을 사용할 때도 많지만 이런 감각을 계발하고 단련하는 것은 매우 어렵다.

환경교육은 '환경 안에서의 교육'도 포함되어 있어 자연체험교육도 하나의 축이 되고 있다. 자연과의 만남 속에서 오감을 사용해 자연을 느끼는 체험은 매우 소중한 배움이다. 자연과의 만남을 위한 프로그램과 교육 방법은 여러 가지가 있는데, 예를 들어 네이처 게임에서는 오감을 이용해 자연을 느끼는 교재나 프로그램이 많이 준비되어 있다. 감수성이 풍부한 유년기부터 청소년기까지 이런 오감을 연마하고 자연과의 만남을 몸 전체로 즐겁게 받아들이게 하는 것은 환경교육에서 중요하다.

오니/슬러지
sludge

천연 바다, 습지, 호수와 늪, 하천, 지하수 및 인공 우물, 상하수, 연못, 댐 호수, 배수로, 수산양식장, 포장(논밭, 채소밭), 교육 시설 등 모든 수역의 바다에 쌓인 부유성을 가진 유기질 퇴적물. 부패가 진행되고 악취 등이 발생하는 퇴적물을 말하는 경우가 많다. 종종 부영양화된 해안, 연안 해역과 호수와 늪, 하천의 유기질 퇴적물의 총칭으로 사용되는 경우도 있다. 또 오니의 '진흙'은 물 바다 퇴적물의 16분의 1mm 이하의 입자를 가리키는데, 과학적으로 표현한 것은 아니다. 일본에서 '오니'가 환경 용어로서 일반적으로 사용되게 된 것은 시즈오카의 타고노라 항의 바다 진흙이 다량으로 퇴적되어 '오니 공해'로 불리기 시작하면서부터이다.

오듀본 협회
National Audubon Society

미국의 자연보호단체로 1950년 설립되었다. 뉴욕의 맨해튼에 본부를 두고, 미국 전역에 약 150개 지부가 있으며 회원 수는 약 100만 명이다. 단체명은 조류 화가인 오듀본(J. J. Audubon)의 이름에서 유래했다. 야생 조류 보호활동에서 시작한 단체로, 시대에 맞추어 자연보호의 전반적인 활동으로 확장했다. 미국 자연보호단체로서는 처음으로 전임 종사자를 채용하고, 자원봉사자만의 활동으로 비약적 발전을 했다. 미국 전역에서 40개 부속 캠프장, 숙박형 교육 시설을 운영하며 환경교육에 힘을 쏟았다. 각 주의 지부 운영은 독립되어 있고, 새 관찰과 연구 결과의 소개, 강연회 등 다채로운 활동을 전개한다.

오르후스협약
Aarhus Convention

환경 분야 시민 참가를 위한 국제협약으로 '환경문제에 있어서의 정보의 이용, 의사결정에의 공공참여 및 사법적 접근에 관한 협약'이다. 환경과 개발에 관한 리우선언(1992)의 제10원칙인 시민 참가 조항을 실현해야 하는 유엔유럽경제위원회(UNECE)가 협의·작성했다. 1998년에 덴마크 오르후스에서 열린 UNECE 제4회 환경각료회의에서 채택되어 '오르후스협약'이라 통칭한다. 2001년에 발효되었고, 2012년 현재 EU 및 45개국이 가입했다.

협약은 환경문제에 관하여 시민에 의한 정보의 접근성, 지자체와 정부에 의한 의사결정에 시민 참가, 시민에 의한 법적 접근의 보장이라는 3개의 원칙으로 구성되어 오르후스 3원칙이라고도 부른다. 여기서 말하는 시민은 NGO를 포함한다. 이 오르후스 3원칙을 기초로 유엔환경계획은 2010년에 '환경문제에서 정보의 접근성, 시민 참가 및 동법 접근에 관한 국내법 정비에 관한 가이드라인'을 채택했다. 오르후스 3원칙은 협약의 가맹과 상관없이 국제적으로 확립되고 있다. 일본은 협약에 가입하지 않았지만, '화학물질 배출 파악 관리 촉진법'(PRTR법)과 정보공개법, 환경교육촉진법 등이 이 협약의 원칙에 영향을 받고 있다.

오리농법
rice-duck farming

오리농법이란 오리를 이용한 논농사 유기농업, 저농약 혹은 무농약 재배를 말한다. 물새를 이용한 벼의 재배 관리법은 16세기에 시작되었고, 18세기에 이르러 쇠퇴했다. 근대에 들어서면서 경비 절감을 위해 무논(물을 댈 수 있는 논)에 물새를 넣어 기르기를 시도했다. 일본에서는 1980년대에 도야마의 아라타 세이코가 무농약 재배에 오리를 이용한 제초법을 확립했고, 1991년에는 전국오리논협회가 설립되었다. 후쿠오카의 후루노 코스가 기술을 확립하여 전국적으로 보급했다. 성장한 오리는 식용으로 사용할 수 있을 뿐만 아니라 논의 제초와 제충에 도움이 되고, 배설물을 거름으로 사용하며, 오리가 논을 휘젓고 다니기 때문에 토양 환경이 개선되는 효과가 있다. 하지만 농약이나 화학비료를 사용한 근대 농법에 비해 수확량이 많지는 않다. 또한 오리 방목의 어려움이 있고, 야생오리의 교잡 문제, 조류 인플루엔자 등의 감염 위험과 같은 단점이 있다.

오스트레일리아의 환경교육
environmental education in Australia

1970년 오스트레일리아 과학 아카데미가 초기의 환경교육 회합을 개최한 이후, 오스트레일리아의 환경교육은 거의 같은 시기에 환경과 개발, 지속가능성, 그리고 교육의 역할에 관한 국제 논의에도 관심을 가지고 영향을 주면서 발전했다. 그리하여 과거 40년 이상에 걸쳐 지속가능성을 위한 교육(EfS, education for sustainability) 실천, 정책과 국가의 체제 정비와 논리 구축에 크게 기여했다. 1979년에는 오스트레일리아 환경교육협회(AAEE)가 발족됐고, 연구자뿐만 아니라 연방·주정부의 직원, 교원, NGO 등 현장의 실천자를 국가 수준으로 정리하고, 지속가능성을 위한 환경교육의 역할과 정의, 현장에서의 과제 공유 등의 실질적 의논을 진행하고 정책적으로 틀을 만들어 제언활동을 했다. 그중 존 피엔(John Fien)과 이안 로버톰(Ian Robbottom), 아네트 고프(Annette Gough)는 환경교육의 역할에 관하여 '환경을 위한 교육(education for the environment)'의 이론 정리와 실천을 위한 논의를 전개했다. 이러한 논의를 기초로 한 제언이 1990년대부터 연방·주정부의 관련 추진 정책과 연구-정책-실천이 밀접히 연관되어 국가 수준의 추진 체제 정비로 이어지고 있다. 아직 의견의 차이는 존재하지만, 환경교육과 지속가능성을 위한 교육(EfS)은 현재로서는 거의 같은 뜻으로 호환되어 사용되고 있다.

2000년에는 '지속가능한 미래를 위한 환경교육: 국가행동계획'을 발표했다. 같은 해 정부 자문기관인 국가환경교육협의회(NEEC, 나중에 NEfSC로 명칭 변경)가, 2001년에는 연방과 주, 연방·주의 부속 간 정비를 하는 환경교육국가네트워크(NEEN, 나중에 NEfSN으로 명칭 변경)가,

2004년에는 국가 주도의 연구기관 'Australia Research Institute in Education for Sustainability(ARIES)'이 각각 설치되었다. 더욱이 2005년 '오스트레일리아 학교를 위한 국가 환경교육 성명'을 받아 '오스트레일리아 지속가능한 학교 선도(AuSSI)'가 정식으로 개시되었다. AuSSI는 기존의 환경교육 프로그램을 활용하면서 교육, 학교 건축, 학교생활, 교원, 직원, 보호자, 지역 협력을 포함한 모든 학교에서 EfS 실시를 목표로 하는 제도이다. 전국 사립 및 공립을 포함한 학교 약 9,400(약 30%)개가 등록되어 있다. 연방정부는 학교 활동뿐만 아니라 EfS의 이해 향상과 학교 체제 만들기를 지원하는 촉진자 고용 예산을 각주에 배분했다.

2011년에는 지속가능성, 원주민족, 아시아를 공교육의 중요한 중심으로서 결정하고, 2015년용 교육과정을 편성했다. 오스트레일리아의 환경교육연구의 80%는 공교육이 대상이지만, 2009년 국가행동계획 개정에서 모든 분야의 EfS의 강화·추진이 명기되었다. 국립공원이나 지자체에 의한 다민족 커뮤니티 프로그램과 지역의 NGO에 의한 환경교육센터, 관광이나 제조업 등 기업의 대처도 조금은 있지만, 무엇보다 환경교육의 논의·연구에 종합하여 정책에도 반영하게 되었다.

오염자 부담 원칙
polluter-pays principle, PPP

'환경오염을 일으키는 오염물질을 배출하는 자에게 발생한 손실을 지불하게 한다'는 원칙을 말한다. OECD가 1972년 제창하고 국제적으로도 확립되어 있다. 이 원칙은 오염에 대한 책임을 추궁하는 것이 아니라 국제무역 관점에서 자원의 적정 배분을 달성하려는 것이 목적이다. 최근에는 오염 방지 비용뿐 아니라 환경 복원, 피해자 구제, 오염 회피 비용까지 오염의 원인자가 부담해야 한다는 견해가 지배적이다.

PPP는 '슈퍼펀드법('포괄적인 환경대책·보상·배상 책임법)'과 '예방적 오염자 부담 원칙' 등 새로운 환경에 관한 비용 부담 원칙을 정하는 기본이 되었다. 슈퍼펀드법은 1980년 미국에서 제정된 법으로, 유해한 폐기물 배출에 연관된 기업과 토지 소유자, 출자한 금융기관 등

과실의 유무에 상관없이 이익을 얻는 주체 모두에게 그 책임이 있다고 하는 것이다. 또 예방적 오염자 부담 원칙은 1992년 리우데자네이루의 유엔환경개발회의에서 채택된 이른바 리우선언에서 제창된 것으로, '유해성이 상정된 물질을 배출한다고 상정된 제품에 새로이 세금을 매기고, 무해가 과학적으로 증명된다면 그 세금을 환급한다'는 내용이다.

오일쇼크
oil crisis/energy crisis

오일쇼크는 1970년대에 두 번에 걸쳐 일어난 원유 가격의 폭등과 세계경제의 혼란으로, 석유위기라고도 부른다. 제1차 오일쇼크는 1973년 제4차 중동전쟁 발발로 OPEC(석유수출기구)이 원유 가격을 대폭 인상하여, OAPEC(아랍석유수출기구)이 원유 생산량을 대폭 줄이고 이스라엘 지원국에 수출을 정지한 사태다. 제2차 오일쇼크는 1979년 이란 혁명으로 인해 석유 수출이 정체한 것으로, OPEC은 석유 가격을 끌어올렸다. 그 결과 물가가 폭등하고 물품의 매점매석이 일어나 소비 전력을 억제하기 위해 에너지 절약 대책이 나왔다. 오일쇼크는 일본에서 만든 용어다.

오존층 파괴
(depletion of) ozone layer

고도 10~15km의 성층권 가운데 특히 고도 20~30km의 오존(O_3) 농도가 높은 층을 오존층이라고 한다. 인위적으로 만든 프레온 가스가 성층권에 도달하여 자외선에 의해 분해되어 방출된 염소 원자와 질소 원자가 연쇄반응적으로 오존층 속의 오존분자를 파괴하는 현상을 오존층 파괴라고 한다.

오존층은 유해한 자외선을 흡수하여 지표에 사는 생물을 자외선으로부터 보호한다. 특히 수중 생물이 육상에서 생활할 수 있게 된 것은, 오존층의 오존 농도가 높아서 태양에서 지표면에 이르는 자외선이 약해졌기 때문이다. 오존층이 파괴되어 지표에 도달하는 유해한 자외선이 늘어난다면, 세포 내의 DNA가 손상되어 피부암과 백내장 등을 일으킨다. 오존층의 파괴가 극도로 진행된다면, 육상은 생물이 살 수 없는 환경이 되고 만다. 오존층을 파괴하는 '특정 프레온 가스' 생산을 규제하는 몬트리올 의정서가 1987년 채택되면서 1995년 생산이 금지되었다.

오존홀
ozone hole

극 지역의 성층권에 유해한 자외선을 흡수하는 오존층의 오존 농도가 과거에 비해 상대적으로 낮아진 부분을 말한다. 1980년대 전반, 남극 대륙 상공의 성층권에 오존의 농도 저하가 관측되었는데, 위성 화상에서 구멍이 뚫린 것처럼 보인다고 하여 오존홀이라 부르게 되었다. 북극권 상층에서도 소규모로 같은 현상이 보고되고 있다. 프레온 가스를 대체하는 프레온류의 하이드로클로로플루오로카본류 등에 의해 오존층이 파괴되어, 1987년 몬트리올 의정서 채택 이후 이것들의 생산 및 사용이 규제되었다. 남극 상공의 오존홀은 전 지구적으로 볼 때 매우 심각한 상황이지만, 반드시 확대된다고는 말할 수 없으며, 점점 작아지는 경향이 있다는 견해도 있다.

옥상녹화
rooftop greening

건물의 옥상에 적은 양의 토양으로 인공적 지반을 만들어 나무나 풀 등을 심어 녹화(綠化)하는 일을 말한다. 나무나 풀이 햇빛을 가려 최상층의 실내 온열 환경을 개선하는 효과를 기대할 수 있다. 도시의 열섬 현상을 완화하는 작용도 한다. 녹지가 부족한 도시에서 상업시설 등의 옥상정원과 옥상채소밭은 편의시설 기능도 한다. 시공할 때 하중의 대책, 초기 비용, 유지 관리 등의 문제가 과제지만, 도시의 학교와 관공서 등 공공시설의 건물을 중심으로 보급하고 있다.

온난화

⋯▶ 지구온난화

온난화 지수
global warming potential

여러 가지 온실가스가 일정 기간에 미치는 지구온난화의 영향을 나타내는 수치이다. 교토 의정서에서 여러 가지 온실가스(CH_4, N_2O, HFCs, PFCs, SF_6)를 하나의 지표로 평가하기 위해, 여러 가지 기체에 대응한 온난화 지수를 이용하여 CO_2로 환산한다. 교토 의정서 제1약속기간에 IPCC 제2차 평가보고서(1995년)의 온난화 지수의 이용이 결정되었다. 온난화 지수는 고정된 수치가 아니라 IPCC의 보고서에 따라 그 수치가 다르다. 제2약속기간에는 IPCC 제4차 평가

보고서(2007년)의 수치를 이용한 방향으로 국제 교섭이 진행되고 있다.

온실가스
greenhouse gas

유엔기후변화협약의 제1조 5항에서는 온실가스를 "대기를 구성하는 기체(천연적으로 배출된 것이든, 인위적이든 상관없이)로 적외선을 흡수하는 것과 재방사한 것"으로 정의한다.

|온실효과| 태양에서 지구에 입사한 태양복사의 일부는 지구상의 구름과 에어로졸(부유입자상 물질) 등에 의해 반사되어, 일부는 지표면에 반사되어 우주 공간으로 돌아간다. 또한 지구에서도 지구복사로서 적외선을 복사한다. 태양복사는 대기를 통과하지만, 지구복사는 적외선을 흡수한다. 특히 수증기, 이산화탄소는 적외복사를 잘 흡수한다. 지표면으로부터 적외복사 일부를 흡수하여 지표면을 따뜻하게 하는 현상을 온실효과(greenhouse effect)라고 말하고, 온실효과를 가진 기체를 온실가스라고 말한다. 수증기는 적외선을 흡수하는 온실가스의 하나이지만, 인간 활동에 의한 영향보다는 해수의 증발과 구름과 비라는 자연 순환에 의해 변동하고 있는 것이다. 같은 형태로 이산화탄소도 해양과 대기를 순환하거나 식물로 흡수되는 자연의 순환이 있다. 그러나 인위적 활동에 의한 화석연료의 연소와 산림 파괴 등에 의한 이산화탄소의 방출량 증가가 문제시되고 있다.

|교토 의정서| 오늘날 지구온난화의 문맥에서 온실가스는 교토 의정서에서 삭감을 요구하고 있는 온실가스를 일컫는 경우가 많다. 유엔기후변화협약의 교토 의정서 제1약속기간에는 추진국의 삭감과 보고가 의무화되어 있는 온실가스로 이산화탄소(CO_2), 메탄(CH_4), 일산화이질소(N_2O), 수소불화탄소류(HFCs), 과불화탄소류(PFCs), 육플루오린화황(SF_6)이 있다. 카타르에서 개최된 COP18에서 삼불화질소(NF_3)가 제2약속기간 삭감 대상으로 추가되었다.

완충지대/ 버퍼존
buffer zone

생물군집 및 생태계가 엄격하게 보호되는 '코어(핵심) 지역'을 둘러싸고 있는 지역으로, 장작 채집 등 전통적 인간 활동과 환경에 큰 부담을 주지 않는 연구·모니터링은 허용된다고 여겨지는 지역이다.

버퍼존의 바깥에는 소규모 농업, 자연자원 채집과 같은 활동까지 허용되는 '이행지역'이 둘러싸고 있다. 이 지역 설정 계획으로 지역 주민은 자연자원을 장기간에 걸쳐 지속가능한 형태로 이용할 수 있고, 보전과 이용이 양립하는 타협점의 단서가 되고 있다. 버퍼존의 개념은 국립공원과 세계유산 설정에도 적용되고 있다.

왕가리 마타이
Wangari Maathai

케냐 출신의 여성 환경활동가(1940~2011). 2004년에 '지속가능한 발전, 민주주의와 평화에 공헌'이라는 공적으로 아프리카계 여성으로서 또한 환경 분야의 활동가로서 최초로 노벨평화상을 받았다. 거듭되는 인권운동 탄압에도 불굴의 자세로 '그린벨트운동'이라는 여성 중심의 나무 심기를 확대하는 운동 등을 통하여 아프리카 여성의 지위 향상에 노력했다.

**외래종/
외래생물**
invasive
alien species

해당 국가나 지역에 원래 없었지만, 사람에 의해 다른 국가나 지역에서 들어온 생물종을 말한다. 같은 국가의 다른 토지에서 들어온 종이더라도 생물학적으로 해당 토지에서는 외래종이 된다. 일본에서는 해외로부터 들어온 외래종이 2,000종 이상이라고 한다. 외래종은 먹이나 생육, 번식 등의 생태적 자원을 둘러싼 재래종과의 경쟁 또는 포식, 기생, 근연종(생물의 분류에서 유사성이 깊은 종류)과의 교잡 등에 의해 재래종 멸종의 원인이 되고, 경관이나 수질의 악화를 야기하는 등 생태계에 악영향을 미치는 경우가 자주 있다. 일본에서는 생태계에 미치는 영향 외에 사람의 생명과 신체, 농림수산업에 피해를 끼치는 해외의 외래종 일부를 '특정외래생물'로 지정하고 수입, 사육, 보관, 운반, 방축 등을 원칙적으로 금지하는 외래생물법(정식 명칭 '특정 외래생물로 인한 생태계 등에 관련된 피해 방지에 관한 법률')이 2005년에 제정되었다. 지정 목록에는 애완용으로 사육되던 것이 도망가 증가한 아메리카너구리와 스포츠 낚시 목적으로 방류되어 분포가 확대된 블랙베스를 비롯한 105종류가 기재되었다(2011년 7월 1일 시점).

외래종은 목적이 있어서 의도적으로 들여온 것도 있지만, 무역량이 증가하고 수송 수단의 규모 확대와 고속화 등으로 의도와 상관없이 운반되어 들어온 것도 적지 않다.

➕ 한국에서는 외래생물이 2009년 894종, 2011년 1,109종, 2013년 2,167종이 유입되는 등 점차 증가 추세라고 보고된다. 2012년 2월에 '생물다양성 보전 및 이용에 관한 법률'을 제정했고, 여기에는 국가생물다양성 전략, 생물다양성과 생물자원의 보전, 외래생물과 생태계교란 생물의 관리에 대한 내용이 담겼다.
※ 출처:『외래생물 유입에 따른 생태계 보호 대책』(환경부, 2014)

요세미티 국립공원
Yosemite

미국 캘리포니아 시에라네바다 산맥의 중부 서쪽 산기슭에 펼쳐진 국립공원. 유네스코세계유산(자연유산)에도 등록되어 있다. 3,029km²의 광대한 면적 가운데 장대한 풍경의 요세미티 계곡, 세계 제일 크기의 자이언트 세쿼이어 숲, 그리고 고원지대와 산악지대 등 다양한 환경이 존재한다. 1864년 링컨 대통령의 비서에 의해 요세미티 계곡과 마리포사 거목단지가 주립공원으로 지정되었다. 1890년 국립공원으로 지정될 때 자연보호활동가 존 뮤어(John Muir) 등의 연방의회 활동에 의해 지금에 가까운 면적이 폭넓게 포함되었다.

요세미티에서 환경교육의 시작은 오래되었고, 뮤어가 설립한 시에라 클럽의 활동 중 가이드 활동으로 시작했다. 국립공원제도가 충실하고 국립공원 관리인이 배치된 후부터는 관리인에 의해 자연해설이 이루어져, 현재는 요세미티국립공원을 지원하는 NPO 'Yosemite Conservancy'에 의해 학교 단체용의 환경교육 프로그램도 이루어지는 등 관민이 연계·분담하여 노력하고 있다.

우라늄
uranium

원자번호 92번째 원소로 원소기호는 U이다. 같은 시기에 발견된 천왕성(Uranus)의 이름에서 유래되었다. 천연 우라늄의 99.284%가 우라늄238(반감기 약 45억 년)이고, 우라늄235(0.71%), 우라늄234(0.0054%)가 존재한다. 우라늄238은 알파 붕괴하고, 18회의 붕괴를 통하여 최종적으로 납206을 생성한다. 또한 노화 우라늄은 우라늄235의 함유율이 0.71%보다 낮은 것을 말한다. 일본의 닌교 고개에서 우라늄이 산출되지만 소량이며 질도 낮다. 우라늄은 매장량의 70%가 오스트레일리아에 있지만, 수출량은 캐나다가 세계 최대이다.

히로시마에 떨어진 원폭의 연료는 우라늄235다. 원자력발전소에서는 우라늄235의 농도를 약 3∼5% 농축한 이산화 우라늄을 사용하고 있다. 노심(원자로에서 핵분열 연쇄반응이 행해지는 곳)에서 다수를 차지하는 우라늄238에 중성자를 내리쬐어 흡수되면 플루토늄239로 전환하기 때문에, 핵무기로의 전용이 가능하게 되어 국제원자력기관에 의해 취급이 제한되고 있다.

알파선을 내는 것으로 방사선 독성이 강하다. 알파선은 종이로도 차단할 수 있지만 내부 피복의 경우 알파선의 에너지는 감마선의 20배로 반감기도 길어 신체에 굉장히 강한 영향을 끼친다. 화학적으로도 독성이 강해 신장에 나쁜 영향을 미친다고 알려져 있다.

우리 공동의 미래
Our Common Future

유엔 의결을 근거로 '지속가능발전'을 달성, 영속시키기 위해 장기작전, 행동계획을 수립하는 것 등을 목적으로 설치된 '환경과 발전에 관한 세계위원회(WECD)'가 3년간의 활동을 거쳐 1987년에 공표한 보고서. 노르웨이 수상이었던 위원장의 이름을 따서 '브룬트란트 위원회 보고서'로 알려져 있으며, 「우리 공동의 미래」로 번역되었다.

1980년대 '세계보전전략' 사고를 끌어내면서, 생물자원의보전이라는 과제를 크게 넘어서 인구, 식재료, 에너지, 도시 등의 문제를 들고 있다. '지속가능발전'을 '미래 세대가 그들 자신의 필요를 만족하는 능력을 손상시키지 않고, 현세대의 인류 필요를 만족한다'는 개발의 존재방법으로 정의하고, 가장 중요한 개념의 하나로 '국제사회에 보급시킨다'는 중요한 역할을 했다.

개발도상국의 빈곤과 대응을 우선해야 하는 긴급정책 과제인 한편, 북쪽의 과도 소비문제로의 대응에는 구체적으로 개입은 할 수 없고, 세계의 환경과 절대적인 제약요인이 아닌 기술개혁 등에 의해 경제성장의 새로운 시대로의 길을 개척하고 있다.

우유 팩 재활용
recycling of milk carton

윗부분이 지붕형인 종이 용기 카턴 팩은 1915년 미국에서 개발했다. 일본에서는 1961년쯤 처음 사용되어 1964년 도쿄 올림픽을 계기로 슈퍼마켓 보급과 학교 급식 도입으로 급속하게 퍼졌다. 일본의 종이 팩 생산량은 연간 약 12만t으로 그중 음료용 우유의 비율은 약

60% 정도이며, 종이 팩에 사용되는 종이는 '밀크 카턴'이라고 불린다. 최근에는 알코올음료에도 종이 팩 사용이 증가하고 있다. 우유 용기 전체에서 종이팩 사용은 2010년 시점에서 85%이다.

우유를 넣었던 병은 회사에서 빈 병을 회수하여 재활용되지만, 종이 팩은 쓰고 버리기 때문에 그대로 쓰레기로 처리된다. '종이 팩에 사용되는 밀크 카턴은 질이 좋아 그대로 폐기하는 것은 아깝다'는 시민들의 요구를 수용하여, 일본 후지의 제지회사가 '씻고 펼치고 말려서'라는 조건을 제시하고 원료로 받아들이기로 한 것이 전국적인 회수 운동으로 퍼져나가 우유 팩 재활용이 시작되었다. 이로 인해 회수량이 증가하여 독자적인 리사이클 시스템이 되었다.

'포장용기 리사이클법'이 제정된 1995년 당시, 회수 실적은 전국 약 14%였는데, 많은 시민이 협력하고 있는 상황에 환경청이 움직였고 동법에서 리사이클 용기에 우유 팩이 포함되게 되었다. 법 시행과 함께 회수가 계속되어 현재는 장애인 단체 등의 사업활동으로 지속되고 있다. 1994년에는 13.4%였던 사용 제지 팩의 재활용률이 2010년에는 33%에 이르고 있다. 환경학습 등에서는 재활용 만들기 등의 재료로 활용되기도 하고, 안쪽의 종이를 물에 불려서 종이 만들기의 재료로도 이용되고 있다.

➕ 한국에서는 일반 소비자 및 단체 급식에서 분리 배출한 폐종이 팩을 전문수집업체가 직접 또는 중간수집자를 통하여 수집·선별해 재활용업체(제지회사)에 공급하고, 이를 세척 → 분쇄 → 해리 → 펄프화하여 원단으로 만든 후 티슈나 화장지로 생산한다고 한다(한국포장재재활용사업공제조합).

우주선 지구호
Spaceship Earth

지구를 하나의 우주선으로 간주하고, 그곳에 존재하는 모든 생물이 승선객이라는 가정하에 자원의 적절한 사용과 순환적 생산 시스템을 지칭하기 위하여 사용한 말이다. 이 말은 1963년 미국의 건축가이자 사상가인 버크민스터 풀러(R. Buckminster Fuller)에 의해 제창되었다. 풀러는 지구 밖에서 도달하는 자연에너지를 이용하기 때문에, 한정된 화석연료와 광물자원 등을 소비하는 것으로 지구와 인류가 살아남을 수 있다고 말한다. 한정된 지구의 화석연료와 광물자원 등을 보존하고 차세대까지 남기는 것 이외에, 화석연료에 의존하지 않는 재생가능한 에너지 시스템이 효과가 있다는 것을 1960년대에 주장한 것이다. 1966년에 미국의 경제학자 케네스 볼딩(Kenneth E. Boulding)은 경제학에 이러한 생각을 도입하여 지구 이미지를 '열린 지구'에서 '닫힌 지구'로 전환했다. 우주선 지구호의 닫힌 경제에 의해, 인간은 순환하는 생태계와 시스템 속에 있는 것을 이해할 수 있게 되었다고 말한다.

워싱턴협약
Convention on International Trade in Endanered Species of Wild Fauna and Flora, CITES

멸종위기에 있는 야생생물을 국가 간에 거래할 때 국제적인 법칙을 정하는 협약. 1973년 미국의 워싱턴에서 채택되어 워싱턴협약이라 불리지만, 정식 명칭은 '멸종위기에 처한 야생동식물종의 국제거래에 관한 협약'이다.

국제거래를 제한할 필요가 있는 야생생물이 기재된 리스트는 부속서 I ~ Ⅲ의 3개 순위에 따라 제한 내용이 다르다. 부속서 I 은 자이언트 판다와 호랑이 등 멸종위험이 큰 종이 대상이고, 상업 목적의 거래가 금지되었으며, 예외적으로 학술연구 목적의 수출입에서는 수출국과 수입국 쌍방의 정부가 발행하는 허가서가 필요할 정도로 비교적 엄격한 제약이 있다. 부속서 Ⅱ는 거래를 제한하지 않으면 장래 멸종할 위험성이 있는 종, 부속서 Ⅲ은 자국의 생물을 지키기 위하여 국제적 협력을 구하고 있는 종을 대상으로 하고 이들도 수출입에는 수출국 허가서가 필요하다. 부록 리스트에 올라 있는 생물의 순위 간 이동과 추가, 삭제 등에 관하여 4년마다 개최되는 국제회의에서 협의한다. 그러나 실제로는 이 협약을 위반한 밀수입이 끊이지 않고 있다.

⊕ 한국은 1993년에 120번째로 협약에 가입했고, 2018년 현재 전 세계 183개 국가가 가입했다.

원시림
primeval forest/ virgin forest

자연 상태 그대로 종자가 발아하여 시작된 생태 천이로 만들어진 산림을 천연의 숲이라고 하는데, 이 중에서 장기간에 걸쳐 벌목을 거의 하지 않은 숲을 원시림이라고 한다. 과거에는 벌채를 전혀 하지 않은 숲을 원시림이라고 했는데 그 면적은 세계적으로 한정된다. 천연림 특히 저위도 지대의 원시림은 예로부터 생육·서식하던 생물종의 대부분이 그 지역의 산림에 현재까지도 이어지고 있어 생물다양성이 높은 귀중한 생태계로 보전을 특별히 중요시하고 있다.

원시자연
wilderness

인간의 여러 활동에 의한 직접적 흔적이 보이지 않는 땅(장소)을 말하며 미국의 자연보호 여명기에 보호 대상이 되었던 자연환경을 가리킨다. 랠프 월도 에머슨(Ralph Waldo Emerson)과 헨리 데이비드 소로(Henry David Thoreau) 등 초월주의 사상에서 영향을 받은 환경운동가이자 작가인 존 뮤어(John Muir)는 '원시자연이야말로 인간의 정신 형성에 빠질 수 없는 것'이라며 동식물뿐만이 아니라 바위와 물 등 자연물도 신성한 것으로 간주했다. 서부 개척이 진행되는 가운데 옐로스톤이나 요세미티 등의 원시자연은 개발에 맡겨서는 안 된다는 자연보호운동이 활발했고, 미국에서는 1872년 세계 최초로 '국립공원'을 제도화했다. 최근에는 원시자연을 이용해 온 아메리카 원주민들의 권리가 자연보호운동의 테마가 되고 있다.

원자력규제위원회
Nuclear Regulation Authority

2011년 후쿠시마 제1원자력 발전 사고를 계기로 2012년 9월에 일본에서 출범한 환경성의 외부기관이다. 국가 행정조직법 제3조에 따른 독립 행정위원회이며 내각으로부터의 독립성이 높다. 위원회 사무국으로 원자력 규제청이 설치되어 있다. 원자력안전위원회, 원자력안전·보안원을 통합하여 문부과학성과 국토교통성으로 나뉘어 있던 원자력 안전 규제 등에 관한 업무를 일원화하는 것으로 종적 행정의 폐해를 없애고 원자력 이용의 안전 확보와 강화를 위한 대비책을 만들고 재검토하려는 목적으로 설치되었다.

원자력 마피아
nuclear village/
nuclear-power development interests

전기 회사를 중심으로 원자력발전의 이해관계를 함께하는 정치인·관료·연구자의 공고한 공동체를 비판적으로 표현한 말이다. 후쿠시마 제1원자력발전소 사고를 계기로 일본 원자력 발전의 도입·전개·유지에 특별한 이익을 가진 정·재계, 관리, 학계에 있는 사람들의 존재가 주목을 받게 되어 원자력 마피아라는 표현이 일반적으로 사용되게 되었다. 원자력 발전 및 최종 처리장의 유치와 입지에 따라 고액의 보조금을 받고 지방 재정을 조달하는 지방 자치단체 관계자 역시 원자력 마피아의 일원으로 생각할 수 있다.

원자력발전
nuclear power generation

| 의미 | 넓게는 핵융합 반응도 포함되지만 좁은 의미에서 우라늄 연료의 핵분열 반응으로 생성된 열기로 전기를 만드는 시스템이다. 우라늄235에 중성자를 입사시키면 핵분열이 일어나며 2개 이상의 다른 원자(핵분열 생성물)와 열이 발생한다. 이 열을 냉각재로 흡수하여 증기를 발생시킨다. 냉각재에는 경수, 이산화탄소, 나트륨 등이 이용되는데 일본에서는 주로 물을 이용한 경수로이다. 냉각재로 액체 나트륨을 이용하는 원자로가 고속 증식로이다.

| 구조 | 원자로에서 사용하는 연료는 핵분열이 쉬운 우라늄235를 3~5%, 핵분열하지 않는 우라늄238을 95~97%의 비율로 혼합하여 펠릿 형태화하고 지르코늄으로 피복한다. 이것을 연료봉이라고 한다. 연료봉은 다발로 모여 연료 집합체를 형성한다. 이것을 수납하는 용기가 원자로 압력용기(RPV)이다. RPV 외관에 원자로 격납용기(PCV)가 있고 이것을 건물이 둘러싸고 있다. 펠릿, 연료피복관, RPV, PCV 및 건물은 '5중의 벽'이라고 불렸다.

| 과제 | 핵분열 생성물은 매우 불안정한 물질이다. 그런데 자연붕괴하여 안정된 물질이 되려고 하는 과정에서 알파선, 베타선, 감마선 등의 방사선이 방출되게 된다. 만약 사고로 방사선물질이 방출되었을 경우 엄청난 시간적·공간적 피해뿐만 아니라 '생물종 보존에 대한 위협'이라는 본질적 결점이 있다는 것이 원자력 발전의 첫 번째 문제라고 할 수 있다. 두 번째는 플루토늄인데, 핵반응에 의해 반감기 약 2만 4,000년의 플루토늄239가 방사성 폐기물로 생성되고, 이 물질은 처리와 관리가 당분간 불가능하다. 또한 출력 100만kW의 발전소는 하루에 히로시마형 원자폭탄 3개분의 방사성 폐기물을 만들어내고 있다.

원자력발전과 환경교육
nuclear power generation and environmental education

|논점| 원자력발전(원전)을 환경교육 안에서 어떻게 바라보아야 할 것인가에 대해서는 몇 가지 주요한 논점이 존재한다.

첫째, 인간 또는 인간을 포함한 생물을 둘러싼 환경에 미치는 영향이다. 2011년 3월에 발생한 후쿠시마 제1원자력발전소 사고에 의해 사람들은 방사능 오염의 위험을 재인식하게 되었다. 원전의 '안전 신화'는 붕괴했으며 앞으로도 '예상 밖의 자연재해 등에 의해 원전사고가 일어날 수 있다'는 인식이 확산하고 있다. 방사능 오염에 의한 인간사회 및 자연환경의 영향을 생각한다면 원전 의존으로부터의 탈피가 중요한 과제이며 탈핵을 가능하게 하는 신재생에너지로의 전환과 에너지 절약 교육에 대한 보급과 실천이 환경교육이 해야 할 중요한 역할이라고 할 수 있다.

둘째, 지속가능한 사회 구축의 관점에서 원전을 어떻게 받아들일 것인가 하는 논점이 있다. 원전의 보급·확대가 사회의 지속가능성에 대해 위협이 된다는 우려의 측면이 있다. 그러나 당분간 심각한 에너지자원의 고갈 및 지구온난화에 대해 원전은 전력 공급을 위해 화석연료 사용을 억제하며 발전 시에 이산화탄소를 배출하지 않아 지구온난화의 진행을 늦추고 있다는 측면도 강조되고 있다.

셋째, 원전 가동에 따른 폐기물 문제를 어떻게 볼 것인가에 대한 논점이 있다. 핵분열 반응에 의해 생성되는 플루토늄239는 반감기 약 2만 4,000년의 극히 위험한 물질이다. 플루토늄239를 연료로 사용하려는 고속 증식로가 멈춰 있는 현 시점에서는 플루토늄239를 포함한 방사성 폐기물에는 약 10만 년의 안전 관리라는 막중한 과제가 존재한다. 그 밖에도 대량의 저준위 방사성 폐기물과 함께 원전 가동에 따라 증대하고 있는 폐기물 문제의 대책이나 처리에 대한 부담은 결국 다음 세대의 몫이기 때문에 '세대 간의 공정'이라는 점에서 커다란 문제라고 할 수 있다.

이상의 세 가지 논점 외에도 원전을 표적으로 한 테러 공격이나 원자폭탄으로의 전용이 용이한 플루토늄의 약탈과 같은 중요한 문제도 남아 있다. 이런 문제들 역시 앞으로의 원전 추진 여부를 검토할 때 염두에 둘 필요가 있다.

원전사고의 위험성이나 원자력 발전 시설의 취약성을 지적하는 의견은 특히 1979년 쓰리마일섬 원전사고 이후에 활발히 나오고 있다. 그러나 환경문제에 대해서 가장 민감하게 반응해왔어야 하는 환경교육 관련자가 일단 사고가 일어나면 환경에 지대한 영향을 주는 원전 문제에 대해서 적극적으로 발언했다고 할 수 없다. 교육에 관련한 사람들이 찬반이 있는 문제에 대해서 가치중립적이어야 한다는 의식이 작용했을 가능성도 무시할 수 없다.

후쿠시마 제1원자력발전소 사고 이후 방사능 오염에의 대응, 지역 재생·부흥, 자원 절약과 에너지 절약의 실천, 미래 에너지에 대한 선택 등 지속가능한 사회의 구축을 위해 환경교육이 다루어야 할 과제는 확대되고 있으며 환경교육 관계자의 역할과 환경교육 관련 학회에 대한 기대도 크다. 이 가운데 교육에 관련된 사람이 원전 찬반이라는 사회적 문제에 대해서 가치중립적 태도를 취해야 할 것인가 아니면 적극적으로 발언해야 할 것인가는 피할 수 없는 커다란 선택의 문제가 되었다고 할 수 있다.

원자력 안전위원회
Nuclear Safely Commission

일본은 1974년 원자력 선박 '무츠'호의 방사선 누출 사고를 계기로 1978년 원자력기본법을 일부 개정하고 원자력 안전 확보의 기획·심의·결정을 위해 총리부(현 내각부)에 원자력안전위원회를 설치했다. 그 후 2011년 후쿠시마 제1원자력발전소 사고로 2012년 9월에 폐지되고, 원자력규제위원회로 통합되었다. 중립적·독립적 입장에서 원자력 안전 규제를 담당했지만, 규제 행정청(경제산업성 원자력안전·보안원, 문부과학성 등)과는 달리 업체를 직접 규제하지 못했다. 또한 도호쿠 지역 태평양 해역 지진의 긴급 사태에도 원자력 재해 대책 본부장의 조언 역할밖에 할 수 없었던 것 등을 이유로 폐지·통합되었다.

원체험
original experience

한 사람의 사고방식, 가치관이나 행동양식에 영향을 미쳤다고 생각되는 어린 시절의 경험을 가리킨다. 환경교육 분야에서는 심리적·정신적으로 부정적인 기억이라는 의미가 아니라 어른이 될 때까지 겪었던 어린 시절의 긍정적 자연체험으로 한정하여 사용하는 경우가 많다. 또한 원체험은 의도적·계획적 교육으로 개인에게 영향을 주는 것이 아니라 비의도적·우발적으로 어떤 사람이 체험한 후 그 체험을 미래의 어느 시점에서 되돌아보았을 때 의미를 부여하는 것이기도 하다.

원체험은 크게 둘로 나뉘는데, 하나는 만지고 맛보는 등 오감을 이용한 체험으로, 예를 들어 시각적으로 마음속의 원풍경이 남아 있는 경우가 있다. 다른 하나는 자연과 접한 신체적 체험으로 강에서 헤엄치거나 숲에서 놀거나 산에서 뛰어놀던 경험을 들 수 있다.

원체험은 타자에 의한 유사체험이 불가능하며 오감을 사용하는 경험과 신체 경험이 반드시 유기적으로 연결된다고도 할 수 없다. 그러나 이러한 원체험이 기반이 되어 자연을 지키고 싶은 마음이나 환경을 보전하려는 행동에 연결되는 경우도 있다. 또한 자연에 대한 원체험이 많은 경우에는 그렇지 않은 경우보다 환경교육의 효과가 높아지기도 한다. 원체험을 의도하고 기획하는 것은 불가능하지만 자연에 대한 원체험과 원풍경이 사라지고 있다는 것은 환경교육이 풀어야 할 커다란 과제이다.

원풍경
archetypal scene

어린 시절의 원체험에서 형성된 다양한 이미지 중 풍경의 형태를 취하고 있는 것을 가리킨다. 인공적 풍경도 있지만, 일반적으로는 옛날 그대로의 자연 풍경인 경우가 많다. 개인이 품고 있는 풍경이 사상과 감성에 영향을 주는 경우도 있다. 일본인의 원풍경으로는 흔히 마을 산이 이야기되는데 기후와 식생·문화에 따라 다른 각각의 원풍경을 갖고 있다. 원풍경은 어떤 지역 풍경이 근대화에 의해 변화하기 이전에 공유된 풍경이라는 의미도 있으며 이것이 향수를 불러일으켜 지역 생태계 보전에 임할 때 원동력이 되기도 한다.

월경성 대기오염
Trans-boundary Pollution

오염물질이 발생 지역에서 국경선을 넘어 이동하여 기류와 해류 또는 하천에 의해 수백·수천 킬로미터 떨어진 지역까지 운반되는 것을 말한다. 그중에서도 화력발전소, 공장 등에서 뿜어내는 유황산화물과, 자동차에서 방출된 배기가스의 질소산화물이 바람을 타고 국경을 넘어 대기 중의 빗물에 녹아 산성비로 산림과 호수에 영향을 주고 있다. 산성비는 1960년대부터 잠재적으로 문제화되었고, 유럽 서부의 공업 지역부터 유럽 동부까지 피해가 일어나고 있다. 이러한 피해에 대하여 1979년 '장거리 월경 대기오염조약' 등에 의해 대책이 추진됐다. 또한 미국 동북부에서 오대호를 넘어 캐나다에 이르는 대기오염 피해가 외교 문제로까지 발전하고 있다. 일본에서도 석탄 소비가 매우 많은 중국에서 편서풍을 타고 전해지는 대기오염이 문제가 되고 있다. 한편 폐기물 발생국의 처리 비용 상승과 국내 처리 용량 부족에 따른 폐기물, 특히 유해 폐기물이 국경을 넘기도 하여 심각한 환경오염으로 이어지는 사례가 많다.

월드워치연구소
Worldwatch Institute

1974년 레스터 브라운에 의해 설립된 민간 환경연구기관으로 본부는 미국 워싱턴에 있다. 지속가능으로 평등한 사회를 만들기 위한 환경, 에너지, 인구 등 인류가 안아야 할 주요한 문제를 조사·연구하고, 그 결과를 매년『지구 백서(State of the World)』,『지구환경 데이터북(Vital Signs)』 등의 간행물로 발표하고 있다. 격월간의 잡지 〈월드워치(World Watch)〉는 2010년 7/8월호를 끝으로 휴간했다. 데이터를 기본으로 지적·경고함으로써 기자, 학교 교원, 정치가 등 사회적 지도자, 나아가 일반 시민에게 세계가 겪을 수 있는 심각한 문제에 관한 의식을 새롭게 갖도록 했다.

『월든』
Walden or, Life in the Woods

미국의 사상가인 헨리 데이비드 소로(Henry David Thoreau)의 대표작으로 1854년 출판. 사람들이 사는 마을과 떨어져 자연 속에서 살고 싶다고 생각한 소로는 1945년 보스턴 교외의 콩코드에서 3킬로미터 떨어진 월든 호반에 살았다. 스스로 만든 작은 집에서 약 2년 2개월 동안 혼자서 실천하면서, 경험과 사색한 것을 정리하여 인간이 독립한 삶에 필요한 것은 자연 속에서 극도로 간결하게 생활하는 것이라고 서술하고 있다. 이 사상의 밑바탕에는 그리스도교가 있지만, 힌두교의 성전『바가바드기타』와 공자의 관용구가 작품 곳곳에 인용되어 있어 동양철학의 영향을 크게 받은 것을 엿볼 수 있다.

위기경영/위기관리
risk management

기업경영과 조직·프로젝트 운영에서 사업을 지속 방해하는 위험을 인식하고 일어날 수 있는 사태, 피해, 영향을 상정하고 그 인과관계를 해명함과 동시에 이를 회피할 대책 및 발생 후의 피해, 영향을 최소화할 대책에 관하여 사전에 강구하는 일 또는 기술이다. 하야시 하루오의 『조직의 위기관리입문』(공저, 2008년)에 따르면 위기경영의 실시에 맞추어서 ①무엇을 달성 목표로 하는가 ②상정된 문제·피해는 무엇인가 ③그 원인은 무엇인가 ④문제 발생을 회피하는 대책(피해 억지책)은 무엇인가 ⑤문제가 발생했을 때의 영향을 최소화하는 대책(피해 경감책)은 무엇인가, 라는 5개의 질문에 답하는 일이 중요하고, 어떠한 위기경영도 이 5단계로 처리된다고 지적하고 있다.

환경문제에 관한 위기경영의 구체적인 예로 공장의 자연재해, 설비 고장 등에 의한 유해물질 누설, 골프장 농약에 의한 토양오염, 지하수 오염 등을 들 수 있다. 이들의 위험평가에서는 평가 척도를 통일시키는 일이 중요해서 예를 들어 각 유해물질이 인간의 수명에 주는 영향을 '건강 리스크'로 환산해서 평가하는 방법이 있다.

위성위치 확인시스템
global positioning system, GPS

지구를 돌고 있는 인공위성에서 전파를 수신하여 위치를 정하는 장치. 4기 이상의 위성에서 전파를 수신하여 위성까지의 거리를 계산하는 것으로 위도, 경도, 고도를 구할 수 있다. 내비게이션 시스템 이외에 휴대전화와 카메라도 GPS의 기능을 가진 것이 있다. 얻어진 위치 정보는 컴퓨터의 지도에 표시된다. GPS를 사용하여 어떤 생물이 관찰된 위치와 같은 시각에 관측한 기온의 위치를 지도에 점으로 나타내어 그 생물의 서식지와 기온 분포 등을 조사할 수 있다.

위험사회
risk society

체르노빌 원전사고의 파괴력을 직접 본 독일의 사회학자 울리히 벡(Ulrich Beck)이 제창한 현대사회의 존재 방식을 말한다. 벡은 현대사회가 부의 분배가 제일 중요한 '빈곤사회(산업사회)'가 아닌 위험(리스크)의 생산 및 분배의 문제가 제일 중요한 과제가 되는 '위험사회'

라고 했다. 인간에 의해 정복된 산업 시스템의 내부에 포함된 자연이 가져올 위협으로부터 누구도 도망갈 수 없는 것, 또 산업화의 진전과 함께 그 위협이 더욱 급진화된 것 등을 이 사회의 특징으로 들 수 있다.

위험생물
dangerous creatures

|의미| 야외체험활동이나 환경교육활동 중에 중독, 옻오름, 쇼크, 염증, 통증, 알레르기 등을 일으킬 가능성이 있는 생물을 총칭한다. 가끔 치명적인 경우도 있어서 위험생물이라고 부르고, 접촉했을 때 영향을 받기 때문에 '주의를 요하는 생물'이라고 부르기도 한다.

|대책| 위험생물은 만지거나 먹었을 때, 또는 너무 가까이 접근했을 때 사람에게 영향을 줄 수 있으므로 리스크 관리가 필요하다. 위험생물을 사전에 조사하거나 야외활동 지역에 사는 사람들을 대상으로 한 청취 조사 등을 통해 정확한 정보를 입수하는 것, 위험생물이 있을 가능성이 있는 환경, 지역, 시기 등을 파악하고 리스크를 예상하는 것, 위험생물이 있는 지역에서의 행동에 대해 인식하고 냉정하게 대응하는 것 등 사고를 미연에 방지하는 것이 중요하다. 기본적으로는 잘 알려지지 않은 생물을 맨손으로 함부로 만지거나 먹거나 너무 가까이 다가가지 않도록 해야 하며 해를 입었을 경우에 필요한 응급처치를 익혀 두는 것도 요구된다. 응급처치를 한 후에도 병원에 가서 상황을 정확하게 설명하고 치료를 받아야 한다.

|사례| 독버섯(붉은사슴뿔버섯 같은 것은 만지는 것만으로 염증을 일으킴), 유독식물(옻나무류 등), 곤충(말벌류는 자주 만날 수 있으므로 특별한 주의가 필요. 독나방이나 분비물에 독을 가진 가뢰과 곤충류 등), 양서류(두꺼비 등의 독액이 사람의 점막에 묻으면 염증을 일으킴), 파충류(살모사, 유혈목이), 포유류(멧돼지) 외에도 지네, 털진드기, 거머리 등이 있고, 바다 생물에는 성게, 해파리, 바다뱀 등이 있다.

유기농
organic

일본에서는 '유기재배에 의한 생산물 또는 그것들을 소재로 하는 제품'의 의미로 사용되고 있다. 유기재배는 화학합성농약과 화학비료에 의존하지 않고 자연 순환 기능을 살린 생태적 환경을 만드는 가운데, 작물 본래의 힘을 발휘시키기 위한 농법으로 유기농법, 유기농업과 같이 생각하면 좋다. 1960년대 일본의 농업은 단위면적당 수확량을 늘리기 위하여 화학비료와 화학합성농약의 사용과 기계화를 진행하였다. 그러나 최근 화학비료와 농약이 생태계에 악영향을 주는 것을 알고 천연 유기물질, 천연소재의 무기물질 등을 비료로 사용한 수확량 우선이 아닌, 생태계의 보존을 목적으로 유기농법이 제창되었다. 2000년 일본농림규격에 유기 JAS규격이 생겨, 농업작물이 '오가닉~'과 '유기~'로 표시되는 조건을 정했다. 이에 따르면 "3년간, 농약과 화학비료를 사용하지 않은 토지에서 재배", "유전자 조작기술을 사용하지 않는", "방사선을 쬐지 않은" 등 조건을 만족시킨 농작물에만 표시를 허가하고, 또한 '유기 JAS마크'를 사용할 수 있게 했다.

❶ 한국에서는 화학비료나 농약을 최소 3년 이상 사용하지 않은 땅에서 재배한 농산물을 말하며 인증표시로 유기농산물, 유기축산물 또는 유기OO(OO은 농산물의 일반적 명칭을 표기) 또는 유기재배농산물, 유기재배OO 또는 유기축산물OO라고 표기한다. 유기농 제품은 법적으로 일정한 인증 절차를 거치게 되며, 조건에 따라 유기농, 무농약, 저농약으로 구분하여 인증 마크를 부여한다.

유기농업
organic farming/
organic agriculture

일반적 정의는 '화학합성농약과 화학비료를 사용하지 않는 농업'이라고 되어 있다. 화학농약과 비료가 보급되기 전까지 세계에서 이루어져 왔던 농업은 그 토지에서 공급해주는 자연의 소재와 자연의 법칙에 따른 유기농업 그 자체였다.

일본에서는 1961년에 농업기본법이 제정되어 화학비료와 화학합성농약의 사용, 작업의 기계화가 강하게 추진되었다. 한편, 흙속에 다양한 균류나 세균류의 균형을 이루면서 유기물을 순환하게 하고, 일시적인 수확 증대가 아닌 연구적인 농업을 하는 것을 목표로 1971년 이치라쿠 테루오가 일본유기농업연구회를 발족시켰다. 농업을 경제합리주의 관점에서 계산하는 것이 아니라, 국민의 식생활의 건전화와 자연보호·환경 개선을 근간으로 하고, 환경 파괴를 동반하지 않는 지력을 유지 배양하면서 건강하고 맛이 좋은 먹을거리를 생산하는 농법을 제창했다.

시책으로는 유기농업추진법이 2006년에 성립되어 유기농업에 관한 기술의 개발·체계화, 보급지도의 강화, 소비자의 이해 증진을 부르짖었지만, 그 보급은 아직 더딘 편이다. 소비자 입장에서는 먹을거리 교육이나 생산지 감소, 농업·농촌체험학습 등을 통하여 농산물의 안전과 품질에 관한 지식과 관심을 높이고 농산물의 겉모양과 가격에 대해 비판하는 종래의 소비 행동을 새롭게 바꾸는 것이 요구된다.

➕ 한국에서는 지속가능한 친환경농수어업을 추구하고 이와 관련된 친환경농수산물과 유기식품 등을 관리하여 생산자와 소비자를 함께 보호하는 것을 목적으로 '친환경농어업 육성 및 유기식품 등의 관리·지원에 관한 법률'을 제정하여 시행하고 있다. 국내에서 성공을 거둔 유기농법에는 지렁이농법, 우렁이농법, 오리농법 등이 있다.

유네스코
United Nations Educational, Scientific and Cultural Organization, UNESCO

모든 국민이 교육, 과학, 문화 협력의 교류를 통하여 국제 평화와 인류 복지의 촉진을 목적으로 하는 유엔경제사회이사회 산하 전문기관이다. 문해율 향상, 의무교육의 보급, 세계유산의 등록·보호, MAB계획(인간과 생물권 계획) 등 많은 사업을 추진하고 있다. 1945년에 '유네스코 헌장'을 기초로 창립되었고 본부는 파리에 있다. 일본은 1951년에 가입했으며, 문부과학성에 일본유네스코국내위원회가 설치되었다[한국은 1950년 가입].

유네스코 학교
UNESCO Associated Schools

1945년 유엔총회에서 채택된 유네스코 헌장의 이념을 실현하기 위하여 1953년에 교육공동실험활동 프로젝트로 발족한 유네스코학교계획(Associated School Project)에 그 기원을 둔다. 이 시도는 국제이해교육의 진흥과 발전을 목적으로 선도적인 교육 실험 및 교육 실천의 국제적인 협동실험활동이며, 그 주제는 '세계인권선언의 연구', '부인의 권리 연구', '다른 나라의 이해'에 더하여 '인권 연구', '다른 나라의 연구', '유엔의 연구'를 기조로 하고 있다.

현재는 유네스코학교네트워크(ASPnet)로 명칭을 변경하고 '지구차원의 문제에 관한 유엔 시스템의 이해', '인권·민주주의의 이해와 촉진', '다른 문화 이해', '환경교육'의 4개 분야를 기본적인 주제로 하고 있다. 또한 2008년 개최된 일본 유네스코 국내위원회에서 ESD(Education for Sustainable Development)를 '지속발전교육'으로 해석하고, 그 보급 촉진을 위하여 유네스코 학교를 활용하는 제언을 채택하고 있다.

일본에서 유네스코 학교의 활동 목적은 세계 속의 학교와 학생 간·교사 간의 교류를 통하여 정보와 체험을 서로 나누는 일, 지구 차원의 모든 문제를 처리할 수 있도록 새로운 교육 내용과 방법의 발달과 발전을 목적으로 하고 있다.

2005년 현재 176개국, 약 7,900개 학교(취학 전 교육기관·교원양성학교 포함)가 유네스코학교에 가입했다. 일본의 소·중·고등학교는 2000년 20개 학교에서 2012년 459개로 증가했고, 유네스코학교 지원 대학 간 네트워크에 가입한 대학(16교)을 더하여 475개가 넘는다. 이것은 문부과학성과 일본 유네스코 국내위원회가 유엔 '지속가능발전교육 10년'(2005~2014년)의 의의에 입각하여 ESD를 국내에 보급·추진하려고 한 정책의 결과로 보인다. 그러므로 최근의 많은 가입 학교는 위의 4영역을 개별로 취하여 실천하는 것이 아니라 ESD라는 하나의 개념 아래 포괄적으로 실천하려는 경향이 있다.

앞으로 유엔 '지속가능발전을 위한 교육 10년' 평가는 유네스코학교에 가입한 학교의 수업 실천을 참조하면서 이야기하게 될 것이다. 그러나 정확한 평가는 교육정책의 측면만이 아닌 가입 학교의 교육활동 실태 분석을 포함하여 종합적으로 이루어질 필요가 있다.

➕ 한국은 2018년 현재 초등학교 175개, 중학교 119개, 고등학교 259개가 유네스코학교로 가입되어 있다.

유니버설 디자인
universal design

가능한 한 많은 사람이 이용할 수 있도록 새롭게 의도하여 도구, 기계, 건축, 공간 등을 디자인한다는 이념 아래 문화와 언어, 국적, 성별, 나이, 장애와 능력의 다름을 구분하지 않고 이용할 수 있는 제품이나 시설, 정보 설계를 말한다.

유니버설디자인협회의 정의에 따르면, "장애로 가지게 되는 난관(장벽)에 대처하는 장벽 제거처럼 불쌍한 사람들을 위하여 무언가를 하는 자선이 아니라, 다양한 사람들이 즐겁게 살아갈 수 있게 도시와 생활환경을 계획하는 것"이다. 북유럽에서 1950년대에 시작된

노멀라이제이션(normalization, 복지에 관한 사회이념)과 미국의 공민권 운동 등이 그 배경이다. 지속가능한 사회 구축 이념에도 해당한다.

가까운 예로서 문자가 아니라 그림을 사용하여 비상구나 화장실을 표시하는 일과, 샴푸와 린스 용기의 돌기 형태를 바꾸는 일 등이 있다.

유아기 환경교육 프로그램
environmental education program for small children

|정의| 만 1세 정도부터 취학 전까지의 유아를 대상으로 이루어지는 환경교육 프로그램을 말한다. 신체 성장의 특징으로는 유치가 바뀔 무렵까지의 연령(초등학교 1학년 정도)을 대상으로 한다. 일반적으로는 이 연령대의 교육을 '유아교육 프로그램'이라 하고, 행동력이나 협동, 의사소통이나 표현력 등 유아 시기에 발달 조짐을 보이는 능력 발달을 이루는 것을 말하는데, 환경교육에서도 대상 연령 시기에 알맞은 자연환경에 대한 관심을 키워 신체 능력을 발달시키고 특히 감성 발달에 주로 초점을 맞추는 프로그램이 많이 보인다.

|사례| 덴마크에서 1950년경 유치원 건물이 없이 숲속에서 놀이를 중심으로 활동을 하는 '숲속의 유치원'이 시작되었다. 스웨덴에서는 1950년부터 '숲 유치원'이라고 부르는 교육 활동이 시작되어 현재는 세계적으로 퍼져 있는 것을 볼 수 있다. 여기서 성인의 역할로 요구되는 것은 숲속에서 어린이들의 자발적인 활동(놀이)을 지켜보는 것이라고 한다. 일본에서도 2000년대에 숲 유치원이 알려지게 되어 전국 각지에 생겨났다.

|방법| '성인의 프로그램을 쉽게 한 것이 아니라 어린이의 눈높이에 알맞게 다른 프로그램으로 디자인해야 한다(Tilden, Freeman Interpreting our Heritage, 1957년)"라고 지적된 것처럼, 성인에 대하여 이루어지는, 목적의 설정과는 다른 방법이 필요하다. 환경교육 프로그램에서 유아에 대해서는 달성 목표로서 '행위 목표'만을 설정하는 일이 많다.

유엔개발계획
United Nations Development Programme, UNDP

1966년에 설립된 개발도상국의 경제·사회적 발전을 위해 개발 과제의 해결을 지원하기 위해 설립된 유엔 전문기관이다. '지속가능한 인간 개발'을 기본 이념으로 개발 프로그램의 수립, 관리, 자금

원조 등을 전개하고 있다. 빈곤 완화, 민주적인 거버넌스, 위기 예방과 재건, 환경보전과 지속가능발전이 활동의 중점 항목이다. 현재는 2015년까지 달성 목표인 8항목의 밀레니엄 개발목표가 최중점 과제로 설정되어 있다. 「인간개발 보고서」에서 매년 테마를 설정하고 개발에 대해 제언하고 있다. 하부 조직으로 유엔자본개발기금(UNCDF), 유엔자원봉사단(UNV)이 있다.

유엔교육과학문화기관

···▶ 유네스코

유엔 글로벌콤팩트
UN Global Compact

인권, 노동, 환경과 반부패 분야에서의 기업 전략을 글로벌콤팩트의 10대 원칙과 결합할 수 있도록 하는 틀을 제공하고 있다. 세계 최대의 자발적 기업 시민의 이니셔티브로서 100여 개 이상 국가의 수천여 회원들로 이루어져 있으며, 무엇보다 기업과 세계시장의 사회적 합리성을 제시하고 발전시키는 데 목적을 두고 있다. 글로벌콤팩트에 가입한 기업은 세계적 원칙에 기반을 둔 기업 전략 및 사회 개념을 통해 세계 경제와 사회가 더욱 안정되고 정당하며 포괄적으로 번영하고 번성하도록 기여한다는 신념을 공유하고 있다.

유엔 밀레니엄서미트
United Nations Millennium Summit

2000년 9월 6일에서 8일까지 유엔본부에서 개최된 유엔 회원국 정상회의이다. 1998년 12월 17일 유엔총회 결의로 제55차 유엔총회를 밀레니엄 총회로 명명했는데, 그 첫머리에 유엔밀레니엄서미트 개최를 결정했다.

밀레니엄서미트에서는 '21세기 유엔의 역할'이라는 포괄적 테마 아래 빈곤, 개발, 분쟁, 환경문제, 유엔 강화 등 구체적 검토 과제에 대하여, 147개국의 국가 정상을 포함한 189개의 유엔 회원국 대표가 함께 논의했다.

여기에서 21세기 국제사회의 목표로 더욱 안전하고 풍요로운 세계를 만들어 가는 것에 모든 국가가 협력을 약속한다는 유엔밀레니엄 선언이 채택되었다. 전체 8장 32항으로 구성된 이 선언에는 평화와 안전, 개발과 빈곤 퇴치, 공유 환경의 보호, 인권과 굿거버넌스, 약자 보호, 아프리카의 특별한 요구 등이 과제로 설정되어 21세기 유엔의 역할에 관한 명확한 방향성이 제시되었다.

나아가 1990년대에 개최된 주요 국제회의와 서미트에서의 개발 목표에 대해 2015년 달성 기한 8개의 목표로 정리하여 밀레니엄 개발목표(Millennium Development Golds, MDGs)를 채택했고, 밀레니엄 선언과 함께 이 서미트의 큰 성과로 꼽히고 있다.

유엔세계식량계획
United Nations World Food Programme, WFP

로마에 본부를 둔 유엔의 식량지원기관이다. 자연재해, 분쟁, 만성적 빈곤, 농업 기반의 정비, HIV, 난개발에 의한 환경 파괴, 세계적 경제위기 등의 원인으로 세계 각지에서 기아가 발생하고 있다. 2010~2012년 사이 세계에서는 약 8명당 1명이 기아에 시달리고 있다고 알려져 있다. 유엔세계식량계획(WFP)은 기아와 빈곤을 없애는 것을 목적으로 1961년 유엔총회와 유엔식량농업기구(FAQ)의 결의로 설립이 결정되어 1963년부터 활동을 시작했다. WFP는 연락 사무소 6곳과 지역 사무소 6곳 외에도 세계 각지에 현지 사무소 약 80곳을 설치하고 있으며 1996년 요코하마에 일본 사무소가 개설되었다(한국은 1966년에 가입했고, 2011년에 정식 연락 사무소를 개소했다).

활동의 중심은 식량 결핍국의 식량 원조와 기상재해 등의 피해 국가에 대한 긴급 원조, 해당 국가의 경제 및 사회 개발을 촉진하는 것이다. 활동 자금은 각국 정부로부터의 임의 출연금과 민간 기업이나 단체, 개인 모금 등에 의존하며 총지출의 90% 이상이 식량 구입 및 수송 등, 식량 배급 수급자를 위해 지출되고 있다. 일본에는 WFP를 지원하기 위해서 유엔 WFP협회라는 인정 NPO 법인이 설립되어 있고, 일본 WFP의 공식 지원 창구가 되어 있다. 유엔 WFP협회는 일본 국내에서 세계의 기아 문제나 WFP의 식량 지원 활동에 관한 정보 발신을 실시하고 있으며 많은 사람이 참여할 수 있는 지원 방법 및 기회를 폭넓게 제공하는 등의 활동을 하고 있다.

유엔식량농업기구
Food and Agriculture Organization of the United Nations, FAO

1945년 세계 경제 발전 및 기아로부터의 해방을 목적으로 설립된 유엔의 전문 기관이다. 주요 시책은 ①세계 각국 국민의 영양 수준 및 생활 수준의 향상 ②식량 및 농산물 생산 및 유통의 개선 ③농촌 주민의 생활 여건의 개선이 있다. 또한 원전 사고와 농약 등에 의한 식품 오염이나 식량 안보, 조류독감과 구제역 등 동식물 검역 문제, 농목업에 의한 환경 파괴 등, 세계의 식량과 농업에 관련된 다양한 문제의 조사와 분석을 실시하며 다른 국제기구와 협력하여 기술 지원 등을 진행하고 있다. 2012년 10월 현재 191개국 및 유럽연합이 가입해 있다[한국은 1949년 가입].

유엔인간환경회의
United Nations Conference on the Human Environment

인간 환경의 악화를 막고 하나뿐인 지구를 지키기 위해서 개최된 유엔회의이다. 이 회의는 '하나뿐인 지구'(the Only One Earth)를 슬로건으로 1972년 6월 5~16일, 스웨덴의 스톡홀름에서 개최되었다. 일반적으로 스톡홀름회의로 불린다. 스톡홀름회의를 시작으로 10년에 한 번, 인간 환경에 관한 국제회의가 개최되고 있다. 1982년의 나이로비회의(유엔환경계획 관리이사회 특별회의), 1992년 유엔환경개발회의(리우회의), 2002년 지속가능발전 세계정상회의(요하네스버그 회의), 2012년 유엔지속가능발전 정상회의(리우+20)가 있다.

스톡홀름회의는 144개국의 대표와 유엔 전문기관 등의 대표 1,300명 이상이 참석한 대규모 회의였다. 일본에서 대표 연설을 했고, 해마다 6월 5일부터 한 주간을 세계환경주간으로 설정할 것을 제안했고 일본과 세네갈의 공동 제안으로 6월 5일을 세계 환경의 날로 정했다.

스톡홀름회의에는 크게 3가지 배경이 있다. 첫째 배경은 1950~1960년대의 경제 발전, 특히 선진국의 기술혁신과 이에 따른 공업 생산의 확대로 배출 가스, 폐수, 폐기물이 증가하고, 인류의 생존 기반인 인간 환경이 악화된 것이다. 둘째, 지구를 하나의 우주선에 비유하여 지구상의 모든 사람이 우주선 지구호 선원이므로 한정된 자원의 이용과 인간환경의 보존에 협력하지 않으면 안 된다는 것이다. 셋째, 인구 증가, 영양부족, 주택이나 교육 시설 부족, 자연재해, 질병, 빈곤 같은 과제를 안고 있는 개발도상국에서의 생활환경 개선, 환경문제의 해결을 꼽을 수 있다.

회의의 성과는 인간환경선언과 행동계획(권고)으로 정리되었다. 인간환경선언 전문에서는 "오늘날 주위 환경을 변혁하는 인간의 힘은 현명하게 이용된다면 모든 사람에게 개발의 혜택과 생활의 질을 향상하는 기회가 될 수 있다. 그러나 잘못 이용되거나 부주의하게 이용된다면 같은 힘은 인간과 인간 환경에 대한 피해를 가져오게 된다"(전문 제3항)라며 과학기술이 인간의 행복에 기여하는 동시에 인간환경의 악화를 초래할 우려가 있음을 밝히고 있다. 그리고 "우리는 역사의 전환점에 서 있다. 이제 우리는 전 세계에서 환경에 미치는 영향에 대해 한층 더 사려 깊은 주의를 기울이면서 행동하지 않으면 안 된다. 무지와 무관심은 우리의 생명과 복지를 의존하고 있는 지구상의 환경에 중대하고도 되돌릴 수 없는 해를 가져올 것이다. 반대로 충분한 지식과 현명한 행동을 한다면 우리는 우리 자신과 자손들을 위해, 인류의 필요와 희망에 알맞은 환경에서 더 나은 생활을 이루어 갈 수 있다"(전문 제6항)라며 인류의 생존과 발전에 인간환경을 고려할 필요성을 제기하고 있다.

환경교육은 인간환경선언 제19항과 행동계획(권고) 제96항에 기술되어 국제적 환경교육 추진의 계기가 되었다. 행동계획(권고) 제96항에서는 "국제적 계획을 수립하는 데 필요한 대책을 세우는 것을 권고한다. 대상은 환경에 관한 교육으로 모든 수준의 교육기관 및 일반 대중 특히 농산어촌 및 도시의 일반 청소년과 성인을 대상으로 하는 직접 교육을 전개하고 환경을 지키기 위해 각자 친숙하고 간단한 방법을 교육하는 것을 목적으로 하며 각 분야를 종합한 접근을 통한 교육을 실시한다"라고 밝히고 있다.

유엔지속가능 발전정상회의
United Nations Conference on Sustainable Development

2012년 6월, 브라질의 리우데자네이루에서 열린 회의이다. 1992년 유엔환경개발회의(리우회의)로부터 20년 후에 열렸기 때문에 '리우+20'이라고 불린다. 최대 188개국에서 총 4만 4,000명이 참가하여 지속가능한 발전을 달성하는 데 중요한 수단인 '녹색경제'를 중심으로 논의가 진행되었다. 성과 문서에는 환경교육만이 아니라 ESD(지속가능발전교육)라는 말이 사용되었고 학교만이 아니라 사회교육에서도 ESD의 추진과 더불어 유엔 '지속가능발전교육 10년'이 끝난 후에도 지속적인 추진 내용이 담겼다. 또한 유엔밀레니엄 개발목표(MDGs)의 후속으로 유엔지속가능개발목표(SDGs)도 결정되었다.

유엔환경개발회의
United Nations Conference on Environment and Development, UNCED

|개요| 1972년 6월 국제사회에서 처음으로 환경문제를 논의한 유엔인간환경회의가 스웨덴 스톡홀름에서 개최되었다. 유엔환경개발회의는 스톡홀름회의 20주년 기념으로 1992년 6월 브라질의 리우데자네이루에서 개최된 정상 레벨의 국제회의이다. '리우회의', '리우지구정상회의'라고도 불린다. 100여 개국의 국가 정상을 포함 약 180개국이 참가하여 인류의 공통 과제인 지구환경의 보전과 지속가능발전의 실현을 위한 구체적 방안이 논의되었다. 또한 NGO, 기업, 지방 공공단체에서도 다수가 참가했다.

이 회의에서 지속가능발전을 위한 지구 차원의 새로운 파트너십의 구축을 향한 '환경과 개발에 관한 리우데자네이루 선언'(리우선언)과 이 선언의 모든 원칙을 실시하기 위해 '의제 21, 산림 원칙 성명'이 합의되었다. 또한 별도의 논의가 진행되고 있던 기후변화협약과 생물다양성협약의 서명 작업을 시작했다.

⋯▶ 기후변화협약

⋯▶ 생물다양성협약

리우선언에서는 1972년 유엔인간환경회의에서 채택한 인간환경선언(스톡홀름 선언)을 재확인하고, 1987년 브룬트란트위원회보고서 「우리 공동의 미래」에서 제기되었던 '지속가능발전'(sustainable development)의 개념을 기본으로 할 것을 확인했다. 의제 21은 21세기 지속가능발전을 실현하기 위한 구체적 행동계획으로 인구 문제, 사막화 방지, 대기 오염 방지, 거주 등의 폭넓은 테마가 포함되어 있다.

|환경교육| 환경교육에 대해 의제 21의 '제36장 교육, 의식 계발 및 훈련의 추진'에서 다루고 있다. 제3절에는 "교육은 지속가능발전을 추

진하고 환경과 개발 문제에 대처하는 시민의 능력을 높이는 데 불가결하다"라고 밝히고 있다. 나아가 "교육은 또한 지속가능발전에 따른 환경 및 윤리 의식, 가치와 태도, 그리고 기법과 행동 양식을 달성하기 위해서 불가결하다"라고 기술하고 있다. 의제 21에는 '환경교육과 개발교육'이라는 용어가 자주 사용되어 2002년 요하네스버그에서 채택된 지속가능발전교육(ESD)의 개념으로 이어졌다.

|평가| 리우회의 개최로부터 10년 후인 2002년에 지속가능발전세계정상회의(요하네스버그회의)가 개최되어 평가가 이루어졌다. 1997년에 지구온난화에 관한 교토 의정서가 채택되는 등 국제적인 논의의 틀이 갖춰진 것도 높이 평가되었다. 그러나 산림의 감소, 사막화의 확대, 물 부족, 생물다양성 감소 등 지구환경을 둘러싼 상황은 악화하고 있으며 특히 급속한 경제의 세계화 진행으로 세계 규모의 빈부 격차 확대, 전통적인 생활 문화나 환경 파괴가 보고되고 있다.

유엔환경계획
United Nations Environment Program, UNEP

1972년 유엔인간환경회의의 권고를 받아 그해 유엔총회 결의에 근거하여 설립된, 환경을 전문적으로 다루는 유엔 기관이다. 본부는 케냐 나이로비에 있으며 개발도상국에 본부를 둔 최초의 유엔 기관이기도 하다.

UNEP는 환경에 관한 유엔 기관의 활동을 조정하고 국제 협력을 촉진하는 임무를 맡고 있다. 구체적으로는 환경 분야에서의 국제 협력 추진, 정책 지침의 제공, 환경 감시·평가, 지식이나 정보의 수집 및 제공, 개발도상국의 환경 대책 지원 등이다.

UNEP가 다루는 환경문제는 다방면에 걸쳐 있지만 최근에는 ①기후변화 ②재해와 분쟁에 기인한 환경문제 ③생태계 관리 ④환경 거버넌스 ⑤유해(화학)물질과 유해 폐기물 ⑥자원 효율성·지속가능한 생산과 소비, 6가지를 조직횡단적인 우선 과제로 설정하고 있다.

지금까지 UNEP는 1997년 이후, 보고서「지구환경 상황(GEO, Globall Envirronment Outlook)」을 작성해 공표하여 과학적 조사와 모니터링 실시로 지구환경 문제의 심각성 인식에 경종을 울렸다. 또한 오존층 보호협약과 생물다양성협약 등 여러 국가 간 환경협약의 성립에 크게 공헌하고 있다.

UNEP는 환경교육 분야에서도 1975년에 유네스코와 함께 베오그라드 국제환경교육워크숍을 주최하고 국제 환경교육 프로그램(CEEP)을 개시하는 등 많은 실적을 올리고 있다. 나아가 세계자연기금(WWF), 세계자연보전연맹(IUCN)과 함께 1980년에는 세계보전전략에서 지속가능발전의 개념을 제기하고 1991년에는 신세계보전전략에서 환경과 개발 통합의 중요성을 강조했다.

또한 2012년 리우+20의 성과 문서에서는 유엔 조직 내 UNEP의 역할 강화의 필요성이 다루어졌고 앞으로의 과제가 되고 있다.

유전자 다양성
genetic diversity

생물다양성은 생태계, 종, 유전자 세 개의 계층으로 나뉘는데, 이 가운데 유전자에 의해 후세대로 전달되는 유전자 수준의 다양성이다. 같은 종의 생물이라도 개체마다 다른 유전자의 조합을 가지고, 지리적으로 떨어진 개체군 간에서는 서로 다른 유전자를 많이 가지게 된다. 예를 들어 동일본과 서일본에서는 개똥벌레의 발광 간격이 다르다고 알려졌지만, 이것도 유전적 변이이다. 유전적 다양성은 생물의 진화 및 멸종을 피하는 데 중요한 역할을 하고, 한편으로 의약품과 농산물의 개량 등 인간 복리에도 이용된다. 개체군의 급격한 감소를 일으키는 개발 행위, 유전자 교란·유전자 오염을 초래할 위험성이 있는 다른 지역에서의 안이한 개체 도입은 유전적 다양성을 약화한다.

유전자변형생물
genetically modified organism, GMO

|의미| 유전자조작 기술을 이용하여 만들어진 작물로 GMO라고 부르기도 한다. 이 유전자변형생물을 원재료로 한 식품은 유전자조작 식품이라고 말한다.

생물은 개체에 따라 그 모습, 형태와 성질이 다르고 그것들을 결정하는 인자를 유전자라고 한다. 세포핵 속 DNA에 줄 지어 있는 유전자가 단백질을 설정하고, 그 단백질의 움직임으로 생물의 형태와 성질이 결정된다. 유전자조작 기술은 인간이 바라는 특정 성질을 가진 유전자를 생물에 넣어 인간에게 더 이로운 작물을 만드는 것이다.

이것으로 제초제와 해충, 병원미생물 등 내성을 가진 작물과, 영양이 더 높거나 꽃가루 알레르기를 덜 일으키는 등의 기능 추가형 작물을 만들었다.

인간은 옛날부터 농작물과 가축 등에 대하여 인간에게 이용하기 쉽도록 종간 교배를 하는 품종을 개량해 왔다. 일본 에도 시대부터 유행한 관상용 나팔꽃이 그중 하나다. 이 기술은 유전자의 조합을 바꾸기는 하지만 인공적 조작은 하지 않기 때문에 엄밀히 따졌을 때 유전자 변형은 아니다. 일본의 유전자조작 기술은 1970년대부터 급속히 발전하여, 1980년대 후반에 식물의 유전자조작 기술을 확립했다. 1994년에 완숙되어도 질이 변하지 않는 토마토가 유전자조작 작물로서 세계 처음으로 미국에서 판매되었고, 그 후 유전자조작 작물 품종이 증가하여 재배 면적도 매년 증가하고 있다. 2011년 재배지는 1억 6,000만ha로 여기에 절반 정도는 미국, 다음으로 브라질, 아르헨티나 등이 차지하고 있다. 그중 브라질의 신장이 최근 두드러진다. 대두, 옥수수, 목화 재배지가 증가하고 있고, 미국에서는 각 작물의 재배지 전체에서 유전자조작 품종 비율이 90% 내외에 이른다.

일본 대두의 자급률은 7%(2011년도 계산치)이고, 작물로서의 옥수수(여름에 주로 먹는 옥수수는 채소로 분류)는 통계상 0%로 수입에 의존하고 있다. 일본에서는 유전자조작 작물의 상업적 재배는 이루어지지 않지만 그 대부분은 사료용으로, 나머지는 전분과 유지원료로 가공되고 있다.

유전자조작 작물을 둘러싼 의견 대립이 과학자들 사이에도 많이 나타나고 있다. 유럽 등에서는 시민도 참가하여 큰 논쟁이 되었다. 일본에서는 유럽만큼 큰 논쟁은 아니지만, 불안을 느끼는 소비자는 많다.

주요한 논점으로 유전자조작 작물이 생물다양성에 주는 영향, 유전자조작 식품이 건강에 주는 영향 등 과학기술에 관한 안전성, 기아와 농가의 빈곤 해결, 증대하는 인구에 대응하기 위한 식료 증산, 다국적기업에 의한 세계적 농업 지배 등이 있다.

유전자조작 작물이 생물다양성에 주는 영향은 국제법인 카르타헤나 의정서(유전자변형생물체의 국가 간 이동을 규제하는 국제협약)에 기초하여 심사하는데, 만들어낸 단백질의 유해성, 그 밖의 유해물질 유무 등을 확인한다. 한편으로는 만성 독성의 유무로 장기적인 실험이 시행되지 못하는 것과 개발 주체만이 안전성 실험을 하여 제삼자가 관여하지 않는 등 심사의 신뢰성에 의문이 지적되고 있다. 인공적 유전자 배열을 가진 생물을 인간의 손으로 만들어낸 것에 대하여 윤리적 면에서 다른 논의도 있다.

유전자조작 작물 보급을 추진하는 전문가와 바이오 회사는 유전자조작 작물을 이용해 기아와 빈곤에서 탈출할 수 있다고 주장하지만, 반대 의견도 있다. 1940년대부터 1960년대에 걸쳐 작물 품종 개선에 의한 증산을 달성한 녹색혁명으로 기아문제를 해결할 수 있다고 했지만, 지역에 따라서 소규모 농가는 빈곤해지는 결과를 초래했다고 보고 있기 때문이다.

➊ 한국에서 유통 중인 GMO는 모두 수입된 것이다. 2013~2017년까지 5년간 총 1,036만t, 연평균 207만t의 GMO가 수입되었는데, 가장 많이 수입되는 GMO 농산물은 옥수수이고, 그 다음은 대두인 것으로 나타났다.
※ 출처: 경제정의실천시민연합, 「GMO 농산물 수입 현황 실태조사 결과」(2018)

유전자원
genetic resources

|의미| 인간에게 유용한 모든 생물종이 가지고 있는 유전자 또는 게놈(생물개체가 가진 유전정보의 세트)을 말하지만, 현재 이용 가치가 인정되고 있는 소재만이 아닌, 장래에 이용 가치가 있는 잠재적인 것도 포함한다. 이를 유전자자원이라고도 한다. 유전자원이 각광받게 된 것은 1993년 발효한 생물다양성협약에서 유전자원에 대하여 각국의 주권적 권리를 인정한 영향이 크다.

|유전자원과 생물의 다양성| 유전자원은 농림수산업에서 농작물과 가축, 식수, 어패류의 품종 개량(육성), 의약품의 개발, 바이오테크놀로지를 활용한 소재의 개발 등, 생물이 가진 유전적 다양성의 혜택을 활용하는 것이다. 식량의 안정 공급·품질 향상뿐만 아니라 생활의 질 향상, 더욱이 환경문제 해결 등 무한한 가능성이 있다. 이러한 유전자원은 그 유전자 또는 유전자 세트를 가진 생물종 또는 품종이 한

번 전멸하면 다시는 복원할 수 없게 된다. 유전적 다양성의 보존은 유전자원의 보존도 포함한다. 이러한 의미로 농림수산업에서 여러 가지 지역에서 선발·계승되어 온 여러 가지 품종, 현재는 이용되지 않는 원래의 종과 그 친근종 등의 유지·보호는 중요하다. 일본에서도 농림수산성 소속의 독립행정법인·농업생물자원연구소에 농업생물자원 진뱅크(gene bank, 유전자은행)가 설치되어, 유전자원의 보호·보존을 도모하고 있다. 근대 농업은 품종 개량을 통해 단일 품종의 획일 재배로 생산성과 채산성을 확보하고 있지만, 기후변화와 병충해, 소비자의 기호 변화 등에 의해 다른 품종의 이용과 유전적 개량이 필요할 경우에는 이 유전자은행에 보관된 종자를 이용할 수 있다.

|과제| 유전자원을 유지하는 것은 다양한 생물종의 유지만이 아닌, 생물종 내의 다양한 품종의 유지에 의해서도 가능하다. 그러므로 유전자원의 확보와 생물다양성의 보존은 하나로 연관된 관계이다. 생물뿐만 아니라 생물종 내 품종은 지역의 자연환경조건의 영향을 받는다. 유전자원을 적절히 유지할 수 있도록 서식지와 지역의 보존·보호가 바람직하고, 환경교육을 통한 유전자원의 중요성에 대하여 국민의 이해 증진도 필요하다.

|이용과 이익배분| 생물다양성협약에서는 그 목적의 하나로 "유전자원의 이용에서 얻을 수 있는 이익의 공정·공평 배분"을 들고 있다. 이 협약에서 '유전자원'이란 이용가치 또는 이용 가능성이 있는 유전소재(유전의 기능적 단위를 공유하는 동식물·미생물 그 밖의 생물, 또는 그것에 유래한 소재)로 정의되어 있고, 기대할 수 있는 특정 식물이나 미생물 등이 이에 해당한다.

유전자원 접근과 이익배분(ABS, Access and Benefit Sharing)이란, 유전자원이 되는 생물을 생산하는 국가(제공국)에 대하여 유전자원을 반출해서 이용하는 국가(이용국)의 이용자가 일정한 법칙 아래 유전자원 접근을 확보하는 것의 대가로 유전자원으로 얻을 수 있는 이익(예를 들어 의약품의 판매 수익)의 일부를 제공국에 적절히 배분하고 유전자원 보전에 대한 역할을 해야 한다는 시책이다. 이 생각에 대해서는 협약 초안의 교섭 단계에서 유전자원은 세계 각국 공유의 자원인 자

유로운 접근을 인정해야 한다는 선진국(이용국)과, 자국에서부터 단지 유전자원만을 반출하면서 개발된 제품의 수익을 얻지 못한 것에 불만을 가진 개발도상국(제공국) 간에 큰 이해의 대립이 있다.

최종적으로는 협약 제15조에서 "유전자원의 취득 기회에 있어서 (법을) 정하는 권한은 그것이 존재하는 나라의 정부에 있다"라고 하는 한편, 제공국은 "다른 당사국이 환경상 적정하게 이용하기 위하여 취득을 용이하게 하는 조건 정비에 노력한다"라고 규정되어, ABS의 사고가 협약에 포함되어 있다.

협약이 발효한 때부터 ABS에 관한 법을 명확화하는 것은 큰 과제가 되었다. 거듭되는 교섭의회를 거쳐 2010년 나고야에서 개최된 이 협약의 당사국총회(COP10)에 각 당사국이 서로 양보하여 'ABS에 관한 나고야 의정서'가 채택되었다. 나고야 의정서에서는 유전자원의 취득 기회에 관한 규제를 제공국의 제도에서 정하고, 취득에 관한 이익 배분에 대하여 당사자 간의 계약(MAT)에 위임하고 있다.

2020년 현재 나고야 의정서는 총 124개국이 채택하고 있다(한국은 2017년 비준).

✚ 한국은 나고야의정서의 시행에 필요한 사항과 유전자원 및 이와 관련된 전통 지식에 대한 접근·이용으로부터 발생하는 이익의 공정하고 공평한 공유를 위하여 필요한 사항을 정함으로써 생물다양성의 보전 및 지속가능한 이용에 기여하고 국민 생활의 향상과 국제협력을 증진함을 목적으로 '유전자원의 접근·이용 및 이익 공유에 관한 법률'을 제정하여 시행하고 있다.

유황산화물
sulfur oxide, SOx

이산화유황(SO_2), 삼산화유황(SO_3) 등이 있고, 화학식에서 'SO_x'로 쓰인다. 인위적으로는 석유와 석탄이 연소하면서 생긴 불순물 유황이 산화하여 생성되는 것이 많으며, 화산 가스에도 포함된 경우가 있다. 물에 녹아서 아황산과 황산이 된다.

유황산화물은 일본 니시비에서 나타난 천식 등 공해병과 대기오염의 원인 물질로, 호흡기에 악영향을 미치는 것 이외에도 산림과 호수에 영향을 주는 산성비의 원인 물질이기도 하다.

환경기준이 정해진 것과 아울러 대기오염방지법으로 배출이 규제되어 황을 제거하는 설치가 의무화되었다. 최근 유황산화물의 대기 농도는 감소하고 환경기준을 만족하게 되었다.

의제 21
Agenda 21

　1992년 브라질에서 개최된 리우회의에서 채택된 문서 중 하나이다. 21세기의 지속가능발전을 실현하기 위해 구체적인 행동을 계획했다. 국경을 넘어 지구환경문제에 대처하는 행동계획으로 협약과 같은 구속력은 없다. 전체는 전문(제1장)과 이어지는 4부 구성의 전 40장으로 되어 있으며 영문으로 500쪽에 달한다. 내용은 '제1부: 사회적·경제적 측면', '제2부: 개발자원의 보존과 관리', '제3부: 주된 그룹의 역할 강화', '제4부: 실시 수단'으로 구성되어 있고, 빈곤 퇴치, 소비 스타일의 변경, 건강, 인간 거주, 원주민, 폐기물 등 폭넓은 분야를 다루고 있다. 의제 21의 실시 주체로서 지방공공단체의 역할을 기대하고 있고, 이를 효과적으로 추진하기 위하여 '지방 의제 21'의 수립을 제안하고 있다. 일본에서도 의제 21의 영향으로 지방 의제 21이 많은 지자체에 수립되었다.

　의제 21에서 "수준 높은 지속가능한 개발위원회를 유엔헌장 제68조에 따라 설치해야 한다"라는 지적을 받아서, 유엔경제사회이사회에 지속가능한 개발위원회(CSD, 1993년)가 정식으로 설립되었다. CSD의 주된 역할로서 ①의제 21의 진행 상황 모니터 및 평가, ②각국 정부의 활동에 대하여 정보 검토, ③의제 21의 자금원 및 메커니즘의 타당성에 대한 정기적 검토, ④NGO와 대화 강화 ⑤환경연맹협약의 진행 상황 검토, ⑥국제경제연맹사회이사회를 통해 총회에 대하여 적절한 권고가 제시되고 있다. 1997년 유엔환경개발 특별총회에서 검토한 결과를 총괄하여 '의제 21 실시를 한층 더 살린 프로그램'이 채택되었다.

　의제 21 제36장은 1977년의 환경교육 정부 간 회의(트빌리시회의)에 제시된 권고와 지도 원칙에 입각하여 기술되어 있으며, "공교육, 공공의 지식, 훈련을 포함한 교육은 인간과 사회가 그 잠재 능력을 최대한으로 발휘할 수 있을 때까지 하나의 과정으로 인식되어야 한다. 교육은 지속가능발전을 촉진하고 사람들의 능력을 높이며, 환경과 개발의 문제에 대처하는 데 반드시 필요하다"라고 지적하고 있다. 더욱이 의제 21 제36장은 2005년부터 유엔 프로그램으로서 실시되고 있는 유엔 '지속가능발전을 위한 교육 10년(2005~2014,

DESD)'의 국제 실시계획(DESD-IIS) 수립 시 기초로서 다루어지고 있다. DESD의 중점 영역으로서 자리매김한 내용은 ①질 좋은 기초교육으로 향상, ②지속가능성을 위한 기존 교육 프로그램의 새로운 방향 설정, ③시민의 이해와 의식 향상, ④시민 훈련 프로그램의 제공이다.

이산화탄소
CO_2

탄소를 포함한 물질의 연소로 발생한다. 일반적으로 이산화탄소로 인해 온실효과가 나타나며, 지구온난화에 미치는 영향이 인위적 원인 중에서 가장 크다. 인류가 사용하는 대부분의 에너지인 화석연료를 연소시킴으로써 발생하게 되는데, 이때 대기 중의 이산화탄소 농도가 높아지게 되면서 지구 복사에너지를 더 많이 흡수하고, 이로 인해 지구의 평균온도가 높아지는 온실효과를 일으키게 된다. 산업혁명 이전에는 이산화탄소 농도가 약 280ppm으로 안정되어 있었지만, 2011년에는 390ppm 정도까지 상승했다. 이산화탄소는 그 자체로는 독성이 없고 평상시 탄산음료나 소화제 등의 발포 가스나 냉각용 드라이아이스로 이용된다.

이상기후
extreme weather

|의미| 기온이나 강수량 등이 평균적인 상태를 벗어난 것으로, 몇 십 년 만에 1회 정도 일어나는 현상을 뜻한다. 기상청에서는 원칙적으로 어떤 지점, 어떤 시기에 대하여 30년에 1회 이상 나타나는 현상을 이상기후라고 정의한다. 큰비, 강풍 등 몇 시간 동안의 격렬한 대기 현상부터 몇 개월간 계속되는 가뭄과 덥지 않은 여름 등까지 포함한다. 또한 서리와 벚꽃의 개화 시기 등 계절적 현상의 시기가 크게 벗어나는 것도 이상기후로 본다. 한편, 사회적·경제적 영향으로 기상재해를 일으키는 현상도 이상기후라고 부르게 되었다. 일본 기상청에 따르면, 강우량 100mm의 큰비 등 매년 일어날 것 같은, 비교적 빈번히 일어나는 현상까지 포함한다.

|원인| 엘니뇨 현상과 화산활동 등과 같은 자연현상이 이상기후의 원인이 되는 경우가 있다. 그러나 엘니뇨 현상 자체가 이상기후는 아니다. 또한 자연현상의 변동만이 아니라, 인위적 활동에 의한 이상

기후 발현 빈도의 증가를 지적하는 의견도 있다.

|**지구온난화**| 지구온난화에 의한 평균기온 상승이 이상기후의 발현 빈도에 어떠한 영향을 주는가에 대한 여러 가지 의견이 있다. 일본 기상청의 「이상기후 리포트 2005」에서 지구온난화와 동반되어 기온이 올라 열대야 일수와 기온이 30℃ 이상인 일수가 전국적으로 증가하거나 또는 겨울에 해당 일수와 한여름에 해당하는 일수가 전국적으로 감소한다는 예측 결과가 있다. 또한 지구온난화와 동반한 기온 상승과 수면에서의 증산이 증가함에 따라, 대기 중에 많은 수증기가 축적되어 큰비가 내리는 빈도가 전국적으로 증가한다는 예측 결과도 나오고 있다. IPCC(기후변화에 관한 정부 간 패널) 제4차 평가보고서에서는 극적인 기상현상으로서 가뭄, 열파동, 홍수 등의 피해 증가를 지적하고 있다. 대기 피해를 크게 일으키는 이상기후는 출현 빈도가 낮아도 인명과 사회에 주는 영향이 크기 때문에 모니터링과 예측을 포함한 대책을 세우는 것이 중요하다.

➕ 전 세계적으로 이상 기후가 발생하고 있으며, 한국도 예외는 아니다. 지구온난화의 주범으로 꼽히는 이산화탄소 농도는 점점 짙어지고, 지구 평균치보다 한국의 이산화탄소 농도는 더 높게 측정되고 있다. 게다가 가파른 상승세로 20년 전보다 이산화탄소의 차이는 더욱 높게 벌어지고 있는 추세다. 2020년 여름, 52일간의 긴 장마와 집중호우, 연이은 태풍 등 이상 기후현상을 연달아 겪으며, 기후위기를 걱정하는 목소리가 높아지고 있다. 최근 국립기상과학원에서 발표한 '2019 지구대기감시 보고서'에 따르면 2019년 우리나라의 이산화탄소 농도는 417.9ppm으로 지구 평균 농도인 409.8ppm보다 8.1ppm 높다고 한다. 2019년 한 해만 높은 것이 아니라 1999년부터 이산화탄소 농도가 계속해서 꾸준히 상승 곡선을 이루고 있다는 점에 주목해야 한다. 지구의 온도를 높이는 이산화탄소의 농도가 증가한 이유는 전 세계적인 고온현상이 그 원인으로 꼽힌다. 즉, 인간이 인위적으로 배출한 이산화탄소 양보다, 기온 상승이 해양과 토양에서 온실가스 배출을 유발했다는 것이다.
※ 출처: 국가기후환경회의

이타이이타이병
itai-itai disease

도야마의 진즈 강 유역에서 발생한 카드뮴에 의한 중독으로, 원인은 강 상류에서 구리, 아연 등을 채굴해 온 미쓰이금속광업 가미오카 광산의 배수에 포함되어 있던 카드뮴이다. 환자는 신장장애에서 골연화증으로 발전해 결국에는 기침을 하거나 자다가 몸을 뒤척이기만 해도 골절이 되고, 강한 아픔에 "아프다, 아프다(일본어로 '이타이 이타이')" 하고 고통스러워하기 때문에 이타이이타이병이라고 부르게 되었다. 이 병을 공해병으로 인정하는 재판이 시작된 것은 1968년부터이다. 1912년경부터 발병하여 1940년대에 피해가 가장 커서 환자 수가 몇 백 명에 이른다고 추측했다. 1957년에 지역의 의사 하기노 노보루가 광독설, 1961년에는 카드뮴 원인설을 발표했지만 국가와 지자체는 카드뮴 단독 원인설을 부정했다.

피해자들은 이타이이타이병 대책협의회를 결성하고 미쓰이금속광업과 협상했지만 해결을 하지 못하고, 1968년에 미쓰이금속광업을 상대로 환자 9명과 유족 20명이 제소했다. 재판은 1971년에 도야마지방재판소에서 원고 승소 판결이 났으며, 미쓰이금속광업이 항소했지만 다음 해 1972년 8월 나고야고등재판소는 이것을 기각하여 판결을 확정했다.

발생 원인의 대책으로 세워진 미쓰이금속광업의 '공해방지협정'에는 주민이 참여하는 조사와 질문 공개가 포함되었고, 원고·연구자·변호단 등이 매년 조사에 참여하게 했다. 이후 진즈 강의 카드뮴 농도는 1969년 1ppb에서 2007년에는 0.07ppb 정도로 내려가고 자연 하천 정도의 맑은 물로 되돌릴 수 있었다. 이렇듯 가미오카광업(1985년 미쓰이금속광업에서 분리)과 원고는 쌍방의 긴장감 있는 신뢰관계를 지금까지 쌓아 왔다.

한편, 도야마에서는 카드뮴에 의한 오염 농지의 토양복원사업을 1979년에 오염지역으로 지정을 받은 1,500ha를 대상으로 시작해, 약 863ha의 농지를 복원했다. 총 사업비 4,070억 원을 들여 33년 만인 2012년 3월에 복원이 모두 완료되었다.

2012년 6월 현재, 인정된 환자는 196명이지만 이 수치는 빙산의 일각으로, 카드뮴이 원인으로 보이는 신장장애 환자 수는 타 지역에 비해 많고, 인정제도는 지금까지도 문제로 남아 있다.

토양 복원을 끝낸 도야마에서는 이타이이타이병 자료관을 설치하고, 이 공해 경험을 다음 세대에 계승할 것을 선언했다. 진즈 강을 맑은 물로 지키기 위해서는 앞으로도 '긴장감 있는 신뢰관계'를 유지해야 하며 이를 위하여 다음 세대로의 계승이 중요한 과제가 되고 있다.

이해당사자
stakeholder

특정 현상 또는 문제에 대해 이해관계를 가지는 개인이나 단체를 말한다. 예를 들어, 하나의 환경문제가 발생했을 때 그 당사자로 행정, 기업, 소비자, 투자자, 노동자, 지역주민, NGO · NPO, 의료기관, 교육기관 등 사회의 다양한 입장에 있는 조직과 개인이 이해에 관계하게 된다. 또 문제를 해결하는 과정에서는 각각이 주체가 되어 상호 의사소통과 의사결정, 합의 형성 과정이 중요하다. 각 도시와 지역에서는 지구온난화 대책, 쓰레기 감량, 지역 교통 시스템, 자연환경 관리 등 다양한 문제 · 과제에 대해 스테이크홀더회의를 가질 수 있도록 되어 있다.

인간의 기본 요구
basic human needs, BHN

의식주와 의료, 교육, 안정성 등 인간이 생활을 영위하는 데 최소한으로 필요한 기본적인 욕구이다. 제2차 세계대전 후 부흥을 위한 원조 중에서 경제성장만으로는 빈곤 감소를 실현하기에 충분하지 않았다. 그래서 1970년대부터 인간의 기본적인 요구 충족을 위한 개발 전략의 전환이 도모되었다. 즉, 인간의 기본적인 요구 충족을 목표로 한 개발 전략은 경제성장의 혜택을 사회 부유층이 독차지하는 것이 아니라 빈곤층에게 소득 재분배할 것을 강조한 전략이었다.

국제적 움직임으로 1974년에 세계은행이 로버트 맥나마라(Robert S. McNamara) 총재의 지휘하에 BHN의 충족을 위한 개발 전략을 내세웠다. 이 개발 전략에서는 소득과 생산수단 등의 좀 더 공정한 분배가 개발을 촉진하기 위한 요소라고 보고 빈곤층이 많은 지역에 대한 중점적인 분배를 주장했다. ILO도 1972년 보고서와 1976년 세계고용회의에서 고용 촉진의 중요성과 정책 목표로 BHN 충족의 필요성을 제창했다. 이후 OECD에서도 채택되어 일본을 비롯한 주요 원조 국가와 원조 기관에서 BHN의 충족은 중점 분야가 되었다.

인간중심주의
anthropocentrism

환경사상과 환경윤리에서 인간을 자연보다 우위에 두는 입장, 자연을 인간 생활 수단과 지원으로 간주하는 입장을 가리킨다. 이와 같은 입장에서는 자연을 보호하는 것이 인간 자신을 위해서지 자연에 대한 직접적인 의무에 따르는 것은 아니라고 간주한다. 또 자연을 유용성뿐만 아니라 건강상·정신문화상의 가치 등으로 평가하는 '완화된 인간중심주의', '현명한 인간중심주의'로 불리는 경우도 있다. 사상의 연원은 자연과 인간을 분리했던 유사 이전까지 거슬러 올라간다. 산업혁명과 자연과학에서 다양한 혁신을 거친 20세기에 자연은 인간에게 완전히 지배 가능한 것으로 상징되었고, 그 결과 공해와 대기오염 등 다양한 문제를 일으키게 되었다. 인간중심주의와 대립하는 입장으로 생명중심주의, 비인간중심주의 등을 들 수 있다.

인간환경선언
Declaration on the Human Environment/ Declaration of the United Nations Conference on the Human Environment

1972년에 '오직 하나뿐인 지구'를 슬로건으로 스웨덴 스톡홀름에서 유엔인간환경회의(스톡홀름회의)가 개최되었다. 인간환경선언은 이 회의에서 채택된 선언이다.

인간환경선언은 6개 항목의 전문과 26항목으로 구성되어 있다. 전문에서 "우리는 역사의 전환점에 도달했다. 이제 우리는 전 세계에서 환경에 미치는 영향에 대해 한층 사려 깊은 주의를 기울이면서 행동해야 한다"(제6항)라는 말로 공업 생산 확대가 주된 원인인 인간환경의 악화에 경종을 울리고 인류의 발전 방향의 전환을 주장했다.

환경교육에 관해서는 원칙 제19항(교육)에서 "젊은 세대와 성인을 위한 환경문제에 관한 교육은-풍족하지 않은 사람들을 충분히 배려해 행할 것-개인, 기업 및 지역사회가 환경을 보호, 향상시킬 수 있도록 그에 맞는 사고방식을 계발하고 책임 있는 행동을 하기 위한 기반을 확장하는 것에 필수적이다"라고 그 필요성이 명기되었다.

그리고 스톡홀름회의에서 함께 채택된 행동계획(권고) 제96항과 함께 국제적인 환경교육 추진의 계기가 되었다.

인공림
planted forest

천연림 또는 자연림의 반대어로, 산림의 조성을 사람의 손으로 행하는 인공조림으로 만들어진 숲을 말한다. 천연 조성을 이용하여 관리된 숲도 포함된다. 일본에서는 주로 경제적 가치가 있는 삼나무와 노송나무 등의 수종에 대해서 사람이 파종과 묘목 등의 식재를 실시하여 수목의 세대교대(조림)를 하고, 품질이 균일하여 건축 재료로서의 목재 공급에 적합한 수목군을 키워내고 있다. 도시공원에 인공적으로 만들어진 숲은 인공림에는 포함되지 않는 것이 일반적이다. 단일수종이 식재된 숲인 경우가 많고 계층 구조도 단순하기 때문에 일반적으로 인공림 내에서는 생물다양성이 낮다.

인구문제
population problem

|의미| 인구의 변동에 동반하는 다양한 문제로 일본을 비롯해 선진국의 경우는 아이들의 감소로 인한 미래 인구의 감소와 고령화에 따른 여러 가지 문제를 말한다. 그러나 전 세계에서는 2011년 70억 명을 돌파한 세계 인구가 2050년에는 93억 명에 달할 것이라고 예측하고 있어 인구 증가에 동반하는 식량, 물, 자원의 수급과 도시 과밀, 환경부담 증대 등이 더욱 큰 문제라고 할 수 있다.

|일본의 인구문제| 국립사회보장 인구문제연구소의 집계로는 2005년 1억 2,777만 명인 일본의 인구는 지금의 추세라면 2055년에는 8,933만 명, 2105년에는 4,459만 명으로 감소할 것이라 추정하고 있다. 또 65세 이상의 고령자 비율을 2005년의 20.2%에서 2055년에는 40.5%로 배로 증가할 것으로 예측하고 있다. 현시점에서 고령화는 지방 중산간지와 섬에서 심하게 나타나고, 인구의 50% 이상이 65세 이상의 고령자인 집락은 2006년 7,878곳에서 2010년에는 1만 19곳으로 급속하게 증가했다. 이처럼 집락에서는 관혼상제와 공유지 관리 등의 공동체 기능 유지가 곤란해지고 빈집과 경작을 하지 않고 방치한 곳이 눈에 띄고, 산림도 정비되지 않은 채로 방치되고 있는 곳이 많다. 도시에서도 고령화는 급속하게 진행되고 있어 고령자 케어, 복지 담당자도 부족할 것으로 예상하고 있다.

|세계의 인구문제| 세계의 인구는 인류가 수렵·채집 생활에서 시작해 농경, 목축 형태로 식재료를 생산하면서부터 증가 경향을 보이기는 했으나 천천히 증가했다. 그러나 산업혁명을 계기로 시작된 공업화사회의 진전과 함께 인구 증가는 가속되었고, 1900년에 약 16억 명이던 세계 인구가 100년 후인 2000년에는 약 61억 명에 달했다. 폭발적 인구 증가의 배경에는 공업화와 함께 도시화, 식량 생산 기술

의 향상, 그리고 건강과 의료의 진전 등이 있다. 동물 종의 관점에서는 개체 수 증대를 그 종의 번영과 인류가 획득한 문화·문명의 위대한 성과라고 볼 수도 있다. 그러나 개개인 생활의 질을 문제로 할 경우, 이 인구 증가가 반드시 기뻐할 문제만은 아니다. 유엔식량농업기구(FAO)와 세계식량계획(WFP)은 2010년 영양부족 상태에 있는 기아 인구를 9억 2,500만 명으로 추정하고 있고 유엔인간주거계획(UN-HABITAT)의 계산으로는 세계의 빈곤 인구는 약 12억 명에 달하고 있다.

지금까지 인구 증가에 대응한 식량 증산은 단위면적당 생산 가능한 수량이 많은 다수량 품종의 도입과 함께 지하수를 이용한 관개에 대부분을 의존했다. 그러나 세계 각지에서 지하수위가 감소되고 있고, 관개용수의 확보라는 난관 때문에 이후의 식량 증산은 힘들 것이라고 보는 경향이 높아졌다. 세계의 사람들이 1년간 소비하고 있는 자원과 배출하고 있는 폐기물의 양은 이미 지구가 1년간 공급할 수 있는 자원과 정화할 수 있는 폐기물의 양을 큰 폭으로 웃돌고 있다. 이후 인구가 더욱 증가하면 지구환경으로의 부하를 증대시키게 되어 사람들의 생활 질은 한층 저하될 것이다.

✚ 한국은 2018년 현재 출생아 수가 32만 6,900명으로 전년 대비 8.6% 감소하며 역대 최저치를 기록했다(통계청, 「2018년 출생·사망 통계(잠정)」). 합계출산율(여성 1명이 평생 낳을 것으로 예상되는 평균 출생아 수)은 0.98명으로 집계되었고 이는 세계 최저 수준이다.

인권교육
human rights education

세계인권선언(1948년)은 "모든 인간은 태어나면서부터 자유롭고 존엄과 권리에 대해 평등하다"라고 정하고 있으며, 그 후의 인권협약과 각국의 국내법에 기초가 되었다. 유엔 '인권교육을 위한 10년(1995~2004년)'에 맞춰 일본도 국내행동계획을 세우고 인권 옹호 시책 추진법(1996~2000년의 시한 입법)을 거쳐 '인권교육 및 인권계발 추진에 관한 법률'(인권교육·계발 추진법, 2000년)이 제정되었다.

이 법률은 인권교육을 "인권 존중의 정신 함양을 목적으로 하는 교육활동"이라 정의하여 "국민이 그 발달 단계에 따라 인권 존중의 이념에 대한 이해를 깊게 하고 이것을 체득할 수 있도록" 요구하고 있다. 그리고 국가가 기본계획을 수립하여 국회에 연차보고를 하도록 정했다(2002년 수립, 2011년 개정). 이 기본계획에서 개별 인권 과제로서 여성(젠더), 아이들, 고령자, 장애자, 동화문제, 아이누인들, 외국인, HIV 감염자, 한센병 환자, 형을 마친 출소자, 범죄 피해자, 인터넷에 의한 인권침해, 북조선 당국에 의한 납치 피해자 등이 열거되고 있다.

➕ 한국은 국가인권위원회에 의해 2007년 인권교육에 관한 법률(안) 입법예고가 있었으나 법률 제정에 이르지 못했다.

인도의
환경교육센터
Centre for Environment Education(in India), CEE

인도에서는 유엔인간환경회의(1972년)를 계기로 환경법(1976년), 연방환경국(1980년), 환경산림부(MOFF)가 만들어졌다. 1985년에 MoFF가 정비되었다. 이러한 가운데 환경과 개발 분야의 전문 기관 관여의 중요성을 인식한 인도 정부는 NGO와 결연하여 '탁월한 지혜의 거점(Center of excellence, COE)'을 창설했다. 인도 환경교육센터(CEE)는 그중 하나의 조직으로서 1984년에 설립된 NGO이다. 본부, 주·지방 사무소, 프로젝트 사무소, 야외 사무소, 캠퍼스 등 국내의 40개 거점에서 약 250명의 직원을 두고 있다. 해외에도 세 개의 지부가 있다. 개발을 위해 '네르 재단(NFD, 1965년 설립)'과도 제휴하며 노하우와 지식을 전해주고 있다.

지속가능발전을 추진하며 그에 대해 교육이 중요한 역할을 한다고 보는 관점을 기반으로 활동한다. 지금까지 지속가능발전을 위한 지식의 구축에서 중심적 역할을 맡았으며, 환경교육과 ESD를 적극적으로 진행했다. 농촌·도시 등 다양한 사회·자연환경에서 어린이, 약자, 농민, 여성, 원주민, 빈곤층 등 다양한 상황과 입장에 있는 사람들을 대상으로 지역의 경제·사회·문화적 문맥에 알맞도록 교재를 개발하고, 능력 강화를 위한 혁신적 프로그램을 실시해 왔다. 또한, 지속가능성을 위한 협의와 대화의 장을 만들고 촉진하도록 하고 있다. 2010년에는 정부와 제휴하고 여성, 농민, 연구자, 약자, NGP 등 다양한 시민들을 모아 유전자조작 도입을 둘러싼 협의의 장을 활성화하여, 전국 7개 곳에서 국민의 의견을 모아 유전자조작 도입을 저지했다. 국내외의 NGO, 기업, 유엔 등과의 제휴와 네트워크 구축,

폐기물 삭감과 환경오염 방지, 지구온난화 방지 활동도 하고 있다.

CEE는 지속가능발전교육에 관한 국제적 논의의 장을 만드는 데에도 적극적으로 대처하여 유엔 등과 대규모 국제회의도 공동주최하고 있다. 2005년 1월 유엔 '지속가능한 미래를 향한 환경교육 10년(DESD)'에 관한 최초의 국제회의인 '지속가능한 미래를 위한 교육'을 공동주최했다. 2007년에는 '지속가능한 미래를 향한 환경교육 DESD의 파트너'를 주제로 하여 제4회 환경교육국제회합을 공동주최했다. 2012년에는 생물다양성협약 당사국총의를 공동주최하고, 생물다양성 보존을 위한 ESD의 역할에 대해 논의를 전개했다. 또한 유엔대학 고등학술연구소가 추진하는 '지속가능발전을 위한 지역의 거점(RCE)' 선도도 적극적으로 참가하여 NGO, 대학과 협정한 ESD의 추진 활동에도 노력하고 있다. 종래의 환경부담을 계산하는 발자국에 대하여, CEE는 개개인의 태도 변화와 행동 추진의 중요성을 강조하여 주목받고 있다.

인터프리테이션
interpretation

'해석', '설명', '통역', '연출' 등의 의미가 있지만, 환경교육 분야에서 '해설'이라는 의미로 사용한다. 인터프리터도 일반적으로 '통역자'이지만, 환경교육에서는 '해설자'를 의미한다. 인터프리테이션은 단순한 정보의 전달·설명만이 아니라 정보의 이면에 있는 의미를 이해하고, 무엇을 전달하는 것이 의미가 있을까라는 교육적 목적을 명확히 하고 나서, 배경과 가치관이 다른 상대방이 이해할 수 있도록 전달하는 것이 중요하다. 해설의 대상은 소재·재료·자원은 자연물만이 아닌 역사·문화·민속 등 인문적인 것을 포함한다. 미국의 국립공원에서 1920년부터 공원 메시지를 전달하는 방법으로 사용한 용어이며, 일본에서는 1950년대 전반에 인터프리테이션이라는 개념이 소개되었다. 그렇지만 인터프리터(해설가)라는 전문적 활동이 시작된 것은 1980년대에 들어서부터이다. 또 1992년경부터 본격적 인터프리터의 연수회가 시작되었지만 자격증은 없었다. 인터프리테이션이라는 용어는 주로 환경교육과 야외교육의 분야에서 사용되었지만, 환경여행 가이드와 마을 안내 가이드 등 관광

산업, 박물관과 동물원의 해설활동에도 사용하게 되어 특별히 장소와 분야에 한정하지 않고 넓게 활용할 수 있다. 박물관 분야에서는 같은 형태의 개념에 대하여 사이언스 커뮤니케이션이라고 부르기도 한다.

인터프리터가 직접 해설하는 것을 직접 해설(사람이 중개하는 해설)이라 하고, 전시와 야외 해설판, 영상 등 사람이 직접 대응하지 않는 해설을 간접해설이라고 한다.

인터프리테이션은 자연물과 인문 정보에 관하여 상세히 설명하는 것만이 아니라, 전달할 것이 상대방에게 도움이 되는가에 대한 목적을 가져야 한다. 전달해야 할 것이 추상적 개념이나 의미인 경우, 구체적 재료를 사용하거나 사례를 전달하거나 체험을 통하여 공감을 얻을 수 있도록 연구가 필요하다.

일본의 환경교육
environmental education in Japan

|기원| 환경교육이라는 용어를 일본 교육 현장에서 자주 사용하게 된 것은 『환경교육지도자료』(문부성. 1991)가 간행된 이후이나 환경교육의 원류로 일컬어지는 교육운동은 1960년대부터 존재했다. 그 교육운동이란 환경보호와 보전을 주요 목표로 하고 있는 자연보호교육과 공해교육이다. 자연보호교육은 자연물의 채취와 채집에 대한 문제 인식으로 '자연을 탈취하지 않겠다, 가지고 오지 않겠다'는 관점으로 자연을 관찰해 자연의 구조를 알리고 자연보호에 대한 태도와 기량을 육성하겠다는 목표를 갖고 있었다. 또 공해교육에서는 극심한 공해를 대상으로 그 오염의 실태를 이해하기 위한 조사활동과 과학적 규명에 주민과 학교 교사가 참가해 공해에 관한 시민 교육과 학교 수업 개발이 이루어졌다. 이 두 가지 조류 외에 지역 환경을 잘 활용한 교육 실천도 1960년대와 1970년대에 보고되어 있고, 지역의 자연과 문화, 역사를 주제로 체험하는 교육 실천도 환경교육의 성격을 갖고 있다.

베오그라드에서 개최된 환경교육 국제워크숍(1975년) 이후 일본에서도 환경교육의 정의, 진행방법, 학습의 유의점 등이 검토되기 시작했다. 전국 초·중학교 환경교육 연구회와 도쿄학예대학을 중심

으로 한 환경교육 연구회가 1970년대에 출발하고, 환경교육이란 용어가 전문가들 사이에서 주목받게 되었다. 1970년대 후반에 개정된 학습지도요령에서는 공해와 그에 대한 대책, 산림의 작용 등 단원이 설정되고 환경교육 내용이 학교에도 조금씩 전파되었다.

|1980~1990년대의 변화| 1980년대가 되어 오존층 파괴, 사막화, 기후변화(지구온난화), 산성비, 야생생물 감소, 해양오염 등 환경문제가 광범위하게 표면화되었다. 환경문제의 근원적 원인으로 사람들의 생활과 행동이 관련되어 있어 근본적인 해결에는 대량생산·대량소비·대량폐기를 지속가능한 방향으로 변화시켜 가는 것이 필요하게 되었다. 그런 배경에서 '지속가능발전'의 개념이 1980년 세계보전전략으로 제창되고, 그 후에도 환경보전의 조류는 1992년 유엔환경개발회의 개최로 진보했다. 여기에서 채택된 의제 21의 제36장에서는 환경에 관한 교육의 중요성이 지적되었다.

앞서 언급한 문부성의 『환경교육지도자료』(중학교·고등학교 편)가 1991년에, 그리고 『환경교육지도자료』(소학교 편)가 1992년에 편집·발행되었다. 이 자료집에서는 환경교육의 목적을 "환경문제에 관심을 갖고 환경에 대한 인간의 책임과 역할을 이해해서 환경보전에 참가하는 태도 및 환경문제를 해결하기 위한 능력을 육성하는 것에 있다"라고 정의하고 있다. 또 학습자의 발달 단계에 걸맞은 전개의 필요성이 지적되고 유아·아동기에서는 자연을 접할 기회를 늘려 감수성을 자극하고 발달과 함께 아이들의 관심과 생활체험을 축으로 문제 해결 능력을 육성하는 것이 중요하다고 기술하고 있다.

이 시기 학교뿐만 아니라 시민의 움직임도 생겨났다. 대학 교원 등의 연구자부터 학교 교육 관계자, 행정 관계자, 환경보전단체 활동가 등에 의해 1990년, 일본환경교육학회가 설립되었다. 그 외에도 환경교육과 자연체험학습에 관련된 다양한 민간단체가 설립되었다.

|총합적 학습시간의 창설| 1990년대 이후 환경교육이 현대적 교육 과제 중 하나로 자리 잡으면서 학교에서는 각 교과, 도덕, 특별활동의 교육 실천을 통해 환경에 관한 교육이 진행되었다. 그 후 2002년의 총합적인 학습시간의 창설과 더불어 환경에 관한 탐구적 교육 실천이 더

욱 충실해지고 학습자가 지역에서 실천 과제를 발견하는 문제해결 학습 기회가 늘었다. 환경과 관련된 교육 내용이 포함된 교과와 실천적인 교육이 이루어지는 특별활동과 이 총합적인 학습시간을 연계시켜서 학습자 환경에 관한 지식, 사고방식, 사고력, 판단력이 육성되는 것으로 보인다. 학교에서 환경교육의 목표는 2006년에 발행된 『환경교육지도자료』(소학교 편, 국립교육정책연구소 교육과정 연구센터 편집)에 정리되어 있다. 여기에서는 '환경에 대한 풍부한 감수성 육성', '환경에 관한 견해와 사고방식 육성', '환경에 작용하는 실천력 육성'이 제시되었다.

2002년 이후에는 또 한 가지 특징으로 지속가능발전을 위한 교육(ESD)에 대한 개념의 확산이 있다. 2002년 유엔 '지속가능발전교육 10년(DESD)'이 제기된 것을 받아들여 일본에서도 NPO 법인인 '지속가능발전교육 10년 추진회의(ESD-J)'가 설립되었다.

일본자연보호협회
Nature Conservation Society of Japan, NACS-J

1949년에 설립된 '오제 보존 기성 동맹'을 전신으로 한 일본의 자연보호단체로 1951년에 일본자연보호협회로 이름을 바꿨다. 1949년 수력발전 댐 건설로 수몰 위기에 있던 오제를 지키려던 활동을 계기로 시작되었다. 이후 오제, 시레토코, 시라카미 산지 등을 비롯하여 일본 전역에 걸친 산, 사토야마, 강, 해변의 생태계, 야생동식물 등의 보호를 통해 생물다양성을 지키는 역할을 한다. 또 자연의 구조를 활용한 사회 만들기를 목표로 하여 법률이나 조약의 작용, 전문 네트워크에 의한 과학적 조사 연구, 지속가능한 사회 만들기를 위한 모델 사업 실시 등의 활동을 하고 있다. 2012년의 회원 수는 3만 7,153명이다.

➕ 한국에서 오랜 역사를 가진 자연보호협회로는 한국자연환경보전협회가 있다. 1963년 12월에 우리의 자연 및 자연자원의 현황을 조사하고 이들의 보존에 앞장선다는 목표로 1963년 12월에 세워진 국내 최초의 환경 NGO 단체다. 현재 자연 및 자원조사, 자연보호운동뿐만 아니라 생물다양성 평가, 생태계 보전, 기후변화가 자연생태계에 미치는 영향 및 대책 등 광범위한 활동을 하고 있다.

일회용품
disposable products

1회 혹은 몇 차례 사용 후 폐기하는 것을 전제로 한 상품이다. 잘 알려진 일회용품으로는 일회용 난로, 종이컵 등의 일회용 식기, 호텔의 칫솔, 음식점의 나무젓가락 등 다수가 있다. 상품을 사용한 후 버릴 수 있는 편리함, 손쉬움, 저렴한 가격이 소비자의 마음을 붙잡았다. 일회용품이 출현한 것은 대량생산의 방법이 개발되어 낮은 가격에 제조가 가능해지고 나서부터이다. 일회용품은 설계 단계부터 구조가 간략화되어 내구성이나 수리의 필요성을 생각하지 않기 때문에 저가로 생산이 가능하다. 편리함의 측면에서도, 예를 들어 일회용 식기는 사용 후 씻을 물과 일손이 따로 필요하지 않기 때문에 많은 양의 식기가 사용되는 대규모의 모임이나 패스트푸드점에서 많이 이용된다. 그러나 최근에는 스포츠 관람 등의 장소에서도 재사용 식기의 사용이 이루어지고 리필용 세제도 일반적이 되었다.

일회용품은 대량생산 · 대량소비 · 대량폐기 사회의 대명사이기도 하다. 대량으로 사용된 후 폐기물 처리와 자원의 유한성 문제, 또 결과적으로 늘어나는 사회적 비용의 측면에서 다시 한 번 재고되고 있다. 일본에서는 대량폐기물 처분 방법이나 비용의 문제에서 '순환형 사회 형성 추진 기본법'을 비롯해 순환형사회의 구축을 목적으로 하고 있다. 일본 정부는 환경기본계획에서 폐기물 발생 억제, 사용 후 제품의 재사용, 물질재활용(material recycle), 물질재활용이 기술적으로 곤란한 경우는 열적재활용(thermal recycle)이라는 우선순위를 명시하고 있다.

설계 단계에서부터 재활용을 고려하는 친환경적 사고방식은 최종적으로는 '물건을 파는 것'뿐만 아니라 '기능을 판다'는 '서비사이징(servicizing)'의 사고방식에 이르렀다.

임계
criticality

핵연료물질에 의해 핵분열의 연쇄반응이 일정한 비율로 계속해서 안정된 상태로 지속되는 것을 말한다. 핵연료물질은 중성자가 들어가 핵분열을 일으키는 성질이 있어, 핵분열에 의해 2~3개의 새로운 중성자가 발생한다. 이 중성자가 다른 핵연료 물질에 들어가 연속적으로 핵분열이 일어난다. 핵분열이 일어날 때 발생하는 열을 이용해

물을 증기로 바꾸어 터빈을 돌리고 전기를 일으키는 원자력발전은 핵분열에 의해 발생하는 중성자 수와 핵연료물질 등에 흡수되는 중성자 수가 평균 상태가 되는 임계상태로 가동된다. 원자로에서는 제어봉에 의해 중성자 수를 제어하고 있지만, 조작 실수 등으로 제어할 수 없는 사태가 될 때 임계 사고라고 말한다.

임도
forest road

주로 산림 정비나 목재 운송 등의 임업용으로 건설된 도로로 트럭 등의 자동차 통행이 가능한 것을 말한다. 임업 작업용 도로로서 이용하는 것만이 아니라, 생활용 도로나 관광용 도로 등으로 병용되는 것이 많다. 임도 건설은 특히 중산간지 부흥을 위한 공공사업의 의미가 강하고, 전쟁 전후 중산간지에 고용과 다양한 보조금을 가져왔다. 1970년대 이후에 조성된 '슈퍼 임도'나 '대규모 임도(산길)'처럼 임업용이라기보다 지역 진흥과 관광이 주목적이 되어 대규모의 자연파괴를 일으켜 건설반대운동이 일어나는 곳도 많다.

그러므로 임도 건설을 할 때 과거의 건설 방식을 재검토하고, 생물다양성이나 지형 보전에 세심한 주의를 기울이면서 효율적으로 작업할 수 있는 도로 건설이 요구된다.

ㅈ

자연결핍장애
nature deficit disorder

리처드 루브(Richard Louv)가 2005년에 출판한 『자연에서 멀어진 아이들(Last Child in the Woods)』에서 아이가 자연과 멀어져 정신적·신체적인 문제가 일어나고 있는 상태를 일컫는 개념이다. 루브는 컴퓨터 게임과 TV의 영향, 공공지의 관리 강화 등으로 인해 지역이나 가정에서도 자연 속 놀이가 줄어들고 있으며 학교에서도 성적을 중시하는 교육개혁에 의해 야외활동의 기회가 사라지고 있는 것이 분명하게 나타났다는 것을 지적하며 비판했다. 이런 자연과의 분리는 아이의 비만 등 신체적 문제와 억압 등 정신적 문제를 야기하고 또한 자연과 친밀감이 부족해짐에 따라 환경문제가 더욱 조장될 수 있음을 경고하고 있다. 따라서 자연과 아이들을 다시 연결해주는 다양한 활동이 이루어져야 한다고 주장했다. 루브의 이러한 주장은 환경교육의 필요성을 나타내는 핵심 키워드의 하나로 넓게 통용되고 있다. 또한 사회적으로 미친 영향도 매우 큰데, NCLI(No Child Left Inside, 아이를 실내에서만 머물지 않도록 하기 위한 초·중등교육법) 제정에 영향을 주었고, 메릴랜드와 코네티컷 등에서는 환경교육정책의 근거가 되었다.

자연공원법
natural park law

자연경관 보호와 이용을 촉진하는 것을 목적으로 1957년 일본에서 제정된 법률이다. 자연공원은 국립공원, 국정공원, 지자체의 자연공원 3종류이다. 특히 국립공원과 국정공원 안은 특별지역과 보통지역으로 크게 나눌 수 있다. 또 특별지역은 제1, 2, 3종 특별지역과 특별보호지구, 해역공원지구 5개로 구분되어 있으며, 구분에 맞추어 동식물의 포획, 채취, 토지 이용이 제한되고 있다. 문제점으로 ①보호보다는 이용, 생물다양성의 보전보다는 경관이 우선되고 있다는 것 ②특별보호지구와 특별지역 이외에는 규제다운 규제가 없다는 것 ③관광객의 과잉 이용에 대한 충분한 대책이 없는 것 ④공원 내에는 국유지와 산림청이 소유한 토지가 많아 환경성과의 조정이 어려운 것 등이 있다.

2011년 후쿠시마 제1원자력발전소 사고 이후 신재생에너지 수요 증대에 대한 기대가 높아지고 있는데 환경성은 국립공원과 국정공원 안에서의 지열발전 추진을 위해 영향이 작은 소규모 지열발전과 기존의 온천수 이용에 대한 규제를 완화하는 방침을 내세우고 있다.

●한국은 자연공원의 지정·보전 및 관리에 관한 사항을 규정함으로써 자연생태계와 자연 및 문화경관 등을 보전하고 지속가능한 이용을 도모할 목적으로 자연공원법을 제정하여 시행하고 있다.

자연관찰
nature observation

주로 야외에서의 자연관찰을 통해 자연에서의 배움을 목적으로 하는 활동의 총칭이다. 일본의 학교 교육에서는 메이지 시대 이후 과학교육이 어린이를 위한 과학교육으로 자리매김했고, 자연에 관한 교육도 주로 교실 안에서 교과서를 사용해 이루어져 왔다. 1941년에 문부과학성이 국민학교의 교사용 교과서로 발행한 『자연관찰』은 지식 전달형 과학교육에 대한 반성에서 나온 것으로, 교사가 학생을 자연으로 데리고 나가 자연을 직접 관찰하게 하는 획기적인 시도였다. 그러나 전쟁 때 국민학교에서 사용되었던 교과서는 전후 GHQ(연합군 최고사령부)의 지시에 따라 소각처분 되었고 2009년에 다시 간행될 때까지 연구자 이외의 사람이 실제로 보는 경우는 매우 적었다.

소학교에서 '자연관찰'을 재검토하게 된 것은 1992년 소학교 저학년 '생활과'의 도입, 2000년부터 소학교 3학년 이상 '총합학습시간'이 도입되면서부터이다. 생활과의 지도목표에는 ①자신과 사회(사람과 지역)의 관계 ②자신과 자연의 관계, ③활동, 표현기법의 참여 등이 있고 8개의 지도 내용 중에 자연관찰과 살아 있는 것을 기르는 사육·재배 등도 포함되어 있다. 총합학습시간에는 학교의 실정에 맞추어, 국제 이해, 정보, 환경, 복지·건강 등 횡적·총합적인 과제를 예로 들면서 '자연체험, 봉사활동 등의 사회체험, 물건 만들기·

생산 활동 등의 체험활동, 관찰·실험, 견학·조사, 발표, 토론 등의 학습활동'을 적극적으로 도입하도록 하고 있다.

대학교육의 경우 도쿄 고등사범학교, 도쿄 교육대학의 교수로 근무한 후 쓰루 문과대학 학장을 역임한 시모이즈미 시게요시가 1950년대 말에 교사용 과학교육지도서를 집필했다. 여기에 자연보호교육의 이념을 정리하여 "교육의 장소는 대자연이고 교육의 방법은 자연의 사실, 관찰을 토대로 하는 귀납적 학습이 되어야 한다"라고 서술했다. 시모이즈미의 자연관찰을 기초로 한 과학교육의 이념은 도쿄 고등사범학교의 고교 교사였던 가네다 히토시가 미우라 반도 자연보호회에서 자연관찰 모임을 시작한 것, 그리고 도쿄 교육대학에서 수학하고 츠쿠바 대학 부속 농아학교장을 지낸 아오야나기 마사히로 등에 영향을 끼쳤다. 또한 이들의 활동은 1978년 일본자연보호협회의 자연관찰지도원강습회 창설까지 이어지게 된다.

평생교육의 경우, 자연관찰회는 곤충채집·식물채집 위주였던 과학교육의 야외활동에 반대하면서 지역의 자연보호활동의 수단의 하나로 개설되었다. 1955년 시바타 도시카가 시작한 미우라 반도 자연보호회는 '이름을 모른다면 익숙한 것이 아니며 이름을 알려면 채집이 필요하다'는 분류학에 편중된 당시 채집 중심의 자연관찰에 반대하며, '채집하지 않고 생물의 삶을 관찰한다'는 생태학의 입장을 주장했다. 고도 경제성장기(1955~1973년)에는 자연보호운동의 일환으로 다양한 자연관찰 모임이 탄생한다. 1967년에 도쿄만의 갯벌 매립에 반대하며 시작한 학생들의 탐조 모임과 서명운동, '니이하마를 지키는 모임' 활동 등이 대표적인 사례이다. 이 활동에 참가했던 학생들은 그 후 탐조대, 박물관 등의 사회교육시설을 중심으로 자연관찰 모임을 지역의 자연을 지키기 위한 환경교육으로 발전시켰다. '니이하마를 지키는 모임'의 하스오 준코가 실시한 환경교육운동, 히라쓰카의 박물관에서 하마구치 테츠이치가 중심이 된 지역 자연조사를 통한 환경교육 등을 대표적인 사례로 들 수 있다.

지금까지 자연관찰 지도자들의 교육 이념에서 공통적인 것은 ① 생물을 채집하여 푯말을 작성하기보다는 생물의 행동과 삶을 관찰하기 ②하나하나의 생물 이름을 알기 위해 노력하기보다는 자연의 구조(생태계)에 눈 돌리기 ③'관찰'이라고 하면 시각에 치우치기 쉽지만 오감을 사용하여 자연을 느끼기 ④자연관찰의 결과를 지역 자연보호나 회복과 결합하기 ⑤자연관찰을 개인의 흥미에서 멈추는 것이 아니라 자연관찰 모임을 통해 보다 많은 사람과 나누기 등을 꼽을 수 있다. 이러한 교육 이념은 이제 학교 교육, 평생교육을 불문하고 환경교육 속에서 자연관찰을 지도하는 사람들의 공통적인 이해라고 할 수 있다.

자연관찰 빙고
nature watching bingo

자연관찰과 자연체험활동을 즐겁게 실시할 수 있도록 빙고의 방법을 접목해 게임의 성격을 높인 활동이다. 자연을 관찰하려는 강한 동기가 되며 동기를 유지하는 데에도 효과적이다.

1980년대 후반 히라쓰카의 박물관의 전 관장인 하마구치 테츠이치가 '자연관찰 빙고'를 개발·소개한 것을 계기로 자연탐험(발견) 빙고, 필드 빙고, 파트 빙고 등이 응용되고 있다. '(하마구치식) 자연관찰 빙고'는 A5~A4 정도의 종이에 3×3 바둑판 모양을 만들고 바둑판 안에 작은 정사각형과 원을 만들어 한 장씩 참가자에게 나눠 준다. 참가자에게는 작은 사각형 안에 1부터 9까지 숫자를 자유롭게 배치해 쓰게 한다. 지도자는 1번부터 순서대로 질문하고 참가자는 각각 번호의 바둑판에 해답을 쓴다. 질문 후에 해설을 한 답을 표시하고 정답인 사람은 그 번호가 쓰인 바둑판의 작은 원에 체크한다. 이 과정을 계속하여 가로 세로 대각선으로 몇 개의 빙고가 생기는지를 겨루며 자연관찰을 즐길 수 있다. 이 활동은 단순히 승패를 위한 놀이가 아니며 끝난 후에는 자연 해석을 통해 메시지를 제대로 전달하는 것이 중요하다. 또한 어떤 번호를 '오늘의 결번'으로 출제하여 자연에 대한 지식만으로 승리자가 되지 않도록 하는 여러 장치를 고안하는 것으로 게임으로서의 우연성을 높이면서도 평등성을 지켜야 한다. 설문의 내용은 자연에 대한 지식을 묻는 것만이 아닌 관찰, 경험, 발견, 행동, 느낌 등으로 한다. 개인 활동만이 아니라 모둠 안에서 함께 해답을 내도록 하는 등 다양한 응용이 가능하다.

자연물 당사자 적격
standing for natural objects/legal rights for natural objects

소송의 당사자(원고 또는 피고)가 되려면 법적 주체성이 인정되고 또한 이해관계 등의 조건과의 관계가 인정될 필요가 있으며 이런 조건을 만족시킬 때 당사자로서 자격을 가지게 되는데, 이를 당사자 적격이라고 한다. 자연권리운동에서 자연물에 내재적 가치, 법적 주체성 그리고 당사자 적격이 인정된다고 보는 것이 자연물 당사자 적격으로, 인간이 그 대리인이 되어 자연물을 원고로 하여 소송을 진행하는 것을 목표로 하고 있다. 이런 자연물의 생존권(자연의 권리)의 사회적 인정을 진행하고 서식지나 환경보존을 진행하기 위한 전략적 측면의 의미가 있다.

자연물 당사자 적격을 인정하는 논의의 단서는 크리스토퍼 스톤(Christopher Stone)의 논문「가로수의 당사자 적격: 자연물의 법적 적격에 대해서」(1972년)이며, 그 후 미국의 멸종위험종법(1973년)을 통해 긴급함을 요하는 자연보호소송에서 원고적격 제한이 철폐되며 원고 적격의 심사 없이 시민이 송사를 벌일 수 있게 되었다.

⊕ 한국에서는 강원도 설악산 산양 28마리가 법원에 낸 '케이블카 설치 반대 소송'이 받아들여지지 않은 사례가 있다. 서울행정법원 행정6부는 이들 산양이 문화재청장을 상대로 낸 '국가지정 문화재 현상변경 허가 처분 취소소송'을 각하했는데, 사람이 아니라 자연물인 산양한테는 소송을 제기할 자격이 없다고 판단한 것이다.

자연보호교육
conservation education

일본 환경교육의 발전 단계에는 2가지 큰 흐름이 있었는데, 공해문제에서 시작된 공해교육과 자연보호문제에서 시작된 자연보호교육이다. 현재는 공해교육, 자연보호교육이라는 말 대신에 환경교육이라는 말이 주류가 되었지만 여전히 자연보호를 목적으로 교육을 하는 경우에는 자연보호교육이라는 말이 사용된다.

1970년 미국에서 환경교육법이 제정되고 환경교육이라는 말이 일반화되기 전에는 자연보호교육이 가장 일반적인 용어였다. 예를 들어 1948년에 설치된 국제자연보호연합(IUCN)의 교육활동은 자연보호교육(보호교육)으로 불렸고, 1949년에 '자연보호교육의 기초 기술: 학교, 대학, 사회교육의 장에서'라는 이름으로 회의가 개최되었다. 1957년에는 일본자연보호협회가 정부에 '자연보호교육에 대한 진정서'를 제출했다. 1966년 일본에서 개최된 제11회 태평양학술회의에는 '자연보호교육의 추진'에 관한 결의가 채택되기도 했다. 현재 미국 산림청(US Forest Service)이나 국제동물원교육자연합(IZE)에서는 '보호교육'(conservation education)을 사용하고 있다. 환경교육이라고 하는 넓은 범위의 말보다 보호교육이 생물다양성의 보전이나 자연의 지속가능한 이용이라는 뉘앙스가 전해지기 쉽다고 판단하기 때문이다.

제11회 대평양학술회의(1966년)에서 자연보호부 모임의 주최자 역을 맡은 당시 도쿄 교육대학교 교수 시모이즈미 시게요시는 자연보호교육의 원리를 ①자연을 보호하는 마음은 자연의 아름다움을 느끼는 것으로 시작하여 생애에 걸쳐 자연의 아름다움을 추구하는 습관을 만드는 것 ②자연의 짜임새와 조화를 탐구하는 것 ③생명에 대한 경외, 생명존중의 마음을 기초로 하는 것 ④생물진화의 사실을 중심으로 하는 생태계 진화의 개념을 도입하는 것 ⑤교육의 장은 대자연 중심으로 추구하며 교육의 방법은 자연의 사실 관찰을 기초로 한 귀납적 학습으로 진행 ⑥자연 및 자연자원을 현명하게 이용하는 방법의 탐색, 총 6가지로 정리하고 있다.

환경교육이 인간이 주체가 되어 인간을 둘러싼 환경을 다루는 것에 반해 자연보호교육에서는 자연을 사랑하고, 경외하고, 관찰하고, 배우고, 현명한 이용을 행하는 겸허한 자세가 추구된다. 환경교육과 비교하여 자연과 인간의 바람직한 관계에 더 중점을 둔 교육이라고 말할 수 있다.

자연교육, 자연보호교육, 환경교육의 관계를 정리하면 다음과 같다. 자연교육은 자연에서의(in), 자연에 관한(about) 교육이지만 자연을 위해서(for) 행동하는 것까지 추구하지 않는다. 자연보호교육은 '친숙해지고 알며 지킨다'는 슬로건에서 알 수 있듯이 자연에 관한 정서나 지식뿐만 아니라 자연을 지키는 행동을 하려는 의도를 가지고 있는 것이 차이점이다. 환경교육에서는 자연을 중심으로(in), 자연에 대해서(about), 자연을 위해서(for)라는 3개의 접근 방법이 있고 참가자의 발달단계에 따라 실천하는 것이 추구된다. 1975년에 채택된 베오그라드 헌장에서는 '인식, 지식, 태도, 기능, 평가 능력,

참여'라고 하는 6가지의 교육목표가 제시되었다. 환경교육에서는 자연교육의 목표에 더해 구체적으로 지키는 행동을 하려는 의도가 있어서 자연보호교육과 환경교육은 목표를 공유한다고 할 수 있다.

자연보호구
sanctuary

생물의 서식지 보존을 목적으로 확보된 구역이다. 국가나 지역에 의해 그 명칭이나 실제의 기능은 여러 가지로 복잡하며 설치의 목적이나 서식하는 야생생물의 보호 레벨이나 주변 환경에 따라서도 다양하다. 일반적으로 급감의 우려가 있는 생물의 개체군이 서식지의 소실, 분단화, 지나친 포획 등에 의해 현저하게 감소한 후에 설치되는 경우가 많다. 일본에서는 1981년에 일본야조회가 홋카이도의 토마코마이와의 협정으로 개설한 우토나이 호 자연보호구가 최초의 자연보호구로 알려져 있다. 네이처 센터나 자연관찰로 등의 시설이 있고 환경교육의 장으로 적극적으로 활용되고 있다.

자연보호헌장
charter of nature conservation

1974년 일본의 학술 단체, 자연보호 단체, 주부 단체, 행정기관, 농업 및 노동 단체, 교원 등 각계 149개의 단체에서 조직된 '자연보호헌정제정 국민협회'가 자연보호에 관한 국민적 지표로 제작한 헌장이다. 1960년대 고도 경제성장에 동반하는 자연 파괴의 역사와 자연보호에 관한 국민의 강한 관심을 배경으로 하고 있다. "가장 중요한 과제로 자연환경의 보존을 인식하는 것, 뛰어난 경관이나 학술적 가치가 높은 자연을 보호하는 것, 유소년기부터 자연보호교육을 철저히 추구하는 것" 등 9가지의 내용으로 구성되어 오늘날까지 일본의 자연보호 생활에 미치는 환경교육 보급에 공적 지침이 되고 있다.

➕ 한국에서는 1978년 내무부에 자연보호전담기구가 설치되었고, 같은 해 자연보호헌장이 선포되었다. 자연보호헌장은 자연보호를 위한 범국민적 결의를 집약해 제정한 헌장으로 전문과 7개의 실천 사항으로 되어 있다.
※출처: 행정안전부 국가기록원

자연산책로
nature trail

자연 속에 설치되어 있는 산책길. 자연환경해설사가 자연에 관한 지도를 하는 장소로 사용되거나 셀프 가이드, 야외 해설판 등을 이용한 논퍼스널 인터프리테이션(간접 해설)의 장소로 활용된다. 자연산책로 코스 설정 시에는 매력적인 자연의 포인트와 환경교육적으로 의미가 있는 장소를 경유할 수 있도록 하거나 이용자의 흥미를 지속시키고 기대를 불러일으킬 의도로 길의 너비를 변화시키는 등의 시나리오를 생각하는 것이 좋다. 이용자는 코스 설정의 시나리오를 상상하거나 노면의 구조와 지도표, 정자, 야외 테이블, 벤치, 전망대, 화장실 등의 부대시설이 친환경의 구조로 되어 있는지 등을 살피고 즐길 수 있다.

자연에너지

⋯▶ 신재생에너지

『자연에서 멀어진 아이들』
Last Child in the Woods

미국의 저널리스트 리처드 루브(Richard Louv)가 2008년 출판한 도서이다. 자연체험의 부족으로 미국의 어린이를 둘러싼 다양한 사회문제가 발생하고 있는 것을 지적하고 있다. 현대의 어린이들은 지구의 위기에 대해 머리로는 이해하고 있지만 자연과 직접 만나지는 못한다. 이러한 상황은 어린이가 자연을 진심으로 이해하고 있는 것이 아니라고 주장한다. 자연결핍장애(nature deficit disorder)라는 언어를 창조하고, 어린이에게 자연과의 만남이 중요하다는 것을 주장하고 있다.

자연의 가치
value of nature

자연 안에서 발견되는 모든 형태의 가치이다. 예를 들어 자원가치, 미적 가치, 오락적 가치 등 인간에게 유용성이 발견되는 가치 또는 인간으로부터 독립한 자연 그 자체의 내재적 가치 등을 들 수 있다. 전자의 가치에 기초하여 자연과 인간의 관계를 생각하는 입장은 환경사상과 환경논리에서는 인간중심주의라 하며 후자의 자연 그 자체의 가치를 인정하는 입장은 자연중심주의라고 부른다. 자연중심주의는 자연 그 자체가 목적이 되며 인간의 이익과 평가로부터 독립된 가치와 존엄을 가지고 있는 것으로 간주하는 '자연의 내면적 가치'를 근거로 하고 있다. 그러나 어느 범위까지 자연에 대한 내재적 가치를 인정할지 또는 자연의 내재적 가치를 인간의 가치의식으로부터 완전히 독립된 것으로 간주할 수 있는지에 대해서는 자연중심주의자 안에서도 견해가 갈리고 있다.

자연의 권리
rights of nature

자연의 가치를 직접적으로 승인하고 자연물에 법적 주체로서의 지위를 승인하는 시도로 제창된 개념이다. 자연을 의인화하고 인간과 동등한 권리가 있음을 주장하는 것이 아니라 자연권에 해당하는 법적·논리적 범위를 확대하여 자연물이나 생태계와 깊은 관계가 있는 인간의 책무를 주장하는 것이다. 1970년대 미국에서 자유주의의 영향을 받아 종래의 자연보호사상을 상징하는 방향으로 등장했고 감정에 호소하는 것이 아니라 이성적으로 논의를 거듭하여 자연과 인간의 관계를 개선하려고 한 시도 중 하나이다.

로데릭 내시(Roderick Nash)는 『자연의 권리(Rights of Nature)』(1989)에서 '도덕에는 인간과 자연의 관계가 포함될 수밖에 없다'는 주장을 하며 '윤리학은 인간의 전유물이라는 생각에서 벗어나 인간 이외의 동물, 식물, 암석과 같은 자연, 환경 분야까지 확장해야만 한다'고 했다. 또한 인간이라는 한정된 집단의 '자연권(natural rights)'에서 '자연 전체의 권리'로 진전하고 있다고 설명했다.

자연재생
nature restoration

경제성장이 초래한 악현상 중 하나가 자연환경의 파괴다. 이러한 악현상에서 회복하는 것을 목표로 하는 활동이 자연재생이다. 일본에서 2002년에 제정된 자연재생추진법에서는 자연재생을 "과거에 손상된 자연환경을 되돌리기 위해 행정기관, 지방공공단체, 지역주민, NGO, NPO, 전문가 등 지역의 다양한 주체가 참여하여 자연환경의 보전, 재생, 창출 등을 행하는 것"으로 규정하고 있다.

특히 수변 환경의 악화가 현저한데 물에 살고 있는 생물 또는 그것을 먹이로 하는 조류, 어류, 양서류 등의 동물들에게 악영향을 끼치고 있으며 그 종류와 수가 줄고 있다. 공장단지 건축이나 농지 확대를 위한 갯벌과 습지의 간척, 방재나 수자원 개발을 위한 강과 하천의 개수, 댐 건축 등이 곳곳에서 진행되고 있다. 이로 인해 철새 도래지가 파괴되고 은어와 연어 등의 물고기가 강과 바다를 향해 가는 길이 막히게 되었다. 게다가 상류에서 하류로 토사의 공급이 중단되는 등 다양한 악영향이 나타나고 있다. 이러한 현상은 자연의 재생과 순환 능력을 넘어선 사람의 과도한 이용과 훼손의 결과이며 생물다양성의 감소와 자연재해가 빈번히 발생하여 인간의 생존 기반까지 위협하는 상황이다.

미국과 영국에서는 20세기 말부터 개발 행위보다 훼손된 자연환경을 재생하는 대책이 체계적이며 대규모로 이루어지고 있으며 국제적 흐름이 되고 있다. 일본도 공공 공사에서 자연복원의 관점을 갖기 시작했으며 강과 하천의 친환경공법, 에코로드, 비오톱(biotope) 만들기 등 환경공생형 사업도 진행되고 있다. 환경보호단체와 행정의 관계도 갈등과 대립의 시대를 지나 협의의 시대로, 함께 행동하는 협동의 시대로 변화하고 있다고 할 수 있다.

이런 시대적 흐름을 배경으로 일본에서는 2002년 자연재생추진법을 제정하여 자연재생의 법적인 틀을 마련했다. 기본 이념으로 ①생물다양성의 확보 ②지역의 다양한 주체의 참여와 연계 ③과학적 지식에 기초하여 실행 ④순응적 진행 방식 ⑤자연환경학습의 추진 등을 들고 있다. 동법에 기초한 자연재생사업의 사례로는 구시로 습원의 습원 재생, 오다이가하라 산림 재생, 오키나와 세키세이쇼코 산호초 재생 프로젝트가 있다. 이 외에도 2012년까지 전국 24곳에서 자연재생협의회를 기반으로 사업이 진행되었다. 그러나 이 법률에 근거한 것만이 자연재생사업인 것은 아니며 전국 각지의 지방공공단체나 NPO가 자발적으로 진행하고 있는 많은 사업이 지역의 자연재생에 큰 역할을 하고 있다.

50년이나 100년과 같은 장기간에 걸친 자연재생은 다음 세대에게 목표나 방법을 제대로 전해주는 것이 중요하다. 이를 위해 자연관찰 모임이나 자연재생 사업 참여 등을 통하여 어린이를 포함한 지역주민단체가 그 지역의 자연을 배우고 자연재생의 의의를 이해하는 것이 중요하며, 이때 교육 관계자와의 협력은 빠질 수 없다. 구체적인 예로 일본 혼슈의 효고에서 진행한 '황새 야생회귀작전'에 농가와 인근 초등학교의 논학교 연계 프로젝트, 나가노의 스와 호 자연복원 과정에서 일본·독일환경세미나에 의한 지역운동 등을 들 수 있다.

자연재해
natural disaster

폭풍우, 홍수, 지진, 지진해일(쓰나미), 분화, 산사태, 눈사태 등에 의해 국토나 생명과 신체, 재산 등이 피해를 입게 되는 것을 뜻한다. 자연현상이 나타나는 것만으로는 재해라고 하지 않으며 인간, 사회에 어떤 영향이나 피해가 있을 경우를 재해라고 한다. 그러나 고도의 복잡한 사회 기반을 가진 현대사회에서 자연재해에 뒤따른 인위적인 원인으로 발생하는 이차 재해 등의 가능성이 높으므로 두 재해의 경계는 불분명하다고 할 수 있다.

자연재해를 교육 현장에서 다룰 때에는 자연현상 이해에 그치지 말고 인간사회의 방재력과 재해 현상의 이해, 지구온난화에 의한 풍수해 등의 거대화, 재해에 대한 예방책 및 억제책, 재해 발생 시 대응책과 경감책의 이해 등 총합적인 학습이 필요하다.

자연정화 능력
self-purification of nature system/ biological purification

하천, 호수와 늪, 연안 등에서 먹이연쇄를 통해 질소나 인 등을 포함한 유기물을 무기물로 분해하는 능력을 뜻한다. 생물의 유해 등 비교적 큰 유기물은 게 등의 사물소비자(Detritus Feeder)에 의해 분해된다. 플랑크톤 등 비교적 작은 유기물은 조개류 등의 여과섭식동물(filter-feeder)에 의해, 더 작은 유기물은 갯지렁이나 벽면 등에 부착한 박테리아에 의해 분해된다. 이런 먹이연쇄를 통한 정화 능력은 조사에 따르면, 해변공원의 갯벌·얕은 물 1,500ha는 13만 명분의 하수처리장 능력에 필적한다고 추산되었다.

그러나 자연의 정화 능력에도 한계가 있다. 먹이연쇄에 의하여 유기물이 다른 생물에 분해되거나 어획되어 생태계 밖으로 나오지 않는 한 같은 생태계 안에 머무르게 된다. 먹이연쇄에 의해 무기물로 분해된 후 질소, 인은 용출되어 과영양화의 원인이 된다. 또한 먹이연쇄에 의한 분해가 가능한 양을 초과한 유기물이 유입될 때에는 산소를 모두 소비하게 되어 조절이 불가능한 상태가 되며, 유기물은 썩은 냄새를 풍기게 된다. 해저의 저질(바다나 강, 늪, 호수 등의 바닥을 구성하는 물질) 위에는 많은 유기물질이 침적되어 산소부족 물덩어리(빈산소수괴, 貧酸素水塊)가 쌓여 조절 불가능 상태가 된다. 이런 상태는 적조생물의 과다 번식 등을 일으키며 패류 등을 전멸시키고 자연정화

작용을 막아 악순환이 발생한다.

자연체험활동
nature experience activities / experiential learning activity in natural environment

|정의와 역사| 1996년 일본 문부성 연구회의 「청소년의 야외교육 충실에 대하여」에서 정의한 "자연 안에서 자연을 활용하여 행해지는 각종 활동을 말하며 구체적으로는 캠프, 하이킹, 스키, 카누와 같은 야외활동, 동식물이나 별의 관찰과 같은 자연환경학습활동, 자연물을 사용한 공예나 자연 안에서의 음악회 같은 문화예술 활동 등을 포함한 총합적인 활동"이 널리 알려져 있다.

야외교육으로서 자연체험활동은 근대 국가가 형성된 메이지 시대의 등산에서도 그 일면을 볼 수 있다. 1961년 제정된 스포츠진흥법(현 스포츠기본법)에 야외활동이 포함되는 등 전쟁 후 비교적 이른 시기부터 '국민 심신의 건전한 발달'을 위해 스포츠로서 야외활동을 촉진하는 정책이 행해졌다. 캠프나 스카우트 활동, 유스호스텔 운동 등 청소년 단체나 국립청소년의집, 소년자연의집 등 청소년교육 시설이 주요 담당자 및 장소가 되어 전개되었다.

한편 자연보호교육에서의 자연체험활동은 자연환경의 보존을 중시하는 입장을 취하면서 전쟁 전의 야조보호운동이나 자연공원제도 등을 원류로 한다. 주로 1970년대 이후 일본자연보호협회의 자연관찰지도원 제도, 일본내추럴리스트협회의 어린이 대상 자연관찰회, 일본야조회의 탐조회와 야조 관찰 운동 등으로 발전했다.

학교 교육에서는 학생의 관심과 감성을 중요하게 여기고, 아이가 자연에 친숙함을 가지고 관찰하며, 과학적인 사고를 할 수 있게 하려는 의도로 진행된다. 이러한 의도는 과학 학습의 기초가 되고 있으며 전쟁 전부터 자연의 관찰이 실천되었다. 자연관찰체험은 과학적 사고력을 육성하는 기초가 되고 있으며, 전쟁 후의 학습지도요령에서도 '자연 속에서 주체적으로 활동하는 아이의 모습'을 중시하면서 계승되고 있다.

|변천| 자연체험활동의 오늘날의 모습 중 하나는 1996년 일본환경교육포럼에서 나온 자연학교선언을 계기로 하는 자연학교 운동이다. 1996년 76개였던 자연학교는 2010년에 실시된 전국자연학교조사

에서 3,700개교로 나타났다.

또한 '물가 즐거운 학교, 논 학교, 숲 유치원, 어린이 농산어촌교류 프로젝트' 등과 같이 지역의 자연환경보전운동과 연결된 자연체험활동이 시작되었다. 이러한 실천들은 하천법 개정(1997년)을 계기로 하는 하천 환경교육의 추진, '식품과농업 농촌기본법' 제정(1999년)에 따른 농지의 다면적 기능의 발휘, 학교교육법과 사회교육법의 개정(2001년)에 따른 자연체험활동의 장려 및 충실을 기하는 정책이 뒷받침되어 더욱 확대되고 있다.

2007년에 개정된 『환경교육지도자료』(소학교 편)에 환경교육의 지도 방침의 하나로 자연과 사회 안에서 체험을 통하여 환경에 대해 풍부한 감수성, 환경에 관한 견해와 생각, 환경에 작용하는 실천력을 육성하는 것을 들고 있다. 개정 교육기본법(2006년)에 신설된 '생명과 자연의 중시, 환경의 보전'이라는 교육 목표를 바탕으로 소학교 신학습지도요령(2008년)에서는 '자연의 사물·현상에 대해 실감을 동반한 이해'가 명기되었다. 이와 같이 학교교육 안에서도 체험학습의 중요성이 강조되고 있다.

환경교육등촉진법(2011년)에는 2003년 제정한 환경보전활동·환경교육추진법에 이어 "환경보전활동, 환경보전 의욕의 증진과 환경교육은 산림, 전원, 공원, 하천, 호수와 늪, 해안 등에서 자연체험활동과 그 외의 체험활동을 통한 환경보전에 대한 이해와 관심을 심화한다"와 같은 자연체험활동의 중요성이 명기되었다.

자연 테라피
nature trearapy

자연환경으로 사람을 평온하게 하는 효과를 이용한 심신 치료이다. 예방의학적 효과를 목적으로 하는 점이 특징이다. 구체적인 예로 산림 테라피나 아로마 테라피 등이 있다. 사람이 자연환경에 둘러싸이면 스트레스 상태가 완화된다는 것이 최근 생리학적·의학적 데이터로 증명되고 있다. 자연 테라피의 측정 지표로는 수면 중 스트레스 호르몬, 자율신경활동, 최고혈압과 최저혈압, 심박 수 등 신체적인 지표와 산림 내의 피톤치드, 온도와 습도, 명도, 풍속, 마이너스·플러스 이온 등의 환경적인 지표를 이용하고 있다.

자연학교
nature school

자연관찰, 자연체험 등의 자연을 무대로 환경교육, 과학교육, 야외활동 등이 이루어지는 학교를 말한다. 자연학교는 국공립 자연체험시설과는 구분하며 참가자가 지불한 수강료와 숙박료로 운영된다. 주로 자연이 풍부한 산과 바다에 위치하며 그 지역의 자연과 문화를 잘 아는 지도자가 방문객을 대상으로 다양한 놀이, 자연과 어울리는 기술, 지역의 자연 문화 역사, 전통공예 등을 중심으로 프로그램을 진행한다.

2010년 일본환경교육포럼 조사에 따르면 일본에는 약 3,700개의 자연학교가 존재한다고 한다. 이전 조사에서는 아이들을 대상으로 한 자연학교가 많았지만, 현재는 성인과 노인을 대상으로 하는 활동도 조금씩 늘고 있으며 앞으로 더욱 발전할 가능성이 있다. 1~2명이 운영하는 소규모 자연학교가 압도적으로 많지만 국가나 지방자치단체가 발급하는 인허가제도가 없어 누구나 설립이 가능하다는 점에서 지도력 부족과 위험관리 면에서의 문제가 남아 있다.

일본에는 1980년대 초부터 자연학교가 만들어졌고 모쿠후사 자연학교, 홀어스 자연학교, 국제자연대학교, keep협회 환경교육사업부, 야외교육연구소, IOE 등이 현재도 계속 활동하고 있다. 설립 당시에는 미숙한 운영 상태가 지속되었지만 당사자들의 노력으로 조금씩 사회적 인지도가 높아졌다. 1987년 9월 '자연을 무대로 한 환경교육'이란 슬로건을 바탕으로 전국의 주요 자연학교 설립자들이 야마나시의 키요사토에 모여 키요사토포럼을 열었다. 이 회의를 계기로 자연학교는 횡적 네트워크가 강해졌으며 시야를 넓히는 활동을 전개하게 되었다. 자연학교의 설립자들은 이후 일본환경교육학회의 설립에 협력했으며, 2000년 자연체험활동추진협의회(CONE) 설립의 중심 멤버로도 참여했다. 자연학교는 1990년대까지는 단체의 운영을 궤도에 올리는 것에 전력을 다했는데, 어느 정도 안정이 되면서 지역 활성화에 눈을 돌리게 되었다. 대부분의 자연학교는 대자연이 풍부한 곳, 다시 말해 농어촌 과소지역에 위치했기 때문에 해당 지역의 과소화가 진행되는 상황을 목격하게 되었다. 이 과정 속에서 지역의 과소화 문제를 저지하기 위해 스스로 역할을 의식하게 되었다고 할 수 있다.

몇 가지 사례를 살펴보면 나가노의 인구 2,000명 정도인 야마가타 마을, 야스오카 마을에 있는 그린우드자연체험교실센터는 자연학교 운영으로 그 지역의 제4위 산업(2005년)이 되었다. 자연환경을 재원으로 하는 자연학교의 활동은 지역의 과소화를 막는 유력한 수단이 되었다고 할 수 있다. 또한 오다이에 있는 오스기타니 자연학교는 오다이가하라 산의 깊숙한 과소 지역에 위치하고 있는데, 지역 인구 300명 중 약 70%가 65세 이상인 초고령 지역이다. 한계 촌락이 된 지 오래된 이 지역의 오스기타니 자연학교에는 6명의 청년이 거주를 하면서 오다이와 제휴하여 오래된 민가의 개수 사업을 시작해, 20명의 청년이 거주하며 과소를 방지하고 지역의 전통문화를 지키려고 노력하고 있다.

많은 자연학교가 이와 비슷한 상황에 있으며, 지역 활성화를 사업 목표 중 하나로 두는 곳이 증가하고 있다. 이러한 움직임이 중심이 된 자연학교군을 제2세대 자연학교라고 부를 수 있다. 운영의 안정을 첫 번째 목표로 내세웠던 이른바 창업기를 제1세대, 그 후를 제2세대라고 한다.

2011년 동일본대지진을 계기로 피해 지역 부흥의 움직임 속에 하나로 나타난 것이 향후 자연학교의 방향에 대한 모색이다. 지속가능발전교육의 보급과 함께 지역사회와 환경교육의 중요성에 대한 인식이 높아졌고 '피해 지역 부흥의 원동력이 되는 자연학교'의 방향성이 모색되기 시작한 것이다. 대지진 발생 직후 자연학교 관계자는 매우 빠르게 현지에 가서 시민재해지원센터를 만들었으며, 1년 이상 지원활동을 계속했다. 그 경험 속에서 학교, 행정, 지역사회, 봉사 단체들이 중심이 되어 지역 부흥을 실천하는 자연학교를 운영하고 있다. 이러한 움직임을 제3세대 자연학교라고 부를 수 있다.

자연을 무대로 아이들을 교육하는 제1세대부터 과소 지역의 진흥에 힘쓴 제2세대, 그리고 과소 지역에 국한하지 않고 다양한 지역 활성화로 시야를 넓힌 제3세대까지 자연학교의 역할도 시대에 따라 변화하고 있다고 할 수 있다.

일본의 자연학교에 영향을 준 것은 미국의 다양한 자연체험 시설이다. 미국은 자연학교라는 명칭 자체는 많이 쓰지 않지만 야외활동(outdoor and recreation)의 범주 안에 자연을 무대로 하는 다양한 교육활동이 매우 활발히 이루어지고 있으며 그 역사도 오래되었다. 전통적으로 야외활동이나 야외교육이 성행했던 배경과 더불어, 교육자이자 철학자인 존 듀이(John Dewey) 등이 제기한 체험교육에 대한 확고한 사상도 바탕이 되어 있다. 1960년대 이후 연방정부에 의한 기반 정비가 행해졌으며, 그 토대 위에 민간의 자연체험활동이 다양하게 전개되고 있다.

현재 일본에서도 자연학교의 활발한 활동이 눈에 띄게 늘었지만 운영 규모 면에서는 아직 미국과 비교될 정도는 아니다. 자연학교의 사회적 역할이 커지고 있음에도 지도자 육성이 제도화되지 않은 것도 문제로 지적되고 있다.

2012년도에는 일본 문부과학성이 '청소년 체험활동에 대해'라는 지침을 발표했는데, 앞으로 자연체험활동의 중요성이 더욱 높아질 것이라고 언급하고 있다. 또한 자연체험활동추진협의회와 독립행정법인 국립청소년교육진흥기구가 공동으로 자연체험활동 지도자를 육성하는 사업에도 착수했다. 이러한 움직임과 연관된 다양한 과제가 해결될 수 있다면 향후 자연학교는 더욱 활성화될 것으로 기대된다.

자연환경보호법
nature conservation law

일본에서 자연환경의 보전이 특별히 필요한 지역에 자연공원법이나 그 외의 법률을 통해 적절한 보전을 총합적으로 추진하기 위해 1972년에 제정된 법률이다. 생태계 보호의 관점에서 원생자연환경보전지역, 자연환경보전지역, 도도부 자연환경보전지역의 선정 및 지정과 규제 등의 내용이 포함되었다. 2009년 법 개정 시에는 '생물다양성 확보'의 명기, 해역의 보전 시책의 추진, 생태계 유지 및 회복 사업의 창설 등이 자연공원법과 함께 추가되었다. 지정보호구 면적이 전체적으로 작아졌고, 다른 법률에 의해 지정된 지역을 중복하여 지정할 수 없게 되었으며, 체계적인 보전 계획을 세우는 것의 어려운 점 등이 문제점으로 지적되었다.

➕ 한국에서는 자연환경을 인위적 훼손으로부터 보호하고, 생태계와 자연경관을 보전하는 등 자연환경을 체계적으로 보전·관리함으로써 자연환경의 지속가능한 이용을 도모하고, 국민이 쾌적한 자연환경에서 여유 있고 건강한 생활을 할 수 있도록 자연환경보전법을 제정하여 시행하고 있다.

자외선
ultraviolet rays

태양광선 중 보라색보다 파장이 짧은 전자기파를 말한다. 파장은 가시광선(720~380nm, nm은 나노미터, 1nm은 1m의 10억분의 1)보다 짧으며 X선보다 긴 400~100nm이다. 자외선의 유용한 작용으로는 살균 작용, 체내의 비타민D 생합성 등이 있다. 최근 CFC(염화플루오린화탄소) 등에 의해 오존층이 파괴되고, UV-A(410~315nm)와 UV-B(315~280nm) 등 유해 자외선 양이 증가하여 백내장이나 피부암이 증가하는 등 건강 피해뿐만 아니라 생태계에도 악영향을 끼치는 것이 지적되고 있다.

자원민족주의
resource nationalism

자원을 가진 나라가 자원을 개발할 때 개발 시설을 국유화하는 등의 수단으로 외국자본을 배제하고 자국이 직접 자원을 지배하려고 하는 사상 및 행동을 뜻한다. 자원민족주의의 내용은 1962년 유엔의 '천연자원에 대한 영구 주권의 권리' 선언에서 확인할 수 있다. ① 천연자원은 보유국에 속하며 자원보유국의 국민적 발전과 복지를 위해서 이용해야만 하며 ② 자원보유국은 자원개발에 종사하는 외국자본의 활동을 여러 가지의 조건으로 규제하는 것이 가능하고 ③ 자원개발로 얻은 이익은 투자 측과 수입국 측과의 협정에 따라 배분해야 한다.

자원민족주의는 1960년 OPEC(석유수출기구) 설립 이후 국제적 움직임으로 고조되었다. 지금까지 선진국의 석유회사가 원유의 생산량과 가격을 정하고 산유국인 개발도상국은 석유 수출의 이익을 충분히 받지 못했다. 이러한 상황에 대해 OPEC에서는 선진국의 석유회사를 국유화하고 원유 가격 결정권을 탈환했으며 산유국에 의한 공동행동을 취했다. 자원민족주의는 천연자원의 가격 인상, 채굴 제한 등을 선진국과의 외교교섭 수단으로 하여 개발도상국의 교섭력을 높였다. 1980년대부터 선진국에서는 에너지 정책의 전환과 함께 OPEC 이외의 국가에서 원유 공급처를 개척하게 되었고 자원민족주의의 움직임은 점차 쇠퇴했다.

잔류농약
residual agricultural chemicals

농축산물과 토양 등에 잔류되어 있는 농약이다. 분해 속도는 화학합성물질의 성질과 토양, 미생물의 생태에 따라 그리고 이행성은 지형과 강수량에 따라 다르며 잔류 기간과 장소에 따라서도 바뀐다. 일본에서는 2006년부터 잔류농약에 관한 포지티브리스트제도가 실행되어 잔류 기준이 설정되어 있지 않은 농약, 동물용 의약품, 사료 첨가물 등을 대상으로 일정 기준(0.01PPM) 이상 검출된 식품에 대해서는 원칙적으로 유통을 금지하고 있다.

➕ 한국은 잔류 허용 기준이 없는 농약 성분에 대한 안전관리를 강화하기 위해 '농약 허용기준 강화제도(PLS)'를 시행하고 있다. 등록 농약 외에는 원칙적으로 사용을 금지하는 제도다.

잔류성유기오염물질
persistent organic pollutants, POPs

자연적으로 분해되기 어렵고 생물에 축적되기 쉬우며 동시에 독성이 강한 화학물질의 총칭. 1992년 유엔환경개발회의(리우회의)에서는 전 지구 규모의 오염이 지적되었고, 폴리염화바이페닐(PCB), 디클로로디페닐트리클로로에탄(DDT) 등에 대하여 '잔류성유기오염물에 관한 스톡홀름협약'이 채택되었다(2001년). 일본은 2002년에 서명했다[한국은 2001년]. 협약 채택 시에는 PCB, 다이옥신(dioxins), 퓨란(furans), 알드린(aldrin, 토양살충제), 디엘드린(dieldrin, 살충제), DDT(살충제), 엔드린(endrin, 살충제), 클로르데인(chlordane, 제초제), 헥사클로로벤젠(hexachlorobenzene, 살충제), 미렉스(mirex, 화염억지제 또는 살충제), 톡사펜(toxaphene, 살충제), 헵타클로르(hepachlor, 토양살충제) 등 12물질이 환경 중 잔류 가능성이 높은 화학물질 대상이 되었다. DDT와 톡사펜 등에 대해서는 제조, 사용, 수출입이 금지되었고 다이옥신류 등 비의도적 생성 물질에 대해서는 배출 목록 작성을 실시했다. 또한 나라별 연간 배출량 감소에 기술적으로 이용 가능한 적정기술 활동과 배출 기준을 설정하고 있다. 금속 제련 공정이나 쓰레기 소각 등에서 발생하는 다이옥신류의 배출 감축은 이런 구조에서 규제되고 있다. 2011년에는 새로운 잔류성유기오염물질로 폴리브롬화디페닐에테르(PBDEs, Polybrominated diphenyl ethers), 클로르데콘(Chlordecone), 헥사브로모디페닐(Hexabromodiphenyl), 린단(y-HCH), 알파 헥사클로로사이클로헥산(Alphahexachlorocyclohexane), 베타 헥사클로로사이클로헥산(BetahexachlorocycloHexane), 과불화옥탄술폰산(PFOS, Perfluorooctane sulfonic acid), 퍼플루오로옥탄설폰산(PFOSF), 펜타클로로벤젠(Pentachlorobenzene, PeCB) 등이 추가되었다. 앞으로 새로운 POPs을 발생시키지 않으려는 노력과 지금까지 제조 사용된 POPs, 특히 PCB와 매장된 농약류의 적정 처리를 진행해야 할 필요가 있다.

잡목림
coppice forest

단일종으로 조성된 인공림이 아니라 활엽수를 중심으로 여러 가지 수종으로 구성되어 있는 산림이며, 사람의 이용으로 유지되고 있는 반자연(이차적자연)의 식물군락의 하나이다. 신탄림이 대표적이며, 땔감이나 숯으로 이용되어 20~30년마다 반복적으로 벌채하기 때문에 맹아(萌芽, 풀이나 나무에 눈이 새로 돋아 나오는 것) 재생력이 강한 솔참나무, 상수리나무, 까치박달나무 등의 수종이 가장 많이 선택된다. 신탄이나 목재로 이용하기 위해 적당히 간벌하고 낙엽은 비료로 사용한다. 또한 임상층의 산나물이나 버섯, 산간 주변의 덩굴 등도 이용하기 때문에 임상층이 밝은 숲이 된다. 이러한 환경은 얼레지, 은난초 등의 식물이나 기후나비, 왕오색나비, 작은 녹색부전나비와 같은 나비류 등 많은 생물의 서식지가 된다.

그러나 20세기 중반 이후, 신탄에서 화석연료로의 에너지 전환과 화학비료 보급에 의해 잡목림의 퇴비 채취가 감소했다. 잡목림의 역할이 쇠퇴하고 방치되자 식생은 변화했다. 더욱이 일본은 1980년대 후반 버블경기로 인해 토지가 투기의 대상이 되고 이에 잡목림이 골프장 등으로 바뀌면서 많은 잡목림 식물의 멸종이 우려되고 있다. 잡목림의 보전을 위해서는 계속적인 관리가 필요하며 다양한 산림자원을 이용하는 전통적 지혜의 전승이 중요하다.

장 자크 루소
Jean-Jacques Rousseau

스위스 태생의 철학자이자 교육사상가, 작가(1712~1778). 프랑스 혁명을 사상적으로 이끌었다. 주요 저서로 1762년에 발표한 『사회계약론』, 『에밀』 등이 있다. 종래의 가치관과 전통에서 해방된 개인을 이상적으로 본 철학사상가로서 활약했다. 인간이 사회 속으로 들어가는 것을 악덕, 허식, 차별 등 모든 악의 근원으로 보고 자연 상태에 있는 인간을 선으로 삼았다. 이러한 자연 예찬 사상을 근간으로 루소는 그의 책 『에밀』에서 가상의 어린이인 에밀에게 자연의 질서에 따라 교육을 시도하고 있다.

재배어업
farming fishery/sea farming

기르면서 얻는 재배업 과정을 거쳐 방류해서 포획하는 어업의 생산체계를 말한다. 1963년에 일본 수산청에 의해서 만들어진 신조어로 회유성 어류와 조개류의 증식 등에 한정되어 사용되었다. 어류를 수조나 활어조에서 길러서 출하할 수 있을 정도의 크기까지 인간이 관리하는 양식어업과 달리 알에서부터 치어가 될 때까지는 인간이 기르고 그 어류와 조개류가 성장할 수 있도록 바다에 방출하여 자연적으로 바다에서 성장하게 하여 어획하는 것이다. 일방적으로 잡기만 하던 어업의 방법에서 벗어나 재생산하는 어업이기 때문에 주목받고 있다. 사업을 하는 경제적 입장에서 보면 방류한 어류의 회수율과 고가의 어류를 확보하는 것이 관건이라고 할 수 있다.

재사용
reuse

한번 사용했던 제품을 다시 제품으로 사용하는 일로서 3R 중 하나이다. 예를 들어 연령이 낮은 형제자매에게 옷을 물려주는 일, 망가진 기계를 수리하여 재사용하는 것 등이 있다. 일본에서는 옛날부터 재사용 문화가 있었지만, 대량생산 등으로 제품 단가가 내려가고, 기계 등의 구조가 복잡해지면서 재사용을 하지 않고 폐기하는 일이 많아졌다. 그러나 오늘날에도 가구나 가전제품 등은 재활용하는 가게에서, 옷이나 일상 잡화 등은 바자회나 벼룩시장에서, 자동차는 중고판매 등으로 재사용이 정착되었다.

재해예측지도/ 위험지도
hazard map

주로 지진·화산·홍수·해일·토사 붕괴 피해 등의 자연재해로 발생하는 피해를 예측하고 위험 지역을 예상해 작성하는 지도. 예상되는 재해 원인에 따라 각각 다른 지도 작성이 필요하다. 2000년 우스 산 화산 분화 시에 정부와 주민, 연구자가 연계해 재해예측지도 작성을 포함한 일상적 방재에 대한 대처를 강화한 결과 '인적 피해 제로'라는 획기적인 성과를 냈다. 최근에는 전국적으로 방재 의식이 높아지고 피해 범위와 정도의 예상뿐만 아니라 피난 경로와 피난 장소를 명시한 재해예측지도가 준비되었다. 덧붙여 재해예측지도에 위험지역으로 표시되지 않은 부분은 안전하다는 틀린 해석 때문에 역으로 방재 의식을 저하시키는 결과가 나오고, 방재 시 피난 행동에 지장을 주게 될 가능성이 있다는 것도 주의해야 한다.

재해 폐기물
Disaster waste

재해는 지진이나 해일, 태풍, 홍수, 화산폭발, 화재 등 여러 원인에 의해서 일어나는데, 재해에 따라 생기는 대량의 재해 폐기물 대책이 큰 문제가 되고 있다. 재해의 원인과 지역사회의 산업 형태, 건축물 밀도로 인해 발생하는 환경문제나 폐기물 문제에 관한 성질은 여러 가지 원인이 있으며, 개별 재해에 따라 발생하는 환경의 영향과 폐기물의 성격도 크게 달라지기 때문에 일반화하기는 어렵다. 지진이나 해일로 발생하는 재해 폐기물은 ①건축물의 파괴에 의해 발생하는 합성 목재, 콘크리트 조각, 기와 등 ②가전제품과 각종 가구 ③자연에서 발생하는 풀과 나무 종류 ④대형 구조물 ⑤퇴적물(토사, 저질의 진흙 등) ⑥자동차와 선박 ⑦유해 폐기물(석면, 농약류, PCB 등) ⑧대피소의 쓰레기 ⑨감염성 폐기물과 사람, 동물의 사체 등이다. 이런 폐기물의 재활용 가능성도 고려하면서 적정한 처리와 처분 방법을 검토, 실행해야 한다.

세계적으로 보면 21세기 초만 해도 2004년 인도양 지진해일, 2005년 허리케인 카트리나, 2008년 사천대지진 그리고 2011년의 동일본대지진 등 큰 재해가 발생하고 있다. 동일본대지진에 따른 폐기물 발생량은 일본 정부의 공식 발표로 2,500만t이라고 보고되었으나 그 후에 해양 유출분이 약 480만t 있다고 보고되었다. 또한 해저로부터 끌어올린 퇴적물 등을 포함하면 4,000만t 이상이 될 가능성이 있으며 이것은 일본의 1년간 일반폐기물에 필적하는 양이다. 한신·아와지대지진 때는 1,500만t 정도였기 때문에 그것을 크게 상회하는 폐기물 발생이라고 할 수 있다. 2008년 사천대지진 때는 2,000만t, 2004년 인도양 지진해일 때는 1,000만m³(인도네시아)의 재해폐기물이 발생했다는 보고가 있었으며, 이러한 대규모 재해 때는 수천만 톤의 폐기물 발생을 각오해야 한다. 재해 폐기물 처리의 기본 방침으로는 ①공공위생의 확보와 유해폐기물 대응 등을 염두에 두고 긴급 처리·처분을 행하는 것 ②물 환경과 생활환경을 배려한 잠정의 가설 장소를 정해서 일정의 분별을 행하는 것 ③복구·부흥을 위한 자원 활용과 재활용을 생각할 것 ④재해 폐기물과 재활용에 대한 지역 고용과 광역 연계를 추진하는 것 등을 들 수 있다.

제1의 공공위생 대책으로는 유기성 부패물 대응을 우선으로 해야 하며 이것들은 도시와 마을로부터 빠르게 배제, 또는 부패를 늦추는 처리 등을 할 필요가 있다. 유해폐기물(석면, 농약류, PCB 등)에 대해서는 소재 확인과 함께 각각의 적정 처리를 위한 노력이 필요하다. 제2의 가설장소에 대해서는 폐기물 집적지를 빠르게 정하고 부폐물, 가연물, 불연물, 쓰레기, 유해폐기물 등으로 분리·보관한다. 화재를 방지하기 위해서 높게 쌓지 말고 물과 토양에 오염되지 않도록 유의해야 한다. 피해 장소에서 쓰레기 등을 순조롭게 철거하기 위해서는 이와 같은 잠정의 가설 장소의 역할이 매우 중요하다. 모든 지역에서 재해 발생을 대비하여 사전에 잠정의 가설 장소를 선정하고 폐기물 이동 동선 등을 정해야 한다. 재해폐기물은 빠르게 철거하는 것에만 관심을 두는 경우가 많은데 처분장의 낭비와 중요한 자원의 재이용을 위한 재활용의 가능성을 처음부터 모색하는 것 역시 중요하다. 콘크리트 조각 등은 복구·부흥하는 단계에서 재활용하고 나무쓰레기 등은 발전 등에 이용하여 화석자원을 대체하는 것으로도 생각할 수 있다.

재활용
recycle

생산과 유통, 소비라고 하는 일련의 과정 속에서 불필요하게 된 폐기물을 다시 원재료로 활용하는 것을 말한다. 폐기물의 삭감과 자원 소비 억제의 효과를 기대할 수 있다. 3R(감량화: reduce, 재사용: reuse, 재활용: recycle)이라고 부르는 폐기물 삭감의 대책 중 재활의 하나이다. 자연이 가진 정화작용을 인간의 기술로 보완하여 만들 수 있다. 재활용에는 폐기물을 원재료의 수준까지 되돌리는 소재를 이용하는 물질재활용(물질회수)과 소각했을 때 나오는 열을 이용하는 열 재사용(열회수)이 있다. 또한 폐플라스틱 등에 열과 압력을 가해 원래의 석유나 화학원료로 되돌리는 화학적재활용도 있다.

오늘날 가전재활용법이나 식품재활용법과 같은 재활용이 의무화된 제품도 있다. 일상생활에서도 병이나 캔류, 폐지, 박스 등은 지자체 등을 중심으로 재활용을 위해 회수되고 있다. 그러나 재사용을 위해서는 그 과정에 에너지나 자원 재투자가 필요하게 되어 새로운 오염이 발생할 가능성도 있다. 재활용이 유효한지 여부는 제품에서 자원 조달, 제조, 유통, 소비, 폐기의 전 과정에서 발생하는 환경부담을, 재활용하지 않는 경우나 다른 방법 등과 비교 검토해야 한다.

재활용 쓰레기
recyclable waste/recyclable garbage

회수, 운반, 처리의 능력이나 기술에 의해 재활용, 재자원화가 가능한 쓰레기를 말한다. 예전에는 많은 자치단체에서 가정 쓰레기를 '타는 쓰레기', '타지 않는 쓰레기', '대형 쓰레기(냉장고, 옷장, TV 등을 뜻함)' 3종류로 나누어 소각, 매장했다. 그러나 최종 쓰레기 처리장의 수용 능력이 한계치에 다다르고 새로운 매장 후보지를 좀처럼 찾지 못하는 상황이 발생하여 쓰레기 중에서 자원이 되는 것을 따로 회수하여 재자원화하는 것으로 쓰레기 총량 감소를 꾀하게 된 것이다. 현재 재활용 쓰레기라고 불리는 것은 주로 알루미늄 캔, 철로 된 캔, 병, 건전지, 페트병, 폐지, 골판지 상자, 천 등이 있으며 회수 방법과 종류는 자치단체에 따라서 다르다. 또한 지역의 소매점 등에서는 하얀색 식품 상자, 우유 팩 등을 회수하고 있는 곳도 있다. 환경의식의 향상과 함께 분리수거의 진전과 재자원화가 가능한 쓰레기가 증가하고 있는데, 이것이 자원의 순환율을 상승시키고 있다.

그러나 재활용 쓰레기는 회수해도 채산성이 낮아 결국 쓰레기로 돌아갈 가능성도 있다. 자원에 대해서는 기업의 생산업자 책임, 소비자인 배출자 책임, 재활용할 때의 에너지, 자원의 재투입 등도 생각해야 하는 등 많은 문제가 있다.

재활용 용기
returnable bottle

소줏병, 맥주병, 우윳병과 같이 회수하여 씻어서 다시 사용하는 병을 재활용 용기라고 한다. 강철 캔이나 알루미늄 캔, 한 번밖에 사용하지 않고 버리는 용기보다 자원 소비가 적다. 또한 재활용 용기는 회수나 세정 시설, 재충전 시설이 소비지에 가까울수록 수송 등의 부담이 적어져서 유리하다. 지역의 중소 음료 회사를 지원하는 효과도 있어서 재활용 용기 이용을 활성화하도록 하는 활동이 각지에서 전개되고 있다. 그러나 캔이나 페트병 등 취급하기 쉬운 가벼운 용기가 많아서 재활용 용기의 사용량은 감소하고 있다. 보급을 위해서는 소비자의 생활 방식이나 소비 행동 등의 변화 외에 생산자나 유통업자 등의 협력 등이 필요하다.

저탄소 사회
low carbon society

지구온난화 방지와 지속가능한 사회·경제를 구축하기 위한 사회의 본질로서 사용되는 용어다. 영국의 「에너지 백서」(2003년)에서 저탄소 경제(low carbon economy)라는 말이 사용되었고, 일본에서는 2007년경부터 이것에 상응하는 용어로 저탄소 사회가 사용되기 시작했다.

화석연료 의존도를 줄이고 지구온난화의 원인이 되는 이산화탄소 배출이 매우 적은 저탄소 사회는 ①신재생에너지의 비율을 대폭 높이고 ②전기나 열 이용에 따른 CO_2 배출을 크게 삭감하고 ③마을의 간결화로 이동을 최소화해 편이성을 높이고 ④산업·비지니스 활동에서도 에너지 사용량이 적은 것을 추구함으로써 실현된다.

저탄소 사회의 실현에는 적절한 대책 도입이나 투자, 혹은 최신의 기술을 투입하는 것과 함께 라이프스타일, 가치관의 전환이나 기존의 권익을 타파하는 것과 같은 커다란 개혁이 요구된다.

적색자료집·적색목록
red data book·red list

멸종위기종에 관하여 적색목록 평가기준에 근거하여 대상이 되는 생물종의 생태와 분포, 서식상황, 멸종요인 등에 관하여 더욱 자세한 정보를 정리한 책자를 말한다. 적색목록은 대상이 되는 종을 멸종 위험성에 대응하는 몇 개의 순위로 분류하여 리스트를 정리한 것이다. 기재된 종은 멸종(EX), 야생멸종(EW), 멸종위기IA류(CE), 멸종위기IB류(EN), 멸종위기Ⅱ류(VU), 준멸종위기(NT), 멸종의 위험이 있는 지역개체군(LP), 정보부족(DD)의 하나로 분류된다. 적색목록과 적색자료집은 종의 보전을 통해 생물다양성을 지키는 것을 목적으로 작성된 것이 공통이다. 세계의 생물에 대하여 국제자연보호연합(IUCN), 일본에서는 환경성 외에도 수산성, 지자체, 학술단체, 민간단체 등이 독립 또는 상호협력해서 유사 평가기준에 근거하여 적색목록을 작성했다.

기재된 종의 정보는 생물다양성 보전 면에서는 아주 유용한 것임에도 불구하고, 대부분 법적인 보호대상이 의무화되어 있지 않은 것과 조직 평가 방법의 차이에 따라 동종에 대한 평가가 일치하지 않는 것이 문제점으로 지적되고 있다.

✚ 한국은 2011년부터 환경부 국립생물자원관을 주축으로 적색자료집 발간 사업에 착수하여, 2011년에 조류, 양서류·파충류, 어류에 대한 적색목록, 2012년에는 포유류, 관속식물, 곤충I, 연체동물에 대한 적색목록이 발간되었다.

재적설
snow layer/snowfall

기상청의 정의로는 딱딱한 형태의 강수가 쌓인 것을 적설이라 하고 있다. 강설 직후의 적설은 가볍지만, 적설은 시간의 경과와 함께 서서히 굳어져 동시에 무거워진다. 아울러 새로운 눈의 밀도는 $0.3g/cm^3$ 이하이다.

강설량이 많은 지역에서는 자신의 집과 주변 지역의 제설·배설은 중노동임과 동시에 그러한 지역에서는 고령화율이 높아 눈을 처리하는 일은 큰 과제가 되고 있다.

적조
red tide

해양과 호수, 늪에 플랑크톤이 과도하게 번식하여 표면으로 떠올라 물 색깔이 변해 보이는 현상을 말한다. 수면의 색이 변하는 것은 플랑크톤 종류에 따라 다르지만, 적갈색이 많아서 '적조'라고 부른다.

식물 플랑크톤의 증식은 부영양화가 원인이고, 수중의 산소가 부족해져 어류와 조개류 등의 대량 살생을 부른다. 수질 정화 기능을 가진 갯벌의 감소도 적조 발생과 관계가 있는 것으로 보인다.

도쿄 만, 세토 내해, 이세 만, 오사카 만 등의 연안 안쪽의 만에 빈번히 적조가 발생하는 것 이외에도 비와호 등의 담수 지역에도 플랑크톤의 이상 번식으로 물이 적색화되는 현상을 '담수적조'라 한다.

1975년 비와호 적조의 주요 원인이 합성세제에 포함된 '인'이었기 때문에, '인'의 사용 금지를 호소하는 운동이 일어났다. 그 결과 시가 현은 '비와호 부영양화 방지협약(세제협약)'을 제정했다. 그 후 세제업계는 '인이 없는' 합성세제를 개발하기 시작했다.

전략환경영향평가
strategic environmental assessment

기존의 '환경평가'는 일반적으로 환경에 영향을 끼치는 현저한 위험이 있는 사업에 대해 그 실시 단계에서 환경영향의 예측과 평가를 실시하는 것이다. 이에 반해 '전략환경영향평가(SEA)'란 개별의 사업 실시에 앞서 시책의 수립·계획 단계(전략적 의사결정 단계)에서 환경에 대한 영향 예측과 평가를 실시하여 그 의사결정에 반영시키려는 평가를 말한다. 기존의 환경평가와는 달리, 정책(policy), 계획(plan), 프로그램(program)의 '3P'를 대상으로 하고 있는 것도 있고, 이른 단계에서 좀 더 광범위한 환경 배려를 할 수 있는 구조이다.

일본에서는 2002년 무렵부터 공공사업의 SEA에 관련한 제언과 가이드라인이 수립되었지만, 2008년에는 국토교통성에서 '공공사업의 구상 단계의 계획 수립 프로세스 가이드라인'을 수립하여 환경을 포함한 다양한 관점을 바탕으로 판단하는 계획 수립 프로세스의 표준적인 사고방식을 제시했다. 환경성에서도 2007년에 '전략적 환경평가 도입 가이드라인'을 수립하여 사업의 위치·규모 등의 검토 단계에서 SEA에 대한 공통적인 절차·평가 방법 등의 지침을 나타냈다.

한편 지자체에서는 2002년에 사이타마에서 '전략적 환경영향평가 실시요강'을 수립한 것을 시작으로, 2012년 현재 6개의 도, 현, 시에서 SEA의 개념을 포함하는 조례·요강이 만들어졌다.

이러한 흐름에서 2011년에는 환경영향평가법이 개정되어 방법서를 작성하기 전의 절차로 '배려서'를 작성하는 절차가 법제화되었다. 그러나 이 개정에서도 사업의 검토 단계보다 상위의 계획과 정책의 수립 단계에서의 환경 배려 절차는 포함되어 있다.

➕ 한국의 전략환경영향평가는 기존의 상위 행정계획 및 개발기본계획에 대한 사전환경성검토가 개편된 환경평가 유형으로, 정책계획 및 개발기본계획을 대상으로 "환경에 영향을 미치는 상위 계획을 수립할 때에 환경보전계획과의 부합 여부 확인 및 대안의 설정·분석 등을 통하여 환경적 측면에서 해당 계획의 적정성 및 입지의 타당성 등을 검토하여 국토의 지속가능한 발전을 도모(현행법 제2조)"하는 것으로 정의된다.
※ 출처: 국토환경정보센터

전시
display

일반적으로는 미술품, 상품 등을 진열하여 일반에게 공개하는 것을 말한다. 환경교육에서는 교육 목적의 달성이나 학습자의 흥미나 관심을 충족시키기 위해 각각의 환경교육 목적에 부응하는 생물의 표본이나 여러 가지 메시지를 포함한 교재가 전시된다.

전시하는 장소나 참여하는 학습자에 따라 전시 내용도 달라진다. 예를 들어 학교 교실 전시에서는 반에 소속된 어린 학생들이 주된 대상이 되고 전시물은 아이들이 조사 학습으로 만든 발표 자료 등이 사용된다. 또 지역의 시설 전시에서는 그 지역의 동물 박제나 쓰레기 처리 시스템의 모식도 등이 전시되기도 한다.

전시물 내용은 교육이나 기획의 목적에 따라 물건, 포스터, 영상, 음성 등 다양한 매체를 생각할 수 있다. 예를 들어, 송사리나 붕어 등 지역의 생물을 수조에 넣어 살아 있는 채로 전시하는 것도 가능하다.

전시의 방법에서도 다양한 아이디어를 생각할 수 있다. 나라별 지역별의 전시나 학습자가 스스로 활동하고 만질 수 있는 '핸즈온(hands on)'이라고 불리는 체험형 전시도 있다. 어떤 곤충 전시 시설에서는 나비를 넓은 돔에 풀어놓고 관객이 들어가 아주 가까이서 생태 모습을 관찰할 수 있게 했다. 이와 같이 자연에 가까운 생태계를 복원하고 전시하는 것을 '생태 전시'라고 한다. 또 각각의 생물종이 가진 특성적 행동을 이끌어 내 전시하는 것을 '행동 전시'라고 한다.

전염병의 대유행 /팬데믹
pandemic

감염증(전염병)이 세계적으로 혹은 여러 국가에 걸쳐 광범위하게 유행하는 것으로 세계적 대유행으로도 번역된다. 어원은 그리스어 'pan(모두)' + 'demos(사람)'. 역사적으로는 14세기 유럽에서 전 인구의 30%가 사망한 흑사병(페스트) 외에 천연두, 말라리아, 콜레라 등의 대유행 기록이 남아 있다.

최근 팬데믹은 인플루엔자 팬데믹과 같이 사용되는 경우가 있다. 1918~1919년에 세계에서 2,300만 명이 사망한 스페인 독감, 1957년 아시아 독감, 1968년 홍콩 독감이 있고 2009년의 신종인플루엔자 A(HINI)에 대해서는 세계보건기구(WHO)가 팬데믹 선언을 했다. 또 고병원성 조류 인플루엔자는 바이러스의 충돌변이로 사람이 사람에게 옮기는 감염이 위험시되어 중증 급성 호흡기증후군(SARS) 등과 함께 팬데믹 우려가 있는 전염병으로 WHO가 경계하고 있다.

신종인플루엔자로 인한 팬데믹에 대한 대책으로 백신 개발 외에 일본에서는 후생노동성이 '신종인플루엔자 대책행동계획, 가이드라인'을 발표·개정하고 지방자치단체도 행동계획을 수립했다. 그러나 개인, 가정, 지역에서의 사전 예방, 사후 확대 방지가 가장 효과적인 수단으로, 면역력이 낮은 아이들은 학교 등에서 조직적·체계적으로 예방·방지법을 학습하는 것이 중요하다.

➕ 세계보건기구는 2020년 3월 신종 전염병 코로나19(COVID-19)에 대해 팬데믹을 선언했다. 2021년 1월 현재 코로나19 감염 확진자는 전 세계 95,042만여 명을 넘어섰고 사망자는 2,030만 명에 육박한다.

전자기파(전자파)
electromagnetic wave

전기가 흐를 때 발생하는 전장이나 자장의 변화에 의해 형성되는 파동으로 진공 공간에서도 전달된다. 주파수(Hz, 파가 1초 간 왕복하는 횟수)에 의해 전자파의 종류가 다르다. 주파수가 높은 것 순으로 방사선(감마선, X선 등), 빛의 종류(자외선, 가시광선, 적외선) 그리고 전파(휴대전화, TV나 라디오 송신 등)로 나눌 수 있다. 휴대전화나 고압선에 의한 저주파전자파는 건강에 해를 끼친다고 지적되며, 2011년 국제암연구기관(IARC)은 휴대전화에서 나온 전자파로 인해 뇌종양의 위험이 높아질 우려가 있다고 보고했다.

전쟁과 환경
war and environment

|의미| 많은 생물종, 특히 그것들의 서식·생육지에 한순간 치명적인 타격을 주는 가장 파괴적인 행위다. 피해는 전쟁 중에만 발생하는 것이 아니다. 무기 제조 시의 천연자원의 방대한 낭비를 비롯하여 무기의 시험 사용과 정비 불량에 의한 오염물질 유출, 군사기지의 설치가 주변 지역에 미치는 영향 등 무장 상태를 유지하고 있는 것만으로 환경에 많은 악영향을 주고 있다. 군사 활동은 환경보전과 전혀 맞지 않는 상극에 위치하는 것이라 말할 수 있다.

|군사기지 건설에 의한 자연파괴| 군사기지는 군사거점이라는 성질상 군사표적이 될 가능성이 높고 주변 일대는 그 피해에 노출되는 위험에 상시 놓여 있다고 봐도 좋다. 소음, 진동, 사고에 의한 연료와 중금속 등의 유출, 생물화학병기 등의 위험한 오염물질유출에 의한 피해로 기지 주변의 주민과 자연은 항상 위협받고 있으며 실제적으로 해를 받고 있다. 이에 관한 대부분의 정보는 군사기밀로 은폐되어 있어서 대처가 늦어지게 되고 문제를 한층 더 심각하게 만들고 있다.

기지 건설이 주변 환경에 미치는 영향에 대해서도 무시할 수 없다. 예를 들어 일본 정부와 미국 정부가 오키나와 섬의 헤노코에 계획하고 있는 미군비행장 건설을 위해 산호초가 매립되면서 천연기념물과 멸종위기종으로 지정된 듀공(현재 50마리 미만)의 중요한 서식지도 파괴될 위기에 처했다. 오키나와 방위국의 조사는 조사 그자체가 듀공과 산호에 악영향을 미치는 것뿐 아니라 환경영향평가법에도 위배되는 내용이었다. 직접 무기를 사용해서 일어나는 영향뿐 아니라 군사 관련 시설이 건설되는 것만으로도 직간접적으로 지역주민과 자연이 위협받고 있다.

|이라크 전쟁과 기름오염| 1991년에 일어난 이라크 전쟁에서는 쿠웨이트의 석유기지 파괴로 1,000만 배럴 이상의 원유가 페르시아 만으로 흘러들어 해안선의 약 650km까지 오염되었다. 해안부의 맹그로브와 산호초의 일부는 죽고 어패류를 비롯하여 듀공, 돌고래, 수달, 바다거북, 조류 등 그 일대에 서식하는 생물은 상당한 피해를 받았다. 기름오염뿐 아니라 유전이 불타 매연과 유해가스 발생에 의한 대기오염이 더해져 피해가 더욱 확대되고 심각한 환경 피해가 초래되었다.

일대의 생태계가 원래대로 돌아오기까지 얼마나 긴 시간이 걸릴지 예상조차 되지 않을 정도이다.

| 베트남 전쟁과 고엽제 피해 | 베트남 전쟁에 사용된 고엽제의 살포량은 미국 국무성이 상세한 정보를 공개하지 않기 때문에 명확한 수치는 모르지만, 남베트남을 중심으로 7,200만L가 205만ha 이상으로 살포되었다고 추정하고 있다. 그 결과 광범위한 지역에 걸쳐 식생의 철저한 파괴에 의해 야생생물은 상당한 피해를 받아 현재도 그 지역의 농림수산업은 회복하지 못하고 있다. 게다가 고엽제로 오염된 물과 식물을 섭취한 주민의 유산, 기형과 선천적 이상 등 이상 출산이 아직도 계속되고 있어 심각한 상흔을 남겼다.

| 전쟁의 끝에 남은 것 | 전쟁의 광기 끝에 남은 것은 인간뿐 아니라 다툼에 전혀 관계없는 야생동물에게도 향하게 된다. 무차별적으로 모든 생명이 희생되고 원상회복이 거의 불가능하다는 것이 모든 전쟁의 공통된 사항이다. 인간도 자연도 미래도 모두 빼앗아버리는 것이 전쟁이다.

절수
water saving

수자원은 유한하고 지구상의 물 중 담수는 불과 2.5%밖에 되지 않는다. 세계 인구는 늘어나고 있고, 세계 각지에서 물 부족, 수질오염이 심각해지고 있다. 이 자원을 지속적으로 이용하기 위해서는 절수를 포함한 적절한 수자원 관리가 필요하다.

일본의 경우 생활용수의 1인당 사용량은 평균 300L로 화장실, 목욕용으로 사용하는 물이 많다. 자원의 절약 관점에서 물을 틀어 놓은 채 쓰는 것을 피하는 등 각 가정에서 여러 가지 노력을 하고 있다. 최근에는 절수형 변기와 세탁기가 개발되었고, 설비·기기를 바꾸어 물을 아낄 수 있게 되었다. 물의 이용과 함께 댐으로부터의 취수, 급수를 위한 송수펌프의 가동, 정수장에서 정수 시 대량의 전기 사용처럼, 절수는 에너지 절약 활동에도 연결된다.

정맥산업
(재활용산업)
recycling industry

산업을 생물의 혈액 순환에 비유하여 생산을 동맥, 폐기물 처리 및 재활용(역생산)을 정맥이라고 하는데, 이때 정맥 쪽에 해당하는 산업이다. 제품 등에 사용되는 물질이 순환하고 있는 것으로 사회에 지속가능성이 있음을 나타낸 말이다. 폐기물 처리는 생산·소비의 종착점으로 산업사회의 뒤처리 역할로 자리잡아 왔다. 그러나 폐기물 처리 시설의 부족과 폐기물로 인한 오염이 심해짐에 따라 폐기물 처리도 산업의 일부로 보아야 할 필요가 생겼다. 폐기물은 오염원이지만 동시에 자원이기도 하며 생산에서도 나중에 다시 자원화하는 것을 전제로 도입되어야 한다.

정보공시
disclosure of information

이해관계자가 적정한 판단을 내릴 수 있도록 정보가 공개되는 것이다. 환경 보고서 가이드라인이나 환경 회계 가이드라인의 발표로 환경에 대한 부담과 배려에 관한 정보 공개가 활발해졌다. 공공재인 환경을 이용하여 결과적으로 환경에 부담을 발생시킨 기업이나 조직에게 환경을 어떤 식으로 이용해 부하를 발생시켰는지, 환경 배려를 위한 노력과 성과 등을 사회에 명확하게 설명해야 할 책임이 있다. 환경 경영은 기업의 생존 전략이기도 하고 어떤 정보를 공개해야 이해관계자에게 이해와 평가를 얻을 것인가는 핵심 과제다. 기업의 정보공시와 동시에 행정 부문에서도 한층 더 높은 수준의 정보공개가 요구된다.

정부개발원조
official development assistance, ODA

선진국의 정부기관 또는 국제기관이 개발도상국의 경제·사회발전과 복지 향상을 목적으로 행하는 기술 지원과 자금 협력을 말한다. 정부개발원조는 두 나라 간 원조와 다국 간 원조로 나뉜다. 두 나라 간 원조는 ①선진국이 자국의 기술·지식·경험을 살려 개발도상국의 사회·경제개발을 짊어질 인재육성을 하는 '기술협력' ② 개발도상국에 필요한 자금을 저금리 또는 반환기간이 긴 조건으로 개발도상국의 발전을 지원하는 '유상자금협력' ③개발도상국에 상환의무를 부과하지 않고 경제사회개발을 위해 필요한 자금을 증여하는 '무상자금협력'의 세 가지와 자원봉사 파견 등이다. 다국 간 지원은 선진국이 유엔개발계획, 유엔인구기금, 유엔아동기금, 세계은행, 국제개발협회, 아시아개발은행 등 국제기관에 자금을 내거나 출자하는 것으로 개발도상국에 대한 간접적인 형태로 원조하고 있다.

ODA는 개발도상국의 사회적 약자가 자기 내부의 힘을 길러 적극적으로 자신을 창출할 수 있도록 주민 생활 개선, 환경문제 해결 등을 위해 지원하고 있다. 그러나 원조수입국의 정책, 개발계획에 참여하는 것이 어려워 지원 효과를 충분히 얻을 수 없는 상황도 있다.

제로 에미션
zero emission

산업 활동에서 배출된 모든 폐기물을 다른 산업의 자원으로 활용하는 것으로, 최종적으로 폐기되는 것을 일절 배출하지 않는 자원 순환형 생산을 목표로 하는 사고방식. 구체적으로는 생산 공정에서 나오는 폐기물의 전부를 재활용하거나 원재료를 다시 사용하여 제품을 만드는 것으로 폐기물 발생량을 줄이기도 한다. 재활용과 원재료의 유효 이용은 폐기물 처리와 발전으로 발생하는 온실가스의 삭감도 기대할 수 있다. 국제표준화기구(ISO)가 발행한 환경관리의 국제규격ISO14001의 보급과 매립 처리 비용의 상승으로 인해 기업에서는 공장의 제로 에미션을 목표로 하는 움직임이 일고 있다.

영어권에서 제로 에미션은 배기가스를 배출하지 않는 엔진과 자동차에 이용되는 경우가 많다.

제벌·간벌
(除伐, improvement cutting)(間伐, forest thinning)

주로 인공림에서 육성 대상의 나무 성장을 방해하는 다른 나무 종을 제거하는 작업을 제벌(除伐)이라 한다. 또 입목(立木) 밀도가 높은 종내 경쟁의 격화로 산림 전체의 건전성을 잃는 것을 방지하기 위해 입목의 일부를 벌채하고 적정한 밀도를 유지하는 작업을 간벌(슈아베기)이라 한다. 제벌과 간벌은 목적은 다르지만, 실제 작업에서는 이 둘을 구별하지 않고 사용하는 경우가 많다. 간벌은 산림의 건전화가 목적인 보육간벌과 간벌재 이용이 목적인 이용간벌로 나뉜다. 또 벌채·반출 작업을 우선으로 하는 정량간벌(예상간벌 등)과 수목의 형질에 따라 벌채목을 고르는 정성간벌이 있다. 최근에는 간벌목 반출 비용이 높아서 숲속에 간벌목을 방치하는 '베고 버려진 간벌'이 문제가 되고 있다.

제염
decontamination
(of radioactive substances)

오염물질을 제거하는 것을 말하는데, 후쿠시마 제1원자력발전소 사고 이후에는 모든 방사성물질이 부착된 물질에서 방사성물질을 제거하는 것을 말하게 되었다. 이 항목에서도 방사성물질 제거에 한정하여 서술한다.

기체 또는 액체 제염은 방사성물질이 금속이온이라는 점을 이용하여 제올라이트 등 다공질무기물에 흡착시켜서 제거한다. 고체 제염은 고압수를 이용하여 액체로 방사성물질을 이동시켜 그 액체를 제거하는 것을 반복한다. 방사성물질을 흡착시킨 다공질무기물은 고농도로 농축시켜 보관한다.

제염 작업을 함으로서 학교 등의 운동장 흙속의 방사능 농도를 저감시키고 아동과 학생의 연간 피폭선량을 1mSv(밀리시버트) 이하로 할 수 있게 되었다. 또 발전소 내 방사선을 많이 받은 지역, 예를 들어 방의 벽면, 배관의 내 외부, 마루 등을 작업원의 피폭을 저감시키기 위한 목적으로 제염할 수도 있다.

그러나 제염은 어느 물질에 부착해 있는 방사성물질을 다른 물질로 이동시켜 농축시키는 것에 지나지 않아 방사성물질을 소멸시키는 것은 아니다. 거꾸로 고압수를 이용하여 물이 해수로 유출되는 등 제염에 의한 방사성물질의 확산도 유념해야 한다.

제인 구달
Jane Goodall

영국의 동물행동학자이며 영장류학자이자 인류학자(1934~)이다. 침팬지 연구로 세계적 권위를 인정받아 유엔 평화대사도 맡았다. 26세 정도부터 탄자니아 곰비의 동물보호지구에서 침팬지 조사를 시작했다. 인간만이 도구를 사용한다는 당시의 통념을 뒤집으며, 침팬지가 도구를 사용하는 행동과 육식 행동, 개체에 따른 성격 차이 등을 발견했고, 영장류 생태 연구에 혁신적 진보를 이루어냈다. 1977년 야생동물 연구·교육·보호 단체인 제인구달연구소(JGI)를 설립했고 청년을 위한 환경교육 프로그램 루츠 앤 슈츠(Roots&Shoots) 등을 제안했다. 현재는 환경보호 활동가로서 전 세계에서 강연 활동을 계속하고 있다.

제초제 내성
herbicide resistance

특정 제초제에는 제거되지 않는 식물의 성질. 이 성질을 가진 품종은 기존의 교배와 선발(選發)이 아닌 유전자조작으로 만들어지며, 콩과 옥수수, 유채에서 행해지고 있다. 작물의 성장 후에도 제초제가 사용될 수 있기 때문에 작업이 줄어든다. 유전자조작생물로 인해 생물다양성에 미치는 악영향을 막는 카르타헤나 의정서 제1종(확산을 방지하지 않고 사용)에 해당한다. 농약 회사가 종자 회사를 매수하여 특허를 가진 시장을 독점하고 있기 때문에 농가의 자가 채종과 교잡 실태조사도 특허 침해로 인정되지 않는 문제가 일어나고 있다.

조력발전
tidal power generation

바닷물의 조수 간만의 차에 의한 조류를 신재생에너지로 이용한 발전이다. 간만의 차가 큰 만을 제방으로 막고, 만의 내측(저수지수위)과 외측(해수위)의 낙차가 큰 시간대에 그 낙차를 이용하여 수차 터빈을 돌려 발전시키는 방식으로 낙차가 적은 수력발전의 일종이다. 발전 방식에 의해 해수위와 저수지수위의 낙차를 이용하는 단류식, 간조와 만조 모두 발전이 가능한 복류식, 두 개의 저수지의 낙차를 이용하는 복조지식 세 가지로 분류된다.

일본에서는 조수 간만의 차가 적고 대규모의 조력발전소 설치에 적합한 장소가 없기 때문에 경제성의 측면에서 보급이 진행되지 않았지만, 프랑스의 랑스발전소는 24만kW의 발전기를 설치하여 1967년부터 큰 사고 없이 상업용으로 가동되고 있다. 그 밖에도 캐나다의 안나폴리스 발전소, 중국 저장성 장샤의 조력발전소 외에 한국, 영국, 미국, 러시아, 인도, 호주 등에서 조석에너지를 사용할 수 있는 파일럿 플랜트(시범 시설)가 건설되고 있다.

✚2020년 현재 세계 최대 조력발전소는 한국 경기도 안산에 있는 시화호 조력발전소다. 2004년 착공해 2011년 8월 시험 발전을 시작했으며, 2012년 2월부터 전기를 생산하고 있다. 축구장 12배 크기인 13만 8,000㎡ 부지에 2만 5,400km의 수차발전기 10기가 가동된다.

조류
藻類, algae

수중의 조류, 수초, 해초 등을 모아 일반적으로 조류라고 부른다. 생물학적으로 조류는 광합성을 하는 식물에서 종자식물, 양치식물, 선태식물을 제외한 것을 총칭한다. 즉 조류는 다른 생물 그룹을 포함한 매우 광범위한 생물종을 부르는 방법이다. 식물 플랑크톤은 주로 호수와 늪, 해양 등에서 생육하고, 부착조류는 주로 하천 등에서 생육하고, 수초는 얕은 수심에서 자라는 대형식물이다. 해수에 생육하는 수초를 해초라 부른다. 이것들의 총칭인 조류는 광합성을 하는 중요한 생산자이다. 또한 수생생물을 감추거나 산란 장소가 되기도 하는 등 생태계 속에서 여러 가지 역할을 한다. 바다에서 형성된 해초군락은 조장이라고 부르며 특별히 중요하다.

더욱이 요즘에는 화석연료를 대신하는 에너지원으로서 바이오 연료를 조류에서 수확하는 기술이 주목받고 있다. 이것은 조류 바이오 연료(algae biofuels)라 부르며, 사탕수수 등의 곡물을 이용한 경우와 다르게 식량과 경합이 일어나기 어려운 점도 이점이 된다.

조류 인플루엔자
avian influenza, AI

A형 인플루엔자 바이러스 감염에 의한 조류 질병이다. 물새의 장에 인플루엔자가 존재하는 경우가 많지만 대부분은 병원성이 없는 바이러스이다. 일본에서는 닭이나 칠면조에 대해 병원성의 정도에 따라 고병원성 조류 독감, 저병원성 조류 독감으로 나뉜다.

바이러스는 살아 있는 세포에서만 증식할 수 있고 숙주 영역은 한정되어 있다. 그러나 사람의 종말 세기관지와 폐포상피에는 조류 독감바이러스에 대한 수용체가 있다. 인플루엔자 바이러스는 유전적 안정성이 없고 가금, 가축 등에 의해 전파·감염을 반복하며 그 성질이 변이된다. 또한 조류 인플루엔자 바이러스의 사람에 대한 감염도 보고되고 있다. 감염원은 감염된 새의 배설물이나 체액, 깃털에 있기 때문에 감염된 가금류나 야생조류와 직접적 접촉이나 이들의 체액과 접촉할 가능성이 있는 경우에는 감염 위험이 높아진다. 감염 예방법으로는 조류 인플루엔자가 발생한 나라에서 산 채로 새를 판매하는 시장 등에 함부로 들어가지 말 것, 국내에서도 아무 준비 없이 새와 접촉하는 것을 피할 것, 이미 접촉한 경우에는 신속하게 손을 씻고 입을 헹굴 것 등이 있다.

⋯▸ 신종인플루엔자

조류 충돌/버드 스트라이크
bird strike

조류가 구조물에 충돌하는 사고를 말한다. 항공기를 비롯해 철도, 자동차, 고층 빌딩, 송전선과 송전 철탑, 풍력발전의 풍차 등에 충돌하는 사고가 일어나고 있다. 특히 풍력발전으로 인한 조류 충돌은 연간 보고 건수는 많지 않지만 솔개, 흰꼬리수리 등의 맹금류와 갈매기, 까마귀 등의 충돌 사고가 확인되고 있다. 개체 수가 적은 대형 희소 맹금류는 한 마리의 죽음이 지역 개체군 유지에 영향을 줄 수 있기 때문에 문제시되고 있다. 조류 충돌을 피하기 위해서는 풍력발전소 출력의 대소에 상관없이 충분한 환경영향조사 실시와 새의 이동 경로 및 희소종의 서식지를 피하는 풍력발전소 설치가 요구된다.

조셉 코넬
Joseph Cornell

미국의 자연연구가(1950~)이다. 1979년 출간한 『아이들과 자연을 나누다(Sharing Nature with Children)』는 15개국 언어로 번역되어 있다. 또한 『네이처 게임(Nature Game)』 2~4권을 출판했다. 코넬은 자연 인식에서 플로러닝(Flow Learning)이라고 불리는 4단계(열의를 불러일으킴, 감각을 일깨움, 자연을 직접 체험함, 감동을 나눔)의 흐름과 함께 '언제나 수동적으로 있기, 가르치기보다는 체험하며 나눔' 등으로 구성된 '셰어링 네이처의 6원칙'을 제시했다.

조지 마시
George Marsh

미국의 외교관, 문헌학자(1801~1882). 1864년에 인간 활동이 자연환경에 미치는 영향을 주장한 저서 『인간과 자연』(한길사, 2008)을 출간했다. 당시 미국은 개척자에 의해 산림 채벌과 개척이 진행되어 경작지가 점차 확대되는 시대였다. 개척은 산림을 급속하게 감소시키고, 각지에서 토양 유출을 촉진했다. 『인간과 자연』에서 고대문명은 자연환경 파괴가 원인이 되어 멸망했던 것을 기술하고, 당시의 미국 내에서 일어났던 산림 채벌과 토양 유출에 대한 경종을 울렸다. 자연을 파괴하는 힘을 가진 인간은 책임을 가져야 한다는 마시의 생각은 미국 자연보호사상에 영향을 주어 그 후에도 산림보호제도와 국립공원의 성립으로 이어졌다.

존 듀이
John Dewey

미국의 철학자, 교육자, 사회사상가(1859~1952)이다. 미국의 실용주의를 대표하는 사상가이며 진보주의 교육, 경험주의 교육이라고 불리는 참신한 교육을 실천한 것으로 알려져 있다. 주요 저서로는 1916년작 『민주주의와 교육』(교육과학사, 2007), 1920년작 『철학의 재구성』(아카넷, 2010) 등이 있다. 교육이라는 행위는 고정불변의 가치나 이상을 조정(措定)하는 것이 아니라 인간과 환경의 계속되는 상호작용을 통해 성장이나 경험의 본질을 도출해야 한다고 주장했다. 인간과 환경을 분리하지 않고 하나의 생명 과정으로 생각한 듀이의 생명관은 환경교육에 커다란 영향을 미쳤다.

존 뮤어
John Muir

19세기부터 20세기 초기에 활동한 미국의 작가, 탐험가, 자연보호활동가(1838~1914). 캘리포니아의 요세미티에서 오랫동안 살면서 서부 산악 지역이나 알래스카 등을 탐험했다. 수십만 명의 회원 수를 자랑하는 미국의 환경보호단체 시에라클럽의 설립자이며 초대회장이다. 에머슨(W. Ralph Emerson), 소로 등의 초월주의자의 영향을 받아, 캘리포니아의 요세미티국립공원 설립에 전력했다. 또한 같은 공원 내의 헤츠헤치 계곡에 댐을 건설하려는 계획을 강하게 반대하여 당시 정부와 대결하는 등, 그 사상과 활동에 대한 존경을 담아 '자연보호의 아버지'라고 부르게 되었다. 인류에게 갖는 원생자연(자연보호구역) 그 자체의 가치를 인정하고, 보존(preservation)의 입장을 가진 보전(conservation)의 입장에 있는 사람들과 대립했다.

⋯▶ 보전, 보존, 보호, 재생

존 패스모어
John Passmore

오스트레일리아 철학자(1914~2004). 주요 저서로『자연에 대한 인간의 책임(Man's Responsibility for Nature)』(1974년), 『최근의 철학자들(Recent Philosophers)』(1985년) 등이 있다. 인간이 자연을 보호하는 것은 자연에 대해 직접적인 의무가 있기 때문이 아니라 미래 세대에게 부하와 불이익을 주지 않기 위해서이므로 적당한 자연 이용을 주장하는 '현명한 인간중심주의' 입장을 취한다. 환경문제의 원인을 서양 문명으로 보고 있으나 그것을 대신할 새로운 윤리를 모색하기 위해 신비로운 자연관과 동양 사상 등에서 가능성을 발견하는 것이 아니라, 어디까지나 기독교와 그리스 철학에서 유래한 서양의 전통적 윤리를 주장한다.

종간의 공평
interspecies equity

생물다양성 보전을 위해서는 지구상에 존재하는 인간을 포함한 모든 종의 다양성이 확보되고 보존되어야 한다는 생각이다. 인간은 인간 이외의 생물의 생존에도 큰 책임을 갖고 있다. 인간과 자연, 인간과 인간 이외의 동물의 관계를 되묻고 사람과 사회의 기반인 생태계를 토대로 지속가능성을 생각하는 것이 중요하다. 그러기 위해서는 지금까지 인간 활동이 생물다양성을 감소시키고 생물다양성에 의한 혜택을 상실한 상황을 인식하여 물질순환, 먹이그물 등의 생태계 시스템을 염두에 둔 사회 시스템으로의 전환 가능성을 찾아야 한다.
⋯▸ 세대 간 공평, 세대 내 공평

종의 보존
species preservation/
species conservation

종의 보존은 보존(species preservation)과 보전(species conservation) 양쪽 모두의 뜻으로 쓰인다. 전자는 최소한의 관리로 원래의 상태로 최대한 유지하는 것을 의미하고, 후자는 자원의 지속가능한 존속을 위해 인간이 개입하고 관리하는 것이 필요하다는 뉘앙스가 포함된다고 할 수 있다. 따라서 최근에는 '종의 보전'이란 표현을 많이 이용한다. 즉, 종의 보전은 야생동식물의 서식지와 그곳에 사는 동식물을 지속가능한 형태로 존속시키는 것, 혹은 가능한 자연의 생태계와 서식지에서 장기적으로 종의 개체군을 지키는 것을 의미한다. 종의 보전을 도모하는 데 가장 적절한 것은 동식물이 자연 서식 환경에서 생존하는 것인데 이를 서식지 내 보존이라고 부른다. 그러나 멸종위기종의 경우, 인간의 생태계 교란이 증가하면서 서식지 내 보존이 반드시 좋은 선택이라고는 할 수 없다. 이 경우 자연의 서식 환경에서 떨어뜨려 동물원과 식물원 등으로 보전을 도모하는 경우도 있다. 이를 서식지 외 보존이라고 부른다. 현대의 보전 활동에서 총합적 보전 전략의 일환으로 역내 보전과 역외 보전을 상호 보완적으로 파악하는 것이 중요하다.

... 보전 · 보존 · 보호 · 재생

죄수의 딜레마
prisoner's dilemma

유명한 게임 이론 중 하나이다. 각자가 자신의 이익을 생각하며 선택한 합리적 전략이 자신에게 최선의 결과를 가져오지 않음을 보여주는 모델로, 1950년 미국 국방성이 설립한 랜드연구소(RAND Corporation) 소속의 플러드(Merrill Meeks Flood)와 드레셔(Melvin Dresher)가 고안했다. 이후 터커(Albert William Tucker)가 이를 죄수들의 자백에 빗대어 설명하면서 '죄수의 딜레마'라고 이름 붙여 유명해졌다. 두 용의자가 충분한 증거도 없이 구속되어 따로 조사받을 때 양측 모두 혐의를 부인하면 1년 복역에 그치지만, 어느 쪽이 사법 거래에 응해 공범 증언을 하면 그 사람은 무죄가 되고 죄를 털어놓지 않은 다른 한 명은 3년형을 받게 된다. 또 양측이 모두 자백하면 기소는 면하지 못하지만 정상 참작에 의한 2년형이 주어진다. 이 경우 상대의 최선의 선택은 자백이라는 추리가 성립하여, 결국 양자 모두 자백을 선택해 2년형을 받게 된다. 이처럼 서로가 협의해 죄를 털어놓지 않는 것이 서로에게 최선의 선택임을 알고 있어도 상대의 이기적 행동을 상상하면서 최선책을 선택할 수 없는 딜레마에 빠지게 된다. 환경오염 등의 문제 역시 진의를 모르는 경쟁 상대가 존재하기 때문에 최선의 선택은 이루어지지 않고 딜레마 속에서 당사자에게 나쁜 결과가 나타날 것으로 예상한다.

중국의 환경교육
environmental education in China

중국은 1978년부터 시작된 개혁개방 노선 아래 30년에 걸쳐 현저한 경제성장을 이루며 세계 최대의 공업국이 되었다. 그러나 이윤을 우선시한 공업화 결과로서 유해 폐기물, 수질오염, 대기오염, 산성비 등의 환경문제가 심각해졌다. 또한 급격한 경제성장과 생활수준 향상에 따라 쓰레기 문제, 교통체증, 배기가스, 소음, 식품오염 등도 커다란 과제가 되었다. 여기에 물 부족, 사막화, 황사, 산림 황폐 등이 더해져 중국은 환경위기대국으로 불리게 되었다. 그렇기 때문에 환경교육의 보급이 이러한 환경문제에 대한 대응이 되길 간절히 바라고 있다.

중국 환경교육의 특색 중 하나는 환경교육이 고등교육에서 시작된다는 점이다. 1972년의 유엔인문환경회의 이후, 북경 대학을 비롯한 주요 대학에 환경보호 전공이 개설되고 환경보호의 전문요원이 양성되었다. 1990년대에 이르러 점차적으로 중등교육단계에서도 환경교육이 실시되었지만, 과학적 요소가 짙은 학습내용이었다. 오늘날에는 자연체험이나 지속가능한 사회를 중시하는 환경교육도 확산되고 있지만 환경문제를 과학적으로 분석하여 정책에 반영시키는 유형의 환경교육도 여전히 활발하다.

1996년 12월에 전국환경선전교육행동강요(1996~2010)의 공포로 초·중학교의 환경교육도 활기를 띠게 되었다. 여기에는 활동과목 시간에 환경보호활동을 실행하고 전국적으로 '녹색 학교'를 만들도록 지시하는 것이 포함되어 있다. 2003년에는 중소학생환경교육전문교육대강, 중소학생환경교육지남(시행)을 연이어 발표하고 모든 학교에서 환경교육 시간을 설계하여 환경에 관한 테마 학습을 하거나 환경에 대한 지식, 태도, 가치관을 키울 것을 요구했다. 이와 같이 국가적인 환경교육 추진 시책을 기반으로 학교환경교육은 급속도로 보급되었지만 농촌 지역에서의 실시는 매우 늦어지고 있다.

중국에는 3,000개 이상의 환경 NGO가 있으며 오염문제나 쓰레기 문제 등의 활동을 강화하고 있다. 이와 함께 지역 밀착형 환경 NGO가 지역사회나 학교에서 환경교육의 침투·추진에 큰 역할을 하기 시작했다. 다만 환경 NGO의 활동은 현시점에서 도시부와 환경문제가 현저한 지역에 한정되어 있어 보다 광범위한 영향력을 갖는 것이 이후의 과제가 될 것이다.

중금속 오염
heavy metal pollution

사람의 건강과 생물에 악영향을 미치는 중금속으로 인해 수질과 토양이 악화되는 것을 말한다. 메틸수은은 미나마타병, 카드뮴은 이타이이타이병의 원인 물질이 되었고 큰 피해를 안겼다. 인위적 발생원으로는 공장 폐수가 대표적이지만, 휴·폐지 광산의 폐수로 인한 논 오염이 원인이 된 카드뮴 쌀과 같은 경우도 있다. 배수 기준, 수질 환경 기준이 규정된 중금속은 수은, 카드뮴, 비소, 육가 크롬(산화수가 6인 크롬을 함유한 화합물 이온), 납, 셀레늄이 있다. 배수 기준에는 철, 망간, 구리 등이 포함된다.

지구교육
Earth Education

미국의 환경학자 스티브 반 머트리(Steve Van Mertre)가 고안하여 체계화한 체험형 환경교육과정이다. 지구교육에서는 지구상에 사는 각양각색의 생명의 참된 가치, 역할, 조화를 감각적·생태학적으로 인식함으로써 자연과 더욱 조화된 생활실천을 목적으로 하고 있다. ①이해(understanding): 기초적으로 생태학적 개념을 이해하는 일, ②감성(feeling): 지구와 그곳에 있는 생명에 대하여 감성을 키우는 일, ③행동(processing): 지식, 감성을 교실과 가정에서 행동으로 연결하는 일, 이 세 가지 요소를 소중히 하여 프로그램과 활동이 잘 이루어질 수 있도록 몇 가지 텍스트로 기술과 가이드라인을 자세히 제시하고 있다.

또한 '지속성'은 지구교육의 큰 특징으로, 하나의 프로그램을 학교와 가정, 지역단체 등과 연계하여 일상생활에서 반년에서 1년에 걸쳐 지속적으로 행하거나, 학년이 올라감에 따라 다른 프로그램을 단계적으로 할 수 있도록 되어 있다.

지구 서미트

⋯▶ 유엔환경개발회의

지구온난화
global warming

|의미| 지구 표면의 대기 하층에서 평균기온이 상승하는 현상을 말한다. 최근에는 온실가스의 대기 중 농도 상승으로 일어난 것으로 보이는 기온상승에 대해 지구환경문제의 맥락에서 지구온난화의 용어가 사용되는 일이 많다.

|메커니즘| 태양 복사에 대한 알베도(반사율)는 지구의 경우 0.30이다. 즉, 태양에서 지구에 들어오는 태양 복사 중에서 약 30%는 반사되고 약 70%가 지구에 들어온다. 또 지구에서도 적외선이 복사되지만 대기 중 수증기나 이산화탄소 등이 적외선 복사를 흡수한다. 지표면에서 복사된 적외선의 일부를 수증기와 이산화탄소가 흡수하여 지표면을 데우는 구조를 온실효과라고 한다. 이산화탄소 등의 온실효

과를 일으키는 기체의 대기 중 농도가 올라가면 온실효과가 강해지고 해수 온도나 대기 하층의 기온이 상승한다. 이것이 일반적 지구온난화의 메커니즘이다.

|영향 또는 피해| 자연환경에 대한 영향과 사회경제에 대한 영향이 있다. IPCC 제4차 평가보고서는 온난화로 기온과 해수온도, 해면 상승, 이상기후 증가, 생태계나 식생 변화 등을 예로 들고 있다. 또한 사회환경에서 미치는 영향으로는 식량생산이나 수자원, 사회생활이나 산업, 건강에 미치는 영향이 지목되고 있다. 즉 기온이나 생태계에 미치는 영향으로 농작물 수확이 감소하고 이로 인한 식량부족, 불안정한 강수와 건조화 진행 등에 의한 물 부족, 기온상승을 동반하는 맹서나 감염에 의한 질병의 증가가 인간의 건강에도 영향을 준다. 게다가 지구온난화의 진행으로 인한 피해나 영향은 일부 지역이나 국가뿐만 아니라 광범위한 지역에 영향을 끼치는 경우가 많다. IPCC 제4차 평가보고서는 실제 '지구온난화의 진행 정도를 평가하는 수치인 세계의 평균기온이 100년간(1906~2005년) 0.74℃ 상승했다'고 보고했다. 또 '세계 해수면 수위는 20세기 100년간 17cm 상승했다'고 한다. 그 외에도 적설 면적의 감소, 산악빙하의 해빙, 건조나 가뭄, 열대 저기압의 강도 증가 등도 지구온난화 영향의 예이다.

|국제적 대처| 1992년 지구온난화를 방지하기 위한 국제적 대응으로 기후변화에 관한 유엔기본협약이 채택되었다. 협약의 목적으로 대기 중 온실가스 농도의 안정화가 명기되어 있지만 농도를 어느 정도의 ppm으로 안정화할 것인가, 언제까지 시행할 것인가라는 구체적인 사항은 명기되어 있지 않다. 기후변화에 관한 기본협약의 목적을 수행하기 위해서 더욱 구체적인 대책을 규정한 것이 1997년에 채택된 교토 의정서이다. 교토 의정서는 지구온난화의 원인인 인위적 온실가스의 삭감을 선진국에게 의무화한 것으로 각국의 삭감 폭(%)과 기준년도, 삭감 기간이 정해져 있다. 교토 의정서에서 삭감 대상으로 정한 주요 온실가스로는 이산화탄소가 있으며, 최근 이산화탄소 삭감이 온난화 방지책으로서 정착되어 지구온난화 문제의 대처는 이산화탄소 배출량 삭감의 대응과 동일하게 여겨지고 있다.

지구의 날
Earth Day

미국 상원의원 게이로드 넬슨(Gaylord Nelson)이 1970년 4월 22일, 환경문제에 관한 토론집회 개최를 호소하여 약 2,000만 명의 사람들이 모인 것을 계기로 매년 4월 22일 세계에서 다양한 행사가 개최되고 있다. 미국에서는 이 운동이 계기가 되어 환경보호국의 설립을 비롯한 환경 보존에 관한 법적 정비가 촉진되었다. 광범위하고 복잡하며 매일매일 변화하고 있는 지구환경문제에 대하여, 한 사람 한 사람의 풀뿌리적 행동을 권장하는 날이기도 하다.

「지구 차원 생물다양성의 진행 상황」
Global Biodiversity Outlook, GBO

생물다양성협약(CBD) 사무국이 협약의 이행·효과의 실정을 파악하고 정책을 활성화하기 위해 전 세계의 생물다양성 보전 상황을 평가한 보고서이다. 제1판(2001년), 제2판(2006년), 제3판(2011년), 제4판(2014년)이 공개되었다.

제3판인 GBO3에서는 이른바 '2010년 목표'의 달성 상황이 평가되었다. 21개의 개별 목표 중 '전 세계적으로 달성' 항목은 하나도 없었으며 '어느 정도의 진전 있음'이 14개 항목, '큰 진전 있음'이 4개 항목이었다. '진전 없음'으로 평가된 것은 '생물자원의 비지속적 소비 또는 생물다양성에 영향을 주는 소비의 감소', '빈곤층의 지속가능한 생활이나 지역사람들의 식량안전보장을 지지하는 생물자원의 유지', '전통적인 지식·고안·관행의 보호' 3항목이었다. "2010년까지의 빈곤완화와 지구상 모든 생물의 편익을 위해서 지구, 지역, 국가 레벨로 현재의 생물다양성 손실 속도를 현저하게 감소시킨다는 2010년 목표는 달성되지 않았다"는 총평과 함께 생물다양성의 극적 손실과 이에 따른 광범위한 생태계 서비스 노화가 발생할 위험성을 지적하고 있다.

다른 한편으로 GBO3는 더이상 서식·서식지를 파괴하는 일 없이 기후변화와 식량수요증가에 모두 대처할 수 있는 가능성을 지적하고, 외래종에 대한 대책이 진전된 것도 평가하고 있어 국제·국가·지역의 각 레벨에서 포괄적인 동시에 적절한 정책의 실시를 추구하고 있다.

GBO3의 특징은 "생물다양성의 감소는 생태계서비스 감소를 통해 사회적 불평등을 확대 한다"는 생물다양성협약의 기본인식에 준하여 자연과학적 평가에 그치지 않고 사회경제나 문화적 측면도 평가의 대상으로 보기 때문에 생물보전이나 생물자원이용에 관한 사회과학적 시점을 얻을 수 있는 훌륭한 자료가 된다.

지구환경기금
Global Environment Facility, GEF

국제적 환경문제와 국가의 지속가능발전을 위해 생물다양성이나 기후변동, 국제적 물 문제, 토지 열화, 오존층 파괴, 잔류성 유기오염물질에 관한 지구환경 향상을 도모하는 프로젝트를 대상으로 개발도상국에 무상으로 기금을 제공하는 공적 기금이다. 이러한 목적의 기금으로는 세계 최대이다. 1991년에 시험 단계로 발족해 1994년에 정식으로 시작되었으며, 선진국이 자금을 갹출하고 유엔개발계획, 유엔환경계획, 세계은행 등의 국제기관이 GEF를 활용하여 프로젝트를 실시하고 있다.

지반 침하
land subsidence/ground subsidence

건물 등 기초를 지지하는 지반이 처음 높이에 비해서 침하하는 것을 가리킨다. 지각변동에 의한 지반의 '침강', 연약지반 상태인 퇴적물로부터 지반수나 천연가스, 석유 등이 제거되면서 일어나는 '수축'이나 '함몰', 그리고 주변의 해수면 상승에 의한 '상대적인 침하' 등이 있다. 인위적 원인으로는 환경기본법에 표시되어 있는 '전형 7공해' 중 첫 번째에 해당한다. 한번 침하했던 지반을 처음 높이로 복원하는 것은 거의 불가능하기 때문에 심각한 환경 파괴라고 할 수 있다. 지각변동이나 액상화 현상 등에 따라 자연적으로 발생하는 지반 침하는 공해에 포함되지 않는다.

지반 침하에 따른 피해로는 건조물이나 지반 매설물(가스관이나 수도관 등)의 파손, 수해 등이 있다. 또한 침하는 광역적·국지적으로 일어나는데, 특히 국지적인 경우에는 장소에 따라 침하량이 다른 부등침하(부동침하), 주변의 지반 침하에 따라 건조물이 경사지거나 건물 무너짐이 발생한다. 부등침하의 예로는 이탈리아의 피사의 사탑이 유명한데 일반적으로는 수도가 파손되거나 집이 기울거나 하는 등의 피해 사례가 포함된다. 국지적 피해라고 하더라도 생활에 지장을 주며 매설물이 피해를 받는 경우에는 복원하는 데 시간이 걸린다.

지방의제 21
Local Agenda 21

지속가능발전을 지역 수준에서 촉진·실현하기 위한 행동계획. 1992년 유엔환경개발회의에서 채택된 행동계획 의제 21의 제28장에 제기되어 있는 모든 문제 및 해결책의 대부분은 지역에 뿌리박힌 것인 만큼 그 해결을 위한 지방공공단체의 역할을 중요시하고, 각 지방 공공단체에 지방의제 21을 수립할 것을 요구하고 있다. 지방의제 21에서는 지역으로부터의 의견을 강조하고 있다. 지방공공단체가 지역의 시민과 대화를 통하여 지역에서 배우고, 시민이 다양성을 존중하면서 사회·문화·경제·환경에 관하여 지금과 미래의 필요를 존중할 수 있는 지역 만들기에 참가할 것이 기대된다.

지산지소
地産地消, local production for local consumption/ Chisan-chisho

지역에서 생산한 농산물을 지역에서 소비하는 것을 말한다. GATT 우루과이라운드에 의한 관세 인하 압력이나 미일교섭에 의한 수입 자유화로 일본에서는 1990년대 값싼 농산물이 대량으로 시장에 유통되는 상황이 발생했다. 그러나 값싼 물품은 안정성에 문제가 있다는 인식이 확산되는 한편 자연 그대로의 맛, 향, 색상, 식감을 가진 본물지향(本物志向)이 요구되자, 안전하고 안심할 수 있는 고품질의 국내산 농산물의 구입이 확산하면서 지산지소의 흐름이 되었다.

지산지소는 에너지 절약을 통해 이산화탄소 배출을 억제하는 계기가 되었다. 먼 지역에서의 농산물 운송은 대량의 연료가 필요하므로 에너지를 삭감하는 푸드 마일리지의 관점에서도 지산지소가 고려되었다.

지산지소는 소비자가 제철 음식, 신선도가 높은 것을 먹을 수 있다는 장점뿐만 아니라 지역의 경제 활성화를 가져왔다. 또한 농수산물을 판매하는 것뿐만 아니라 그 지역을 방문하는 사람들에게 지역의 식재료를 사용한 요리를 제공하면서 지역의 전통적인 식문화를 유지할 수 있게 되었고 지역에 대한 애착도 깊어져서 이것이 지역 사람들과 소비자의 교류로 이어졌다.

지속가능발전
sustainable development

지속가능성에 대한 모색과 실천은 1972년 스톡홀롬에서 개최된 유엔인간환경회의의 인간환경선언, 임업이나 어업의 지구자원제약에 대한 사고방식 등에서 볼 수 있는데 '지속가능발전'이라는 개념은 1980년 국제자연보호연합, 세계자연기금(WWF, 당시는 세계야생생물기금), 유엔환경계획의 3기관이 한데 모인 세계보전전략에서 처음 사용되었다. 1987년의 브룬트란트위원회(세계환경개발위원회)의 보고서「우리 공동의 미래」에서는 "미래 세대가 그들의 필요성을 충족시키는 것을 방해하지 않고 현세대의 필요성을 만족시키도록 하는 발전"이라고 정의하고 있다. 환경과 발전이 서로 대립하는 것이 아니라 공존하는 것으로 지구의 자원이 유한한 상황에서 환경보전과 발전의 양립이 중요하다는 생각이 바탕이 되고 있다.

지속가능발전이라는 개념은 1992년 유엔환경개발회의, 1997년 유엔환경개발특별총회, 1990년대 중후반에 개최되었던 특별 테마별 국제협의에서도 논의되었다. 2002년 지속가능발전에 관한 요하네스버그 정상회담에서는 정상들의 정치적 의사를 나타낸 문서 '지속가능발전에 관한 요하네스버그 선언'이 채택되었다. 일본 역시 이러한 흐름에 영향을 받아 제57~58회 유엔총회(2002~2003년)에서 지속가능발전교육 10년에 관한 결의안을 제출하고 요하네스버그 실시 계획에 기초한 '순환형 사회 형성 진출 기본계획'의 제정(2003년) 등을 발표했다.

지속가능발전은 환경교육에도 영향을 미치고 있다. 또한 종래의 환경교육에서 나아가 인구문제나 개발문제 등을 중심으로 1992년 '환경, 인구, 개발에 대한 교육적 대책(EPD)'의 창출, 1990년대 후반에 나타난 지속가능발전교육(ESD) 등 지속가능성과 교육에 영향을 끼치고 있다. 1997년의 '환경과 사회에 대한 국제회의'의 선언(테살로니키 선언)에서는 환경교육을 '환경과 지속가능성을 위한 교육'이라고 표현해도 상관없다고 말하고 있는데, 내용은 개발, 민주주의, 인권, 평화, 문화적 다양성을 포함하는 것으로 이후의 환경교육의 실천에 대한 폭넓은 틀을 제시하는 것이었다. 2002년에 발표된 요하네스버그 선언에서는 세계화를 기초로 개발, 빈곤, 환경문제에 관련해 빈곤이나 개발, 사회적 배제 문제를 환경교육이 마주해야 할 과제로 제시하고 있다. 2012년에 개최된 유엔지속가능발전정상회의(리우+20)에서는 지속가능발전목표의 중요성이 지적되었고 앞으로도 그 중요성이 더욱 강조될 것이다.

지속가능 발전교육
education for sustainable development, ESD

| 기원과 개념 | 1992년 리우데자네이루에서 유엔환경개발회의(지구 서미트)의 합의문서인 의제 21의 제36장을 토대로 전문위원으로 지명된 유네스코 전문가 합의와 테살로니키합의, 그 후 제6회 유엔지속가능발전위원회(1998년) 등을 통하여 국제적인 논의 속에서 탄생하고 발전해 온 개념이다. ESD는 1972년의 유엔인간환경선언과 1975년의 베오그라드 헌장, 1977년의 트빌리시 선언이라는 일련의 환경교육의 흐름을 기본으로 하지만, '지속가능발전' 개념의 발전에 따라 진화한 것이다. 이를 위해 ESD는 지속가능한 개발이라는 문맥에 의거하여, 그 구체적인 실시를 의도한 교육 및 교육 실천으로서 이해해야 할 필요가 있다.

2003년 6월에 발표된 유엔 '지속가능발전을 위한 교육 10년(DESD, Decade of Education for Sustainable Development)'의 국제실시계획 틀은 「학습: 감춰진 보물(Learning: The Treasure Within)」(유네스코 21세기교육국제위원회 보고서)에서 4개의 학습 주축이 명확히 나타나 있고, 또한 국제실시계획의 최종안에 '만민을 위한 교육' 등 유네스코가 추진하는 교육 목표와의 연계가 강조되고 있다. 이러한 교육의 이념은 세계인권선언을 출발점으로 하는 유네스코의 생애학습부문으로 일련의 노력을 이어가고 있으며, ESD의 사상적 기원은 환경과 인권을 엮어주는 유네스코에 의한 일련의 교육적 노력이라고 볼 수 있다.

지속가능발전이라는 개념은 단순히 환경문제만을 대상으로 하는 것이 아니라 개발과 빈곤, 평화, 인권, 젠더, 보건, 위생 등 이른바 모든 문제의 해결을 위한 과제교육(환경교육과 개발교육, 인권교육, 국제이해교육, 평화교육, 젠더교육 등)이 개별로 실시되었다. 그러나 1980년대의 지구환경문제의 심각성으로 이들의 과제가 상호밀접한 관계가 있다는 인식이 퍼져, 이들의 과제를 다루는 교육을 종합화한 대처가 요청된 결과로서 탄생한 것이 ESD이다.

|DESD의 경위| '지속가능발전교육 10년(DESD)'는 1992년의 리우데자네이루에서 개최된 유엔환경개발회의에서 시작된다. 그 후 10년간의 성과를 평가하기 위해 2002년에 남아프리카의 요하네스버그에서 열린 지속가능발전 세계정상회의(요하네스버그 회의)에서 일본의 NGO의 요청을 받아, 일본 정부가 각국의 정부와 유엔 기관과 함께 제안한 것이다. 이 제안은 요하네스버그 회의의 성과인 국제실시계획에 담겼고, 그해 12월 유엔총회에서 2005년 1월부터 10년 동안을 유엔 '지속가능발전교육 10년'이라 선언했다. 유네스코를 리드에이전시로서 지명하고, DESD의 국제실시계획을 수립하도록 요청했다. 또한 각국 정부에 대하여, 유네스코가 작성하는 국제실시계획을 고려하여, 그 실시를 위한 조치를 여러 가지 교육 전략 및 행동계획에 포함하는 일을 검토하도록 한다는 내용이 결의되었다.

|DESD의 실시계획| 2002년 유엔총회의 결의를 받아 유네스코는 DESD를 위한 국제실시계획을 작성하고, 2004년 10월 유엔총회에 그 최종안을 제시했다. DESD의 기본적인 비전은 "모든 사람이 교육의 은혜를 받아, 지속가능한 미래와 사회의 변혁을 위해 요구되는 가치관과 태도와 생활태도를 배울 수 있는 기회가 있는 세계"이다. 그리고 이 목적은 다음과 같다. ①지속가능발전에 공동으로 노력할 때, 교육과 학습이 중심적인 역할을 다하는 것을 명확히 한다. ②ESD는 다양한 당사자들 간, 양자 간에 이어짐과 광범위한 네트워크 구축, 상호교류와 상호작용을 촉진한다. ③모든 학습과 공동의식의 형성을 통하여 지속가능발전으로 이행과 그 전망을 상세히 진행하기 위한 장과 기회를 준비한다. ④ESD에서 교육과 학습의 질 향상에 노력한다. ⑤여러 가지 단계에서 학습자의 역량을 높이기 위한 전략을 개발한다.

|ESD의 이해를 둘러싼 논점| DESD 국제실시계획에서 ESD의 중요한 개념과 DESD의 비전이 나타나 있지만, 현재 ESD를 둘러싼 환경교육 관계자를 중심으로 여러 가지 논점이 제시되고 있다. 환경교육에서는

지금까지 지속가능성을 위한 교육(Education for Sustainability, EfS)과 지속가능한 미래를 위한 교육(Education for Sustainable Future, EfSF) 등의 여러 가지 용어가 사용되었지만, DESD의 시작으로 지속가능 발전을 위한 교육(ESD)에 수렴되고 있다. 그러나 완전한 정착에 이르지 못한 상태이며, ESD의 이론적인 개념 구축은 아직 그 중간에 있다고 보는 것이 타당하다. EfS, EfSF, ESD 모두에 공통되는 용어는 Sustainability 또는 Sustainable이지만, 이 용어의 해석을 둘러싸고 '무엇'을 '지속'시킬까 하는 내용이 모호하다는 의견이 있다. '지속'의 대상이 '경제성장'인지 '생태계'인지 명확하지 않다는 것이다.

➕ 한국에서는 ESD 인증제가 시행되고 있다. 한국 사회에서 지속가능한 교육 및 훈련 활동을 증진하고, 다양한 한국형 지속가능발전교육 모델을 공유하고 확산하고자 유네스코 한국위원회가 2011년부터 시작한 제도로서, ESD와 관련된 활동을 하고 있는 여러 사업을 발굴하고 우수사례들을 널리 홍보한다.
※ 출처: 지속가능발전포털

지속가능 발전목표
sustainable development goals, SDGs

밀레니엄 개발목표(MDGs)의 기간이 종료되는 2015년 이후의 지속가능발전 달성을 위한 새로운 국제적 목표를 말한다. 2012년 6월 브라질의 리우데자네이루에서 개최된 유엔지속가능발전정상회의(리우+20)에서 SDGs의 설정을 위한 검토 과정에 대한 합의가 이루어졌다. MDGs의 개시 이후에는 지속가능발전에 대한 상황 변화나 과제의 다양화 등 MDGs와 관련성, 단결성, 나아가 의제 21(1992년) 및 요하네스버그실천계획(2002년)에 기초한 기존의 합의, 구성 및 국제법에 맞춘 목표가 제시되었다.

SDGs는 지속가능발전의 달성을 위해 경제적·사회적·환경적 측면을 종합하면서 그것들의 상관관계를 인식하는 것을 바탕으로 글로벌적 녹색경제의 기반을 구축할 것으로 기대되고 있다. SDGs의 목표와 지표의 설정에는 각국의 상황·능력·우선사항을 고려하는 것과 과학적 근거에 기초한 검토가 중시되어 적합성, 타당성 및 실효성을 높이기 위한 배려가 이루어지고 있다. 또 SDGs의 검토 과정에는 포괄적이며 동시에 투명성을 확보한 정부 간 교섭 과정에서 지리적인 균형을 고려하고 시민사회나 과학계, 유엔 시스템의 이해

관계자 및 전문가의 참여를 확보하면서 구체적인 내용의 검토가 계속 이루어지고 있다.

그 결과 2015년 9월 제70차 유엔 총회에서 '2030 지속가능발전의제' 채택에 따라 2016년부터 2030년까지 15년 동안 세계가 함께 달성해야 할 지속가능발전목표(SDGs)에 합의했다. MDGs보다 더 보편적이고 변혁적이며 포용적인 목표를 담고 있다고 평가되는데, 빈곤 종식이 현재 국제사회가 직면한 전 지구적 과제이며 지속가능발전을 위한 필수 조건이라는 인식을 기본으로 인간 중심의 지속가능발전을 지향하며 다음 세대의 평등, 인권, 평화와 안보, 의식주에 대한 권리, 법치주의, 건전한 거버넌스, 성평등, 여성의 역량강화, 민주주의 등을 아우르는 포용적 경제성장, 사회발전, 환경보호를 위한 17개 목표와 169개 세부목표를 국제사회의 새로운 목표로 제시했다. 17개의 목표는 "모든 국가에서 모든 형태의 빈곤 종식, 기아 종식·식량안보 확보·영양 상태 개선 및 지속가능농업의 증진, 모든 사람의 건강한 삶 보장 및 웰빙 증진, 모두를 위한 포용적이고 형평성 있는 양질의 교육 보장 및 평생학습 기회 보장, 성평등 달성 및 여성과 여아의 역량 강화, 모두를 위한 식수와 위생 시설 접근성 및 지속가능한 관리 확립, 모두에게 지속가능한 에너지 보장, 지속적·포괄적·지속가능한 경제성장 및 생산적 완전고용과 양질의 일자리 증진, 건실한 인프라 구축, 포용적이고 지속가능한 산업화 진흥 및 혁신, 국가 내·국가 간 불평등 완화, 포용적이고, 안전하며, 회복력 있는 지속가능한 도시와 거주지 조성, 지속가능한 소비 및 생산 패턴 확립, 기후변화와 그 영향에 대처하는 긴급 조치 시행, 지속가능발전을 위한 해양, 바다, 해양자원 보존과 지속가능한 사용, 육지생태계 보호와 복구 및 지속가능한 수준에서의 사용 증진 및 산림의 지속가능한 관리·사막화 대처·토지황폐화 중단 및 회복 및 생물다양성 손실 중단, 지속가능발전을 위한 평화적이고 포괄적인 사회 증진과 모두가 접근할 수 있는 사법제도, 모든 수준에서 효과적이고 책무성 있는 포용적인 제도 구축, 이행수단 강화 및 지속가능발전을 위한 글로벌 파트너십 재활성화"이다.

지속가능발전 세계정상회의
World Summit on Sustainable development

2002년 8월 26일부터 9월 4일까지 남아프리카의 요하네스버그에서 개최된 유엔 주최 회의. 1992년 브라질의 리우데자네이루에서 개최된 유엔환경개발회의에서 환경문제는 종래의 환경과 개발의 문제를 종합한 형태로 지속가능발전의 문제로서 재정의되어, 이 문제에 대하여 지구환경행동계획으로서 의제 21이 합의되었다. 지속가능발전 세계정상회의는 의제 21이 채택된 1992년의 유엔환경개발회의(리우회의)에서 10년이 경과한 것을 계기로, 이 계획의 실시 상황 평가와 그 후 일어난 모든 문제에 대하여 의논하기 위해 기획된 것이기 때문에 '리우+10'이라고도 한다. 세계 104개국의 수뇌, 190명이 넘는 국가의 대표, 또 국제기관 관계자 외 NPO나 저널리스트 등 2만 명 이상이 참가했다.

이 회의에서 의제 21을 좀 더 구체적인 행동으로 묶기 위해, 포괄적인 문서인 '행동계획' 및 수뇌의 지속가능발전을 위한 정치적 의지를 나타내는 요하네스버그 선언이 채택되었고, 자주적인 파트너십 주도권을 근본으로 200개 이상의 구체적인 프로젝트가 등록되었다.

이 회의의 '지속가능발전 세계정상회의 실시계획'을 교섭하는 과정에서 일본은 국내의 NPO인 '요하네스버그 서미트 제언 포럼'에서 제언을 받아 '지속가능발전교육 10년(DESD)'을 제안하고 각국 정부와 국제기관의 찬성을 얻어 제안을 실시계획 안에 포함하게 되었다.

같은 해 12월, 국제총회에서 ① 2005년부터 2014년까지의 10년을 '지속가능발전교육 10년(DESD)'이라 한다. ② DESD의 국제실시계획을 수립하기 위해 유네스코를 리드 에이전시로 한다. ③ 각국 정부에 대하여 유네스코에서 작성하는 DESD국제실시계획에 입각하여 각국의 국내실시계획을 수립할 것을 권장한다는 내용이 결의되었다.

지속가능성
sustainability

미래에 걸쳐서까지 지속가능한지 아닌지를 나타내는 개념이다. 인간생활이 환경 파괴나 자원의 고갈을 불러일으키면서 대량생산·대량소비의 문명이 유한적인 지구와 미래에도 함께 갈 수 있는지에 대한 물음에서 탄생한 것이다. 보통은 경제나 사회 등 인간생활 전반에 걸쳐 사용되지만, 환경문제나 에너지 문제에도 사용되는 경우가 많다. 이 개념을 사회문제로 넓힌 것이 '지속가능발전'이다.

지식기반사회
knowledge-based society

다양한 정의나 동의어가 있지만, 지식 기반이 경제적 성공의 가장 중요한 결정 요인이라는 지식주도형 자본주의의 문맥에서 고도의 정보화, 국제화, 세계화로 나아가는 사회를 말하는 경우가 많다. 1960~1970년대의 사회학자, 경제학자들의 탈공업화 사회에 관한 토론에서 등장한 개념이다. 1980~1990년대에는 앨빈 토플러(Alvin Toffler)나 피터 드러커(Peter F. Drucker) 등이 자신의 저서에서 지식기반사회에 대해 언급했다.

유럽연합(EU)이 제의한 2000년부터 시작되는 10년간의 중핵적 사회경제프로젝트 '리스본 전략'에서는 21세기에서 인적자원의 중요성을 거론하고 지식기반사회로의 개혁을 분명하게 주장하여 오늘날 EU의 고등교육정책에 많은 영향을 주었다.

OECD와 유네스코에서도 교육기관을 지식기반사회의 중요한 활동 주체로서 보는 신뢰와 교육정책의 계획을 중시하고 있다.

지역 만들기
community development

지역이란 자연환경 또는 그 위에 성립된 공동체를 기반으로 한 사회집단의 총체이다.

메이지 시대 이후, 일본은 근대화를 빨리 진행하기 위해 중앙정부에 강력한 권한을 집중했다. 일본에서는 헌법에 의해 지방자치제도가 만들어졌고, 1947년 4월에 지방자치법이 제정되었다. 그 취지는 나라에서 독립한 지방자치체를 인정하고 지자체 스스로의 권한과 책임으로 지역행정을 한다는 '단체자치'와 지방에서 행정을 하는 경우 그 지자체 주민의 의사와 책임에 근거하여 행정을 한다는 '주민자치'의 두 가지 원칙이 있다.

전후 고도 성장기의 '지역 만들기'는 이와 같은 '지방자치'의 이념을 가지면서도 '지역 간의 균형 발전'을 목표로 한 전국종합개발계획(1962년)의 전국 균일의 개발 비전을 바탕으로 시행되었다. 그리고 경제성장 우선의 지역개발 정책으로 인해 공해나 대규모 자연 파괴가 발생했다. 1990년대 이후의 저성장시대에 들어와서는 각 지역의 개성이나 특징을 살린 '마을 만들기', '지역 만들기'가 주목되었다. 더욱이 1992년의 유엔환경개발회의에서 '지속가능발전'이 제창되고 1993년에 환경기본법이 제정되면서 '지구에 다정한 마을 선언(1991년, 야마가타의 아사히 마을)', '환경문화도시구상(나가노의 이이다)' 등의 환경과 조화를 이루는 마을 만들기, 지역 만들기의 구상이 각 지역의 발전 비전으로 자리 잡게 되었다.

더욱이 1995년에 제정된 지방분권추진법의 영향으로 1999년에 지방자치법이 크게 개정되고, 지방분권의 틀이 만들어지면서 주민자치의 진전이 기대되고 있다.

이러한 '마을 만들기', '지역 만들기'의 구상 안에서 환경에 관한 학습이나 실천은 다양한 역할을 하고 있다. 도쿄 아라카와에서는 아이들이 학교 수영장의 잠자리 유충을 채집한 후 '잠자리 탐험대'로서 활동하고, 공원 만들기에 대한 주민이나 구(區)의 공원녹지과의 의견을 듣고 조사한 내용이 아라카와 공원계획에 반영된다. 나가노의 이이다에서는 애호랑나비가 살 수 있는 사토야마가 우리에게도 살기 좋은 환경이라는 학습이 학교와 공민관의 연계사업으로서 전개되어 '환경문화도시'라는 이이다의 기본 이념을 반영하고 있다.

이와 같은 환경교육은 '내가 사는 지역을 어떻게 창조해 갈 것인가'라는 지역 만들기의 학습 단계 안에서 전개할 수 있다. 특히 동일본지진 이후 지역 만들기에 대한 환경교육의 역할로서 자연환경뿐만 아니라 경제, 사회의 시점을 포함한 총합적 시야가 요구되고 있다.

지역재생
regional revitalization

'지역'이라는 용어에는 많은 뜻이 있지만, 지역재생에서의 '지역'은 사회나 경제의 파괴와 쇠퇴가 일어나는 공간(또는 관계성)으로 볼 수 있다. 2005년에 일본에서 제정된 지역재생법에서는 지역재생을 "지방공동단체가 하는 자주적 또는 자립적 대응에 의한 지역경제 활성화, 지역의 고용기회 창출과 그 외의 지역 활동의 재생"으로 규정하며 지역경제의 활성화와 고용 창출을 중심으로 한 지역 활동 재생이 구상되고 있다. 또한 지역재생법이 제정되어 내각에 '지역재생본부'가 설치(2003년. 이후 '지역활동화 총합본부'로 개칭)되었다. 이는 중산간 지역을 중심으로 과소화와 고령화가 진행되어 인구의 50% 이상이 65세 이상으로 공동체 활동 유지가 곤란해지는 '한계취락'이 급증하고 있는 것과 같은 배경에서이다.

환경교육에서는 지역의 파괴와 쇠퇴의 요인으로 도시화, 과소화나 저출산, 고령화뿐만 아니라 자연환경의 파괴 혹은 감소가 주목된다. 지역이 상실한 풍부한 자연, 사회적인 결합, 지역 경제의 활력 등을 다시금 되돌리고 이를 기반으로 한 지속가능한 지역 만들기를 실현할 수 있도록 하는 것이 지역재생이다.

미나마타의 지역학은 지역재생에서의 환경교육 사례로서 알려져 있다. 미나마타 문제를 정면에서 다루고 있는 요시모토 테츠로는 지역재생을 위해서는 "지역이 가진 힘, 사람이 가진 힘을 끌어내어 어떤 새로운 조합을 통해 물건을 만들고, 생활을 만들고, 지역을 만드는 역할을 하는 것"이 중요하다고 제창하고 있다.

한편 최근에 일어난 동일본대지진, 후쿠시마 제1원자력발전소 사고는 자연이나 사회·경제의 대규모 파괴 사례이다. 이러한 대재난을 포함한 지역의 파괴, 쇠퇴, 피폐에 대한 '복원력'을 높이기 위해서는 환경보전의 문제와 사회적 배제의 문제를 관련지어 지역의 재생·복원 방법을 생각하는 것이 필요하다.

지열발전
geothermal power generation

화산 지대 지하의 열수나 증기를 이용하여 터빈을 회전시켜 발전하는 방식으로 통상적으로 우물에서 자연 분화된 열수나 증기를 이용한다.

지열발전은 지하의 마그마에 의해 가열·생성된 천연 수증기를 증수분리기로 분리하고 이 증기를 이용해 터빈을 회전시켜 전기를 만든다. 발전에 사용된 증기는 복수기에서 온수로 바뀌고 냉각탑에서 식혀진 뒤 지하로 돌아간다. 일본의 지열발전 대부분이 이 싱글 플래시 방법이다. 그 밖에도 얻은 증기를 터빈에 투입시켜 출력을 향상하는 더블 플래시 방식, 발전에 이용했던 증기를 지하로 돌려보내지 않고 대기 방출하는 등압식 발전, 저온에서도 비등하는 이차매체

(암모니아)를 사용한 바이너리 발전 방식이 있다. 바이너리 발전은 종래의 싱글·더블 플래시 방식에서는 이용할 수 없었던 80~100℃의 저온열수에 의한 발전이 가능하다.

지열발전은 지열이라는 신재생에너지를 활용한 발전이기 때문에 발전 시 이산화탄소를 배출하지 않고, 연료의 고갈이나 가격 급등의 걱정이 적다. 또 기후, 계절, 주야에 상관없이 안정적인 발전량을 얻을 수 있다. 그에 반해서 지열발전의 탐사·개발에는 일정 기간 동안 많은 비용이 필요하며, 조사한 결과 지열 이용이 이루어지지 않을 경우도 있으며 화산성의 자연재해를 만나기 쉬운 리스크도 있다.

일본에서는 지열발전 후보지의 대부분이 국립공원이나 국정공원에 지정되어 있거나 온천 관광지이기 때문에 지열 개발에 대한 이해를 구하기 어려운 실정이다. 그런 이유로 많은 화산 지역과 높은 지열개발 기술 수준에도 불구하고 아직까지 지열발전이 충분히 보급되지 않았다. 실제로 도쿄전력이 1999년에 하치조 섬에서 3,300KW의 지열발전 운전을 시작한 이후 일본 국내의 개발은 멈춘 상태이다. 그러나 지열발전이 고정가격매입제도의 대상이 되고 정부(환경성)가 2012년도부터 지역 동의를 조건으로 확보 지역 내의 땅을 굴삭하는 것을 인정함에 따라 다시금 주목받고 있다. 최근에는 온천 지역의 증기나 온천수를 이용하는 소규모의 지열발전이 개발되어 그 검증이 시작되었다.

일본의 지열발전 설비 용량은 53만KW로 세계 제8위이다. 입지상 화산이 많은 동북 지역이나 일부 규슈 지역에 집중되어 있다. 일본 최대의 지열발전소는 오이타의 고코노에에 있는 규슈전력의 핫초바루지열발전소로 약 11만KW의 발전 능력이 있다. 세계적으로는 미국의 캘리포니아, 필리핀, 인도네시아, 멕시코, 이탈리아 등에서도 지열발전이 많이 이용되고 있다.

➕ 한국의 지열발전소는 2003년 말까지 약 30개소에 불과했으나 정부의 보급정책에 힘입어 2007년에 4만 8,716KWth, 2008년에 11만 8,893KWth가 설치되었으며, 2009년에는 누적 설치 용량이 약 33만 4000KWth에 이르렀다. 2개의 대기업, 4개의 중견 기업 그리고 9개의 중소기업 등이 열펌프를 생산하고 있다.

※ 출처: 신재생에너지 데이터센터

지진
earthquake

|의미| 일반적으로 지진은 지표면이 진동하는 자연현상의 전반을 가리킨다. 그러나 원인 중에는 핵실험 같은 인위적인 것도 있다. 인체에서 느끼는 지진을 유감지진이라고 부르며 체감하지 못하는 매우 작은 무감지진도 빈번하게 발생하고 있다.

|종류| 해양판과 대륙판의 경계 등에서 발생하는 '판 경계지진'과 판의 내부에서 발생하는 '판내지진', 화산활동에 의해 함께 발생하는 '화산성지진' 등이 있다. 지진은 지하 암반에서 가해지는 다양한 힘에 의해 생겨난 뒤틀림이 급격한 변형운동에 의해서 일어난다.

|규모와 피해| 지진의 규모를 나타내는 척도로는 진도와 규모가 사용되고 있다. 진도는 관측 지점에서 대지의 흔들림 규모를 나타낸다. 따라서 지반에 따라 일반적으로는 지진 발생 지점인 진원으로부터 거리가 멀어지게 되면 진도는 작아진다. 한편 규모는 지진에 개방된 에너지의 규모와 단층의 규모 등을 나타내는 지표이다. 지진의 에너지와 규모의 관계는 규모가 2 증가하면 에너지는 1,000배가 증가하게 된다. 진도와 규모는 자연현상의 규모를 나타내지만, 이 수치가 곧바로 재해 규모의 크기를 나타낸다고는 할 수 없다.

|빈도| 일본과 그 주변에 일어나는 유감지진, 즉 진도 1 이상의 지진은 연간 1,000~1,500회 정도 일어나며 규모 7 이상의 대지진도 지난 100년 동안 평균 1년에 1회 정도 발생한 것으로 나타난다. 무감지진까지 합하면 1년에 10만 회 이상의 지진이 발생한다.

|예지| '장소, 규모, 시각'을 지진 발생 전에 판단하는 것으로 정확도가 높은 지진 예측을 말한다. 그러나 이 세 가지 요소 가운데 어느 하나가 확실하지 않으면 단기적 방재 행동에는 도움이 되지 않는다. 또한 그 지진이 어느 정도의 깊이를 진원으로 하고 있는가에 따라서도 피해 상태는 매우 달라지기 때문에 현시점에서 정확도가 높은 지진 예지는 어려운 점이 있다. 특히 규모 6.5의 직하형 지진은 일본의 경우 발생할 가능성이 있기 때문에 일본지진학회에서도 "이 정도 규모의 지진예지는 현시점에선 거의 불가능"이라고 했다. 그러나 지진조사연구추진본부가 산정하고 있는 "미야기 지역 바다에서 규모 7.5 전후의 지진이 2020년 말까지 발생할 확률이 80%"와 같은 '장기예

측'은 애매한 하나의 정보이긴 하지만 장기적 방재 계획을 수립하는 데는 유용하다고 할 수 있다.

지표생물
indicator organism

생물종의 존재 유무가 생태계 안에서 특정 물리화학적·생물적 환경조건 또는 조합을 잘 반영하고 있을 경우 그 생물종을 지표생물로 하고 환경보전을 위한 모니터링이나 환경교육에 이용하는 것이 가능하다. 생물종은 생태계 안에서 습도, 온도, 빛, 산소농도, 토양입자 크기, 환경조건, 먹이가 되는 생물의 입수 가능성, 경쟁종, 천적의 존재와 생물적 환경조건의 강약·고저 등의 변화 속에서 일정한 한계 안에서만 생존할 수 있으며, 정착과 번식이 가능하다. 서식 가능성의 한계 범위가 좁은 생물종은 환경 변화에 예민하게 반응하여 죽거나 이동하는 형태로 개체 수가 감소하거나 증식이나 이입으로 증가하기 때문에 지표생물로 적합하다. 예를 들어 하천이 산업폐수, 생활폐수로 오염되면 깨끗한 물에서만 사는 생물류는 개체 수가 감소하고 오염된 물에서 사는 생물류가 증가한다. 환경교육에서는 강의 오염을 조사할 때 간이분석테스트로 수질을 조사하거나 떠올린 물의 탁한 정도를 관찰하는 방법을 이용하기도 하는데 이 외에도 망으로 하류나 강기슭의 작은 동물을 수집해서 조사하고 '수질등급과 지표생물의 일람표'와 대조하면서 수질급수를 조사하기도 한다. 수생 지표생물 외에도 지의류나 패각충 등이 대기오염의 지표생물로, 멤논제비나비, 말매미 등이 온난화의 지표생물로 이용 가능하다.

직하형 지진
epicentral earthquake

얕은 지하에 진원을 두고 발생하는 지진을 말한다. 통상적으로는 메커니즘을 나타내는 학술용어가 아닌 언론을 중심으로 피해 상황의 관점에서 사용되며, 도시에서 큰 피해가 발생한 지진을 말한다. '도시 직하형 지진' 등의 용례로 많이 사용된다. 진원단층이 해역에 있는 경우나 지표에서 40km 정도 떨어진 경우도 '직하형 지진'으로 취급하기도 한다. 방재상의 관점에서는 의미가 있는 용어지만 용례가 확대 해석되는 경우가 많아 주의를 요한다.

진도
seismic intensity scale

어느 지점에서 지진의 흔들림의 크기를 표시하는 지표이다. 진도계급, 진도계라고도 말한다. 세계에서는 지역에 따라 정의가 다른 진도계급이 몇 개 있고, 일본에서는 기상청 진도계급을 사용하고 있다. 일반적으로 진원으로부터 먼 관측지점일수록 진도는 작아지는 등 지진의 에너지 규모를 표시하는 매그니튜드와는 다른 척도이다. 이전에는 기상대 직원의 체감 및 주위의 상황으로부터 진도를 추정했지만 효고 지역의 남부 지진 등의 경험을 바탕으로 1996년 이후 지진 탐지기 자동특정기기(계측진도계)에 의해 자동적으로 관측되고 있다. 진도는 '진도 0~7'까지 있지만, 진도 5와 진도 6은 강약의 2단계가 있어 합계 10단계로 되어 있다.

질소산화물
nitrogen oxide, NOx

질소산화물의 총칭으로 아산화질소(N_2O)나 일산화질소(NO), 이산화질소(NO_2) 등이 있고, 화학식에서 NOx로 표기된다. 자연에서 유기물이 미생물에 의해 분해·산화되어 생성되는 경우와 인위적인 소각에 의해 대기가 따뜻해져 생성되는 경우, 석탄의 연소로 불순물로서 석탄에 섞여 있는 질소성분에서 생성되는 경우가 있다.

일본 욧카이치의 천식 등의 공해병이나 대기오염의 원인 물질로 호흡기에 악영향을 주며 산성비 또는 광화학 옥시던트의 원인 물질이 된다. 일본에서는 환경기준이 정해짐에 따라 대기오염방지법에 의해 배출이 제한되고 있다. 자동차의 배출이 앞으로 해결해야 할 과제이다.

ㅊ

참매
northern goshawk

매과 매목의 조류로 학명은 Accipiter gentilis이다. 전체 길이 48~61cm, 날개를 펼친 길이 105~130cm의 중형 맹금류로 북반구의 온대·냉대를 중심으로 분포한다. 천연기념물 제323-1호로 지정되어 있는 참매는 하얀 눈썹선과 검은 안대를 특징으로 한 아종으로 우리나라에서는 그리 흔치 않은 텃새이다. 그렇지만 겨울에는 서울의 북악스카이웨이 등 도처에서 볼 수 있는 겨울철새이다. 낮은 산 지역에서 산림의 극상에 집을 짓고, 트인 장소에서 작은 포유류를 포식하는 '마을 산의 매'로 예로부터 수렵에 사용되었다.

➕ 한국에서는 예로부터 꿩 사냥에 쓰였다. 생태계 피라미드의 정점에 위치하는 최종 소비자로서 산림 벌채의 진행으로 개체 수가 감소하고 있다.

참여형 학습
participatory learning

|참여의 의미| 일반적으로 교육에서 말하는 '참여'는 '사회 참여'와 '학습·수업 참여' 두 가지가 있다. 전자는 '직접 참여'이고 후자는 '간접 참여'라고 할 수 있다. 환경교육에서의 참여도 이 두 개의 카테고리에서 논의되는 경우가 많다. 전자는 국제적 환경교육과 관련되어 있고, 그 근거는 베오그라드 헌장에 있다. 베오그라드 헌장은 환경교육의 목표를 6단계(관심·지식·태도·기능·능력평가·참여)로 규정하고 있으며, 제일 마지막으로 '참여'를 들고 있다. 이 6단계의 환경교육의 목표와 과정은 지금도 일본 환경교육에 기초가 되고 있다.

헌장은 참여의 목표에 대해서 "환경문제의 해결을 위해 행동을 확실히 하며 환경문제에 대한 책임감과 긴장감을 높이기 위해 도움이 되는 것"으로 밝히고 있다. 이것은 '지식의 습득이나 이해뿐만 아니라 스스로 행동할 수 있는 인재를 길러 내는 것이 중요하다'는 일본의 환경교육의 방침, 즉 '환경 안전의 의욕 증진 및 환경교육의 추진

에 관한 기본적 방침'과도 합치한다.

참여 행위는 학습자의 외적 환경과 환경문제 및 그 해결과도 밀접하게 관련되어 있으며, 참여하는 것 자체가 사회적으로 의미를 가지고 있다. 또한 학습·수업 참여는 '방법으로서의 참여'라고도 말할 수 있으며 앞에서 말한 6단계의 최종 단계뿐만 아니라 학습의 여러 가지 장면과도 연관되어 있다. 즉 행위로서 참여의 사회적 의미보다도 학습자 자신이 직접 환경과 관련하여 어떤 관심과 지식, 태도, 기능이나 능력을 습득했는지가 더 중요하다고 할 수 있다.

결국 참여형 학습은 간접 참여와 직접 참여를 모두 아울러 넓은 의미로 해석하는 것과 직접적 참여와 '참여'를 엄격하게 구분하여 간접적 참여만을 '참여형'으로 구분하고 있다고 할 수 있다.

|이론적 배경| 광의와 협의의 참여형 학습을 구분하는 두 가지 입장도 학습론으로 볼 때 '체험학습'이라는 공통점을 가지고 있다. 체험학습론의 배경은 정보화나 글로벌화, 가치관의 다양화 등 빠르게 변화되는 사회 속에서는 주입식으로 지식의 양을 증대시키는 수동적·교양주의적 학습보다는 학습자 스스로 활동을 통해서 주체적·적극적으로 학습하여 학습자 자신이 태도나 행동을 변화시키는 것이 중요하다고 보는 것이다.

|참여의 능동성| 체험학습과 함께 참여형 학습의 특징이라고 할 수 있는 중요한 개념으로 학습자를 대상으로 하는 '능동성'이 있다. 체험학습은 학습자 자신이 능동적이 될 때 효과를 발휘할 수 있다. 능동성의 지표로는 로저 하트(Roger A. Hart)의 참여의 사다리(participatory ladder)가 널리 알려져 있다. 하트는 어른과 함께 활동하는 아이들의 '자발성'과 '협동성'을 8단계로 구분하고 있다. 참여의 사다리에서는 참여의 질 구분뿐만 아니라 참여형 학습이 자칫하면 빠지기 쉬운 과제(참고: 『어린이의 참여』, 맹문사, 2000)를 논의하고 있으며 이것은 의미 있는 판정 기준이 되고 있다.

|두 가지 참여형 학습| 실제 사회에 직접 참여를 하기 위해서는 간접적이고 모의적인 두 가지의 '참여형 학습'이 있다. 첫 번째는 교실과 실제 사회를 구분하면서 교실에 실제 사회를 가지고 오는 것이다. 두 번째

는 교실과 학습의 장을 사회라고 보는 것이다. 전자의 예로 시뮬레이션이나 외부 강사의 초빙 등, 후자의 예로는 구성원 사이의 토론이나 브레인스토밍 등을 들 수 있다.

전자의 경우 사회와 사회문제 구조나 핵심이 추상화·모방화되어 마치 학습자가 실제로 사회 안에 있는 것 같은 유사 상황을 만들어 낼 수 있다. 교실에 외부 관계자를 강사로 초빙할 경우 역시 마찬가지로 외부의 사회적 문제가 사람의 형체로 교실에 들어오는 것이라고 할 수 있다. 후자의 토론이나 브레인스토밍의 경우에는 교실 그 자체가 사회이기 때문에 토론에 적극적인 참여와 함께 그 안에서의 발언은 시민사회의 구성원으로서의 책임과 자각을 필요로 한다. 또한 교사와 학생, 학급 임원과 부원 등 구성원의 상호관계는 권력과 복종, 권리와 의무 등의 정치적 관계로도 생각하며 고찰할 수 있을 것이다.

채굴매장량
recoverable reserves

지하에 저장되어 있는 석탄, 석유, 천연가스 등 광산 자원의 채굴 가능한 양을 말한다. 채굴매장량은 자원이 소비되면서 감소하고, 새로운 판상의 발견, 채굴 기술 진보 등에 의해 증가한다. 광산자원의 가격이 상승하면 광산에서 채굴하는 데 많은 비용이 들기 때문에 채굴매장량은 증가한다.

채굴매장량을 연간소비량으로 나눈 수치가 채굴 연수로, 석유는 약 50년, 천연가스는 약 60년, 석탄은 100년 이상이라고 알려져 있다. 그러나 연간소비량이 증가하면 채굴 연수는 감소하고 자원의 고갈 역시 앞당겨진다.

천연가스
natural gas

땅속에서부터 천연 상태로 생산되는 가스를 말하지만, 일반적으로는 불연가스나 불순물을 제거한 탄화수소가스를 말한다. 메탄, 에탄, 부탄을 주성분으로 한다. 석유 채굴 시에 함께 나오는 경우가 많지만 단독으로 천연가스 매립지에서 채굴되는 경우도 많다. 석유나 석탄에 비해 연소 시 이산화탄소의 배출량이 적기 때문에 환경 부담이 적은 에너지로서 이용되고 있다. 유럽과 미국에서는 기체 상태로 파이프라인 유송이 주류를 이루지만, 일본은 통상적으로 가스를 액화한 액화천연가스(LNG)의 형태로 유송·비축되어 이용하고 있다. 주된 용도는 연료나 도시가스·화학공업 원료 등이다. 채굴할 수 있는 연수는 약 60년으로 추산하고 있다.

천연기념물
natural monument

일본에서는 문화재보호법에 의해 동물, 식물, 지질광물 중에서 학술상 가치가 높은 것은 '천연기념물', 특별히 중요한 것은 '특별천연기념물'로 지정된다. 국가 지정 외에 지자체도 조례를 기반으로 천연기념물을 지정하는 것이 가능하다.

문제점으로는 ①학술상 가치가 높은 것으로 제한되어 생물다양성의 관점이나 멸종 우려의 유무에 대해서는 고려하지 않았다. ②보호 관리 체제가 불충분하다. ③지자체에 의한 지정 작업이 진척되고 있지 않다는 점 등을 들 수 있다.

➕ 한국은 문화재보호법에 의해 지정된 천연기념물로 동물, 식물, 지질(천연동굴 포함), 천연보호구역 등이 있고 총 376종이다. 문화재청 국가문화유산포털에서 천연기념물 자료를 확인할 수 있다.

천이
succession

어느 장소에 식생으로 덮여 있지 않은 토지가 있을 경우 서서히 발아·생육하는 식물이 들어와 식물군락의 구성종이 오랜 세월을 거쳐 변화하는 것을 생물학 용어로 천이라고 한다. 천이에는 화산의 용암 등, 원래 생물이 없었던 곳에서 시작하는 1차 천이와, 화재 등으로 식물군락이 소실된 후 땅속에 있던 씨앗이 발아하여 재생되는 것부터 시작하는 2차 천이가 있다. 산림의 천이는 처음으로 성립하는 초본식물군락에 소나무 등의 양수가 진입하여 번성하고 최종적으로는 너도밤나무 등의 음수림으로 변하여 극상에 달한다고 알려져 있다.

한편 사토야마라고 불리는 마을 주변의 산림의 경우 숯을 만들기 위한 수목의 벌채와 산나물과 버섯, 퇴비가 되는 낙엽 등의 임산물의 채취라는 인간 활동에 의해 천이를 조절하고 인간에게 유용한 환경을 유지해 왔다.

철새
migratory bird

어떤 지역에 일 년 내내 서식하는 새를 텃새라 부르고, 번식지와 월동지가 다르고, 매년 정해진 계절마다 번식지와 월동지를 오가는 새를 철새라고 한다. 세계에는 약 6,000종, 일본에 약 550종이 확인되고 있다. 철새는 매년 번식지와 월동지 사이를 같은 경로로 돌아온다. 장거리 비행의 방향을 어떻게 자각하고 있는지에 대해서는 지자기를 느끼고 방향을 아는 것, 별자리의 위치에서 방향을 아는 등 실험 결과가 알려져 있지만, 해안선 등의 지형을 더듬어 찾는 경우도 많다.

일본에서 관찰된 철새의 종류는 크게 나그네새·여름철새·겨울철새의 3종류로 분류된다. 여름에는 시베리아 등의 고위도 지역에서 번식하고, 겨울에는 남반구에서 월동하기 위해 장거리를 이동하는 도요새, 물떼새 등을 나그네새라고 부르고, 날아가는 도중 휴식이나 양분 보충을 위한 중계지인 일본에서는 봄과 가을에 볼 수 있다. 또한 제비 등과 같이 날이 따듯해지면 동남아시아 등 남쪽에서 건너와서 일본 국내에 번식하고, 추워지기 전에 남쪽 나라로 돌아가는 새를 여름철새라고 부른다. 한편, 시베리아 남부와 중국 동북부 등에서 번식하고, 일본에서 월동하는 고니를 비롯한 기러기, 오리류, 개똥지빠귀, 딱새 등은 겨울철새라고 부른다. 나그네새나 겨울철새의 대부분은 물새이다. 즉 일본은 나그네새에게는 중계지, 여름철새에게는 번식지, 겨울철새에게는 월동지로서 역할을 하고 있다.

철새는 번식지, 중계지, 월동지 등의 여러 가지 환경 변화의 영향을 쉽게 받기 때문에 장거리를 이동하는 새의 증감은 지구 차원의 환경 변화를 반영하는 지표가 된다. 철새의 다양성을 지속하기 위해서는 자연환경을 어떻게든 보전하는 것이 중요한 과제가 된다. 이제까지는 물새의 먹이 장소나 휴식을 위한 중요한 갯벌 등의 습지를 보전하기 위해 람사르협약, 간접적으로 철새를 보호하기 위한 다양한 철새협약, 도요새·물떼새 네트워크 등의 관계국 간에 연계한 노력이 진행되었다. 그러나 일본에서 일부 여름철새가 갑자기 줄어드는 것처럼 철새의 종 보존에 관한 노력은 현재까지도 불충분하다. 앞으로도 여러 국가의 국경을 초월한 더욱 깊은 연계가 요구된다.

또한 장거리를 이동하는 철새에 대하여 비교적 좁은 지역에서 계절에 의해 산과 마을을 이동하는 휘파람새와 동박새 등의 떠돌이새도 철새로 간주하는 일이 있다.

➕ 한국에 기록된 조류는 522종인데(국립생물자원관, 2011), 이 중 철새는 약 89%를 차지한다.
※ 출처: 국립생물자원관

청정개발체제
Clean Development Mechanism, CDM

|의미| 교토 의정서에 의해 규정된 제도로서, 개발도상국과 선진국이 공동으로 온실가스 감축 사업을 개발도상국에서 실시하며, 이것에 의해 발생한 감축분을 선진국의 배출 삭감 목표 달성에 이용할 수 있는 구조이다. COP3에서 CDM이 교토 의정서에 포함된 뒤에도 구체적 협상이 계속되었고, COP7에서 최종 합의에 이르렀다. CDM도 각국의 삭감 방안을 보완하는 것으로 설정되어 있다. CDM에서는 ① 원자력은 불포함 ② 정부 개발 원조(ODA)의 유용 금지 ③ 흡수원의 이용은 기준년 배출량의 1% 이내로 제한하는 등을 원칙으로 포함하고 있다. 이 체제에서 CDM이 없는 경우에는 실시할 수 없는 사업('추가성'이라고 한다)이 있다는 것과 개발도상국의 지속가능개발에 공헌하는 것이 중요한 시점이라고 할 수 있다.

|프로젝트의 내용| CDM 사업에는 발전 시설의 효과 개선, 신재생에너지, 폐열발전 설치, 폐기물 처리 방법 개선, 수소불화탄소(HFC) 파괴 등이 있다. 최근에는 신재생에너지 이용 프로젝트 등록 건수의 비율이 커지고 있다. CDM 사업으로 2012년 11월 시점에서 4,915건의 프로젝트가 등록되었고, 1,025억t의 CO_2 환산 이상의 배출권이 발행되고 있다.

|과제와 전망| CDM은 감축량 산정에 감축실적거래(Baseline & Credit) 방법을 사용한다. 이것은 프로젝트가 없었던 때를 기준으로 한 것으로 이 설정이 적절한가에 대한 것이 중요하며 프로젝트 실시에 따라 이산화탄소 배출이 증가할 위험도 있다.

복잡한 조사와 인증이 이루어지고 있는 한편 개발도상국에서 적절한 사업이 실시되어 환경보전에 공헌하고 있는가에 대한 검토의 필요성이 제기되고 있다. 배출권 발행에 집중되고 있는 것, 중국(약 51%)과 인도(약 19%)를 중심으로 하여 아시아 지역과 남미에 집중

되고 있는 것도 과제로 지적되고 있다.

　교토 의정서의 제2차 감축 공약 기간에도 CDM은 지속되고 있지만 수치 목표를 가지고 있지 않은 일본 등은 배출권의 국제적 획득·이전을 제한하는 것이 COP18에서 결정되었다.

체르노빌 원자력발전소 사고
Chernobyl disaster

|개요| 1986년 4월 26일 1시 23분에 소련(현 우크라이나)의 체르노빌 원자력발전소 4호기(우크라이나 수도 키예프에서 북쪽으로 약 110km, 전력출력 100만KW, 1983년 운전 개시, 소련이 독자적으로 개발한 흑연감속 비등경수 압력관형의 4개의 원자로 중 1개)에서 일어난 원자력 사고이다. 4월 25일부터 보수 점검 중이던 4호기에서 외부전원 상실 시 비상발전으로 터빈 발전기의 회전관성 에너지를 발전소 내 전원으로 사용하는 실험 중 제어 불능이 되었다. 노심융해 후 수증기 폭발을 일으켜 원자로와 원자로 건물이 폭발하여 파괴되었다. 후쿠시마 제1원자력발전소 사고의 폭발인 수소폭발에 비교했을 때 폭발력이 현저히 크고, 대부분의 방사성 물질이 대기권으로 방출되어 지구 전체에 영향을 미쳤다. 방사능 방출량은 6,000PBq(=6,000×10^{15}Bq, 연소 192t의 약 4%, 후쿠시마 제1원자력발전소 사고의 약 6배, 히로시마 원폭의 약 500발분)으로 추정되며, 국제 원자력 사고 등급(INES)에서 후쿠시마 제1원전 사고와 같은 레벨 7로 분류되었다. 폭발 후 60만 명의 사고 처리 작업자(우크라이나, 러시아 또는 벨라루스의 소방관, 경찰관, 전문가 등)가 구조 활동에 참가했다. 사고 직후 건설된 석관은 노후화가 진행되어 현재 100년 정도 지속된다는 아치형의 새로운 석관(폭 257m×높이 150m)이 건설 중에 있다. 또한 사고 후에도 운전이 계속되던 1호기~3호기는 이미 폐쇄되었다.

|원인| 냉각재가 상실되면 핵반응이 정지되는 일본 상업로의 원자로 구조와는 다르게 흑연감속 비등경수 압력관형 원자로는 저출력 시 반응이 감속되는 경향이 있어 핵폭발 사고의 가능성이 제기되었다. 이 원자로에서는 70만KW 이하의 운전이 금지되어 있었지만, 현장 판단으로 20만KW에서 실험이 단행되었다. 그러나 출력이 너무 저하되어 원자로의 긴급정지가 예상되자 원자로 보호신호를 무효화하

고 출력유지를 위해 제어봉을 끌어올렸고, 원자로의 출력 증가를 위해 긴급정지를 시도했지만 출력 증가를 막지 못하고 출력 폭주에 이르렀다. 첫 번째 폭발은 연료와 수증기에 의한 수증기 폭발, 두 번째는 물의 지르코늄 반응에 의한 수소폭발로 추정되고 있다. 게다가 흑연화재가 발생해 방사물질이 대기 중으로 퍼지게 되었다. 결론적으로 다음과 같은 문제점이 지적되고 있다. ①운전원의 교육이 불충분했다. ②특수한 운전을 행했기 때문에 사태를 예측할 수 없었다. ③실험이 예측대로 되지 않았음에도 강행했다. ④실험을 위한 안정장치(비상용 노심냉각장치를 포함한 중요한 안전장치)를 모두 제거한 채로 실험을 개시했다.

|영향| 원전사고 다음날인 27일에는 원전에서 3km 떨어진 프리피야트와 야노프 마을의 주민 피난을 실시, 원전 주변에서 약 16만 명이 피난을 떠났다. 우크라이나에서는 75부락, 9만 명의 사람들이 피난을 떠났다(2000년 유엔보고서). 원전에서 30km 권내에는 지금도 들어갈 수가 없다. 1986년 5월 8일 각료 회의령에 의해 키예프 주관할의 9년제 일반교육학교(초등학교에 해당)의 전 학생과 키예프 시관할 일반교육학교 학생 약 24만 명이 분산 이주되었다. 5월 6일까지 방출이 계속되고 러시아 각지에서 잎채소, 육류, 생선 등의 식품에서 대량으로 방사능 물질이 검출되었다. 급성방사선장해는 134명, 약 1개월 후 사망자는 30명이었다.

체험학습
experential learning

|의미| 교육현장에서 이뤄지는 자연이나 사람, 사물 등과의 직접적인 경험의 기회, 관찰, 조사, 견학, 사육, 노동 등을 도입한 학습 전반을 말하며 '체험교육'이라고도 한다. 학교교육의 경우 체험을 아이들의 능력의 발전을 위한 계획으로 실시하는 교육활동을 말한다.

독일의 교육철학자 오토 프리드리히 볼노(Otto Friedrich Bollnow)에 따르면 '경험(독일어로 Erfahurung)'이나 '체험'은 '여행(독일어로 Fahren)', '편력', '방황하다'가 그 어원으로 고향을 떠나 알지 못하는 타향을 '여행하는' 상태를 말한다. 볼노는 "경험은 결코 안전한 장소에서 발생하지 않는다. 예상치 않은 상황에 자신을 두지 않으면 안

된다"라고 말했다. 또한 경험을 이성과 연결하여 교육 이념으로 만든 것이 존 듀이(John Dewey)의 '경험주의 교육'이다. 전후의 일본에서 무차쿠 세이쿄의 '메아리 학교' 등에서 이러한 경험주의 교육을 실천했지만 고도 경제성장이라는 시대적 배경 속에서 이러한 실천은 줄어들고 있다.

일본에서는 2002년도부터 총합적 학습시간의 시작으로 교실에서 학습자와 가까운 자연환경이나 사회환경에 관한 체험을 통해 문제를 인식하고, 집단으로 생각하는 문제해결 학습을 새로운 체험학습의 단계로서 실천할 수 있게 되었다. 체험학습은 집단 안에서의 상호행위의 과정을 통해 인간관계에 대해서도 배우는 '마음의 교육'의 수단으로서도 중요한 의미를 가지게 되었다.

|변천| 일본의 생애학습심의회(현재는 중앙교육심의회로 통합)는 1999년에 발표되었던 중간보고 「생활체험, 자연체험이 일본의 어린이들의 마음을 키운다」에서 체험활동을 중시해야 하는 논거로서 1998년에 행해진 '아이들의 체험활동 등에 관한 설문 조사' 결과를 제시했다. 조사에 따르면 아이들의 '생활체험', '돕기', '자연체험'과 '도덕관, 정의감'을 몸에 익히는 것 사이에 높은 상관관계가 나타났다. 또한 "아이들이 살아가는 법은 다양한 체험이나 활동을 통해 아이들이 주체적으로 생각하고 시행착오를 겪으며 스스로 해결책을 발견해 가는 과정에서 키워지는 것"이며 "아이들이 사회적 또는 자연적인 환경과의 관계나, 함께 목적을 향해 가는 동료들과의 관계와 같이 서로 주고받는 과정으로부터 배우는 것이 중요하다"라고도 기술하고 있다. 이는 체험활동이 프라모델을 조립하는 것과 같이 순서가 정해져 있어서는 안 되며 거기에는 실패나 좌절에 의한 실망이나 발견의 기쁨, 성취감 등 여러 가지 감동이 요구된다는 뜻이다.

이와 같은 답신을 받아 2001년에 개정된 학교교육법 제31조에서 "교육지도를 행할 때에 아동의 체험적인 학습활동, 특히 봉사활동 등 사회봉사체험활동, 자연체험활동 그 외의 체험활동에 충실하게 힘쓸 것"이라고 기록하고 학교 교육에서의 체험학습의 중시를 명확히 내세웠다.

|과제| 현행 일본의 교원양성과정 중에서는 체험학습을 체험적으로 배우는 과정이 충분하지 않고 교육현장에서도 이에 대응하는 교원연수가 충분하지 못하다. 패키지화된 체험학습 서적이 서점에 즐비하고 정해진 시간 안에 끝내도록 짜여진 활동(게임이라고 하지 않는다)을 통해 정해진 경험을 획득할 수 있도록 만들어졌다. 그러나 볼노가 말한 '경험'의 원점에서 보면 체험교육은 학교라는 장치를 넘어서 지역의 자연이나 사회 속에 참가하여 문제를 생각하는 교육이 중요하다. 또한 교육자 자신도 예상치 못한 일을 해결해야 하는 문제의 당사자가 될 각오가 필요하다.

➕ 한국은 학교에서 주5일제 수업이 도입되면서 정부 및 지방자치단체에서 적극적으로 사회의 체험학습 인프라를 확충하고 프로그램을 공급하는 대응책을 시행하며 민간 부문의 체험학습장과 프로그램도 다양하게 개발되고 있다. 전국의 각종 생태공원, 상하수도 처리장, 발전소, 댐, 박물관 등 각종 사회 인프라에 자체 전시관 등을 설치하고 프로그램을 마련하여 학생들을 위한 체험학습 공간으로 활용하고 있다.
※ 출처:국토환경정보센터

칠레 지진해일
Chilean Earthquake and Tsunami

남아메리카 칠레에서 1960년 5월 22일에 발생한 규모 9.5의 세계 최대 대지진에 의해 일어난 지진해일이다. 지진 발생부터 약 22시간 반 후에 최대 규모 6.3에 달하는 지진해일이 일본 산리쿠 해안을 중심으로 일어나 사망 142명 사상 855명, 건물 피해 4만 6,000동, 이재민 14만 7,898명, 피해 세대 3만 1,120세대, 선박 피해 2,428척 등 대규모의 피해가 발생했다. 일본과 칠레는 약 1만 7,500km 떨어져 있기 때문에 지진해일은 시속 약 780km로 태평양을 건너온 것으로 계산된다. 칠레 지진해일은 지구 반대편에서 발생한 지진이라도 커다란 피해로 돌아올 수 있다는 자연의 위협과, 적절한 방재와 재해 피해를 줄일 수 있는 대책의 필요성을 시사하고 있다.

『침묵의 봄』
Silent Spring

1962년에 출판된 레이첼 카슨(Rachel Carson)의 저서로 20여 개국 이상에서 번역된 세계적인 베스트셀러이다. 당시 미국 전역에서 대량 살포된 농약이 가진 인체오염과 환경오염의 위험성을 고발하며 환경의식을 높이고 이후 환경운동을 불러일으켰다.

본문의 일부가 잡지 「뉴요커(The New Yorker)」에 게재되면서 큰 반향을 불러일으켰다. 화학학회나 농약회사로부터 공격을 받거나 큰 논쟁이 일어났지만 이후 DDT의 전면 사용금지로 이어졌다. 농약 이외에도 생물에 대한 방사능 물질의 장기적인 영향을 언급한 선두적 저서였다.

ㅋ

카르타헤나 의정서
Cartagena Protocol on Biosafety

유전자변형생물 등 현대 바이오테크놀로지에 의해 변형된 생물에 의해, 생물다양성 안전과 그 지속가능한 이용 및 인간 건강에 악영향을 미치는 것을 예방하기 위한 국제적 협약이다. 국경을 넘는 LMO(유전자변형생물체) 이동에 관한 절차 등을 정하고 있다. 2000년 생물다양성협약 당사국총회에서 채택되어 정식 명칭은 '바이오 안정성에 대한 카르타헤나 의정서'이다. 명칭은 1999년 의정서 채택을 목적으로 한 당사국총회가 개최된 콜롬비아의 지명에서 따왔다. 일본은 이 의정서를 실천하기 위해 2003년에 '유전자변형생물 등의 사용 규제에 따른 생물의 다양성 확보에 관한 법률(카르타헤나 국내법)'을 규정했다.

➕ 한국에서는 2008년 '유전자변형생물체의 국가 간 이동에 대한 법률'을 시행하며 발효되었다. 2014년에 제7차 바이오안전성의정서 당사국총회(COP-MOP7)를 강원도 평창에서 개최했다.

카무플라주
Camouflage

미국의 자연주의자 조셉 코넬이 『아이들과 자연을 나누다(Sharing Nature With Children)』에서 소개한 활동 중 하나이다. 동식물 등이 다른 것과 외형을 비슷하게 하는 '의태'에서 나온 말이다. 일본 셰어링 크 네이처협회의 해설에 따르면, 감각을 집중시키는 프로그램 중 하나로 "길 옆에 눈에 띄지 않도록 놓인 인공물을 주의 깊게 찾다"라고 되어 있지만, 생물의 실물 크기의 정교한 장난감을 이용하여 자연관찰회와 자연체험 프로그램에서 본격적인 카무플라주(의태) 학습으로 연결할 수 있다.

카셰어링
car sharing/ ride sharing

자동차를 개인이 아닌 다수가 공유하고 이용하는 시스템. 렌터카는 불특정 다수가 이용하는 시스템이지만, 카셰어링은 사전에 이용자가 특정되어 있어 등록된 회원에게만 빌려주거나, 근처의 사람끼리 자동차를 공유해서 사용하는 것 등이 있다. 다수의 사람이 사용하기 때문에 유지 관리비 등의 비용을 분산할 수 있다. 또 철도, 버스나 택시 등과의 가격 비교 의식이 생기고 자동차의 과도한 이용을 억제하는 효과를 기대할 수 있다.

캠프
camping

|의미| 넓은 의미로는 자연 안에서의 생활이나 자연체험을 뜻한다. 군대 기지, 주둔지나 스포츠 팀의 합숙, 가족이나 친구들과의 캠프, 오토캠프 등까지 포함된다. 그러나 여기에서는 교육적 목적과 목표의 지도체제를 가지고 조직적으로 이루어지는 '조직 교육 캠프' 중 환경교육의 시점을 가진 것으로 한정한다.

'조직 교육 캠프'에는 다음의 요소와 특징이 있다. ①조직 생활을 위한 공통의 이념과 목표가 있다. ②이 목표를 달성하기 위해 훈련된 지도자가 있다. ③목표 달성을 위해 계획된 프로그램이 있다. ④자연환경 속에서 민주적이고 조직적인 공동생활을 체험(생활하는 것에서 배움)한다. ⑤따라서 숙박 시설은 텐트 이외에도 캠핑이나 통나무집 등 고정 숙박 시설도 이용된다.

|역사| 미국 동부에서는 19세기부터 야외체험을 중시하는 교육 실천들이 시작되었다. 초기 실천들은 소년들에게 자연 속에서의 생활을 체험하게 하는 것이 인격 성장에 도움이 된다는 신념에 기반하여 시작되었다. 방법적으로는 소박하지만 장기간 야영 생활이나 자연 그 자체를 체험하는 것, 장거리 도보 여행 등 모험적 요소도 포함되어 있었다.

20세기에 들어 미국 각지에서 YMCA, YWCA, 보이스카우트, 걸스카우트 등 민간 청소년 단체에서 교육 캠프가 활발히 시작되었다. 예술, 만들기, 음악, 댄스, 자연과학 등의 활동과 함께 캠프의 교육적 가치는 강조되었다. 이것은 동시대 교육철학자인 존 듀이(John Dewey) 등 진보주의, 경험주의 교육사상에서 받은 영향을 캠프 현장에 응용하려는 것이었다.

일본에서는 가쿠슈인 대학의 학장이었던 노기 마레스케가 1907년에 시작한 가나가와의 카타세 해안의 천막 생활 '하계유영(游泳)연습'이 있었고, 1920년에는 오사카YMCA의 보이스카우트 활동 '소년 의용단'이 롯코 산에서 2주간 캠프 생활을 실시했다. 또한 도쿄 YMCA는 1932년 소년 장기 캠프 '노지리가쿠소'를 시작하여 지금까지 매년 여름에 실시하고 있다.

커뮤니케이션 능력
communication skills

| 의미와 배경 | 커뮤니케이션은 정보를 발신하고 받아들이는 행위이며 커뮤니케이션 능력은 이러한 커뮤니케이션을 원활하게 할 수 있는 능력과 기술을 뜻한다. 코비린 권고(1977년)에서 환경교육 목표의 하나로 "기능: 개인과 사회집단이 환경문제를 명확히 포착하고 해결하는 기능을 기르는 것을 돕는다"(권고 2-2)를 꼽았다. 이 기능의 하나가 커뮤니케이션 능력이다.

일본에서는 커뮤니케이션 교육추진회의가 2011년 8월에 발표한 심의경과보고에서 커뮤니케이션 능력이 요구되는 시대 배경에 대해 "세계화가 더욱 진행되고, 다양한 가치관, 정답이 없는 과제, 경험한 적이 없는 과제를 풀어 나가야 하는 '다문화 공생'의 시대에 아이들에게는 적극적으로 '열린 개인(자기를 확립하고 타인을 수용하며 다양한 가치관을 가진 사람들과 함께 사고하고, 협력·협동하면서 과제를 해결하고 새로운 가치를 만들면서 사회에 공헌할 수 있는 개인)'으로 있을 것이 요구된다"라고 밝히고 있다. 그리고 커뮤니케이션 능력을 "다양한 가치관이나 배경을 가진 사람들이 모인 집단에서 상호관계를 깊게 하며 공감하면서 인간관계나 팀워크를 형성하고 정답이 없는 과제나 경험한 적이 없는 과제에 대해 대화하고 정보를 공유하면서 서로의 생각을 나누고 깊게 하면서 합의 형성 및 과제 해결을 하는 능력"이라고 규정한다.

| 육성의 중요성 | 학교에서 커뮤니케이션 능력을 키우기 위해서는 ①자신과는 다른 타자를 인식하고 이해하는 것 ②타자 인식을 통하여 자기의 존재를 바라보며 사고하는 것 ③집단을 형성하고 타자와의 협력과 협동을 도모하는 활동을 하는 것 ④대화나 토론, 신체 표현 등을 활동에 넣어가며 정답이 없는 과제에 임하는 것 등의 요소로 구성된 기회나 활동의 장을 의도적·계획적으로 설정할 필요가 있다.

일본의 중앙환경심의회 답신인 「앞으로의 환경교육·환경학습:

지속가능사회를 향해』(1999)에서는 지속가능 사회의 실현을 위한 환경교육·환경학습에서 다루어야 할 영역, 테마를 인간과 자연과의 관계에 관련된 것, 인간과 인간과의 관계에 관련된 것으로 구별하고 후자에 지속가능한 사회를 만들어가는 데 필요한 커뮤니케이션 문제를 포함했다. 또한 기업의 ISO14001 등의 환경 매니지먼트 시스템의 구축과 환경 보고서의 작성, 기업 내에서의 환경교육이나 관계자와의 환경 커뮤니케이션의 사례를 제시했다.

환경보전활동·환경교육추진법에 대한 '기본적인 방침'(2004)에서는 커뮤니케이션 능력에 대한 언급이 없었지만, 환경교육촉진법의 '기본적인 방침'(2012)에서는 환경교육이 키워야 할 능력인 '미래를 만드는 힘'의 하나로 의사소통하는 힘(커뮤니케이션 능력)이 언급되고, 환경교육에 요구되는 요소로 "지식의 일방통행이 아닌 협동 경험을 통한 쌍방향형의 커뮤니케이션에 의해 학습에 참여하는 사람에게 깨달음을 이끌어내는 것"의 중요성이 언급되어 있다. 나아가 이 기본방침에서 강조한 '환경행정에 대한 민간단체의 참여 및 협동 대응의 추진'과 관련하여 "협동조합의 참여 주체 간의 커뮤니케이션을 원활히 하고 상호 이해와 신뢰 구축을 도모하기 위해서 정부와 지방 공공 단체를 포함한 각 참여 주체가 서로의 정보를 공개하는 것"의 중요성에 대해서도 언급되어 있다. 2007년 간행된『환경교육 지도자료(소학교 편)』에서는 국어과의 목표와 환경교육과의 관련에 대한 기술에서 "환경문제에 대한 각자의 입장의 공통성과 차이를 서로 존중하면서 명확한 의견을 정리하거나 작성한 보고서를 타인과 교류하는 커뮤니케이션 능력 향상의 중요성과 총합적인 학습의 시간과 환경교육과의 '커뮤니케이션 힘' 육성의 중시"를 제시하고 있다.

앞으로 커뮤니케이션 능력을 키우기 위해서는 학교가 지역사회와 더욱 연계하면서 지역 과제에 대처하려는 자세를 명확히 하는 것이 중요한 과제라고 할 수 있다.

컴플라이언스
compliance

사람이나 조직이 법률과 내규 등의 결정에 따라 행동하는 것이다. 원래 의미는 '법령 준수'인데 법률을 지키기만 하면 비윤리적 행동을 해도 허용된다는 해석에 빠지지 않기 위해 사람과 조직의 사회적 책임도 묻고 있다. 식품의 산지나 품질 표시의 위장 문제, 유통기한이 경과한 식품 판매 등 기업의 컴플라이언스 위반과 관련한 사건이 끊이지 않고 있다.

코디네이터
coordinator

의류업계에는 색과 무늬가 제각각인 옷이나 액세서리 등 각각의 아이템을 배색과 통일감, 콘셉트 등을 고려하여 전체적 조화를 이루도록 코디네이트한다는 사고방식이 있다. 코디네이터는 여기에서 파생된 용어로 원래는 의류업계에서 코디네이트하는 사람을 지칭했다.

현재는 의류업계뿐 아니라 인테리어, 의료, 경영, 매스컴 등 복잡하고 다양한 업계에서 상호 커뮤니케이션, 작업, 조직, 틀 등이 원활히 기능할 수 있도록 조정하는 역할을 하는 사람이나 기획 추진 등의 책임자를 가리킨다.

환경교육 활동을 실천할 경우, 학교·지역사회·NPO 등 여러 단체와 행정기관을 비롯하여 조직을 넘어 사람과 사람을 연결하는 역할을 할 수 있는 사람이 요구된다. 하나의 프로젝트를 추진하거나 환경에 관한 회의를 열 때에도 소속 집단, 입장, 생각이 다른 사람들의 통로 역할을 하고 서로 다른 생각을 잘 조정하지 않으면 안 되는 경우가 많다. 이때 조정 역할을 하는 코디네이터가 활약하게 되는 것이다.

유사어로 퍼실리테이터(Facilitator)가 있는데, 워크숍이나 회의, 프로젝트 등에서 프로그램을 원활히 진행하기 위한 역할을 한다. 주로 프로그램의 진행 과정에서 활약하는 데 반해 코디네이터는 프로젝트의 사전 단계에서부터 역할을 담당할 때가 많다. 물론 회의 진행을 담당할 때에도 코디네이터라는 용어를 사용하기도 하며 이 경우에는 사회자, 진행자 또는 조정자라는 의미를 지닌다.

코로나바이러스 감염증-19
COVID-19

2019년 12월 중국 후베이 성 우한에서 발병한 유행성 질환으로 '우한 폐렴', '신종코로나바이러스감염증', '코로나19'라고도 한다. 코로나바이러스의 변종에 의한 바이러스성 질환이다. 초기에는 원인을 알 수 없는 호흡기 전염병으로만 알려졌다. 그러다 2020년 1월 7일,

2003년 유행했던 사스(SARS, 중증급성호흡기증후군) 및 2012년 유행했던 메르스(MERS, 중동호흡기증후군)와 같은 코로나바이러스의 신종인 것으로 밝혀졌다. 세계보건기구(WHO)에서는 코로나바이러스감염증-19가 전 세계 여러 나라로 확산되자 1월 30일 '국제 공중보건 비상사태(PHEIC)'를 선포했으며, 3월 11일에는 팬데믹(감염병 세계 유행)을 선언했다.

코로나 바이러스(CoV)는 사람과 다양한 동물에 감염될 수 있는 바이러스로서 유전자 크기 27~32kb의 RNA 바이러스이다. 이 바이러스의 전파 경로는 현재까지 비말(침방울), 접촉을 통한 것으로 알려져 있다. 기침이나 재채기를 할 때 생긴 침방울이나 코로나19 바이러스에 오염된 물건을 만진 뒤 눈, 코, 입을 만졌을 경우 등이다. 증상으로는 발열, 권태감, 기침, 호흡곤란 및 폐렴 등 경증에서 중증까지 다양한 호흡기감염증이 나타난다. 그 외 증상으로는 가래, 인후통, 두통, 객혈과 오심, 설사 등도 나타나기도 한다.

치명률은 전 세계 약 3.4%(WHO, 2020.3.5. 기준)이지만 국가별, 연령별 치명률은 매우 상이하다. 고령자나 면역기능이 저하된 환자, 기저질환을 가진 환자가 주로 중증으로 되며 사망까지 이르게 한다. 현재까지 백신은 개발되지 않았으며, 손 씻기나 마스크 착용, 주변 환경 소독 등의 예방을 권고하고 있다.

한국에서는 SARS-CoV-2 감염에 의한 호흡기 증후군으로, 법정 감염병 제 1급감염병 신종감염병증후군으로 분류되어 있다.

코제너레이션
cogeneration/combined heat and power

대형 화력발전소에서는 대량의 물을 끓이고 고온·고압 증기로 터빈을 돌려 발전하는데 이때 발생하는 열은 활용되지 못하고 버려져 연료가 가지고 있는 에너지의 일부를 이용하지 못하고 있다. 코제너레이션은 전기와 열 모두를 이용해 총합적 에너지 효율을 향상하는 방법으로 '열병합 발전'이라고도 불린다. 기존의 발전 시설의 에너지 효율은 40% 정도인데 코제너레이션에서는 에너지 20~45%, 열에너지 30~60%, 합하면 75~80%로 향상된다.

코제너레이션의 기본 방법은 발전용 가스엔진, 디젤엔진으로 발전하고 발열을 이용하여 난방과 급탕에 사용하는 것, 또는 흡수 냉온수기에 의해 냉수로 변환하는 시스템이 있다. 열은 멀리까지 이동시킬 수 없기 때문에 열소비 시설에 가까운 곳에 코제너레이션 시설을 설치한다.

도시가스에 의한 코제너레이션 시스템도 보급되기 시작했다. 가스엔진을 통한 발전과 냉방, 난방, 급탕, 증기를 동시에 이용할 수 있는 시스템이며 10KW 미만의 소형 제품부터 1,000KW를 넘는 제품까지 있다. 음식점, 복지시설, 병원, 쇼핑, 지역 냉난방까지 폭넓게 이용할 수 있다.

가스 터빈과 증기 터빈을 조합한 컨바인드 사이클 발전은 코제너레이션의 일종이다. 가정용 연료전지에 의한 코제너레이션 시스템도 있다. 이 연료전지는 천연가스(혹은 LP가스)에서 채취한 수소를 이용하여 발전하고 발전 시 발생하는 열을 급탕 및 난방에 이용하는 시스템이다.

바이오매스를 이용한 코제너레이션은 화석연료를 사용하지 않기 때문에 이산화탄소 배출을 대폭 줄일 수 있다. 북유럽에서는 온난화 대책의 하나로 지역 발전 시설에서 목질 바이오매스를 이용해 발전하고 그 열을 지역 전체의 난방·급탕에 활용하고 있다.

유럽에 비하여 일본의 거의 대부분의 지역은 온난하며 난방 기간이 짧고 온수 이용이 한정되어 있어 코제너레이션 시스템을 통한 에너지 이용 정도는 비교적 낮지만, 폐열과 열수요를 병합하는 주택이나 도시 건설이 이루어지면 코제너레이션 기술이 더욱 활발히 이용될 것이다.

➕ 한국에서는 중대형 원동기의 효율이 높아짐에 따라 마이크로 가스 터빈(Micro GasTurbine)부터 여러 가지 소형 마이크로 가스엔진(Micro Gas Engine)의 종류가 활발하게 개발되어 상용화되고 있으며, 각종 연료전지 실용화 시대에 돌입하고 있다.
※ 출처: 오창섭, 「코제너레이션 시스템의 동향」(한국과학기술정보연구원)

코피 아난
Kofi Annan

제7대 유엔 사무총장을 역임한 가나 출신의 외교관, 정치인, 경제학자이다.

1999년 세계경제포럼에서 기업에게 인권, 노동, 환경, 부패 방지의 4개 분야 10원칙에서 '유엔 글로벌 콤팩트'를 제시하고 준수·실행을 요구했다. 환경 분야에서는 ①기업은 환경 과제에 대하여 예방적인 연구법을 지원해야 한다.(원칙7) ②기업은 환경에 대하여 좀 더 큰 책임을 맡는 것을 주도해야 한다.(원칙8) ③기업은 환경에 좋은 기술개발과 보급을 촉진해야 한다.(원칙9)의 3원칙을 제시했다. 또한 2004년 4월, 밀레니엄 보고서 「우리의 인민: 21세기 유엔의 역할」에서 개발(빈곤, 물, 교육 등의 결여), 안전보장(인도적 개입 등), 환경(지구온난화 등)이라는 3개의 과제를 세계가 협력하여 해결할 필요성을 제창했고, 이는 같은 해 9월 유엔 밀레니엄 정상회의의 검토 과제가 되어 유엔 선언에도 반영되었다. 2001년 '국제평화에 대한 대처'로 유엔과 함께 노벨평화상을 수상했다.

클린사이클 컨트롤
clean cycle and control: three principles for dealing with chemicals and hazardous waste

유해 폐기물이나 잔류성 화학물질 제어를 위한 기술이나 사회에 대한 기본적 대처 방안으로 제시된 방법이다. 유해성 물질의 사용은 회피(클린)하고, 적절한 대체물질 없이 사용하는 것의 유효성에 기대해야 할 때에는 순환(사이클)하는 것을 원칙으로 하며, 환경과의 접촉에서 배출을 극도로 억제하고 과거 사용에 따른 폐기물의 강력 분해 및 안정화에 대한 통제 조치가 기본적 대처 원칙이다. 세계적으로 합의되어 온 폐기물 대책의 기본적 생각은 ①감량화(reduce) ②재사용(reuse) ③재활용(recycle)의 3R인데 이것과 유사한 순위 선택 개념이 된다. 폐기물 중에서도 인간이나 환경에 피해를 줄 가능성 높은 화학물질이나 유해 폐기물의 대처 방책이라고 할 수 있다.

클린화는 유해 화학물질의 사용 회피를 주요 원칙으로 기술개발이나 정책을 전개하는 '그린 케미스트리'이며, 인체와 환경에 해가 적은 반응물과 생성물을 선택하기, 기능이 같다면 독성이 되도록 적은 물질을 만들기 등의 원칙을 정하고 있다. 폐기물 발생 회피·고유성 회피 기술을 적용하는 것이 기본이지만, 이것이 불가능할 경우나 좀 더 확실한 관리가 요구될 경우에 제2의 사이클, 제3의 컨트롤을 고려하지 않으면 안 된다. 사이클·컨트롤의 기본 기술로 분리·회수·재활용 기술 또는 분해·안정화·고체화와 같은 프로세스 기술이 있다. 유해 폐기물을 대상으로 할 경우 분리 회수 이용, 무해화, 안정화라는 순서로 대책을 강구하게 된다. 분리 회수 이용이 가능한 설계 및 재이용을 우선하며 그 후에는 폐제품이나 폐기물의 유해성을 제거할 수 있는 무해화를 고려한다. 소각, 용융과 같은 열화학 처리, 화학 처리 등 본질적 상태의 전환을 꾀하는 무해화 프로세스는 중요한 기술이라고 할 수 있다.

E

타운 와칭
Town Watching

경관 형성에서부터 건축, 거리의 트렌드를 찾는 마케팅까지 특정 목적을 위해 어떤 관점을 정해 거리를 걸으며 관찰하는 행위를 말한다. 일본에서는 1986년에 아카세가와 겐페이가 설립한 거리관찰학회가 마을의 익숙한 경관이나 물건이 본래의 의미를 넘어 예술로 승화되는 즐거움을 알렸다. 1990년에 하쿠호도(일본 도쿄에 있는 오래된 광고 회사)에서 나온 '타운 와칭'은 탐정처럼 걷기(탐정형), 높은 곳에서 내려다보기(걸리버형), 일정한 지점에서 관찰하기(견우성형)로 나눌 수 있다.

환경교육에서는 주변의 환경에 대한 체험적 사고를 위한 효과적 교육 방법이나 활동으로서 1980년대부터 '타운 와칭'이 많이 실시되고 있다. 아이들의 교육활동으로 시작되었지만, 현재는 기업의 환경교육에도 도입되고 있다.

이와 비슷한 것으로는 방을 채울 만큼 크게 확대한 주택지도(빅맵)에 여러 사람들이 정보를 적고 그 정보를 찾아 거리를 걷는 '걸리버 지도'나, 시를 읊으며 걷는 것을 통해 사계절을 느껴보는 방법도 있다.

탄소발자국
carbon footprint

상품과 서비스의 원재료 조달에서 폐기 · 재활용에 이르는 라이프사이클 전체에 걸친 온실가스 배출량을 이산화탄소 배출량으로 환산해 '가시화' 하는 방법이다. 이 방법으로 소비자는 환경부담이 낮은 상품과 서비스를 선택하게 되고 사업자에게는 라이프사이클의 환경부담 절감으로 이어질 수 있다. 현재 탄소발자국 제도가 마련되어, 희망하는 사업자는 상품과 서비스의 탄소발자국을 산출하고 그것을 인정받으면 탄소발자국 마크를 제품에 표시할 수 있다. 그러나 이 마크가 붙은 상품이 많지 않은 것이 현 상황이고, 탄소발자국 산출에 어려움이 있어 판매 촉진으로 이어지기 어렵다고 지적된다.

➕ 한국의 탄소발자국 제도는 1단계 탄소발자국 인증, 2단계 저탄소제품 인증으로 구성되어 있다. 저탄소제품은 동종 제품의 평균 탄소배출량 이하(탄소발자국 기준)이면서 저탄소 기술을 적용하여 온실가스 배출량을 4.24%(탄소감축률 기준) 감축한 제품을 대상으로 정부가 인증하는 것이다. 2020년까지는 '탄소발자국 기준'과 '탄소감축률 기준' 중 하나만 만족해도 인증이 가능하다.
※ 출처: 한국환경산업기술원

탄소 상쇄
carbon offset

시민, 기업, NGO · NPO, 지자체, 정부 등에서 삭감이 곤란한 온실가스를 배출한 경우, 다른 장소에서 실현한 배출 삭감, 흡수량 등 (크레디트)을 구입하거나, 다른 장소에서 삭감 · 흡수를 실현할 프로젝트와 활동을 실시하는 것 등으로, 배출량의 전부 또는 일부를 모으는 것을 말한다. 이 제도에 의해 온실가스 배출 삭감 활동에 대한 주체적 대처와 배출량을 경제적으로 가시화하여 삶의 방식 전환을 촉진하고, 배출 삭감 · 흡수 프로젝트를 통한 자금 조달 등을 달성할 수 있을 것이다.

➕ 한국에서는 '탄소흡수원 유지 및 증진에 관한 법률'(2013)과 함께, 산림탄소흡수량의 거래 가능 여부에 따라 거래형과 비거래형으로 참여할 수 있는 산림탄소상쇄제도를 시행하고 있다.
※ 출처: 산림청

탄소 중립
carbon neutral

생산, 판매, 소비 활동을 할 때 탄소의 흡수와 배출량을 동일하게 한다는 의미로 사용된다. 식물을 에너지자원으로 사용하면 연소 시에 이산화탄소가 대기 중으로 배출되지만, 식물은 생장 시 대기 중 이산화탄소를 흡수하여 배출량과 흡수량을 계산하면 제로가 된다. 대기 중의 이산화탄소 농도가 높아지는 것이 아니라서, 지구온난화의 원인은 되지 않기 때문에 탄소 중립이라 할 수 있다.

그러나 탄소 중립 연료를 제조 · 운반할 때, 이산화탄소를 배출할 가능성이 있으므로 주의할 필요가 있다. 또 탄소 중립 연료 등의 사용이 지나치게 증가하면, 산림 파괴가 일어나거나 사탕수수 등의 농작물로 연료를 만들면서 식재료 자원의 수탈로 이어지는 등 위험을 동반하다.

기업, 지자체 등이 소비전력, 공조, 사원의 출근 시 동반되는 배출량 전체를 상쇄하는 것을 탄소중립이라고 하는 경우도 있다.

● 2019년 유엔 기후행동정상회의에서는 EU, 캐나다, 멕시코 등 73개국이 2030~2050년까지 국가 차원의 탄소 중립 달성을 선언했다. 이에 따라 한국에서도 '2050 저탄소 사회 비전 포럼'이 '2050 장기 저탄소 발전전략'(LEDS) 검토안을 환경부에 제출했다. 그러나 검토안에서 사실상 2050년 이전 탄소 중립 달성을 포기한 셈이어서 큰 아쉬움을 남겼다.

탈핵
denuclearization (in power generation)/nuclear power phase out

|의미| 원자력발전의 철수나 원자력 의존의 전력공급에서 벗어나는 것, 이를 위한 활동을 말한다. 일본에서는 2011년 3월 11일 일어난 후쿠시마 제1원자력발전소 사고가 계기가 되어 운동으로 확산했다. 일본에서는 탈핵 외에도 '반(反)원전', '졸(卒)원전', '금(禁)원전' 등의 유의어가 사용되고 있다. 모두 원자력발전의 철수를 의미하지만 '핵발전'을 포함한 원자력 전반의 폐지를 포함한 '반핵'의 흐름을 갖는 것이 '반(反)원전', 원자력발전의 단계적 철수와 신에너지의 순차적 교체를 함의한 것이 '졸(卒)원전', 원자력발전소 사고 이후 일단 정지시킨 원자력발전소의 재가동 금지와 즉각적인 원자로 폐기를 함의한 '금(禁)원전'으로 나누어 사용하고 있다.

|일본에서의 경위| 일본의 원자력발전은 1955년에 원자력기본법이 성립된 이래 국책으로서 추진되어 2010년 말 시점에 54기의 원자력발전소가 건설되었다. 1999년 9월의 도카이 경계 사고, 2000년 11월의 시즈오카의 하마오카 원전 배관 파열 사고, 2002년 8월의 도쿄전력의 문제 은폐, 2007년의 주에츠오키지진 당시 가시와자키·카리와 원전 변압기의 발화 등 문제는 계속되었지만 대규모 탈핵 운동으로는 연결되지 못했다. 오히려 원자력입지지역진흥특별조치법(2000년)이나 원자력입국계획을 내건 신국가에너지전략(2003년)을 거쳐 2010년의 에너지 기본계획 개정에서는 원자력에 의한 전력 공급을 2030년까지 50% 이상으로 늘리는 목표를 세우는 등 원자력 추진 입장이 강화되었다.

후쿠시마 제1원자력발전소 사고 후 일본의 원자력발전소는 하마오카 원자력발전소에 대한 정부의 정지 요청과 순차 정기 검사를 위해 멈춰졌으며, 2012년 5월 5일 원전 3호기의 정지와 함께 모든 원자력발전소가 일시 정지되었다. 탈핵운동은 후쿠시마 제1원자력발전소 사고 후에 각지에서 왕성하게 이루어졌으며 모든 원자력발전

소의 정지와 재가동 방지를 위한 '관저 앞 항의시위'는 전례 없는 대규모 시위가 되었다. 2012년 6월, 정부가 오이 원전 3, 4호기의 운전을 결정한 전후에는 10만 명이 넘는 시민이 모여 큰 화제가 되기도 했다. 또 관저 앞뿐 아니라 전국 각지의 주요 도시 전력회사 앞에서도 탈핵 시위가 연동하여 일어나고 있다.

원전 사고 후, 일본 정부는 에너지 정책의 재검토 논의를 진행했다. 2012년 7월부터 에너지 정책에 관한 국민적 논의를 약 1개월에 걸친 퍼블릭 코멘트로 모집했고, 8만 9,124건의 의견이 모였다. 그중 90%는 원전 제로를 요구 했으며 80%는 즉시 제로를 요구하는 의견이었다. 그 후 9월에 정리된 '혁신적 에너지·환경전략'에는 '원전에 의존하지 않는 사회 실현'이 포함되어 일본은 원전 추진 정책에서 탈핵 정책으로 크게 방향을 돌렸다. 또 2012년 9월에는 중의원 의원 중 초당파 의원에 의해 탈핵기본법안이 제창되었지만 이후 중의원 해산으로 폐기되었다.

|세계 각국의 동향| 덴마크는 오일쇼크 이후 국민적 논의를 거쳐 탈화석연료·탈핵 정책을 진행했고, 체르노빌 원자력발전소 사고(1986년 4월 26일) 이후 각 나라에서 '탈핵'의 목소리가 높아졌다. 이후 스웨덴 의회에서 원자력발전소를 단계적으로 폐지하는 법안이 가결되었고, 독일 정부와 전력업계의 탈핵 합의로 이어졌다. 후쿠시마 원자력발전소 사고 후 새롭게 탈핵을 정치적으로 결정하는 움직임이 일어나 아일랜드, 독일, 이탈리아, 오스트레일리아, 오스트리아, 스위스, 그리스, 뉴질랜드, 노르웨이, 포르투갈, 말레이시아, 라트비아 등이 탈핵의 입장을 취했다. 특히 이탈리아와 스위스는 국민투표에서 탈핵을 결정하여 주목되었다.

➕ 한국 역시 후쿠시마 제1원자력발전소 사고 이후로 탈핵운동이 본격화되었고, 환경·시민단체와 정치권, 행정기관이 힘을 모아 2017년에는 국내 첫 원자력발전소인 부산의 고리 1호기 폐쇄, 2019년에는 경주의 월성 1호기 폐쇄를 이끌어냈다. 나아가 제9차 전력수급기본계획(2020~2034년)에 담길 권고안에는, 현재 건설 중인 원자력발전소 포함 2026년 26기에서 2034년까지 17기로 줄이는 내용이 포함되어 있다.

탐구학습
inquiry-based learning

학습자가 지식 획득의 과정에 주체적으로 참가하게 함으로써 자연이나 사회를 조사하는 데 필요한 탐구능력을 익히고, 새로운 것을 탐구하려는 적극적인 태도를 기르도록 하는 학습을 말한다. 이 학습은 학습자 자신이 문제의식을 가지고 무엇을 어떻게 조사할지 자주적으로 판단한다는 특징이 있어서 학습자 자신의 자주성과 협동성 등이 필요하다. 지도자에게는 학습자가 문제를 만들어내는 단계, 문제를 심화 발전시키는 단계, 조사한 것을 전달하는 단계 등으로, 지도자적 관계법, 코디네이터 관계법, 촉진자적 관계법에 대한 연구가 필요하다. 특히 환경교육에서 과제와 방법을 검토한 후 인터넷의 정보 수집보다는 가능한 한 현지조사 등 직접적 정보 수집이 바람직하다.

태양광발전
photovoltaic power generation

반도체처럼 광기전력효과를 가진 물질을 사용하는 태양전지로 태양광에너지를 직접 전력으로 변환하는 발전 방식이다. 풍력발전과 함께 신재생에너지 발전 방식의 양축을 이루고 있다. 날씨에 의해 발전량이 좌우되며, 전력수요가 많은 낮에 전기를 만드는 이점도 있다.

물질에 빛을 쬐어 일어난 전위차로 전류가 흐르게 되는 광기전력효과는 1839년에 알렉산더 베크렐(Alexandre Edmont Becquerel)이 발견했다. 그는 방사능의 발견자인 앙리 베크렐(Antoine Henri Becquerel)의 아버지로, 방사능 양의 단위 베크렐(Bq)은 그의 이름을 딴 것이다. 다양한 재료의 태양전지가 개발되었지만, 실용화된 것은 실리콘, 동과 갈륨, 인듐 등을 소재로 한 화합물이며 실리콘도 단결정, 다결정, 아모퍼스(비정질) 실리콘으로 나뉜다. 실용화된 태양전지의 에너지 변환효율은 30% 미만이지만, 이용파장이 다른 화합물 태양전지를 여러 겹 겹친 화합물 다접합형 태양전지로는 40% 이상의 변환효율을 실현하고 있다.

화석연료의 가격 급등이나 고갈, 원자력발전 사고의 미해결 등으로 신재생에너지의 개발이 진행되고, 태양전지의 생산량과 함께 태양광전력에 따른 발전량도 급증하고 있다. 태양전지는 2008년 1W당 약 4달러 이상이었던 평균가격이 2012년에는 1W당 1달러 이하로 낮아졌다. 일본에서는 태양전지 가격이 내려감에 따라 발전량이 현저히 증가했고, 태양광발전 시스템의 누계설치용량은 2008년 말 약 15GW에서 2012년 말에는 100GW 이상으로 증가했다.

2004년까지 일본의 태양광발전은 발전량과 태양전지 생산량 모두 세계 1위였다. 그러나 태양광발전 시설에 대한 보조금 중단 등으로 인해 제자리걸음으로 돌아섰고 발전량에서는 독일에, 태양전지나 태양광 패널 생산에서는 중국에 1위 자리를 내주었다. 그렇지만 보조금의 부활, 후쿠시마 제1원자력발전소 사고 이후의 신재생에너지 지향, 그리고 2012년부터 시작된 신재생에너지의 고정가격 매입에 의해 앞으로 빠른 증설이 예상된다.

독일에서는 신재생에너지의 매입 제도로 인한 재정 부담이 늘어나자 매입 가격을 낮추거나 매입 대상의 누계시설용량의 상한을 만들자는 움직임이 나타났다. 이로 인해 지금까지 빠르게 보급되던 태양광발전에 브레이크가 걸릴 것으로 보는 경향도 있다. 그러나 태양전지의 가격 저하에 따른 시설 가격의 저하와 집중적 에너지 시스템에서 분산형 에너지 시스템으로의 전환을 생각한다면 태양광발전 시설의 설치는 더욱더 확대되어 화석연료에 의한 전력이나 원자력발전을 대체할 가능성이 높다.

한편 태양열발전은 렌즈나 반사경 등을 이용하여 태양에너지를 모아 이 열로 물을 끓여 수증터빈을 회전시켜 전기를 만드는 발전 방식이다.

● 한국의 태양광 산업은 신재생에너지 산업 전체 매출의 70~80%, 수출의 80~90%를 차지한다. 2차 국가에너지 기본계획(2013). 4차 신재생에너지 기본계획 등에 따라 2035년까지 태양광발전 17.5GW 구축을 목표로 하며 이는 전체 신재생에너지 발전량의 22%, 용량의 45%를 차지하는 수치다.
※ 출처:한국태양광산업협회

태풍
typhoon

북서 태평양이나 남중국해의 열대나 아열대 해양 위에서 발생하는 열대저기압을 말한다. 기상청에서는 적도부터 북위 60도, 동경 100부터 180도의 영역(북서 태평양)에서 존재하는 저기압 중 최대풍속이 17.2m/s 이상인 것을 태풍이라 한다. 그 밖의 열대저기압으로는 북동 태평양, 북대서양에서 발생하는 허리케인, 인도양, 남태평양에서 발생하는 사이클론 등이 있다.

태풍이 접근하면 풍속 25m/s 이상의 폭풍이나 50mm/h를 넘는 매우 강한 비가 간헐적으로 내리기 때문에 대부분 피해가 나타난다. 강풍에 의해 가옥과 농작물의 피해나 송전선 절단 등이 발생하고 폭우로 인한 피해뿐만 아니라 장시간의 비로 하천이 범람하거나 토사 붕괴가 일어나기도 한다. 일본은 1950년대에 태풍에 의한 사망, 행방불명자가 1,000명을 넘었지만 최근에는 태풍의 감시 기술이나 피해 대책이 발달하여 인명 피해는 크게 줄어들고 있다.

앞으로 지구온난화가 진행되면서 지구 전체에 열대저기압의 발생 수가 감소한다고는 하나 상대적으로 대규모화될 것으로 예상된다.

테살로니키회의
Thessakoniki Conference

유네스코와 그리스 정부의 주체로 1997년 12월 8~12일에 그리스 테살로니키에서 열린 '환경과 사회에 관한 국제회의: 지속가능성을 위한 교육과 대중의 인식'을 의제로 한 국제회의로, 개최 지명을 따서 테살로니키회의라고 불리고 있다.

유네스코가 주체하는 환경교육에 관한 국제회의는 1977년의 '환경교육에 관한 정부 간 회의(트빌리시회의)' 이후 10년에 한 번씩 열리며, 테살로니키회의는 1987년의 '환경교육 · 훈련에 관한 국제회의(모스크바회의)'에 이어 3회째였다. 이 회의는 84개국에서 약 1,200명의 전문가가 모인 대규모 회의였다.

환경교육의 역사에서 이 회의의 최대 의미는 환경교육이 지향하는 방향을 사회 전체의 지속가능성의 향상, 다시 말해 '지속가능사회의 실현'으로 정한 것이었다. 즉, 환경교육이 환경문제 해결을 지향할 뿐만 아니라 더욱 폭넓게 지구환경에 영향을 미치는 국제적 과제, 예를 들어 빈곤, 인구, 인권, 평화의 해결을 지향하고 사회 전체를 지속가능한 것으로 바꾸어 나가려는 방향성을 명확하게 했다. 이러한 방향성은 테살로니키회의에서 채택된 테살로니키 선언 제10항, 11항에 기록되어 있다.

제10항에는 "지속가능성을 위한 교육 전체의 재방향 설정은 모든 나라의 모든 레벨의 학교 교육 · 학교 외 교육이 포함된다. 지속가능성이라는 개념은 환경뿐만 아니라 빈곤 · 인구 · 건강 · 식량 확보 · 민

주주의·인권·평화를 포함한 것이다. 최종적으로 지속가능성은 도덕적·윤리적 규모로서 거기에는 존중되어야 하는 문화적 다양성이나 전통적 지식이 내재되어 있다"라고 되어 있다. 즉 지속가능성의 개념에는 지구환경에 폭넓게 영향을 미치는 국제적 과제 해결이 포함되며 이는 개개인의 지식, 가치관, 행동의 변혁이 기반이 된다는 것이다.

또 제11항에서는 "환경교육은 오늘날까지 트빌리시 환경교육에 관한 정부 간 회의의 권고의 틀을 기반으로 발전했다. 이후 의제 21이나 다른 주요 유엔회의에서 논의되고 있는 국제문제를 폭넓게 받아들이면서 진화했고 지속가능성을 위한 교육으로서 다루었다. 그렇기 때문에 환경교육을 '환경과 지속가능성을 위한 교육'으로 표현할 수 있다"라고 하며, 환경교육이 지향하는 방향은 지속가능한 사회의 실현임을 명시했다.

지속가능성을 위한 교육으로서의 자리매김, 또는 지속가능사회의 실현이라는 방향성은 유엔 '지속가능발전교육 10년(DESD)'으로 이어져 일본에서는 1999년의 중앙환경심의회 답신인 「앞으로의 환경교육·환경학습: 지속가능사회를 지향하며」의 기초가 되었다.

테오 콜본
Theo Colborn

미국의 동물학자(1927~2014)로 1993년부터 세계자연기금(WWF)의 과학 고문을 맡았다. 환경호르몬의 전문가로 1996년 출간한 『도둑맞은 미래』(사이언스북스, 1997)로 주목을 받았으며, 2000년 블루플래닛상을 수상했다. 어려서부터의 야생조류 관찰에 관심이 많았고, 환경보호운동에 강하게 끌려 참가하기 시작했다. 51세에 대학원생이 되어 석사·박사 학위를 취득했고, 그 전후로 화학물질에 의한 환경오염과 암 발생의 관련을 조사하다가 환경호르몬이라는 미지의 진상을 밝혀내고 『도둑맞은 미래』를 집필해 세계에 알렸다.

토네이도
tornado

회오리 바람 또는 용오름 현상이라고도 한다. 발달한 적란운이나 적운 등의 대류성 구름 아래에서 깔대기나 기둥 모양으로 올라가는 구름을 따라 발생한 격렬한 공기의 소용돌이를 말한다. 대부분 태풍이나 차가운 공기의 유입에 의한 국지적 대기의 불안정으로 발생한다. 초속 100m 이상의 상승기류에 의해 사람이나 가축, 자동차나 배, 가옥 등을 감아올리기도 한다. 피해는 넓게는 수 km, 좁게는 십에서 수백 m의 범위에 집중되며 과거에 발생했던 토네이도 중에는 시속 약 90km(초속 25m)로 이동한 것도 있다.

미국에서는 토네이도에 의한 피해가 자주 보고되고 있으며, 일본에서도 2012년 5월 6일 이바라키와 도치기에서 다수의 토네이도가 발생하여 1명의 사망자와 2,000동이 넘는 건물이 반파되는 등의 피해가 발생했다. 일본에서 발생한 토네이도(해상 토네이도 제외)는 연평균 13개로 태풍 시즌인 9월에 가장 많이 확인되고 있지만 계절에 상관없이 태풍, 한랭전선, 저기압과 동반하여 발생한다.

2008년 일본 기상청은 발표 후 1시간이라는 매우 짧은 유효시간을 가진 '토네이도 주의정보'를 신설하여 "적란운에서 발생하는 토네이도, 강한 하강기류(downburst) 등에 의한 격렬한 돌풍이 발생하기 쉬운 기상 상황"으로 판단되는 경우에 발표하고 있다. 특히 어린이, 고령자를 포함한 옥외 활동, 고층, 크레인, 난간에서의 작업 등 안전 확보의 시간이 필요한 경우에는 신속히 안전한 건물 안으로 이동하고, 건물 안에서도 1층 창문에서 멀리 떨어져 몸을 보호하는 안전 확보 행동 등 방재 교육에서도 중요한 학습 항목이 되었다.

토머스 맬서스
Thomas Malthus

영국의 경제학자(1766~1834). 주요 저서로 1798년작 『인구론』(동서문화사, 2016) 등이 있다. '맬서스의 인구론', '맬서스주의'로 불리고 있는 이 사상은 인구가 기하급수적으로 증가하는 한편, 식료는 산술급수적으로 증가하기 때문에 후자가 전자를 쫓아가지 못하는 것을 근거로 하고 있고, 빈곤층의 혼인과 산아 제한을 통한 인구 증대 억제를 지향한다. 이 사상은 다윈의 이론, 특히 자연도태에 관한 사고에 영향을 주었다고 하며, 배경으로는 19세기의 부르주아 사상의 차별론적 특징이 지적되고 있다. 또한 산아 제한을 중시하는 '신맬서스주의'라는 사상도 나오게 되었다.

토석류
debris flow

집중호우, 눈이 녹거나 지진으로 산의 경사면이 붕괴되고, 붕괴된 토사가 많은 양의 수분을 머금고 흘러내리는 현상이다. 산지가 침식하며 발생하는 토사의 유하와 퇴적으로 인해 인적 피해가 발생하기도 한다. 산의 하천이나 계곡에서 발생하는데, 특히 화산 분출물로 덮인 지역은 토사의 붕괴와 유출이 쉽게 반복되기 때문에 토사류가 빈번하게 발생한다. 또한 벌채로 인한 민둥산이나 뿌리가 얕은 나무가 심어진 산지에서는 호우로 인한 토사 붕괴가 발생하기 쉽다. 인위적인 변경에 의해 토석류가 발생한 경우도 있어 과거 일본에서는 하천 상류에 있는 산림의 벌목을 금지하거나 이를 단속했고 나무를 심었다.

토양
soil

| 정의와 기능 | 토양은 암석의 풍화물(광석 파쇄물)이나 바람, 물에 의해 형성된 점토나 모래의 퇴적물(화산재나 황토, 또는 하천의 영력에 의해 상류에서 운반되어 온 토사 등)을 기반으로 기후, 지형, 생물, 시간의 인자가 더해짐에 따라 형성된 지표의 자연물이다.

자연 상태의 토양 단면을 관찰하면 가장 아래에 암석 등이 있는 기반암층이, 그 위에는 입자가 미세해져 점토로 여겨지는 하층토층, 그리고 그 위에 표층에는 점토와 유기물이 풍부한 검은 표양층이 보인다. 토양이 식물 생산을 도와 식량 생산의 장이 된 이유는 식물의 양분이나 물을 보유할 수 있기 때문이다. 토양의 점토나 유기물이 보유하고 있는 양분은 식물의 뿌리로 흡수되어 식물의 성장에 이용된다. 농업에서는 토양 중 양분이 부족한 경우에 퇴비 등을 이용하여 보충한다.

식물의 성장에는 물이 꼭 필요하며 토양의 수분이 그 공급원이 된다. 토양의 수분은 주로 유기물이나 점토에서 만들어진 단립구조의 다양한 공극에 보관된다. 크기가 다른 다양한 공극이 토양에 있는 것은 중요하고, 다양한 공극을 가진 토양은 물과 공기를 보관할 수 있어 식물에 물과 공기(식물뿌리의 호흡)를 안정적으로 공급한다. 토양 속 물이나 공기는 식물뿐만 아니라 토양 동물이나 미생물의 생명 활동에도 필수적이다.

떨어진 잎이나 가지 등의 유기물 분해는 토양에 서식하는 동물이나 미생물에 의해 이루어지기 때문에 토양은 육지의 유기물 분해의 장이 된다. 또 육지의 질소 고정이나 탈질소 과정도 토양의 미생물에 의해 이루어지는 등 토양은 육지에서 물질순환의 중심적 역할을 담당하고 있다.

|환경문제| 토양의 침식이나 염류화, 사막화, 산성화, 유해물질에 의한 토양오염, 지구온난화 물질의 생성이나 발생 등이 토양과 관련된 환경문제이다. 토양이 물이나 바람을 직접 맞으면 표층의 토양이 쉽게 침식되어 비옥한 표층의 토양이 손실되고 식물 생산력의 저하로 이어진다. 또한 건조, 반건조 지역에서는 계속된 관개농업으로 인해 토양 표면에 염류가 축적되고 토지의 생산력이 저하된다. 이러한 현상을 토양의 염류화라고 한다. 건조, 반건조 및 건조 반습윤 지역에서의 토양침식이나 염류화는 사막화를 일으키기 때문에 이에 대한 대책 마련이 시급하다. 유해물질에 의한 토양오염은 오래전부터 커다란 공해문제였으며, 진즈 강 유역 논의 카드뮴 오염은 커다란 인적 피해를 가져왔다. 오늘날에는 농경지 오염과 함께 도시의 유해물질 오염도 문제가 되고 있다. 더욱이 동일본대지진에 의한 후쿠시마 제1원자력발전소 사고로 방출된 방사성물질이 토양에 축적되어 이를 제거하는 것이 문제가 되었다.

|환경학습| 토양을 다룬 교재 개발에는 토양이 식물 성장에 중요한 환경 요소라는 관점과 토양이 가진 물질순환의 기능을 도입하는 것이 중요하다. 일본은 학교에서 이과, 특별활동 또는 총합적인 학습 시간을 활용하여 학교 내의 화단이나 농원에서 식물과 농작물을 키울 기회가 많아 토양의 물질순환 기능을 직접 체험할 수 있다. 토양 상태에 따라 식물의 생장이 왕성해지거나 빈약해지는 데에는 여러 가지 이유가 있지만, 물, 양분이 요인이 되기도 한다. 퇴비와 같은 양분을 공급한 경우와 그렇지 않은 경우 토양 속의 양분이 다르므로 생육도 다르며, 자갈이나 작은 돌들이 많아 토양의 수분 저장이나 양분의 공급 능력이 떨어지는 것도 생육의 차이가 되기도 한다.

토양의 물질순환의 기능도 환경교육의 교재로 활용되고 있다. 숲

에서 낙엽이나 떨어진 가지의 분해에는 토양 속의 동물이나 미생물이 관련한 것과 토양이 생태계 먹이사슬의 장인 것을 이해시키는 것이 중요하다. 토양 속에는 다양한 생물이 서식하고 앞에서 언급한 물질순환을 지탱하기도 한다. 토양 속 다양한 생물의 존재를 알고 유기물 분해에 관한 토양물질의 효과를 확인하는 학습은 중요하다.

토양 액상화
soil liquefaction

지진의 진동에 의해 지하 수위의 높은 사질(砂質, 모래 성분으로 된 토질) 지반이 흙탕물이 되는 현상으로 유동화 현상, 유사(모래가 흐름) 현상, 분사(모래를 뿌림) 현상이라고도 한다. 토양 액상화가 일어나면 지반이 약해져서 모래 15% 이하의 진흙탕이 지표로 분출되거나 지반이 부분적으로 침몰하거나 침하하기도 한다. 또한 건물과 자동차가 매몰되거나 쓰러지는 것 이외에, 가벼운 하수관 등은 떠오르거나 손상되기도 한다. 토양 액상화는 해안, 사구, 삼각주, 항만 등 매립지에 발생하기 쉽다. 옛날 하구와 호수, 늪, 논이 있던 지역이나 사질토로 조성된 곳은 토양 액상화가 일어날 위험이 있다.

토양오염
soil pollution/soil contamination

|의미| 수은, 아연, 카드뮴, 비소 등의 유해 중금속, 또는 농약, PCB, 기름 등의 유기화학물질이 토양에 축적되어 인체 피해나 농작물의 수확량 감소를 가져오고 자연환경에도 영향을 끼치는 것을 말한다. 공해문제가 제기된 때부터 대기오염, 수질오염과 함께 토양오염은 공해병을 일으키는 환경오염의 하나로서 인식되었다. 수질오염으로 인해 논이 오염되고, 토양의 오염이 지하수에도 영향을 미치는 것과 같이 물과 토양은 밀접하게 연관되어 있다.

|중금속 물질에 의한 오염| 수은, 연, 카드뮴, 비소 등의 유해 중금속은 인체에 축적될 경우 미나마타병이나 이타이이타이병과 같은 심각한 공해병을 일으킨다. 일본에서는 메이지 유신 이후 중금속이 포함된 물질로 인한 토양오염이 두드러졌다. 이 시기의 경제력 강화는 광공업의 진흥을 촉진했고 당시 동 생산의 중심이었던 아시오 광산은 계속하여 부흥했다. 그러나 아시오 광산의 제련 과정에서 동, 비소, 아연, 카드뮴 등의 중금속이 포함된 광산 배수가 와타라세 강 하류 지

역으로 흘러들어가 논이 오염되는 사건이 일어났다. 이른바 아시오 광독 사건은 일본의 공해문제의 원점으로 불린다. 또한 도야마의 진즈 강 유역은 카드뮴이 포함된 물이 광산에서 흘러나와 농지가 오염되고, 오염된 쌀로 인해 이타이이타이병이 발생하여 막대한 인적 피해가 있었다. 이처럼 광산에서 나온 중금속이 포함된 유해물질은 농지를 오염시켜 먹을거리를 매개로 인간의 건강에 해를 끼쳤다.

|다양한 원인| 광산뿐만 아니라 도시의 공장·사업장의 재개발에 의해 중금속이나 휘발성 유기화합물 등 유해물질오염이 표면화되는 것이 오늘날 토양오염의 특징으로 이에 대한 대책이 중요한 과제로 남아 있다. 또한 2011년 3월에 일어난 동일본대지진에 의한 후쿠시마 제1원자력발전소 사고로 인해 방사성물질을 확산하고 이물질이 토양 표층 부분에 축적되면서 이에 대한 제염이 커다란 과제로 남아 있다.

|환경학습| 본래 자연계에는 없거나 매우 낮은 농도의 유해물질이 확산되지 않도록 하는 대책이나 인간행동이 중요한 과제이다. 일상적 가정생활에서도 농약, 전지 등 유해물질이 포함된 용품들을 많이 사용하고 있어서 유해물질로 인한 환경오염이나 그 관리에 대한 교육의 보급이 필요하다.

토양 유출
soil runoff

지표의 토양이 물이나 강풍에 의해 침식되어 다른 장소로 이동하는 것을 말한다. 사막이나 한랭지를 제외한 지역에서는 지표면을 덮은 식생이 물이나 바람의 침식으로부터 표토층을 보호한다. 그러나 경작이나 벌채로 인해 식생이 사라지자 바람이나 비에 의한 표토층의 침식이 진행되고 단립구조가 발달한 표토층이 유출되었다. 그 결과 표토층 아래에 있는 미생성 토양층이나 암반이 지표면으로 노출되어 식생의 정착이 힘들어졌다.

미국 중부의 곡창지대에서는 강한 폭풍으로 농작이나 수확이 끝나 식생이 없던 급경사면의 토양이 침식되는 현상이 발생했다. 또한 일본의 오키나와 가고시마의 아마미시 지역에서는 태풍이나 호우로 의한 표토층의 적토 유출이 농경지에 큰 영향을 주고 있다. 또한 유출된 적토가 해저의 산호초를 사멸시키는 일도 나타났다. 1cm 깊이의 토양이 형성되는 데 100년 정도의 시간이 걸리지만, 그 토양이 수년 만에 유출되는 지역도 있다.

토지 윤리
land ethic

미국의 생태학자이자 저술가인 알도 레오폴드(Aldo Leopold)가 1949년에 출판한 『모래 군의 열두 달』(따님, 2000)에서 사용된 개념이다. 미국의 기독교에서는 자연과 인간을 구별하고 인간이 자연보다 높은 위치에 있다고 해석하는 일이 보편적이지만, 레오폴드는 '인간은 자연의 일부'라는 것을 과학자의 입장에서 명확하게 기술했다. 생명공동체의 건전한 기능을 주장했던 토지 윤리의 사고방식은 많은 환경문제에 통일적 시점을 제공하여 이 사상이 알려진 이후 미국을 넘어 유럽의 환경윤리, 환경사상의 형성에 큰 영향을 미쳤다.

퇴비/콤포스트
compost

일반적으로 유기물이 미생물 등에 의해 분해된 퇴비나 비료, 유기재의 총칭이다. 식물계 유기물을 발효시킨 것은 퇴비로, 미생물 등을 이용해 인위적으로 급속히 분해시킨 것을 콤포스트로 나누어 구별해 사용하는 경우도 있다. 콤포스트화의 발효에는 1차 발효와 2차 발효가 있는데, 1차 발효에서는 발열 반응이 일어나 급속히 분해가 진행되지만, 2차 발효에서는 느슨한 분해가 일어난다. 발효 과정을 원만히 진행하기 위해 수분 조절, 되섞기, 파쇄에 주의를 기울일 필요가 있다.

학교 급식의 잔반이나 가정의 음식물 쓰레기를 이용하여 퇴비를 만들려고 할 때 콤포스트라는 명칭이 자주 사용된다. 이 퇴비나 유기 자재를 만드는 것을 '콤포스트화(퇴비화)'라고 부른다. 지속가능사회를 위한 음식물 쓰레기의 처리 방법으로 시민이나 지자체 등에서의 보급과 계발이 진행되고 있다. 또한 학교에서도 환경교육으로 낙엽 등을 이용한 퇴비 만들기 프로그램을 진행하는 경우가 많이 있다.

투발루
Tuvalu

남태평양의 폴리네시아 지역에 있는 육지 면적 약 $26km^2$, 평균해발 2m 이하의 9개의 환초로 이루어진 섬나라이다. 인구는 약 11,001

명(2015년)으로 수도 푸나푸티에 절반 정도가 거주한다. 해발이 낮아서 해면 상승이나 이상기후 등의 온난화의 영향을 받기 쉬워 현재는 수몰이 걱정되는 나라로서 전 세계의 주목을 받고 있다. 감자류, 코코넛 등의 농작, 양돈이나 양계, 어업으로 자급자족적 생활을 하고 있다. 이미 해수온도 상승 등에 의한 산호초 피해, 해안침식, 거대화된 사이클론에 의한 피해, 수입품에 의한 폐기물 처리 문제 등 다양한 환경문제에 직면해 있다.

트레이드오프
trade off

주어진 상황에서 성과를 올리기 위해 어느 한쪽을 중시하면 다른 한쪽이 희생되는 관계를 말한다. 즉, 어떤 면에서 플러스가 되게 하면 다른 여러 가지 면에서 악영향이 나타나는 관계이다.

개발도상국에서는 산림의 보호와 주민 생활의 안정이 트레이드오프의 관계가 되기도 한다. 자유로운 산림 이용을 금지하는 정책은 지역의 산림 파괴의 문제를 해결한다. 그러나 이와 같은 정책은 일상적으로 나무를 주된 생활연료로 사용하는 지역주민의 생활을 곤란하게 한다. 반대로 언제 누구라도 땔감 채집이 가능하도록 자유로운 산림 이용 정책을 실시한다면 산림 파괴가 심각해진다. 이와 같은 두 개의 정책 목표 간의 관계를 트레이드오프라고 한다.

농약 사용을 둘러싼 환경보호와 식량 생산의 트레이드오프 관계도 있다. 식량 생산에 농약을 사용하지 않는 것은 먹을거리 안전이나 환경보호 관점에서 보면 바람직하다. 반면에 농약을 사용하는 일은 농작물의 수확량 증가나 외관상의 품질 향상, 농가의 노동량 경감 등의 관점에서 필요하다. 트레이드오프 관계는 현실 사회의 다양한 경우에 존재한다.

트레이서빌리티/추적성
traceability

유통에서의 생산자 정보 등 생산 이력 추적 가능성 및 전달의 구조를 말한다. 전달되는 정보의 범위는 생산 단계부터 소비, 폐기 단계까지의 정보로서 먹을거리 안전·안심을 지키기 위한 중요한 장치 중 하나이다. 일본에서는 BSE(소해면상뇌병증) 문제로 인해 2004년부터 '소의 개체 식별을 위한 정보관리 및 전달에 관한 특별조치법(쇠고기 트레이서빌리티법)'이 시행되었고, 식용에 적합하지 않은 쌀을 식용으로 속여 판매한 사건을 계기로 2008년에는 쌀이나 쌀의 가공품에 대해서도 트레이서빌리티의 도입이 의무화되었다.

트리할로메탄
trihalomethane

메탄 원자 중 3개의 수소원자가 불소, 염소, 질소, 요오드 등의 할로겐원소로 치환된 화합물의 총칭이다. 소독제 부산물로서 정수과정에서 생성되기 때문에 수도수질 기준치가 정해져 있다. 상수도의 정수장에서는 급수관 안에 세균 등이 증식하지 않도록 정수 처리 후, 염소로 소독(멸균처리)한다. 그때 염소와 원수 안의 유기물이 반응하여 클로로포름, 브로모디클로로메탄, 브로모클로로메탄, 브로모포름이 생성된다. 여기에는 발암성이 있어 1980년대에 일본에서 사회문제가 되었다. 하류 지역처럼 하수도 방류수가 유입되는 지점보다 요도가와 강처럼 하류에서 물을 끌어오는 상수도에서 트리할로메탄 농도가 높아지기 때문에 오존과 활성탄으로 고도의 처리를 한다.

트빌리시 선언·트빌리시 권고
Tbilisi Declaration·Tbilisi Recommendation

1977년에 소련(현재는 조지아) 트빌리시에서 개최된 '환경교육에 관한 정부 간 회의(트빌리시회의)'에서 채택된 선언 및 권고이다. 처음으로 작성된 권위 있는 국제적 환경교육의 틀이라는 의미에서 세계의 환경교육에 미치는 영향은 매우 크다. 1992년의 유엔환경개발회의, 1997년의 테살로니키회의에서도 환경교육이 트빌리시 권고에서 발전되었음을 확인했다.

|선언| 트빌리시 선언은 트빌리시회의에 출석한 각국 정부의 공통적 인식을 나타낸 것이다. 이 선언에서는 환경교육이 평생교육이며 연령이나 학교 교육, 학교 외 교육을 불문한 모든 교육 안에서 이루어져야 한다는 환경교육의 보편성을 기술하고 있다.

또 현대사회의 주요한 문제로서의 이해, 윤리적 가치로서의 배려, 환경보전과 생활 개선을 위해 필요한 실천적 기술, 좀 더 좋은 내일을 만들어가기 위한 책임감과 헌신이라는 자질을 교육이 지향해야 하는 목표로 정하고, 교육 방법으로는 광범위한 학제를 기반으로 한 전체론적(홀리스틱) 접근, 문제 해결 과정을 통한 교육을 장려하고 있

다. 또 이와 같은 교육을 실현하기 위해 각국 정부의 교육정책에서 환경교육에 대한 배려와 국제협력을 요구하고 있다.

|권고| 트빌리시 권고는 트빌리시 선언을 구체화한 것으로 환경교육에 관한 41개의 권고로 이루어져 있다. 각 권고는 환경교육의 역할, 목적, 지도 원리에 관한 권고(권고 1~5), 국가 레벨의 환경교육추진전략에 관한 권고(6, 7), 환경교육의 대상을 기술한 권고(8~11), 환경교육의 내용과 방법에 관한 권고(12~16), 교사 교육에 관해 기술한 권고(17, 18), 교재에 관한 권고(19), 미디어를 통한 정보 보급에 관한 권고(20), 연구 촉진에 관한 권고(21), 국제협력에 관한 권고(22~41)별로 정리되어 있다.

|의의| 개별적 정책을 권고한 것보다 환경교육의 목표 영역, 대상, 지도 원리라는 이후 세계 환경교육의 방향성이 담긴 틀을 창출하는 데 의의가 있다. 이 선언에서는 환경교육이 모든 사람을 대상으로 하는 교육인 것을 명확히 하고 있다. 또한 권고 안에는 12개의 지도 원리가 명시되어 그중에서 "환경을 미적 측면이나 도덕적 측면을 포함하여 포괄적으로 다룰 것, 학제적으로 접근할 것, 학습자에게 의사 결정 기회를 줄 것, 환경 감수성의 육성을 해야 하는 연령, 특히 어린 시절의 교육을 중시할 것, 환경문제의 복잡성을 감안한 비판적 사고와 문제 해결 기능의 육성을 필요로 할 것, 실천적·직접적 체험을 중시할 것"이라는 현대의 환경교육의 기본이 된 생각들을 선두적으로 나타냈다. 목표 영역으로 제시된 5개의 영역 개요는 다음과 같다.

①인식: 환경과 환경문제에 대한 인식과 감수성
②지식: 환경에 연관된 다양한 경험과 환경 및 환경문제에 대한 기초 지식
③태도: 환경에 대한 배려와 환경을 위한 가치관, 환경의 개선과 보호에 적극적으로 참가하는 동기를 가짐
④기능: 환경문제를 확인하고 해결해 가기 위한 기능
⑤참여: 환경문제의 해결을 위해 적극적으로 참여하는 것

트빌리시회의
International Conference Environmental Education in Tbilisi

1977년 10월, 소련(현재는 그루지야)의 트빌리시에서 개최된 '환경교육에 관한 정부 간 회의'를 일컫는 말로, 이 회의에서는 세계의 환경교육에 큰 영향을 준 트빌리시 선언 및 트빌리시 권고가 채택되었다.

트빌리시회의 이전에는 베오그라드에서 열린 국제환경교육 워크숍에서 베오그라드 헌장이 작성되었다. 그러나 이 회의는 트빌리시의 예비회의 성격으로, 정식적인 '환경교육에 관한 정부 간 회의'는 트리빌시가 처음이다.

유네스코와 유엔환경계획(UNEP)이 협력하여 개최했으며, 68개국의 선진국과 개발도상국 대표(2개국은 방청인으로 참가), 8개의 유엔 기관, 3개의 정부 간 조직, 20개의 국제 NGO가 참가한 대규모의 회의였다. 당초 동서 대립, 선진국과 개발도상국의 대립에 의한 난항이 예상되었지만, 결과는 전회 일치로 트빌리시 선언, 트빌리시 권고가 채택되었다. 환경교육의 국제적 협력이나 환경교육 진흥을 위한 국내 전략에 관한 의견을 교류하고 일반 보고로는 빈곤과의 싸움과 환경보호를 대립시켜서 보지 않는 것과 과학적·기술적인 요소만이 아니라 사회적·문화적인 요소를 고려해야 한다는 것, 대중매체를 포함한 모든 교육의 장에서 환경교육이 행해져야 한다는 것 등을 확인했다.

티핑 포인트
tipping point

물이 들어 있는 컵을 기울이면 어느 시점(티핑 포인트)에서 컵이 쓰러져 물이 한꺼번에 쏟아진다. 이처럼 사회의 작은 변화가 어떤 한계를 넘어서 전염병처럼 급속도로 확산될 때 사용되는 말이다. 말콤 글래드웰(Malcolm Gladwell)의 저서 『티핑 포인트(The Tipping Point)』가 미국에서 베스트셀러가 된 것을 계기로 일반적으로도 사용되었다. 생태계에서 서서히 진행되고 있는 변화가 일정 한도를 넘으면 전혀 새로운 상태로 비약하는 것과 같은 상태, 혹은 그 한계를 넘어 생태계의 회복이 어려운 상태가 존재한다는 의미로도 사용되고 있다.

Ⅱ

파력발전
wave power generation

신재생에너지인 해양의 파도 에너지를 이용한 발전 방법. 일반적으로 파도가 상하로 움직이는 힘을 공기의 흐름으로 변환한 후 공기 터빈을 구동시켜 발전한다. 이 외에도 파도의 상하좌우 운동을 자이로스코프 회전운동으로 변환하는 방식 등이 있다. 북대서양, 북태평양, 남미의 남안, 남호주 해역에 큰 파력에너지가 존재한다고 한다. 아시아 동북부에 위치한 태평양 연해와 태평양 연안에 접해 있는 후쿠시마, 이바라키, 치바 연안의 파력 에너지가 크다고 알려져 있다. 이미 실용화되어 등대와 부표 등의 전원 공급에 일부 이용되고 있지만, 비용이 비싸서 아직 전력사업화로는 이르지 못했다.

➕ 한국에서 파력발전을 통해 생산되는 에너지는 6,500MW(2019년)로, 향후 2025년까지 해양에너지를 1.6%까지 늘릴 계획이며, 그중 파력발전은 12MW 규모의 설비를 구축한다는 계획이다.
※ 출처: 한국수력원자력

파트너십
partnership

행정, NPO, 기업, 대학 등 입장이 다른 주체가 각각의 자신 있는 분야를 활용하면서 연대하고 공통의 목적을 달성하기 위해 서로 협력하는 관계. 환경단체와 행정, 기업과의 파트너십에 의해 환경교육이 실천되는 등 그 중요성은 높아지고 있다. 일본 환경성은 환경 파트너십 촉진을 목적으로 유엔대학과 공동으로 '지구환경 파트너십 플라자(GEOC)'를 운영하거나 지방 환경 파트너십 오피스(EPO)를 전국에 설치하는 등 환경활동 네트워크를 추진하고 있다.

판 구조론
plate tectonics

지구의 표층부는 10여 개의 단단한 암석판(플레이트)으로 나뉘어 있고, 이 판들은 지구 표면상에서 연간 몇 cm 정도의 속도로 이동한다는 이론이다.

지구는 반지름 약 6,400km의 행성으로 지표 아래 약 10~30km까지의 지각, 지표 아래 약 30~2,900km까지의 맨틀, 중심인 핵으로 나뉜다. 이 중에서 지각과 맨틀은 암석 질이고 핵은 금속 질이다. 지각과 맨틀 최상부를 합친 지상 100km까지의 부분은 유동성이 없는 딱딱한 암석 질로 암석권(Lithosphere)이라 불리며, 지하 100~400km 정도의 맨틀은 고체이지만 비교적 유동성이 있는 연약권(Asthenosphere)으로 불린다. 암석권이 몇 개의 판으로 나뉘어 있고 연약권 유동으로 이동한다는 것이 판 구조론의 이론이다. 암석판 간의 경계에는 서로 벌어져 멀어지는 발산형 경계, 서로 충돌하는 충돌형 경계(수렴경계), 옆으로 흐르는 평행이동형 경계(보존경계) 3종류가 있고, 충돌형 경계에서는 해구에서 볼 수 있는 것 같은 한쪽의 암석판이 다른 방향 아래로 들어가는 섭입형과 히말라야처럼 암석판끼리 충돌하는 충돌형이 있다. 발산형 경계는 주로 대서양 등의 해면에서 보이고, 연약권이 지구 내부에서 상승한 새로운 물질이 만들어지고 있다. 일본 근처에서는 일본 해구 등의 섭입형 경계가 알려져 있어 지진 발생의 메커니즘과 관련지어 원인을 해석하고 있다. 이즈 반도 근처에서는 충돌형 암석판의 경계가 있어서, 현재도 충돌이 진행 중이다.

암석판의 충돌로 쌓인 지각 변동의 힘은 때에 따라서는 거대한 지진으로 연결된다. 그 예로 섭입형 경계에서 약 100~200년마다 동해 지진, 동남해 지진, 남해 지진 같은 규모 8급의 거대 지진이 발생할 확률이 높다고 지적되고 있다.

팜유
palm oil

말레이시아와 인도네시아 등 동남아시아에서 재식농업(플랜테이션)으로 재배된 기름야자에서 생산되는 천연식물성 유지이다. 일본에서는 세제와 비누 등의 원료로 사용되는 경우가 많아 팜유를 사용한 제품은 천연소재로 만든 친환경 이미지가 있다. 반면 생산지에서는 난개발로 인한 열대우림 감소와 원주민의 생활환경 파괴, 저임금노동과 아동노동 등 많은 문제가 있다. 팜유는 이렇게 생산국과 소비국, 개발도상국과 선진국, 지주와 소작인 등 국내외에 걸쳐 있는 여러 다양한 문제가 서로 연결된 복합적 문제들을 상징하고 있다.

팩 테스트
Simplified Chemical Analysis Products for Water Quality

시약이 들어 있는 작은 폴리에틸렌 재질의 튜브로 안에 물을 넣고 반응시켜서 나타나는 색의 변화로 측정 대상의 농도를 판정하는 데, 주로 단순한 수질검사에 사용된다. 원래는 배수검사와 음료수 관리용으로 개발되었으나, 간편한 수질검사 방법이기 때문에 시민의 환경보호 활동과 학생 대상의 환경학습에 사용되기도 한다. 측정 가능한 항목은 다양하지만, 수질오염 지표인 화학적 산소요구량(COD)이 자주 사용된다. 일본에서는 매년 전국 각지의 하천에서 일제히 COD 등을 측정하는 일반 시민 참가형 '수질환경 전국 일제 조사'가 실시되고 있다.

페트병
PET bottle

폴리에틸렌 테레프탈레이트(PET)를 주재료로 만들어진 액체용 용기. 일본에서는 1977년에 간장 용기로 최초 이용되었다. 음료 용기로 이용된 경우 가볍고 깨지지 않는다는 편이성 때문에 대량 사용될 것이라는 전망과 사용 후 쓰레기 증대를 초래할 것이라는 예상으로, 당초에는 규제에 따라 1L 이상 대용량에 한정해 사용되었다. 1996년의 규제 완화로 500mL 사용이 확대되었다. 청량음료공업회의 조사에 따르면 청량음료 전체에 차지하는 페트병 음료의 비중은 1996년에는 27%였지만, 2008년에는 63%가 되었다. 2000년부터 용기포장재활용법이 전면 실행되고 페트병에 관해서는 소비자는 분리배출, 지방자치단체는 분리수집, 생산 판매하는 특정사업자는 재상품화 비용 부담이 의무화되었다. 페트병의 본체는 PET이지만 뚜껑에는 폴리에틸렌이, 라벨에는 폴리에틸렌과 폴리스틸렌, 종이 등이 사용되고 있어 페트병의 재활용을 위한 회수는 본체에서 뚜껑, 라벨을 분리해야 하는 경우가 많다. 회수량은 매년 증가하고 있지만 생산량 또한 1997년에 약 20만t에서 2008년에 약 60만t으로 계속 증가하고 있어 폐기물 증가의 한 요인이 되었다.

➕ 한국에서는 '자원의 절약과 재활용촉진에 관한 법률'(자원재활용법) 개정안(2019.12)에 따라 기존 유색 페트병을 무색으로, 라벨도 쉽게 뗄 수 있는 접착제로 변경하도록 했다.

폐기물
waste

쓰레기, TV, 세탁기 등 내구 소비재의 폐품, 타고 남은 재, 오니(진흙), 분뇨, 폐유, 폐산, 폐알칼리, 동물의 사체 그 외의 오물 또는 불필요한 물건으로 고체 또는 액체 상태인 것(방사성 물질 및 이것에 의해 오염된 물질은 제외한다)으로 정의된다. 일본에서 폐기물은 일반폐기물과 산업폐기물로 나뉜다. 일반폐기물은 '산업폐기물 이외의 폐기물'로 정의되며 산업폐기물은 정부령에 따라 타고 남은 재와 오니(진흙) 등 20종류로 분류되어 있다. 폐기물 중에는 폭발성과 유해성이 있어 다른 폐기물과 구별해 수집·운반하고 적정 처리를 해야만 하는 '특별관리 폐기물'이 있다.

불필요한 물건이란 점유자가 자신이 이용할 수 없거나 타인에게 유상으로 판매할 수 없기 때문에 불필요해진 물건을 말하며 불필요한 물건이 폐기물에 해당되는지의 여부는 그 물건의 상태, 배출 상황, 통상의 취급 형태, 거래가치 유무 및 점유자의 사상 등을 총합적으로 감안해서 판단한다고 되어 있다. 이 중에서 유상은 중요한 판단 중 하나이지만 통상의 재산 인수에서는 물건의 흐름과 돈의 흐름이 역방향이 되는 것에 반해 불용물의 인수에서는 두 흐름이 같은 방향이 되는 경향을 볼 수 있다. 이 현상은 역유상이라 불리며 폐기물의 해당성 판단의 중요한 요소가 된다.

한편, 일본에서 2000년에 성립한 순환형사회형성추진기본법에서는 순환자원은 '폐기물 중 유용한 것'이라고 정의되었다. '유용한 것'이란 순환적인 이용이 가능한 것과 그 가능성이 있는 것을 포함하여, 현 시점에서 처분된 사용하지 않는 것도 순환자원이라 부를 수 있다. 즉, 재생자원과 중고품을 순환자원이라 하고, 재생자원은 물질회수(material recycle)와 화학회수(chemical recycle), 열회수 등의 형태로 재이용되는 자원과 유가물, 무가물 쌍방을 포함한 것, 중고품은 제품 그 자체 형태로 재사용(reuse)되는, 일단 사용이 끝났다고 여겨지는 제품이다.

일반폐기물로는 고체 상태인 '쓰레기'와 액체 상태인 '배설물', '생활잡배수'가 있다. 쓰레기를 배출 장소로 분류하면 가정에서 배출되는 쓰레기(가정계 일반폐기물, 가정쓰레기, 생활계 쓰레기 등으로 부른다)와 사업소에서 배출되는 산업폐기물 이외의 쓰레기(사업계 일반폐기물, 사업소 쓰레기 등으로 부른다)로 나뉜다. 이 분류는 형태와 배출 장소별로 정확한 통계를 파악하고 각 주체가 폐기물 처분에 관한 방법을 알기 위해서 중요하다. 일본의 일반폐기물 처리는 지방 자치단체의 각 관할 자치 사무소에서 정한 일반폐기물 처리 계획에 따라 자신이 직접 또는 위탁해서 구역 내 일반폐기물을 수집·운반하고 처분해야 한다. 2010년도에 쓰레기 총 배출량은 4,563만t, 하루 일인당 쓰레기 배출량은 약 1kg으로 쓰레기 총 배출량은 2000년도를 정점으로 감소하는 경향이다.

➕ 한국에서는 폐기물관리법에 따라 생활폐기물과 사업장폐기물로 분류된다. 생활폐기물은 사업장 폐기물 외의 폐기물을 말하며, 사업장폐기물은 '공업 배치 및 공장 설립에 관한 법률' 제2조 제1호의 규정에 의한 공장으로서 대기환경보전법·수질환경보전법 또는 소음·진동규제법의 규정에 의하여 배출 시설을 설치·운영하는 사업장, 그 외에 지정폐기물을 배출하는 사업장, 폐기물을 1일 평균 300kg 이상 배출하는 일련의 공사·작업 등으로 인한 폐기물을 5t 이상 배출하는 사업장에서 발생하는 폐기물을 말한다.

폐기물발전
waste power generation

폐기물을 연소시킬 때 발생하는 고온 연소 가스로 보일러에서 증기를 만들고 증기 터빈으로 발전기를 가동하여 발전하는 시스템이 발전한 후의 열 배출은 주변 지역의 냉난방과 온수로 효과적인 활용이 가능하다. 통상적으로 버려지는 열을 효과적으로 이용할 수 있지만, 폐기물발전을 실행하기 위해서는 어느 정도 모아 놓은 쓰레기가 필요하므로 본래 줄여야 할 폐기물 배출을 전제로 한다는 문제가 있다. 발전 효율은 11% 정도로 보통 화력발전의 4분의 1 정도이다.

폐식용유
waste edible oil/ waste cooking oil

튀김 등으로 사용된 후의 식용유. 자동차와 선박의 바이오디젤 연료(BDF, 경유대체연료)로 재이용된다. 화석연료를 사용할 때 배출된 이산화탄소는 대기권 이산화탄소 농도를 상승시키지만, 옥수수와 유채 종류 등으로 만들어진 폐식용유 연소로 배출되는 이산화탄소는 원래 식물이 대기에서 흡수해 고정된 것이므로 대기 중에 온실효과를 일으키는 이산화탄소를 증가시키지 않는 클린에너지로 간주된다. 쓰레기 수거차와 공영버스 연료로 사용하는 지자체도 있다.

폐지 회수
paper recycling

다 읽은 신문지, 불필요한 복사 용지 등을 화장지나 잡지 등으로 재활용하기 위해 회수하는 것이다. 과거 일본에서는 폐지 도매상에 의한 '휴지 교환' 사업으로서 동네별로 회수했지만, 최근에는 자치단체에 의한 회수, 어린이 모임이나 지역 단위의 회사 등 조직 단위에서의 회수가 늘어나고 있다. 수거한 폐지의 재활용은 제지 원료의 확보, 산림 자원의 유지, 폐기물 감량 등에 기여한다는 환경 의식의 향상에 따라 폐지 회수율(종이·판지의 소비량에서 차지하는 회수량 비율)이 2005년에 70%를 넘었고, 그 뒤에도 상승세를 이어가고 있다.

➕ 한국의 폐지 회수율은 2000년 59.8%에서 2010년 98.7%까지 상승했지만, 이후 폐지 가격이 80만 원/t 수준에서 60만 원/t으로 감소하기 시작해 2017년 85%의 회수율을 보였다.
※ 출처: 한국제지연합회

포스트하비스트 처리
postharvest treatment

수확한 농산물의 부패나 열화를 방지하기 위해 살균제나 방미가공제 또는 방충제 등을 살포 처리하는 것이다. 일본에서 포스트하비스트로 살포 처리되는 약제는 농약으로 간주하는 것과 식품 첨가물로 간주하는 것 두 종류로 나뉜다.

①농약으로 간주하는 포스트하비스트 약제: 농약단속법에 따라 수확한 농작물에 농약으로 분류되는 살균제와 방미가공제를 사용하는 것은 금지되어 있으며, 농약으로 등록되어 있는 포스트하비스트 약제는 없다. 그러나 미국 등 해외에서 수입되는 과일 등을 수확한 후 보존과 수입 과정 중에 이 포스트하비스트 농약들이 살포 처리되는 경우가 있다.

②식품첨가물로 간주되는 포스트하비스트 약제: 식품위생법에서는 수확 후 농산물이 식품에 해당되므로 농약이 아닌 식품첨가물로 간주되는 방미가공제나 방충제 등의 사용은 허용하고 있다.

포스트하비스트가 실시되는 주요한 이유는 수확 후 농산물의 품질 저하를 피하고 유통상의 손실을 없애며 싼 가격으로 안전한 농산물을 공급하기 위해서이다. 이 포스트하비스트 살포 처리에 대해서는 찬반이 갈린다. 가장 강한 우려는 식품의 안전성에 관한 논의에서 발암 위험성과 유전자 이상의 발생 원인이라는 지적이다. 이에 대해 식품위생법에 따른 잔류 기준치의 설정이 엄격하여 건강을 해칠 걱정은 없다는 견해도 있다.

포장용기 리사이클법
Law for Promotion of Sorted Collection and Recycling of Containers and Packaging/ Containers and Packaging Recycling Laws

정식 명칭은 '포장용기에 관한 분별수집 및 재상품화의 촉진 등에 관한 법률'로 일본에서는 1995년에 제정하여 1997년부터 시행되었다. 소비된 제품에서 떼어낸 상업제품의 포장용기 등, 불필요한 포장용기의 적절한 처리와 자원의 유효 활용을 통하여 생활순환의 보전과 국가경제의 건전한 발전에 공헌하는 것을 목적으로 한다.

➕ 한국에서는 2020년부터 '자원의 절약과 재활용촉진에 관한 법률(일명 자원재활용법)'이 시행되었다. 재활용을 어렵게 하는 포장재의 재질·구조 등급평가와 표시 의무화 등을 담고 있다.

폴리염화 비페닐
polychlorinated biphenyl, PCB

1~10개의 염소가 추가된 비페닐 화합물로 209종류의 이성체가 있다. 특히 편평 구조를 가진 11종류의 이성체 코프라나-PCB로 불리며 독성이 강해 다이옥신류의 하나로 분류되어 있다. 절연유, 열매체 등 다양한 용도로 이용되어 왔다. 그러나 1968년에 PCB가 혼입된 식용유로 인해 카네미 유증 사건이 발생하고 건강상 피해가 문제되어 1973년에 사용 제조가 금지되었다. 그 후에도 일본에서는 장기간 보관되어 왔지만, PCB처리특별조치법에 따라 2015년까지 분해·무해화 처리하도록 되었다.

➕ 한국은 1996년 이후 PCB의 제조·수입·사용을 금지했고, 이 물질이 2ppm 이상 함유된 폐기물은 지정폐기물로 처리하게 되어 있다.

폴 테일러
Paul W. Taylor

미국의 철학자이며 뉴욕시립 대학 브루클린칼리지의 명예교수이다. 저서로『자연에 대한 존중: 환경윤리학의 이론(Respect for Nature: A Theory of Environmental Ethics)』(1986) 등이 있다. 환경윤리학의 유형을 인간 상호간 이해(利害)의 배려에 의거한 환경이론인 '인간중심주의'와 인간을 지구상 동식물과 동등한 생명 공동체의 구성원으로 보는 자연 존중에 의거한 환경이론인 '생명중심주의'로 나눈다면 테일러는 후자의 입장에 있다. 그러나 생명중심주의를 실천하기 위해서는 동식물의 이용도 최소한으로 한정하는 등의 대폭적 생활양식의 변화가 요구된다. 따라서 테일러 자신조차 실현이 어렵다는 것을 인정했다.

표류·표착 쓰레기
drifting garbage/marine debris

육상, 하천, 해상(선박 등) 등에서 발생하여 해상을 표류하고 있는 쓰레기 및 각지의 해안에 표착한 쓰레기. 내용물은 유목, 어구와 함께 페트병, 발포 스티로폼을 비롯한 플라스틱 쓰레기 등이다. 동일본 대지진 시 거대한 지진해일로 인한 대량의 유실물이 표류 쓰레기가 되어 태평양을 건너 북미대륙 서안까지 표착했다.

이 표류·표착 쓰레기들은 경관 악화 이외에 생태계를 포함한 해안 환경 악화, 방호와 환경 정화 등의 해안 기능 저하를 초래할 뿐만 아니라 최근에는 선박의 안전 항해 지장부터 어업 피해까지 넓게 영향을 미치고 있다. 또 분해가 어려운 플라스틱 종류를 먹이로 잘못 보고 먹거나 혹은 폐기된 어망과 낚시 줄에 엉키는 등 해양생물 및 바다새 등에 대한 악영향도 우려되고 있다.

일본 환경성은 표착 쓰레기의 실태 파악과 함께 효율적이며 효과적인 회수·처리 방법을 검토할 목적으로 2007년부터 '표류·표착 쓰레기 국내 삭감 방식 모델 조사'를 실시하고 있다. 2009년에는 해안에서 양호한 경관 및 환경을 보전하기 위해 해안 표착물의 원활한 처리 및 발생 억제를 도모하는 것을 목적으로 '아름답고 풍부한 자연을 보호하기 위한 해안에서 양호한 경관 및 환경보전에 관계한 해안 표착물 등 처리 추진에 관한 법률'(해안 표착물 처리 추진법)이 공포·시행되었다.

➕ 한국은 해양폐기물 등의 발생을 억제하고 해양의 특수성을 반영한 수거·처리 및 재활용 방법을 도입하는 등 해양 환경을 보전하기 위해 '해양폐기물 및 해양오염퇴적물 관리법'을 제정하여 시행하고 있다.

표본
sample/specimen

일반적으로 관찰, 조사, 연구를 실행하기 위해 전체 중에서 골라낸 어느 한 부분을 말한다. 또 조사와 연구 목적에 따라 샘플(sample)과 스페서먼(specimen)으로 나뉜다.

샘플이란 집단과 물질 속에서 대표하는 것을 골라내 조사 대상으로 삼는 일부분의 표본을 가리킨다. 표본을 작성하는 것을 '샘플링' 또는 '표본화'라고 부른다. 곤충 채집의 표본 등이 이에 포함된다.

스페서먼이란 광물, 식물, 화석 등의 전체(개체, 군체 등) 또는 일부(조직, 세포)를 반복해서 관찰하고 데이터를 얻을 수 있도록 보존 처리를 강구한 표본을 말한다. 생물 실험에 이용되는 쥐의 세포 등이 여기에 포함된다.

환경교육에서도 관찰과 조사는 중요한 교육활동이다. 표본은 그 교육활동을 충실하게 하기 위한 구체적인 교재가 된다. 지도자의 강의보다도 곤충과 암석의 표본 등이 자연환경에 대한 흥미와 관심을 유발하는 교재가 되는 경우도 많다. 산을 산책하면서 낙엽을 채집하여 학습자 자신의 표본을 만드는 등의 교육 프로그램도 있다.

최근에는 정보기술 발달로 귀중한 표본도 디지털 정보로 보존할 수 있고 표본의 데이터베이스를 간편하게 정비할 수 있다. 그러나 디지털 정보가 범람하는 중에 학습의 질을 높이기 위해서는 실물 표본을 접하는 것이 점점 중요해지고 있다. 또 귀중한 표본이 아니어도 시설의 목적에 따라서는 각 지역 특유의 생물 등을 표본으로 전시하는 것도 중요하다.

푸드 마일리지
food mileage

먼 곳에서 운송된 식품보다 가까운 곳에서 얻는 식품을 소비하는 편이 운송에 동반되는 환경부담을 저감시킬 수 있다. 식품이 생산, 가공, 유통, 판매 과정을 지나 소비자 곁에 도착할 때까지의 운송의 거리와 양으로 식품 공급의 상황을 파악하는 개념을 '푸드 마일리지'라고 부른다.

푸드 마일 삭감이 주장되기 시작한 것은 1992년의 유엔환경개발회의(지구 서미트)에서이다. 기후 변동과 남북격차, 생물다양성에 대한 위협 등에 대응하는 행동이 요구되던 중, 식량에 관한 새로운 캠페인을 시작하기 위해 식품 농업의 정책 제언을 한 영국의 NGO 서스테인(Sustain: 더 나은 식료품과 농사를 위한 연합)이 1994년에「푸드 마일 보고서: 식료품 장거리 수송은 인류의 재앙(The Food Miles Report: the dangers of long distance food transport)」을 제출하고 푸드 마일 삭감 운동을 시작했다.

푸드 마일리지는 이와 비슷한 개념이다. 푸드 마일리지는 식품의 운송량과 운송거리의 곱으로 나타내고 단위는 t·km(톤킬로미터)이다. 2001년, 일본의 농림수산정책연구소 소장인 시노하라 타카시가 이

용어를 고안했다. 푸드 마일도 푸드 마일리지도 공통적으로 식품의 운송량과 운송거리에 주목하지만, 푸드 마일이 영국 국내의 수치만을 산출한 것이라면 푸드 마일리지는 그것을 확대해 각국 간의 비교를 가능하게 했다. 그에 따라 식품 공급의 특색을 밝히고 식품의 공급·확보 정책을 검토하는 재료로 이용할 의도가 있었다. 일본은 식품을 많이 수입하고 있는 국가이지만, 식품을 어느 정도 수입에 의존하고 있는가를 나타내는 수입의존률은 있었던 반면, 얼마만큼 멀리서 얼마만큼의 양의 식품을 수입하고 있는지를 나타내는 지표는 그때까지 존재하지 않았다. 푸드 마일리지 산출로 밝혀진 것은 ①일본은 식품 공급을 위해 대량의 수입식품을 장거리 운송하고 있다. ②그로 인해 이산화탄소를 배출하고 자구환경에 부담을 주고 있다. ③이런 상황은 타국에 비해 독특한 점이다. 나카다의 시산(2001년)에 따르면 일본에서는 1년간 약 5,800만t의 식품을 평균 1만 5,000km의 거리를 거쳐 수입하고 있고, 그 푸드 마일리지는 약 9,000억 t·km, 이산화탄소 배출량은 1,690만t으로, 이것은 국내 운송 푸드 마일리지(수입식품의 국내 수송 부분을 포함)의 약 16배, 이산화탄소 배출량은 약 2배 가까이에 해당한다. 일본 인구 1인당 연간 푸드 마일리지는 약 7,000t·km〔한국도 유사〕이지만 미국과 유럽 각국은 일본의 1~4% 정도이다.

풍력발전
wind power generation

바람의 힘을 이용해 풍차를 돌리고 발전기를 이용해 운동에너지를 전기에너지로 변환하는 발전 시스템. 전자유도 법칙을 이용한 발전기로 발전시킨다는 점에서는 수력발전, 원자력발전과 원리적으로 같다. 화석연료에 의한 온난화와 자원 고갈, 탈원자력발전을 지향하고 있는 가운데 신재생에너지가 주목을 모으고 있다. 풍력발전은 태양광발전과 함께 신재생에너지 이용의 쌍벽을 이룬다. 풍력발전 설비의 설치는 공사 기간이 3~4개월로 비교적 짧고 도입하기 쉽다는 특징이 있다. 2011년 말 세계 전체의 누적 발전 용량은 약 240GW로 태양광발전의 약 70GW를 크게 웃돌고 있다.

네덜란드의 풍차에서 볼 수 있듯이 저습지 해수를 퍼 올리거나 지하수를 퍼 올려서 관개용수로 이용하거나 혹은 절구 공이를 상하로 움직이게 해서 곡물을 탈곡·정미하는 풍력 이용은 과거에도 사용해 왔지만, 풍력을 이용한 발전은 1887년에 영국의 브라이스가 처음으로 성공시켰다고 알려져 있다. 브라이스의 풍력발전기는 어느 방향에서 부는 바람에도 대응할 수 있는 수직축 풍차였다. 하지만 편서풍 지대에 위치한 유럽에서는 서풍의 확률이 높아서 그 이후 개발이 진행된 것은 블레이드(날개깃)를 서쪽을 향해 붙박이 한 수평축 풍차였다. 유럽에서 풍력발전 설비의 대형화와 효율화를 견인한 것은 덴마크인데, 덴마크의 베스타스사는 2011년 세계 시장 점유율 12.7%를 자랑하는 세계 최대의 풍력발전기 제조 회사이다. 베스타스사가 개발한 최대 풍력발전기는 블레이드의 직경이 164m, 정격 출력 7MW(후쿠시마 제1원자력발전소 2호기의 약 1/100 출력)이다. 2008년 덴마크에서는 국내 전력 공급의 약 20%가 풍력발전에 의한 것으로 2050년까지는 그 비율을 50%까지로 높일 것을 목표로 하고 있다.

최근에는 중국에서 풍력발전 설비의 신규 도입이 두드러져 2004년 이후 거의 매년 전년 대비 2배의 성장을 이어가고 있고 누적도입량으로는 2010년에 미국을 제외하고 세계 1위가 되었다. 2011년 시점으로 풍력발전기 제조사의 세계 상위 10개 회사 중 중국 제조회사가 4위를 차지했다.

일본은 빈번한 태풍 발생과 항상 풍향과 안정된 풍향을 얻기 어렵다는 자연조건도 있어서 세계에서 전체 1% 정도의 점유에 지나지 않는다. 일본 풍력발전 침체의 배경에 있는 또 한 가지 요인으로 송전망의 대부분을 소유한 대기업 전력회사가 풍력발전의 전력 매입으로 인해 공급전력의 안정성이 손상되는 등의 이유로 새로운 풍력발전에 의한 전력의 매입을 제한한 것도 있다. 그러나 후쿠시마 제1원자력발전소 사고 이후 비교적 안정된 서풍이 부는 동북 지방부터 홋카이도의 연안과 산악 지대를 중심으로 새로운 풍력발전기 설치가 활발해지기 시작했다.

풍력발전은 깨끗한 에너지라고 이야기되면서도 다양한 문제가 지적되고 있다. 첫 번째로 저주파·초저주파가 주변 주민에게 건강상 피해를 준다는 지적이다. 두 번째로 새들이 풍력발전의 블레이드에 충돌하는 버드 스트라이크 문제이다. 첫 번째 문제에 대해서는 블레이드의 단면을 두껍게 하는 등의 개량으로 소음은 크게 저하됐지만, 설치는 민가와의 거리를 확보할 필요가 있다. 두 번째 문제에 대해서는 확률적으로 매우 낮은 수치이므로 새들에게 큰 위협을 끼치지 않는다는 의견도 있지만, 사전에 조사해서 새떼의 통과 지역을 피해 설치하는 배려가 필요하다.

⊕ 한국은 2019년 누적 단지 수 103개소, 누적 설비용량 149만 215MW로 집계된다(한국풍력산업협회).

풍토론
theory of climate and culture

| 의미 | 풍토란 지형과 기후 등의 객관적 자연조건과 그 지방의 문화와 사람들의 기질 등 주관적·심리적 조건, 또는 그중 어느 한쪽을 의미한다. 지방 풍습, 지역의 개성이라는 문맥으로도 사용된다. 풍토론이란 그런 풍토에 관해 논한 것이다.

| 대표적 풍토론 | 풍토를 철학적 용어로 사용한 것은 와쓰지 데쓰로의 1935년작 『인간과 풍토』(필로소픽, 2018)로, 현대 풍토론은 찬반 양론을 포함하여 이것을 출발점으로 삼고 있다. 와쓰지는 풍토를 '어느 토지의 기후, 지질, 토양, 지형, 경관 등의 총칭'으로 정의하고 '인간 존재의 유형', '자기 이해의 수단'이라고 밝히고 있다. 예를 들어 우리가 '상쾌한 아침'을 맞았을 때 공기가 '상쾌하다'는 것은 우리 자신이 상쾌하다는 것에 지나지 않는다. 그리고 "좋은 아침이네요"라는 인사로 그 상쾌함을 타인과 같이 느낀다. 여기서 말하는 '상쾌함'은 '물건'도 '물건의 성질'도, 단순한 '우리의 심적 상태'도 아닌 존재 본연의 자세이다. 즉 풍토는 인간에게 외부에 있는 객관적 존재가 아니고 인간은 타인과 함께 풍토 안에서 살고 있으며 풍토에 의해 자기를 깨닫고 표현한다. 이처럼 와쓰지의 풍토론은 인간과 자연을 분리하는 근대의 이원론에 반대하는 비판적 의식을 가진 것으로 적극적인 평가를 받았다. 한편 와쓰지는 풍토를 몬순형(동아시아), 사막형(중동), 목장형(서구)의 세 가지로 유형화했다. 그러나 이 유형화는 비실증적인 것과 국가주의를 보강하는 이데올로기적 성격을 갖는다는

점 등 문제점도 많다.

와쓰지의 과제 극복을 목표로 전개시킨 것이 『풍토의 일본』(1988년)과 『풍토로서의 지구』(1994년)로 정리되는 오귀스탱 베르크의 풍토론이다. 베르크는 풍토를 '사회의 자연과 공간의 관계'로 정의한다. 이 정의는 자연을 원소 기호의 집합이 아닌 사회와의 관계에서 특정의 확대와 내용을 가진 것, 즉 공간적으로 인식한다는 의미다. 또 베르크는 이질적인 항목이 성질이 다른 채로 함께 의사소통 작용을 하여 하나의 현실을 만드는 '통태'라는 개념을 제기하고 풍토 구성의 과정을 설명했다. 또 환경의 위기를 풍토의 위기로 받아들일 필요성도 지적했다.

| 의의와 앞으로의 전개 | 환경윤리에서는 인간중심주의 대 자연중심주의의 논쟁을 거쳐 '인간인가? 자연인가?'의 두 항목 대립이 아닌 '인간과 자연의 관계의 바람직한 모습'이 어떻게 존재해야 하는가라는 것이 문제의 초점이 되었다. 또 유럽과 미국에서 시작된 환경윤리학이 기독교적 자연관을 배경으로 한 '특수한 지역적인' 사상이라는 것이 밝혀졌다. 지역에 기인한 다양한 '사람과 자연의 관계의 바람직한 모습'이 중요한 위치를 갖게 되었다. 게다가 원시 자연뿐만이 아니라 동네에 있는 산처럼 인간화된 자연보호 실천도 중요해졌다. 앞서 말했듯이 이론적·실천적 배경부터 자연과 인간의 상호작용을 이론적으로 설명하는 '풍토'라는 키워드가 중요성을 가지게 되었다. 환경교육에서도 지역성이 중시될 때 '풍토론'의 축적은 간과할 수 없는 식견을 준다고 할 수 있다.

프레온
fluorocarbon

좁은 의미의 프레온은 탄화수소에 염소와 불소를 결합시킨 클로로플루오로카본(CFC)을 말하지만 수소를 함유한 하이드로클로로플루오로카본(HCFC) 등을 총칭하는 경우가 많다. 프레온은 20세기 전반에 개발된 화학물질로 자연에는 존재하지 않는다. 냉매, 단열재(발포제), 스프레이, 세정 등 다양한 용도로 폭넓게 사용됐지만, 성층권에서 강한 자외선으로 인해 프레온이 분해되어 방출한 연소 원자가 오존층을 파괴한다. 그런 이유로 몬트리올 의정서에서 국제적으로 생산량과 소비량이 억제되었고 CFC는 전량 폐기, HCFC도 단계적으로 삭감되고 있다. 또 오존층을 파괴하는 프레온을 대체하여 염소를 함유하지 않은 하이드로플루오르카본(HFC)이 개발되어, 특히 냉매 분야에서 사용량이 급증하고 있다. HFC는 '대체 프레온' 등으로 불리는 경우도 있지만 최근에는 과플루오르화탄소(PFC), 육플루오린화황(SF_6), 삼불화질소(NF_3) 등과 함께 플론(프레온) 종류로 묶이는 경우가 많다. 이 대체 프레온(NF_3는 제외)은 오존층을 파괴하지 않지만 온실효과가 이산화탄소의 수백~수만 배나 되며 이산화탄소 등과 함께 교토 의정서 제1차 공약기간 삭감 대상이 되었고, NF_3도 제2차 공약기간에 삭감 대상으로 추가되었다. 그러나 교토 의정서는 생산 규제가 아니기 때문에 몬트리올 의정서에서 HFC를 생산 규제 대상으로 삼는 제안도 나오고 있다.

프로그램
program

환경교육에서 프로그램이란 명확한 학습 목표를 가지고 그 시작부터 마무리까지 학습활동이 효과적으로 구성된 지도 프로그램이다.

프로그램 중에서 개별 학습활동은 '액티비티'라 부르고, 액티비티(부품)를 의도적으로 시계열로 배치해 프로그램(제품)을 디자인(계획)하는 것을 '프로그램 디자인'이라 한다. 프로그램 디자인은 학습 목표와 대상자, 실시 체제, 계절과 시간, 실시 장소, 인원 등의 각 조건을 고려해서 실시한다.

또 미국 등에서 최근 30년 동안 네이처 게임(생태놀이, Sharing Nature Game), 프로젝트 와일드(Project Wild), 프로젝트 러닝트리(Project Learning Tree, PLT), 비영리 물 교육재단 프로젝트 WET(Project WET, Water Education for Teachers), 프로젝트 어드벤처(Project Adventure, PA), 지구환경교육(Earth Education), IORE SHEET(야외활동 사례집), 숲 유치원, 자연체험 등 환경교육 프로그램이 일본에 소개되었다.

프로젝트 러닝트리
Project Learning Tree, PLT

가까운 곳의 친근한 나무나 숲에서의 체험을 통해 흙과 물, 공기 같은 자연환경부터 사회에 이르기까지 환경 전체에 관해 배우는 것을 목적으로 개발된 환경교육 프로그램. 유치원부터 고등학교까지를 대상으로 하고 있고 모든 그룹에서의 체험학습을 기본으로 하며 환경의 '무언가를 배우는 것'이 아닌 '어떤 방법으로 배울까'에 중점을 두고 있다.

1973년에 미국 산림재단과 서부 13개 주의 교육위원회와 자연자원국, 대학 전문기관 등에서 구성된 서부지구환경교육협의회(WREEC)와의 협동으로 착수되어 1976년에 출판되었다. 그 후 전미 각 주 산림국의 보급 계발 담당자가 코디네이터와 지도자를 겸하면서, 주로 교사를 대상으로 한 환경교육 지도자 양성에 프로젝트 러닝트리를 활용한 강습회를 실시했다. 강습 참가자에게 이 교재를 무료로 배포했고 교원의 연수로 계속 자리 잡게 되면서 활발하게 보급됐다. 개발 후 30년이 경과한 지금 제5판이 만들어지고 미국, 캐나다, 멕시코, 남미, 유럽, 아시아 각국에서 소개되고 있다. 교원은 PLT 미국 사무국 홈페이지에서 'Green School'을 등록하면 영어판 교재를 얻을 수 있다.

프로젝트 와일드
Project WILD

프로젝트 러닝트리(PLT)를 개발한 미국의 서부지구환경교육협의회가 미국 전역의 어류·야생 생물국과 협동해 1983년에 개발한 환경교육 프로그램으로, 우리와 가까이 있는 야생동물을 통해 환경 전체에 관해 배울 목적으로 만들어졌다. 야생동물이 아닌 서식지에 초점을 맞춰 환경을 생각하는 점이 특징이다. 소개된 활동 교육 방법은 PLT와 같은 형식으로 실용주의(프래그머티즘) 교육에 입각한 체험학습법에 기반하고 후에 GEMS(Great Explorations in Math and Science)를 개발한 캘리포니아 주립대학 버클리 대학교 '로렌스 홀 오브 사이언스(The Lawrence Hall of Science)'가 견인에 큰 역할을 담당했다.

PLT처럼 강습회에 참가하면 교재를 얻을 수 있는 보급 시스템을 도입했다. 1986년에는 '물가 편'이 개발되어, 1983년에 개발된 육상 편과 합쳐 2권 세트가 되었다. 그 후 고등학생을 대상으로 한 '과학&도시 편'이 만들어졌다. 최근에는 새에 초점을 맞춘 'Flying Wild', 유아를 대상으로 한 'Growing up Wild'도 개발되었다. 일본에서는 1990년에 교재가 번역되어 지금까지 약 2만 명이 강습회에 참가했고, 에듀케이터라 불리는 자격을 취득하여 프로젝트 와일드를 사용한 환경교육에 전념하고 있다.

『플랜 B』
Plan B

지구정책연구소 소장(월드워치연구소 창립자·전 소장) 레스터 브라운의 2003년 저서(도요새, 2004). 타이틀인 '플랜 B'는 자연의 한계점을 넘어 경제의 쇠퇴, 인류문명 존속의 위기로 이어지는 길인 플랜 A에 대해 환경적으로 지속가능경제 '에코이코노미' 구축에 따른 인류문명 영속을 위한 새로운 길을 말한다. 에코이코노미란 환경이 경제의 일부가 아니라 경제가 환경의 일부라는 인식에 입각한 새로운 관점으로 플랜 B는 이 획기적인 관점에 기반해 '기후의 안정화', '인구의 안정', '빈곤의 해소', '경제를 지탱하는 자연시스템의 복원'이라는 상호연관적인 4개의 목표 달성에 관한 로드맵과 예정표이기도 하다. 그리고 지금이야말로 플랜 B로의 전환이 우리 세대의 급선무라는 것을 호소하고 있다.

플루오린화탄소
fluorocarbon

⋯▶ 프레온

피크 오일
peak oil

석유 생산량이 정점에 달해 공급 감퇴 시기로 들어서는 것. 매장량의 절반 정도를 생산한 시점이 피크이고 그 후 생산량은 감퇴로 접어든다는 것이다. 석유 회사인 로열더치셸(Royal Dutch Shell)에 근무하던 구조지질학자 킹 허버트(Marion King Hubbert)는 석유의 생산량이 시간의 추이와 좌우대칭을 이루는 종 형태의 곡선을 제시하고 매장량의 약 절반이 생산된 때에 생산이 피크가 된다는 것을 제시하는 논문을 1956년에 발표했다. 이 곡선을 '허버트 곡선'이라 한다. 허버트는 미국의 석유 생산량을 이 곡선으로 분석하고 1970년대에 들어서면 피크가 될 거라고 예측했다. 그 예측대로 미국의 알래스카, 하와이를 제외한 48개 주의 석유 생산량은 1971년에 정점을 찍고 감소로 돌아섰다. 세계 몇몇 생산국은 이미 급격한 저하를 경험하고 있었다. 허버트 곡선 개념은 전 세계의 석유 생산량에도 같은 형태로 적용될 수 있으며 이 곡선은 지구상의 다른 많은 유하자원에서도 도움이 된다고 알려져 있다.

피크 오일의 시기 예측은 전문가마다 다르다. 유럽과 미국에서는 2000년 전후로 원유 가격이 오르고 피크 오일 시기가 다가오고 있다고 논의되었다. 또 국제에너지기관(IEA)은 석유 생산의 피크가 2030년 이후라고 예측하고 있다.

피터 싱어
Peter Singer

오스트레일리아 철학자, 윤리학자(1946~). 공리주의 입장에서 '이익에 대한 평등한 배려'의 원리를 주장한다. 싱어가 주장하는 동물해방론은 동물의 권리옹호론이 아닌 고통을 느끼는 능력을 가진다고 확신할 수 있는 동물에 대해서는 위해에 대한 편익의 비율을 평등하게 고려해야 한다는 것이다. 종이 다른 것을 근거로 인간의 이익만을 우선하는 것은 '종차별'에 해당된다며 그 부당성을 호소했다. 1975년에 출판된 대표 저서 『동물 해방』(연암서가, 2012)에서 동물실험과 공장축산을 비판했다. 싱어는 안락사와 중절 문제를 둘러싼 생명윤리, 전 세계에서의 빈곤과 국제관계 그리고 먹을거리 윤리 등 폭넓은 영역에서의 적극적인 발언으로도 알려져 있다.

필드워크
fieldwork

|의미| 좁은 의미로는 연구 대상이 되는 사람들과 지역을 방문해 대상을 직접 관찰하거나 대상자와 관계자를 인터뷰하는 등의 조사 방법으로 연구에 따라 수일에서 수년에 걸쳐 이루어진다. 환경교육에서는 위에 기술한 것뿐만 아니라 프로그램 작성을 위한 자원조사, 프로그램에서의 자연체험활동 등 야외에서의 활동 전반을 필드워크라고 한다.

|학술연구| 환경교육이 테마로 삼고 있는 지속가능사회, 자연과 인간의 유대, 사람과 사람과의 유대 등을 조사 연구하는 수법에서 필드워크는 효과적이다. 문헌과 인터넷, 미디어 등의 간접 정보로는 얻기 힘든 복잡하면서 잘 보이지 않는 유대와 정보를 입수할 수 있기 때문이다.

또 환경교육의 자원이 되는 자연과 문화, 사회에 대한 이해를 깊게 하기 위해서도 필드워크는 빠뜨릴 수 없는 조사 방법이다. 대상은 동식물, 생태, 지형, 역사, 문화, 전통 예능, 지역사회, 인물 등 다방

면에 걸쳐 있고 이 연구들이 환경교육 실천의 기반이 된다.

|지원조사| 환경교육 프로그램을 작성하기 위한 과정 중 하나로 자원조사가 있다. 실시 장소의 자연과 주제와 밀접한 문화와 인적 자원을 조사하는 것으로 지역성과 계절성을 활용한 프로그램을 만들 수 있다. 또 야외 환경교육 프로그램에서는 안전 확보를 위해서도 필드의 예비조사와 현장답사, 화장실과 우천 시 피난 장소 확인도 빠뜨릴 수 없다.

|프로그램| 야외에서의 환경교육활동 그 자체도 필드워크이다. 학술 연구로서 필드워크에 따라서 실시하는 타운 워칭과 자연조사활동 등은 물론 자연체험활동, 농업체험활동, 사회체험활동 등 다양한 환경교육 프로그램이 필드워크로 전개되고 있다. 또 환경교육 지도자 양성 사업에서도 프로그램 체험과 프로그램 작성을 위한 자원조사 등 필드워크가 활용되고 있다.

ㅎ

하수 처리
sewage treatment

인간의 생활이나 사업 활동으로 생긴 하수(오수)를 정화하는 작업이다. 주로 가정에서 부엌, 욕실 등에서 발생하는 생활하수나 공장·사업장에서 발생하는 하수에는 많은 유기물이 포함되어 있어 주변 생활환경의 악화와 공용 수역의 수질오염을 가져온다. 그리고 하수에는 각종 병원균이 생존하여 감염증 발생의 위험성도 있어 처리를 통해 위생적이고 안전하게 방류시켜야 할 필요성이 있다. 일반적으로 하수는 하수도를 통해 하수처리장에서 정화된다. 하수처리장은 하수도의 오수를 정화하여 하천, 담수, 해역으로 방류하는 시설이다. 일본의 하수도 보급률은 2012년 기준 전체 평균 약 75.8%이다. 하수처리장의 물 처리 공정에는 물리적 처리, 화학적 처리, 생물학적 처리가 있는데, 통상적으로 이러한 처리 방법들이 함께 이용된다. 구체적으로 살펴보면 침전지에 이르기까지 이루어지는 고형물 등을 물리적으로 분해하고 제거하는 1차 처리, 미생물 등을 이용하여 유기물의 90~95%를 생물학적으로 산화 분해시켜 제거하는 2차 처리, 즉 '활성 슬러지법', 2차 처리로 제거가 되지 않아 적조, 녹조의 원인으로 꼽히는 질소와 인 등을 제거하는 3차 처리(고도 처리)가 이루어지게 된다. 고도 처리된 물은 중수로 활용되어 공원의 연못, 물가, 화장실 세정수 등으로 활용된다.

가까운 공공시설이기도 한 하수처리장은 가정이나 학교에서 배출되는 하수가 어떤 경로를 통해 처리장에 이르게 되는지, 또 어떤 과정을 거쳐 처리되는지 등을 한눈에 관찰할 수 있기 때문에 학교의 체험시설로 이용되는 곳이 많이 있다. 200mL(한 컵)의 식용유를 정화시켜 강과 바다에 깨끗하고 안전한 물로 돌려보내기 위해서는 약 60kL(욕조 300개 분) 정도의 물이 필요하다는 등의 학습을 통해 물 절약 외에도 자연환경에 부담을 주지 않기 위해 생활 속에서 무엇이 가능한가를 생각해볼 수 있는 기회가 되기 때문에, 일상생활과 밀착된 관점에서 환경학습이 가능한 장소가 되고 있다. 하수 처리에 많은 전력이 사용되고 있는 것 역시 환경학습의 내용으로 관심을 두어야 할 것이다.

✚ 한국의 하수도 보급률은 93.9%(2018)로 매우 높다. 전국의 공공폐수처리시설은 198개소(2017)로 집계됐다.
※ 출처: 환경부

하이브리드 자동차
hybrid car/hybrid vehicle

두 개 이상의 다른 동력원을 조합한 자동차를 가리킨다. 일반적으로 내연기관과 전기자동차의 배터리 모터를 동시에 갖춘 자동차를 말한다. 가솔린엔진과 전기모터를 조성한 것으로 가솔린의 소비를 억제할 수 있으며 연비를 비약적으로 향상시킬 수 있게 되었다. 브레이크를 밟을 때 버려지는 동력에너지를 전기에너지로 변환하는 회생 브레이크 기능에 의해 만들어지는 전기에너지를 배터리에 충전하고 내연기관의 연비 효율이 낮은 저속주행 시의 동력 또는 보조로 사용하여 연비 효율을 높였다.

학교 생태연못
school biotope

유럽과 미국에서 20세기 초반 학교에 도입된 학교정원(school garden)이라 불리는 '관찰원'과 '원예원'에서 시작되었다. 이것이 일본에 도입되어 지역의 문화시설인 '학교 재배원' 또는 '학교원'이라는 이름으로 1950년대에 많이 만들어졌다.

일본에서 학교 생태연못의 사고방식에는 두 개의 단계가 있다. 제일 첫 단계로 학교 생태연못은 지역 생태계의 복원을 목적으로 하여, 엄격하게 자연을 보호하고 아이들이 생태연못에 들어가는 것을 금지시킨다는 것이었다. 그에 반해 다음 단계에서는 생태계를 중시하기보다는 자연과의 접촉을 통해 아이들에게 관대한 마음을 키워주는 것으로 변화했다. 이것들이 '학교 생태연못'이라는 개념으로 급속하게 발전하게 된 계기는 1991년 문부성에 의한 환경교육지도자료 간행과 2002년도부터 시작한 총합적 학습시간 실시이다. 학교 생태연못이 일반 생태연못과 다른 점은 ①아이들과 학생의 이용이 중요하다. ②자주 관리할 일이 많다. ③넓이와 형태가 제한되어 있다. ④단기적 계획이 많다 등이다. 또한 일본생태계협회에서는 학교 생태연못의 매력으로 ①자연을 조직으로 이해할 수 있다. ②학년, 교과를 불문하고 활용할 수 있다. ③행동하는 인재를 육성할 수 있다. ④학교와 지역을 연결한다. ⑤지역의 자원을 되찾는다(지역 생태연못 네트워크의 거점이 된다)를 내세우고 있다. 또 총합적 학습시간에 학교 생태연못을 활용하는 것으로, 생명의 유대와 무게를 실감하게 하거나 자기 자신들의 힘으로 지역의 야생생물과의 공존을 시도하고, 그 시도가 마을(공동체) 만들기까지 확산된 사례도 있다. 학생 자신들이 계획하고 준비 및 관리해 가는 참가형 학습으로, 친구들과 협력하고 행동하기 시작하는 자질이 육성되어 '생존력'이 길러진다.

 학교 생태연못의 문제점으로는 관리에 시간이 많이 필요한 데다가, 생태연못을 열성적으로 시작했던 담당 교직원이 이동하면 학교 생태연못의 유지가 힘들어진다는 것이다. 또 미국가재 같은 외래종이 연못에 침입해 생태계 파괴의 영향을 받는 점도 있다. 게다가 학교 생태연못을 돌보지 않는 상태가 되거나, 벌이나 모기 발생의 온상이 되면 주변 주민들로부터 민원이 발생하는 사례도 보고되었다. 이런 문제점을 극복하기 위해서는 학교 전체가 생태연못의 교육적 가치를 인식하고 공유해 가는 것과 관리 담당자가 인수인계를 정확히 하는 것이 중요하다. 예를 들어 어느 정도의 기술법이 생물의 다양성을 유지할 수 있는지를 교사가 아이들과 함께 생각하는 것 외에, 조경업자나 공원 관리자 같은 지역 전문가의 조언을 얻는 것도 중요하다. 얼마만큼 잡아들여야 생물의 다양성을 유지할 수 있는가를 아이들과 함께 검토하고, 잠자리가 산란하기 쉬운 상태를 만들거나 연못에 작은 물고기를 집어넣는 방법으로 모기의 발생을 억제하는 것이 가능하다. 여러 가지 문제가 발생한 경우, 아이들에게 그 문제의 해결책을 생각하게 하는 중요한 기회로 활용하는 것이 교육적 의미를 갖는다.

『한계를 넘어』
Beyond the Limits

1992년 간행된 출판물이다. 도넬라 메도즈(Donella H. Meadows) 등이 '지속가능한 사회를 만들기 위한 산업 구조 시스템 변혁과 더불어 일반 시민은 무엇이 가능한가' 등의 내용을 긍정적인 관점에서 쓴 책이다. 이 책은 1972년 로마클럽이 발표한 보고서 「성장의 한계(The Limits to Growth)」의 속편이라는 성격도 갖고 있다. 「성장의 한계」는 인류의 경제성장이 인구폭발, 환경오염, 천연자원의 고갈과 같은 스스로의 생존을 위협하는 원인이 되고 있는 것에 경종을 울리며 세계에 충격을 주었다. 당시 연구를 진행했던 도넬라 메도즈 등이 20년 후 지구는 더욱 한계에 접근했는지에 대한 여부를 검증한 책이 『한계를 넘어』이다.

한계 취락
genkai-shuraku/
marginal village

|의미| 65세 이상의 고령자가 주민의 절반 이상을 차지해 사회적 공동생활의 유지가 곤란한 취락을 가리킨다.

|진행과 현황| 진학이나 취직 등의 이유로 젊은 층과 후계자 가구가 빠져나가고 남은 세대가 고령화한다. 그 결과 지역 공동체의 기능이 떨어지고 사회적 공동생활의 유지가 곤란해진다. 모임 횟수의 감소 등 지역의 자치활동이나 고령자의 상호교류도 부족해져 독거노인은 고립화되고 생활 유지가 곤란하게 된다. 이런 과정을 거쳐 형성된 한계 취락에서는 경작 방폐지가 증가하여 농지가 황폐화되고, 사토야마(마을 산)를 통해 이루어졌던 '인간과 자연의 관계'가 무너지는 등 여러 가지 문제가 나타나고 있다. 예를 들어 과거의 사토야마는 사람의 왕래가 있거나 관리 등을 해 야생 동물과의 경계 영역이 만들어져 있었다. 그러나 현재는 사토야마 자체가 황폐화하고 환경도 변하고 있기 때문에 경계 영역이 사라지고 마을에 곰이나 멧돼지 등이 출몰하는 사례가 늘고 있다.

2010년 일본 조사에 따르면 전국에 한계 취락은 1만 91곳이며 '10년 이내에 소멸, 언젠가 소멸'로 추정되는 취락은 2,796곳에 달하였다.

|개념의 문제점| 이 개념은 산촌 실태조사를 통해 그곳에 살고 있는 사람들의 생활이 어려워지고 있는 위기 상황을 고발한 날카로운 문제 제

기이기도 했다. 반면 한계 취락을 언젠가는 사라질 곳으로 인식하여 '그러한 지역을 유지하는 재정비용을 생각하면 조건이 불리한 지역에 살 것이 아니라 인근 지자체와 도시 등에 전체적으로 이주시키는 것이 경제적이고 합리적'이라고 주장하는 사람도 있다. 그러나 65세 이상이 과반수를 차지하고 있다고 해도 취락 기능이 저하되지 않은 취락도 존재한다. 아이가 있는 세대가 비교적 인근에 거주하는 경우도 있고, 어느 정도 나이가 되어 고향으로 돌아가는 사람들도 있기 때문에 인구가 줄지 않는 취락도 있어서 '65세 이상이 과반수인 곳, 언젠가는 사라질 곳'이라는 개념으로 설명되지 않는 다양한 실태가 존재한다. 또한 한계 취락으로 불리는 지역에 살고 있는 대부분의 사람들은 '여기서 계속 살고 싶다'고 생각하는 것으로 나타났다. 이 때문에 한계 취락이라는 말 자체에 위화감을 느낀다는 의견도 있으며 고령자도 평생에 걸쳐 지역에 참여하는 '생애 현역 취락'과 같은 적극적인 용어로 바꾸려는 시도도 있다.

|유사 현상의 확대| 한계 취락은 중산간 지역에서 볼 수 있었던 현상이었지만, 최근에는 평지의 농촌 지역에서도 같은 현상이 나타나기 시작했다. 도심에서도 고도 경제성장기에 만들어진 단지와 같은 집합 주택시설 등에서 거주자의 고령화와 그에 따른 자치활동 등이 어려운 상태가 된 '한계단지'의 문제도 생기고 있다. 어떠한 지역에서 나타나는 현상이든지 인구 감소에 따른 지역의 황폐화 문제의 관점으로 접근할 수 있을 것이다.

한국의 환경교육
environmental education in South Korea

한국은 '제3차 경제개발 5개년계획(1972년~1976년)'이 진행되면서 자연환경파괴와 환경오염이 발생하여 1970년대 초기부터 환경교육의 필요성이 강조되었다. 1972년 스톡홀름에서 개최된 유엔환경회의 이후 서울대학교에 환경대학원이 설치되고(1973년), 환경교육에 대한 논의와 연구가 시작되면서 관심이 높아졌다. 1973년 공시된 제3차 교육과정에 환경문제가 교육내용에 들어가고 교과서 내용은 한정적으로 다루어졌다. 한국교육개발원은 1977년 이후 초·중학교에서 환경교육의 필요성에 대한 세미나를 개최하였고, 환경교육을 위한 교육과정 개발에 착수했다. 정부는 1980년 환경청을 설치하고 1985년 환경청의 지원으로 전국의 초·중학교에서 환경교육시범학교가 지정·운영되었다. 그리고 1989년 한국환경교육학회가 창립되어 환경교육 연구와 실천이 비약적으로 진전되었고, 1990년 '환경정책기본법'이 만들어지면서 환경교육의 추진 근거를 마련하였다. 1992년에는 교육부의 6차 교육과정 개편에서 환경 교과목이 중등 독립 선택과목으로 채택되었고, 2008년 '환경교육진흥법'이 제정되면서 환경교육을 위한 법적 기반이 마련되었다. 이를 근거로 하여 2011년부터 5년 단위로 환경교육종합계획을 수립·추진하고 있다.

2018년에는 환경부에 환경교육 전담조직이 설치되었으며, '환경교육진흥법'을 전면 개정하여 신규 제도 마련 및 기존 제도를 보완하는 개정안을 21대 국회에 제출하였고, 2020년 12월에 개정안이 국회본회의를 통과하였다. 주요 개정사항으로는 환경교육 우수학교 지정, 사회환경교육기관 지정, 환경교육사 자격제도 개선, 환경교육도시 지정, 환경 교육 실태조사 등을 포함하고 있다. 또한, 지역환경교육센터 확대 및 운영체계를 정비하고 있는데, 전국적으로 2020년 12월 현재 13개 시도에 광역환경교육센터 17개소, 기초환경교육센터 25개소가 지정되었다. 환경부는 지역환경교육센터의 지정·운영 지침을 마련하고 지역환경교육센터 운영에 일부예산을 지원하고 있다.

사회환경교육은 민간단체, 중앙 및 지방정부, 기업 등 학교 밖 주체가 중심이 되어 시행하는 환경교육을 말한다. 초창기에는 민간단체와 종교계를 중심으로 시민운동 또는 종교운동 차원에서 이루어졌으나 최근에는 보다 다양한 주체들이 각자의 특성을 살린 주제와 내용으로 환경교육을 실시하고 있다. 2018년 현재 환경부에 등록된 환경교육 비영리민간단체는 182개이며, 그밖에 지자체에 등록한 단체들도 1,300여 개에 이른다. 이 단체들은 기업의 CSR(기업의 사회적 책임)부서에서 환경교육 사업을 시행하는 경우가 많다.

학교 환경교육은 1992년 공시된 제6차 교육과정 이후 중학교와 고등학교에서 선택과목으로 환경과목이 채택되었다. 또한, 전국 5개

사범대학에 환경교육학과가 개설되었고 환경교육 전공 교원 양성이 이루어졌다. 하지만 치열한 한국의 입시경쟁의 영향으로 환경 과목의 선택율이 낮으며 환경교육학과를 졸업한 환경교사의 교원채용은 거의 이루어지지 않고 있다. 2015년 개정 교육과정 고등학교 환경교과서는 인간과 환경, 환경의 체계, 환경탐구, 지속가능한사회의 4장으로 구성되었으며 환경프로젝트 수업을 할 수 있게 종합적인 관점에서 문제해결능력과 의사결정력을 중점교육하고 있다. 2011년 이후 환경교육이 이루어진 학교를 중심으로 환경프로젝트 학습대회가 이루어졌다. 학교 환경교육은 지역과 연결하여 교육실천을 전개하고 있는 '환경과 생명을 지키는 전국교사모임'이 학교 환경교육활성화에 큰 역할을 담당하고 있다. 2020년 시도교육감협의회에서 학교 환경교육 비상선언을 하였으며, 서울시교육청에서는 2020년부터 생태전환교육을 전면적으로 실시하고있으며, (사)자연의벗연구소를 중심으로 '찾아가는 생태전환교실'이라는 프로젝트를 희망하는 중학교 110개교에 8개의 주제로 주제학습(8회, 16시간), 전환기 학습을 실시하고 있다.

한스 요나스
Hans Jonas

독일 태생의 철학자(1903-1993). 주요한 저서로 1973년작 『책임의 원리(Das Prinzip Verantwortung)』, 1994년작 『생명의 원리』(아카넷, 2001) 등이 있다. 그노시스(gnosis) 사상 연구로 학위를 취득하고 제2차 세계대전 후 생명의 철학을 구축하여, 지구 차원의 환경 파괴가 일어나는 가운데 현세대가 짊어져야 하는 책임의 중대함을 이야기했다. 요나스의 사상에서 인간과 인간 이외의 생물종은 연속적으로 묶여 있기 때문에, 존엄해야 하는 대상과 책임을 져야 하는 대상은 인간에 한정되지 않고 멸종위기종까지 미친다. 더욱이 모든 생물종 가운데 책임을 느낄 수 있는 것은 인간뿐이기 때문에, 인간의 존속이야말로 현세대가 완수해야 하는 제일의 책임이라고 주장했다.

합성세제
synthetic detergent

석유와 유지를 원료로 하여 화학적으로 합성한 계면활성제를 주성분으로 하는 세제를 말한다. 비누처럼 세탁을 목적으로 사용한다.

일본에서는 1960년대부터 생분해성이 떨어지고 인을 함유한 합성세제와 섞인 생활 폐수가 하천에 유입되어 수질을 악화시키거나 담수의 부영양화를 가져오는 것이 지적되었다. 그 후 합성세제의 생분해성의 개량과 인 성분을 없애려는 시도가 계속되었다. 1970년대부터 현재까지 비누 사용을 촉진하는 활동을 하는 다수의 단체가 존재하는 한편, 생분해성의 차이를 의문시하거나 비누 사용이 물을 더 많이 쓴다는 지적도 나오고 있다. 단, 합성세제에 포함된 계면활성제는 비누에 비하면 훨씬 독성이 높아서 어류에 미치는 영향은 부정할 수 없다. 합성세제를 둘러싼 문제는 생활과 밀접한 관계에 있어 환경학습의 테마로 많이 사용된다.

핫 스폿
hotspot

국지적으로 활동이 활발하거나 수치가 높거나 하는 지점이나 지역을 가리키며 분야에 따라 쓰임새가 다양하다. 예를 들어 지구과학 분야에서는 지하의 마그마가 지반 위로 분출하는 지점을 말하며 하와이 제도와 또 북서로 뻗어 있는 점들은 하와이 제도의 바로 아래에 있는 핫 스폿에 의해 형성된 것이다. 또 2011년 3월 후쿠시마 제1원자력발전소 사고에서는 조금 떨어져 있으나 방사능 오염이 현저한 장소에 핫 스폿이라는 단어가 사용되었다.

환경교육에서 특히 화제가 되는 것이 생물다양성 핫 스폿이다. 생물다양성이 높음에도 불구하고 위기 상황에 몰려 있는 지역을 가리키는 것으로 1980년대 후반의 영국의 생태학자 노먼 마이어스(Norman Myers)가 제창했다.

해롤드 헝거포드
Harold R. Hungerford

미국 환경교육학자. 트빌리시 권고문의 내용을 기초로 하여 환경교육의 교육과정을 개발했다. 환경교육에서 교육과정 개발의 목표로 ①생태적 기초(충분한 생태적 지식) ②환경문제와 환경문제에 관한 가치관에 대한 개념적 인식(인간 활동이 환경에 주는 영향과 대체적인 해결 방법에 관한 것 등) ③환경문제조사와 해결의 평가에 관한 지식과 기능의 발달 ④적극적인 환경활동에 필요한 기능의 발달로 설정했다.

해상풍력발전
offshore wind power generation

해상에서 풍력을 사용해 이루어지는 발전으로 해양뿐만 아니라 호수, 피오르드, 항만에 설치된 것을 포함한다. 해상에서는 육지보다도 더 큰 풍력을 얻을 수 있고, 풍력발전에 적절한 바람이 부는 장소가 많다. 또한 육지에서는 풍력발전소를 설치하기 곤란한 장소가 있지만, 해상에서는 입지가 제한되는 일이 적다. 해상풍력발전은 육지 풍력발전과 비교하여 경관에 주는 영향도 적고 거주 지역에서 거리가 확보되어 있기 때문에 소음공해의 가능성도 적다. 그러나 건설에 대규모 자금과 기간이 필요하고, 해양환경의 악화나 생물의 서식환경 상실의 위험이 있으며, 철새나 회유동물의 이동을 방해하는 등의 문제가 지적되고 있다.

해설자/인터프리터
interpreter

일반적으로 서로 다른 언어를 통역하는 것을 말하지만, 환경교육 분야에서는 사람과 대상물(자연, 전시물, 사물)을 중개하여 그 의미를 전달하는 인터프리테이션(해석)의 역할을 맡는 인재를 말한다. 인터프리터에 대한 공적인 자격증은 없지만 각지의 자연학교와 환경학습 시설, 여러 가지 전시 시설, 또는 개인이 독자적으로 이름을 사용하고 있다.

자연 속에서 인터프리터는 '전달'을 위해 다음과 같은 노력을 한다.
- 참가자는 보고, 듣고, 만지고, 맡고, 맛보는 등 오감을 통하여 자연을 느낀다.
- 참가자는 찾고, 생각하고, 표현하는 등의 행위를 통하여 깊게 느낄 수 있다.
- 해설자는 소중한 열쇠로 '보이게 하기' 위해 사진, 사물, 모형, 일러스트 등 여러 가지 보조교재를 사용하여 전달한다.
- 해설자는 참가자의 놀라움과 발견을 통해 최종적으로 전달하고 싶은 메시지를 정리한다.

미국과 일본에서는 인터프리테이션을 환경교육과 같이 보급했다. 자연을 관찰하고 그 정보를 일반적으로 전달하는 자연관찰회를 중심으로 자연과 만나는 이전 방법과는 달리, 자연 속에서 여러 가지

체험을 통하여 그 속의 잠재적 의미와 우리 생활과의 관련성 등을 전달하는 환경교육으로 자리매김하게 되었다.

인터프리터는 자연 등의 대상물에 대한 이해는 물론이요, 대상물에 관한 깊은 생각과 그것을 전달하기 위한 기술이 필요하다.

해수면 상승
sea level rise

육지에 접한 해수면의 상대적 위치가 상승하는 것을 말한다. 그 원인으로는 지각변동에 의해 육지가 가라앉거나 바닷물의 부피가 증가하는 것을 들 수 있다. 현재 큰 관심의 대상이 되는 것은 지구온난화로 인한 후자의 현상이다. 바닷물의 부피 증가는 지표 부근의 평균 온도가 상승함에 따라 해수가 팽창하거나, 빙하나 빙판 등의 얼음이 녹아서 그것이 바다로 흘러 들어가는 두 가지 원인을 들 수 있다. 지구온난화의 영향으로 20세기 100년간 세계의 평균 해수면 높이가 약 17cm나 상승했다. 그린란드와 남극 일부의 융해가 진행된 경우, 이번 세기에 1~2cm가 넘는 해수면 상승이 발생할 것이라고 지적하는 연구자도 있다. 태평양과 인도양의 산호초 섬들에도 이미 온난화로 인한 해수면 상승의 영향이 미치고 있다. 해안침식, 해일로 홍수의 피해가 발생하고 있고, 이후에 물에 잠길 우려도 있다. 물에 잠길 위험이 있는 국가들에서는 국토보전을 위한 공사가 진행되고, 이미 이주 계획을 고려하는 곳도 있다.

해양대순환
oceanic general circulation

해수 온도와 염분 농도의 차이, 즉 해수의 비중 차이로 생기는 열염순환(심층순환)과 지구의 자전과 바람과 같은 외력에 의해 생기는 풍성순환(표층순환)으로 해양의 심층과 표면을 순환하는 지구 차원의 해수 흐름을 말한다. 약 1,500~2,000년에 걸쳐 지구를 일주하는 것으로 지구의 기후를 안정시키고 있다. 지구온난화로 인해 수온이 상승하거나, 극지의 얼음이 녹아서 염분 농도가 옅어지면 해양대순환에 이상한 움직임이 생긴다고 지적된다. 해양대순환으로 열과 유기물, 생물도 이동하기 때문에 세계 기후에 지대한 영향을 줄 뿐만 아니라, 해양생태계와 산업에도 영향을 주는 것이 우려된다.

해양오염
marine pollution/
sea contamination

육지에서 바다로 유입된 물질 혹은 해양에 직접 투기, 유출된 물질에 의해 발생하는 다양한 오염의 총칭이다. 육지의 유기물과 부영양화를 촉진하는 영양염(nutrient), 플라스틱 쓰레기, 공장 등에서 나오는 납, 수은, 연소화합물 등 다양한 오염물질의 해양 유출이 큰 문제가 되고 있다. 특히 갈매기와 바닷새, 바다표범과 같은 해양생물이 플라스틱 쓰레기를 먹이로 잘못 알고 먹음으로써 사망하는 사례가 크게 늘고 있다. 1960년대 미나마타 질소 공장의 유기수은 유출의 경우, 유기수은을 먹은 물고기의 몸속에 유기수은이 축적되어, 먹이 사슬의 제일 상위에 있는 인간이 그 물고기를 먹고 미나마타병에 걸리게 되는 심각한 공해문제를 일으켰다.

2011년에 발생한 동일본대지진에서는 해일에 의해 어선, 어망을 비롯한 많은 쓰레기가 해류를 타고 미국 서해안까지 옮겨져 해양오염과 표류·표착 쓰레기 문제를 일으켰다. 또한 후쿠시마 제1원자력발전소에서 방사성 물질을 함유한 냉각수가 유출되어 방사성 물질에 따른 해양오염으로 전례가 없는 커다란 문제가 되고 있다.

해양의 투기·유출로는 선박에서 바다에 폐기물을 직접 버리거나, 어망, 낚시 찌 등 어업 관련 자재가 투기·유출되는 경우가 있다. 최근 큰 문제가 되는 것은 유조선, 유전으로 인한 원유 유출 사고와 선박에 도포된 유기주석화합물에 의한 영향이다. 유조선의 원유 유출 사고로는 1989년 알래스카 연안에서 발생한 엑슨발데즈 호 원유 유출 사고가 가장 유명하다. 좌초한 유조선에서 유출된 원유는 4만 2,000KL에 이르고, 25~50만 마리의 해조와 해달을 비롯한 해양생물에 커다란 악영향을 미쳤다. 2010년 멕시코 만에서 발생한 브리티시페트롤륨(B.P)사의 해저 원유에서 유출된 원유는 78만KL에 달했고, 엑슨발데즈 호 사고를 뛰어넘는 해양오염 사고가 되었다.

마폴(MARPOL)협약이라는 별칭으로 알려진 해양오염방지협약은 1954년에 제정된 '유류에 의한 해양오염 방지를 위한 협약'을 기반으로, 1973년에 '선박에 의한 오염 방지를 위한 국제협약'이 만들어져, 1978년에 '유조선의 안정과 오염 방지에 관한 의정서'를 첨가한 형태로 1983년에 발효되었다. 그러나 1989년 엑슨발데즈 호 사고를 겪고, 1990년에는 '유류 오염에 관한 대비, 대응 및 협력에 관한 국제협약(OPRC 협약)'이 새롭게 채택되었다. 또한 유기주석화합물에 관해서는 국제해사기구(IMO)가 사용 금지를 제안한 결과, 2008년에 사용이 전면 금지되었다.

해일
tsunami

| 의미 | 지진, 분화, 사태 등에 의해 해수가 대규모로 이동하는 현상이다. 일반적인 파도와는 다르게 앞바다의 피해는 적고 항구 등의 연안에서는 크고 높은 파도가 되어 밀어닥치기 때문에 큰 피해를 가져온다. '쓰나미(tusnami)'는 1960년대 후반부터 학술용어로서 국제적으로 사용되었지만, 2004년의 수마트라 섬 지진 보도를 계기로 각국 언어로도 사용하게 되었다.

| 피해 | 일반적으로 진원이 얕은 지진에서 많이 발생하고, 100km보다 깊은 진원의 지진에서는 발생하지 않는다고 본다. 그러나 지진의 규모나 체감하는 진동의 크기와 해일의 크기는 반드시 비례하지 않기 때문에 충분히 주의할 필요가 있다. 1960년대의 칠레 지진해일같이 지진 발생에서 22시간 반이나 경과한 뒤에 최대 6m의 해일이 일본에 도달하여 142명의 사상자를 낸 사례도 있다. 또 육지로 올라오는 거리나 파도의 높이는 해안의 지형에 따라 큰 차이가 발생하기 때문에 같은 해일이라 해도 파도가 도착하는 방향이나 해저의 깊이에 따라 피해 상황은 달라진다. 특히 리아시스식 해안과 같이 내륙 방향으로 좁아지는 지형에서는 연안 지역뿐 아니라 내륙에도 피해가 미치는 경우가 있다. 일본은 지진이나 화산 분화 등 해일을 유발하는 자연현상이 빈번하게 발생하는 것에 비해 방재 교육이 충분하지 않고 근거가 약한 소문이나 이에 대한 확신, 재해로 이어지는 자연현상에 대한 과소평가나 예측의 미비, 행정에만 맡겨 버린 재해 대책 등으로 피난이 늦어지고 희생자가 나오는 일이 많았다.

2011년 3월 11일 동일본대지진으로 인해 해일에 관한 여러 가지 개선책이 검토되고 있다. 예를 들어 기상청에서는 규모 8을 넘는 대지진이 발생하고 해일이 예측되는 경우 약 3분 이내에 울리는 제1보의 경고를 '대(大)해일 경보'와 '해일 경보'로 변경하고, 즉시 개인

단위에서의 피난 행동으로 연결되도록 정보 제공 마련에 몰두하고 있다.

해충의 살충제 저항성
insecticide resistance

해충에게 살충제에 대한 저항력이 생기는 현상이다. 해충에 살충제를 사용하면 처음에는 효과가 좋지만, 계속 반복하면 방제 효과가 저하되기도 한다. 해충의 살충제 저항성은 1930년대 미국에서 확인되었고, 1946년에 DDT에 저항성이 있는 파리가 발생했다. 일본에서도 파리, 모기, 풀멸구, 이화명나방 등 많은 사례가 있다. 이것은 약에 대한 저항성이 강한 개체군이 생겨 번식하고 증가하는 결과가 되었다. 살충제 저항성의 메커니즘으로, 살충 성분의 체내 침입 저해, 독물의 빠른 분해, 체내에 사는 살충제 분해 세포의 존재 등이 제시되었다.

핵분열
nuclear fission

무거운 핵과 불안정 핵이 중성자 등의 조사(내리 쬠)로 분열해, 좀 더 가벼운 원소를 두 개 이상 만드는 반응으로, 오토 한(Otto Hahn)이 발견했다. 전자 또는 헬륨 핵(알파 원자)을 방출해 가벼운 핵이 되는 반응과 원자핵 붕괴(각각 알파 붕괴, 베타 붕괴)도 핵분열의 일종이다. 우라늄235 등 핵분열성 물질은 중성자를 흡수해 핵분열을 일으킴과 동시에 중성자를 방출한다. 이 중성자가 다른 우라늄235의 원자핵을 핵분열하면서 연쇄반응이 일어난다. 이 반응은 발열반응으로, 이것을 제어하면서 이용하는 것이 원자력발전이고, 제어하지 않고 반응(핵폭주)하는 것이 원자폭탄이다.

핵실험 금지 조약
Nuclear Test Ban Treaty

폭발을 수반하는 핵무기 실험을 금지하는 국제협약으로 1963년 발효된 부분적 핵실험 금지 조약(PIBT)은 지하 핵실험이 금지되어 있지 않다는 문제가 있었다. 그러나 냉전 종결 후 1996년 유엔총회에서 포괄적 핵실험 금지 조약(CTBT)이 채택되어 우주 공간, 대기권 내, 수중, 지하를 포함한 모든 공간에서 핵무기의 실험적 폭발 및 다른 핵폭발이 금지되어 핵 군축·불확산 실현으로 나아갔다.

포괄적 핵실험 금지 조약은 2019년 12월 기준 184개국 서명, 168

개국 비준(44개 발효요건국 중 36개국 비준)했으나 미발효 상태이다. 발효를 위해서는 부속서 Ⅱ 국가(5대 핵보유국 및 인도, 파키스탄, 북한 등 발전용/연구용 원자로 보유국 44개국)가 모두 비준해야 한다. 발효요건국 중, 미비준/미서명한 8개국은 미국, 중국, 이스라엘, 이란, 이집트(이상 미비준국), 인도, 파키스탄, 북한(이상 미서명국)이다.

핵심역량
Key Competencies

OECD가 1997년부터 2003년에 걸쳐 진행한 DeSeCo(Defining and Selecting Key Competencies, 핵심역량에 대한 정의와 선정) 프로젝트에서 개발된 능력 개념이다. 이 프로젝트는 다양성과 상호의존성이 증가하고 있는 오늘날에는 개인 또는 사회에게 새로운 역량 개발이 요구되고 있다는 인식을 바탕으로 하고 있다. 핵심역량은 세 개의 역량과 그 중심을 이루는 반성성(reflectiveness)으로 구성되어 있다. 반성성은 메타 인지(자신의 사고를 대상으로 하는 사고작용), 창의적 능력, 비판적 태도를 포함하여 자신의 경험 전반(사고와 감정을 포함)을 비판적으로 음미하고 상황에 맞는 사고와 행동의 혁신을 이루는 것을 뜻한다. 세 개의 핵심역량은 '상호작용적 도구의 이용, 이질적인 집단 안에서의 상호작용, 자율적으로 행동하기'로 구성되어 있다. '상호작용적 도구의 이용'은 언어, 지식, 기술 등과 같은 인지적 · 사회문화적 · 물리적 도구를 사용한 세계와 적극적으로 대화할 수 있는 능력을 뜻한다. '이질적 집단 안에서의 상호작용'은 타인과 상호존중하며 공감 · 이해하는 관계를 만들고 목표 달성을 향해 효과적으로 협력하며 갈등을 해결할 수 있는 능력이다. '자율적으로 행동하기'는 스스로 인생의 목표를 세우고 삶의 의미를 자각함과 동시에 자신의 행동에 대한 책임과 자신의 권리 및 요구와 사회에 대한 책임을 조정해 나갈 수 있는 능력이다.

핵심역량은 국제학업성취도평가(PISA)의 이론적 틀을 만들려는 시도이기도 한데, 일본에서는 PISA형 학력을 목표로 한 교육 실천이나 학력 조사(전국 학력 · 학습상황조사)에서 B문제 형태를 도입하여 PISA형 학력을 조사하려고 하는 등 큰 영향을 받고 있다. 핵심역량은 '건강과 안전', '경제적인 지위와 자원'과 같은 '개인적인 삶의 성공'과 함께 '경제생산성', '생태학적 지속가능성'과 같은 '원만한 사회' 양쪽 모두를 실현하기 위해 필요한 능력으로 구성된 것이며, 지속가능성을 근본적인 가치로 하고 있다는 점에서 환경교육과 깊은 관련이 있다고 할 수 있다.

➕ 한국에서는 2015 개정 교육과정의 총론에서 공통(기본) 핵심역량으로 자기관리 역량, 지식정보처리 역량, 창의적 사고 역량, 심미적 감성 역량, 의사소통 역량, 공동체 역량의 6가지를 제시하였다.

핵연료 주기
nuclear fuel cycle

|정의| 핵연료 사슬이라고도 한다. 핵연료는 원자력발전소에서 전기를 생산하는 데 필요한 에너지를 핵분열 반응을 통해 나오는 방사성 물질을 말하며, 핵연료 주기란 이것이 다른 과정을 거치면서 일어나는 과정을 말한다. 간단히 3단계로 나눌 수 있는데, 첫 단계인 프론트엔드는 우라늄 광석을 핵연료로 만드는 과정이고, 서비스 기간은 만든 핵연료를 원자로에서 사용하는 단계이며, 마지막 백엔드 단계에선 사용 후 연료를 안전하게 보관·관리하는 단계로 연료를 재처리하거나, 사용 후 연료풀에 저장한다. 연료를 재처리하지 않는 핵연료 주기를 가리켜 열린 연료 주기라고 부르고, 핵연료를 재처리하면 닫힌 연료 주기라고 부른다. 원자력발전소에서 발생하는 사용필연료[spent fuel, 원자로에서 핵분열시켜 사용한 핵연료]에는 약 95%의 '비핵분열성 우라늄238', 약 3%의 '우라늄에서 생성된 플루토늄', 연소되고 남은 얼마 안 되는 핵분열성 핵종 우라늄235, 1~2% 그 밖의 핵분열성 생성물이 포함되어 있다. 일본에서 좁은 의미로 쓰이는 '핵연료 주기'는, 상업로를 중심으로 한 원자로 사용필핵연료를 재처리하여 플루토늄, 우라늄235를 배출하고 핵연료로 재사용하는 핵연료 제조부터 재처리에 의한 재이용 및 폐기까지의 사이클을 의미한다. 이에 반해 넓은 의미의 '핵연료 주기'는 천연 우라늄 광석 채광, 정련, 분리 농축, 핵연료 집합체로의 가공, 원자력발전소에서의 발전, 원자로에서 나온 사용필연료 재처리에 의한 핵연료로의 가공 및 방사성 폐기물 재처리분을 포함한 일련의 흐름을 말한다. 다음의 기술은 좁은 의미의 핵연료 주기에 관한 것이다.

|효과| 사용이 끝난 핵연료를 처리해 원자력 발전소에서 다시 연료로

이용하는 것으로, 단순히 폐기 처분하는 것에 비해 많은 에너지를 생산해 낼 수 있다. 또 우라늄의 효율적 이용은, 우라늄을 전면적으로 수입에 의존하는 일본의 에너지안전보장의 위험을 줄인다.

|과제| 첫 번째로 이 주기에 필요한 핵 관련 시설과 운반이 현격히 늘어난다. 특히 원자력발전의 연료가 되는 플루토늄 단체(홑원소물질)를 취급하기 위해 비싼 보안이 요구되어, 핵확산방지조약상의 위험, 테러 대책 등이 문제가 된다. 두 번째로 핵연료 주기의 근간을 이루는 고속 증식로 운전에 관한 사고 등의 위험성이 잇따라 지적되고 있다. 오히려 고속 증식로는 일본 이외의 원자력발전 선진국에서는 개발이 중지되었다. 세 번째로 재처리를 담당하는 일본 원자력 연료 재처리 공장에서 사고가 이어지는데, 아직 해결책은 없어 기술적 신뢰성이 떨어졌다. 마지막으로 일본에는 가소성이 높고 균열이 생기기 어려운 단단한 암염층이 없어, 높은 단계의 방사성 폐기물 보관 장소와 방법 선정에 전혀 전망이 서지 않는다.

핵융합
nuclear fusion

철보다 가벼운 종류의 핵이 융합하여 보다 더 무거운 종류의 핵이 되는 반응을 말한다. 같은 종류의 원자핵이 접근하면, 끌어당기는 힘(핵력)이 반발하는 힘(쿨롱력)을 넘어 두 개의 원자가 융합한다. 태양 등 항성(붙박이별)의 에너지는 핵융합에 의해 공급된다. 수소(H_2)의 핵융합에서 헬륨(He)을 생성하는 수소 폭탄 등이 대량 파괴 무기로 이용된다. 핵융합로 발전은 연구 중이지만, 반응 조건인 온도·압력이 높기 때문에 현실성이 없다고 평가되고 있다. 핵융합 그 자체는 원리적으로 방사능이 발생하지 않지만, 수소 폭탄은 기폭 시에 핵분열 반응을 이용하기 때문에 대량의 방사능을 방출한다.

핸즈 온 전시
hands-on exhibition

핸즈 온은 '직접 손으로 만지는 것'이라는 의미이다. 핸즈 온 전시란 이전까지 박물관과 과학관 등의 '만져서는 안 됩니다'라는 전시 방법이 아닌, '만지고, 느끼고, 체험하고' 배워 가는 체험학습적인 전시 방법을 말한다.

보스턴에 있는 칠드런즈 뮤지엄 입구에는 "들은 것은 잊어 버린다, 본 것은 기억한다, 해 본 것은 이해한다"라는 오래전부터 전해 내려오는 문구가 걸려 있다. 칠드런즈 뮤지엄은 미국에서 최초로 핸즈 온 전시에 착수한 박물관으로 유명하다. 아이들은 전시물을 자유롭게 손으로 만질 수 있고, 손에 쥐거나 잡아당기면서 오감으로 인식하고 생각하면서 이해한다. 이 체험에서의 배움과 물건과 소통하는 관계(상호적인 방법)를 중시한 교육 방법이 특징이다.

우리나라에서도 미술관이나 박물관, 동물원, 수족관 같은 시설에 핸즈 온 전시가 도입되고 있다.

헨리 데이비드 소로
Henry David Thoreau

미국의 탐험가이자 사상가이며 작가(1817~1862)이다. 하버드 대학 졸업 후, 가업인 연필 제조업에 몰두했지만 성공하지 못했다. 매사추세츠의 콩코드에 있는 월든 호수에 오두막을 짓고 2년 2개월 동안 홀로 생활했다. 이러한 체험을 바탕으로 쓴 것이 1854년에 내놓은 『월든』(은행나무, 2011)이다. 이는 랠프 월도 에머슨(Ralph Waldo Emerson)의 1836년 에세이 『자연(Nature)』과 함께 당시 미국인이 가지고 있던 자연에 대한 사고방식을 크게 바꾸었다. "암흑의 숲은 개척하여 문명의 빛을 보게 하는 것이 선이다"라는 개척 이후의 암묵적 동의에 대하여 소로는 "자연은 개척의 대상이 아니라 자연 그 자체로도 존재의 의미가 있으며, 우리는 그 가치를 보기 시작해야 한다"라고 주장했다.

그 외에도 그는 『콩코드와 메리맥 강의 일주일(A Week on the Concord and Merrimack Rivers)』(1894), 1864년작 『소로의 메인 숲』(책읽는귀족, 2017), 『코드 곶(Cape Cod)』(1865) 등 다수의 작품을 남겼다. 그의 저서는 많은 사람에게 사랑받으며 오늘날까지 자연보호의 고전으로서 명성을 이어가고 있다. 동양철학의 영향으로 자연과 인간의 관계나 삶의 방법에 대한 그의 생각에서는 무상관(無常觀)의 철학이 느껴지기도 한다.

또한 소로는 노예제도에 항의하기 위해 납세를 거부하고 투옥되기도 했다. 그때 쓴 1894년작 『시민의 불복종』(은행나무, 2017)은 이후 마하트마 간디의 인도독립운동이나 마틴 루서 킹 목사의 시민권운동 등에 큰 영향을 주었다.

협동/컬래버레이션
collaboration/partnership

서로 다른 입장의 주체가 같은 목적을 가지고 연계하는 것이다. 환경보전을 위해 시민, 기업, 행정 등의 각 주체에게 각각의 역할이 요구되고 있다. 한편 환경 문제는 사회의 형태가 반영된 것이며, 사회 구조와 복잡하게 관련된 것이기 때문에 각 주체 간 그리고 각 분야에 걸친 조직 간 연계를 도모하는 접근이 필요한 경우가 많다. 예를 들어 생물다양성 보전을 지역에서 추진할 경우 전문가의 지식, 행정의 시스템 만들기, 주민의 참여, 환경보전형 사업의 추진 그리고 이것들을 담당할 수 있는 인재 육성 등 지역 전체가 협력하지 않으면 문제 해결은 어렵다고 할 수 있다. 협동을 위해서는 주체 간 목적·목표의 공유화, 대등성, 상호 이해, 신뢰성이 중요하다. 주체 간의 관계성은 '파트너십'으로도 표현된다. 일본의 환경성·긴키환경파트너십오피스(EPO)가 설치한 PS연구회에서는 "파트너십에는 만남이라는 시작에서 연계, 활동의 실시로 진행되는 계성이 있으며, 각각의 단계에서 역할을 담당하는 인재가 존재한다"라고 제시하고 있다. 이것은 협동에서 코디네이터가 갖는 중요성과도 관련되어 있다. 그리고 연계를 통한 주체 간의 관계성은 사회적인 문제에서 '사회관계 자본'이라는 인식도 필요하다. '환경교육 등 촉진법'(2011년 공포)에서는 법률의 목적에 '협동 대응의 추진'이 명기되어 있다.

홀리스틱 교육
holistic education

|의미| 인간 존재와 세계를 개체나 개개의 사항, 논리적 요소로 환원해 이해하는 것이 아니라, 전체를 통째로 인식해 재검토하는 철학에 의해 생겨난 교육 사상과 교육 실천을 가리킨다. 단적으로 말하면 모든 것과의 '연관'을 탐구하고 심화해 가는 교육으로, 단편화에서 벗어나 관계로 향해 가는 시도이다.

홀리스틱 교육에서 학습자는 다양한 '연관'을 자각하고 '관계'를 추구함과 동시에 그것들을 더 어울리게 만들어 간다. 그 '관계'란 전인교육 지향으로 몸과 마음, 머리의 연관이다. 이런 발상은 환경교육뿐 아니라 생애학습, 지구시민교육, 임상교육 등의 다양한 분야에

깊은 영향을 주었다.

|변천| 1970년대 그리스어 'holos(전체)'에서 나온 조어로 'holistic' 이라는 용어가 사용되기 시작했다. 의학과 간호학 분야에서 홀리스틱 헬스 운동이 일어나고 근대 과학의 한계에 직면한 많은 분야에서 '홀리스틱 접근'이 요구되었다. 그 후 1988년에 캐나다 토론토 대학에서 존 밀러(John Miller)가 『홀리스틱 교육(The Holistic Curriculum)』을 간행해 세계로 확산되는 계기가 되었다. 일본에서는 1997년에 일본 홀리스틱교육협회가 창설되었다.

홀리스틱 교육에서는 현재의 환경문제를 일으키는 자연지배형 산업 문명은 주관과 객관을 분리하는 인식·도식 및 요소환원주의적인 분석적 접근으로 이해된 기계론적 세계관, 또 그것과 결부된 목적합리성으로 일관된 조작적 사고에 입각해 있다고 여겨졌다. 마찬가지로 그 비판적 시선은 근대 교육 시스템을 향하기도 한다. 근대 교육의 원리도 원칙적으로는 근대의 특수한 지식의 범위에 기반하고 있고, 예로 환경문제 학습에서 그 원인에 관하여 요소환원주의적인 견해를 갖는 것은 부정할 수 없을 것이다. 따라서 근대 사회와 문명의 전환 및 교육 전환을 하기에는 개별적인 대증요법과 연명치료보다 우선 세계와 교육을 이해하고 있는 지식의 틀 그 자체를 전환하는 근본 치료법이 필요하다. 그렇기 때문에 필요한 대안을 '홀리스틱'으로 부를 수 있다는 관점이다. 이런 통찰은 환경교육에도 큰 영향을 줄 가능성이 있다.

|과제| 홀리스틱 교육은 '관계'와 '연관'에 초점을 맞춘 교육 사상으로 높게 평가되고 있지만 그 실천은 한층 더 심화될 것이 요구된다. 학습자가 어떤 교육과 학습으로 그런 관계성을 자각하고 홀리스틱한 시점을 가질 수 있게 되는 것인가? 학습자가 평소엔 보이지 않던 '관계'를 깨닫고 다시 더욱 나은 '연관'을 추구하는 교육 실천을 충실히 지켜 갈 필요가 있다. 현재 구체적인 교육 방법이 축적되는 중이며, 홀리스틱 교육을 어떻게 현실화할 것인지가 과제이다.

홍수
flood

하천의 유량과 수위가 보통 때보다 급격히 증가하여 하천이 범람하는 현상이다. 재해 유무와 상관없이 평상시보다 하천의 수량이 증가하는 현상을 가리키기도 한다. 집중 호우와 태풍 등에 의해 생기는 경우가 많고 하천 물이 제방을 넘거나 무너뜨리고 범람하는 경우도 있다. 하천 부지의 지형과 하천 수로를 크게 바꾸며 넘쳐난 물이 주변 저지대에 위치한 가옥과 농지, 도로 등에 피해를 주는 경우도 있다. 이 때문에 제방 등 구조물, 댐의 건설, 수로의 개수 등으로 홍수에 대비하고 있다. 최근 도쿄에서는 지하에 거대한 조절지를 만들고 호우 시에 물을 가둔 후 강물이 감소했을 때 배수하는 등의 방법을 실시하고 있다.

세계적으로 산림 벌채와 저습지가 개발되고 포장이나 건축물에 싸인 지표면의 보수 기능이 저하한 것이 홍수가 늘어난 원인으로 알려져 있다. 또한 지구온난화에 따른 해수면 상승은 제로미터 지대를 확대하고 물 재해에 대한 토지의 취약성을 높이고 있다.

화력발전
thermal power generation

|정의| 좁은 의미로는 석탄, 석유, 천연가스 등 화석연료를 보일러에서 연소시켜 발생한 연소 열에너지를 전기에너지로 변환시키는 발전 시스템이다.

|종류와 특징| 대표적 화력발전 시스템은 다음과 같다.

①**석탄 화력발전**: 석탄을 분말로 만들어 보일러에서 연소시키는 시스템으로, 고온 고압 증기 생성이 가능하고, 발전효율(연소 에너지에 대한 실효 전기에너지의 비율)이 45% 이상으로 높다. 석탄은 채굴 연수가 길고, 신뢰성이 높은 확실한 발전 방법이다. 그러나 이산화탄소 배출량이 많은 것이 단점이다. 게다가 발전소 내 거대한 저탄장과 그곳에서 배출되는 분탄혼합 빗물 처리 등의 환경오염 측면에서도 많은 과제가 있다.

②**천연가스 화력발전**: 현재의 주류는 가스 컴바인드 사이클 발전이다. 천연가스의 연소 에너지로 가스터빈을 회전시켜서 발전하고, 다시 그 배기가스를 열 교환한 증기생성에 의해 증기터빈으로 발전하는 가스터빈 또는 증기터빈의 조합에 의한 발전 방식이다. 최고 발전효율이 60%로 매우 높고, 석탄과 석유에 비해 이산화탄소 배출량이 적어 비

교적 깨끗한 발전 방식이다.

③석유 화력발전: 일본에서는 오일쇼크 이후 석유 화력발전소 운전이 감소하고 있다. 제조회사의 자기발전장치로 존재한다.

④바이오매스 화력발전: 목재 등 생물 유래 연료를 사용한다. 탄소 중립으로 유력한 발전 방식이지만 대용량으로는 부적절하다.

화석연료
fossil fuels

동식물 시체 등의 유기물이 긴 세월을 거쳐 지열·지압에 의해 변질되어 연료로 이용되는 물질의 총칭으로 석탄, 석유, 천연가스 등이 해당된다. 최근에는 메탄하이드레이트와 셸 가스 등도 화석연료로 이용하는 것을 검토하고 있다. 화석연료의 연소로 발생하는 유황산화물과 질소산화물은 대기오염과 산성비의 원인이 되고, 이산화탄소는 지구온난화의 큰 원인이 된다. 화석연료는 한정된 자원으로 환경오염 관점에서도 사용량을 줄이고 화석연료에 의존하지 않는 에너지를 확보하는 것이 큰 과제이다.

화전/들불 놓기
field burning

초지를 유지하고 계속적으로 사용하기 위해 매년 초봄이 되면 야산에 불을 지르는 작업을 말한다. 초지는 초가집 지붕에 사용하는 새 이엉과 억새 등의 채취와 가축 방목 등에 이용되지만, 이것을 방치하면 식생이 산림 등에 변화를 주고 지속적인 이용이 불가능해지는 곳이 많다. 그래서 정기적으로 불을 질러 전이를 막고 초지의 자원을 유지·관리하는 것이 옛날부터 농산림촌 주민의 공동 작업으로 이루어졌다. 화전은 관목의 제법, 토양 개량, 해충의 구제 등에 효과가 있다고 생각되었다.

한편 폐기물의 소각에 대해서도 '화전'이라는 단어가 사용된다. 수지류를 포함한 폐기물 소거가 다이옥신 발생의 원인이 되기 때문에 폐기물의 화전은 '폐기물 처리 및 청소에 관한 법률'에 따라 금지되었다. 또 가지치기한 수목과 낙엽에 대해서도 매연과 악취가 생기므로 지자체에 따라서 금지하기도 한다. 또한 학교의 쓰레기 소각로에 대해서도 문부과학성은 1997년에 도도부 교육위원회 등에 원칙적으로 사용하지 말라는 통지를 보냈다.

➕ 한국에서는 합법적인 절차 없이 산림을 개간하여 농경지로 사용하거나, 사용한 화전을 정리하여 토사 유출이 발생하는 것을 방지하고 산림자원을 조성하기 위해 '화전정리에 관한 법률'(1966)을 제정하여 시행하고 있다.

화학물질과민증
chemical sensitivity / multiple chemical sensitivity, MCS

상당한 양의 화학물질에 접촉한 후나 미량의 화학물질에 장기간 접촉한 후, 다시 적은 소량의 화학물질에 접촉한 경우에 나타나는 증상이다. 인체 내 화학물질의 총 부하량이 개인의 허용량을 넘어선 경우에 증상이 발현된다. 눈과 코 등의 점막자극 증상부터 오한, 두통 등의 자율신경 증상, 권태감, 근육병 등의 자율신경실조증(스트레스 등의 심신장애로 어깨가 쑤시거나 마음이 불안해지는 등 원인이 확실치 않은 불쾌감을 호소), 설사, 구토 등 여러 증상이 있으나 개인차도 크다. 일단 증상이 발현되면 반응하는 화학물질의 종류가 증가하는 경우가 많다. 중금속 전자파 등에 의해서도 일어난다고 지적되고 있다.

화학적 산소요구량
chemical oxygen demand, COD

물속의 유기 물질을 화학적 산화제를 사용하여 화학적으로 분해·산화하는 데 필요한 산소량, 섭취한 물에 포함된 피산화성 물질을 과망간산칼륨 등의 산화제에 일정 시간 산화한 경우에 소비된 산화제의 양을 측정하여 얻어진 수치. BOD(생물화학적 산소요구량)와는 다른, 유기물만이 아니라 환원성 무기물도 포함된 오염물질에 대한 산소요구량을 표시하지만, 일반적으로는 피산화물 가운데에서 유기물이 차지하는 비율이 높고, COD 수치도 수질오염의 지표로 사용되고 있다. 호수나 해역의 수질에 관한 환경기준 외에 수질오염방지법에 의한 호수나 해역의 배수에 관한 규제 기준이 정해져 있다. 간이 분석에 의한 COD 측정은 수질의 오염 상황을 간단하게 파악할 수 있기 때문에 시민활동과 환경교육으로서 실시되는 경우가 많다.

환경 가계부
household eco-account books

일상생활 전반에서 주로 가정이 환경에 미치는 영향을 정량적으로 눈에 보이는 형태로 나타내기 위해 만들어진 것이다.

1980년에 오사카 대학의 연구 그룹이 제창하고, 1981년 시가에서 오스생협의 뜻있는 사람들이 '생활점검표'를 만들었다. 지금은 환경성과 지자체, 기업과 NGO 및 NPO 등도 웹사이트 등을 이용해 이를 알리고 있다.

기본적 항목인 전기, 가스, 수도, 가솔린, 등유의 소비량과 병, 캔, 쓰레기 등의 배출량을 정기적으로 기입함으로써, 지구온난화의 원인이 되는 이산화탄소 배출량으로 환산해서 정량적으로 환경에 미치는 영향을 표시하는 형식이 일반적이다. 기업 등에 도입된 환경 매니지먼트 시스템(EMS), ISO14001의 가정용이라고 생각할 수 있다.

환경 가계부를 기입하면서 가정이라는 일상적 장소에서의 이산화탄소 배출량을 계산할 수 있다. 또 전년과 전월의 데이터와 비교해서 불필요한 에너지와 자원 삭감 목표를 세워 생활을 재정비하는 등 가정을 단위로 한 환경 대처가 가능하게 된다. 환경 가계부는 환경부담형 생활 방식을 재검토하기 위한 유효한 도구 중 하나이다.

환경 거버넌스
environmental governance

환경 이용과 관리에 관계한 협력 조직이 문제 해결을 위해 협력적 행동을 취하고 질서를 형성하는 구조와 과정을 가리킨다. 이전에는 정부와 행정 등이 일방적으로 결정하는 일이 많았지만, 다양한 상황이 복잡하게 조합된 환경에 관한 문제에는 다양한 입장과 전문성을 가진 사람들과 조직이 참여하는 편이 바람직하다는 이유로 제창되었다.

공공사업의 정책 결정 과정에 민간기업과 시민이 참가하는 등, 최근 사회 정세가 변하는 중이다. 법제도도 이런 움직임을 후원하고 있다. 예를 들면, 1997년에 개정된 일본의 하천법에 의해 하천과 지역 관계의 재정비가 규정되었다. 이전에는 행정 주도였던 하천 정책의 입안 과정에 지역 주민이 참가하고, 하천 정비 계획에 의견을 반영시키는 등 환경 거버넌스가 구현되는 사례도 나타나고 있다.

● 한국은 대도시, 중소도시, 농촌 지역 등 지역별로 다른 현실적 여건과 특성을 반영하여 환경 거버넌스의 모델을 실질적으로 적용·활성화하기 위해 '시민사회 주도형', '약한 정부 주도형', '강한 정부 주도형' 등의 모델을 제시하고 있다. 국내외 환경 거버넌스 사례로는 UND와 ICLEI의 물 거버넌스, 지방의제 21 전국협의회, 녹색서울시민위원회, 21세기수원만들기협의회, 김해 대포천살리기, 부천시 '시민의 강' 만들기 등이 있다.

환경경제학
environmental economics

환경문제와 환경가치 등을 다루는 경제학의 한 분야이다. 공해와 지구환경문제가 국제적으로 뚜렷하게 드러난 1960년대부터 기업활동이 환경에 미치는 영향을 시장 체제를 통하지 않고 발생하는 외부적 문제로 다룰 경제정책적인 필요가 생겼다. 예를 들어, 기업이 대가를 치르지 않고 오염물질 배출을 지속한다면, 시장과 상관없이 제3자에게 환경오염이라는 악영향을 끼친다. 그러므로 경제활동의 영향 등을 사회적으로 평가하고 새로운 대책을 제시할 필요가 생긴다. 그래서 경제발전과 환경보전이라는 양면을 목적으로 하는데, 그 한 예로 생태계를 경제적으로 평가해서 그 보전 비용을 사업자에게 부과하고 시장에 환경가치를 부가할 수 있다. 환경경제학은 지구환경의 지속가능성을 제시한 경제시스템 구축을 위해 그 중요성이 높아지고 있다.

환경과 개발에 관한 국제연합회의
⋯▶ 유엔환경개발회의

환경과 개발에 관한 세계위원회
⋯▶ 브룬트란트 위원회

환경과학
environmental science

대기, 물, 토양 등의 관점에서 환경문제의 원인을 조사하고 그 해결방법을 연구하는 종합 과학이다. '과학'이란 글자가 붙지만 학제적(여러 학문 분야의 종합적인) 학문 영역으로 자연과학뿐만 아니라 사회과학, 인문과학적 견해도 도입되고 있다.

환경오염을 발생시키지 않는 재료와 유해물질의 무해화를 목적으로 한 기초적인 기술개발, 환경에 부담이 적은 공업 제품 개발, 전력 소비를 막는 시스템 개발이라는 응용기술 분야도 포함한다. 반면, 지구 규모의 환경문제와 지역의 환경오염에 대한 법 정비와 정책 입안, 기업과 개인의 환경윤리관 양성 등 법학, 정치학, 윤리학 같은 사회과학·인문과학 계통의 분야도 포함된다. 그러나 종합과학으로써 환경과학을 목적으로 했기 때문에, 필수적인 다양한 영역 간 교류가 충분하지 못한 점과 방법과 개념이 일치하지 않는 점, 전체상을 구축하는 이론적 연구가 더딘 점이 지적되고 있다.

환경권
environmental right

건강하고 쾌적한 환경을 누릴 수 있는 권리로 각 선진국에서 산발적으로 논의되어 오다가, 1972년 스톡홀름에서 열린 유엔인간환경회의의 '인간환경선언'에서 환경권의 이념이 표기되었다.

일본 헌법에는 환경권을 보장한 명문 규정은 없다. 그러나 많은 학설이 초상권과 명예권, 프라이버시권과 같은 형태로 환경권을 헌법상 권리로 지지하고 있다. 헌법에서 '생명 · 자유 · 행복추구의 권리(행복추구권)', '건강하고 문화적으로 최저한도의 생활을 영위할 권리(생존권)'를 그 근거로 하는 것이 통설이다.

일본에서는 공해 · 환경 소송의 근거로 환경권을 주장하는 경우가 있지만, 판결에서 계속 인정받지 못했고 승인된 예는 아직 없다. 오사카 국제공항 공해 소송과 다테 화력발전소 건설 등의 금지 청구 소송은 환경권을 근거로 다루었지만, 어느 판결에서도 인정되지 않았다.

환경권의 보호 대상은 '환경'으로 물과 공기, 토양, 생물, 경관 등의 자연환경(덧붙여 문화적 유산과 도로, 공원, 그 외 사회적 환경도 보호 대상으로 해야 한다는 견해도 있다)이다. 이들의 대부분은 공공재산이기 때문에 헌법상 권리가 개인의 이익을 대상으로 하는 것과 모순된다. 즉, 환경권이 재판소에서 승인되지 않는 주요한 이유는 헌법에 명문화되지 않았기 때문이 아니라, 환경이라는 공공재산을 개인적 이익 안에 포함시킬 수 없기 때문이다.

〈참고〉하다케야마 다케미치,『자연보호법 강의』(홋카이도대학 도서출판); 아베 케이죠,『헌법 개정 논의에서의 환경권』환경법 연구 31』(유하카쿠, 2006)

● 한국에서는 환경권을 제5공화국 헌법에서 처음 명문으로 규정했고, 제6공화국 헌법 제35조에 "모든 국민은 건강하고 쾌적한 환경에서 생활할 권리를 가지며, 국가와 국민은 환경보전을 위해 노력하여야 한다. 환경권의 내용과 행사에 관하여 법률로 정한다. 국가도 주택개발정책 등을 통하여 모든 국민이 쾌적한 주거생활을 할 수 있도록 노력하여야 한다"라고 규정했다. 환경권의 구체적인 내용과 행사는 법률 규정에 의거야겠지만 환경정책기본법 제1조에는 "이 법은 환경보전에 관한 국민의 권리·의무와 국가의 책무를 명확히 하고 환경보전시책의 기본이 되는 사항을 정함으로써 환경오염으로 인한 위해를 방지하고 자연환경 및 생활환경을 적정하게 관리·보전함을 목적으로 한다"라고 명시되어 있다.

※ 출처 : 한국민족문화대백과사전

환경기본계획
Basic Environment Plan

환경기본계획이란 국가와 지방자치단체가 정한 환경보전에 관한 계획을 말한다. 일본은 환경기본법 제15조에 의거, 1994년에 제1차 환경기본계획을 수립했다. 그 후 정기적으로 팔로우 업(추적조사)과 신규 수립을 거듭하여, 2012년에 수립한 제4차 환경기본계획에서는 '저탄소, 순환, 자연공생, 안전'이라는 4가지가 확보된, 유지 가능한 사회 실현을 환경 정책의 목표로 세우고 있다.

지방자치단체에서는 모든 시도에, 정부가 지정한 도시에 설정하고, 전체에서도 반 이상의 지자체가 환경기본계획을 수립하고 있다. 책정할 때 시민이 계획에 참여하는 사례도 늘고 있다.

환경기본법
Basic Environment Law

일본 환경보전에 관한 정책과 방침을 총합적으로 추진하기 위해 1993년에 제정된 법률로, 자연보호와 공해문제에 관계된 모든 법률은 환경기본법 체계하에 있다. 본 법은 환경보전 시책을 진행함으로 '국민의 건강과 문화적인 생활'에 기여하고, '인류복지에 공헌'하는 것을 목적으로 하고 있고, 환경의 향유와 계승, 환경에 부담이 적은 지속적 발전이 가능한 사회 구축, 국제적 협조에 의한 지구 환경보전의 적극 추진, 이 세 가지를 기본 이념으로 세우고 있다.

단, 기본법의 성격상 환경정책 이념과 방향성을 나타낸 것에 지나지 않아 규제와 시책 방법, 내용 등에 대해서는 개별법에 일임하고 있다.

➕ 한국은 환경보전에 관한 국민의 권리·의무와 국가의 책무를 명확히 하고 환경정책의 기본 사항을 정하여 환경오염과 환경 훼손을 예방하고 환경을 적정하고 지속가능하게 관리·보전함으로써 모든 국민이 건강하고 쾌적한 삶을 누릴 수 있도록 함을 목적으로 환경정책기본법을 제정하여 시행하고 있다.

※ 출처 : 환경법, 공해대책기본법

환경기준
environmental quality standard

일본 환경성에 따르면, 환경기준은 양호한 환경을 위해 '유지되는 것이 바람직한 기준'으로 행정상의 정책 목표이다. 그 수치를 넘으면 사람의 건강 등에 피해를 입히는 한계치(역치)와는 다른 것으로, 보다 적극적으로 유지하는 것을 바람직한 목표로 확보해 가려는 것이다. 또 오염이 현재 진행되지 않은 지역에서는 적어도 현재 상태

보다 악화되지 않도록, 환경기준을 설정하고 이것을 유지해 가는 것이 바람직하다고 보고 있다.

일본에서는 1967년에 제정된 공해대책기본법 제9조에 규정을 두고 있고, 1969년에 대기오염과 관계된 황산화물에 관한 기준이 정해진 것이 최초의 환경기준이다. 이 규정은 1993년에 제정된 환경기본법 제16조와 이어져 있고, 같은 법에 의거한 대기, 소음, 수질, 토양에 관계된 기준이 정해져 있다. 또 다이옥신류 대책 특별조치법에 의거하여 다이옥신류의 환경 중 농도기준이 설정되었다.

일본 정부와 지방공공단체 등은 다양한 시책을 총합적이면서 유효하고 적절하게 구상하는 환경기준을 달성하고자 노력한다. 환경기준이 대기오염방지법과 수질오염방지법에서 정한 배출기준처럼 특정 규제에 직결되는 것은 아니지만, 개별법에 근거한 특정 규제도 환경기준 달성을 위한 시책의 한 가지라고 생각할 수 있다. 게다가 환경기준은 그 시점에 얻을 수 있는 최신 과학적 사실에 입각하여 적절한 검토와 판단이 더해져야만 하는 것으로 이것은 환경기본법에도 명기되어 있다.

또한 수질에 관한 환경기준으로는 생활환경 보전에 관한 환경기준(pH, BOD, COD 등)과 사람의 건강 보호에 관한 환경기준(카드뮴, 육가크롬 등)이 있지만, 후자는 그 성질상 물의 양 등 수역 조건을 고려하지 않고 항상 유지해야만 하며 설정 후 빨리 달성해야 한다고 한다.

⊕ 한국은 환경정책기본법에서 환경기준을 "국민의 건강을 보호하고 쾌적한 환경을 조성하기 위해 국가가 달성하고 유지하는 것이, 바람직한 환경상의 조건 또는 질적 수준"으로 정의하고 있다. 이에 국가가 환경기준을 설정하고, 그 구체적인 기준은 대통령령으로 정하도록 한다. 한편 광역지방자치단체의 장은 그 지역환경의 특수성을 고려하여 필요하다고 인정될 때에는 환경부 장관의 승인을 얻어 당해 지방자치단체의 조례로 별도의 환경기준을 설정할 수 있도록 되어 있다. 2013년 7월 개정된 환경정책기본법에 따라 개정된 환경기준 제2조에 따르면 환경기준은 대기, 소음, 수질 및 수생태계의 3대 영역으로 나뉘어 있다.

※ 출처: 『이해하기 쉽게 쓴 행정학용어사전』(새정보미디어, 2010)

환경 난민
environmental refugee

사막화의 진행과 가뭄의 장기화, 되풀이되는 홍수 등의 환경요인에 의해 부득이하게 본래의 거주지에서 이주해야 하는 사람들을 말한다. 월드워치연구소 추정으로 환경 난민은 전 세계에서 약 1,000

만 명에 달한다고 한다. 이후 지구온난화가 진행되고 해면이 상승하거나 대규모 홍수가 반복되면 환경 난민이 급증할 우려가 있다. 환경 난민의 한 예로 2011년 3월 후쿠시마 제1원자력발전소 사고로 방사능 오염 지역에서 다른 지역으로 옮겨 살고 있는 사람들을 들 수 있다.

환경 리스크
environmental risk

사람과 사람을 둘러싼 생태계에 악영향을 미칠 가능성이 있는 것을 가리킨다. 비록 사람은 자각할 수 없어도 미량의 유해물질을 매일 섭취하고 있다. 이런 건강상 리스크에 사람들은 관심을 갖고 있으며, 유해물질은 보통 법적으로 규제되어 있다. 지금까지 사람 이외의 생물과 생태계에 미치는 악영향은 비교적 경시되어 왔다. 그러나 원자력발전소 사고로 방사성 물질이 방출된 경우, 사람은 물론 사람 이외의 생물과 생태계도 위험하게 되었고, 결국 그 위험은 먹이사슬과 물질순환을 통해 사람에게 돌아온다. 그러므로 사람뿐 아니라 사람이 살아가는 환경도 포함해서 리스크로 인식하는 관점이 중요하다. 환경 리스크 인식 방법으로는 영향이 실제로 발생할 확률과 발생한 경우라는 두 가지 중대한 관점이 있다. 또 원인으로는 화학물질 같은 것이 주가 되는 인간 활동만이 아니라 태풍, 지진 같은 자연 활동도 있다. 또 원인들이 복합적으로 이루어진 것도 있다. 그러나 환경 리스크의 관점에서 일반적으로 문제시되는 것은, 대기 중에 방출된 발암성 화학물질 등 주로 인위적 활동에서 유래하는 악영향이다. 이 경우 우선 문제가 되는 화학물질 영향을 규명함과 동시에 그 농도와 영향의 관계를 정량적으로 분명히 할 필요가 있다.

|유해성 평가| 사람과 생태계가 실제 어느 정도 그 화학물질에 노출되어 있는지 파악할 필요가 있다.

|피폭량 평가| 이것으로 어떤 대책을 어느 정도 택할 것인지를 판단해서 환경 리스크에 대응하게 된다. 그러나 대부분 리스크를 완전히 없앨 수 없는데다 비용이 많이 들어서 현실적이지 않다. 또 평가와 대응책의 효과성에 대해서는 항상 불확실성이 따르고, 개인의 가치관과 입장이 판단에 관여하는 경우도 있다. 그렇기 때문에 시민과 이해

관계자도 포함해 다양한 사람들에 의한 쌍방향 의사소통, 즉 리스크 커뮤니케이션이 중요하다.

앞에 기술한 것과는 별개로 기업 등의 활동에 환경문제가 영향을 주는 것을 환경 리스크라고 부르기도 한다.

환경 마인드
environmental mind/environmental mindfulness

자연환경에 대한 경외심을 품고 자연환경의 중요성을 이해함과 동시에 지구환경문제와 자신의 생활의 관련성을 파악하고 그 해결 및 지구환경보호 보전을 향한 사고, 환경에 관한 지식과 전문성을 발휘하여 지구환경문제 해결 및 지속가능사회 실현을 실제 활동으로 옮기기 위한 동기 부여로 '환경 마인드'가 중요시되고 있다. 환경마인드를 기르는 것은 환경교육의 본질이기도 하다. 현재는 대학교육, 기업 경영 등 폭넓은 분야·상황에서 주로 '환경을 배려하는 마음의 준비'라는 문맥으로 폭넓게 사용되고 있다.

환경 마크
ecolabel

제품과 서비스의 환경 측면에 대하여 구입자에게 전달하기 위한 상징으로 이용하는 것. 시장 주도의 환경 개선 가능성을 환기시키기 위해 국제표준화기구(ISO)에서는 환경 표시에 관한 국제규격으로 '환경 마크 및 선언' 시리즈를 발행하고 있다. 그 사이 사업자 등의 자기 선언에 의한 환경 주장은 'ISO14021 II 환경 마크 표시'를 통해 국제적으로 규격화되고 있다. 소비자의 환경 인식이 높아지면서 많은 사업자가 환경 표시를 실행하고 있지만, ISO 규격에 준거한 것이 적어서 소비자의 혼란을 초래하는 국가에서 2008년 1월에 '환경표시 가이드라인: 소비자가 알기 쉬운 적절한 환경 정보 제공의 자세'가 수립되었다. 온실효과 가스 산정에 관해서는 IPCC 가이드라인을 준거로 한다고 되어 있다.

상징 마크가 나타내는 의미 및 사용 기준을 명확하게 설정하고 근접하게 그 설명문을 표시하는 것, 주장하는 상품과 서비스가 '그린 구입법 특정 조달 품목'과 '환경 마크 대상 상품'에 해당하고, 인증 등의 기준이 있는 경우는 그 기준을 고려하는 것을 요구 사항으로 하고 있다. 일본 환경성에서는 '환경 마크 등 데이터베이스'를 웹상에서 공개하고 있다.

➕ 한국의 환경표지제도는 같은 용도의 다른 제품에 비해 '제품의 환경성'을 개선한 경우 그 제품에 로고(환경표지)를 표시함으로써 소비자(구매자)에게 환경성 개선 정보를 제공하고, 소비자의 환경표지 제품 선호에 부응해 기업이 친환경제품을 개발·생산하도록 유도하는 자발적 인증제도이다. 1979년 독일에서 처음 시행되어 현재 유럽연합(EU), 북유럽, 캐나다, 미국, 일본 등 40여 개 국가에서 시행되고 있으며, 한국은 1992년 4월부터 시행하고 있다.
※출처 : 한국환경산업기술원

환경문제
environmental problem, environmental issue

환경을 파괴함으로 발생하는 환경문제 또는 환경 이슈로 자연파괴문제, 공해, 지구환경문제 등으로 크게 나뉜다. 엄밀히 말하면 인류가 농경을 시작하거나 도시를 만들거나 하는 것도 환경 파괴이지만, 인류의 힘이 아직 약하고 자연이 무한대라고 여기던 때에는 그 피해가 직접적으로 인간에게까지 미치는 일은 적었다. 현대의 환경문제는 유럽의 산업혁명에서 시작되었다. 대규모 자연개발과 공해 등이 일어나고 20세기 후반에 지구온난화와 오존층 파괴 등 지구 규모의 환경문제가 발생하기에 이르렀다.

일반적으로 환경문제란 인간 활동에 기인하는 것으로 인간 이외의 생물에 의한 것 혹은 자연 그 자체의 현상은 환경문제라고 부를 수 없다.

일본에서 가장 중요한 환경문제는 아시오 광독(광산 오염) 사건이다. 도치기의 아시오 구리 광산에서 정련공정 배출물에 의해 하류 유역의 농작물이 전멸하는 사건이 빈번하게 발생하자, 그 고장의 농민들이 공장의 조업 중지 등을 요구하면서 투쟁했다. 도치기의 국회의원인 다나카 쇼조가 온 힘을 기울여 광독의 적정 처리를 호소했지만 정부는 들어주지 않고 구리(銅) 생산은 계속되었다. 그 외 제2차 세계대전 전까지는 히타치 광산(이바라키)의 연기 피해, 벳시동산(에히메)의 연기 피해 등이 발생했지만 대부분은 정련을 둘러싼 문제였다.

제2차 세계대전 이후 1960년대로 들어선 일본은 공업국가로서 크게 활약했다. 그렇지만 그 발전이 급격한 만큼 심각한 환경 파괴가 발생했다. 1950년대부터 1960년대에 걸쳐 4대 공해로 상징되는 큰 피해가 발생했고, 1960년대부터 1970년대에 걸쳐서는 대기오염, 수질오염에 타격을 입고 '일본열도 총오염'이라 불리게 되었다. 도쿄에서도 후지 산을 하루 종일 볼 수 없는 날이 계속됐다. 스미다

강은 검게 오염되고, 강 밑바닥에서는 메탄이 발생할 정도였다. 도쿄 만 연안은 계속 매립되어 자연은 소실되었다. 이것은 국가에 의한 '경제 고도성장 정책' 영향의 한 부분으로 경제개발을 서두른 나머지 손실 부분은 덮은 채 돌진한 결과라 할 수 있다.

1972년 12월 런던에서는 스모그로 인해 약 1만 2,000명이나 되는 시민이 사망하고 로스앤젤레스에서는 광화학 스모그가 발생했다. 선진국 대부분이 일제히 환경 파괴로 타격을 받게 되면서 환경문제는 인류에게 커다란 과제가 되었다.

일본에서는 극심한 환경 파괴를 앞두고 생활과 목숨을 지켜야 한다는 반공해운동이 각지에서 일어났다. 1970년 국회는 14개의 공해 관련 법안이 제출되어 성립했다. 그리고 '공해국회'라고 불리는 다음 해 7월, 환경청이 설치되었다. 이후 정부를 중심으로 지방자치단체, 기업, 시민이 하나가 되어 노력한 결과 1980년대에 공해 피해는 감소했다.

그러나 그 대신 나타난 것이 자연 파괴이다. '전 국토 개조'라는 구호와 함께 일본 각지의 풍부한 자연이 무너지고 댐과 도로, 해안의 구조물 등 국토는 전부 콘크리트로 메워졌다. 1980년대 중반이 되어 많은 공공사업이 비판을 받았다. 1990년대에 들어서자 공해 방지 때와 똑같이 국민의 목소리에 눌려 정부와 기업은 자연 파괴를 동반한 대규모 개발에서 손을 떼게 되었다.

이런 역사를 거쳐 오면서 일본의 환경문제는 1990년대 큰 과제에 직면한다. 지국온난화와 오존층의 파괴 등 지구환경문제의 출현이다. 그때까지 일부 연구자와 정부 내에서만 알고 있다가 일반적으로 알려지기 시작한 것은 1980년대 후반 이후이다. 21세기에 들어서자 이산화탄소 감축 등 지구환경문제에 대한 대응이 큰 과제가 되었다.

환경배려행동
environmentally responsible behavior

|의미와 배경| 사람들이 환경에 대해 배려하고 책임 있는 행동을 하는 것, 즉 '환경배려행동'은 환경교육의 궁극적 목표라고 이야기된다. 1970년대 전반에 시작된 미국의 환경교육연구는 환경문제 해결을 위한 능력과 기술의 향상이라는 과제의식을 갖고 있었지만, 실천

의 장에서 교육 내용을 구상하기 위한 구체적 목표가 결여되어 있다는 비판이 지적되어 왔다. 국제적으로는 1975년 베오그라드회의와 1977년의 트빌리시회의에서 환경교육연구자들은 트빌리시 권고의 '인식', '지식', '기술', '태도'라는 목표가 교육 실천상의 목표로 하기에는 너무 추상적이라고 평가했다.

1980년대 후반 여러 연구자가 '행동'과 '요인'의 상관관계에 관한 조사를 실시했다. 그 연구들에서는 '환경에 책임 있는 행동'에 이르는 과정은 이전부터 알아온 '지식·자세·행동'이라는 단순한 모델로는 설명할 수 없다고 했다. 일례로 하인즈(J. Hines) 등은 1971년 이후에 발표된 128개의 환경교육학 연구 논문을 분석하여, 그중 '환경에 책임 있는 태도'의 요인으로 15개 항목을 추출한 뒤에, 주요 요인과의 관계성을 모델로 제시했다.

| 환경배려행동을 촉구하는 요소 | 일리노이 대학의 해롤드 헝거포드(Harold R. Hungerford) 등은 환경배려행동 형성에 대한 요인을 찾기 위해 우선 당시의 여러 연구자의 주장에서 '환경에 대한 감성', '환경적 행동 전략의 지식', '환경적 행동 전략의 기술', '개인의 통제 위치', '집단의 통제 위치', '성적 역할', '오염 문제에 대한 자세', '기술에 대한 자세'라는 8개의 항목을 요인으로 하는 가설을 설정했다. 그리고 '환경배려행동'을 '소비행동', '환경관리행동', '설득행동', '법적행동', '정치적 행동'이라는 5개 항목으로 설정했다. 시에라 클럽과 엘더 호스텔이라는 두 단체의 회원들을 대상으로 '5개의 행동'과 '8개의 요인'의 상관관계에 대한 통계적 조사를 실시했다. 이 연구 결과, 가설로 설정한 8개의 요인 가운데, 특히 '환경에 대한 감성', '환경적 행동 전략의 지식', '환경적 행동 전략의 기술'의 세 가지 요인이 '환경에 책임 있는 행동'과 관계가 높은 요인이라고 제시되었다.

한편 헝거포드 등은 하인즈와 그 외 연구를 총합적으로 검토하고, 환경에 책임 있는 태도 형성에는 '참여 단계'·'주인의식 단계'·'임파워먼트(문제 해결의 방법으로서 자기 내부에 힘을 길러 적극적인 자신을 창출하는 일) 단계'라는 3개의 단계가 있고, 각 단계마다 주요인과 부수적 요인이 존재한다는 모델을 발표했다. 이 모델에 따르면 '환경에 대한 감성'은 '참여 단계'의 주요인으로, '환경배려행동'으로 이어지는 필수적 요인이다.

환경백서
environment white paper

환경 상황에 관한 연차보고 및 환경시책 보고서로, 일본에서는 환경기본법에 입각해 국회에 보고된다. 그해마다 특정 주제에 관한 총론 부분과 시책 실적을 해설하는 부분으로 나뉘며, 환경에 관한 최신 데이터 수집도 겸하고 있다. 1990년부터 환경처에서 간행한 것을 시작으로 현재도 매년 환경성에서 간행하고 있다. 환경오염에 대한 인류의 자각과 각성을 꾀하고, 환경오염을 효율적이고 적극적으로 해결하기 위해 환경과 관련된 각종 현황 및 정부정책, 총합적인 대책 등을 정부 보고서의 형태로 발간한 것이다. 여기에는 자연환경, 대기환경, 물환경, 토양환경, 해양환경 등 각 부문별 환경오염의 원인과 실태·특성, 정부의 대응책들이 수록되어 있어 전년도에 일어난 환경문제 및 사건 등을 쉽게 알아볼 수 있다. 그 밖에 정부의 물 공급 정책, 대기환경 조성, 폐기물 발생량 감소 및 자원화 체제 구축, 음식물 쓰레기 줄이기 운동, 승용차 안 타기 운동 등 환경시책 등에 대해서도 상세히 알 수 있다.

➕ 한국은 환경부에서는 1982년을 시작으로 2019년에 38권째 환경백서를 발간했다. 환경백서는 환경정책의 역사를 체계적으로 기록하여 학계, 시민사회, 지자체 등이 환경정책을 이해하고 동참할 수 있도록 길잡이 역할을 수행한다.

환경법
environmental law

|의미| 환경보전상의 지원을 없애고, 양호한 환경 확보를 도모하는 것을 목적으로 한 법체계이다. 여기에서의 '환경'이란 일반적으로 떠올리는 초록색이 만연한 '자연환경'만을 가리키는 것이 아닌, 인간의 건강과 안전을 담보하기 위해 사람이 생활하는 장소인 '생활환경'도 포함된다. 일본의 경우 1993년에 제정된 '환경기본법'을 정점으로 한 법체계가 마련되어 있고, 주로 공해 관련법과 자연보호 관련법으로 구성되었다. 환경법 설립 역사의 전반은 전쟁 후 경제성장에 동반된 공해문제가 심각화되어, 그 대책으로 공해 관련 법률이 제정되기까지이다. 후반은 개발로 자연파괴가 현재화·대규모화되고 자연보호를 요구하는 여론을 받아들여 자연보호 관련 법률이 제

정되기까지의 두 흐름으로 크게 나눌 수 있다.

|공해 관련법| 공해의 원점이라 불리며 광산에서 배출되는 유해물질이 원인이었던 아시오 광독 사건에서는 강경한 주민운동이 일어났지만, 진압되어 규제법 제정으로는 이어지지는 않았다. 전후 고도 경제성장기에, 각지에서 공해로 인한 피해가 계속 대규모화·확대화되고 특히 구마모토의 미나마타병, 욧카이치 천식(욧카이치 공해), 니가타 미나마타병, 이타이이타이병 피해자들이 기업과 행정에 손해 배상을 요구하는 소송으로 발전시켜 가면서 점차 각종 공해법이 성립하기에 이르렀다. 이처럼 오랜 세월에 걸쳐 공해반대운동과 소송이 공해대책기본법 제정에 큰 역할을 부여했다고 할 수 있다. 다만 이 공해법은 당초 피해자 구제를 우선한 것은 아니었다. 예를 들어, 1967년에 시행된 공해대책기본법에는 '생존환경 안전에 대해서는 경제의 건전한(바람직한) 발전과의 조화를 이룰 수 있도록 한다'는 이른바 조화 조항이 존재했다. 이것은 배경에 고도 경제성장기의 경제 개발이 우선시 된 국책이 있었고, 생명·건강과 연관되지 않을 정도면 감내하라는 생각임에 틀림없다. 생명과 건강에 관계가 있는지 없는지의 확실한 구분은 어렵고, 미나마타병을 비롯한 공해병의 경위를 보면 이 판단이 잘못되었다는 것은 명백하다. 이런 법률이 제대로 기능할 리도 없었고, 이 공해대책기본법의 조화 조항은 1970년, 이른바 '공해국회'의 개정에서 삭제되었다. 또 공해대책기본법은 1993년에 제정된 환경기본법에 그 일부가 포함된 형태로 같은 해에 폐지되었다.

|자연보호 관련법| 1970년대로 접어들자 공해는 계속 발생되면서도 여론의 관심은 현재화된 자연 파괴로 옮겨 갔다. 야생동물 멸종이 자연 파괴의 지표로 본다면, 멸종의 주요인은 '개발행위'이고, 공공사업을 비롯한 대규모 개발 사업에 대한 규제가 자연보호 관련법의 요점이어야 한다. 그러나 실제로는 각종 자연 관련법은 개정이 반복되거나 새로운 법령이 제정되었지만, 빈발한 개발 사업에 브레이크가 걸려 규제와 제도를 마련할 수 없었다.

|법과 환경문제 해결| 피해를 미연에 방지하지 못한 일본 환경법에서 가장

중요한 과제 해결의 실마리는, 첫째 시민과 NPO가 행정의 의사결정에 어느 과정에서 어떻게 관여할 수 있는지에 달려 있다고 할 수 있다. 더구나 이해관계가 아니어도 누구나 소송을 할 수 있는 권리를 보장하는 환경법은 지금까지 거의 없었지만, 2008년에 제정된 생물다양성 기본법에는 '정책 형성 과정에서 국민의 뜻 반영'과 '사업 계획의 입안 단계에서의 환경영향평가'(전략적 환경 어세스먼트)의 추진을 요구한 조항이 도입되었고 변화의 조짐을 볼 수 있다.

환경 보고서
environmental report, sustainability report, CSR report

환경 방침과 중장기 목표부터 온실효과 가스 배출량, 생물다양성 보전까지 환경에 대한 대처와 환경 부담의 정보를 개시한 기업과 단체의 보고서다. ISO14001 인증 보급 등과 함께 정보 공시 수단으로 확대됐다. 회사 외부적으로는 협력조직과의 환경 커뮤니케이션에, 회사 내부적으로는 환경 매니지먼트 시스템(EMS)의 재검토로 활용된다. 최근에는 환경뿐만이 아닌, 인권과 노동 등 기업의 사회적 책임(CSR)을 정리한 보고서를 내는 경향이 있고, CSR 보고서나 서스테이너빌리티 리포트(지속가능성 보고서)로 부르는 경우가 많다.

환경·CSR 보고서 작성 가이드라인은, 국제적 NGO인 GRI(Global Reporting Initiative)와 일본 환경성 등이 정하고 있고, 이에 따라 보고서를 작성하는 기업이 늘고 있다. GRI 가이드라인에서는 경제면, 환경면, 사회면의 대처 방안을 담아낼 것을 요구하고 있다. 경제면에서는 고객과 공급업자와 출자자 등, 환경 면에서는 원재료와 에너지·물·생물다양성 등, 사회면에서는 고용과 노동·인권·지역 공헌 등의 정보 개시가 요구되고 있다.

2006년에 발행된 GRI 가이드라인 제3판 'G3'에서는 경제적인 측면, 사회적인 측면, 환경적인 측면에서의 영향의 크기와 협력조직에 대한 영향의 크기를 총합적으로 판단해서 주제와 지표를 넣는 것과 보고 내용 결정 과정에 협력조직의 의견을 반영시킨다는 방침을 세웠다. 차기 가이드라인 G4에서는 공급망의 사고방식이 강화될 예정이다.

한편 환경, 사회, 거버넌스 등의 비재무정보와 기업의 배상과 이익 등의 재무정보를 통합해서 개시하는 통합보고서 발행을 유럽에서 제도화하는 움직임이 있어, 통합보고서를 작성하는 기업이 점차 늘고 있다. 통합보고서의 틀은 2013년에 IIRC(국제통합보고 평의회)에서 발표됐다.

환경보전형 농업
environmentally friendly farming

가능한 환경에 부담을 주지 않는 농업생산 방식의 총칭으로, '환경보전형 농업의 기본적 사고방식'(1994년 4월, 일본 농림수산성 환경보전형 농업추진본부)에 따르면 "농업이 가진 물질순환 기능을 살리고, 생산성과의 조화에 유의하며 흙 만들기 등을 통해 화학비료, 농약 사용 등으로 환경부담 경감을 배려한 지속적인 농업"이라 정의되어 있다. 환경보전형 농업에는 화학비료와 농약을 전혀 쓰지 않는 유기농업 그리고 무경운, 무제초, 무비료, 무농약 등을 특징으로 하는 자연논법부터 농약 사용 줄이기, 화학비료 사용 줄이기 농법까지 여러 가지가 있다. 그 내용은 환경부담 경감을 위해 ①농약 사용 기준의 재검토와 비료의 적정 사용 추진 및 환경부담이 적은 농업자재의 개발, 생물농약의 개발과 보급, 역분해성 농약의 개발 등 ②환경부담을 총합적으로 감소시키는 새로운 농법의 촉진과 지원 ③가축분뇨, 음식물 쓰레기 등의 퇴비화로 유기물자원 재활용 등을 들 수 있다.

⊕ 한국은 1994년 농림수산부에 환경농업과를 개설하고, 1997년 친환경농업육성법을 제정했다. 2000년에는 친환경농업육성 5개년 계획을 '위로부터' 추진했다. 초기 10년은 '개발에서 환경으로'의 정책에 따라 친환경농업은 급속한 양적 성장을 이뤘다. 그러다가 국제금융위기, FTA 확산, 4대강 사업, ICT 중심의 정책 등 '환경에서 개발로'의 정책 전환에 따라 최근 10년간은 양적으로나 질적으로, 철학적으로나 운동적으로 정체되고 혼돈 상태를 보였다.

환경 비즈니스
green business, environmental business

|의미와 배경| 환경산업이라 불리며, 환경에 좋은 것을 부가가치로 한 사업 전체를 말한다. OECD(경제협력개발기구)에서는 '물, 대기, 토양 등의 환경에 미치는 악영향과 폐기물, 소음, 에코 시스템에 관련된 문제를 계측하고 예방, 삭감, 최소화, 개선하는 제품과 서비스를 제공하는 활동'이라 정의하고 있다. 그런 이유로 환경 비즈니스는 광범위하다.

환경 비즈니스의 목적과 역할은, 지속가능사회를 목적으로 한 다양한 대처에 대해 경제적 인센티브를 주고 경제적인 파급 효과를 얻음으로써, 산업을 지속가능하게 하는 것이다.

환경 비즈니스가 확대된 배경에는 1992년 유엔환경개발회의에서 기후변화협약, 생물다양성협약, 산림 원칙 성명을 비롯해, 유해 폐기물의 국제적 이동을 규제한 바젤협약, 물새에게 중요한 습지 보전에 관한 람사르협약 등 많은 국제적 환경영향이 있다. 또 국내에서는 에너지 보전법, 환경기본법과 순환형사회형성추진법을 비롯해 가전재활용법과 자동차 NOx(질소산화물) · PM(미세먼지)법, 토양오염대책법 등의 개별법, 또 지구온난화 방지 행동계획 등 각종 계획이 수립되어 있다. 이처럼 환경의 법제화 · 환경규제와 동반해 세계적인 규모로 환경 비즈니스가 전개되고 있다.

|변천| 일본 환경성에 따르면 일본에서 환경 비즈니스의 시장 규모는 2020년에는 58조 엔, 고용은 123만 명으로 확대된다고 예측하고 있다. 이 수치는 2002년에 비해 거의 2배로 증가한 것이다. 폐기물 처리 서비스 제공과 재생 소재 자원의 유효이용, 또 광촉매와 배기가스처리 장치 등 대기오염방지용 장치, 환경 감사와 ISO취득 컨설팅 등 교육 · 훈련 · 정보 서비스, 에너지 서비스 기업의 에너지 보전 컨설팅 등 환경 부담을 감소시키는 기술, 연료 전지차와 대체에너지 등 에너지 관리 등이 있다. 또 LOHAS 등 환경과 건강, 생활 방식이 융합된 제품, 서비스도 등장하고 있어 환경 비즈니스는 전 산업에서 저변을 넓히고 있다.

개발도상국에서의 고효율 발전소 건설과 수자원 · 물 정화설비 제공, 또 자동차 산업에 의한 하이브리드 자동차의 현지 생산, 제공 등 해외에서도 환경 비즈니스가 전개되고 있다. 중소기업 중에는 해외 사업 전개에서 성공했다는 사례도 있다.

더 나아가 기술 계통, 인문 소프트 계통의 개별 환경 비즈니스뿐만 아니라, 자연환경 부담을 종합적으로 줄이고 지속가능도시를 구축해 가는 대책이 요구되고 있다. 예를 들어 환경성과 내각부의 환경모델도시와 환경미래도시 구상이 있다. 신재생에너지를 이용하고, ICT에서 에너지 이용 효율을 높인 환경 배려형 주택과 차세대 교통 시스템, 환경 부담이 적은 물류 시스템 등에서 구축하는 스마트 커뮤니티와 스마트 시티도 있다. 환경보전에 대응한 지역재생과 환경사업 창출도 다양한 산업의 참여가 가능한 환경 비즈니스라고 할 수 있다.
|과제| 환경 비지니스란, 예를 들어 에코 자동차 감세, 에너지 보전 가전, 개정된 에너지 사용 합리화법(에너지보전법) 등의 환경규제와 인센티브 정책의 동향에 좌우된다. 2012년 7월부터 '신재생에너지 특별조치법'에 의한, 신재생에너지의 전량 매입 제도가 시작되었고 태양광발전, 풍력발전, 바이오매스 에너지, 지열 에너지 등이 대상이 된다. 이제부터는 이익을 낼 수 있는 환경 비즈니스도 자립적 발전 단계에 들어서게 되었으며, 특별한 산업만이 아닌 모든 산업이 환경의 시점으로 만들어지게 될 것이다.

환경부담

⋯▶ 환경용량

환경비용
environmental cost

좁은 의미에서 '환경비용'은 기업이 환경보전을 위해 지불한 투자액과 비용이다. 환경 부담을 낮추고 환경오염의 방지·억제·회피와 발생한 피해회복 등을 위한 투자액과 비용을 화폐 단위로 측정한 것이다. 공해방지 장치와 에너지 보전 대책비용, 환경 파괴에 대한 대응비용 등이 해당한다. 넓은 의미로 '환경비용'은 모든 경제 활동으로 생긴 자연환경과 생활환경에 미치는 악영향, 즉 사회적 손실을 의미한다. 예를 들어, 화석연료 소비로 발생한 산성비에 의한 산림피해는 특정 기업이 경제적 부담을 지지 않고 그대로 사회 전체가 손실을 보는 환경비용이라고 할 수 있다.

환경사회학
environmental sociology

인간사회와 그를 둘러싼 환경상호관계에서 사회적 측면을 사회학적 방법을 이용해 실증적이며 이론적으로 연구하고자 하는 학문 분야이다. 공해 문제, 폐기물 문제, 지구온난화 문제 등의 환경문제를 일으켰던 사회적 요인과 그 환경문제들이 사회에 미치는 영향 혹은 에너지 정책, 환경 NPO와 환경운동, 환경문제 해결에 대한 사회변혁 등 환경문제를 해결하기 위한 사회적인 대책 등이 연구 대상이 되고 있다. 연구 영역으로 '피해·가해 구조론', '사회적 딜레마', '생활환경주의' 등이 있다.

환경세
ecotax,
environmental tax

환경보전을 목적으로 한 세금의 총칭으로 환경 조화형 사회를 실현하기 위한 경제적 방법 중 하나이다. 도쿄의 스기나미 조례에서, 2002년부터 도입한 비닐봉지세와 산업폐기물 배출 억제와 재활용 촉진을 목적으로, 많은 시·도가 도입하고 있는 산업폐기물세도 환경세에 해당한다. 가장 주목받고 있는 환경세는 온난화 대책으로 화석연료에 포함된 탄소량에 따라 부과되는 탄소세(carbon tax)이다.

탄소세 도입 효과로는 가격 상승에 따라 화석연료의 수요를 억제하여, 온실효과 가스인 이산화탄소 배출량을 감소시킨다는 측면과, 그 세수를 에너지보전 기술의 개발 등 환경개선에 활용할 수 있다는 측면이 지적되고 있다.

세계에서 최초로 탄소세를 도입한 곳은 북유럽을 중심으로 한 국가들로, 1990년 핀란드와 네덜란드의 도입을 시초로 1991년에는 스웨덴과 노르웨이가, 1992년에는 덴마크도 도입했다. 그 후 독일, 이탈리아, 영국, 스위스도 잇달아 탄소세를 도입했다. 각 국의 과세 대상, 세율, 과세방법은 다양하고 명칭도 탄소세 외에 일반 연료세, 에너지세, 전기세, 광유세 등으로 다양하다. 한편 이산화탄소 배출량으로 세계 1위인 중국과 2위인 미국은 2012년 기준으로, 환경세나 탄소세를 도입하려는 동향조차 엿볼 수 없다. 다만 지자체 단계에서는 미국 콜로라도의 볼더에서 2006년에 기후행동계획세라는 환경세를 도입했다.

2012년 9월에 러시아 극동 블라디보스토크에서 개최된 APEC각료회의에서 환경관련 제품 54품목의 관세 인하가 합의됐다. 환경세와는 다르지만, 징수 제도를 재정비하는 것으로 환경보전방법 중 하나라 할 수 있다.

➕ 한국은 대기오염 분야의 교통세로 시작하여, 2006년부터 교통·에너지·환경세법으로 개정되어 환경세의 부과가 시행되어 왔으나, 목적세로 운영되어 재정 운영이 경직되고 유류에 대한 과세 체계가 복잡해지는 등의 문제점 때문에 교통·에너지·환경세를 폐지하고 개별 소비세에 통합하기 위해 2009년 1월 동법이 폐지되었다. 다른 환경 관련 정책으로는 부담금, 보조금, 환경친화기업 지정 등 각종 경제적 수단을 시행하고 있다. 특히 환경 분야에 대한 정부의 투자 재원은 1995년부터 시행된 환경개선특별회계에 따라 환경개선부담금, 배출부과금, 폐기물예치금·부담금, 수질개선부담금 등 각종 부담금을 통합하여 조달하고 있으며 일부는 정부의 일반회계 재원에서 충당하고 있다. 여기에는 오염원인자부담원칙이나 생산자부담원칙 등과 같은 일반원칙이 적용된다.

환경 소양
environmental literacy

|의미| 환경과의 관계를 고려해 어떤 형태로든 판단을 내릴 때 필요하며, 모두가 공동으로 습득해야 할 기본적인 이해와 능력을 말한다. 환경 소양 함양은 환경교육의 가장 중요한 역할 중 하나이다. 생태학적 소양(ecological literacy, ecoliteracy)과 같은 의미로 사용된다. 또 리터러시(literacy)란 본래 읽고 쓰는 능력을 말한다. 정의가 엄밀히 확립되어 있는 것이 아니고 지식과 능력을 어디까지 환경 리터러시에 포함시킬 것인지는 환경교육의 목적과 목표를 어떻게 인식하는가에 따라 달라진다.

베오그라드 헌장과 트빌리시 선언·트빌리시 권고에서는 환경에 대해 분야를 넘나드는 방식으로 인식하고 관련지식 습득과 관심 육성에만 그치지 않고, 얻은 정보를 다양한 관점으로 분석·평가하고 문제해결을 위한 행동으로까지 이어질 수 있는 주체적 자세를 갖추도록 하는 것으로서의 환경교육상이 제시되어 있다.

|자연체험·사회체험| 환경 소양 함양에 있어서 직접 체험의 중요성이 강조되는 경우가 있다. 전통적 교실 안에서의 교육이나 독서뿐만이 아니라 자연 안에 몸을 두고, 그곳에서 살고 있는 것과 직접 접하는 것으로 길러지는 감성과 이해가, 환경 파괴 없는 그 후의 판단과 자세를 키운다고 한다. 예로 데이비드 오어(David W. Orr)의 지적을 들 수 있다. 또 총합적 학습시간 실시에서 강조된 사회 참가형 교외학습 등의 중요성은 환경 리터러시 취득이라는 관점으로 받아들여도 좋다.

|사회| 과학기술교육에서 사회 구성원으로서의 의사결정능력 함양이 필수적이라는 인식 후에 STS교육과 과학적 소양이 고려된 사정을 환경 리터러시에서도 지적할 수 있다. 오염 등 환경보전에 관한 문제가 사회에 존재하고 지속가능사회 실현이라는 과제가 환경교육에 있다고 하면 현상 유지가 아닌 변혁을 향한 사회에 대한 이해력과 판단력이 포함된 환경 리터러시의 이해가 필요하다.

|발신력과 주체성| 미디어 리터러시 교육에서는 단순히 정보를 입수해 이해하는 단계만이 아니라 주체적 이해와 주장을 발신해 가는 단계까지 포함해 필요한 능력의 육성이 고려되고 있다. 환경교육에서도 자원 절약 등 주어진 제시에 그대로 따르는 것만이 아니라 자기주도적

이해와 고찰에 입각해 주체적으로 발신하는 쪽에 서는 것에 관련된 자세와 능력의 육성을 감안하는 것이 요구될 수 있도록 한다.

|구상력, 창조성| 공해 교육에서는 그때까지의 일을 학습한 다음에 이후의 지역 커뮤니티를 어떤 자세로 임해야 좋을 것인지에 대한 제안이 필요하게 되는 일이 있다. 환경 리터러시는 이런 미래를 위한 구상력도 포함해 그 육성을 도모할 필요가 있다.

환경심리학
environmental psychology

자연환경·인공 환경 등의 물리적 환경과 인간의 심리·행동·경험과의 상호작용에 대해 연구하는 학문 분야이다. 20세기 후반 도시 개발과 경제 개발에 수반되는 환경 변화가 심리·행동에 미치는 영향에 대한 관심이 높아지고, 연구 대상도 지구환경문제에 대한 위험을 인지하고, 문제해결을 위한 의사결정 메커니즘, 주거 환경·직장 환경·교육환경의 최적화 등 다방면에 걸쳐 있다. 학제적(둘 이상의 전문 분야에 걸친 학문상의 영역 및 그와 같은 영역의 연구에 관련된) 연구 영역으로 교육학·사회학·건축학·지리학·인류학 등의 분야에서는 자연환경문제에서의 위험성 인지와 사회적 딜레마 등에 대해 다루고 있다.

개발사업의 실시에 앞서, 그 사업이 초래할 환경영향을 파악하는 것을 말한다. 환경요소로 정해진 공해방지에 관계된 대기오염, 수질오염, 토양오염, 소음, 진동, 지반침하 및 악취의 7항목, 또는 자연환경 안전에 관계된 지형, 지질, 식물, 동물, 경관 및 야외휴양지의 5항목 중에서 대상산업의 특성에 따라 필요한 항목을 조사·예측 및 평가를 실시한다.

환경영향평가
environmental assessment

환경영향평가는 1969년에 세계 최초로 미국에서 제도화했다. 일본에서는 1999년부터 환경영향평가를 근본적으로 개혁하는 환경영향평가법이 전면 실행되었다.

일반적으로 환경영향평가는 ①환경에 현저한 영향을 미칠 우려가 있는 행위 실시 전에, 그 행위가 환경에 미치는 영향에 대해 예측하고 필요한 대책을 검토한다. ②그 검토 결과를 서면으로 정리해 공표하고 그에 대한 외부 의견을 수렴한다. ③제출된 의견을 검토하고, 필요에 따라 영향 예측 결과와 환경 안전 대책을 수정하는 과정이다.

'assessment'라는 단어를 번역할 때 '평가'라는 단어를 사용했기 때문에 그 성격을 잘못 해석하는 경우가 있다. '평가'라는 단어는 과학적이며 무미건조한 행위로 받아들여지기 쉽고, 옳고 그름이나 합격 여부를 판단한다는 뉘앙스가 강하다. 사업의 환경영향을 예측하고, 그 결과로 사업을 진행해도 좋을지 아닌지 판정하는 것을 환경영향평가라고 생각하는 사람이 많지만, 그 본질은 인허가 규제가 아니다.

1997년 중앙환경심의회의 답변은 환경영향평가에 대해 '기업 자신이 그 사업 계획의 완성도를 높여 가는 과정에서, 충분한 환경정보를 기반으로 적절하게 환경보전을 할 수 있도록(중략) 사업이 환경에 미치는 영향을 조사, 예측, 평가하여 실행 절차를 정한다'고 하고 있다. 여기에서 인식되지 않는 환경영향평가는 '기업이 보다 좋은 환경보전 노력을 지원하기 위한 정보교류 절차'이다. 즉, 정보교류의 규정화로 더 좋은 환경보전과, 그를 위한 합의 형성을 도모하는 것이 목적이다.

ISO14000시리즈와 화학물질 배출 파악 관리 촉진제도(PRTR) 등도 기업의 자주적 환경보전 노력을 촉구하는 것으로, 환경영향평가를 기반으로 하고 있다.

➕ 한국에서는 1977년 환경보전법을 제정하면서 동법 제5조에 '사전협의'라는 제목하에 환경에 영향을 미치는 사업의 계획을 수립하고자 하는 행정기관의 장은 미리 협의할 것을 규정한 환경영향평가제도가 도입되었다. 1993년 법률 제4567호로 환경영향평가법을 별도로 제정하여 시행했고, 1999년에는 '환경, 교통, 재해 등에 관한 영향 평가법'으로 통합되어 운영되었다. 2008년에 환경영향평가법이 제정됨으로써 교통, 재해, 인구 영향평가를 삭제하고 환경영향평가를 대폭 강화했다.

※ 출처: 한국민족문화대백과사전

환경용량
environmental carrying capacity, environmental assimilation capacity

어떤 장소(환경)에 지속적으로 존재할 수 있는 생물의 최대 개체 수와 인간 활동을 유지할 수 있는 허용량의 양방 개념이다. 전자는 환경수용력이라고도 하며, 어떤 환경에서 특정 생물이 생명을 유지할 수 있는 개체 수의 한계량을 나타내고 생물종과 환경요인에 의해 변화한다. 후자는 인간 활동이 원인이 되어 방생하는 오염물질의 허용량으로 오염물질에 물리적, 화학적, 생물적으로 작용하는 자연 정화 능력의 한계량을 표시하고 있다. 토양, 수질, 식생, 생물종, 경관 등의 생태적 자원을 보전하고 환경열화를 방지하기 위해 환경용량에 입각한 대책이 필요하다.

지역의 자연, 문화, 역사를 관광자원으로 인식하는 사고방식이 침투해 있지만 환경용량의 시점에서 생각하면 과잉이용은 자연생태계에 미치는 영향이 크다. 자연 공원에서는 예전부터 이용자 수를 억제하는 목적으로 총량 규제를 실행해 왔다. 구체적인 예로, 등산로 입구에 접근할 수 없도록 자동차의 운행을 규제하는 동시에 등산로 입구까지 승차하는 버스 운송량을 제한하는 대책 등이 강구되고 있다.

⋯▶ 생태발자국

환경운동
environmental movement

인간과 사회의 존립 기반인 자연환경을 보호·유지하기 위한 다양한 행동을 말하는 것으로, 환경문제가 본격적으로 불거지기 시작한 1980년대 전후에 시작되었다. 일본에서는 1890년대에 일어난 아시오 광독 사건으로, 정치인 다나카 쇼조가 중심이 되어 현지 농민 등과 함께 봉기한 것이 최초의 환경운동이라 할 수 있다. 1960년대에는 산업공해로 인한 건강 피해, 산림 벌채와 해변 매립으로 인한 자연 파괴, 댐 건설 등에 대한 이의신청 등 환경운동이 전국적으로 활발하게 진행됐다.

환경문제의 경우 가해·피해 구도가 명확했던 시대에는 환경운동은 정부, 지자체, 원인 기업에 대한 항의, 교섭, 소송 등의 집단행동 형태를 띠었다. 그러나 최근에는 지구 규모의 환경운동은 일반인이 피해자인 동시에 가해자이기도 한 복잡한 구도가 되어 버렸다. 이런 가운데 환경운동은 문제해결을 위해 주민에게 학습 기회 제공, 보급·계발, 대안 제시 등을 포함한 폭넓은 형태로 변모해 왔다.

✚ 한국은 1981년 한국공해문제연구소에서 출발하여, 1991년 낙동강 페놀 방류 사건을 계기로 다양한 환경운동 단체가 결성되었다. 대표적인 환경단체로는 환경운동연합, 녹색연합, 환경정의 등이 있다.

환경윤리
environmental ethics

|의미| 환경과 관련해 인간이 어떤 판단을 내리고 행동할 때 근거가 되는 규범과 기준이다. 개개의 구체적 규범만이 아닌 이것들을 집합적으로 파악한 경우의 규범체계, 더 나아가서는 이것들의 규범과 주

장을 포함한 사상을 가리켜 사용하는 경우도 있다.

예를 들어 입회지 관리 등 자원의 지속가능한 이용에 필요한 지역사회의 규범과 자연물을 신성시하고 불가침하는 종교적 금지사항 등의 환경윤리에 해당하는 것은 전통적으로 존재해 왔다. 그러나 '환경윤리'라는 단어 사용은 아직 반세기 정도의 역사에 지나지 않는다.

1970년대에 들어서자 환경고갈과 환경오염 등에 대한 관심이 높아짐에 따라 환경과의 관계에서 행동규범과 그 근거를 학문적으로 취급하는 환경윤리학이 성립했다. 1979년부터는 환경문제의 철학적 측면을 다루는 학술지인 「환경윤리(Enviromental Ethics)」를 미국에서 간행하기 시작했다.

|다양한 주장| 서양에서 발전한 주류 윤리학은 도덕의 대상을 인간에 한정했다. 인간과 인간과의 관계, 인간과 사회와의 관계에만 한정되었던 종래의 윤리적 고찰의 대상을 자연환경으로 확대하려는 것이 환경윤리학으로, 시대의 요청에 부응한 획기적인 것이었다. 자연환경은 유한하고 이제까지 주류를 이뤄 온 사고방식과 행동을 바꿔 나갈 필요가 있다는 인식이 공유되었다. 그러나 환경윤리학에는 다양한 주장이 있다. 또 판단기준과 행동규범의 근거에 대해서도 다른 의견이 제시되어 왔다.

|인간중심주의와 자연중심주의| 예를 들어, 자원의 합리적이고 지속가능한 이용 등 주로 경제적 이익을 지키자는 관점으로 자연환경에 인간행동이 자세를 바꿔 가야 할 필요가 있다는 의견이 있다. 또 인간은 자연을 관리하는 자로 환경문제 같은 지장이 생기지 않도록 배려하는 특별한 책임을 갖고 있다는 의견도 있다.

이에 반해 인간의 사용가치와는 관계없이 생물 등 자연물에 내재하는 그 자체의 고유 가치를 인정하고, 이것을 인간행동을 규제하는 윤리적 근거로 삼자는 견해도 환경윤리학 안에서 힘을 키워 갔다. 이런 견해는 종래의 윤리학 틀을 크게 뛰어넘은 것으로 자연중심주의 혹은 비인간중심주의라고도 불리고 있다.

|동물 권리론과 세대 간 윤리| 동물 해방론과 세대 간 윤리도 환경윤리에 포함해서 생각한다. 전자는 동물에게, 후자는 아직 태어나지 않은 인

간에게까지 윤리적 배려의 대상을 확대해 가고자 하는 것이다. 단, 동물 해방론은 생명윤리에 입각해 개개의 동물에 대한 배려를 일정한 기준에서 요구하는 것이고(개체주의), 환경윤리의 주류인 자연환경을 전체로 이해하고자 하는 인식(생태계주의, 전체론)과는 충돌하는 경우도 있다. 세대 간 윤리는 기본적으로 미래 세대와 현 세대 간 지원 분배 문제로도 생각할 수 있다. 지속가능성의 문제로도 이해할 수 있고, 오늘날 환경윤리에서는 중요한 위치를 차지하고 있다.

| 환경 실용주의 | 환경윤리학 연구는 주장의 철학적 근거를 둘러싼 윤리의 정밀화에 힘을 쏟은 나머지 현실 세계의 환경문제에 대한 대책과 정책 선택에 공헌할 수 없었던 것은 아니냐는 비판도 있었다.

환경윤리는 정책 선택과 결부된 공공적 존재로 현실적으로 해결해야만 하는 문제 대처에 공헌해야 한다는 환경 실용주의 견해는 현대적 중요성을 갖고 있을 것이다.

| 자연·사회, 생활 방식 | 환경윤리는 인간 이외의 생물과 생태계(자연)에도 관심을 돌린 것이다. 중요한 것이지만 현실 문제와 의미 있는 형태로 적용하기 위해서는 자연과 인간관계뿐 아니라 인간과 인간과의 관계(사회), 자기와 세계와의 관계(생활 방식)란 요소를 필수적인 것으로 받아들일 수밖에 없다.

예를 들어, 일본의 산업공해와 북미의 인종차별주의 문제는 기본적 인권 보장을 포함한 사회정의의 실현이 환경윤리와 관계가 있다는 것을 보여준다. 환경 또한 인간에 의한 자연 지배의 근원으로 인간이 인간을 지배하는 문제를 바라보는 사회생태학사상도 같은 문맥으로 이해할 수 있다. 본래 윤리는 인간의 생활 방식을 묻는 것이지만, 환경윤리도 사는 의미와 가치가 관련되어 있고, '풍요와 만족이란 무엇인가'라는 근원적 물음과 관계가 있다. 지배와 점유에 기반을 둔 풍족함의 탐구는 중요한 과제이다. 환경윤리는 현재 사회에서 지배적인 가치관을 그대로 두고 환경에 대한 배려에 기인한 단순한 금욕적 자제를 요구하는 것은 아니다.

1992년 유엔환경개발회의에서 세계 각지로부터 모인 시민운동·조직 대표자들의 합의하에 대체협약(국제 NGO 협약)이 성립했다. 이 문서에서는 환경에서 지속가능하고, 사회적으로 공정하게 삶의 풍족함이 실현되는 미래를 추구한다는 기술이 반복되어 나온다. 환경윤리의 기반이 되는 주장일 것이다.

|환경교육과의 관계| 환경윤리는 환경교육의 기반을 구성하는 것이다. 북미에서는 학교에서 행하는 환경교육에 환경윤리를 명시적으로 도입해서 교육과정이 구성된 것도 있다.

그러나 환경윤리가 변경할 수 없는 고정적인 것 혹은 권위주의적으로 정해진 덕목처럼 교육에 포함돼서는 안 된다. 왜냐하면 현재와 같은 상황에서 환경에 관련된 행동규범과 지시는 보편적인 것으로 변하고 있기 때문이다. 또 인간의 풍족한 생활방식을 고려했을 때 자유롭고 주체적으로 사는 것과 가치관의 다양성이 인정되는 것은 부정할 수 없기 때문이다. 또한 지금까지의 인류가 경험하지 못한 사태에 직면하는 것도 상정할 수 있다. 또 지속가능사회를 고려한 경우 그것은 현재 주류 사회와는 크게 동떨어질 수 있다.

환경윤리에서는 개인행동의 자세를 어떻게 할 것인가라는 단계에 그치지 않고 제도와 격차 등을 포함한 사회 그 자체가 어떻게 될 것인가를 되묻는다는 의의가 있다. 또 지구환경, 각 지역의 환경이 처해 있는 상황에 입각해 열린 토론의 기회 등을 통해서 또 학습자는 당사자로서 주체성을 발휘해 바람직한 미래 실현에 상응하는 규범과 가치를 만들어 가는 것이 요구된다.

환경 인종주의
environmental racism

미국에서는 1980년대에 들어서 오염·빈곤·인종, 이 세 가지 요소의 지리상 중복이 '환경 인종주의(racism)'란 개념으로 받아들여지게 되었다. 이는 많은 소송을 일으키고 환경적 공정을 요구하는 운동의 중요한 대상이 되어 왔다.

한 예로 미국에서 방사성 물질과 유기화학물질을 취급하는 공장과 폐기물 처분 장소가 집중적으로 위치한 지역이 경제적으로 풍족하지 않은 비유럽계 주민(선주민족과 아프리카계·라틴 아메리카계 주민)이 많은 지역과 겹치고, 이 지역들에서는 암과 납중독에 노출된 주민이 비교적 높은 비율로 발견되었다는 사례도 적잖이 보고되고 있다. 암 발생률이 높게 나타나는 루이지애나의 화학공업지대는 '암의 통로'라고도 불린다.

심각한 오염문제를 안고 있는 시설은 토지의 가격이 낮고, 권리 이익과 정치의식도 낮다고 여겨지는 지역에 진출한다. 이 배경이 되는 경제와 교육에 관련된 격차로 '차별'이 구조적으로 편성되어 있는 것을 이해해야 한다. 그래야만 인종차별 의식의 직접적 개재 유무에 관계없이 이 개념이 문제 인식에 도움이 된다. '북'의 공업국에서 '남'의 지역으로의 유해폐기물 국경 간 이동도 환경 인종주의의 한 형태이다.

⋯▸ 남북문제

환경정책
environmental policy

도시화와 공업화에 동반되는 환경오염, 자연과 환경의 쾌적성 등의 파괴에 대응해서, 환경보전과 회복을 목적으로 하는 정책이다. 공공정책의 한 영역으로 자리 잡아, 국가와 지방자치단체, 국제기관, 기업, NGO·NPO, 시민 각각이 주체가 되어 자연환경과 생활환경에 대처하고 있다. 경제개발정책과 환경보전과의 조화가 과제가 되지만, 여러 정책을 환경정책으로 통합할 필요를 지적하고 있다. 또 구체적인 방안으로 환경세 등의 경제적 수단과 배출규제 등의 규제적 수단, 에너지보전 기술 소개라는 정보 제공 등의 수단이 동원되고 있다.

환경 카운슬러
environmental counselor

환경보전에 관한 전문지식과 풍부한 활동 경험을 소유한 시민과 NGO, NPO, 사업자 등이 환경보전활동에 대한 조언과 지원(환경 카운슬링)을 할 수 있는 인재이다.

일본에서 환경 카운슬러는 환경성에 등록된 사람을 말한다. 일본 환경성이 실시하는 심사(논문과 면접)를 거쳐 인정·등록된 인재등록제도로 1996년에 환경청(당시)이 고시한 '환경 카운슬러 등록제도 실시 규정'에 의해 생겼지만, 국가 자격은 아니다. 카운슬링이 가능한 전문영역과 분야에 적용해 '시민 부문'과 '사업자 부문'으로 나뉘어 있으며, 전자는 환경교육 세미나 강사와 환경 관련 워크숍 진행자, 지역에서의 환경 활동에 대한 조언과 기획 등을 하고, 후자는 에코 액션 21과 환경 매니지먼트 시스템 감사 등을 하고 있다.

❶ 한국에서는 지자체의 판단에 따라 별도의 팀을 두고 운영하고 있다.

환경 커뮤니케이션
environmental communication

다양한 이해관계자가 환경에 관한 정보 공유와 대화를 도모하고, 상호 간 이해와 깊이 있게 인정하는 행위를 환경 커뮤니케이션이라고 한다. 환경 커뮤니케이션은 지속가능한 사회 구축을 위한 개인, 행정, 기업, 민간비영리단체 등 각 주체 간의 파트너십을 확립하기 위해, 환경 부담과 환경보전활동 등에 관한 정보를 일방적으로 제공하는 것만이 아닌, 이해관계자의 의견을 듣고 토의하는 것으로 상호 간 이해를 깊이 있게 인정해 가는 것이다. 구체적인 방법으로 기업에서는 환경보고서를 발행하고, 사내·사외와의 의견교환모임을 만들거나 환경교육의 기회를 제공하고, 각종 미디어를 이용한 환경광고를 하는 것 등을 들 수 있다. 넓은 의미로는 환경문제에 대처하기 위한 커뮤니케이션 전반을 의미한다.

환경 파시즘
environmental fascism, ecofascism

환경보호와 동물 애호를 중시한 나머지 다른 주장을 받아들이지 않는 전체주의적 사상을 말한다. 단, 권위주의에 의한 반민주적 독재국가체제와 국가전체주의 같은 본래의 파시즘에 따른 주장이 아닌, 단순한 욕설이나 비난을 하는 단어로 사용되는 경우가 많다. 환경 파시즘으로 낙인이 찍혀 비판받은 예로, 개릿 하딘(Garrett Hardin)이 '환경보호를 위해 인구과다인 개발도상국을 버려야 한다'라고 주장한 것을 들 수 있다. 하딘의 주장에는 인도주의적인 배려와 인권사상, 사회정의 개념이 결여된 것은 확실하지만, 하딘 자신이 파시스트였던 것은 아니다.

환경 프로젝트
ecology project, environment project

환경문제의 해결·개선을 위해 전개된 행동계획, 활동을 말한다. 그 활동 분야와 내용을 각종 환경부담 삭감, 환경 매니지먼트 시스템 구축·운용, 자연체험, 마을 산 보전, 도시 농촌 교류, 네트워크 형성, 공정무역, 환경 배려형 상품·서비스 개발과 유통까지도 포함하고, 상당히 다방면에 걸쳐 있는 고정화·일반화된 단어는 아니다. 또 '에코액션' 등 다른 호칭을 쓰는 일도 있다. 환경 프로젝트의 주체는 시민, 행정, 기업, 대학 등 다양하고, 상호 협동에 의해 진행되는 경우도 많다.

➕ 한국은 고등학교에서 선택 과목으로 환경 과목을 두고 있고, 교수-학습 방법으로 환경 프로젝트를 비롯한 환경 탐구를 강조하고 있다. 환경 프로젝트란 환경에 관련한 다양한 주제 중에서 자신들이 조사해 보고 싶은 주제를 정해서, 다양한 방법을 이용해 탐구해서 조사한 결과를 발표하고 공유하는 활동이라고 되어 있다. 환경 프로젝트 중에는 학생뿐만 아니라 교직원과 부모, 지역주민, 시민단체, 정부 기관 등을 포함시켜 탐구활동을 진행하는 것도 있다.

환경학교
Eco-School

환경을 고려한 학교시설이나 환경을 배려한 활동을 계획하는 학교, 또는 학교에서의 환경학습프로그램을 말한다.

일본에서는 문부과학성이 환경학교의 보급·계발에 노력하고 있고, 환경교육의 교재로 활용할 수 있는 학교시설의 정비를 목적으로 한 환경학교 조종사 모델사업을 비롯하여, 기존학교의 환경교육을 고려한 연수를 지원함으로써 환경학교의 정비를 촉진하고 있다. 태양광과 태양열, 풍력과 지열을 이용한 신재생에너지의 활용과 빗물 이용, 건물·옥외녹화를 도모하여 자연과 공생을 목표로 하는 등 환경 부담을 줄이는 데 공헌하는 동시에 환경교육 교재로서 활용을 제안하고 있다.

환경학습프로그램으로서 환경학교는 1994년 덴마크 학교에서 시작되어 국제NGO환경교육기금(FEE: Foundation for Environmental Education)이 운영되었다. 과제의 발견, 목표·행동계획의 결정 등을 어린이들이 중심이 되어 활동을 추진하며, 50개국 이상의 국가에서 1,000만 명 이상의 학생들이 참여하고 있다. 또한 2003년 이후에는 유엔환경계획(UNEP)에 의해 지속가능발전교육의 규범적 모델로서 추천되고 있다.

환경학습
environmental learning

일반적으로 '교육'이 학교와 지도자에 의한 의도적·계통적 작용이라 한다면, '학습'은 학습자에 의한 자주적·주체적 활동이라 할 수 있다. 환경에 관한 다양한 과제 중에서 예를 들자면, 학습자가 일상의 과제에 대해 자주적·주체적으로 전념하는 경우에는 환경학습이라는 용어가 자주 사용된다. 또 지구환경문제와 자원 에너지 문제처럼 세계 규모의 문제에서도, 지역에서 어떤 행동을 해야 하는가를 학습자가 자주적·주체적으로 찾고자 하는 활동도 환경학습에 해당한다.

환경학습과 환경교육에서는 위와 같은 차이가 있지만, 실제로 사용하는 방법에서는 그 정도로 명확한 차이는 없다. 교육 분야에서 환경교육은 비교적 생긴 지 얼마 안 되었기 때문에, 학교교육 중에서 거의 제도화가 진척되지 않아 교육 내용의 계통성도 충분히 확립되지 않았다. 환경교육의 진행방식도 다양하다. 그 결과, 예를 들어 소수의 사람들로 이루어진 그룹이 주체가 되어 일상적 과제를 조사·탐구하는 프로젝트 학습도 환경학습의 한 형태로 간주된다. 그 반면, 지자체가 설립한 환경교육센터와 환경학습추진센터 등이 제공하고 있는 프로그램에서 자격이 있는 지도자가 의도적이고 계통적인 지도를 하는 것도 '환경학습'이란 명칭이 붙는 사례도 있다. '환경교육·학습' 혹은 '환경교육·환경학습'으로 나란히 표기되는 경우도 많다.

이처럼 명칭과 실태는 복잡하게 얽혀 있지만, 일반적으로 일본 환경성 및 지방자치단체의 환경관련 부서가 만든 시설과 제공하는 프로그램에서는 '환경학습' 명칭이 사용되는 경향이 있다. 그 이유로는 '교육'에 관한 사항이 일본 문부과학성과 교육위원회에서 전적으로 맡아서 하는 사항이기 때문에, 환경성과 지자체가 '교육'이란 용어 사용을 피하기 때문이라고 설명하기도 한다. 하지만 '환경교육 추진실'은 일본 문부과학성 소속이 아닌 환경성 종합 환경정책국 산하에 설치된 부서에서 맡고 있다.

이처럼 환경교육과 환경학습의 차이는 사용하는 사람과 입장에 따라 달라지는 것이 현 상황이다.

환경호르몬
endocrine disrupting chemicals/endocrine disruptor(s)

호르몬은 생물 체내에서 만들어져서 특정 기관의 작용을 조정하기 위해 작용하는 물질을 말하지만, 환경호르몬은 그런 호르몬이 아니라 어디까지나 편의상의 호칭일뿐, 내분비 교란 화학물질이라고도 한다. 동물 생체 내에 포함된 경우에 생체 내에서 정상적으로 포함된 호르몬 작용에 영향을 주는 화학물질로 이런 화학물질은 본래 환경 중에 넓게 존재하고 있다. 1998년 일본 환경청이 환경호르몬 전략 계획 SPEED 98에서 67종류의 합성화학물질을 내분비 교란 화학물질로 지정했다.

'환경호르몬'이란 단어는 요코하마 국립대학의 이구치 타이센이 NHK 방송 출연 시 디렉터와 함께 만든 용어라고 한다. 레이첼 카슨(Rachel Carson)은 저서 『침묵의 봄』(에코리브르, 2011년)에서 DDT(유기염소계 살충제)등의 농약이 폭넓게 환경 중에 방출되면 먹이사슬을 통한 생물농축에 의해 생태계에 심각한 영향을 미친다는 것을 지적했다. '살충제의 해는 그것에 접촉한 세대의 다음 세대가 되어서 나타난다'고 했고, DDT 등에 의한 호르몬 작용의 교란부터 유럽 울새와 소의 번식능력과 발육을 방해한다는 것을 예견했다고 알려진다.

카슨이 경종을 울린 계기로 1970년대 이후 미국을 비롯한 여러 선진국에서는 농약 제조와 사용을 금지했다. 그럼에도 불구하고 DDT의 살포 중지 후 20년이 흘러도 아직 야생생물의 번식과 면역력 이상 등의 보고가 계속되고 있는 것을 테오 콜본(Theo Colborn)이 밝혀냈다. 콜본은 다이앤 듀마노스키(Dianne Dumanoski), 존 피터슨 마이어(John Peter Meyers)와 함께 『도둑맞은 미래』(사이언스북, 1996년)를 저술하고, 이 책을 계기로 환경호르몬 문제는 사회문제가 되었다.

콜본 등이 문제로 삼은 환경호르몬은 극소량으로 생체 내 여성호르몬(에스트로겐)과 유사한 작용 혹은 항남성호르몬 작용 등의 내분비를 교란시키고 있으며, 이미 많은 야생동물 종이 환경호르몬의 영향을 받고 있다. 또 인체에도 축적되고 있다. 극소량으로도 호르몬과 비슷한 작용을 갖고 있다는 저용량 효과는 지금까지의 유해한 화학물질 위험성에는 없던 것이었다. 화학물질에 대해 지금까지 알려져 왔던 독성의 범위가 급성독성과 발암성부터 번식과 면역, 신경계에 악영향으로 넓어졌다.

환경회계
environmental accounting

기업 등이 지속가능발전을 지향하고 사회와의 양호한 관계를 유지해 가면서, 환경보전 대책을 효율적이고 효과적으로 추진해 가는 것을 목적으로 한다. 사업 활동에서 환경보전을 위한 비용과 그 활동으로 얻은 효과를 인식하고, 가능한 정량적(화폐 단위 또는 물량 단위)으로 측정해 전달하는 제도이다. 주요한 기능으로, 환경보전투자 등 원가에 비교하여 효과를 파악하는 경영 관리도구로서의 내부 기능과 그 정보를 외부에 알림으로써 리스크 커뮤니케이션과 설명·책임을 다한다는 외부 기능이 있다.

➕ 한국은 1996년 증권감독원이 '기업회계기준'을 개정, 환경 관련 재무정보를 공시하도록 했으나 기업의 참여는 사실상 전무한 상태이며 회계감사에서도 간과된 실정이다.

활단층
active fault

가까운 과거에 반복해 활동했고 앞으로도 활동할 가능성이 있는 단층을 말한다. '가까운 과거'에는 수십만 년 전 이후라는 견해와 약 10만 년 전 이후라는 견해가 있지만, 산업기술종합연구소의 활단층 데이터베이스에서는 10만 년 전 이후가 채택되고 있다. 한편 2012년에는 원자력규제위원회가 원자력발전소의 내진설계지침에서 12~13만 년 전 이후로 봤던 견해를 40만 년 전 이후로 견해를 변경해 보이는 등, 재난을 방지하는 관점에서는 활동의 가능성을 크게 추측하는 방향으로 변화하고 있다.

활단층은 지하 심부에서 연속하는 균열일 경우가 많고, 이 균열이 수직인 것만은 아니다. 그 때문에 단층면이 기울어진 경우는 지도상에 표시된 단층선 위에는 없는 지역의 지하에도 단층이 잠재되어 있으므로 주의가 필요하다. 따라서 지도상에 표시된 활단층 라인은 어디까지나 지표 근처에 도달한 균열의 위치를 대략적으로 표시한 것이라고 생각해야 한다. 또 데이터베이스에 표시된 단층은 지금까지 알려진 길이 10km 이상의 것만 있고, 그보다 작은 활단층과 미지의 활단층이 있다는 것을 잊어서는 안 된다.

활동
activity

환경교육 활동은 체험적 활동 단위의 하나이다. 몇 분이면 끝나는 것에서 몇 십 분이 필요한 것까지 있다. 몇 개의 활동을 몇 시간 동안 며칠간의 일정에 배치하여 학습목적을 달성하려고 하는 것이 프로그램이다. 활동과 프로그램의 관계를 '부품과 제품'의 관계로 비유하기도 한다. 활동 시간이 짧을 경우는 하나의 활동만으로 끝나는 경우도 있지만, 1시간 이상일 경우에는 몇 개의 활동을 연속해서 실시하는 것이 일반적이다. 대표적 환경교육 활동으로 네이처 게임, 프로젝트 와일드 등이 있다.

활동은 각각의 목적과 역할이 있다. 참가자의 긴장 풀어주기, 그룹으로 이야기 만들기, 자연 속에서 감성 갈고 닦아주기, 생태계와 지구환경을 체험적으로 이해하기, 자신의 일상생활에서 할 수 있는 것을 생각하기 등 그 목적은 다양하다. 또한 실시 장소, 인원, 시기·시간, 대상 등 활동마다 다양한 형태가 있으며, 동시에 유연성도 필요하다. 중요한 것은 다양한 환경교육 활동에서 프로그램의 목적과 대상자에게 적절한 활동을 고르는 일, 또는 새롭게 창출하는 일 그리고 그것들을 적절히 구성(디자인)하는 일이다.

황사
yellow dust

고비 사막이나 타클라마칸 사막 등의 중국 북서부와 몽골 등의 사막 지역, 황토 지대의 건조 지역에서 강풍에 의해 수천 미터 고도로 날아오른 모래 입자(황사 입자)가 광범위하게 비산, 부유하면서 강하하는 현상을 말한다. 황사는 편서풍을 타고 봄에는 일본 열도까지 날아가는데, 때에 따라 하늘이 황갈색으로 변한다. 인간이나 가축 등이 황사를 마시면 호흡기 질환 등 건강에 악영향을 미치는 경우도 있다. 또한 날아오른 모래 입자 등이 구름의 형성을 촉진하고 태양광을 흡수하여 기후에 영향을 주기도 한다. 한편 육지 생물이나 플랑크톤의 생장에 필요한 미네랄이 포함되어 있어 땅을 비옥하게 하는 효과가 있다. 황사 중의 탄산칼슘 성분이 산성 물질을 중화하여 산성비의 피해를 감소시킨다는 연구 결과도 있다. 최근 황사가 날아오는 횟수와 입자의 배출량은 계속 늘어나고 있으며 피해 지역이 확대되고 있다. 그 원인으로는 동아시아 내륙부의 사막화에 따른 산림의 감소와 지구온난화에 의한 토지의 건조화, 그 밖에도 지나친 방목, 부적절한 관개에 의한 염분의 축적과 경지 확대 등, 농경과 목축의 방법과 밀접히 관련되어 있다. 자연현상으로 알려져 왔던 황사현상은 이제는 경제 개발의 확대에 따른 현지인들의 생산 양식의 변화와 깊이 관련된 인위적이고 광역적인 환경문제로 간주되고 있다.

➕ 한국은 현재 황사보다 미세먼지로 인한 피해가 심각하다. 미세먼지는 우리 눈에 보이지 않는 아주 작은 물질로 대기 중에 오랫동안 떠다니거나 흩날려 내려오는 직경 10㎛ 이하의 입자상 물질이다. 주로 석탄, 석유 등의 화석연료가 연소될 때 또는 제조업·자동차 매연 등의 배출가스에서 나오며, 기관지를 거쳐 폐에 흡착되어 각종 폐질환을 유발하는 대기 오염물질이다. 지름이 10㎛보다 작은 입자를 미세먼지(PM-10)라고 하며, 그중에서도 지름이 2.5㎛ 이하의 입자를 초미세먼지(PM-2.5)라고 한다. 미세먼지에 포함된 중금속, 유기탄화수소, 질산염, 황산염 등은 크기가 매우 작아 호흡기의 깊숙한 곳까지 도달이 가능하며 혈액을 통해 전신으로 순환하면서 우리 신체에 영향을 줄 수 있다. 국립환경과학원에서는 미세먼지의 농도에 따라, '좋음', '보통', '나쁨', '매우 나쁨'으로 구분하고, '보통'의 경우 호흡기 질환자의 유의가 필요하고, '나쁨'의 경우 건강한 사람도 장시간 무리한 실외 활동을 자제도록 하며, '매우 나쁨'의 경우 가능하면 실외 활동을 자제하도록 권장하고 있다.
※ 출처: 국가건강정보포털

황새
Oriental stork

황새목 황새과의 조류, 학명은 Ciconia boyciana, 길이 약 110·115cm, 날개 160·200cm의 대형 물새이다. 날개 색은 흰색과 흑색이다. 하천이나 호수, 습지 등 물가 주변에 서식하고 소나무와 같은 나무 위에 둥지를 만든다. 과거에는 평소에도 볼 수 있는 텃새였는데, 서식 환경의 악화와 남획에 의해 서식 개체군은 멸종했으며 동아시아 전체에서도 멸종 위기에 처해 있다. 일본에서는 1980년대부터 인공 번식, 2005년부터는 효고의 도요오카에서 야생 시험 방사가 시작됐다. 자연과의 공생을 목표로 한 지역 재생의 상징적 존재로 간주되고 있다.

➕ 한국은 2015년 9월에 황새(자연방사: 성조 6마리, 단계적방사: 유조 2마리)의 야생 방사가 처음으로 이루어졌다.

후발 개발도상국
least developed countries

개발도상국 중에서도 유엔에 의해 인정된 특히 발전이 뒤떨어진 빈국을 지칭하며 LDC 또는 최빈국으로 불리는 나라들도 있다. 유엔의 인정은 해당 국가의 동의를 전제로 유엔개발계획위원회(CDP)가 정한 기준에 따라 이루어지며 3년에 한번 재검토한다. CDP의 기준은 ①일인당GNI(국민총소득) ②영양 부족 인구의 비율, 5세 이하 영유아 사망률, 중등 교육 취학률, 성인 문자 해독률 ③외부 충격으로부터의 경제적 취약성이다. 2012년 시점에서 세계 48개국 중 33개국이 아프리카의 나라들이다. 국토에서 차지하는 경작 가능 토지 면적의 비율이 낮은 열악한 자연 조건의 나라들도 있지만, 전쟁 등으로 인해 정치적으로 불안정하거나 경제 활동, 국제 교류에도 큰 제약이 있는 나라들도 많이 포함되어 있다.

흑림
schwarzwald

독일의 남서쪽 끝, 남북으로 150km를 넘어 띠 모양으로 이어진 산지, 산림 지대이다. '검은 숲(슈바르츠발트, Black Forest)'이라는 의미이다. 대부분 원생(原生)은 아니지만 유럽 가문비나무 등의 침엽수가 많이 분포해 있다. 19세기 초까지 산림의 절반이 산성비로 인해 큰 피해를 입었지만, 오늘날에는 풍부한 자연 경관과 농산촌 문화를 즐기기 위한 레크리에이션의 장으로 이용되고 있다. 이 산림 지대 근처에는 프라이부르크(Freiburg im Breisgau)라는 도시가 있는데, 환경의식의 수준이나 자연에너지의 이용, 오염물질 배출이 적은 대중교통 시스템 등으로 선진적인 '환경 수도'로 알려져 있다.

한국 독자들에게 드리는 글

 이 사전은 일본환경교육학회가 환경교육을 보급·발전하기 위해 자연과학, 사회과학, 인문과학에 걸쳐 폭넓은 영역의 환경교육 전반을 나타내는 양질의 환경교육사전이 필요하다는 인식을 기초로 기획하고 편집, 발행하였다.
 사회 전체의 정보화의 진전이 현저한 오늘날 인터넷을 통해 막대한 정보를 쉽게 접할 수 있지만, 한편으로는 충분한 설명이 되지 않은 정보를 공유하고, 의도적인 사실이 부족한 상태의 정보가 유입되는 문제가 심각하다. 이러한 현상에 맞춰 일본환경교육학회는 수록된 용어를 정밀하게 조사하고 용어와 내용을 철저히 확인하였으며, 신뢰도가 높은 사전을 발행할 필요성이 높아졌음을 인식하게 되었다.
 환경과 환경교육에 관한 유사한 사전은 약 20년 전, 10년 전에도 출간되었다. 하지만 이 환경교육사전에 수록된 어휘의 약 70% 정도는 당시의 사전에는 게재되지 않은 항목이다.
 이러한 배경 속에서 지구환경문제의 중요성에 대한 인식이 강조되고 있고, 이 문제의 해결을 위해 구성된 국내외에서 진전도 있었다. 그리고 사회의 지속가능성에 대한 관심뿐만 아니라 관련된 영역이 확대되기도 하였다.
 환경문제와 사회의 지속가능성에 관한 관심도 높아지고 미디어에서도 환경과 관련된 주제가 나오는 빈도가 높아지고 있다. 또한, 기업에서도 환경보고서의 발행과 CSR(기업의 사회적 책임)의 일환으로서 환경문제에 대한 조직이 최근 10년간 활성화되고 있다. 어른부터 청소년에 관계없이 자연과의 만남이 점점 빈번해지면서, 민간에서는 자연학교가 증가하고, 환경교육의 침투가 큰 역할을 나타내고 있다. 한편 학교 교육에서도 환경교육은 환경문제와 사회의 지속가능성에 관한 관심이 높아진 만큼 활성화되고 있다. 현대사회를 살아가고 있는 모든 사람이 몸으로 직접 환경리터러시의 중요성에 관한 인식이 높아지고 있으며, 앞으로 학교 교육에서 환경교육은 더욱 중요한 위상을 가질 것으로 생각되어진다.

　이처럼 환경교육이 많은 사람과 관련하여 중요해진 지금, 다양한 연령층, 다양한 분야의 사람들이 이용할 수 있도록 사전의 내용은 알기 쉬운 표현을 사용하기 위해 노력했다.

　이 사전이 한국의 학교관계자와 행정, 기업, 사회교육, 환경, 환경교육 분야에 있는 다양한 사람에게 참고가 되기를 바란다.

일본환경교육학회
환경교육사전 편집담당위원 일동

찾아보기

ㄱ

가상수 008
가상현실/버추얼 리얼리티 008, 009
가이드라인 009, 010, 054, 057, 058, 220, 263, 337, 339, 342, 352, 454, 460
가이아 가설 010
가이아 심포니/지구교향곡 011
가축 011, 012, 013, 030, 086, 087, 105, 124, 153, 154, 158, 175, 241, 243, 293, 294, 346, 398, 446, 461, 478
감량 013, 018, 117, 123, 133, 163, 208, 234, 258, 301, 334, 388, 413
감수성 013, 014, 086, 262, 308, 309, 324, 406
갑상선 보호제 014
개릿 하딘 014, 025, 040, 473
개발과 계발 015, 016
개발교육 016, 017, 109, 110, 291, 358
갯벌 017, 018, 059, 092, 102, 314, 320, 322, 337, 374
거부 018, 044, 124, 442
게릴라 호우 018
겨울무논 018
경관 011, 019, 020, 022, 032, 041, 061, 064, 095, 112, 139, 155, 181, 245, 254, 255, 269, 312, 313, 318, 328, 343, 390, 415, 419, 434, 450, 457, 464, 466, 468, 475, 480
경작 방폐지 019, 020, 429
경제적 기법 020, 021
경제협력개발기구 021
계단식 논 022, 139, 250

계면활성제 022, 208, 432, 433
고갈성 자원 023, 210, 230, 231, 246
고유종 023, 171
공공 인식 개선 023, 024
공생 024, 031, 035, 043, 052, 111, 135, 146, 155, 156, 161, 166, 176, 233, 238, 242, 243, 251, 321, 383, 451, 474, 479
공유지/커먼즈 014, 024, 025, 041, 158, 260, 303
공유지의 비극 014, 025, 158
공정무역/공정거래 026, 027, 474
공해 027, 028, 029, 030, 042, 053, 073, 074, 075, 078, 079, 084, 103, 118, 119, 132, 149, 157, 167, 200, 201, 204, 206, 234, 252, 262, 296, 299, 300, 302, 307, 308, 316, 346, 355, 364, 369, 400, 401, 402, 434, 436, 449, 450, 451, 452, 455, 456, 458, 459, 463, 466, 468, 470
공해교육 028, 029, 307, 316
공해대책기본법 029, 204, 451, 452, 459
공회전 정지 030
과다 방목 030
과소 030, 031, 032, 325, 326, 365, 437
과징금 제도 021, 032
과학적 환경관 032
과학 커뮤니케이션 033
광물자원 자재흐름 033
광합성 034, 135, 174, 175, 176, 178, 183, 247, 345
광화학 스모그 027, 034, 456
교과와 환경교육 035
교재·교구 010, 037, 038, 085, 100, 109,

115, 117, 143, 185, 214, 218, 243, 244, 262,
305, 338, 400, 401, 406, 416, 422, 434, 474
교토 의정서　038, 039, 057, 058, 059, 077,
104, 132, 133, 134, 266, 267, 291, 353, 375,
376, 421
구명보트의 윤리　040
구시로 습원　040, 092, 321
국립공원　040, 041, 042, 055, 066, 067, 094,
138, 139, 149, 195, 265, 269, 270, 274, 306,
312, 313, 347, 348, 366
국립환경연구소　042
국민총행복지수　042
국제NGO협약　043
국제에너지기구　022, 044, 247
국제원자력기구　044
국제표준화기구　044, 091, 343, 454
규제 방식　045
그린뉴딜　046, 047, 048, 212
그린란드　046, 047, 142, 435
그린 에너지　047
그린전력　047
그린 코리더　047
그린투어리즘　048
그린피스　048
극상　049, 370, 373
글로브 프로그램　049
기독교적 자연관　050
기아　050, 051, 120, 150, 194, 200, 287, 288,
293, 294, 304, 361
기어 다니는 경험주의　051
기업의 사회적 책임　052
기포드 핀쇼　055, 138, 147, 186, 194

기후변화　038, 040, 043, 045, 047, 051, 055,
056, 057, 058, 059, 060, 076, 077, 099, 107,
112, 117, 153, 203, 207, 215, 229, 267, 290,
291, 295, 299, 308, 309, 353, 354, 361, 462
기후변화에 관한 정부 간 협의체　057
기후변화협약　038, 040, 055, 056, 057, 058,
059, 076, 077, 112, 267, 290, 462
기후조절기능　059
기후 카나리아　060
꽃가루 알레르기　060

ㄴ

나노기술　061
나이로비회의　061, 062, 145, 288
나이트 하이크　062
낙뢰　062, 063
남북문제　016, 017, 063, 064, 111, 157, 199,
200, 230, 472
내분비교란화학물질　064
내생적 발전　064, 065, 111
내셔널지오그래픽　065
내셔널트러스트　041, 065, 066, 148
내추럴리스트　066, 323
네이처 가이드　066
네이처 센터　066, 067, 318
녹색경제　067, 068, 289, 360
녹색당　069, 148, 157
녹색소비자　069, 070
녹색커튼　070
녹색혁명　070, 294
논 학교　071, 324

놀이 052, 071, 072, 086, 182, 203, 211, 219,
285, 312, 315, 325, 421
농약 026, 071, 072, 073, 074, 094, 103, 114,
124, 141, 167, 177, 178, 201, 205, 208, 226,
229, 236, 238, 263, 264, 280, 281, 282, 288,
329, 330, 332, 333, 345, 379, 380, 401, 402,
404, 413, 461, 476
니가타 미나마타병 073
님비 075

ㄷ

다이옥신 076, 128, 166, 258, 259, 329, 330,
414, 446, 452
단일재배 076, 107, 200
당사국총회 038, 039, 040, 046, 059, 067,
076, 077, 109, 124, 151, 172, 173, 217, 238,
296, 381
대기 010, 027, 029, 030, 031, 034, 038, 045,
053, 054, 055, 056, 058, 064, 068, 076, 077,
078, 079, 085, 092, 107, 117, 118, 121, 124,
131, 132, 134, 135, 144, 145, 161, 162, 165,
174, 175, 176, 177, 178, 191, 203, 204, 207,
213, 214, 236, 252, 253, 255, 256, 257, 258,
267, 278, 279, 290, 296, 298, 299, 302, 340,
350, 352, 353, 366, 368, 369, 376, 377, 391,
398, 401, 412, 418, 438, 446, 449, 452, 453,
455, 458, 461, 462, 464, 466, 479
대기오염 027, 029, 045, 078, 079, 085, 092,
131, 132, 135, 145, 161, 162, 191, 213, 214,
278, 279, 296, 302, 340, 350, 368, 369, 401,
446, 452, 455, 462, 464, 466

대기 전력 079
대량생산·대량소비·대량폐기 064, 069, 076,
080, 081, 082, 124, 164, 165, 222, 234, 248,
308, 310, 331, 362
대만의 환경교육 082
대멸종/대량절멸 057, 083
댐 문제 083
도둑맞은 미래 084, 397, 398, 476
도시 광산 084, 094
독일의 환경교육 084
동물권 086, 089
동물매개교육 087
동물원 087, 088, 089, 125, 254, 307, 317,
349, 442
동물해방론 086, 088, 089, 135, 147, 424
디디티 089
디파짓 시스템 089, 090
따오기 090

ㄹ

라마찬드라 구하 091
라이프사이클 평가 091
람사르협약 040, 041, 077, 092, 140, 172,
217, 218, 374, 462
런던해양투기방지협약 093
레스터 브라운 093, 279, 423
레어메탈/희소금속 084, 093, 094
레이첼 카슨 013, 089, 094, 103, 115, 140,
167, 201, 379, 476
레인저 094
로데릭 내시 094, 320

로마 클럽 015, 095, 164, 192
로저 하트 095, 371
로하스 096, 187
롤 플레이/롤 플레잉 096, 097, 109
리스크커뮤니케이션 097
리우+20 067, 068, 098, 288, 289, 292
리우선언 098, 099, 112, 261, 263, 266, 290
리우 전설의 스피치 099

ㅁ

마인드맵/그물 100
마인드 플로 101
마크 트웨인 101
매그니튜드 102, 369
매립 018, 093, 102, 105, 139, 140, 163, 235, 314, 340, 343, 372, 401, 456, 468
맹그로브 102, 164, 218, 340
먹이사슬/먹이그물 036, 103, 104, 175, 185, 228, 349, 401, 436, 453, 476
메가 솔라 104
메탄 104, 105, 192, 208, 256, 267, 372, 405, 446, 456
메탄 하이드레이트 105
멜트다운 105, 106
멸종위기종 088, 106, 107, 112, 123, 171, 177, 205, 226, 340, 349, 432
모노컬처 107
모니터링 029, 107, 162, 164, 177, 269, 291, 299, 368
모빌리티 매니지먼트 교육 107
모험교육 108

몬트리올 의정서 108, 109, 151, 268, 420, 421
무역게임 109, 110
문제해결형학습 110
문화적 다양성 071, 111, 112, 178, 357, 397
물 008, 012, 014, 077, 092, 106, 113, 114, 118, 119, 121, 135, 140, 142, 152, 153, 162, 173, 174, 177, 178, 184, 193, 203, 206, 207, 208, 218, 275, 291, 300, 341, 355, 399, 400, 401, 402, 426, 435, 436, 445, 450
물질순환·물질흐름 033, 034, 073, 103, 113, 114, 174, 185, 209, 349, 400, 401, 453, 461
미국의 환경교육 115
미국 환경보호국 117
미나마타병 028, 029, 073, 074, 075, 084, 103, 118, 119, 167, 200, 229, 351, 402, 436, 459
민들레 조사 119
밀레니엄 개발목표 051, 120, 150, 286, 287, 290, 360
밀레니엄 생태계평가 121, 178
밀렵 122

ㅂ

바다거북 123, 340
바이오디젤 연료 123
바이오매스 047, 123, 124, 210, 230, 246, 247, 387, 446, 463
바이오에탄올 124
바이오 테크놀로지 124
바젤협약 125, 462
박물관 115, 125, 126, 127, 248, 249, 250,

307, 314, 315, 379, 441, 442
반딧불이/개똥벌레 127, 146, 205
발송전분리/송·배전분리 127, 128
발암성 물질 128
발전차액지원제도 128
방사선과 방사능 014, 129, 130, 131, 137, 154, 155, 221, 229, 271, 275, 276, 277, 282, 339, 344, 376, 377, 380, 394, 433, 441, 453
방사성 폐기물 093, 130, 131, 275, 276, 440, 441
방재교육 131
배기가스 078, 079, 117, 123, 131, 132, 239, 279, 343, 350, 445, 462
배연탈황 132
배출량거래제도 132, 133
백캐스팅 133, 134, 135
백화현상 135, 164
베어드 캘리콧 135
베오그라드 헌장 101, 136, 317, 358, 370, 407, 465
베크렐 130, 137, 221, 394
보이 스카우트 137
보전·보존·보호·재생 013, 019, 020, 023, 024, 055, 125, 126, 127, 138, 139, 147, 156, 180, 226, 242, 243, 245, 249, 254, 255, 260, 273, 275, 282, 288, 295, 297, 309, 318, 323, 348, 349
보팔가스누출사고 140
복합오염 140, 141
본협약 141, 353
부영양화 013, 036, 041, 107, 141, 142, 176, 208, 262, 337, 433, 436

북극해 142
북미환경교육협회 142
분산형 에너지시스템 143
분진 144, 145, 258
불법투기 145
브룬트란트위원회 145, 146, 290, 357
비오톱 146, 321
비인간중심주의 147, 302, 470
비정부조직·비영리조직 031, 148
비지터 센터 066, 067, 149
비판적 사고 149, 150, 406
빈곤 016, 026, 043, 044, 051, 063, 064, 067, 071, 080, 120, 139, 146, 150, 151, 154, 171, 193, 198, 199, 200, 215, 216, 252, 271, 280, 286, 287, 289, 293, 294, 297, 301, 304, 305, 354, 358, 361, 388, 396, 397, 399, 407, 423, 424, 471
빈협약 151
빗물 이용 152

ㅅ

사막화 030, 153, 154, 176, 236, 290, 291, 308, 350, 361, 400, 452, 479
사용후핵연료 154, 155
사토야마 119, 155, 239, 309, 364, 373, 429
사토우미 156
사회생태론 157
사회적 기업 157
사회적 딜레마 158, 463, 466
사회적 자본 158, 159
사회적 책임투자 053, 159

산림 인스트럭터 159
산림 파괴 055, 159, 160, 267, 392, 404
산림환경교육 161
산성비 024, 036, 085, 107, 117, 123, 132, 146, 159, 161, 162, 189, 191, 214, 279, 296, 308, 350, 369, 446, 463, 478, 480
산업폐기물 145, 162, 163, 186, 411, 412, 464
산호초 104, 135, 163, 164, 321, 340, 403, 404, 435
삶의 질 043, 152, 164, 194, 228, 239
새집증후군 164, 165
생명(생물)지역주의 165
생명윤리 013, 166, 424, 470
생명중심주의 147, 166, 183, 302, 414
생물농축·생물축적 166, 167, 208, 476
생물다양성 013, 018, 019, 022, 023, 024, 036, 041, 043, 046, 060, 067, 068, 071, 076, 077, 087, 088, 103, 104, 107, 112, 120, 124, 135, 136, 140, 155, 156, 160, 168, 169, 170, 171, 172, 173, 176, 177, 179, 180, 185, 197, 206, 207, 217, 218, 226, 238, 242, 249, 270, 274, 290, 291, 292, 293, 294, 295, 296, 303, 306, 309, 311, 312, 317, 321, 327, 336, 345, 349, 354, 355, 361, 373, 381, 416, 433, 443, 460, 462
생물다양성 과학기구/생물다양성 및 생태계 서비스에 관한 정부 간 과학정책플랫폼 170
생물다양성 뱅크 170
생물다양성 오프셋/상쇄제도 171, 391
생물다양성 핫 스폿 171
생물다양성협약 172

생물화학적 산소요구량 173
생산자 책임 재활용제도 173
생체모방 174
생태계 017, 019, 034, 035, 041, 045, 046, 056, 057, 067, 068, 071, 073, 083, 085, 086, 103, 104, 115, 117, 121, 122, 124, 135, 136, 156, 160, 162, 166, 167, 168, 169, 170, 171, 172, 174, 175, 176, 177, 178, 179, 180, 183, 184, 185, 186, 192, 193, 197, 206, 207, 208, 222, 228, 241, 242, 243, 257, 269, 270, 273, 274, 278, 282, 291, 292, 309, 313, 315, 317, 320, 322, 327, 328, 338, 341, 345, 349, 353, 354, 355, 360, 361, 368, 370, 390, 401, 415, 427, 428, 435, 449, 452, 453, 468, 470, 476, 478
생태계 관리 121, 177, 291
생태계 서비스 068, 121, 122, 169, 170, 178, 179, 206, 207, 354
생태계 서비스 지불 179
생태계와 생물다양성의 경제학 180
생태관광/에코투어리즘 178, 180, 181, 182
생태놀이/네이처 게임 182, 262, 347, 421, 478
생태발자국 012, 182, 183, 468
생태중심주의 183
생태피라미드 183, 184, 185
생태학 013, 024, 036, 072, 123, 165, 168, 174, 177, 180, 183, 185, 186, 192, 232, 233, 237, 238, 239, 249, 251, 314, 352, 403, 433, 440, 465, 470
생태학적 난민 186
생활라인 186, 187

생활방식 187, 471
생활폐수/생활하수 187, 188, 208, 235, 368, 426
석면 117, 145, 188, 332, 333
석유 008, 023, 044, 047, 080, 114, 132, 176, 189, 190, 191, 192, 202, 230, 246, 247, 248, 257, 266, 296, 328, 334, 340, 355, 372, 423, 424, 432, 445, 446, 479
석유 위기 191
석탄 023, 105, 131, 162, 176, 189, 190, 191, 192, 202, 230, 245, 246, 247, 248, 279, 296, 369, 372, 445, 446, 479
석탄액화 192
성장의 한계 015, 095, 164, 192, 429
성찰 192, 193
세계물포럼 193
세계보전전략 016, 139, 194, 271, 292, 308, 357
세계식량정상회담 194
세계유산 019, 022, 195, 196, 269, 270, 283
세계인권회의 196
세계자연기금 183, 194, 196, 292, 357, 397
세계자연보전연맹 196, 197, 292
세계화(글로벌화) 109, 110, 112, 197, 198, 291, 358, 363, 383
세계 환경의 날 199
세대 간 공평 199, 200, 349
세대 내 공평 199, 200, 349
세리즈 원칙 200, 201, 240
센스 오브 원더 094, 201
셔터 거리 201
셰일가스, 오일셰일 202, 247, 248

소리지도 203
소빙기(소빙하기) 203
소수력발전 143, 203, 204, 206, 219
소음 029, 107, 204, 256, 340, 350, 412, 419, 434, 452, 461, 466
소해면상뇌병증(광우병) 204, 229, 405
솔라 시스템 205
송사리 127, 146, 205, 338
수력발전 143, 203, 204, 205, 206, 219, 231, 309, 345, 417
수목치료기술자 206
수소사회 206
수익자부담원칙 206
수자원 008, 035, 043, 055, 080, 113, 152, 177, 193, 207, 320, 341, 353, 462
수질 오염 188, 193, 208
순환형사회 042, 080, 093, 094, 145, 173, 208, 209, 210, 234, 235, 257, 310, 411, 462
숲 유치원 086, 210, 211, 285, 324, 421
스리마일 섬 원자력발전소 사고 212
스마트 그리드 212, 213, 231
스마트 미터 212, 213
스마트 하우스 213
스모그 027, 034, 213, 255, 456
스웨덴의 환경교육 213
스턴 보고서 215
스톡홀름 선언 215, 290
스톡홀름회의 061, 215, 288, 290, 302
스트리트 칠드런 215
슬럼 216
슬로라이프 048, 216
슬로푸드 048, 216, 224

습지 019, 025, 028, 029, 037, 041, 077, 092, 093, 102, 103, 110, 131, 139, 140, 214, 217, 218, 223, 262, 308, 320, 323, 324, 374, 417, 445, 462, 479

습지·습원 013, 040, 092, 218, 321

시뮬레이션 015, 096, 109, 192, 218, 372

시민공동발전소 219

시민교육 219, 220, 221, 443

시민참여 221

시버트 130, 137, 221, 344

시에라 클럽 148, 222, 270, 457

식농교육 222, 223

식량의 글로벌화 223

식량자급률 225

식물공장 226

식물원 125, 226, 227, 349

식생 030, 050, 055, 083, 107, 139, 147, 154, 162, 171, 188, 222, 223, 227, 228, 241, 258, 278, 282, 330, 341, 353, 373, 402, 403, 446, 468

식생활교육 223, 227, 228

식품안전 226, 228, 229

식품첨가물 229, 230, 413

신국제경제질서 063, 230

신재생에너지 046, 047, 129, 203, 219, 230, 231, 246, 247, 248, 276, 313, 319, 335, 345, 366, 367, 375, 394, 395, 408, 417, 462, 463, 474

신종 인플루엔자 232

심층생태학 232, 233, 237

쓰레기 분리 배출 233, 234

쓰레기 처리 035, 216, 235, 334, 338

쓰레기학 235

ㅇ

아랄 해 236, 259

아르네 네스 233, 237

아메리카 들소 237

아시아 지속가능성을 위한 환경리더십 237

아이치 생물다양성 목표 238

악순환 030, 070, 083, 151, 154, 238, 32

알도 레오폴드 136, 183, 238, 403

암묵지 239, 244

압축 도시/콤팩트 시티 239

애니미즘 240

앨 고어 049, 058, 240

야생동물로 인한 피해 240

야생동물 먹이 주기 242

야생생물 052, 083, 090, 106, 122, 138, 170, 171, 180, 194, 196, 197, 241, 242, 243, 251, 273, 308, 318, 341, 357, 428, 476

야생초 243

야외교육 214, 243, 244, 306, 323, 325, 327

어도 009, 056, 075, 109, 118, 138, 155, 190, 201, 231, 239, 244, 293, 350, 416, 451, 453, 460

어린이 에코클럽 245

어메니티 245

에너지 시프트 245, 246

에너지 자원 091, 105, 246

에너지 절약 039, 061, 070, 079, 117, 118, 132, 190, 201, 210, 213, 226, 247, 248, 249, 266, 276, 277, 341, 356

에너지 혁명 191, 245, 248
에드워드 윌슨 248
에이즈 120, 249
에코머니 249
에코뮤지엄/환경박물관 126, 249, 250
에코페미니즘/생태여성주의 250
에코포비아 251
에콜로지 185, 249, 251
엑슨발데즈 원유 유출 사고 251
엔트로피 법칙 252
엘니뇨 253, 298
여행비둘기(나그네비둘기) 254
역사적 마을 보존 254
역전층 255
연료전지 143, 206, 213, 231, 255, 256, 387
열대우림 104, 168, 176, 180, 256, 409
열섬 018, 059, 257, 266
열적 재활용 257, 258
염해 236, 258, 259
염화비닐 258, 259
영국의 환경교육 260
예방원칙 261
오가닉 261, 282
오감 052, 062, 086, 102, 261, 262, 278, 315, 434, 442
오니/슬러지 027, 262, 411, 426
오듀본 협회 148, 262
오르후스협약 263
오리농법 263, 283
오스트레일리아의 환경교육 264
오염자 부담 원칙 265
오일쇼크 044, 053, 063, 266, 394, 446

오존층 파괴 108, 151, 268, 308, 355, 455
오존홀 268
옥상녹화 266
온난화 018, 021, 024, 026, 034, 036, 038, 039, 042, 047, 048, 055, 056, 057, 058, 059, 068, 080, 085, 092, 097, 123, 134, 135, 142, 152, 160, 176, 189, 190, 191, 202, 206, 210, 240, 245, 247, 261, 267, 268, 276, 291, 298, 299, 301, 306, 308, 322, 335, 352, 353, 368, 387, 388, 391, 396, 400, 404, 417, 435, 445, 446, 448, 453, 455, 456, 462, 463, 464, 479
온난화 지수 267
온실가스 038, 039, 040, 055, 056, 057, 058, 059, 068, 104, 105, 107, 134, 190, 210, 215, 267, 268, 299, 343, 352, 353, 375, 390, 391
완충지대/버퍼존 268
왕가리 마타이 269
외래종/외래생물 041, 104, 119, 120, 169, 172, 175, 208, 243, 269, 270, 354, 428
요세미티 국립공원 270
우라늄 105, 106, 130, 154, 155, 246, 247, 270, 271, 275, 438, 440, 441
우리 공동의 미래 016, 062, 139, 145, 194, 271, 290, 357
우유 팩 재활용 271, 272
우주선 지구호 040, 272, 273, 288
워싱턴협약 122, 123, 172, 273
원시림 159, 273, 274
원시자연 091, 274
원자력규제위원회 274
원자력 마피아 274, 275
원자력발전 049, 075, 130, 131, 134, 135,

143, 212, 229, 246, 248, 271, 274, 275, 276,
277, 311, 313, 344, 365, 376, 392, 393, 394,
395, 400, 402, 417, 418, 433, 436, 438, 440,
441, 453, 477
원자력발전과 환경교육 276
원자력 안전위원회 277
원체험 277, 278
원풍경 278
월경성 대기오염 278
월드워치연구소 093, 279, 423, 452
월든 279, 442
위기경영/위기관리 280
위성위치 확인시스템 280
위험사회 280
위험생물 281
유기농 261, 263, 281, 282, 283, 461
유기농업 263, 282, 283, 461
유네스코 022, 024, 064, 111, 112, 136, 195,
196, 270, 283, 284, 286, 292, 358, 359, 360,
362, 363, 396, 407
유네스코 학교 283
유니버설 디자인 284
유아기 환경교육 프로그램 285
유엔개발계획 015, 285, 342, 355, 479
유엔교육과학문화기관 286
유엔글로벌콤팩트 286
유엔밀레니엄서미트 286
유엔세계식량계획 287
유엔식량농업기구 288
유엔인간환경회의 288
유엔지속가능발전정상회의 289
유엔환경개발회의 290

유엔환경계획 057, 061, 067, 112, 136, 139,
145, 151, 194, 199, 263, 288, 291, 355, 357,
407, 474
유전자 다양성 168, 205, 292
유전자변형생물 292, 294, 381
유전자원 077, 172, 177, 294, 295, 296
유황산화물 132, 189, 278, 296, 446
의제 21 290, 291, 297, 308, 356, 358, 360,
362, 397, 448
이산화탄소 026, 030, 034, 039, 055, 077,
103, 123, 124, 133, 134, 152, 160, 175, 176,
177, 184, 189, 191, 192, 206, 226, 247, 261,
267, 275, 276, 298, 299, 335, 352, 353, 356,
366, 372, 375, 387, 391, 392, 412, 417, 421,
445, 446, 448, 456, 464
이상기후 083, 298, 299, 353, 404
이타이이타이병 028, 103, 229, 299, 300,
351, 402, 459
이해당사자 177, 301
인간의 기본 요구 301
인간중심주의 135, 147, 166, 183, 301, 302,
319, 348, 414, 420, 469, 470
인간환경선언 215, 289, 290, 302, 357, 358,
450
인공림 302, 303, 330, 343
인구문제 303, 357
인권교육 017, 196, 304, 305, 358
인도의 환경교육센터 305
인터프리테이션 306, 307, 318, 434
일본의 환경교육 307
일본자연보호협회 309
일회용품 310

임계 022, 310
임도 311

ㅈ

자연결핍장애 312, 319
자연공원법 041, 312, 313, 327
자연관찰 025, 313, 314, 315, 318, 321, 323, 325, 381, 434
자연관찰 빙고 315
자연물 당사자 적격 316
자연보호교육 028, 142, 307, 314, 316, 317, 318, 323
자연보호구 318, 348
자연보호헌장 318
자연산책로 318
자연에너지 319
자연에서 멀어진 아이들 009, 312, 319
자연의 가치 115, 319, 320
자연의 권리 086, 094, 095, 316, 320
자연재생 041, 139, 140, 320, 321
자연재해 051, 078, 121, 131, 151, 178, 187, 195, 276, 280, 287, 288, 321, 322, 332, 366
자연정화 능력 322
자연체험활동 244, 315, 323, 324, 325, 327, 378, 424, 425
자연 테라피 324
자연학교 005, 031, 211, 323, 325, 326, 327, 434
자연환경보호법 327
자외선 034, 077, 118, 268, 328, 339, 420
자원민족주의 230, 328, 329

잔류농약 329
잔류성유기오염물질 329
잡목림 250, 330
장 자크 루소 331
재배어업 331
재사용 090, 117, 208, 233, 234, 258, 310, 331, 334, 388, 411, 440
재해예측지도/위험지도 332
재해 폐기물 332, 333
재활용 013, 018, 034, 070, 080, 089, 090, 117, 145, 152, 155, 163, 173, 174, 202, 209, 235, 247, 257, 258, 271, 272, 310, 331, 332, 333, 334, 335, 341, 343, 388, 391, 410, 413, 414, 415, 461, 462, 464
재활용 쓰레기 334, 335
재활용 용기 335
저탄소 사회 335, 392
적색자료집·적색목록 106, 123, 197, 243, 336
재적설 336
적조 141, 176, 177, 208, 322, 336, 337, 426, 451
전략환경영향평가 337
전시 002, 017, 044, 052, 072, 087, 098, 112, 125, 126, 149, 181, 205, 217, 226, 286, 307, 314, 338, 345, 359, 362, 365, 379, 392, 395, 416, 417, 434, 441, 442, 445, 450, 459
전염병의 대유행/팬데믹 232, 339, 386
전자기파(전자파) 129, 328, 339, 447
전쟁과 환경 340
절수 114, 341
정맥산업(재활용산업) 341

정보공시 342
정부개발원조 195, 342
제로 에미션 343
제벌·간벌 160, 330, 343
제염 130, 344, 402
제인 구달 344
제초제 내성 345
조력발전 345
조류 345, 346
조류 인플루엔자 232, 243, 264, 339, 346
조류 충돌/버드 스트라이크 347, 419
조셉 코넬 347, 381
조지 마시 347
존 듀이 051, 072, 110, 327, 348, 378, 382
존 뮤어 055, 066, 138, 147, 222, 270, 274, 348
존 패스모어 348
종간의 공평 349
종의 보존 226, 349
죄수의 딜레마 350
중국의 환경교육 350
중금속 오염 351
지구교육 352
지구 서미트 043, 098, 261, 352, 358, 416
지구온난화 018, 021, 024, 026, 036, 038, 039, 042, 047, 048, 055, 058, 059, 068, 080, 085, 092, 097, 123, 134, 135, 142, 152, 160, 176, 189, 190, 191, 202, 206, 210, 241, 246, 248, 261, 266, 267, 276, 291, 298, 299, 301, 306, 308, 322, 335, 352, 353, 388, 391, 396, 400, 435, 445, 446, 448, 453, 455, 462, 463, 479

지구의 날 354
지구 차원 생물다양성의 진행 상황 354
지구환경기금 355
지반 침하 355
지방의제 21 356, 448
지산지소 070, 143, 224, 356
지속가능발전 015, 037, 052, 062, 067, 085, 098, 112, 120, 139, 146, 181, 186, 194, 198, 210, 214, 237, 260, 271, 284, 286, 288, 290, 291, 292, 297, 305, 306, 308, 309, 326, 355, 356, 357, 358, 359, 360, 361, 362, 363, 364, 397, 474, 477
지속가능발전교육 015, 067, 284, 290, 291, 306, 309, 358
지속가능발전목표 360, 361
지속가능발전 세계정상회의 015, 198, 288, 359, 362
지속가능성 004, 005, 016, 069, 088, 095, 096, 120, 182, 210, 220, 237, 252, 264, 265, 276, 298, 305, 341, 349, 357, 360, 362, 396, 397, 440, 449, 460, 470
지식기반사회 363
지역 만들기 019, 210, 250, 356, 363, 364, 365
지역재생 250, 364, 365, 463
지열발전 313, 365, 366
지진 044, 102, 131, 138, 143, 148, 152, 277, 322, 326, 332, 333, 364, 365, 367, 368, 369, 379, 393, 399, 400, 401, 402, 409, 415, 436, 437, 453
지표생물 368
적하형 지진 367, 368

진도 030, 102, 295, 367, 369
질소산화물 034, 078, 161, 162, 189, 279, 369, 446, 462

ㅊ

참매 370
참여형 학습 095, 370, 371
채굴매장량 372
천연가스 104, 105, 131, 176, 190, 191, 192, 202, 230, 246, 247, 355, 372, 373, 387, 445, 446
천연기념물 040, 090, 127, 139, 340, 370, 373
천이 012, 029, 036, 049, 107, 113, 114, 157, 185, 236, 250, 259, 260, 264, 273, 276, 308, 368, 373, 396, 399, 431, 439, 445, 479
철새 040, 243, 254, 320, 370, 374, 375, 434
청정개발체제 038, 039, 375
체르노빌 원자력발전소 사고 376
체험학습 086, 100, 192, 193, 201, 223, 244, 283, 308, 324, 371, 377, 378, 379, 422, 441
칠레 지진해일 379, 437
침묵의 봄 089, 094, 103, 115, 140, 167, 201, 379, 476

ㅋ

카르타헤나 의정서 381
카무플라주 381
카세어링 381
캠프 014, 137, 211, 244, 263, 323, 382, 383

커뮤니케이션 능력 383
컴플라이언스 384, 385
코디네이터 385, 392, 422, 443
코로나바이러스감염증-19 385
코제너레이션 386, 387
코피 아난 387
클린사이클 컨트롤 388

ㅌ

타운 와칭 390
탄소발자국 012, 391
탄소 상쇄 391
탄소 중립 046, 391, 392, 446
탈핵 276, 392, 393
탐구학습 394
태양광발전 104, 205, 206, 212, 213, 219, 231, 246, 394, 395, 417, 463
태풍 299, 332, 395, 398, 403, 418, 445, 453
테살로니키회의 024, 396, 397, 405
테오 콜본 084, 397, 476,
토네이도 397, 398
토머스 맬서스 398
토석류 399
토양 010, 030, 049, 068, 085, 105, 113, 117, 121, 130, 136, 144, 153, 154, 161, 162, 165, 166, 169, 174, 175, 177, 178, 184, 236, 256, 258, 259, 264, 266, 280, 299, 300, 329, 333, 347, 351, 368, 399, 400, 401, 402, 403, 419, 446, 449, 450, 452, 458, 461, 462, 466, 468
토양 액상화 401
토양오염 030, 280, 400, 401, 402, 462, 466

토양 유출 347, 402
토지 윤리 403
퇴비/콤포스트 235, 330, 373, 399, 401, 403, 404, 461
투발루 404
트레이드오프 210, 404
트레이서빌리티/추적성 405
트리할로메탄 405
트빌리시 선언·트빌리시 권고 358, 405, 406, 407, 433, 457, 465
트빌리시회의 297, 396, 405, 407, 457
티핑 포인트 390

ㅍ

파력발전 408
파트너십 026, 098, 116, 120, 219, 290, 362, 408, 443, 473
판 구조론 408, 409
팜유 123, 409
팩 테스트 410
페트병 090, 234, 334, 335, 410, 415
폐기물 013, 018, 033, 042, 043, 080, 081, 089, 090, 091, 092, 093, 094, 102, 105, 107, 115, 118, 121, 124, 125, 130, 131, 145, 162, 163, 178, 183, 186, 188, 198, 208, 209, 210, 231, 233, 234, 235, 242, 257, 258, 265, 275, 276, 279, 288, 291, 297, 304, 306, 310, 332, 333, 334, 341, 342, 343, 350, 375, 388, 389, 404, 410, 411, 412, 413, 414, 415, 436, 440, 441, 446, 458, 461, 462, 463, 464, 472
폐기물발전 412

폐식용유 123, 188, 412
폐지 회수 413
포스트하비스트 처리 413
포장용기 리사이클법 414
폴리염화비페닐 414
폴 테일러 414
표류·표착 쓰레기 415, 436
표본 125, 226, 338, 415, 416
푸드 마일리지 012, 356, 416, 417
풍력발전 143, 212, 213, 219, 231, 246, 347, 394, 417, 418, 419, 434, 463
풍토론 419, 420,
프레온 049, 108, 268, 420, 421, 423
프로그램 025, 037, 049, 050, 062, 082, 088, 089, 096, 101, 108, 115, 116, 117, 118, 136, 137, 166, 179, 182, 193, 194, 217, 219, 237, 260, 261, 262, 265, 270, 285, 292, 297, 298, 305, 325, 337, 344, 352, 379, 381, 382, 385, 404, 416, 421, 422, 424, 425, 474, 475, 478
프로젝트 러닝트리 421, 422
프로젝트 와일드 422
플랜 B 093, 423
플루오린화탄소 328, 423
피크 오일 423, 424
피터 싱어 089, 147, 424
필드워크 424, 425

ㅎ

하수 처리 426, 427
하이브리드 자동차 427
학교 생태연못 427, 428

한계를 넘어 390, 429
한계 취락 429, 430
한국의 환경교육 430
한스 요나스 432
합성세제 141, 142, 337, 432, 433
핫 스폿 171, 172, 433, 485
해롤드 헝거포드 014, 433, 457
해상풍력발전 434
해설자/인터프리터 181, 306, 434
해수면 상승 355, 435, 445
해양대순환 435
해양오염 043, 093, 123, 308, 415, 436
해일 103, 322, 332, 333, 379, 415, 435, 436, 437
해충의 살충제 저항성 438
핵분열 106, 129, 130, 154, 271, 275, 276, 311, 438, 440, 441
핵실험 금지조약 438
핵심역량 439, 440
핵연료 주기 440, 441
핵융합 230, 275, 441
핸즈 온 전시 441, 442
핸리 데이비드 소로 138, 274, 279, 442
협동/컬래버레이션 044, 071, 088, 157, 158, 223, 261, 283, 285, 321, 371, 383, 384, 392, 422, 443, 474
홀리스틱 교육 443, 444
홍수 018, 022, 031, 152, 178, 193, 299, 322, 332, 435, 445, 452, 453
화력발전 135, 231, 278, 386, 412, 445, 446, 450
화석연료 023, 047, 055, 061, 078, 080, 132,

134, 144, 161, 176, 189, 190, 191, 202, 206, 210, 231, 246, 247, 248, 267, 272, 273, 276, 298, 330, 335, 345, 387, 394, 395, 412, 417, 445, 446, 463, 464, 479
화전 / 들불 놓기 256, 446, 447
화학물질과민증 165, 447
화학적산소요구량 173
환경 가계부 447, 448
환경 거버넌스 291, 448
환경경제학 449
환경과 개발에 관한 국제연합회의 449
환경과 개발에 관한 세계위원회 449
환경과학 037, 042, 449, 479
환경권 450
환경기본계획 310, 451
환경기본법 030, 199, 355, 364, 451, 452, 458, 459, 462
환경기준 076, 132, 204, 296, 369, 447, 451, 452
환경 난민 186, 452, 453
환경 리스크 453, 454
환경 마인드 454
환경 마크 454, 492
환경문제 004, 005, 006, 012, 020, 021, 024, 028, 033, 036, 042, 053, 062, 064, 069, 085, 091, 095, 097, 098, 099, 113, 114, 118, 134, 137, 148, 157, 167, 176, 181, 185, 186, 191, 198, 199, 200, 201, 208, 214, 218, 221, 222, 232, 236, 240, 251, 252, 260, 263, 277, 280, 286, 289, 290, 291, 294, 297, 301, 302, 308, 312, 332, 343, 348, 350, 351, 352, 354, 355, 358, 359, 362, 363, 370, 371, 383, 384, 396,

400, 403, 404, 406, 407, 430, 433, 444, 449, 454, 455, 456, 458, 460, 463, 466, 468, 469, 470, 473, 474, 475, 479

환경배려행동 456, 457, 458

환경백서 458

환경법 151, 197, 305, 450, 451, 458, 460

환경 보고서 342, 384, 460

환경보전형농업 461

환경 비즈니스 461, 462, 463

환경부담 118, 145, 173, 174, 256, 303, 306, 334, 391, 416, 448, 461, 463, 474

환경비용 463

환경사회학 463

환경세 021, 321, 464, 472

환경 소양 465

환경심리학 095, 466

환경영향평가 102, 140, 171, 337, 338, 340, 460, 466, 467

환경용량 133, 165, 463, 467, 468

환경운동 056, 095, 115, 116, 165, 274, 379, 463, 468

환경윤리 094, 095, 135, 136, 147, 200, 301, 403, 414, 420, 449, 469, 470, 471

환경 인종주의 471, 472

환경정책 046, 431, 450, 451, 452, 458, 472, 475

환경 카운슬러 472, 473

환경 커뮤니케이션 473

환경 파시즘 473

환경 프로젝트 137, 196, 474

환경학교 261, 474

환경학습 024, 037, 088, 114, 159, 214, 244, 245, 260, 272, 321, 323, 383, 384, 397, 400, 402, 410, 427, 433, 434, 474, 475

환경호르몬 064, 084, 259, 397, 398, 476

환경회계 477

활단층 477

활동 009, 013, 019, 021, 023, 026, 027, 028, 029, 033, 035, 037, 038, 041, 045, 048, 050, 051, 052, 053, 055, 056, 057, 058, 059, 062, 066, 068, 069, 071, 072, 077, 078, 079, 082, 087, 088, 089, 091, 093, 094, 098, 099, 100, 101, 106, 107, 113, 117, 118, 127, 131, 133, 137, 141, 142, 148, 153, 154, 155, 157, 158, 159, 161, 162, 167, 171, 172, 176, 182, 192, 197, 198, 200, 203, 208, 209, 210, 211, 214, 217, 218, 219, 220, 221, 222, 223, 228, 235, 244, 245, 246, 247, 248, 249, 250, 252, 253, 254, 257, 260, 261, 262, 263, 264, 265, 267, 268, 269, 270, 271, 272, 274, 281, 283, 284, 285, 286, 287, 291, 297, 298, 304, 305, 306, 307, 308, 309, 312, 313, 314, 315, 316, 320, 323, 324, 325, 326, 327, 328, 329, 335, 338, 340, 341, 343, 344, 347, 348, 349, 351, 352, 360, 363, 364, 365, 367, 371, 373, 376, 377, 378, 379, 381, 382, 383, 384, 385, 390, 391, 392, 398, 400, 408, 410, 416, 421, 422, 424, 425, 426, 429, 430, 433, 443, 447, 449, 453, 454, 455, 461, 463, 467, 468, 472, 473, 474, 475, 477, 478, 479, 480

황사 350, 478, 479

황새 321, 479

후발 개발도상국 479

흑림 480

저자소개

편저자 일본환경교육학회 The Japanese Society for Environmental Education

1990년 5월, 대학·학교·사회교육시설·환경보호단체·행정관계자·개인에 의해 창립되었다. 1988년 도쿄학예대학에 사무국을 설치하고, 1989년 환경교육연구회 회원이 중심이 되어 학회설립준비실행위원회가 설치되어 400명의 발기인으로 시작했다. 학술대회, 학회지, 뉴스레터 발행이 중요한 사업이며, 연구 분야 영역은 자연과학과 인문·사회과학을 포함하고 있다. 환경오염과 공해문제, 자연보호와 함께 역사적 환경, 의식주와 관련된 생활환경, 지역과 커뮤니케이션도 범위로 포함하며, 더불어 야외교육도 환경교육의 중요한 분야로 포함되고 있다. 또한, 인간의 성장과정과 자연과의 관계, 교육학 심리학, 의학과 관련된 연구도 진행하고 있다.

옮긴이 (사)자연의벗연구소

지속가능한 사회와 교육의 실현을 위해 시민사회와의 연대와 협력을 통해 생명 평화의 가치를 구현하고, 자연과 인간이 조화롭게 살아가는 지속가능한 사회를 실현하기 위한 환경교육 전문기관이다. 특히 국제사회와 연대하며, 커뮤니티를 통해 지구 환경문제에 대안을 제시하고자 한다. 창립 이후 사회환경교육지도사양성기관, 서울시마포구환경교육센터 운영, 지자체·지역 교육청과 함께 초록학교 정책개발, 인천광역시환경교육종합계획연구, 환경교육(미세먼지, 자원순환, 기후변화) 교육 프로그램 개발, 꿈의 놀이터운동 등을 수행하고 있다. 기획한 책으로《한 컷 만화로 보는 지구별 환경 지식》이 있다.
홈페이지: http://www.ecobuddy.or.kr 페이스북: Eco Buddy

기획 오창길

도쿄가쿠게이대학 대학원에서 환경 교육으로 석사 과정을 마치고, 도쿄가쿠게이대학 교원양성커리큘럼센터 연구원을 지냈다. 그 뒤 한국에 돌아와 동국대학교 대학원에서 환경생태학 박사 과정을 마쳤다. 환경문제의 해결은 전 지구적 문제이기 때문에 국가주의에 사로잡히지 않고, 지구적 시각에서 세계시민들이 연대하고 협력할 때만이 해결가능하다고 믿고 있으며, 새로운 학교의 모습을 생명가치교육에서 찾고자 국내외 현장에서 얻었던 의미 있는 교훈과 아름다운 사례들을 우리 사회에 전파하기 위해 동분서주하며 교사직도 내던졌다. 그러한 가치를 실현하기 위해 (사)자연의벗연구소 대표로, 지방자치단체, 학교, 시민단체와 함께 지속가능한 도시 만들기에 대한 방안을 연구하고 있으며, 일본 어린이환경활동지원협회(LEAF) 이사, 녹색서울시민위원회 위원, 서울시마포구환경교육센터 센터장 등을 역임한 바 있다. 지은 책으로는《일본환경견문록》,《우리 학교 숲으로 가요(공저)》,《놀면서 배우는 사계절 자연 빙고(공저)》,《꼬꼬마를 위한 사계절 자연 빙고》,《교실 밖, 펄떡이는 환경이야기(공저)》,《한 컷 만화로 보는 지구별 환경 지식(공저)》이 있으며, 옮긴 책으로는《생명의 수업 1~4교시》,《날마다 설레는 텃밭 만들기》,《함께 모여 기후 변화를 말하다》가 있다.

감수 정철

한국교원대학교 지구과학교육과를 졸업하고, 동 대학원 과학교육학과에서 지구과학교육전공으로 석사, 박사를 마쳤다. 설악중학교, 북평고등학교, 춘천기계공업고등학교에서 교사로 근무했으며, 2002년 대구대학교 사범대학 환경교육과에서 예비 환경교사를 양성했다. 현재 동 대학 과학교육학부 지구과학교육전공 교수로 있다. 2020년부터 2년 동안 (사)한국환경교육학회 회장을 역임하며 환경교육 연구와 실천, 학술대회 개최를 통한 교류와 소통으로 환경교육 발전에 힘쓰고 있다. 환경부 우수환경교육 프로그램으로 지정된 '슬기로운 환경교실'로 장애학생 환경교육 연구와 실천을 하고 있다. 저서로는 중학교 자유학기 교재《꿈꾸는 환경교실 세상을 품다》, 대학 교양 교재《지속가능한 사회와 환경》등이 있다.